Cahiers de Logique et d'Épistémologie

Volume 12

Conception et analyse des programmes purement fonctionnels

Troisième édition

Volume 7
Echanges franco-britanniques entre savants depuis le XVIIᵉ siècle
Franco-British Interactions in Science since the Seventeenth Century
Textes réunis et présentés par Robert Fox and Bernard Joly

Volume 8
D l'expression. Essai sur la 1ière Recherche Logique
Claudio Majolino

Volume 9
Logique Dynamique de la Fiction. Pour une approche dialogique
Juan Redmond. Préface de John Woods

Volume 10
Fiction et Métaphysique
Amie L. Thomasson. Traduit de l'américain par Claudio Majolino et Julie Ruelle

Volume 11
Normes et Fiction
Shahid Rahman et Juliele Maria Sievers, eds.

Volume 12
Conception et analyse des programmes purement fonctionnels
Christian Rinderknecht

Volume 13
La Périodisation en Histoire des Sciences et de la Philosophie. La Fin d'un Mythe. Edition et introduction par Hassan Tahiri

Cahiers de Logique et d'Épistémologie Series Editors
Dov Gabbay   dov.gabbay@kcl.ac.uk
Shahid Rahman   shahid.rahman@univ-lille3.fr

Assistance Technique
Juan Redmond   juanredmond@yahoo.fr

Conception et analyse des programmes purement fonctionnels

Troisième édition

Christian Rinderknecht

© Individual author and College Publications 2012.
All rights reserved.
Third edition 2025

ISBN 978-1-84890-076-0

College Publications
Scientific Director: Dov Gabbay
Managing Director: Jane Spurr
King's College London, Strand, London WC2R 2LS, UK

http://www.collegepublications.co.uk

Original cover design by Laraine Welch

Table des matières

Avant-propos   xi

1 Introduction   1
   1.1   Systèmes de réécriture 1
   1.2   Arbres pour illustrer les termes 4
   1.3   Langages purement fonctionnels 5
   1.4   Analyse des algorithmes 8
       Coût exact 8
       Extremums du coût 9
       Coût moyen 9
       Coût amorti 10
   1.5   Preuves par induction 13
       Induction bien fondée 13
       Terminaison 14
   1.6   Programmation 16
       Traduction en Erlang 16
       Traduction en Java 17

I   Structures linéaires   21

2 Fondamentaux   23
   2.1   Concaténation 23
       Forme terminale 30
   2.2   Retournement 40
   2.3   Filtrage de pile 47
   2.4   Aplatissement 59
       Terminaison 65
   2.5   Files d'attente 66
       Coût amorti 73
   2.6   Découpage 74
       Correction 76

   2.7   Persistance   77
   2.8   Tri optimal   88

3   Tri par insertion   101
   3.1   Insertion simple 101
         Coût 102
         Correction 105
         Terminaison 111
   3.2   Insertion bidirectionnelle 111
         Coûts extrêmes 113
         Coût moyen 117
   3.3   Insertion bidirectionnelle équilibrée 120
         Coût minimal 121
         Coût moyen 123

4   Tri par interclassement   127
   4.1   Interclassement 128
   4.2   Trier 2^n clés 136
   4.3   Tri descendant 139
         Coût minimal 140
         Coût maximal 146
         Coût moyen 148
   4.4   Tri ascendant 152
         Coût minimal 153
         Coût maximal 153
         Coût moyen 157
         Programme 163
   4.5   Comparaison 166
         Coût minimal 166
         Coût maximal 166
         Coût moyen 171
         Interclassement ou insertion 175
   4.6   Tri en ligne 176

5   Recherche de motifs   183
   5.1   Recherche naïve 184
         Coût 187
   5.2   Algorithme de Morris et Pratt 189
         Prétraitement 193
         Recherche 196
         Coût 196
         Métaprogrammation 197

Variante de Knuth 199

II Structures arborescentes 201

6 Arbres de Catalan 203
6.1 Énumeration 204
6.2 Longueur moyenne des chemins 206
6.3 Nombre moyen de feuilles 213
6.4 Hauteur moyenne 213

7 Arbres binaires 217
7.1 Parcours 219
Préfixe 220
Infixe 233
Postfixe 238
Parcours par niveaux 241
7.2 Formes classiques 250
7.3 Codages d'arbres 253
7.4 Parcours arbitraires 256
7.5 Dénombrement 259
Longueur moyenne des chemins 263
Hauteur moyenne 265
Largeur moyenne 265

8 Arbres binaires de recherche 267
8.1 Recherche 269
Coût moyen 270
La variante d'Andersson 272
8.2 Insertion 274
Insertion de feuilles 274
Coût moyen 275
Coût amorti 279
Insertion d'une racine 281
Coût moyen 291
Coût amorti 291
8.3 Suppression 292
8.4 Paramètres moyens 294

III   Programmation   **297**

9   Traduction en Erlang   **299**
    9.1   Mémoire 305
          Synonymie 315
          Pile de contrôle et tas 317
          Optimisation des appels terminaux 320
          Transformation en forme terminale 323
    9.2   Fonctions d'ordre supérieur 351
          Tri polymorphe 351
          Listes d'associations ordonnées 356
          Mappage et compositions itérées 359
          Codages fonctionnels 369
          Combinateurs de point fixe 374
          Continuations 381

10 Traduction en Java   **389**
    10.1 Liaison dynamique 391
    10.2 Méthodes binaires 398

11 Traduction en XSLT   **405**
    11.1 Documents 406
          XML 406
          HTML 423
          XHTML 427
          DTD 428
    11.2 Introduction 430
    11.3 Transformation de séquences 436
          Longueur 437
          Somme 446
          Filtrage 451
          Retournement 459
          Valeurs ponctuées 463
          Entrecoupement 469
          Maximum 475
          Réduction 478
          Interclassement 480
    11.4 Transformation d'arbres 483
          Taille 483
          Somme 488
          Réflexion 490
          Hauteur 500

    Numérotation 506
    Tri des feuilles 513

Bibliographie   **519**

Index   **535**

Avant-propos

Ce livre s'adresse *a priori* à différents publics dont l'intérêt commun est la programmation fonctionnelle.

Pour les étudiants de licence, nous offrons une introduction très progressive à la programmation fonctionnelle, en proposant de longs développements sur les algorithmes sur les piles et quelques types d'arbres binaires. Nous abordons aussi l'étude de l'allocation mémoire à travers la synonymie (partage dynamique de données), le rôle de la pile de contrôle et du tas, le glanage automatique de cellules (GC), l'optimisation des appels terminaux et le calcul de la mémoire totale allouée. Avec le langage fonctionnel **Erlang**, nous approfondissons les sujets de la transformation de programme vers la forme terminale, les fonctions d'ordre supérieur et le style avec continuations. Une technique de traduction de petits programmes fonctionnels vers **Java** est aussi présentée.

Pour les étudiants de master, nous associons à tous les programmes fonctionnels l'analyse mathématique détaillée de leur coût (efficacité) minimal et maximal, mais aussi moyen et amorti. La particularité de notre approche est que nos outils mathématiques sont élémentaires (analyse réelle, induction, dénombrement) et nous recherchons systématiquement des encadrements explicites de façon à déduire des équivalences asymptotiques. En effet, les manuels ne présentent trop souvent que la notation de Bachmann $\mathcal{O}(\cdot)$ pour le terme dominant du coût, ce qui est peu informatif et peut induire en erreur les débutants. Par ailleurs, nous couvrons en détail des preuves formelles de propriétés, comme la correction, la terminaison et l'équivalence.

Pour les professionnels qui ne connaissent pas les langages fonctionnels et qui doivent apprendre à programmer avec le langage **XSLT**, nous proposons une introduction à **XSLT** qui s'appuie directement sur la partie dédiée aux étudiants de licence. La raison de ce choix didactique inhabituel repose sur le constat que **XSLT** est rarement enseigné à l'université ou dans les écoles d'ingénieurs, donc les programmeurs qui n'ont pas été familiarisés à la programmation fonctionnelle font face aux deux défis d'apprendre un nouveau paradigme et d'employer **XML** pour programmer : alors que le premier met en avant la récursivité, le second l'obscurcit à cause de la verbosité intrinsèque à XML. En apprenant d'abord un langage fonctionnel abstrait, puis XML, nous espérons favoriser un transfert de compétence vers la conception et la réalisation en XSLT sans intermédiaire.

Ce livre a aussi été écrit dans l'espoir d'inciter le lecteur à étudier l'informatique théorique, par exemple, la sémantique des langages de programmation, la logique symbolique, l'énumération des chemins dans les treillis et la combinatoire analytique.

Je remercie François Pottier, Sri Gopal Mohanty, Walter Böhm, Ham Jun-Wu, Philippe Flajolet, Francisco Javier Barón López et Kim Sung Ho pour leur aide technique.

La plus grande partie de cet ouvrage a été réalisée alors que je travaillais au sein du Département d'Internet et Multimédia de l'université Konkuk (Séoul, République de Corée), de 2005 à 2012. Quelque parties furent ajoutées durant mon séjour au Département des Langages de Programmation et des Compilateurs de l'université Eötvös Loránd (Budapest, Hongrie) — plus connue comme ELTE —, de 2013 à 2014.

Je m'empresserais de corriger toute erreur que vous auriez eu l'obligeance de me communiquer à l'adresse rinderknecht@free.fr.

Eger, Hongrie,
6 juillet 2025.

Christian Rinderknecht

Chapitre 1

Introduction

Voici un aperçu des sujets développés dans le reste de ce livre.

1.1 Systèmes de réécriture

Réécriture de chaînes Supposons que nous ayons un collier de perles blanches et noires, ainsi ○ ● ● ● ○ ○ ●, et le jeu (Dershowitz et Jouannaud, 1990, Dershowitz, 1993) consiste à ôter deux perles adjacentes pour les remplacer par une autre selon certaines règles, par exemple,

$$\bullet \circ \xrightarrow{\alpha} \bullet \qquad\qquad \circ \bullet \xrightarrow{\beta} \bullet \qquad\qquad \bullet \bullet \xrightarrow{\gamma} \circ$$

Les règles α, β et γ constituent alors un *système de réécriture de chaînes*. Les règles α et β peuvent se verbaliser ainsi : « Une perle noire absorbe la perle blanche à son côté. » Le but de ce jeu est d'obtenir le plus petit nombre de perles possible, ainsi notre exemple donne lieu aux *réécritures*

$$\circ\bullet\bullet\boxed{\bullet\ \circ}\circ\bullet \xrightarrow{\alpha} \circ\bullet\bullet\boxed{\bullet\ \circ}\bullet \xrightarrow{\alpha} \boxed{\circ\ \bullet}\bullet\bullet\bullet \xrightarrow{\beta} \bullet\bullet\boxed{\bullet\ \bullet} \xrightarrow{\gamma} \bullet\boxed{\bullet\ \circ} \xrightarrow{\alpha} \boxed{\bullet\ \bullet} \xrightarrow{\gamma} \circ,$$

où nous avons encadré la partie de la chaîne qui doit être réécrite.

D'autres compositions de règles mènent aussi au même résultat ○. D'aucunes encore aboutissent à des chaînes entièrement blanches, la plus simple étant ○ ○. D'autres résultent en ●. Les chaînes qui ne peuvent être davantage réécrites, ou *réduites*, sont appelées *formes normales*. Ces observations nous incitent à nous demander si toutes les chaînes possèdent une forme normale ; si oui, si elle est unique et, de plus, si elle est entièrement blanche ou constituée d'une seule perle noire.

Tout d'abord, remarquons que le système *termine*, c'est-à-dire qu'il n'existe pas de suite infinie de réécritures, parce que le nombre de perles décroît strictement dans toutes les règles, bien que ce ne soit pas une condition nécessaire en général, par exemple, $\circ \bullet \xrightarrow{\beta} \bullet \circ \circ$ préserverait la terminaison parce que la composition $\beta\alpha\alpha$ serait équivalente à la règle β originelle. En particulier, ceci signifie que toute chaîne possède une forme normale. De plus, chaque règle laisse invariante la parité du nombre de perles noires et il n'y a pas de règle de réécriture pour deux perles blanches adjacentes. Par conséquent, si nous avons $2p$ perles noires initiales, la composition des règles α et β produit une chaîne noire, comme $\bullet\bullet\bullet\bullet$ ci-dessus, qui peut être réduite, par l'application de la règle γ à des perles contiguës, en une chaîne blanche contenant p perles. Sinon, la même chaîne noire peut être réduite en appliquant alternativement γ et β à l'extrémité gauche ou γ et α à l'extrémité droite, produisant $\circ$.

De la même façon, s'il y a un nombre impair de perles noires au départ, nous obtenons toujours une perle noire à la fin. Il suffit de considérer les réécritures $\circ\circ \xleftarrow{\gamma} \bullet\bullet\circ \xrightarrow{\alpha} \bullet\bullet \xrightarrow{\gamma} \circ$ pour voir que les formes normales ne sont pas uniques. Un système dont les formes normales sont uniques est appelé *confluent*.

Si nous ajoutons la règle $\circ\circ \xrightarrow{\delta} \circ$, le résultat du jeu est toujours une perle dont la couleur dépend de la parité originale des perles noires comme précédemment, et toute stratégie est gagnante. Pour bien comprendre pourquoi, considérons d'abord que deux segments de la chaîne qui ne se recouvrent pas peuvent être réécrits en parallèle, et donc peuvent être traités séparément. Les cas intéressants sont ceux où deux applications de règles (qui peuvent être les mêmes) engendrent différentes chaînes parce que leur domaine se recouvrent. Par exemple, nous avons $\circ\circ \xleftarrow{\gamma} \bullet\bullet\circ \xrightarrow{\alpha} \bullet\bullet$. Le point important est que $\circ\circ$ et $\bullet\bullet$ peuvent être réécrits en $\circ$ à l'étape suivante par δ et γ, respectivement. En général, ce qui compte est que toutes les paires de chaînes résultant de l'application de règles recouvrantes, appelées *paires critiques*, soient susceptibles d'être réduites en la même chaîne, c'est-à-dire qu'elle soient *joignables*. Dans notre exemple, toutes les interactions ont lieu sur des sous-chaînes constituées de trois perles, donc nous devons examiner dans la FIGURE 1.1 page ci-contre huit configurations, que nous sommes à même d'ordonner comme si nous comptions en binaire de 0 à 7, ($\circ$) étant interprété comme 0 et ($\bullet$) comme 1. Dans tous les cas, les divergences sont joignables en un pas au plus. En général, il n'est pas nécessaire que les paires critiques soient joignables en un pas juste après la divergence, comme dans l'exemple précédent, mais, plus généralement, qu'elles soient joignables. Cette propriété est nommée *confluence locale*. Avec la terminaison, elle implique que *toute* chaîne possède exactement une forme normale (une propriété forte entrainant la confluence).

Le système que nous avons défini ne contient pas de variables. Ces dernières permettent à un système fini de dénoter un nombre infini de

$$\circ\,\circ \xleftarrow{\delta} \circ\,\circ\,\circ \xrightarrow{\delta} \circ\,\circ$$
$$\circ\,\bullet \xleftarrow{\delta} \circ\,\circ\,\bullet \xrightarrow{\beta} \circ\,\bullet$$
$$\bullet \xleftarrow{\alpha} \bullet\,\circ \xleftarrow{\beta} \circ\,\bullet\,\circ \xrightarrow{\alpha} \circ\,\bullet \xrightarrow{\beta} \bullet$$
$$\circ \xleftarrow{\gamma} \bullet\,\bullet \xleftarrow{\beta} \circ\,\bullet\,\bullet \xrightarrow{\gamma} \circ\,\circ \xrightarrow{\delta} \circ$$
$$\bullet\,\circ \xleftarrow{\alpha} \bullet\,\circ\,\circ \xrightarrow{\delta} \bullet\,\circ$$
$$\bullet\,\bullet \xleftarrow{\alpha} \bullet\,\circ\,\bullet \xrightarrow{\beta} \bullet\,\bullet$$
$$\circ \xleftarrow{\delta} \circ\,\circ \xleftarrow{\gamma} \bullet\,\bullet\,\circ \xrightarrow{\alpha} \bullet\,\bullet \xrightarrow{\gamma} \circ$$
$$\bullet \xleftarrow{\beta} \circ\,\bullet \xleftarrow{\gamma} \bullet\,\bullet\,\bullet \xrightarrow{\gamma} \bullet\,\circ \xrightarrow{\alpha} \bullet$$

FIGURE 1.1 – Les paires critiques sont toutes joignables

règles sans variables ou, plus simplement, de réduire la taille du système de réécriture, par exemple, l'exemple précédent équivaut à

$$\bullet\,\circ \xrightarrow{\alpha} \bullet \qquad\qquad \circ\,x \xrightarrow{\beta+\delta} x \qquad\qquad \bullet\,\bullet \xrightarrow{\gamma} \circ$$

Si nous acceptons de multiples occurrences d'une même variable dans le membre gauche d'une règle, un système dit *non-linéaire à gauche*, nous pouvons diminuer la taille du système de la façon suivante :

$$x\,x \xrightarrow{\gamma+\delta} \circ \qquad\qquad x\,y \xrightarrow{\alpha+\beta} \bullet$$

C'est-à-dire : « Deux perles adjacentes sont replacées par une perle blanche si elles ont même couleur, sinon par une perle noire. » Remarquons la présence nouvelle d'un ordonnancement implicite des règles : la règle $\gamma + \delta$ doit être examinée en premier pour *filtrer* une partie de la chaîne courante, parce qu'elle est incluse dans la seconde règle, comme on peut le constater en posant $x = y$ dans $\alpha + \beta$. Généralement, l'ordre dans lequel sont écrites les règles sur une page induit leur ordre logique. Par ailleurs, notons que le système ne spécifie pas que x doit être $\circ$ ou $\bullet$. En termes généraux, cela signifie que le *type* d'une variable doit être défini ailleurs ou inféré à partir des usages de ladite variable.

Réécriture de termes Jusqu'à présent, nous avons seulement examiné les systèmes de réécriture de chaînes. Les *systèmes de réécriture de termes* (Baader et Nipkow, 1998), où un *terme* est un objet mathématique potentiellement constitué à partir de n-uplets, d'entiers et de variables. Considérons le système totalement ordonné suivant :

$$(0, m) \to m; \qquad\qquad (n, m) \to (n-1, n \cdot m); \qquad\qquad n \to (n, 1). \quad (1.1)$$

où les règles sont séparées par un point-virgule et la dernière se termine par un point. Les opérateurs arithmétiques $(-)$ et $(\cdot)$ sont définis à l'extérieur du système et m et n sont des variables dénotant des entiers naturels. Si les règles n'étaient pas ordonnées comme elles sont écrites, la deuxième filtrerait toute paire. Au lieu de cela, nous pouvons supposer que $n \neq 0$ lorsque nous filtrons avec elle. Nous voyons aisément que toutes les compositions de réécritures commençant avec un entier naturel n se terminent avec la valeur de la factorielle de n :

$$n \to (n, 1) \to \cdots \to (0, n!) \to n!, \quad \text{for } n \in \mathbb{N}.$$

Notons $(\overset{n}{\to})$ la composition de $(\to)$ itérée $n - 1$ fois :

$$(\overset{1}{\to}) := (\to); \qquad (\overset{n+1}{\longrightarrow}) := (\to) \circ (\overset{n}{\to}), \quad \text{avec } n > 0.$$

La *clôture transitive* de $(\to)$ est définie comme étant $(\twoheadrightarrow) := \bigcup_{i>0} (\overset{i}{\to})$. Dans le cas présent, la factorielle coïncide avec la clôture transitive de $(\to)$, c'est-à-dire $n \twoheadrightarrow n!$. Soit $(\overset{*}{\to})$ la clôture réflexive et transitive de $(\to)$, à savoir $(\overset{*}{\to}) := (=) \cup (\twoheadrightarrow)$.

Un système confluent définit une *fonction* et il est alors commode de lui donner un nom ; par exemple, $\mathsf{c}(1, \mathsf{d}(n))$ est un terme construit avec les *noms de fonction* c et d, de même qu'avec la variable n. Un n-uplet distingué à l'aide d'un nom de fonction, comme $\mathsf{f}(x, y)$, est appelé un *appel de fonction*. Les composantes des n-uplets sont nommés *arguments*, par exemple $\mathsf{d}(n)$ est le second argument de l'appel $\mathsf{c}(1, \mathsf{d}(n))$. Un appel de fonction peut n'avoir aucun argument, ainsi $\mathsf{d}()$. Nous restreignons les membres gauches des règles a toujours être des appels de fonction.

1.2 Arbres pour illustrer les termes

La compréhension topologique d'un appel de fonction ou d'un n-uplet est l'*arbre* fini. Un arbre est une configuration hiérarchique d'information et la FIGURE 1.2 montre la forme d'un exemple. Les disques sont appelés *nœuds* et les segments qui connectent deux nœuds sont nommés *arcs*. Le nœud au sommet (contenant un diamètre) est la *racine* et les nœuds situés au

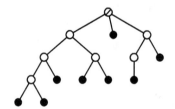

FIGURE 1.2 – Forme d'un arbre

plus bas ($\bullet$) sont les *feuilles*. Tous les nœuds sauf les feuilles sont reliés vers le bas à d'autre nœuds, appelés les *enfants*. Vers le haut, chaque nœud sauf la racine est connecté à un autre nœud, ou *parent*. Selon le contexte, un nœud peut aussi dénoter l'arbre complet dont il est la racine. Tout nœud sauf la racine est la racine d'un *sous-arbre propre*. Un arbre est son propre sous-arbre. Les enfants d'un nœud x sont les racines des *sous-arbres immédiats* par rapport à l'arbre enraciné en x. Deux sous-arbres immédiats différents sont disjoints, c'est-à-dire qu'aucun nœud de l'un n'est relié à un nœud de l'autre. Un groupe d'arbres est une *forêt*.

Les arbres peuvent figurer les termes de la façon suivante. Un appel de fonction est un arbre dont la racine est le nom de la fonction et les enfants sont les arbres dénotant les arguments. On peut considérer qu'un n-uplet possède un nom de fonction invisible, représenté par un nœud avec un point (.) dans l'arbre, auquel cas les composantes du n-uplet sont ses enfants. Par exemple, l'arbre de la FIGURE 1.3 a pour racine f et pour feuilles 0, x, 1

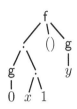

FIGURE 1.3

et y. Remarquons que les variables x et y sont composées en italique pour les différencier des noms de fonction x et y, pour lesquels nous utilisons une police linéale. Par exemple, $d((), e([1]))$ peut être interprété comme un arbre avec la racine d, dont le premier sous-arbre immédiat est la représentation du n-uplet vide (), et dont le second sous-arbre immédiat correspond à $e([1])$. La FIGURE 1.3 représente l'arbre associé à $f((g(0), (x, 1)), (), g(y))$. Notons que les n-uplets, excepté celui vide, ne sont pas représentés dans l'arbre parce qu'ils codent la structure, qui est déjà visible. Le nombre d'arguments d'une fonction est appelé son *arité*. Des fonctions de même nom mais d'arités différentes sont permises ; par exemple, nous pourrions avoir à la fois $c(a())$ et $c(a(x), 0)$, ce qu'on appelle *surcharge*. Pour distinguer les différents usages, l'arité d'une fonction devrait être indiquée après une barre oblique, ainsi c/1 et c/2.

1.3 Langages purement fonctionnels

Nous ne souhaitons considérer par la suite que des systèmes confluents parce qu'ils définissent des fonctions. Cette propriété peut être obtenue en imposant un ordre sur les règles, comme nous l'avons fait dans les exemples précédents. Une autre restriction est que les formes normales doivent être des *valeurs*, c'est-à-dire qu'elles ne contiennent aucun appel à des fonctions définies par réécriture ou implicitement, comme une opération arithmétique. Ces deux contraintes définissent un *langage purement fonctionnel* (Hughes, 1989, Hinsen, 2009). Remarquons que nous n'exigeons pas la terminaison du système, bien que ce soit là une propriété désirable, de façon à retenir plus d'expressivité.

Nous voudrions de plus contraindre le calcul des appels de fonction en exigeant que les arguments soient réécrits avant que l'appel lui-même ne le soit. Cette stratégie est dite d'*appel par valeurs*. Malheureusement, elle conduit à la non-terminaison de certains programmes qui autrement termineraient. Par exemple, considérons

$$f(x) \xrightarrow{\alpha} 0. \qquad g() \xrightarrow{\beta} g().$$

Nous avons $f(g()) \xrightarrow{\alpha} 0$ mais $f(g()) \xrightarrow{\beta} f(g()) \xrightarrow{\beta} \ldots$ Malgré cet inconvé-nient, nous retiendrons l'appel par valeurs parce qu'il facilite certaines analyses. (Une stratégie plus puissante est réalisée dans le langage pu-rement fonctionnel Haskell (Doets et van Eijck, 2004) sous la forme de l'*évaluation paresseuse*.) Il nous permet par ailleurs de restreindre la forme des membres gauches, appelés *motifs*, à un appel de fonction en-globant (le nom de la fonction est à la racine de l'arbre représentant le membre gauche). Par exemple, nous pouvons alors éliminer pour cause d'inutilité une règle telle que

$$\mathsf{plus}(x, \mathsf{plus}(y, z)) \to \mathsf{plus}(\mathsf{plus}(x, y), z).$$

De plus, si le système termine, alors ($\twoheadrightarrow$) définit une *évaluation*, ou *inter-prétation*, des termes. Par exemple, la factorielle fact/1 peut être définie par le système ordonné

$$\mathsf{fact}(0) \to 1; \qquad \mathsf{fact}(n) \to n \cdot \mathsf{fact}(n - 1). \tag{1.2}$$

Par conséquent, $\mathsf{fact}(n) \twoheadrightarrow n!$ et le système détaille comment réduire pas à pas $\mathsf{fact}(n)$ en sa valeur.

La plupart des langages fonctionnels ont des *fonctions d'ordre supé-rieur*, alors que les systèmes de réécriture normaux n'en ont pas. Un exemple serait le programme d'ordre supérieur suivant, où $n \in \mathbb{N}$:

$$f(g, 0) \to 1; \qquad f(g, n) \to n \cdot g(g, n - 1). \qquad \mathsf{fact}_1(n) \to f(f, n).$$

Remarquons que ces deux définitions ne sont pas récursives, néanmoins $\mathsf{fact}_1/1$ calcule la factorielle. Le cadre théorique idoine pour comprendre les fonctions d'ordre supérieur est le *λ-calcul* (Hindley et Seldin, 2008, Barendregt, 1990). En fait, le λ-calcul est abondamment employé pour exprimer la sémantique formelle des langages de programmation, même s'ils ne sont pas fonctionnels (Winskel, 1993, Reynolds, 1998, Pierce, 2002, Friedman et Wand, 2008, Turbak et Gifford, 2008). Nous préférons travailler avec des systèmes de réécriture parce qu'ils permettent le fil-trage des appels par des motifs, alors qu'en λ-calcul nous devrions coder les filtres en une cascade de conditionnelles, qui devraient être à leur tour codées en constructions encore plus élémentaires.

Par la suite, nous montrons comment exprimer des structures de données linéaires dans un langage purement fonctionnel et comment faire exécuter nos programmes par un ordinateur.

Piles Considérons le programme abstrait suivant

$$\mathsf{cat}(\mathsf{nil}(), t) \xrightarrow{\alpha} t; \qquad \mathsf{cat}(\mathsf{cons}(x, s), t) \xrightarrow{\beta} \mathsf{cons}(x, \mathsf{cat}(s, t)).$$

Il définit la fonction cat/2 qui opère la concaténation de deux *piles*. Les fonctions nil/0 et cons/2 sont des *constructeurs de données*, c'est-à-dire des fonctions qui ne sont *pas* définies par le système : leurs appels irréductibles modélisent les données, donc ils sont des valeurs et peuvent apparaître dans les motifs. L'appel de fonction nil() dénote la pile vide et $\mathsf{cons}(x, s)$ la pile obtenue en mettant l'élément x sur le sommet de la pile s, une action communément appelée *empiler x sur s*. Une pile non-vide peut se concevoir comme une suite finie d'éléments qui ne sont accessibles que séquentiellement depuis le sommet, comme le suggère l'analogie avec une pile d'objets matériels. Soit T l'ensemble de tous les termes possibles et $S \subseteq T$ l'ensemble de toutes les piles, qui est défini par *induction* comme étant le plus petit ensemble $\mathcal{S}$ tel que
- nil() $\in \mathcal{S}$;
- si $x \in T$ et $s \in \mathcal{S}$, alors $\mathsf{cons}(x, s) \in \mathcal{S}$.

Remarquons que, dans la règle β, si s n'est pas une pile, la récurrence implique que la fonction cat/2 est partielle, non pas parce que la réécriture ne termine pas, mais parce que la forme normale n'est pas une valeur. En termes opérationnels, l'interprète échoue dans sa réécriture de l'appel pour certains arguments.

Posons les abréviations commodes
- $[\,] := \mathsf{nil}()$,
- $[x \,|\, s] := \mathsf{cons}(x, s)$,

d'après la convention du langage de programmation Prolog (Sterling et Shapiro, 1994, Bratko, 2000). Ainsi, nous pouvons écrire $[1 \,|\, [2 \,|\, [3 \,|\, [\,]]]]$ au lieu de $\mathsf{cons}(1, \mathsf{cons}(2, \mathsf{cons}(3, \mathsf{nil}())))$. Nous pouvons de plus écourter les notations comme suit :
- $[x_1, x_2, \ldots, x_n \,|\, s] := [x_1 \,|\, [x_2 \,|\, \ldots [x_n \,|\, s]]]$,
- $[x] := [x \,|\, [\,]]$.

Par exemple, $[1 \,|\, [2 \,|\, [3 \,|\, [\,]]]]$ est plus succinctement décrite par $[1, 2, 3]$. Notre système définissant cat/2 devient maintenant bien plus lisible :

$$\mathsf{cat}([\,], t) \xrightarrow{\alpha} t; \qquad \mathsf{cat}([x \,|\, s], t) \xrightarrow{\beta} [x \,|\, \mathsf{cat}(s, t)]. \qquad (1.3)$$

Finalement, mettons-le à l'épreuve avec l'évaluation suivante :

$$\mathsf{cat}([1, 2], [3, 4]) \xrightarrow{\beta} [1 \,|\, \mathsf{cat}([2], [3, 4])] \xrightarrow{\beta} [1 \,|\, [2 \,|\, \mathsf{cat}([\,], [3, 4])]] \xrightarrow{\alpha} [1, 2, 3, 4].$$

Arbres de syntaxe abstraite Selon le contexte, nous pouvons employer la description arborescente des termes de façon à mettre en valeur

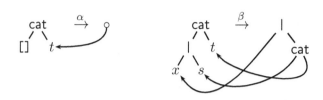

FIGURE 1.4 – Définition de cat/2 avec des graphes orientés sans circuit

certains aspects du calcul. Par exemple, il pourrait être intéressant de
montrer comment des parties du résultat (le membre droit) sont en fait
partagées avec les données (le membre gauche) ; en d'autres termes, dans
quelle mesure les données demeurent invariantes par l'application des
règles de réécriture. Ce concept suppose que les termes résident dans une
sorte d'espace et qu'ils peuvent être référencés à partir d'autres termes.
Cet espace abstrait sert de modèle à la *mémoire* d'un ordinateur. Considérons par exemple dans la FIGURE 1.4 la même définition de cat/2 telle
que donnée dans (1.3). Les flèches en lieu d'arcs dénotent un partage
de donnée. Quand des arbres sont utilisés pour visualiser des termes, ils
sont appelés *arbres de syntaxe abstraite*. Quand des arbres partagent des
sous-arbres, la forêt entière est un *graphe orienté sans circuit*.

1.4 Analyse des algorithmes

Donald Knuth figure parmi les fondateurs de la branche de l'informatique théorique consacrée à l'étude mathématique de l'efficacité des
programmes. Il l'a nommée *analyse des algorithmes* (Sedgewick et Flajolet, 1996, Knuth, 1997). Étant donnée la définition d'une fonction et un
appel à celle-ci, cette approche consiste en trois étapes fondamentales :
la définition d'une mesure des arguments, qui représente leur taille ; la
définition d'une mesure du temps, qui abstrait le temps physique ; la recherche d'une relation entre la taille des arguments et le temps abstrait
nécessaire pour évaluer l'appel. Cette relation fonctionnelle modélise l'efficacité et est souvent appelée le *coût* (plus bas est le coût, plus grande
est l'efficacité).

Par exemple, lorsque sont triés des objets, aussi appelés *clés* dans
ce contexte, la taille des données est le nombre de clés et l'unité de
temps abstrait est souvent une comparaison, donc le coût est la fonction
mathématique qui associe le nombre de clés et le nombre de comparaisons
pour les trier.

Coût exact   Les systèmes de réécriture permettent une notion de coût assez naturelle pour les programmes fonctionnels : c'est le nombre de réécritures pour atteindre la valeur d'un appel de fonction, en supposant que les arguments sont des valeurs. En d'autres termes, c'est le nombre d'appels nécessaires pour calculer l'appel initial. Considérons à nouveau la concaténation de deux piles dans la définition (1.3) :

$$\mathsf{cat}([\,],t) \xrightarrow{\alpha} t; \qquad \mathsf{cat}([x\,|\,s],t) \xrightarrow{\beta} [x\,|\,\mathsf{cat}(s,t)].$$

Nous observons que t est invariant, donc le coût ne dépend que de la taille du premier argument. Soit $\mathcal{C}_n^{\mathsf{cat}}$ le coût de l'appel $\mathsf{cat}(s,t)$, où n est la taille de s. Les règles α et β nous amènent aux équations

$$\mathcal{C}_0^{\mathsf{cat}} \overset{\alpha}{=} 1 \qquad \mathcal{C}_{n+1}^{\mathsf{cat}} \overset{\beta}{=} 1 + \mathcal{C}_n^{\mathsf{cat}},$$

qui, prises ensemble, conduisent à $\mathcal{C}_n^{\mathsf{cat}} = n + 1$.

Extremums du coût   Quand nous examinons des programmes de tri opérant par comparaisons, le coût dépend en fonction de l'algorithme mais souvent aussi de l'ordre partiel des clés, donc la taille ne capture pas tous les aspects nécessaires à la quantification de l'efficacité. Ce constat nous conduit naturellement à considérer alors des encadrements du coût : pour une taille fixe des données, on recherche alors les configurations des données qui minimisent ou maximisent le coût, respectivement appelées *meilleur des cas* et *pire des cas*. Par exemple, le pire des cas pour certains algorithmes de tri se produit lorsque les clés sont déjà triées dans l'ordre attendu, alors que pour d'autres ce peut être l'ordre inverse.

Coût moyen   Une fois obtenu l'encadrement d'un coût, la question du *coût moyen* (Vitter et Flajolet, 1990) (Knuth, 1997, §1.2.10) se pose. Celui-ci est la moyenne arithmétique des coûts pour toutes les données possible d'une taille fixe. La prudence s'impose alors, parce qu'il faut un nombre fini de configurations. Par exemple, pour trouver le coût moyen d'un algorithme de tri opérant par comparaison de clés, on suppose habituellement que les n clés sont *distinctes deux à deux*, et l'on prend la moyenne des coûts de toutes leurs *permutations* (au nombre de $n!$, comme on montrera plus loin). La contrainte d'unicité permet à l'analyse de se ramener à la prise en compte des permutations de $(1, 2, \ldots, n)$. Le coût moyen de quelques algorithmes de tri, tel le *tri par interclassement* (Knuth, 1998a, §5.2.4) (Cormen *et al.*, 2009, §2.3) ou le *tri par insertion* (Knuth, 1998a, §5.2.1) (Cormen *et al.*, 2009, §2.1), égale, à l'asymptote, leur coût maximal, c'est-à-dire que, pour un nombre croissant de clés, le ratio des deux coûts approche arbitrairement près l'unité. L'ordre de

grandeur du coût moyen d'autres tris, tel le *tri de Hoare*, connu aussi
sous le nom anglais de *Quicksort* (Knuth, 1998a, §5.2.2) (Cormen *et al.*,
2009, §7), est inférieur à leur coût maximal, sur une échelle asymptotique
(Graham *et al.*, 1994, §9).

En ligne par opposition à hors ligne   Les algorithmes de tri peuvent
être distingués selon qu'ils opèrent sur la totalité des clés ou bien clé
par clé. Les premiers sont dits *hors ligne*, parce que leurs clés ne sont
pas triées au fur et à mesure qu'elles arrivent ; les derniers sont dits *en
ligne*, parce que le processus de tri est temporellement entrelacé avec le
processus d'acquisition des données. Ainsi, le tri par insertion est en ligne,
alors que le tri de Hoare ne l'est pas parce qu'il repose sur une stratégie,
dite « diviser pour régner », qui partage l'ensemble des données. Cette
distinction est pertinente dans d'autres contextes aussi, comme celui des
algorithmes qui sont intrinsèquement *séquentiels*, au lieu de permettre au
moins un peu de *parallélisme* ; par exemple, une base de données est mise
à jour par une suite de requêtes atomiques, mais des requêtes portant
sur des parties disjointes des données peuvent être servies en parallèle.

Coût amorti   Parfois, une mise à jour est coûteuse parce qu'elle est
retardée à cause d'un déséquilibre de la structure de donnée qui doit être
remédié immédiatement, mais ce remède lui-même peut conduire à un
état tel que les opérations ultérieures sont plus rapides que si la mise à
jour coûteuse n'avait pas eu lieu. Par conséquent, lorsque nous considérerons une suite de mises à jour, il pourrait être trop pessimiste de cumuler
les coûts maximaux de toutes les opérations prises en isolement. À la
place, l'*analyse du coût amorti* (Okasaki, 1998a) (Cormen *et al.*, 2009,
§17) prend en compte les interactions entre les mises à jour, de telle sorte
qu'un coût maximal plus bas est obtenu. Remarquons par ailleurs que
cette sorte d'analyse est intrinsèquement différente de l'analyse du coût
moyen en ce sens que son objet est la composition de différentes fonctions
au lieu d'appels indépendants à la même fonction, avec différentes données. L'analyse du coût amorti est une analyse du coût maximal d'une
séquence de mises à jours, non d'une seule.

Analyse agrégeante   Examinons un compteur énumérant les entiers
de 0 à n en binaire en modifiant un tableau contenant des bits (Cormen
et al., 2009, §17.1). Dans le pire des cas, un incrément provoque l'inversion
de tous les bits. Le nombre m de bits de n est trouvé comme suit. Posons
d'abord $n := \sum_{i=0}^{m-1} b_i 2^i$, où les b_i sont les bits et $b_{m-1} = 1$. Par définition
de b_{m-1}, la borne inférieur pour n est 2^{m-1}. La borne supérieure est

n	Bits de n	Flips
0	0 0 0 0 **0**	0
1	0 0 0 **0 1**	1
2	0 0 0 1 **0**	3
3	0 0 **0 1 1**	4
4	0 0 1 0 **0**	7
5	0 0 1 **0 1**	8
6	0 0 1 1 **0**	10
7	0 **0 1 1 1**	11
8	0 1 0 0 **0**	15
9	0 1 0 **0 1**	16
10	0 1 0 1 **0**	18
11	0 1 **0 1 1**	19
12	0 1 1 0 **0**	22
13	0 1 1 **0 1**	23
14	0 1 1 1 **0**	25
15	**0 1 1 1 1**	26
16	1 0 0 0 **0**	31

k	$\lfloor n/2^k \rfloor$	Bits	$\sum_{i=0}^{k} \lfloor n/2^i \rfloor$
0	22	1 0 1 1 0	22
1	11	0 1 0 1 1	33
2	5	0 0 1 0 1	38
3	2	0 0 0 1 0	40
4	1	0 0 0 0 1	41

(a) Basculements de bits   (b) $F(n) = \sum_{i \geqslant 0} \lfloor n/2^i \rfloor$, où $n = 22$

FIGURE 1.5 – Bits comptés verticalement et diagonalement

atteinte quand tous les bits sont 1, soit $2^{m-1} + 2^{m-2} + \ldots + 2^0$. Nommons S_{m-1} cette somme. En simplifiant l'expression $S_{m-1} = 2S_{m-1} - S_{m-1}$, nous obtenons $S_{m-1} = 2^m - 1$. En regroupant les bornes, nous obtenons :

$$2^{m-1} \leqslant n < 2^m \Rightarrow m - 1 \leqslant \lg n < m \Rightarrow m = \lfloor \lg n \rfloor + 1, \qquad (1.4)$$

où $\lfloor x \rfloor$ (*partie entière de x*) est le plus grand entier qui est plus petit ou égal à x et $\lg n$ est le *logarithme binaire* de n. Le coût de n incréments est donc majoré par $n \lg n + n \sim n \lg n$, lorsque $n \to \infty$.

Une simple observation révèle que cette borne supérieure est trop pessimiste, car la propagation de la retenue remet à zéro une série de bits en partant de la droite, donc la prochaine addition ne fera basculer (en anglais : *to flip*) qu'un seul bit, la suivante encore n'en changera que deux etc. comme cela est visible à la FIGURE 1.5a, où les bits qui vont basculer au prochain incrément sont en gras. Compter les basculements *verticalement* montre que le bit correspondant à 2^0, donc le bit le moins significatif, bascule à chaque fois. Le bit de 2^1 bascule une fois sur deux, donc, de 0 à n, il bascule $\lfloor n/2^1 \rfloor$ fois. En général, le bit de 2^k bascule $\lfloor n/2^k \rfloor$ fois. Par conséquent, le nombre total de basculements $F(n)$ dans une série de n incréments est

$$F(n) := \sum_{k \geqslant 0} \left\lfloor \frac{n}{2^k} \right\rfloor. \tag{1.5}$$

Cette somme est en fait toujours finie, comme on le voit à la FIGURE 1.5b page précédente, où, *en diagonale* les bits à 1 à la position j sont situés aux positions décroissantes de $j-1$ jusqu'à 0, donc contribuent au total $2^j + 2^{j-1} + \cdots + 2^0 = 2^{j+1} - 1$. Posons $n := 2^{e_r} + \cdots + 2^{e_1} + 2^{e_0} > 0$, avec $e_r > \cdots > e_1 > e_0 \geqslant 0$ et $r \geqslant 0$. Les entiers naturels e_i sont les positions des bits à 1 dans la notation binaire de n. L'exponentielle 2^{e_r} correspond au bit le plus significatif (le plus à gauche) dans la notation binaire de n, donc $e_r + 1$ est égal au nombre de bits de n, qui est connu d'après l'équation (1.4) :

$$e_r = \lfloor \lg n \rfloor. \tag{1.6}$$

Nous pouvons maintenant donner une forme close pour $F(n)$:

$$F(n) = \sum_{i=0}^{r} (2^{e_i+1} - 1) = 2n - \nu_n, \tag{1.7}$$

où $\nu_n := r + 1$ est la somme des bits de n, ou, de façon équivalente, le nombre de bits à 1. Cette valeur est nommé différemment selon les auteurs et les contextes : *population*, *somme oblique*, *somme des bits* ou *poids de Hamming* ; par exemple, dans la FIGURE 1.5b page précédente, nous pouvons lire $F(22) = 41 = 2 \cdot 22 - 3$.

Pour évaluer $F(n)$ à l'asymptote, nous devons l'encadrer par des fonctions équivalentes et utiliser le théorème des gendarmes. Commençons par encadrer la somme des bits de la manière suivante :

$$1 \leqslant \nu_n \leqslant \lfloor \lg n \rfloor + 1,$$

parce que l'égalité (1.6) établit que $\lfloor \lg n \rfloor + 1$ est le nombre de bits de n. Par conséquent, $2n - \lfloor \lg n \rfloor - 1 \leqslant F(n) \leqslant 2n$, et $2n - \lg n - 1 \leqslant F(n) \leqslant 2n$. Par la règle de l'Hôpital, $\lim_{n \to +\infty} (\lg n / n) = \lim_{n \to +\infty} (1/n \ln 2) = 0$, où $\ln n$ est le *logarithme naturel* de n. Par la suite,

$$F(n) \sim 2n, \quad \text{lorsque } n \to \infty.$$

Deux énumérations, l'une verticale, l'autre diagonale, ont montré que le nombre total exact de basculements de bits est d'un ordre de grandeur plus bas qu'attendu.

Cet exemple ressortit à une classe particulière d'analyse du coût amorti appelée *analyse agrégeante*, parce qu'elle repose sur un *dénombrement combinatoire* (Stanley, 1999a,b, Martin, 2001) pour atteindre son but ; plus précisément, elle agrège des quantités positives partielles, souvent de différentes manières, pour obtenir le coût total. Une variation visuellement plaisante sur l'exemple précédent consiste à déterminer le nombre moyen de bits à 1 dans la notation binaire des entiers de 0 à n (Bush, 1940).

1.5 Preuves par induction

Remarquons que $\mathsf{cat}([1], [2, 3, 4]) \twoheadrightarrow [1, 2, 3, 4] \twoheadleftarrow \mathsf{cat}([1, 2], [3, 4])$. On gagne en clarté en créant des *classes d'équivalence* de termes qui sont joignables. La relation $(\equiv)$ est définie ainsi :

$$a \equiv b \text{ s'il existe une valeur } v \text{ telle que } a \xrightarrow{*} v \text{ et } b \xrightarrow{*} v.$$

Par exemple, $\mathsf{cat}([1, 2], [3, 4]) \equiv \mathsf{cat}([1], [2, 3, 4])$. La relation $(\equiv)$ est en effet une équivalence parce qu'elle est
— *réflexive* : $a \equiv a$;
— *symétrique* : si $a \equiv b$, alors $b \equiv a$;
— *transitive* : si $a \equiv b$ et $b \equiv c$, alors $a \equiv c$.
Si nous voulons prouver des équivalences avec des variables parcourant des ensembles infinis, comme $\mathsf{cat}(s, \mathsf{cat}(t, u)) \equiv \mathsf{cat}(\mathsf{cat}(s, t), u)$, nous avons besoin d'un *principe d'induction*.

Induction bien fondée Nous définissons un *ordre bien fondé* (Winskel, 1993) sur un ensemble A comme étant une relation binaire $(\succ)$ sans *chaînes infiniment descendantes*, c'est-à-dire que nous n'avons pas les relations $a_0 \succ a_1 \succ \ldots$ Le *principe d'induction bien fondée* énonce alors que, pour tout prédicat $\aleph$,

$$\forall a \in A.\aleph(a) \text{ est impliquée par } \forall a.(\forall b.a \succ b \Rightarrow \aleph(b)) \Rightarrow \aleph(a).$$

L'absence de chaînes infiniment décroissantes fait que tout sous-ensemble $B \subseteq A$ contient des éléments minimaux $M \subseteq B$, c'est-à-dire qu'il n'y a pas de $b \in B$ tel que $a \succ b$, si $a \in M$. Dans ce cas, dit *la base*, l'induction bien fondée se ramène à prouver $\aleph(a)$ pour tout $a \in M$. Lorsque $A = \mathbb{N}$, ce principe est l'*induction complète* (Buck, 1963). L'*induction structurelle* est un autre cas particulier où $t \succ s$ est vrai si, et seulement si, s est un *sous-terme propre* de t, en d'autres termes, l'arbre de syntaxe abstraite de s est inclus dans l'arbre de t et $s \neq t$.
Parfois, une forme restreinte est suffisante. Par exemple, nous pouvons définir $[x \mid s] \succ s$, pour tout terme x et toute pile $s \in S$. (À la fois x et s sont des *sous-termes immédiats* de $[x \mid s]$.) Il n'existe pas de

chaînes infiniment décroissantes parce que [ ] est l'unique élément minimal de S : aucun s ne satisfait $[\,] \succ s$; donc le cas de base est $t = [\,]$ et $\forall t.(\forall s.t \succ s \Rightarrow \aleph(s)) \Rightarrow \aleph(t)$ dégénère en $\aleph([\,])$.

Terminaison Lorsque nous avons défini notre langage purement fonctionnel, nous avons sciemment rendu possible la non-terminaison de certains programmes. Nous aurions pu imposer des restrictions syntaxiques sur les définitions récursives de façon à garantir la terminaison de toutes les fonctions. Une classe bien connue de fonctions qui terminent fait un usage exclusif d'une forme bridée de récursivité appelée *récursivité primitive* (Robinson, 1947, 1948). Malheureusement, nombre de fonctions utiles ne peuvent être aisément définies sous cette forme et, conséquemment, la plupart des langages fonctionnels laissent au programmeur la responsabilité de prouver la terminaison de leurs programmes. Pour des raisons théoriques, liées au fameux problème de l'arrêt des machines de Turing, il n'est pas possible de donner un critère général pour la terminaison, mais il existe de nombreuses règles qui couvrent beaucoup d'usages.

Considérons l'exemple suivant où $m, n \in \mathbb{N}$:

$$\mathsf{ack}(0, n) \xrightarrow{\theta} n + 1;$$
$$\mathsf{ack}(m + 1, 0) \xrightarrow{\iota} \mathsf{ack}(m, 1);$$
$$\mathsf{ack}(m + 1, n + 1) \xrightarrow{\kappa} \mathsf{ack}(m, \mathsf{ack}(m + 1, n)).$$

Ceci est une forme simplifiée de la fonction de Ackermann, un des premiers exemples d'une fonction calculable, récursive et totale qui n'est pas primitive. Sa définition fait usage d'une double récursivité et de deux paramètres pour calculer des valeurs dont la taille croît comme une tour d'exponentielles, par exemple,

$$\mathsf{ack}(4, 3) \twoheadrightarrow 2^{2^{65536}} - 3.$$

terminaison n'est pas évidente, parce que si le premier argument décroît bien, le second croît énormément.

Définissons un ordre bien fondé sur des paires, dit *ordre lexicographique*. Soit $(\succ_A)$ et $(\succ_B)$ des ordres bien fondés sur les ensembles A et B. Alors, $(\succ_{A \times B})$ défini comme suit sur $A \times B$ est bien fondé :

$$(a_0, b_0) \succ_{A \times B} (a_1, b_1) :\Leftrightarrow a_0 \succ_A a_1 \text{ ou } (a_0 = a_1 \text{ et } b_0 \succ_B b_1). \quad (1.8)$$

Si $A = B = \mathbb{N}$, alors $(\succ_A) = (\succ_B) = (>)$. Pour prouver que $\mathsf{ack}(m, n)$ termine pour tout $m, n \in \mathbb{N}$, nous devons d'abord trouver un ordre bien fondé sur les appels $\mathsf{ack}(m, n)$, c'est-à-dire que les appels doivent être totalement ordonnés sans chaînes infiniment décroissantes. Dans ce cas, un ordre lexicographique sur $(m, n) \in \mathbb{N}^2$, étendu à $\mathsf{ack}(m, n)$, fait l'affaire :

$$\mathsf{ack}(a_0, b_0) \succ \mathsf{ack}(a_1, b_1) :\Leftrightarrow a_0 > a_1 \text{ ou } (a_0 = a_1 \text{ et } b_0 > b_1).$$

Clairement, $\mathsf{ack}(0, 0)$ est l'élément minimal. Ensuite, nous devons prouver que $\mathsf{ack}(m, n)$, avec $m > 0$ ou $n > 0$, se réécrit en appels plus petits. Nous n'avons besoin d'examiner que les règles ι et κ. Avec la première, nous avons l'inégalité

$$\mathsf{ack}(m + 1, 0) \succ \mathsf{ack}(m, 1).$$

Avec la règle κ, nous avons les inégalités suivantes :

$$\mathsf{ack}(m + 1, n + 1) \succ \mathsf{ack}(m + 1, n),$$
$$\mathsf{ack}(m + 1, n + 1) \succ \mathsf{ack}(m, p),$$

pour toute valeur p, en particulier quand $\mathsf{ack}(m + 1, n) \twoheadrightarrow p$. $\quad\square$

Une série d'exemples de preuves de terminaison pour des systèmes de réécriture a été publiée par Dershowitz (1995), Arts et Giesl (2001). Un compendium accessible a été rédigé par Dershowitz (1987). Knuth (2000) a analysé des fonctions récursives particulièrement compliquées.

Associativité Rappelons la définition (1.3) de la concaténation de deux piles :

$$\mathsf{cat}([\,], t) \xrightarrow{\alpha} t; \qquad \mathsf{cat}([x \,|\, s], t) \xrightarrow{\beta} [x \,|\, \mathsf{cat}(s, t)].$$

et prouvons l'associativité de $\mathsf{cat}/2$, symboliquement exprimée par

$$\mathsf{CatAssoc}(s, t, u) \colon \mathsf{cat}(s, \mathsf{cat}(t, u)) \equiv \mathsf{cat}(\mathsf{cat}(s, t), u)$$

où s, t et u sont des valeurs de pile.

L'objectif ici est d'utiliser le système de réécriture comme une machine abstraite pour prouver une propriété, avec l'aide opportune du principe d'induction. Précisément, nous voulons réécrire chaque membre de l'équivalence que nous souhaitons prouver, jusqu'à ce que nous obtenions le même terme (égalité), ou employions le principe d'induction (équivalence). Nous voulons être libre de choisir une réécriture parmi celles possibles pour un terme donné, et cette liberté nous est donnée par la conjonction de la terminaison et de la confluence du système de réécriture définissant les fonctions : nous supposons toujours qu'elles sont avérées lorsque nous prouvons des propriétés de telles fonctions.

Nous employons le principe d'induction bien fondée à la structure de s, donc nous devons établir la base et le pas inductif suivants :

— la base $\forall t, u \in S.\mathsf{CatAssoc}([\,], t, u)$;

— le pas $\forall s, t, u \in S.\mathsf{CatAssoc}(s, t, u) \Rightarrow \forall x \in T.\mathsf{CatAssoc}([x\,|\,s], t, u)$. En soulignant l'appel qui est réécrit, le cas de base est :

$$\underline{\mathsf{cat}}([\,], \mathsf{cat}(t, u)) \xrightarrow{\alpha} \mathsf{cat}(t, u) \xleftarrow{\alpha} \mathsf{cat}(\underline{\mathsf{cat}}([\,], t), u).$$

Supposons maintenant $\mathsf{CatAssoc}(s, t, u)$, appelé l'*hypothèse d'induction*, et prouvons $\mathsf{CatAssoc}([x\,|\,s], t, u)$, pour tout terme x. Nous avons

$$\begin{aligned}
\underline{\mathsf{cat}}([x\,|\,s], \mathsf{cat}(t, u)) \;&\xrightarrow{\beta}\; [x\,|\,\mathsf{cat}(s, \mathsf{cat}(t, u))] \\
&\equiv\; [x\,|\,\mathsf{cat}(\mathsf{cat}(s, t), u)] \qquad \mathsf{CatAssoc}(s, t, u) \\
&\xleftarrow{\beta}\; \underline{\mathsf{cat}}([x\,|\,\mathsf{cat}(s, t)], u) \\
&\xleftarrow{\beta}\; \mathsf{cat}(\underline{\mathsf{cat}}([x\,|\,s], t), u).
\end{aligned}$$

Donc $\mathsf{CatAssoc}([x\,|\,s], t, u)$ est vraie et $\forall s, t, u \in S.\mathsf{CatAssoc}(s, t, u)$. □

Remarquons que nous avons filtré ici une expression, c'est-à-dire $\mathsf{cat}([x\,|\,s], \mathsf{cat}(t, u))$, au lieu d'une valeur, comme c'est le cas avec une stratégie d'évaluation par appel, parce nous travaillons avec des équivalences et nous supposons que le système termine et est confluent, donc *toute stratégie de réduction convient*.

1.6   Programmation

Traduction en Erlang   Il est toujours agréable de faire évaluer nos appels de fonctions par des ordinateurs. Nous présentons brièvement Erlang, un langage fonctionnel qui inclut un noyau pur (Armstrong, 2007). Un *module* est une collection de définitions de fonctions. La syntaxe d'Erlang est très proche de notre formalisme et nos systèmes de réécriture précédents deviennent

```
-module(mix).
-export([cat/2,fact/1]).

cat(   [],T) -> T;
cat([X|S],T) -> [X|cat(S,T)].

fact(N) -> f(fun f/2,N).

f(_,0) -> 1;
f(G,N) -> N * G(G,N-1).
```

La différence réside dans la présence d'en-têtes et de conventions lexicales consistant à composer les variables en lettres capitales et à amuïr les variables inutilisées dans les motifs avec un souligné (_). De plus,

l'expression `fun f/2` denote `f/2` quand elle est utilisée à la place d'une
valeur. À partir de la boucle interactive d'**Erlang**, nous pouvons compiler
et exécuter quelques exemples :

```
1> c(mix).
{ok,mix}
2> mix:cat([1,2,3],[4,5]).
[1,2,3,4,5]
3> mix:fact(30).
265252859812191058636308480000000
```

Notons qu'**Erlang** offre une arithmétique entière exacte et que l'ordre des
définitions n'est pas significatif.

Traduction en Java   Les programmes fonctionnels opérant sur des
piles peuvent être systématiquement traduits en **Java**, en suivant une méthode similaire à celles publiées par Felleisen et Friedman (1997), Bloch
(2003) et Sher (2004). Notre traduction devrait transférer certaines propriétés intéressantes ayant été établies à propos du programme dans le
langage source : il est crucial de comprendre comment l'approche mathématique présentée précédemment, à la fois l'induction structurelle et
la programmation fonctionnelle, mènent à des programmes **Java** sûrs et,
par conséquent, constitue un pont solide entre les mathématiques et l'informatique.

Bien entendu, les programmes examinés dans ce livre sont extrêmement courts et le sujet étudié est donc celui de la programmation à petite
échelle, mais, du point de vue de l'ingénierie du logiciel, ces programmes
fonctionnels peuvent être considérés comme les *spécifications formelles*
des programmes **Java**, et les preuves par induction peuvent se concevoir comme des exemples de *méthodes formelles*, comme celles utilisées
pour certifier certains protocoles de télécommunication et des systèmes
embarqués critiques. Conséquemment, ce livre peut être lu comme un
prérequis a un cours d'ingénierie du logiciel, mais aussi à un cours de
programmation approfondie.

Patrons conceptuels   Le patron conceptuel en **Java** qui modélise une
pile s'appuie sur les méthodes polymorphes et les classes génériques et
abstraites. Une telle classe `Stack` capture l'essence d'une pile :

```
public abstract class Stack<Item> { // Stack.java
  public final NStack<Item> push(final Item item) {
    return new NStack<Item>(item,this); } }
```

Une pile est vide ou non et la classe Stack est abstraite parce qu'elle affirme que ces deux cas sont des piles et qu'ils partagent des fonctionnalités, comme la méthode push, qui enveloppe le constructeur des piles non-vides, NStack, de telle sorte que toutes sortes de piles héritent la même méthode. L'argument item de push est déclaré **final** parce que nous voulons qu'il soit constant dans le corps de la méthode, suivant en cela le paradigme fonctionnel. La pile vide [] est associée à une extension EStack de Stack, capturant la relation « une pile vide est une pile ». La classe EStack ne contient aucune donnée.

```
// EStack.java
public final class EStack<Item> extends Stack<Item> {}
```

La pile non-vide est logiquement codée par NStack, une autre sous-classe de Stack :

```
// NStack.java
public final class NStack<Item> extends Stack<Item> {
  private final Item head;

  private final Stack<Item> tail;

  public NStack(final Item item, final Stack<Item> stack) {
    head = item; tail = stack; }
}
```

Le champs head modélise le premier élément d'une pile et tail correspond au reste de la pile (donc NStack est une classe récursive). Le constructeur simplement initialise ceux-ci et il est important de les déclarer final pour exprimer que nous ne voulons pas d'affectations après l'initialisation. Comme dans le langage fonctionnel, à chaque fois qu'une pile est demandée, au lieu de modifier une autre pile avec un effet, une nouvelle est créée, qui peut-être réutilise d'autres piles comme composants constants.

Concaténation de piles Pour illustrer les piles en Java, rappelons-nous de la définition (1.3) à la page 7 pour concaténer deux piles :

$$\mathsf{cat}([\,],t) \xrightarrow{\alpha} t; \qquad \mathsf{cat}([x\,|\,s],t) \xrightarrow{\beta} [x\,|\,\mathsf{cat}(s,t)].$$

La traduction vers notre hiérarchie de classes en Java est la suivante. Le premier argument de cat/2 est une pile, correspondant à this dans nos classes EStack et NStack. Par conséquent, la traduction de cat/2 est une méthode abstraite dans la classe Stack, avec un paramètre (le second de cat/2) :

```
public abstract Stack<Item> cat(final Stack<Item> t);
```

La règle α s'applique seulement à l'objet représentant [], donc la traduction correspondante est une méthode de EStack qui retourne son argument inchangé :

```
public Stack<Item> cat(final Stack<Item> t) { return t; }
```

Sans surprise, la règle β devient une méthode de NStack retournant un objet de NStack correspondant à $[x \mid \text{cat}(s, t)]$. Celui-ci est construit en traduisant cette pile de bas en haut : traduire $\text{cat}(s, t)$ et puis empiler x. Souvenons-nous que s est la sous-pile de $[x \mid s]$ dans le membre gauche de la règle β, donc $[x \mid s]$ est this et s correspond à this.tail, ou, simplement, tail. De manière semblable, x est head. Finalement,

```
public NStack<Item> cat(final Stack<Item> t) {
  return tail.cat(t).push(head);
}
```

Première partie

Structures linéaires

Chapitre 2

Fondamentaux

2.1 Concaténation

Dans l'introduction, nous n'avons pas expliqué la conception de cat/2, la fonction qui effectue la concaténation de deux piles. Recommençons et avançons lentement.

Considérons l'écriture d'une fonction join/2 (*joindre*) qui se comporte comme cat/2. Tout d'abord, l'exigence devrait être exprimée en français comme une fonction qui prend deux piles et calcule une pile contenant tous les éléments de la première pile, suivis par tous les éléments de la seconde, tout en conservant l'ordre relatif des éléments. En d'autres termes, tous les appels de fonction $join(s, t)$ sont réécrits en une pile contenant tous les éléments de s, suivis par tous les éléments de t. Une exigence serait incomplète sans quelques exemples. Par exemple,

$$\mathsf{join}([3, 5], [2]) \twoheadrightarrow [3, 5, 2].$$

Néanmoins, si cela est encore un peu vague, nous devrions essayer des cas extrêmes, c'est-à-dire des configurations très particulières des arguments, de façon à comprendre plus précisément ce qui est attendu de cette fonction. Il vient naturellement à l'esprit qu'une pile est nécessairement vide ou non et, puisque les deux arguments sont des piles, alors nous sommes amenés à distinguer quatre cas : deux piles vides ; la première pile vide et l'autre non ; la première pile n'est pas vide et la seconde l'est ; les deux ne sont pas vides :

$$\mathsf{join}([\,], [\,])$$
$$\mathsf{join}([\,], [y\,|\,t])$$
$$\mathsf{join}([x\,|\,s], [\,])$$
$$\mathsf{join}([x\,|\,s], [y\,|\,t])$$

Il est crucial de ne pas se précipiter pour écrire les membres droits. Est-ce que des cas ont été oubliés ? Non, parce qu'il y a exactement deux arguments qui peuvent chacun être vides ou non, ce qui fait $2 \cdot 2 = 4$ cas. Nous pouvons alors préparer le canevas suivant :

$$\mathsf{join}([\,],[\,]) \rightarrow \boxed{};$$
$$\mathsf{join}([\,],[y\,|\,t]) \rightarrow \boxed{};$$
$$\mathsf{join}([x\,|\,s],[\,]) \rightarrow \boxed{};$$
$$\mathsf{join}([x\,|\,s],[y\,|\,t]) \rightarrow \boxed{}.$$

Privilégions la règle qui semble la plus aisée, car il n'y a aucune obligation de les compléter dans l'ordre d'écriture. Quand nous lisons les filtres, une représentation mentale claire de la situation devrait surgir. Ici, il semble que la première règle soit la plus facile car elle ne contient aucune variable du tout : quelle est la pile faite de tous les éléments de la (première) pile vide, suivis de tous les éléments de la (seconde) pile vide ? Puisque la pile vide, par définition, ne contient aucun élément, la réponse est la pile vide :

$$\mathsf{join}([\,],[\,]) \rightarrow [\,];$$
$$\mathsf{join}([\,],[y\,|\,t]) \rightarrow \boxed{};$$
$$\mathsf{join}([x\,|\,s],[\,]) \rightarrow \boxed{};$$
$$\mathsf{join}([x\,|\,s],[y\,|\,t]) \rightarrow \boxed{}.$$

Nous pourrions peut-être nous demander si ce cas ne devrait pas être supprimé. En d'autres termes, est-ce un cas signifiant ? Oui, car la description en français du comportement de join/2 impose que le résultat soit toujours une pile d'éléments d'autres piles (les arguments), donc, en l'absence d'éléments à « mettre » dans le résultat, la pile finale « reste » vide.

Il devrait être évident maintenant que la deuxième et troisième règle sont symétriques, car il revient au même d'ajouter une pile non-vide à la droite d'une pile vide que de l'ajouter à gauche : le résultat est toujours la pile non-vide en question.

$$\mathsf{join}([\,],[\,]) \rightarrow [\,];$$
$$\mathsf{join}([\,],[y\,|\,t]) \rightarrow [y\,|\,t];$$
$$\mathsf{join}([x\,|\,s],[\,]) \rightarrow [x\,|\,s];$$
$$\mathsf{join}([x\,|\,s],[y\,|\,t]) \rightarrow \boxed{}.$$

La dernière règle est la plus difficile. Que révèle le motif sur le cas présent ? Que les deux piles ne sont pas vides et, plus précisément, que le sommet de la première est dénoté par la variable x, le reste (qui peut être vide ou non) est s, et de même pour la seconde pile avec y et t. Est-ce que ces briques sont suffisantes pour construire le membre droit, c'est-à-dire, le pas suivant vers la valeur finale ? Nous savons que la concaténation de deux piles p et q préserve dans le résultat l'ordre total des éléments présents dans les deux, mais aussi l'ordre relatif des éléments de p par rapport à ceux de q. En d'autres termes, les éléments de $p = [x \,|\, s]$ doivent être présents dans le résultat avant les éléments de $q = [y \,|\, t]$ et les éléments de p doivent être dans le même ordre que dans p (idem pour q). Avec cet ordonnancement en tête, il est peut-être naturel d'esquisser ce qui suit :

$$\mathsf{join}([x \,|\, s], [y \,|\, t]) \to \square\, x \,\square\, s \,\square\, y \,\square\, t \,\square.$$

En une réécriture, l'élément x peut-il être placé à sa place finale, c'est-à-dire, à une position qu'il n'a pas besoin de quitter ensuite ? La réponse est oui : il doit être mis au sommet du résultat.

$$\mathsf{join}([x \,|\, s], [y \,|\, t]) \to [x \,|\, \square\, s \,\square\, y \,\square\, t \,\square].$$

Qu'en est-il de l'autre sommet, la variable y ? Il devrait demeurer sur le sommet de t :

$$\mathsf{join}([x \,|\, s], [y \,|\, t]) \to [x \,|\, \square\, s \,\square\, [y \,|\, t]].$$

Quelle est la relation entre s et $[y \,|\, t]$? Nous pourrions être tentés par

$$\mathsf{join}([x \,|\, s], [y \,|\, t]) \to [x \,|\, [s \,|\, [y \,|\, t]]].$$

qui est erroné. La raison est que, bien qu'une pile puisse être un élément d'une autre pile (en d'autres termes, les piles peuvent être arbitrairement imbriquées dans d'autres piles), s ne devrait pas être employée comme un élément ici, comme nous le ferions en écrivant $[s \,|\, [y \,|\, t]]$. Considérons l'exemple filé $\mathsf{join}([3, 5], [2])$: ici, le membre gauche de la règle en question lie x à 3, s à $[5]$, y à 2 et t à $[]$, par conséquent, le membre droit supposé $[x \,|\, [s \,|\, [y \,|\, t]]]$ est en réalité `[3|[[5]|[2|[]]]]`, ce qui diffère du résultat `[3|[5|[2|[]]]]` en ce que `[5]` n'est pas 5.

Comment peuvent s et $[y \,|\, t]$ être joints ? Bien entendu, cela est le but même de la fonction $\mathsf{join}/2$ en cours de définition. Donc, ce dont nous avons besoin ici est un appel récursif :

$$\begin{aligned}
\mathsf{join}([\,], [\,]) &\to [\,]; \\
\mathsf{join}([\,], [y \,|\, t]) &\to [y \,|\, t]; \\
\mathsf{join}([x \,|\, s], [\,]) &\to [x \,|\, s]; \\
\mathsf{join}([x \,|\, s], [y \,|\, t]) &\to \underline{[x \,|\, \mathsf{join}(s, [y \,|\, t])]}.
\end{aligned}$$

Correction et complétude Il est extrêmement fréquent, lors de la conception d'une fonction, que nous nous concentrions sur un aspect, sur une règle, et puis sur d'autres parties du code, et la forêt pourrait

alors cacher un arbre. Lorsque nous acquiesçons à une définition de fonction, l'étape suivante consiste à vérifier si elle est correcte et complète
par rapport à la compréhension que nous avions a priori de son comportement.

Nous disons qu'une définition est *correcte* si tous les appels de fonction qui peuvent être réécrits en une étape peuvent être davantage réécrits en le résultat attendu, *et* si tout appel qui échoue était bien prévu.
Par échec, nous entendons l'obtention d'une expression contenant un appel de fonction qui ne peut être réécrit davantage.

Nous disons qu'une définition est *complète* si tout appel de fonction
que nous nous attendons à être calculable est en effet calculable. En
d'autres termes, nous devons aussi nous assurer que la définition permet
de réécrire en une valeur toute entrée que nous jugeons acceptable.

Comment vérifions-nous que la dernière définition de join/2 est correcte et complète ? Si le concept de « résultat attendu » n'est pas formellement défini, typiquement par des mathématiques, nous mettons en
place une *revue de code* et des *tests*. Un aspect important du passage en
revue du code consiste à vérifier à nouveau les membres gauches de la
définition et à voir si toutes les entrées possibles sont acceptées. Dans le
cas où certaines entrées ne sont pas filtrées par les motifs, nous devons
justifier ce fait et garder une trace écrite en commentaire. Les membres
gauches de join/2 filtrent toutes les combinaisons de deux piles, qu'elles
soient vides ou non, et c'est exactement ce que nous voulions : ni plus,
ni moins. L'étape suivante est l'inspection des membres droits en nous
posant deux questions :

1. Est-ce que les membres droits sont réécrits en le type attendu de
   valeur, pour tous les appels de fonctions ?

2. Est-ce que les appels de fonctions reçoivent bien le type attendu
   d'argument ?

Ces vérifications procèdent du fait que certains langages fonctionnels,
comme Erlang, ne comportent pas d'*inférence de type* à la compilation.
D'autres langages fonctionnels, comme OCaml et Haskell, ont des compilateurs qui établissent automatiquement ces propriétés. L'examen des
membres droits dans la définition de join/2 confirme que

— les membres droits des trois premières règles sont des piles contenant le même type d'éléments que les arguments ;

— les arguments de l'unique appel récursif dans la dernière règle sont
  des piles faites d'éléments provenant des paramètres ;

— en supposant que l'appel récursif possède le type attendu, nous
  déduisons que le membre droit de la dernière règle est une pile
  constituée d'éléments des arguments.

En conclusion, nous avons répondu positivement aux deux questions ci-dessus. Remarquons comment nous avons dû supposer que l'appel récursif avait déjà le type que nous essayions d'établir pour la définition courante. Il n'y a rien d'erroné dans ce raisonnement, appelé *inductif*, et il est même omniprésent en mathématiques. Nous revisiterons l'induction dans différents contextes.

L'étape suivante consiste à tester la définition. Cela signifie définir un ensemble d'entrées qui mènent à un ensemble de résultats et d'échecs qui sont tous attendus. Par exemple, il est attendu que $\mathsf{join}([\,],[\,]) \twoheadrightarrow [\,]$, donc nous pourrions sonder la validité de cette assertion en exécutant le code, et l'appel de fonction en effet passe le test avec succès. Comment choisir les entrées de façon pertinente? Il n'y a pas de règles générales, mais des conseils sont utiles. L'un est de considérer le cas vide ou le plus petit des cas, quelqu'en soit le sens dans le contexte de la fonction. Par exemple, si un argument est une pile, alors il faudrait essayer la pile vide. Si un autre argument est un entier naturel, alors essayons zéro. Un autre conseil est d'avoir des *plans de test*, c'est-à-dire des appels de fonction dont les valeurs sont connues à l'avance et qui font usage de chaque règle. Dans le cas de $\mathsf{join}/2$, il y a quatre règles à couvrir avec le plan de test.

Amélioration   Une fois que nous sommes convaincus que la fonction qui vient tout juste d'être définie est correcte et complète, il est souvent utile de considérer à nouveau le code en vue d'éventuels amendements. Il y a différentes directions possible pour apporter des améliorations souvent appelées *optimisations*, et ce bien que leur effet ne soit pas toujours optimal :

— Pouvons-nous réécrire la définition de telle sorte que tous les cas, ou au moins certains d'entre eux, soient plus efficaces?
— Existe-t-il une définition équivalente qui requiert moins de mémoire dans tout ou partie des cas?
— Pouvons-nous raccourcir la définition en utilisant moins de règles (peut-être certaines sont inutiles ou redondantes) ou des membres droits plus brefs?
— Pouvons-nous employer moins de paramètres dans la définition? (Ceci est en relation avec l'usage de la mémoire.)

Considérons à nouveau $\mathsf{join}/2$:

$$\begin{aligned}
\mathsf{join}([\,],[\,]) &\to [\,]; \\
\mathsf{join}([\,],[y\,|\,t]) &\to [y\,|\,t]; \\
\mathsf{join}([x\,|\,s],[\,]) &\to [x\,|\,s]; \\
\mathsf{join}([x\,|\,s],[y\,|\,t]) &\to [x\,|\,\mathsf{join}(s,[y\,|\,t])].
\end{aligned}$$

et concentrons notre attention sur les deux premières règles, dont le point commun est d'avoir la première pile vide. Il est clair maintenant que les membres droits sont, dans les deux règles, la seconde pile, quelle soit vide (première règle) ou non (seconde règle). Par conséquent, nous n'avons pas besoin de discriminer la structure de la seconde pile lorsque la première est vide et nous pouvons alors écrire de manière équivalente :

$$\mathsf{join}([\,],t) \to t, \text{ où } t \text{ est une pile};$$
$$\mathsf{join}([x\,|\,s],[\,]) \to [x\,|\,s];$$
$$\mathsf{join}([x\,|\,s],[y\,|\,t]) \to [x\,|\,\mathsf{join}(s,[y\,|\,t])].$$

Remarquons comment cette nouvelle définition n'affirme pas formellement que t est une pile — d'où le commentaire — donc elle n'est pas strictement équivalente à la définition originale : maintenant $\mathsf{join}([\,],5) \to 5$. Acceptons ce compromis en préférant la concision de la dernière version ou en supposant l'existence d'une inférence de types.

Considérons ensuite les deux dernières règles et cherchons des motifs communs. Il se trouve que, dans la pénultième règle, la première pile est filtrée par $[x\,|\,s]$, mais rien n'est fait avec x et s, à part *reconstruire* $[x\,|\,s]$ dans le membre droit. Ceci suggère que nous devrions simplifier la règle comme suit :

$$\mathsf{join}([\,],t) \to t;$$
$$\mathsf{join}(s,[\,]) \to s, \text{ où } s \text{ est une pile non-vide};$$
$$\mathsf{join}([x\,|\,s],[y\,|\,t]) \to [x\,|\,\mathsf{join}(s,[y\,|\,t])].$$

Nous devons vérifier que changer $[x\,|\,s]$ en s n'affecte pas le filtrage par motifs, c'est-à-dire que les entrées qui étaient filtrées auparavant le sont toujours maintenant. En effet, il serait possible en théorie que la nouvelle variable s filtrât une pile vide. Pouvons-nous établir que s n'est jamais vide ? Le membre gauche de la pénultième règle filtre seulement si la règle précédente n'a pas filtré, en d'autres termes, les règles sont essayées dans l'ordre d'écriture, soit du haut vers le bas. Par conséquent, nous savons que s ne peut être liée à la pile vide, parce que [] est utilisée dans la règle précédente *et* le second paramètre peut être n'importe quelle pile. Néanmoins, comme cela s'est produit antérieurement, s n'est plus nécessairement une pile, par exemple, $\mathsf{join}(5,[\,]) \to 5$. À nouveau, nous ignorerons cet effet secondaire et choisirons la concisions de la dernière définition.

Dans la dernière règle, nous observons que le second argument, filtré par $[y\,|\,t]$, est simplement retransmis à l'appel récursif, donc il se révèle inutile de distinguer y et t, et nous pouvons avancer

$$\text{join}([\,],t) \to t;$$
$$\text{join}(s,[\,]) \to s;$$
$$\text{join}([x\,|\,s],\underline{t}) \to [x\,|\,\text{join}(s,\underline{t})].$$

(Est-ce que t peut être vide ?) Ici encore, nous devons nous assurer que t ne peut être liée à une pile vide : elle ne peut être vide parce que, sinon, le motif précédent aurait filtré l'appel. Mais, tel quel, le pénultième motif est inclus dans le dernier, c'est-à-dire que toutes les données qui sont filtrées par le pénultième sont aussi filtrées par le dernier, ce qui nous amène à nous demander si la définition serait encore correcte si t pouvait être liée à la pile vide, après tout. Étiquetons les règles comme suit :

$$\text{join}([\,],t) \xrightarrow{\alpha} t;$$
$$\text{join}(s,[\,]) \xrightarrow{\beta} s;$$
$$\text{join}([x\,|\,s],t) \xrightarrow{\gamma} [x\,|\,\text{join}(s,t)].$$

Soit s une pile contenant n éléments, ce que nous écrivons de manière informelle ainsi : $s = [x_0, x_1, \ldots, x_{n-1}]$. L'indice i dans x_i est la *position* de l'élément dans la pile, le sommet se trouvant à la position 0. Alors nous réécrivons en une étape :

$$\text{join}(s,[\,]) \xrightarrow{\beta} s.$$

Si la règle β avait été éliminée, nous aurions obtenu à la place :

$$
\begin{aligned}
\text{join}(s,[\,]) \xrightarrow{\gamma}\ & [x_0\,|\,\text{join}([x_1,\ldots,x_{n-1}],[\,])]\\
\xrightarrow{\gamma}\ & [x_0\,|\,[x_1\,|\,\text{join}([x_2,\ldots,x_{n-1}],[\,])]]\\
=\ & [x_0,x_1\,|\,\text{join}([x_2,\ldots,x_{n-1}],[\,])]\\
\xrightarrow{\gamma}\ & [x_0,x_1\,|\,[x_2\,|\,\text{join}([x_3,\ldots,x_{n-1}],[\,])]]\\
=\ & [x_0,x_1,x_2\,|\,\text{join}([x_3,\ldots,x_{n-1}],[\,])]\\
\vdots\ & \\
\xrightarrow{\gamma}\ & [x_0,x_1,\ldots,x_{n-1}\,|\,\text{join}([\,],[\,])]\\
\xrightarrow{\alpha}\ & [x_0,x_1,\ldots,x_{n-1}\,|\,[\,]]\\
=\ & [x_0,x_1,\ldots,x_{n-1}]\\
=\ & s.
\end{aligned}
$$

En bref, nous avons trouvé : $\text{join}(s,[\,]) \twoheadrightarrow s$. Ceci signifie que la règle β est inutile, puisque sa suppression nous permet d'atteindre le même résultat s, bien que plus lentement : n pas par la règle γ plus 1 par la règle α, au lieu d'un pas par la règle β. Nous nous trouvons donc dans une situation où la définition originale était spécialisée pour plus d'efficacité quand la seconde pile est vide. Si nous ôtons la règle β, le programme est plus court mais devient plus lent dans ce cas particulier.

Cette sorte de dilemme est assez fréquent en programmation et il n'y a pas toujours de choix clair. Peut-être un autre argument peut ici faire pencher la balance du côté de la suppression. En effet, bien que l'élimination ralentit certains appels, elle rend le nombre de réécritures plus facile à retenir : c'est le nombre d'éléments de la première pile, plus 1 ; en particulier, la longueur du second argument n'est pas pertinente. Décidons donc en faveur de la suppression et rebaptisons la définition finale :

$$\mathsf{cat}([\,],t) \xrightarrow{\alpha} t;$$
$$\mathsf{cat}([x\,|\,s],t) \xrightarrow{\beta} [x\,|\,\mathsf{cat}(s,t)].$$

Remarquons en passant que $\mathsf{cat}(5,[\,])$ échoue à nouveau, comme cela se produisait dans la version originelle.

Lorsque l'on programme des applications moyennes ou grandes, il est recommandé d'employer des variables évocatrices, comme `PileDeProc`, au lieu de noms énigmatiques ou génériques, comme s. Mais, dans ce livre, nous nous intéressons principalement aux programmes courts, pas à l'ingénierie du logiciel, donc des variables courtes nous conviendrons tout à fait. Néanmoins, nous devons établir et suivre une convention pour que nous reconnaissions aisément le type des variables d'une définition à l'autre.

Forme terminale   Comme la réécriture de $\mathsf{cat}(s,[\,])$ le montre, le membre droit de la règle β de $\mathsf{cat}/2$ contient un appel dont le *contexte* est $[x\,|\,\_]$, où le symbole $\_$ dénote le lieu de l'appel $\mathsf{cat}(s,t)$. Quand tous les membres droits d'une définition sont soit des valeurs, ou des expressions arithmétiques, ou des expressions constituées seulement de constructeurs de données, ou bien encore des appels dont les arguments sont des valeurs, ou des expressions arithmétiques ou des constructeurs de données, la définition est dite en *forme terminale*.

Nous pourrions nous demander si une variante en forme terminale est nécessaire ou non, et nous envisagerons cette question ultérieurement. Pour le moment, saisissons cette occasion comme un exercice de style et, au lieu de présenter une transformation systématique, envisageons une approche pragmatique. Dans le cas de $\mathsf{cat}/2$, comme nous l'avons déclaré plus haut, le seul contexte est $[x\,|\,\_]$ et l'opérateur $(\,|\,)$ n'est pas associatif, c'est-à-dire que $[x\,|\,[y\,|\,z]] \not\equiv [[x\,|\,y]\,|\,z]$. L'idée est d'ajouter un paramètre dans lequel nous conserverons les valeurs du contexte, et quand les données initiales seront épuisées, nous reconstruirons ce contexte à partir de ce paramètre, appelé un *accumulateur*. Ici, nous souhaitons une nouvelle fonction cat/3 dont la définition a pour forme

$$\mathsf{cat}([\,], t, \underline{u}) \to \boxed{};$$
$$\mathsf{cat}([x\,|\,s], t, \underline{u}) \to \boxed{}.$$

Le nouveau paramètre u est l'accumulateur en question. Puisque nous voulons y stocker des x, ce doit être une pile. De plus, sa valeur initiale doit être la pile vide, sinon des éléments exogènes seraient mêlés au résultat. Par conséquent, la définition en forme terminale, équivalente à cat/2 et nommée cat_0/2, appelle cat/3 avec le paramètre supplémentaire $[\,]$:

$$\mathsf{cat}_0(s, t) \to \mathsf{cat}(s, t, [\,]).$$

Revenons à cat/3 et empilons x sur u :

$$\mathsf{cat}([\,], t, u) \xrightarrow{\alpha} \boxed{};$$
$$\mathsf{cat}([x\,|\,s], t, u) \xrightarrow{\beta} \mathsf{cat}(s, t, [x\,|\,u]).$$

Que contient l'accumulateur du résultat attendu ? Nous savons déjà qu'il ne peut être un résultat partiel, parce que $(|)$ n'est pas associatif. Donc nous devons travailler davantage avec u *et* t, mais, d'abord, nous devons comprendre ce que u contient à ce point en déroulant à plat un appel, avec un morceau de papier et un crayon. Soit s une pile de n éléments $[x_0, x_1, \ldots, x_{n-1}]$. Nous avons

$$\mathsf{cat}(s, t, [\,]) \xrightarrow{\beta} \mathsf{cat}([x_1, \ldots, x_{n-1}], t, [x_0])$$
$$\xrightarrow{\beta} \mathsf{cat}([x_2, \ldots, x_{n-1}], t, [x_1, x_0])$$
$$\vdots$$
$$\xrightarrow{\beta} \mathsf{cat}([\,], t, [x_{n-1}, x_{n-2}, \ldots, x_0])$$
$$\xrightarrow{\alpha} \boxed{}.$$

Par conséquent, u dans le membre gauche de la règle α est liée à une pile qui contient les mêmes éléments que la valeur originelle du paramètre s, mais en *ordre inverse*. En d'autres termes, étant donné l'appel $\mathsf{cat}(s, t, [\,])$, le paramètre u dans le premier motif de cat/3 représente s renversé. Que pouvons-nous faire avec u et t de manière à atteindre le but ? La clé est de réaliser que la réponse dépend du contenu de u, qui, par conséquent, a besoin d'être filtré plus précisément : est-ce que u est vide ou non ? Ceci nous amène à séparer la règle α en α_0 et α_1 :

$$\mathsf{cat}([\,], t, [\,]) \xrightarrow{\alpha_0} \boxed{};$$
$$\mathsf{cat}([\,], t, [x\,|\,u]) \xrightarrow{\alpha_1} \boxed{};$$
$$\mathsf{cat}([x\,|\,s], t, u) \xrightarrow{\beta} \mathsf{cat}(s, t, [x\,|\,u]).$$

Remarquons que les règles α_0 et α_1 pourraient être inversées, puisqu'elles filtrent des cas complètement distincts. Le membre droit de la règle α_0

est aisément deviné : ce doit être t puisqu'il correspond au cas où nous voulons concaténer la pile vide et t :

$$\mathsf{cat}([\,],t,[\,]) \xrightarrow{\alpha_0} t;$$
$$\mathsf{cat}([\,],t,[x\,|\,u]) \xrightarrow{\alpha_1} \boxed{};$$
$$\mathsf{cat}([x\,|\,s],t,u) \xrightarrow{\beta} \mathsf{cat}(s,t,[x\,|\,u]).$$

Comment mettons-nous en relation t, x et u dans la règle α_1 avec le résultat que nous recherchons ? Puisque $\mathsf{cat}(s,t,[\,]) \twoheadrightarrow \mathsf{cat}([\,],t,[x\,|\,u])$, nous savons que $[x\,|\,u]$ est s retourné, donc l'élément x est le dernier dans s et il devrait être au-dessus de t dans le résultat. Que devrions-nous faire avec u ? La clé est de voir que nous avons besoin de recommencer le même processus, c'est-à-dire placer un appel récursif :

$$\mathsf{cat}([\,],t,[\,]) \xrightarrow{\alpha_0} t;$$
$$\mathsf{cat}([\,],t,[x\,|\,u]) \xrightarrow{\alpha_1} \mathsf{cat}([\,],[x\,|\,t],u);$$
$$\mathsf{cat}([x\,|\,s],t,u) \xrightarrow{\beta} \mathsf{cat}(s,t,[x\,|\,u]).$$

Pour mettre à l'épreuve la correction de cette définition, nous pouvons essayer un petit exemple :

$$\mathsf{cat}([1,2,3],[4,5],[\,]) \xrightarrow{\beta} \mathsf{cat}([2,3],[4,5],[1])$$
$$\xrightarrow{\beta} \mathsf{cat}([3],[4,5],[2,1])$$
$$\xrightarrow{\beta} \mathsf{cat}([\,],[4,5],[3,2,1])$$
$$\xrightarrow{\alpha_1} \mathsf{cat}([\,],[3,4,5],[2,1])$$
$$\xrightarrow{\alpha_1} \mathsf{cat}([\,],[2,3,4,5],[1])$$
$$\xrightarrow{\alpha_1} \mathsf{cat}([\,],[1,2,3,4,5],[\,])$$
$$\xrightarrow{\alpha_0} [1,2,3,4,5].$$

En conclusion, la version de $\mathsf{cat}/2$ en forme terminale, appelée $\mathsf{cat}_0/2$, requiert une fonction auxiliaire $\mathsf{cat}/3$ avec un accumulateur dont le but est de retourner le premier argument :

$$\mathsf{cat}_0(s,t) \xrightarrow{\alpha} \mathsf{cat}(s,t,[\,]).$$
$$\mathsf{cat}([\,],t,[\,]) \xrightarrow{\beta} t;$$
$$\mathsf{cat}([\,],t,[x\,|\,u]) \xrightarrow{\gamma} \mathsf{cat}([\,],[x\,|\,t],u);$$
$$\mathsf{cat}([x\,|\,s],t,u) \xrightarrow{\delta} \mathsf{cat}(s,t,[x\,|\,u]).$$

Nous savons aussi que faire quand le contexte n'est pas un appel à un opérateur associatif : nous empilons les valeurs des variables qu'il contient et quand la pile d'entrée est vide, nous les dépilons pour les placer dans le contexte reconstruit que nous évaluons en dernier. Nous reviendrons sur cette méthode.

Efficacité Le nombre d'étapes pour réécrire $\mathsf{cat}_0(s, t)$ en une valeur est plus élevé qu'avec $\mathsf{cat}(s, t)$, comme nous l'avions deviné lorsque nous avions déroulé l'exemple précédent. En effet, en supposant que s contient n éléments, nous avons

— un pas pour obtenir $\mathsf{cat}(s, t, [\,])$ avec la règle α ;
— n pas pour retourner s sur l'accumulateur avec la règle δ ;
— n pas pour retourner l'accumulateur sur t avec la règle γ ;
— un pas quand l'accumulateur est finalement vide, avec la règle β.

Donc, le nombre total d'étapes est $2n+2$, ce qui est le double du coût avec la version précédente. Pourquoi cette différence entre $\mathsf{cat}/2$ et $\mathsf{cat}_0/2$? L'opération effectuée sur l'accumulateur consiste à empiler un élément sur une pile qui doit être retournée plus tard : l'accumulateur n'est pas un résultat partiel mais une *pile temporaire* utilisée pour contenir les éléments de la première pile en ordre inverse. Nous rencontrerons de nombreuses occurrences de cette situation. Entre temps, nous devons nous souvenir qu'une variante en forme terminale d'une fonction opérant sur des piles peut conduire à un programme plus lent. Par ailleurs, la forme terminale peut être plus longue, comme l'illustre $\mathsf{cat}_0/2$: quatre règles au lieu de deux.

L'évaluation $\mathsf{cat}_0([1, 2, 3], [4, 5]) \twoheadrightarrow [1, 2, 3, 4, 5]$ vue plus haut peut être conçue abstraitement comme un produit, ou composition, de règles : $\alpha \cdot \delta^n \cdot \gamma^n \cdot \beta$, ou simplement $\alpha\delta^n\gamma^n\beta$. Cette expression est appelée une *trace d'exécution* et sa longueur est le nombre de règles $\mathcal{C}_n^{\mathsf{cat}_0}$ de $\mathsf{cat}_0(s, t)$, sachant que la longueur d'une règle est 1, d'où $|\alpha| = |\beta| = |\gamma| = |\delta| = 1$, et la longueur de la composition de deux règles est la somme de leur longueur : $|\alpha \cdot \delta| = |\alpha| + |\delta|$. Par conséquent :

$$\mathcal{C}_n^{\mathsf{cat}_0} = |\alpha\delta^n\gamma^n\beta| = |\alpha| + |\delta^n| + |\gamma^n| + |\beta| = 1 + |\delta| \cdot n + |\gamma| \cdot n + 1$$
$$= 2n + 2.$$

Digression Reconsidérons la définition (1.2) de $\mathsf{fact}/1$ page 6 :

$$\mathsf{fact}(0) \xrightarrow{\alpha} 1;$$
$$\mathsf{fact}(n) \xrightarrow{\beta} n \cdot \mathsf{fact}(n - 1).$$

Par exemple, nous avons

$$\begin{aligned}
\mathsf{fact}(3) &\xrightarrow{\beta} 3 \cdot \mathsf{fact}(3 - 1) &&= 3 \cdot \mathsf{fact}(2) \\
&\xrightarrow{\beta} 3 \cdot (2 \cdot \mathsf{fact}(2 - 1)) &&= 3 \cdot (2 \cdot \mathsf{fact}(1)) \\
&\xrightarrow{\alpha} 3 \cdot (2 \cdot (1)) &&= 6 = 3!
\end{aligned}$$

Il est souvent plus clair de composer implicitement des opérations arithmétiques intermédiaires ($=$) avec la réécriture en cours et d'écrire plus simplement :

$$\mathsf{fact}(3) \xrightarrow{\beta} 3 \cdot \mathsf{fact}(2) \xrightarrow{\beta} 3 \cdot (2 \cdot \mathsf{fact}(1)) \xrightarrow{\alpha} 3 \cdot (2 \cdot (1)) = 6.$$

Remarquons que la dernière réécriture ($\xrightarrow{\alpha}$) doit être suivie par une série de multiplications $3 \cdot (2 \cdot 1)$ parce que chaque multiplication doit être différée jusqu'à ce que $\mathsf{fact}(1)$ soit calculé. Ceci aurait pu être anticipé car l'appel à $\mathsf{fact}/1$ dans le membre droit de la règle ($\xrightarrow{\beta}$), c'est-à-dire, le texte souligné dans

$$\mathsf{fact}(n) \xrightarrow{\beta} n \cdot \underline{\mathsf{fact}(n-1)}$$

possède le contexte non-vide « $n * \text{\textvisiblespace}$ ». Pour bien comprendre pourquoi ceci est important, examinons une série légèrement plus longue :

$$
\begin{aligned}
\mathsf{fact}(5) &\xrightarrow{\beta} 5 \cdot \mathsf{fact}(4) \\
&\xrightarrow{\beta} 5 \cdot (4 \cdot \mathsf{fact}(3)) \\
&\xrightarrow{\beta} 5 \cdot (4 \cdot (3 \cdot \mathsf{fact}(2))) \\
&\xrightarrow{\beta} 5 \cdot (4 \cdot (3 \cdot (2 \cdot \mathsf{fact}(1)))) \\
&\xrightarrow{\alpha} 5 \cdot (4 \cdot (3 \cdot (2 \cdot (1)))).
\end{aligned}
$$

Il devient clair que chaque réécriture par ($\xrightarrow{\beta}$) engendre une expression plus longue que la précédente. Concentrons-nous maintenant uniquement sur les formes que prennent ces expressions :

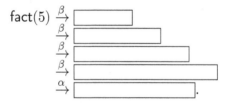

Ce phénomène suggère qu'un grand espace, c'est-à-dire de *mémoire* d'ordinateur, est nécessaire pour conserver ces expressions avant la longue série de calculs arithmétiques à la fin. L'exemple nous incite à induire que le terme le plus grand apparaissant dans l'évaluation de $\mathsf{fact}(n)$ est celui juste avant ($\xrightarrow{\alpha}$) et sa taille semble être proportionnelle à n, car tous les entiers de n à 1 ont dû être stockés jusqu'au dernier moment.

Une version en forme terminale $\mathsf{fact}_0/1$ est

$$
\begin{aligned}
\mathsf{fact}_0(n) &\to \mathsf{fact}_0(n, 1), \text{ si } n \geqslant 1. \\
\mathsf{fact}_0(1, a) &\to a; \\
\mathsf{fact}_0(n, a) &\to \mathsf{fact}_0(n-1, a \cdot n).
\end{aligned}
$$

Ici, par contraste avec $\mathsf{cat}/3$, l'opération sur l'accumulateur est associative (une multiplication) et l'accumulateur est, à tout instant, un résultat partiel. Au lieu de différer les multiplications, exactement une multiplication est effectuée à chaque réécriture élémentaire, donc, au bout du compte, il ne reste plus rien à faire : il n'y a aucune instance du contexte à réactiver. Ce genre de définition est donc en forme terminale.

Notons que le coût de $\mathsf{fact_0}/1$ est $n+1$, alors que le coût de $\mathsf{fact}/1$ est n, donc, contrairement à $\mathsf{cat_0}/2$ et $\mathsf{cat}/2$, la forme terminale ici n'augmente pas le coût de façon significative. Ceci est dû à la nature des opérations sur l'accumulateur, qui ne requièrent pas un retournement ou, généralement, une inversion.

L'appel de fonction $\mathsf{fact_0}(5)$, considéré tantôt, est ainsi évalué :

$$
\begin{aligned}
\mathsf{fact_0}(5) &\xrightarrow{\alpha} \mathsf{fact_0}(5,1), &&\text{car } 5 > 1, \\
&\xrightarrow{\gamma} \mathsf{fact_0}(5-1, 1\cdot 5) &&= \mathsf{fact_0}(4,5) \\
&\xrightarrow{\gamma} \mathsf{fact_0}(4-1, 5\cdot 4) &&= \mathsf{fact_0}(3,20) \\
&\xrightarrow{\gamma} \mathsf{fact_0}(3-1, 20\cdot 3) &&= \mathsf{fact_0}(2,60) \\
&\xrightarrow{\gamma} \mathsf{fact_0}(2-1, 60\cdot 2) &&= \mathsf{fact_0}(1,120) \\
&\xrightarrow{\beta} 120.
\end{aligned}
$$

La raison pour laquelle $\mathsf{fact_0}(5) \equiv \mathsf{fact}(5)$ est que

$$(((1\cdot 5)\cdot 4)\cdot 3)\cdot 2 = 5\cdot(4\cdot(3\cdot(2\cdot 1))). \tag{2.1}$$

Cette égalité tient parce qu'en général, pour tout nombre x, y et z,

1. la multiplication est associative : $x\cdot(y\cdot z) = (x\cdot y)\cdot z$;

2. le nombre 1 est neutre par rapport à $(\cdot)$: $x\cdot 1 = 1\cdot x = x$.

Pour voir précisément pourquoi, écrivons $(\overset{1}{=})$ et $(\overset{2}{=})$ pour dénoter, respectivement, l'usage de l'associativité et de la neutralité, puis couchons sur le papier les égalités suivantes qui relient le membre gauche de l'égalité (2.1) à démontrer à son membre droit :

$$
\begin{aligned}
(((1\cdot 5)\cdot 4)\cdot 3)\cdot 2 &\overset{2}{=} ((((1\cdot 5)\cdot 4)\cdot 3)\cdot 2)\cdot 1 \\
&\overset{1}{=} (((1\cdot 5)\cdot 4)\cdot 3)\cdot(2\cdot 1) \\
&\overset{1}{=} ((1\cdot 5)\cdot 4)\cdot(3\cdot(2\cdot 1)) \\
&\overset{1}{=} (1\cdot 5)\cdot(4\cdot(3\cdot(2\cdot 1))) \\
&\overset{1}{=} 1\cdot(5\cdot(4\cdot(3\cdot(2\cdot 1)))) \\
&\overset{2}{=} 5\cdot(4\cdot(3\cdot(2\cdot 1))). \quad \square
\end{aligned}
$$

De plus, si nous ne voulons pas nous appuyer sur la neutralité de 1, nous pourrions définir une autre fonction équivalente, $\mathsf{fact_1}/1$, qui initialise l'accumulateur avec $\mathsf{fact_1}(n-1, n)$, au lieu de $\mathsf{fact_0}(n,1)$, et puis s'arrête lorsque le nombre est 0, au lieu de 1 :

$$\mathsf{fact}_1(n) \xrightarrow{\alpha} \mathsf{fact}_1(n-1, n), \text{ si } n > 0.$$
$$\mathsf{fact}_1(0, a) \xrightarrow{\beta} a;$$
$$\mathsf{fact}_1(n, a) \xrightarrow{\gamma} \mathsf{fact}_1(n-1, a \cdot n).$$

Maintenant, le même exemple se déroule ainsi :

$$
\begin{aligned}
\mathsf{fact}_1(5) &\xrightarrow{\alpha} \mathsf{fact}_1(5-1, 5) & = \mathsf{fact}_1(4, 5) \\
&\xrightarrow{\gamma} \mathsf{fact}_1(4-1, 5 \cdot 4) & = \mathsf{fact}_1(3, 20) \\
&\xrightarrow{\gamma} \mathsf{fact}_1(3-1, 20 \cdot 3) & = \mathsf{fact}_1(2, 60) \\
&\xrightarrow{\gamma} \mathsf{fact}_1(2-1, 60 \cdot 2) & = \mathsf{fact}_1(1, 120) \\
&\xrightarrow{\gamma} \mathsf{fact}_1(1-1, 120 \cdot 1) & = \mathsf{fact}_1(0, 120) \\
&\xrightarrow{\beta} 120.
\end{aligned}
$$

Cette nouvelle version repose sur l'égalité suivante, qui peut être démontrée seulement à l'aide de l'associativité : $(((5 \cdot 4) \cdot 3) \cdot 2) \cdot 1 = 5 \cdot (4 \cdot (3 \cdot (2 \cdot 1)))$.

Le nombre de réécritures avec $\mathsf{fact}_0/1$ est presque le même qu'avec $\mathsf{fact}/1$, précisément une de plus due à la règle α. Mais la première présente un avantage en termes d'usage de la mémoire, tant que l'on suppose que tous les entiers dans un certain intervalle occupent le même espace. Par exemple, ceci signifie que la mémoire nécessaire pour conserver le nombre 120 est la même que pour le nombre 5. Alors les formes des réécritures précédentes sont :

Il semble probable que cette version utilise un bout de mémoire constant, alors que $\mathsf{fact}/1$ requiert une quantité croissante de mémoire, proportionnellement à n lorsque l'on détermine $n!$. (Dans les sections qui suivent, nous verrons que les arbres de syntaxe abstraite constituent un modèle plus précis de l'allocation de mémoire.) Ce phénomène a été prévu par le lecteur attentif qui a remarqué qu'il n'y a pas de contexte pour les appels dans les règles définissant $\mathsf{fact}_0/2$, donc il n'y a pas de calculs différés qui s'accumulent jusqu'à la fin. En conclusion, $\mathsf{fact}_0/1$ est toujours préférable à $\mathsf{fact}/1$.

La discussion précédente sur l'obtention de définitions équivalentes qui sont en forme terminale suppose de considérer les programmes comme une sorte de donnée. Pour l'instant, il s'agit uniquement là d'un point de vue méthodologique et nous ne pouvons pas réellement manipuler les fonctions comme des piles, par exemple. (Nous reviendrons là-dessus ultérieurement, en discutant des fonctions d'ordre supérieur et du style par continuations.) Nous voulons ici dire que ces définitions peuvent être transformées en d'autres définitions et que ceci est souvent une excellente méthode, par opposition à essayer de deviner dès le départ à quoi ressemble la définition finale. Il aurait été probablement plus difficile d'écrire la version en forme terminale de cat/2 sans avoir d'abord conçu la version qui n'était pas en forme terminale.

En général, ce n'est pas une bonne idée de viser bille en tête une définition en forme terminale parce qu'elle peut être inutile ou la démarche elle-même peut être entachée d'erreurs, puisque ces définitions sont souvent plus complexes. Dans les sections et chapitres qui viennent, nous expliquerons quand une forme terminale est désirable et comment l'obtenir en suivant une méthode systématique.

Considérons l'exemple simple qu'est la définition d'une fonction last/1 telle que $last(s)$ calcule le dernier élément de la pile non-vide s. L'approche correcte est de laisser de côté toute forme terminale et de viser le cœur du sujet. Nous savons que s ne peut être vide, donc commençons par le membre gauche suivant :

$$last([x\,|\,s]) \to \boxed{}.$$

Pouvons-nous atteindre le résultat d'un pas ? Non, car nous ne savons pas si x est l'élément recherché : nous devons en savoir plus à propos de s. Cette information supplémentaire au sujet de la structure de s est procurée par des motifs plus précis : s peut être vide ou non, c'est-à-dire, $s = [\,]$ ou $s = [y\,|\,t]$. Nous avons alors :

$$last([x\,|\,[\,]]) \to \boxed{};$$
$$last([x\,|\,[y\,|\,t]]) \to \boxed{}.$$

Le premier motif peut être simplifié comme suit :

$$last([x]) \to \boxed{};$$
$$last([x\,|\,[y\,|\,t]]) \to \boxed{}.$$

Le premier membre droit est facile à deviner :

$$last([x]) \to x;$$
$$last([x\,|\,[y\,|\,t]]) \to \boxed{}.$$

Dans la dernière règle, quelle relation unit x, y, t et le résultat ? Pouvons-nous l'atteindre d'un pas ? Non, bien que nous sachions que x n'est *pas* le résultat, nous ignorons toujours si y l'est, donc nous devons recommencer, ce qui veut dire qu'un appel récursif s'impose :

$$\text{last}([x]) \to x;$$
$$\text{last}([x \,|\, [y \,|\, t]]) \to \text{last}(\boxed{}).$$

Remarquons que savoir qu'une partie de la donnée n'est pas utile à la construction du résultat est une connaissance utile. Nous ne pouvons appeler récursivement $\text{last}(t)$ parce que t peut être vide et l'appel échouerait alors, signifiant que la réponse était en fait y. Par conséquent, nous devons appeler avec $[y \,|\, t]$ pour conserver la possibilité que y soit le dernier :

$$\text{last}([x]) \to x;$$
$$\text{last}([x \,|\, [y \,|\, t]]) \to \text{last}([y \,|\, t]).$$

Comme nous l'avons recommandé précédemment, la phase suivante est de tester la correction et la complétude de la définition, au moyen d'exemples significatifs (couvrant des cas extrêmes et toutes les règles au moins une fois). Pour gagner du temps ici, nous supposerons néanmoins que $\text{last}/1$ est correcte et complète. L'étape suivante est alors de tenter de l'améliorer. Cherchons des motifs communs aux deux membres d'une même règle et examinons s'ils peuvent être évités. Par exemple, nous pouvons observer que $[y \,|\, t]$ est utilisé comme un tout, en d'autres termes, y et t ne sont pas utilisées séparément dans le second membre droit. Par conséquent, il vaut la peine de revenir sur nos pas et de remplacer le motif par un plus général, dans ce cas $s = [y \,|\, t]$.

$$\text{last}([x]) \to x;$$
$$\text{last}([x \,|\, s]) \to \text{last}(s).$$

Cette transformation est correcte parce que le cas où s est vide a déjà été filtré par le premier motif. Remarquons d'ailleurs que nous venons de penser une définition comme une sorte de donnée. (Nous devrions dire plus pertinemment *métadonnée*, puisque les définitions ne sont pas des données qui sont l'objet d'un traitement dans le programme, mais par le programmeur.) En passant, $\text{last}/1$ est en forme terminale.

Et si nous avions essayé de trouver directement une définition en forme terminale ? Nous pourrions nous être souvenu que de telles définitions font souvent usage d'un accumulateur et nous aurions peut-être esquissé ce qui suit :

$$\text{last}_0(s) \to \text{last}_1(s, 0).$$
$$\text{last}_1([\,], y) \to y;$$
$$\text{last}_1([x \,|\, s], y) \to \text{last}_1(s, x).$$

La première observation pourrait être à propos du nom de fonction $last_1$. Pourquoi ne pas écrire comme suit, dans le style habituel jusqu'à maintenant :

$$last_0(s) \rightarrow last_0(s, 0).$$
$$last_0([\,], y) \rightarrow y;$$
$$last_0([x\,|\,s], y) \rightarrow last_0(s, x).$$

Il n'y aurait pas de confusion entre $last_0/1$ et $last_0/2$ parce que, chacune recevant un nombre différent d'arguments, elles sont logiquement différentes. La raison pour laquelle nous recommandons la distinction de nom et en général un nom unique par fonction, est que cette discipline permet au compilateur de repérer l'erreur consistant en l'oubli d'un argument. Par exemple, le programme

$$last_0(s) \rightarrow last_0(s, 0).$$
$$last_0([\,], y) \rightarrow y;$$
$$last_0([x\,|\,s], y) \rightarrow \underline{last_0(s)}.$$

contient une erreur qui n'est pas détectée, alors que

$$last_0(s) \rightarrow last_1(s, 0).$$
$$last_1([\,], y) \rightarrow y;$$
$$last_1([x\,|\,s], y) \rightarrow \underline{last_1(s)}.$$

est identifié comme erroné. Toutefois, dans ce livre, pour des raisons didactiques, nous ne nous plierons pas toujours à cette recommandation d'unicité des noms de fonction. La possibilité d'employer le même nom pour différentes fonctions qui peuvent par ailleurs être distinguées par leur nombre d'arguments est appelée *surcharge*. La surcharge de fonctions dans un langage de programmation comme C++ est permise, mais les règles pour distinguer les différentes fonctions de même nom sont différentes que celles d'Erlang, car elles tiennent compte du type des arguments, en plus de leur nombre.

En calculant l'appel $last_0([1, 2, 3])$ avec la définition originelle, nous voyons que les trois règles sont couvertes jusqu'à ce que le résultat, 3, soit atteint. Étant donné que nous avions recommandé auparavant des tests aux limites et que l'argument est une pile, nous essayons la pile vide et obtenons l'évaluation $last_0([\,]) \rightarrow last_1([\,], 0) \rightarrow 0$, ce qui est inattendu, car ce test aurait dû échouer ($last/1$ n'est pas définie pour la pile vide). Pouvons-nous remédier à cela ?

Changeons simplement le membre gauche de $last_0/1$ de telle sorte que seules les piles non-vides soient filtrées. Nous nous trouvons face à un cas où plus d'information sur la structure de la donnée est nécessaire et une variable constitue un motif trop général. Au lieu de cela, nous avons besoin de

$$\mathsf{last}_0([x\,|\,s]) \to \mathsf{last}_0(\underline{[x\,|\,s]}, 0).$$
$$\mathsf{last}_0([\,], y) \to y;$$
$$\mathsf{last}_0([x\,|\,s], y) \to \mathsf{last}_0(s, x).$$

Cet amendement semble aller contre l'amélioration que nous avions effectuée tantôt, quand nous avions remplacé $[y\,|\,t]$ par s, mais ce n'est pas le cas : ici, nous voulons exclure des données ; en termes plus généraux, nous ne recherchons pas une fonction équivalente, alors que précédemment le but était de simplifier et d'obtenir une fonction équivalente.

La définition de $\mathsf{last}_0/1$ est correcte et complète mais un examen attentif devrait éveiller quelques soupçons quant à sa réelle simplicité. Par exemple, la valeur initiale de l'accumulateur, donnée dans l'unique membre droit de $\mathsf{last}_0/1$ est 0, mais ce nombre n'est jamais utilisé et il est immédiatement écarté dans le second membre droit de $\mathsf{last}_0/2$. En effet, nous pourrions écrire la définition équivalente suivante :

$$\mathsf{last}_1([x\,|\,s]) \to \mathsf{last}_1([x\,|\,s], \underline{7}).$$
$$\mathsf{last}_1([\,], y) \to y;$$
$$\mathsf{last}_1([x\,|\,s], y) \to \mathsf{last}_1(s, x).$$

La valeur initiale de l'accumulateur ici n'a même pas besoin d'être un entier, ce pourrait être n'importe quel type de valeur, telle que $[4, [\,]]$. Ceci est le signe que nous devrions abandonner cette inextricable définition, qui est le produit d'une méthode qui ne considère pas les programmes comme des données et est fondée sur l'assomption que les définitions en forme terminale requièrent souvent un accumulateur : en général, ce n'est pas le cas.

Prenons par exemple l'identité polymorphe : $\mathsf{id}(x) \to x$. Elle est trivialement en forme terminale. En passant, la forme terminale n'a rien à voir avec la récursivité, malgré l'occurrence fréquente de la malencontreuse locution « fonction récursive terminale ». Une définition récursive peut être en forme terminale, mais une définition en forme terminale peut ne pas être récursive.

2.2   Retournement

Involution   Il est parfois nécessaire de concevoir un lemme pour faire aboutir une preuve. Considérons la définition d'une fonction $\mathsf{rev}_0/1$ qui retourne une pile :

$$\mathsf{cat}([\,], t) \xrightarrow{\alpha} t; \qquad\qquad \mathsf{rev}_0([\,]) \xrightarrow{\gamma} [\,];$$
$$\mathsf{cat}([x\,|\,s], t) \xrightarrow{\beta} [x\,|\,\mathsf{cat}(s, t)]. \quad \mathsf{rev}_0([x\,|\,s]) \xrightarrow{\delta} \mathsf{cat}(\mathsf{rev}_0(s), [x]).$$

Une évaluation est donnée en exemple avec des arbres de syntaxe abstraite à la FIGURE 2.1. Soit $\mathsf{Inv}(s)$ la propriété $\mathsf{rev_0}(\mathsf{rev_0}(s)) \equiv s$, c'est-à-dire que la fonction $\mathsf{rev_0}/1$ est une *involution*.

Pour prouver $\forall s \in S.\mathsf{Inv}(s)$, le principe d'induction sur la structure de s exige que nous établissions
— la base $\mathsf{Inv}([\,])$;
— le pas inductif $\forall s \in S.\mathsf{Inv}(s) \Rightarrow \forall x \in T.\mathsf{Inv}([x \,|\, s])$.
La base est vite trouvée (nous soulignons l'appel qui est réécrit) :

$$\mathsf{rev_0}(\underline{\mathsf{rev_0}}([\,])) \overset{\gamma}{\to} \mathsf{rev_0}([\,]) \overset{\gamma}{\to} [\,].$$

L'hypothèse d'induction est $\mathsf{Inv}(s)$ et nous voulons prouver $\mathsf{Inv}([x \,|\, s])$, pour tout x. Si nous débutons frontalement avec

$$\mathsf{rev_0}(\underline{\mathsf{rev_0}}([x \,|\, s])) \overset{\delta}{\to} \mathsf{rev_0}(\mathsf{cat}(\mathsf{rev_0}(s), [x])),$$

nous sommes coincés. Mais le terme à réécrire implique à la fois $\mathsf{rev_0}/1$ et $\mathsf{cat}/2$, ce qui nous incite à concevoir un lemme où le schéma de l'obstacle $\mathsf{cat}(\mathsf{rev_0}(\ldots), \ldots)$ est présent et est équivalent à un terme plus simple.

Posons $\mathsf{CatRev}(s,t)$ pour dire $\mathsf{cat}(\mathsf{rev_0}(t), \mathsf{rev_0}(s)) \equiv \mathsf{rev_0}(\mathsf{cat}(s,t))$. De façon à prouver cette propriété par induction sur la structure de s, nous avons besoin d'établir, pour tout t,
— la base $\mathsf{CatRev}([\,], t)$;
— le pas inductif $\forall s, t \in S.\mathsf{CatRev}(s,t) \Rightarrow \forall x \in T.\mathsf{CatRev}([x \,|\, s], t)$.
La base est presque à portée de main :

$$\mathsf{rev_0}(\mathsf{cat}([\,], t)) \overset{\alpha}{\to} \mathsf{rev_0}(t) \rightsquigarrow \mathsf{cat}(\mathsf{rev_0}(t), [\,]) \overset{\gamma}{\leftarrow} \mathsf{cat}(\mathsf{rev_0}(t), \mathsf{rev_0}([\,])).$$

La part manquante est trouvée en montrant que ($\rightsquigarrow$) est $\mathsf{CatNil}(s)$.

Soit $\mathsf{CatNil}(s)$ la propriété $\mathsf{cat}(s, [\,]) \equiv s$. Pour la prouver par induction sur la structure de s, nous devons prouver
— la base $\mathsf{CatNil}([\,])$;
— le pas inductif $\forall s \in S.\mathsf{CatNil}(s) \Rightarrow \forall x \in T.\mathsf{CatNil}([x \,|\, s])$.
La base est facile, puisque $\mathsf{cat}([\,], [\,]) \overset{\alpha}{\to} [\,]$. Le pas inductif, quant à lui, n'est pas compliqué non plus : $\mathsf{cat}([x \,|\, s], [\,]) \overset{\beta}{\to} [x \,|\, \mathsf{cat}(s, [\,])] \equiv [x \,|\, s]$, où l'équivalence est l'hypothèse d'induction $\mathsf{CatNil}(s)$. □

En supposant $\mathsf{CatRev}(s,t)$, nous devons établir $\forall x \in T.\mathsf{CatRev}([x \,|\, s], t)$:

$$
\begin{aligned}
\mathsf{cat}(\mathsf{rev_0}(t), \mathsf{rev_0}([x \,|\, s])) &\overset{\delta}{\to} \mathsf{cat}(\mathsf{rev_0}(t), \mathsf{cat}(\mathsf{rev_0}(s), [x])) \\
&\equiv \mathsf{cat}(\mathsf{cat}(\mathsf{rev_0}(t), \mathsf{rev_0}(s)), [x]) \qquad \text{CatAssoc} \\
&\equiv \mathsf{cat}(\mathsf{rev_0}(\mathsf{cat}(s,t)), [x]) \qquad \text{CatRev}(s,t) \\
&\overset{\delta}{\leftarrow} \mathsf{rev_0}([x \,|\, \mathsf{cat}(s,t)]) \\
&\overset{\beta}{\leftarrow} \mathsf{rev_0}(\mathsf{cat}([x \,|\, s], t)). \qquad\qquad\qquad □
\end{aligned}
$$

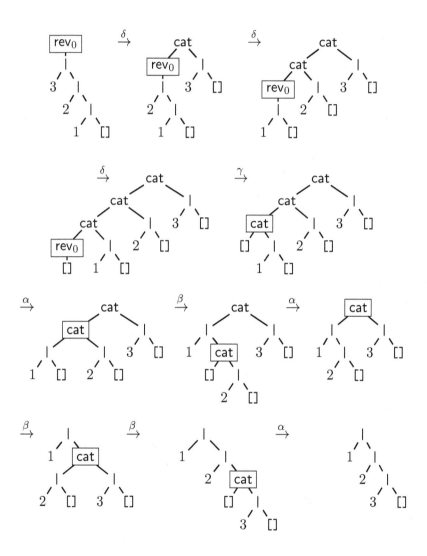

FIGURE 2.1 – $\mathrm{rev}_0([3,2,1]) \twoheadrightarrow [1,2,3]$

Reprenons notre preuve de $\mathsf{Inv}([x \,|\, s])$:

$$
\begin{aligned}
\mathsf{rev}_0(\underline{\mathsf{rev}_0}([x \,|\, s])) &\overset{\delta}{\to} \mathsf{rev}_0(\mathsf{cat}(\mathsf{rev}_0(s), [x])) \\
&\equiv \mathsf{cat}(\mathsf{rev}_0([x]), \mathsf{rev}_0(\mathsf{rev}_0(s))) \quad \mathsf{CatRev}(\mathsf{rev}_0(s), [x]) \\
&\equiv \mathsf{cat}(\underline{\mathsf{rev}_0}([x]), s) \quad\quad\quad\quad\quad\quad\quad\quad \mathsf{Inv}(s) \\
&\overset{\delta}{\to} \mathsf{cat}(\mathsf{cat}(\underline{\mathsf{rev}_0}([\,]), [x]), s) \\
&\overset{\gamma}{\to} \mathsf{cat}(\underline{\mathsf{cat}}([\,], [x]), s) \\
&\overset{\alpha}{\to} \mathsf{cat}([x], s) \\
&\overset{\beta}{\to} [x \,|\, \mathsf{cat}([\,], s)] \\
&\overset{\alpha}{\to} [x \,|\, s]. \qquad\qquad\qquad\qquad\qquad\qquad\qquad \square
\end{aligned}
$$

Équivalence Il se pourrait que nous ayons deux définitions d'une même fonction mais qui diffèrent en termes de complexité ou d'efficacité. Par exemple, nous avons donné une définition intuitive de $\mathsf{rev}_0/1$ où, à la règle δ, l'élément x, qui est au sommet de la pile donnée, est placé au bas de la pile construite. Malheureusement, cette définition est inefficace du point de vue des calculs, c'est-à-dire qu'elle conduit à un grand nombre de réécritures par rapport à la taille de l'entrée.

Supposons que nous ayons aussi une définition efficace pour le retournement de piles, nommée $\mathsf{rev}/1$, qui dépend d'une fonction auxiliaire $\mathsf{rcat}/2$ (anglais : *reverse and (con)catenate*) :

$$
\begin{aligned}
\mathsf{rev}(s) &\overset{\epsilon}{\to} \mathsf{rcat}(s, [\,]). \\
\mathsf{rcat}([\,], t) &\overset{\zeta}{\to} t; \\
\mathsf{rcat}([x \,|\, s], t) &\overset{\eta}{\to} \mathsf{rcat}(s, [x \,|\, t]).
\end{aligned}
\tag{2.2}
$$

Un paramètre additionnel introduit par $\mathsf{rcat}/2$ accumule des résultats partiels, et est donc appelé un *accumulateur*. Nous pouvons le voir à l'œuvre à la FIGURE 2.2.

Prouvons $\mathsf{EqRev}(s)\colon \mathsf{rev}_0(s) \equiv \mathsf{rev}(s)$ par induction structurelle sur s, c'est-à-dire

— la base $\mathsf{EqRev}([\,])$,

$$
\begin{aligned}
\mathsf{rev}([3, 2, 1]) &\overset{\epsilon}{\to} \mathsf{rcat}([3, 2, 1], [\,]) \\
&\overset{\eta}{\to} \mathsf{rcat}([2, 1], [3]) \\
&\overset{\eta}{\to} \mathsf{rcat}([1], [2, 3]) \\
&\overset{\eta}{\to} \mathsf{rcat}([\,], [1, 2, 3]) \\
&\overset{\zeta}{\to} [1, 2, 3].
\end{aligned}
$$

FIGURE 2.2 – $\mathsf{rev}([3, 2, 1]) \twoheadrightarrow [1, 2, 3]$

— le pas inductif $\forall s \in S.\mathsf{EqRev}(s) \Rightarrow \forall x \in T.\mathsf{EqRev}([x \,|\, s])$.
La base est aisée :

$$\mathsf{rev}_0([]) \overset{\gamma}{\to} [] \overset{\zeta}{\leftarrow} \mathsf{rcat}([],[]) \overset{\epsilon}{\leftarrow} \mathsf{rev}([]).$$

Pour le pas inductif, réécrivons $\mathsf{rev}_0([x \,|\, s])$ et $\mathsf{rev}([x \,|\, s])$ de telle sorte qu'ils convergent :

$$
\begin{aligned}
\mathsf{rev}_0([x \,|\, s]) &\overset{\delta}{\to} \mathsf{cat}(\mathsf{rev}_0(s),[x]) \\
&\equiv \mathsf{cat}(\mathsf{rev}(s),[x]) && \mathsf{EqRev}(s) \\
&\rightsquigarrow \mathsf{rcat}(s,[x]) && \text{à déterminer} \\
&\overset{\eta}{\leftarrow} \mathsf{rcat}([x \,|\, s],[]) \\
&\overset{\epsilon}{\leftarrow} \mathsf{rev}([x \,|\, s]).
\end{aligned}
$$

La partie manquante est trouvée en montrant que ($\rightsquigarrow$) est ($\equiv$) de la façon suivante.

Soit $\mathsf{RevCat}(s,t)$ la propriété $\mathsf{rcat}(s,t) \equiv \mathsf{cat}(\mathsf{rev}(s),t)$. L'induction sur la structure de s demande alors les preuves
— de la base $\forall t \in S.\mathsf{RevCat}([],t)$,
— du pas inductif $\forall s,t \in S.\mathsf{RevCat}(s,t) \Rightarrow \forall x \in T.\mathsf{RevCat}([x \,|\, s],t)$.
D'abord, pour établir la base, nous avons :

$$
\begin{aligned}
\mathsf{rcat}([],t) &\overset{\zeta}{\to} t \\
&\overset{\alpha}{\leftarrow} \mathsf{cat}([],t) \\
&\overset{\zeta}{\leftarrow} \mathsf{cat}(\underline{\mathsf{rcat}}([],[]),t) \\
&\overset{\epsilon}{\leftarrow} \mathsf{cat}(\underline{\mathsf{rev}}([]),t).
\end{aligned}
$$

Supposons $\forall s,t \in S.\mathsf{RevCat}(s,t)$ et prouvons $\forall x \in T.\mathsf{RevCat}([x \,|\, s],t)$:

$$
\begin{aligned}
\mathsf{rcat}([x \,|\, s],t) &\overset{\eta}{\to} \mathsf{rcat}(s,[x \,|\, t]) \\
&\equiv \mathsf{cat}(\mathsf{rev}(s),[x \,|\, t]) && \mathsf{RevCat}(s,[x \,|\, t]) \\
&\overset{\alpha}{\leftarrow} \mathsf{cat}(\mathsf{rev}(s),[x \,|\, \underline{\mathsf{cat}}([],t)]) \\
&\overset{\beta}{\leftarrow} \mathsf{cat}(\mathsf{rev}(s),\underline{\mathsf{cat}}([x],t)) \\
&\equiv \mathsf{cat}(\mathsf{cat}(\mathsf{rev}(s),[x]),t) && \mathsf{CatAssoc}(\mathsf{rev}(s),[x],t) \\
&\equiv \mathsf{cat}(\mathsf{rcat}(s,[x]),t) && \mathsf{RevCat}(s,[x]) \\
&\overset{\eta}{\leftarrow} \mathsf{cat}(\underline{\mathsf{rcat}}([x \,|\, s],[]),t) \\
&\overset{\epsilon}{\leftarrow} \mathsf{cat}(\underline{\mathsf{rev}}([x \,|\, s]),t).
\end{aligned}
$$

Finalement, nous avons prouvé $\forall s.\mathsf{EqRev}(s)$, soit $\mathsf{rev}/1 = \mathsf{rev}_0/1$.   □

Coût La définition de $\mathsf{rev}_0/1$ mène directement aux récurrences

$$\mathcal{C}_0^{\mathsf{rev}_0} = 1, \qquad \mathcal{C}_{k+1}^{\mathsf{rev}_0} = 1 + \mathcal{C}_k^{\mathsf{rev}_0} + \mathcal{C}_k^{\mathsf{cat}} = \mathcal{C}_k^{\mathsf{rev}_0} + k + 2,$$

parce que la longueur de $\mathsf{rev}_0(s)$ est k si la longueur de s est k, et nous savons déjà que $\mathcal{C}_k^{\mathsf{cat}} = k + 1$ (page 9). Nous avons

$$\sum_{k=0}^{n-1}(\mathcal{C}_{k+1}^{\mathsf{rev_0}} - \mathcal{C}_k^{\mathsf{rev_0}}) = \mathcal{C}_n^{\mathsf{rev_0}} - \mathcal{C}_0^{\mathsf{rev_0}} = \sum_{k=0}^{n-1}(k+2) = 2n + \sum_{k=0}^{n-1}k.$$

La somme restante est un classique de l'algèbre :

$$2 \cdot \sum_{k=0}^{n-1}k = \sum_{k=0}^{n-1}k + \sum_{k=0}^{n-1}k = \sum_{k=0}^{n-1}k + \sum_{k=0}^{n-1}(n-k-1) = n(n-1).$$

Par conséquent,

$$\sum_{k=0}^{n-1}k = \frac{n(n-1)}{2}, \tag{2.3}$$

et nous pouvons finalement conclure

$$\mathcal{C}_n^{\mathsf{rev_0}} = \frac{1}{2}n^2 + \frac{3}{2}n + 1 \sim \frac{1}{2}n^2.$$

Une autre manière d'atteindre ce résultat est d'induire une *trace d'évaluation*. Une trace est une composition de règles de réécriture, notée selon l'usage conventionnel de la multiplication. D'après la FIGURE 2.1 page 42, nous déduisons la trace $\mathcal{T}_n^{\mathsf{rev_0}}$ de l'évaluation de $\mathsf{rev}_0(s)$, où n est la longueur de s :

$$\mathcal{T}_n^{\mathsf{rev_0}} := \delta^n\gamma\alpha(\beta\alpha)\dots(\beta^{n-1}\alpha) = \delta^n\gamma\prod_{k=0}^{n-1}\beta^k\alpha.$$

Si nous notons $|\mathcal{T}_n^{\mathsf{rev_0}}|$ la longueur de $\mathcal{T}_n^{\mathsf{rev_0}}$, c'est-à-dire, le nombre d'applications de règles quelle contient, nous nous attendons à obtenir les équations $|x| = 1$, pour une règle x, et $|x \cdot y| = |x| + |y|$, pour des règles x et y. Par définition du coût, nous avons

$$\mathcal{C}_n^{\mathsf{rev_0}} := |\mathcal{T}_n^{\mathsf{rev_0}}| = \left|\delta^n\gamma\prod_{k=0}^{n-1}\beta^k\alpha\right| = |\delta^n\gamma| + \sum_{k=0}^{n-1}|\beta^k\alpha|$$

$$= (n+1) + \sum_{k=0}^{n-1}(k+1) = (n+1) + \sum_{k=1}^{n+1}k = \frac{1}{2}n^2 + \frac{3}{2}n + 1.$$

La raison de cette inefficacité se trouve dans le fait que la règle δ produit une série d'appels à $\mathsf{cat}/2$ qui se conforment au schéma suivant :

$$\mathsf{rev}_0(s) \twoheadrightarrow \mathsf{cat}(\mathsf{cat}(\dots\mathsf{cat}([], [x_n]), \dots, [x_2]), [x_1]), \tag{2.4}$$

où $s = [x_1, x_2, \ldots, x_n]$. Le coût de tous ces appels à cat/2 est donc

$$1 + 2 + \cdots + (n-1) = \frac{1}{2}n(n-1) \sim \frac{1}{2}n^2,$$

parce que le coût de $\mathsf{cat}(s,t)$ est $1 + \mathsf{len}(s)$, où

$$\begin{aligned}
\mathsf{len}([\,]) &\xrightarrow{a} 0; \\
\mathsf{len}([x\,|\,s]) &\xrightarrow{b} 1 + \mathsf{len}(s).
\end{aligned} \tag{2.5}$$

Le problème n'est pas le recours à cat/2, mais le fait que les appels sont imbriqués de la façon la plus défavorable. En effet, si l'associativité de cat/2, prouvée à la page 15, dit bien $\mathsf{cat}(\mathsf{cat}(s,t),u) \equiv \mathsf{cat}(s,\mathsf{cat}(t,u))$, les coûts des deux membres diffèrent.

Soit $\mathcal{C}[\![f(x)]\!]$ le coût de l'appel $f(x)$. Suit alors

$$\begin{aligned}
\mathcal{C}[\![\mathsf{cat}(\mathsf{cat}(s,t),u)]\!] &= (\mathsf{len}(s) + 1) + (\mathsf{len}(\mathsf{cat}(s,t)) + 1) \\
&= (\mathsf{len}(s) + 1) + (\mathsf{len}(s) + \mathsf{len}(t) + 1) \quad \mathsf{LenCat}(s,t) \\
&= 2 \cdot \mathsf{len}(s) + \mathsf{len}(t) + 2,
\end{aligned}$$

en usant de $\mathsf{LenCat}(s,t)$: $\mathsf{len}(\mathsf{cat}(s,t)) = \mathsf{len}(s) + \mathsf{len}(t)$; mais

$$\begin{aligned}
\mathcal{C}[\![\mathsf{cat}(s,\mathsf{cat}(t,u))]\!] &= (\mathsf{len}(t) + 1) + (\mathsf{len}(s) + 1) \\
&= \mathsf{len}(s) + \mathsf{len}(t) + 2.
\end{aligned}$$

c'est-à-dire

$$\mathcal{C}[\![\mathsf{cat}(\mathsf{cat}(s,t),u)]\!] = \mathsf{len}(s) + \mathcal{C}[\![\mathsf{cat}(s,\mathsf{cat}(t,u))]\!]. \tag{2.6}$$

Les éléments de s sont donc traversés deux fois, alors qu'une seule visite suffirait.

Encore une autre manière de déterminer le coût de $\mathsf{rev_0}/1$ consiste à deviner d'abord qu'il est *quadratique*, c'est-à-dire, $\mathcal{C}_n^{\mathsf{rev_0}} = an^2 + bn + c$, où a, b et c sont des inconnues. Puisqu'il y a trois coefficients, nous n'avons besoin que de trois valeurs de $\mathcal{C}_n^{\mathsf{rev_0}}$ pour les déterminer, par exemple, en produisant quelques traces, nous trouvons $\mathcal{C}_0^{\mathsf{rev_0}} = 1$, $\mathcal{C}_1^{\mathsf{rev_0}} = 3$ et $\mathcal{C}_2^{\mathsf{rev_0}} = 6$, donc nous pouvons résoudre le système d'équations linéaires :

$$\mathcal{C}_0^{\mathsf{rev_0}} = c = 1, \quad \mathcal{C}_1^{\mathsf{rev_0}} = a + b + c = 3, \quad \mathcal{C}_2^{\mathsf{rev_0}} = a \cdot 2^2 + b \cdot 2 + c = 6.$$

Nous tirons $a = 1/2$, $b = 3/2$ et $c = 1$, c'est-à-dire $\mathcal{C}_n^{\mathsf{rev_0}} = (n^2 + 3n + 2)/2$. Étant donné que l'hypothèse du comportement quadratique pourrait être fausse, il est alors crucial d'essayer d'autre valeurs dans la formule nouvellement obtenue, par exemple $\mathcal{C}_4^{\mathsf{rev_0}} = (4+1)(4+2)/2 = 15$, et ensuite comparer le résultat avec le coût de $\mathsf{rev_0}([1, 2, 3, 4])$, par exemple. Dans ce cas, le contenu de la pile n'est pas significatif, seule sa longueur importe.

Après avoir trouvé la formule pour le coût en utilisant la méthode empirique ci-dessus, il est nécessaire de l'établir pour toutes les valeurs de n. Puisque les équations originelles sont récurrentes, la méthode de choix est l'induction. Soit $\mathsf{Quad}(n)$ la propriété $\mathcal{C}_n^{\mathsf{rev_0}} = (n^2 + 3n + 2)/2$. Nous l'avons déjà vérifiée pour de petites valeurs $n = 0, 1, 2$. Supposons alors qu'elle est valide pour une valeur de la variable n (hypothèse d'induction) et prouvons $\mathsf{Quad}(n + 1)$ (pas inductif). Nous savons déjà que $\mathcal{C}_{n+1}^{\mathsf{rev_0}} = \mathcal{C}_n^{\mathsf{rev_0}} + n + 2$. L'hypothèse d'induction implique alors

$$\mathcal{C}_{n+1}^{\mathsf{rev_0}} = (n^2 + 3n + 2)/2 + n + 2 = ((n+1)^2 + 3(n+1) + 2)/2,$$

ce qui n'est autre que $\mathsf{Quad}(n + 1)$. Conséquemment, le principe d'induction dit que le coût que nous avons déterminé expérimentalement est toujours correct.

Pour déduire le coût de $\mathsf{rev/1}$, il suffit de remarquer que le premier argument de $\mathsf{rcat/2}$ décroît strictement à chaque réécriture, donc toute trace d'évaluation a la forme $\epsilon\eta^n\zeta$, d'où $\mathcal{C}_n^{\mathsf{rev}} = |\epsilon\eta^n\zeta| = n + 2$. Le coût est *linéaire*, donc $\mathsf{rev/1}$ doit être utilisée à la place de $\mathsf{rev_0/1}$ en toutes circonstances.

Exercises

1. Prouvez $\mathsf{LenRev}(s)$: $\mathsf{len}(\mathsf{rev_0}(s)) \equiv \mathsf{len}(s)$.

2. Prouvez $\mathsf{LenCat}(s, t)$: $\mathsf{len}(\mathsf{cat}(s, t)) \equiv \mathsf{len}(s) + \mathsf{len}(t)$.

3. Qu'est-ce qui ne va pas dans la preuve de l'involution de $\mathsf{rev/1}$ à la section 3.4.9 du livre de Cousineau et Mauny (1998) ?

2.3 Filtrage de pile

Première occurrence Supposons que $\mathsf{sfst}(s, x)$ (anglais : *skip the first occurrence*) calcule une pile identique à s mais sans la première occurrence de x, en commençant au sommet. En particulier, si x est absent de s, alors la valeur de l'appel est identique à s. Ceci est notre *spécification*. Par exemple, nous nous attendons aux évaluations suivantes :

$$\mathsf{sfst}([\,], 3) \twoheadrightarrow [\,];$$
$$\mathsf{sfst}([\,], [\,]) \twoheadrightarrow [\,];$$
$$\mathsf{sfst}([3, [\,]], [5, 2]) \twoheadrightarrow [3, [\,]];$$
$$\mathsf{sfst}([[\,], [1, 2], 4, [\,], 4], 4) \twoheadrightarrow [[\,], [1, 2], [\,], 4];$$
$$\mathsf{sfst}([4, [1, 2], [\,], [\,], 4], [\,]) \twoheadrightarrow [4, [1, 2], [\,], 4].$$

Premier essai Tentons une approche directe. En particulier, parvenu à ce point, il est important de ne pas chercher une définition en forme terminale. La forme terminale doit être considérée comme une optimisation et optimiser précocement est ouvrir la jarre de Pandore. La première idée qui pourrait venir à l'esprit est de définir une fonction auxiliaire mem/2 telle que l'appel mem(s, x) vérifie si un élément x donné est dans une pile s donnée, parce que la notion d'appartenance est implicite dans la formulation de la spécification. Mais deux problèmes surgissent alors. D'abord, quel serait le résultat d'une telle fonction ? Ensuite, quel serait son coût ? À des fins didactiques, poursuivons sur cette piste pour voir où elle nous mène. Une pile peut être vide ou non, donc nous commençons avec deux règles :

$$\mathsf{mem}([\,], x) \rightarrow \boxed{};$$
$$\mathsf{mem}([y \,|\, s], x) \rightarrow \boxed{}.$$

Nous avons introduit une variable y, distincte de la variable x. Deux variables différentes peuvent (ou non) dénoter la même valeur, mais deux occurrences de la même variable dénotent toujours la même valeur. Si nous avions écrit

$$\mathsf{mem}([\,], x) \rightarrow \boxed{};$$
$$\mathsf{mem}([\underline{x} \,|\, s], x) \rightarrow \boxed{}.$$

un cas aurait manqué, à savoir quand le sommet de la pile n'est pas l'élément recherché, par exemple, mem$(3, [4])$ échouerait faute de motif filtrant. Maintenant, quel est le premier membre droit ? Le premier motif est filtrant seulement si la pile est vide. En particulier, cela signifie que l'élément n'est pas dans la pile, puisque, par définition, une pile vide ne contient rien. Comment exprimer cela ? Étant donné que le problème de départ passe ce cas sous silence, il est dit *sous-spécifié*. Nous pourrions peut-être penser que zéro serait un moyen de dénoter l'absence d'un élément :

$$\mathsf{mem}([\,], x) \rightarrow 0;$$
$$\mathsf{mem}([y \,|\, s], x) \rightarrow \boxed{}.$$

Mais ceci serait une erreur parce qu'il n'y a pas de relation naturelle et nécessaire entre le concept de vacuité et le nombre zéro. Zéro est compris algébriquement comme le nombre noté 0 tel que $0 + n = n + 0 = n$, pour tout nombre n. Essayons alors la pile vide :

$$\mathsf{mem}([\,], x) \rightarrow [\,];$$
$$\mathsf{mem}([y \,|\, s], x) \rightarrow \boxed{}.$$

L'étape suivante est de trouver un moyen de comparer concrètement la valeur de x à la valeur de y. Nous pouvons pour cela faire usage de la règle ci-dessus à propos des variables : deux occurrences de la même variable signifient qu'elles ont la même valeur. Par conséquent,

$$\mathsf{mem}([\,], x) \to [\,];$$
$$\mathsf{mem}([x\,|\,s], x) \to \boxed{}.$$

n'était pas si mauvais, après tout ? Certes, mais nous savons à présent qu'un cas est manquant, donc ajoutons-le à la fin, où $x \neq y$:

$$\mathsf{mem}([\,], x) \to [\,];$$
$$\mathsf{mem}([x\,|\,s], x) \to \boxed{};$$
$$\underline{\mathsf{mem}([y\,|\,s], x) \to \boxed{}.}$$

À présent, quel est le second membre droit ? Il est évalué lorsque l'élément recherché se trouve au sommet de la pile courante. Comment exprimer cela ? Nous pourrions finir avec l'élément lui-même, la justification étant que si le résultat est la pile vide, alors l'élément n'est pas dans la pile originelle, sinon le résultat est l'élément lui-même :

$$\mathsf{mem}([\,], x) \to [\,];$$
$$\mathsf{mem}([x\,|\,s], x) \to x;$$
$$\mathsf{mem}([y\,|\,s], x) \to \boxed{}.$$

Le dernier membre droit est facile à deviner car il concerne le cas où le sommet de la pile (y) n'est pas l'élément recherché (x), donc un appel récursif qui laisse de côté y s'impose :

$$\mathsf{mem}([\,], x) \to [\,];$$
$$\mathsf{mem}([x\,|\,s], x) \to x;$$
$$\mathsf{mem}([y\,|\,s], x) \to \mathsf{mem}(s, x).$$

Quelques tests devraient accroître la confiance en la correction et la complétude de cette définition par rapport à sa spécification. Étiquetons les règles au préalable :

$$\mathsf{mem}([\,], x) \xrightarrow{\zeta} [\,];$$
$$\mathsf{mem}([x\,|\,s], x) \xrightarrow{\eta} x;$$
$$\mathsf{mem}([y\,|\,s], x) \xrightarrow{\theta} \mathsf{mem}(s, x).$$

Nous pourrions alors éprouver les cas suivants :

$$\mathsf{mem}([\,], 3) \xrightarrow{\zeta} [\,],$$
$$\mathsf{mem}([1], 3) \xrightarrow{\theta} \mathsf{mem}([\,], 3) \xrightarrow{\zeta} [\,],$$
$$\mathsf{mem}([1, 3, 2], 3) \xrightarrow{\theta} \mathsf{mem}([3, 2], 3) \xrightarrow{\eta} 3.$$

Le programme semble marcher : l'élément x est dans la pile s si le résultat est x, sinon nous obtenons []. Toutefois, cette fonction n'est pas correcte. L'assomption cachée et incorrecte est qu'« un élément ne peut être une pile », malgré les contre-exemples donnés au début pour illustrer le comportement attendu de sfst/2. En particulier, un élément peut être la pile vide et cela cause une ambiguïté avec notre définition de mem/2 :

$$\mathsf{mem}([\,],[\,]) \xrightarrow{\varsigma} [\,] \xleftarrow{\eta} \mathsf{mem}([[\,]],[\,]).$$

Il n'est pas possible de discriminer les deux cas, le premier signifiant absence de l'élément et le second présence, car tous deux terminent avec la pile vide. En fait, nous aurions dû distinguer deux constructeurs pour dénoter « l'élément est présent » et « l'élément est absent ». Par exemple,

$$\mathsf{mem}([\,],x) \xrightarrow{\varsigma} \mathsf{false}();$$
$$\mathsf{mem}([x\,|\,s],x) \xrightarrow{\eta} \mathsf{true}();$$
$$\mathsf{mem}([y\,|\,s],x) \xrightarrow{\theta} \mathsf{mem}(s,x).$$

Mais, pour l'instant, rebroussons chemin et demandons-nous à nouveau si l'usage de mem/2 est vraiment une bonne idée.

Meilleure approche Supposons que la pile donnée contienne l'élément au fond. L'emploi de mem/2 pour le trouver revient à effectuer une traversée complète de la pile. Ensuite, un autre parcours depuis le sommet est nécessaire pour recopier la pile sans son dernier élément. Au total, deux visites complètes sont accomplies.

Une meilleure idée consiste à entrelacer ces deux passes en une seule, car le problème surgit du fait que mem/2 oublie les éléments qui ne sont pas celui qui l'intéresse, donc, après avoir trouvé ce dernier ou conclu à son absence, elle ne peut reconstruire la pile résultante. Par entrelacement, nous entendons que, durant la traversée, les concepts d'appartenance et de recopie sont combinés, au lieu d'être mis en œuvre en séquence avec deux appels de fonction. Nous avons rencontré une situation similaire lors de la conception de la fonction qui retourne une pile : rev_0, qui appelle cat/2, est bien plus lente que rev/1, qui utilise une pile auxiliaire.

Ici, l'algorithme consiste à mémoriser tous les éléments rencontrés et, si l'élément demandé n'est pas trouvé, la pile finale est construite à partir d'eux ; si l'élément est trouvé, la pile est aussi construite à partir d'eux mais aussi des éléments restants. Il y a d'habitude deux manières de conserver les éléments visités : soit dans un paramètre d'accumulation, appelé *accumulateur*, soit dans le contexte d'appels récursifs. Pour l'instant, il faut se souvenir d'un conseil cardinal : ne pas rechercher à concevoir une définition en forme terminale, mais préférer à la place une approche directe. Bien entendu, dans des cas simples, une approche directe peut être en forme terminale, mais notre point de vue est méthodologique : ignorons *a priori* tout souci de forme terminale. Par conséquent, utilisons le contexte d'un appel récursif pour mémoriser les éléments comparés. Une pile étant vide ou non, il est naturel de commencer avec

$$\mathsf{sfst}([\,], x) \rightarrow \boxed{};$$
$$\mathsf{sfst}([y\,|\,s], x) \rightarrow \boxed{}.$$

Tout comme nous l'avons tenté avec mem/2, nous devons distinguer le cas où x est identique à y :

$$\mathsf{sfst}([\,], x) \rightarrow \boxed{};$$
$$\underline{\mathsf{sfst}([x\,|\,s], x) \rightarrow \boxed{};}$$
$$\overline{\mathsf{sfst}([y\,|\,s], x) \rightarrow \boxed{}.}$$

Cette méthode est une recherche linéaire : les éléments dans la pile sont comparés un par un à x, en commençant par le sommet, jusqu'à atteindre le fond ou un élément égal à x. Puisque nous savons que la dernière règle gère le cas où $x \neq y$, nous devons mémoriser y et continuer à comparer x avec les éléments restant dans s. C'est ici que l'appel récursif avec le contexte $[y\,|\,\_]$ est mis en place :

$$\mathsf{sfst}([\,], x) \rightarrow \boxed{};$$
$$\mathsf{sfst}([x\,|\,s], x) \rightarrow \boxed{};$$
$$\mathsf{sfst}([y\,|\,s], x) \rightarrow [y\,|\,\mathsf{sfst}(s, x)].$$

Il nous faut remarquer que la position de y dans le résultat est la même que dans l'entrée (le sommet).

La deuxième règle correspond au cas où l'élément x recherché est le sommet de la pile courante, qui est une sous-pile de la pile initiale. Une pile faite d'élément successifs depuis le sommet de la pile d'entrée est appelée un *préfixe* de celle-ci. Quand une pile est une sous-pile d'une autre, c'est-à-dire qu'elle est composée d'éléments successifs jusqu'au fond de l'autre, elle est un *suffixe*. Nous savons que x dans $[x\,|\,s]$ est la première occurrence de x dans la pile originelle (celle du premier appel), parce que nous ne traiterions pas ce cas encore : la spécification dit bien que la première occurrence doit être absente du résultat ; puisque cette occurrence est, à l'instant courant, le sommet d'un suffixe, nous n'avons qu'à terminer avec s, que nous ne visitons pas :

$$\mathsf{sfst}([\,], x) \rightarrow \boxed{};$$
$$\mathsf{sfst}([x\,|\,s], x) \rightarrow \underline{s};$$
$$\mathsf{sfst}([y\,|\,s], x) \rightarrow [y\,|\,\mathsf{sfst}(s, x)].$$

La première règle gère le cas où nous avons traversé toute la pile donnée (jusqu'à $[\,]$) sans trouver x. Ainsi le résultat est simplement la pile vide car la pile vide sans x est toujours la pile vide :

$$\mathsf{sfst}([\,], x) \to [\,];$$
$$\mathsf{sfst}([x \,|\, s], x) \to s;$$
$$\mathsf{sfst}([y \,|\, s], x) \to [y \,|\, \mathsf{sfst}(s, x)].$$

Effectuons quelques tests maintenant et, pour éviter des erreurs, il est commode d'étiqueter les règles avec des lettres grecques :

$$\mathsf{sfst}([\,], x) \xrightarrow{\theta} [\,];$$
$$\mathsf{sfst}([x \,|\, s], x) \xrightarrow{\iota} s;$$
$$\mathsf{sfst}([y \,|\, s], x) \xrightarrow{\kappa} [y \,|\, \mathsf{sfst}(s, x)].$$

Remarquons l'égalité implicite dans les règles non-linéaires comme ι ; en d'autre termes, le coût d'une telle comparaison est 0 dans notre modèle. Notons aussi qu'il est crucial d'écrire la règle ι avant κ, sinon ι serait inutile (*code mort*) car nous pourrions alors avoir $y = x$ dans κ. Voici un exemple de recherche qui trouve son objet :

$$\mathsf{sfst}([3,0,1,2],1) \xrightarrow{\kappa} [3 \,|\, \mathsf{sfst}([0,1,2],1)] \xrightarrow{\kappa} [3,0 \,|\, \mathsf{sfst}([1,2],1)] \xrightarrow{\iota} [3,0,2].$$

Maintenant un exemple d'une recherche infructueuse :

$$\mathsf{sfst}([3,0],4) \xrightarrow{\kappa} [3 \,|\, \mathsf{sfst}([0],4)] \xrightarrow{\kappa} [3,0 \,|\, \mathsf{sfst}([\,],4)] \xrightarrow{\theta} [3,0].$$

Des exemples plus compliqués, page 47, donnent :

$$
\begin{aligned}
\mathsf{sfst}([4,[1,2],[\,],[\,],4],[\,]) &\xrightarrow{\kappa} [4 \,|\, \mathsf{sfst}([[1,2],[\,],[\,],4],[\,])] \\
&\xrightarrow{\kappa} [4 \,|\, [[1,2] \,|\, \mathsf{sfst}([[\,],[\,],4],[\,])]] \\
&= [4,[1,2] \,|\, \mathsf{sfst}([[\,],[\,],4],[\,])] \\
&\xrightarrow{\iota} [4,[1,2] \,|\, [[\,],4]] \\
&= [4,[1,2],[\,],4].
\end{aligned}
$$

$$
\begin{aligned}
\mathsf{sfst}([3,[\,]],[5,2]) &\xrightarrow{\kappa} [3 \,|\, \mathsf{sfst}([[\,]],[5,2])] \\
&\xrightarrow{\kappa} [3 \,|\, [[\,] \,|\, \mathsf{sfst}([\,],[5,2])]] \\
&= [3,[\,] \,|\, \mathsf{sfst}([\,],[5,2])] \\
&\xrightarrow{\theta} [3,[\,] \,|\, [\,]] \\
&= [3,[\,]].
\end{aligned}
$$

Lorsque nous sommes convaincus que notre définition est correcte et complète par rapport à la spécification, il reste encore quelque chose qui vaut la peine d'être mis à l'épreuve : ce qui se produit pour des entrées qui ne sont pas attendues par la spécification. Cette dernière dit ici que le second argument de sfst/2 est une pile. Que se passerait-il si nous fournissions un entier à la place ? Par exemple, nous avons $\mathsf{sfst}(3, [\,]) \nrightarrow$. C'est un échec de filtrage, c'est-à-dire que les réécritures sont bloquées, ce qui signifie que notre définition n'est pas robuste, en d'autres termes, elle échoue brutalement sur des données non-spécifiées.

Lorsque, comme ici, nous programmons à petite échelle, la robustesse n'est usuellement pas un souci, car nous nous concentrons sur l'apprentissage d'un langage par de simples algorithmes, mais lorsque nous développons de grandes applications, nous devons prendre soin de rendre le code robuste en détectant et signalant les erreurs. Remarquons aussi qu'un programme peut être complet mais pas robuste parce que la complétude est relative à ce qui est spécifié du comportement (toute entrée valide doit être acceptée et ne pas conduire à une erreur), alors que la robustesse est relative à ce qui n'est pas spécifié.

Ces considérations sont semblables à la discussion des mérites et faiblesses des langages de script, dont les sémantiques font leur possible pour ignorer les erreurs en recourant à des valeurs spéciales par défaut (telle la chaîne vide) pour ne pas interrompre l'évaluation. Dans le contexte de notre langage fonctionnel abstrait, nous pouvons employer un constructeur de données, c'est-à-dire une fonction sans règles de réécriture, comme error(), pour rapporter une erreur ou notifier une information sur les arguments. Par exemple, voici une fonction qui distingue entre les piles et les autres valeurs en argument :

$$
\begin{aligned}
\mathsf{is\_a\_stack}([\,]) &\rightarrow \mathsf{yes}(); \\
\mathsf{is\_a\_stack}([x\,|\,s]) &\rightarrow \mathsf{yes}(); \\
\mathsf{is\_a\_stack}(s) &\rightarrow \mathsf{no}().
\end{aligned}
$$

Les constructeurs de données sont pratiques pour avertir d'une erreur parce qu'ils sont comme des identificateurs uniques, donc ils ne peuvent être confondus avec les autres données que la fonction calcule et peuvent être aisément détectés par l'appelant. Par exemple, voici une version robuste de sfst/2 qui discrimine les erreurs :

$$
\begin{aligned}
\mathsf{sfst}([\,], x) &\rightarrow [\,]; \\
\mathsf{sfst}([x\,|\,s], x) &\rightarrow s; \\
\mathsf{sfst}([y\,|\,s], x) &\rightarrow [y\,|\,\mathsf{sfst}(s, x)]; \\
\mathsf{sfst}(s, x) &\rightarrow \underline{\mathsf{error}()}.
\end{aligned}
$$

Ainsi, une fonction appelant sfst/2 peut faire la différence entre une réécriture normale et une erreur en inscrivant un constructeur de données dans le filtrage par motif :

$$
\begin{aligned}
\mathsf{caller}(s, x) &\rightarrow \mathsf{check}(\mathsf{sfst}(s, x)).\\
\mathsf{check}(\mathsf{error}()) &\rightarrow \boxed{}\,;\\
\mathsf{check}(r) &\rightarrow \boxed{}\,.
\end{aligned}
$$

Coût   Le coût $\mathcal{C}_n^{\mathsf{sfst}}$ de $\mathsf{sfst}(s, x)$, où n est la longueur de s, dépend de la présence de x dans s. Si absent, la trace est $\kappa^n \theta$, donc $\mathcal{C}_n^{\mathsf{sfst}} = |\kappa^n \theta| = n+1$. Si présent, le coût dépend de la position de x dans s. Posons que la position du sommet de s est 0 et que x se trouve à la position j. Nous avons alors $\mathcal{C}_{n,j}^{\mathsf{sfst}} = |\kappa^j \iota| = j + 1$. Si nous ajoutons la convention que la position n (ou plus grand) est synonyme d'absence, alors nous pouvons utiliser la dernière formule pour les deux cas.

Selon cette même convention, le coût minimal $\mathcal{B}_n^{\mathsf{sfst}}$ est la valeur minimale de $\mathcal{C}_{n,j}^{\mathsf{sfst}}$, pour des valeurs de j allant de 0 à n, par conséquent $\mathcal{B}_n^{\mathsf{sfst}} = \mathcal{C}_{n,0}^{\mathsf{sfst}} = 1$, ce qui veut dire que l'élément se trouve au sommet, et, par dualité, le coût maximal est $\mathcal{W}_n^{\mathsf{sfst}} = \mathcal{C}_{n,n}^{\mathsf{sfst}} = n + 1$, ce qui advient quand l'élément est absent. Le coût moyen $\mathcal{A}_n^{\mathsf{sfst}}$ d'une recherche positive (qui atteint l'élément recherché) suppose que j peut prendre toutes les positions dans la pile :

$$
\mathcal{A}_n^{\mathsf{sfst}} = \frac{1}{n} \sum_{j=0}^{n-1} \mathcal{C}_{n,j}^{\mathsf{sfst}} = \frac{1}{n} \sum_{j=0}^{n-1} (j + 1) = \frac{1}{n} \sum_{j=0}^{n} j = \frac{n+1}{2} \sim \frac{n}{2},
$$

de par l'équation (2.3) page 45.

Notons que la règle κ implique la création d'un nœud ($|$), que nous appelons *nœud d'empilage*, comme on peut le voir à la FIGURE 2.3. Ainsi, alors que le contenu de la nouvelle pile est partagé avec la pile originale, j nœuds sont alloués si x se trouve à la position j dans s. Le pire des cas se présente donc lorsque x est absent, de telle sorte que n nœuds sont requis, tous inutiles parce que, dans ce cas, $\mathsf{sfst}(s, x) \equiv s$. Pour éviter cette situation, une autre définition de $\mathsf{sfst}/2$ doit être conçue, une qui se défasse de tous les nœuds construits et référence directement la pile donnée quand x est absent.

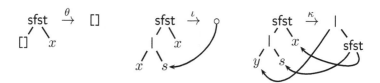

FIGURE 2.3 – Graphe orienté sans circuit pour $\mathsf{sfst}/2$

$$
\begin{array}{ll}
\mathsf{rcat}([\,],t) \xrightarrow{\zeta} t; & \mathsf{sfst}([\,],x,t,u) \xrightarrow{\mu} u; \\
\mathsf{rcat}([x\,|\,s],t) \xrightarrow{\eta} \mathsf{rcat}(s,[x\,|\,t]). & \mathsf{sfst}([x\,|\,s],x,t,u) \xrightarrow{\nu} \mathsf{rcat}(t,s); \\
\mathsf{sfst}_0(s,x) \xrightarrow{\lambda} \mathsf{sfst}(s,x,[\,],s). & \mathsf{sfst}([y\,|\,s],x,t,u) \xrightarrow{\xi} \mathsf{sfst}(s,x,[y\,|\,t],u).
\end{array}
$$

FIGURE 2.4 – Ôter la première occurrence avec partage maximal

Le point crucial est exprimé par la construction $[y\,|\,\_]$ de la règle κ, appelée le *contexte* de l'appel $\mathsf{sfst}(s,x)$, que nous désirons seulement si x est présent. Pour résoudre ces exigences contradictoires, nous choisissons d'ôter le contexte et de ranger l'information qu'il contient (y) dans l'accumulateur d'une nouvelle règle ξ, dérivée de κ. Nous utilisons l'accumulateur dans une nouvelle règle ν déduite de ι. La nouvelle version de $\mathsf{sfst}/2$ est appelée $\mathsf{sfst}_0/2$ et est montrée dans la FIGURE 2.4.

Bien entendu, alors que dans ι nous avons simplement référencé s, la construction correspondante au contexte manquant de κ doit être effectuée par ν. Par ailleurs, nous devons ajouter un nouvel argument qui pointe vers la pile originelle, de façon à pouvoir l'utiliser dans une nouvelle règle μ, généralisant θ à toutes les piles. Remarquons les formes des membres droits : chacun est soit une valeur (ζ et μ) ou un appel de fonction dont les arguments sont des valeurs. En d'autres termes, aucun appel n'a de contexte. Une définition satisfaisant une telle propriété syntaxique est dite *en forme terminale*.

Intuitivement, la conséquence pratique d'une telle forme est que les appels qui terminent se déroulent jusqu'à ce que la valeur soit atteinte et c'est tout : *la valeur du dernier appel est la valeur du premier appel*. Cette sorte de définition permet le partage dans la règle μ, où u (la référence vers la pile originelle) devient la valeur, à la place de $\mathsf{rev}(t)$. Les compilateurs et interprètes de langages fonctionnels exploitent souvent cette propriété pour accélérer les calculs, comme nous le verrons dans la dernière partie de ce livre.

L'inconvénient de $\mathsf{sfst}_0/2$ par rapport à $\mathsf{sfst}/2$ est le coût additionnel dû au retournement de t dans la règle ν, c'est-à-dire l'appel $\mathsf{rcat}(t,s)$. Plus précisément, il y a deux cas complémentaires : x est absent de s ou non. Supposons que s contient n éléments et x est absent. La trace de $\mathsf{sfst}_0(s,x)$ est $\lambda\xi^n\mu$, d'où $\mathcal{C}_n^{\mathsf{sfst}_0} = |\lambda\xi^n\mu| = |\lambda| + n|\xi| + |\mu| = n + 2$. Supposons maintenant que x se trouve à la position k dans s, où le sommet est à la position 0. La trace d'évaluation est alors $\lambda\xi^k\nu\eta^k\zeta$, donc

$$
\mathcal{C}_{n,k}^{\mathsf{sfst}_0} = |\lambda\xi^k\nu\eta^k\zeta| = 2k + 3.
$$

$$
\begin{aligned}
&\mathsf{sfst}_1(s,x) \to \mathsf{sfst}_2(s,x,[\,],s).\\
&\mathsf{sfst}_2([\,],x,t,u) \to u;\\
&\mathsf{sfst}_2([x\,|\,s],x,t,u) \to \mathsf{cat}(t,s);\\
&\mathsf{sfst}_2([y\,|\,s],x,t,u) \to \mathsf{sfst}_2(s,x,\mathsf{cat}(t,[y]),u).
\end{aligned}
$$

FIGURE 2.5 – Ôter la première occurrence (mauvais programme)

Il apparaît maintenant clairement que

$$
\mathcal{B}_0^{\mathsf{sfst0}} = 2,
$$

$$
\mathcal{B}_n^{\mathsf{sfst0}} = \min_{0\leqslant k<n}\{\mathcal{C}_n^{\mathsf{sfst0}},\mathcal{C}_{n,k}^{\mathsf{sfst0}}\} = \min_{0\leqslant k<n}\{n+2,2k+3\} = 3,
$$

$$
\mathcal{W}_n^{\mathsf{sfst0}} = \max_{0\leqslant k<n}\{n+2,2k+3\} = 2n+1,
$$

où le coût minimal se produit quand l'élément est au sommet de la pile ; le coût maximal lorsque l'élément est tout au fond de la pile.

Puisqu'appeler $\mathsf{rcat}/2$ pour retourner les éléments visités est la source du coût supplémentaire, nous pourrions essayer de maintenir l'ordre de ces éléments comme dans la FIGURE 2.5 mais en usant de la concaténation de piles au lieu de l'empilement. Le problème est que la dernière règle de $\mathsf{sfst}_2/4$ produit $\mathsf{cat}(\dots\mathsf{cat}((\mathsf{cat}([\,],[x_1]),[x_2])\dots)$, dont le coût est quadratique comme dans la réécriture (2.4) page 45, et à partir de laquelle nous concluons promptement que

$$
\mathcal{W}_n^{\mathsf{sfst1}} \sim \frac{1}{2}n^2.
$$

Dernière occurrence   Soit $\mathsf{slst}(s,x)$ (anglais : *skip the last occurrence*) une pile identique à s mais sans la dernière occurrence de x. En particulier, si x est absent, alors la valeur de l'appel est identique à s. Le premier réflexe est probablement de voir ce problème comme le dual du filtrage de la pile pour ôter la première occurrence :

$$
\mathsf{slst}_0(s,x) \xrightarrow{\pi} \mathsf{rev}(\mathsf{sfst}(\mathsf{rev}(s),x)). \tag{2.7}
$$

Si x est absent de s, nous avons $\mathcal{C}_n^{\mathsf{slst0}} = 1+\mathcal{C}_n^{\mathsf{rev}}+\mathcal{W}_n^{\mathsf{sfst}}+\mathcal{C}_n^{\mathsf{rev}} = 3n+6$. Si x se trouve à la position k, $\mathcal{C}_{n,k}^{\mathsf{slst0}} = 1+\mathcal{C}_n^{\mathsf{rev}}+\mathcal{C}_{n,n-k-1}^{\mathsf{sfst}}+\mathcal{C}_{n-1}^{\mathsf{rev}} = 3n-k+4$. En conséquence, nous sommes à même de dériver le coût minimal et maximal :

$$
\mathcal{B}_n^{\mathsf{slst0}} = \min_{k<n}\{3n+6,3n-k+4\} = 2n+5,
$$

quand x est au fond de s, et

$$
\mathcal{W}_n^{\mathsf{slst0}} = \max_{k<n}\{3n+6,3n-k+4\} = 3n+6,
$$

$$\begin{array}{ll}
\mathsf{slst}([\,],x) \overset{\rho}{\to} [\,]; & \mathsf{slst}([\,],x,t) \overset{v}{\to} t; \\
\mathsf{slst}([x\,|\,s],x) \overset{\sigma}{\to} \mathsf{slst}(s,x,s); & \mathsf{slst}([x\,|\,s],x,t) \overset{\phi}{\to} [x\,|\,\mathsf{slst}(t,x)]; \\
\mathsf{slst}([y\,|\,s],x) \overset{\tau}{\to} [y\,|\,\mathsf{slst}(s,x)]. & \mathsf{slst}([y\,|\,s],x,t) \overset{\chi}{\to} \mathsf{slst}(s,x,t).
\end{array}$$

FIGURE 2.6 – Ôter la dernière occurrence avec $\mathsf{slst}/2$

quand x est manquant. Le coût moyen quand x est présent est

$$\mathcal{A}_n^{\mathsf{slst_0}} = \frac{1}{n} \sum_{k=0}^{n-1} \mathcal{C}_{n,k}^{\mathsf{slst_0}} = \frac{1}{n} \sum_{k=0}^{n-1} (3n - k + 4) = \frac{5n+9}{2} \sim \frac{5}{2}n.$$

Quand x est présent, le pire des cas est quand il est au sommet de la pile : $\mathcal{W}_n^{\mathsf{slst_0}} = \max_{k<n}\{3n - k + 4\} = 3n + 4 \leqslant 3n + 6$.

Dans tous les cas, le coût maximal égale, à l'asymptote, $3n$, c'est-à-dire que trois visites complètes de s sont effectuées, alors qu'une seule aurait suffit à détecter l'absence de x. Parallèlement, le coût minimal égale, à l'asymptote, $2n$, ce qui compte deux traversées complètes, alors que la présence de x au fond aurait pu être vérifiée avec une seule. Toutes ces observations suggèrent qu'une meilleure conception vaut la peine d'être envisagée.

Considérons la FIGURE 2.6, où, avec l'aide d'une recherche linéaire (règles ρ et τ), nous trouvons la première occurrence de x (règle σ), mais, dans le but de vérifier si c'est aussi la dernière, nous devons lancer une autre recherche linéaire (χ). Si elle est positive (ϕ), nous conservons l'occurrence précédemment trouvée (x) et nous recommençons une autre recherche ; si elle est négative (v), le x trouvé tantôt était en fait la dernière occurrence. Remarquons que nous avons deux fonctions mutuellement récursives, $\mathsf{slst}/2$ et $\mathsf{slst}/3$. La définition de cette dernière contient un troisième paramètre, t, qui est une copie de la pile s lorsqu'une occurrence de x avait été trouvée par $\mathsf{slst}/2$ (σ). Cette copie est employée pour reprendre (ϕ) la recherche du point où l'occurrence précédente fut trouvée. Ceci est nécessaire puisque y, dans la règle χ, doit être écarté parce que nous ne savons pas à ce moment-là si le x précédent était le dernier.

Considérons l'évaluation à FIGURE 2.7 page suivante. Si l'élément est manquant, la recherche linéaire échoue, comme à l'accoutumée, avec un coût de $|\tau^n \rho| = n + 1$. Sinon, nommons $0 \leqslant x_1 < x_2 < \cdots < x_p < n$ les positions des p occurrences de x dans s. La trace d'évaluation est

$$\tau^{x_1} \cdot \prod_{k=2}^{p} (\sigma\chi^{x_k - x_{k-1} - 1})(\phi\tau^{x_k - x_{k-1} - 1}) \cdot (\sigma\chi^{n - x_p - 1} v),$$

$$\begin{aligned}
\mathsf{slst}([2,7,0,7,1],7) &\xrightarrow{\tau} [2\,|\,\mathsf{slst}([7,0,7,1],7)]\\
&\xrightarrow{\sigma} [2\,|\,\mathsf{slst}([0,7,1],7,[0,7,1])]\\
&\xrightarrow{\chi} [2\,|\,\mathsf{slst}([7,1],7,[0,7,1])]\\
&\xrightarrow{\phi} [2,7\,|\,\mathsf{slst}([0,7,1],7)]\\
&\xrightarrow{\tau} [2,7,0\,|\,\mathsf{slst}([7,1],7)]\\
&\xrightarrow{\sigma} [2,7,0\,|\,\mathsf{slst}([1],7,[1])]\\
&\xrightarrow{\chi} [2,7,0\,|\,\mathsf{slst}([\,],7,[1])]\\
&\xrightarrow{\upsilon} [2,7,0\,|\,[1]] = [2,7,0,1].
\end{aligned}$$

FIGURE 2.7 – $\mathsf{slst}([2,7,0,7,1],7) \twoheadrightarrow [2,7,0,1]$

dont la longueur est

$$x_1 + 2\sum_{k=2}^{p}(x_k - x_{k-1}) + (n - x_p + 1) = n + x_p - x_1 + 1.$$

En d'autres termes, si la position de la première occurrence est notée f et la position de la dernière est l, nous avons obtenu la formule

$$\mathcal{C}_{n,f,l}^{\mathsf{slst}} = n + l - f + 1.$$

Nous en déduisons que le coût minimal se produit quand $l - f + 1 = p$, c'est-à-dire quand toutes les occurrences sont consécutives, par conséquent $\mathcal{B}_{n,p}^{\mathsf{slst}} = n+p$. Le coût maximal se produit quand $f = 0$ et $l = n - 1$, c'est-à-dire quand il y a au moins deux occurrences de x, une au sommet et une autre au fond : $\mathcal{W}_n^{\mathsf{slst}} = 2n$. Nous pouvons vérifier que lorsque la pile est entièrement constituée de x, les extremums concourent à la valeur $2n$. Le coût moyen quand x est présent requiert la détermination du coût pour toutes les paires (f, l) possibles, donc avec $0 \leqslant f \leqslant l < n$:

$$\begin{aligned}
\mathcal{A}_n^{\mathsf{slst}} &= \frac{2}{n(n+1)}\sum_{f=0}^{n-1}\sum_{l=f}^{n-1}\mathcal{C}_{n,f,l}^{\mathsf{slst}} = \frac{2}{n(n+1)}\sum_{f=0}^{n-1}\sum_{l=f}^{n-1}(n+l-f+1)\\
&= \frac{2}{n(n+1)}\sum_{f=0}^{n-1}\left((n-f+1)(n-f) + \sum_{l=0}^{n-f-1}(l+f)\right)\\
&= \frac{1}{n(n+1)}\sum_{f=0}^{n-1}(3n+1-f)(n-f)\\
&= \frac{n(3n+1)}{n+1} - \frac{4n+1}{n(n+1)}\sum_{f=0}^{n-1}f + \frac{1}{n(n+1)}\sum_{f=0}^{n-1}f^2 = \frac{4n+2}{3} \sim \frac{4}{3}n,
\end{aligned}$$

où $\sum_{f=0}^{n-1} f = n(n-1)/2$ est l'équation (2.3), page 45, et la somme des carrés successifs est calculée de la façon suivante.

Nous appliquons la méthode dite du *télescopage* ou des *différences* à la suite $(k^3)_{k>0}$. Débutons avec $(k+1)^3 = k^3 + 3k^2 + 3k + 1$, donc

$$(k+1)^3 - k^3 = 3k^2 + 3k + 1.$$

Alors nous pouvons varier k et sommer les différences que sont les membres gauches, résultant en de nombreuses annulations deux à deux, sauf le premier et le dernier terme :

$$(1+1)^3 - \boxed{1^3} = 3 \cdot 1^2 + 3 \cdot 1 + 1$$
$$+ \qquad (2+1)^3 - 2^3 = 3 \cdot 2^2 + 3 \cdot 2 + 1$$

$$+ \qquad \vdots$$

$$+ \qquad \boxed{(n+1)^3} - n^3 = 3n^2 + 3n + 1$$

$$\Rightarrow \qquad \boxed{(n+1)^3} - \boxed{1^3} = 3 \sum_{k=1}^{n} k^2 + 3 \sum_{k=1}^{n} k + n$$

$$n^3 + 3n^2 + 3n = 3 \sum_{k=1}^{n} k^2 + 3 \cdot \frac{n(n+1)}{2} + n$$

$$\Leftrightarrow \qquad \sum_{k=1}^{n} k^2 = \frac{n(n+1)(2n+1)}{6}. \qquad (2.8)$$

Exercices

1. Prouvez que $\mathsf{sfst}/2 = \mathsf{sfst}_0/2$.

2. Montrez que $\mathcal{B}_n^{\mathsf{sfst0}} = 3$, $\mathcal{W}_n^{\mathsf{sfst0}} = 2n+1$ et $\mathcal{A}_n^{\mathsf{sfst0}} = n+2$ (recherche positive).

3. Prouvez $\mathsf{slst}/2 = \mathsf{slst}_0/2$.

4. Montrez que, dans le pire des cas à déterminer, $\mathsf{slst}_0(s, x)$ créé $3n$ nœuds inutiles si s contient n éléments. Comparez l'usage qui est fait de la mémoire par $\mathsf{slst}_0/2$ avec celui de $\mathsf{slst}/2$.

2.4 Aplatissement

Concevons une fonction $\mathsf{flat}/1$ telle que l'appel $\mathsf{flat}(s)$, où s est une pile, est réécrit en une pile contenant seulement les éléments de s qui ne sont pas eux-mêmes des piles, dans le même ordre d'écriture. Si s ne contient aucune pile, alors $\mathsf{flat}(s) \equiv s$. Passons en revue quelques exemples pour saisir le concept :

$$\mathsf{flat}([]) \twoheadrightarrow []; \quad \mathsf{flat}([[], [[]]]) \twoheadrightarrow []; \quad \mathsf{flat}([[], [1, [2, []], 3], []]) \twoheadrightarrow [1, 2, 3].$$

Tout d'abord, concentrons-nous sur l'écriture des membres gauches des règles, de façon à assurer que notre définition est *complète* (toutes les données sont filtrées). Une pile est vide ou non. Si elle ne l'est pas, le problème en question apparaît clairement : nous devons distinguer les éléments qui sont eux-mêmes des piles. Cela est simplement réalisé en ordonnant les motifs de telle sorte que $[]$ et $[x \mid s]$ *en tant qu'éléments* soient écrits avant le cas général y :

$$\mathsf{flat}([]) \xrightarrow{\psi} \boxed{};$$
$$\mathsf{flat}([[] \mid t]) \xrightarrow{\omega} \boxed{};$$
$$\mathsf{flat}([[x \mid s] \mid t]) \xrightarrow{\gamma} \boxed{};$$
$$\mathsf{flat}([y \mid t]) \xrightarrow{\delta} \boxed{}.$$

Nous savons que y dans la dernière ligne n'est pas une pile, sinon l'avant-dernier ou l'antépénultième motif l'aurait filtrée. Presque tous les membres droits sont aisés à deviner maintenant :

$$\mathsf{flat}([]) \xrightarrow{\psi} [];$$
$$\mathsf{flat}([[] \mid t]) \xrightarrow{\omega} \mathsf{flat}(t);$$
$$\mathsf{flat}([[x \mid s] \mid t]) \xrightarrow{\gamma} \boxed{};$$
$$\mathsf{flat}([y \mid t]) \xrightarrow{\delta} [y \mid \mathsf{flat}(t)].$$

La conception du membre droit restant peut être guidée selon deux principes légèrement différents. Si nous regardons de nouveau les définitions de $\mathsf{rev}_0/1$ et $\mathsf{rev}/1$ à la section 2.2, nous comprenons que la première avait été conçue avec le résultat en tête, comme si les flèches atteignaient directement une valeur qui est alors décomposée en fonction des variables du membre gauche correspondant :

$$\mathsf{rev}_0([]) \to [];$$
$$\mathsf{rev}_0([x \mid s]) \to \mathsf{cat}(\mathsf{rev}_0(s), [x]).$$

Par contraste, $\mathsf{rev}/1$ compte sur une autre fonction, $\mathsf{rcat}/2$, pour accumuler des résultats partiels, comme si les flèches ne parcouraient qu'une courte distance, ne contribuant que très peu et indirectement à la valeur finale, typiquement via un accumulateur :

$$\mathsf{rev}(s) \xrightarrow{\epsilon} \mathsf{rcat}(s, []).$$
$$\mathsf{rcat}([], t) \xrightarrow{\zeta} t;$$
$$\mathsf{rcat}([x \mid s], t) \xrightarrow{\eta} \mathsf{rcat}(s, [x \mid t]).$$

$$\begin{aligned}
\mathsf{flat}_0([\,]) &\overset{\psi}{\to} [\,]; \\
\mathsf{flat}_0([[\,]\,|\,t]) &\overset{\omega}{\to} \mathsf{flat}_0(t); \\
\mathsf{flat}_0([[x\,|\,s]\,|\,t]) &\overset{\gamma}{\to} \mathsf{cat}(\mathsf{flat}_0([x\,|\,s]), \mathsf{flat}_0(t)); \\
\mathsf{flat}_0([y\,|\,t]) &\overset{\delta}{\to} [y\,|\,\mathsf{flat}_0(t)].
\end{aligned}$$

FIGURE 2.8 – Aplatir une pile avec $\mathsf{flat}_0/1$

La première approche pourrait être appelée *conception à grands pas*, et l'autre *conception à petits pas*. Un autre point de vue consiste à voir que la première utilise le contexte de l'appel récursif pour construire la valeur, alors que la seconde repose exclusivement sur un argument (l'accumulateur) et l'appel récursif est terminal. Par exemple, à la section 2.3, nous trouvons que la définition de $\mathsf{sfst}/2$ suit un modèle à grands pas, alors que $\mathsf{sfst}_0/2$ est un cas de modèle à petits pas.

Conception à grand pas Abstraitement, une conception à grands pas signifie que les membres droits sont constitués d'appels récursifs sur des sous-structures, par exemple, dans le cas de la règle γ, les sous-structures de $[[x\,|\,s]\,|\,t]$ sont x, s, t et $[x\,|\,s]$. En réfléchissant à la manière dont la valeur peut être composée à l'aide de $\mathsf{flat}([x\,|\,s])$ et $\mathsf{flat}(t)$, nous obtenons une nouvelle version, $\mathsf{flat}_0/1$, à la FIGURE 2.8.

Considérons un exemple à la FIGURE 2.9, où l'appel qui va être réécrit juste après est souligné en cas d'ambiguïté. Remarquons que la stratégie d'évaluation par valeurs (section 1.3) ne spécifie pas l'ordre d'évaluation des arguments d'un appel : dans notre exemple, nous avons retardé l'éva-

$$\begin{aligned}
\mathsf{flat}_0([[\,],[[1],2],3]) &\overset{\omega}{\to} \mathsf{flat}_0([[[1],2],3]) \\
&\overset{\gamma}{\to} \mathsf{cat}(\underline{\mathsf{flat}}_0([[1],2]), \mathsf{flat}_0([3])) \\
&\overset{\gamma}{\to} \mathsf{cat}(\mathsf{cat}(\underline{\mathsf{flat}}_0([1]), \mathsf{flat}_0([2])), \mathsf{flat}_0([3])) \\
&\overset{\delta}{\to} \mathsf{cat}(\mathsf{cat}([1\,|\,\underline{\mathsf{flat}}_0([\,])], \mathsf{flat}_0([2])), \mathsf{flat}_0([3])) \\
&\overset{\psi}{\to} \mathsf{cat}(\mathsf{cat}([1], \underline{\mathsf{flat}}_0([2])), \mathsf{flat}_0([3])) \\
&\overset{\delta}{\to} \mathsf{cat}(\mathsf{cat}([1], [2\,|\,\underline{\mathsf{flat}}_0([\,])]), \mathsf{flat}_0([3])) \\
&\overset{\psi}{\to} \mathsf{cat}(\mathsf{cat}([1], [2]), \underline{\mathsf{flat}}_0([3])) \\
&\overset{\delta}{\to} \mathsf{cat}(\mathsf{cat}([1], [2]), [3\,|\,\underline{\mathsf{flat}}_0([\,])]) \\
&\overset{\psi}{\to} \mathsf{cat}(\mathsf{cat}([1], [2]), [3]) \\
&\twoheadrightarrow [1, 2, 3].
\end{aligned}$$

FIGURE 2.9 – $\mathsf{flat}_0([[\,],[[1],2],3]) \twoheadrightarrow [1,2,3]$

luation de cat($[1], [2]$) jusqu'à ce que celle de flat$_0$/1 soit terminée. Quand nous déduisons une récurrence ou une trace compliquée, nous pourrions à la place tenter de compter le nombre de fois que chaque règle est utilisée, pour toute évaluation.

Un appel à flat$_0$/1 implique

— utiliser la règle ω une seule fois pour chaque pile donnée à l'origine ;

— utiliser la règle ψ une fois que le fond que la pile originelle est atteint *et* une fois pour chaque pile vide t à la règle γ ;

— utiliser la règle δ une fois pour chaque élément qui n'est pas une pile lui-même ;

— utiliser la règle γ une fois pour chaque pile imbriquée non-vide ;

— appeler cat/2 une fois pour chaque pile imbriquée non-vide.

Nous connaissons maintenant les paramètres du coût :

1. la longueur de flat$_0(s)$, notée n ;

2. le nombre de piles imbriquées non-vides données, dénoté par Γ ;

3. le nombre de piles imbriquées vides, dénoté par Ω.

Notons que le coût ici dépend de la taille du résultat au lieu de celle des données. Nous pouvons, par ailleurs, reformuler l'analyse ci-dessus dans les termes suivants : la règle ψ est employée $1+\Gamma$ fois, la règle ω est utilisée Ω fois, la règle γ est appliquée Γ fois, la règle δ est employée n fois. Donc le coût dû seulement aux règles définissant flat$_0$/1 est $1+n+\Omega+2\Gamma$. Par exemple, dans le cas de flat$_0($$[[], [[1], 2], 3]$$)$, nous trouvons la valeur correcte $1 + 3 + 1 + 2 \cdot 2 = 9 = |\omega\gamma^2(\delta\psi)^3|$.

En ce qui concerne le coût des appels à cat/2, son associativité établie à la page 15 et l'équation (2.6) page 46 suggèrent qu'il existe des configurations des données de flat$_0$/1 qui mènent à des coûts supérieurs, quand les paramètres n, Ω et Γ sont fixés. Un schéma d'appel semblable à cat/2 avec un coût quadratique est aussi produit en appelant rev$_0$/1, comme on peut le vérifier à la FIGURE 2.1 page 42, après la première application de la règle α. Le membre droit de la règle γ est cat(flat$_0($$[x \mid s]$$)$, flat$_0(t)$) et il implique que les arguments de cat/2 peuvent être des piles vides.

Étant donné un nombre Γ de nœuds cat, n nœuds qui ne sont pas des piles $(x_1, \ldots, x_n)$, quels sont les arbres de syntaxe abstraite conduisant à un extremum du coût ? Nous avons trouvé que le coût minimal de cat/2 est obtenu lorsque tous les nœuds cat constituent la *branche* la plus à droite dans l'arbre de syntaxe abstraite. (Une branche est une suite de nœuds où l'un est le parent du suivant, de la racine à une feuille.)

— Si l'on a $\Omega \geqslant \Gamma$, alors la configuration minimale est montrée à la FIGURE 2.10a (au moins une pile vide doit être placée dans toute pile non-vide dont l'aplatissement résulte en une pile vide).

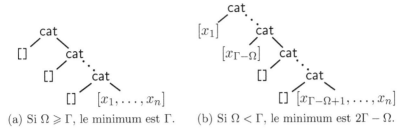

(a) Si $\Omega \geqslant \Gamma$, le minimum est Γ. (b) Si $\Omega < \Gamma$, le minimum est $2\Gamma - \Omega$.

FIGURE 2.10 – Coûts minimaux pour la concaténation avec $\mathsf{flat_0}/1$

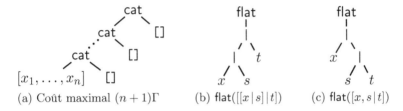

(a) Coût maximal $(n+1)\Gamma$ (b) $\mathsf{flat}([[x\,|\,s]\,|\,t])$ (c) $\mathsf{flat}([x, s\,|\,t])$

FIGURE 2.11 – Coût maximal et rotation à droite

— Sinon, l'arbre de syntaxe abstraite de coût minimal est donné à la FIGURE 2.10b, où toutes les piles vides disponibles (Ω) sont utilisées par les nœuds cat les plus profonds. Nous en concluons que le coût minimal est $\mathcal{B}^{\mathsf{flat_0}}_{n,\Omega,\Gamma} = 1 + n + \Omega + 3\Gamma + \min\{\Omega, \Gamma\}$.

Le coût maximal à la FIGURE 2.11a se présente pour le symétrique de l'arbre à la FIGURE 2.10a. Nous avons $\mathcal{W}^{\mathsf{flat_0}}_{n,\Omega,\Gamma} = \Omega + (n+3)(\Gamma+1) - 2$.

Conception à petits pas Une approche alternative pour aplatir une pile consiste, dans la règle γ, à hisser x d'un niveau parmi les piles imbriquées. En termes d'arbres de syntaxe abstraite, cette opération est une *rotation à droite* de l'arbre associé à l'argument,

$$\mathsf{flat}([]) \xrightarrow{\psi} [];$$
$$\mathsf{flat}([[]\,|\,t]) \xrightarrow{\omega} \mathsf{flat}(t);$$
$$\mathsf{flat}([[x\,|\,s]\,|\,t]) \xrightarrow{\gamma} \mathsf{flat}([x, s\,|\,t]);$$
$$\mathsf{flat}([y\,|\,t]) \xrightarrow{\delta} [y\,|\,\mathsf{flat}(t)].$$

FIGURE 2.12 – Aplatissement

comme cela est montré aux FIGURES 2.11b à 2.11c de la présente page, où la nouvelle fonction est nommée $\mathsf{flat}/1$ et est définie à la FIGURE 2.12. Déroulons à nouveau l'exemple de la FIGURE 2.9 page 61 à la FIGURE 2.13 page suivante avec $\mathsf{flat}/1$. La différence de coût avec $\mathsf{flat_0}/1$ réside dans le nombre de fois que la règle γ est utilisée : une fois pour chaque élément de toutes les piles imbriquées.

Par conséquent, le coût est $1 + n + \Omega + \Gamma + L$, où L est la somme des longueurs de toutes les piles imbriquées.

$$\begin{aligned}
\mathsf{flat}([[\,], [[1], 2], 3]) &\xrightarrow{\omega} \mathsf{flat}([[[1], 2], 3]) \\
&\xrightarrow{\gamma} \mathsf{flat}([[1], [2], 3]) \\
&\xrightarrow{\gamma} \mathsf{flat}([1, [\,], [2], 3]) \\
&\xrightarrow{\delta} [1|\mathsf{flat}([[\,], [2], 3])] \\
&\xrightarrow{\omega} [1|\mathsf{flat}([[2], 3])] \\
&\xrightarrow{\gamma} [1|\mathsf{flat}([2, [\,], 3])] \\
&\xrightarrow{\delta} [1, 2|\mathsf{flat}([[\,], 3])] \\
&\xrightarrow{\omega} [1, 2|\mathsf{flat}([3])] \\
&\xrightarrow{\delta} [1, 2, 3|\mathsf{flat}([\,])] \\
&\xrightarrow{\psi} [1, 2, 3].
\end{aligned}$$

FIGURE 2.13 – $\mathsf{flat}([[\,], [[1], 2], 3]) \twoheadrightarrow [1, 2, 3]$

Comparaison   Examinons les coût suivants :

$$\begin{aligned}
\mathcal{C}[\![\mathsf{flat}([[[[[1, 2]]]]])]\!] &= 12 < 23 = \mathcal{C}[\![\mathsf{flat}_0([[[[[1, 2]]]]])]\!]; \\
\mathcal{C}[\![\mathsf{flat}([[\,], [[1], 2], 3])]\!] &= 10 < 14 = \mathcal{C}[\![\mathsf{flat}_0([[\,], [[1], 2], 3])]\!]; \\
\mathcal{C}[\![\mathsf{flat}([[\,], [[1, [2]]], 3])]\!] &= 12 < 19 = \mathcal{C}[\![\mathsf{flat}_0([[\,], [[1, [2]]], 3])]\!]; \\
\mathcal{C}[\![\mathsf{flat}([[[\,], [\,], [\,]]])]\!] &= \;\; 8 > \;\;\; 7 = \mathcal{C}[\![\mathsf{flat}_0([[[\,], [\,], [\,]]])]\!].
\end{aligned}$$

Un peu d'algèbre révèle que

$$\mathcal{C}^{\mathsf{flat}}_{n,\Omega,\Gamma} \leqslant \mathcal{B}^{\mathsf{flat}_0}_{n,\Omega,\Gamma} \Leftrightarrow \begin{cases} L \leqslant 3\Gamma - \Omega, & \text{si } \Omega \geqslant \Gamma; \\ L \leqslant 2\Gamma, & \text{sinon.} \end{cases}$$

Ce critère n'est pas pratique à vérifier et n'est pas concluant si les in-égalités à droite échouent. La situation empire si nous choisissons à la place $L \leqslant 2\Gamma \Rightarrow \mathcal{C}^{\mathsf{flat}}_{n,\Omega,\Gamma} \leqslant \mathcal{C}^{\mathsf{flat}_0}_{n,\Omega,\Gamma}$, parce que cette condition est trop forte lorsque Ω est grand. Examinons alors ce qui advient à l'autre extrême, quand $\Omega = 0$. Un exemple comme $[0, [1, [2]], 3, [4, 5, [6, 7], 8], 9]$ nous in-duit à penser que s'il n'y a pas de piles vides, la longueur de chaque pile est inférieure ou égale au nombre de ses éléments qui ne sont pas des piles, en comptant aussi leur occurrence dans des piles imbriquées (il y a égalité lorsqu'il n'y a pas de piles imbriquées). Par conséquent, en ajoutant toutes ces inégalités, l'implication

$$\Omega = 0 \Rightarrow C - L \geqslant 0, \tag{2.9}$$

s'ensuit, où C est le coût de la réécriture des appels à $\mathsf{cat}/2$ dans $\mathsf{flat}_0/1$. Puisque $\mathcal{C}^{\mathsf{flat}_0}_{n,\Omega,\Gamma} = (1 + n + \Omega + \Gamma) + (C + \Gamma)$ et $\mathcal{C}^{\mathsf{flat}}_{n,\Omega,\Gamma} = (1 + n + \Omega + \Gamma) + L$,

$$\mathcal{C}^{\mathsf{flat}_0}_{n,\Omega,\Gamma} - \mathcal{C}^{\mathsf{flat}}_{n,\Omega,\Gamma} = (C - L) + \Gamma.$$

D'après l'équation (2.9), nous concluons qu'en l'absence de piles vides, nous avons l'inégalité $\mathcal{C}^{\mathsf{flat}_0}_{n,\Omega,\Gamma} - \mathcal{C}^{\mathsf{flat}}_{n,\Omega,\Gamma} \geqslant L$, d'où $\mathsf{flat}/1$ est plus rapide.

Terminaison Comme nous l'avons vu à propos de la version simplifiée de la fonction de Ackermann (section 1.5, page 14), la terminaison est la conséquence de l'existence d'un ordre bien fondé ($\succ$) sur les appels récursifs, qui est induit par la relation de réécriture ($\rightarrow$), c'est-à-dire $x \rightarrow y \Rightarrow x \succ y$. Un ordre bien fondé pour les piles est l'*ordre des sous-termes immédiats*, satisfaisant $[x \,|\, s] \succ s$ et $[x \,|\, s] \succ x$. Puisqu'une conception à grand pas effectue des appels récursifs sur les sous-termes (section 1.5, page 13), elle facilite les preuves de terminaison fondées sur un tel ordre.

Souvenons-nous ainsi de la définition de $\mathsf{flat}_0/1$ à la FIGURE 2.8, page 61. Étant donné que $\mathsf{cat}/2$ est indépendant de $\mathsf{flat}_0/1$, nous établissons sa terminaison séparément en employant l'ordre des sous-termes immédiats sur son premier argument. Supposons donc que $\mathsf{cat}/2$ termine et prouvons la terminaison de $\mathsf{flat}_0/1$. Parce que les appels récursifs de $\mathsf{flat}_0/1$ ne contiennent que des constructeurs (de piles), nous pouvons essayer d'ordonner leurs arguments (Arts et Giesl, 1996). Ici encore, le même ordre fonctionne :

— $[y \,|\, t] \succ t$ de par les règles δ et ω si $y = [\,]$,
— $[[x \,|\, s] \,|\, t] \succ t$ et
— $[[x \,|\, s] \,|\, t] \succ [x \,|\, s]$ de par la règle γ.

La terminaison s'ensuit. $\qquad\qquad\qquad\qquad\qquad\qquad\qquad\qquad\qquad\qquad$ $\square$

Rappelons-nous ensuite de la définition de $\mathsf{flat}/1$ à la FIGURE 2.12 page 63 et prouvons sa terminaison. Ici, l'ordre que nous avons employé pour $\mathsf{flat}_0/1$ échoue :

$$[[x \,|\, s] \,|\, t] \nsucc [x, s \,|\, t] = [x \,|\, [s \,|\, t]].$$

Nous pourrions alors viser une plus grande généralité avec l'*ordre des sous-termes propres*, c'est-à-dire la stricte inclusion d'un terme dans un autre, mais, malgré l'encourageante inégalité $[x \,|\, s] \succ x$, nous échouons avec $t \nsucc [s \,|\, t]$. Nous avons besoin de plus d'abstraction, ce que nous permet la définition d'une *mesure* sur les piles (Giesl, 1995a).

Une mesure $\mathcal{M}[\![\cdot]\!]$ est une injection de l'ensemble des termes considérés vers un ensemble bien ordonné $(A, \succ)$, qui est *monotone* par rapport à une relation de réécriture donnée ($\rightarrow$), c'est-à-dire

$$x \rightarrow y \Rightarrow \mathcal{M}[\![x]\!] \succ \mathcal{M}[\![y]\!].$$

En fait, nous n'allons considérer que des *paires de dépendance* (Arts et Giesl, 2000), c'est-à-dire, des paires d'appels dont les premières composantes sont les membres gauches d'une règle et les secondes composantes sont les appels dans les membres droits de la même règle. Ceci est plus facile que de travailler directement avec x et y dans $x \to y$, car seuls les sous-termes de y sont pris en compte. Les paires sont :

— $(\mathsf{flat}([[\,]\,|\,t]), \mathsf{flat}(t))_\omega$,
— $(\mathsf{flat}([[x\,|\,s]\,|\,t]), \mathsf{flat}([x, s\,|\,t]))_\gamma$ et
— $(\mathsf{flat}([y\,|\,t]), \mathsf{flat}(t))_\delta$, où $y \notin S$.

Nous pouvons en fait laisser tomber les noms de fonction, car toutes les paires portent sur $\mathsf{flat}/1$. Une classe de mesures fréquemment utilisée pour sa simplicité est celle des injections monotones dans $(\mathbb{N}, >)$, donc cherchons une mesure satisfaisant

— $\mathcal{M}[\![[x\,|\,s]\,|\,t]\!] > \mathcal{M}[\![x, s\,|\,t]\!]$;
— $\mathcal{M}[\![y\,|\,t]\!] > \mathcal{M}[\![t]\!]$, si $y \notin S$ ou $y = [\,]$.

Par exemple, prenons la *mesure polynomiale* suivante :

— $\mathcal{M}[\![x\,|\,s]\!] := 1 + 2 \cdot \mathcal{M}[\![x]\!] + \mathcal{M}[\![s]\!]$;
— $\mathcal{M}[\![y]\!] := 0$, si $y \notin S$ ou $y = [\,]$.

Nous avons, pour chaque pile,

— $\mathcal{M}[\![[x\,|\,s]\,|\,t]\!] = 3 + 4 \cdot \mathcal{M}[\![x]\!] + 2 \cdot \mathcal{M}[\![s]\!] + \mathcal{M}[\![t]\!]$,
— $\mathcal{M}[\![x, s\,|\,t]\!] = 2 + 2 \cdot \mathcal{M}[\![x]\!] + 2 \cdot \mathcal{M}[\![s]\!] + \mathcal{M}[\![t]\!]$.

Par conséquent : $\mathcal{M}[\![[x\,|\,s]\,|\,t]\!] = \mathcal{M}[\![x, s\,|\,t]\!] + 1 + 2 \cdot \mathcal{M}[\![x]\!]$. Parce que $\mathcal{M}[\![x]\!] \in \mathbb{N}$, pour tout x, nous avons $\mathcal{M}[\![[x\,|\,s]\,|\,t]\!] > \mathcal{M}[\![x, s\,|\,t]\!]$. La seconde inégalité est obtenue plus vite : $\mathcal{M}[\![y\,|\,t]\!] = 1 + \mathcal{M}[\![t]\!] > \mathcal{M}[\![t]\!]$. Ceci implique la terminaison de $\mathsf{flat}/1$. $\qquad\Box$

Giesl (1997) aborde la terminaison de fonctions mutuellement récursives. Les programmes fonctionnels, en tant que cas particuliers de systèmes de réécriture de termes, ont été étudiés par Giesl (1995b) et Giesl *et al.* (1998).

Exercices

1. Définir les fonctions $\mathsf{omega}/1$, $\mathsf{gamma}/1$ et $\mathsf{lambda}/1$, calculant, respectivement, Ω, Γ et L.

2. Comparez les coûts de $\mathsf{flat}/1$ et $\mathsf{flat}_1/1$ définies dans la FIGURE 2.14 (voir la règle $(\rightsquigarrow)$).

$$
\begin{array}{l}
\mathsf{flat}_1([\,]) \to [\,]; \\
\mathsf{flat}_1([[\,]\,|\,t]) \to \mathsf{flat}_1(t); \\
\mathsf{flat}_1([[x]\,|\,t]) \rightsquigarrow \mathsf{flat}_1([x\,|\,t]); \\
\mathsf{flat}_1([[x\,|\,s]\,|\,t]) \to \mathsf{flat}_1([x, s\,|\,t]); \\
\mathsf{flat}_1([y\,|\,t]) \to [y\,|\,\mathsf{flat}_1(t)].
\end{array}
$$

FIGURE 2.14 – Aplatissement alternatif

2.5 Files d'attente

Malgré ses qualités didactiques, l'analyse agrégeante (voir page 10) est moins fréquemment appliquée quand les structures de données ne sont pas en relation avec la numération. Nous proposons d'étendre sa portée en étudiant le cas des *files d'attente fonctionnelles* (Burton, 1982, Okasaki, 1995, 1998b). Une file d'attente fonctionnelle est une structure de donnée linéaire définie dans un langage purement fonctionnel. La sémantique de celui-ci oblige à représenter la file d'attente à l'aide de deux piles. Des éléments peuvent être empilés uniquement sur l'une des piles et dépilés uniquement de l'autre :

$$\text{Empilage, Dépilage} \leftrightsquigarrow \boxed{a \mid b \mid c \mid d \mid e}$$

Dans la suite, nous appellerons les files d'attente fonctionnelles plus simplement des files, car le contexte est clair. Une file est comme une pile où des éléments peuvent être ajoutés, ou *enfilés*, à une extrémité appelée *arrière*, et retirés, ou *défilés*, à l'autre extrémité, appelée *front* :

$$\text{Enfilage (arrière)} \rightsquigarrow \boxed{a \mid b \mid c \mid d \mid e} \rightsquigarrow \text{Défilage (front).}$$

Réalisons une file avec deux piles : une pour enfiler, appelée *pile arrière*, et une pour défiler, appelée *pile frontale*. La file précédente est alors équivalente à la file fonctionnelle suivante :

$$\text{Enfilage (arrière)} \rightsquigarrow \boxed{a \mid b \mid c} \quad \boxed{d \mid e} \rightsquigarrow \text{Défilage (front).}$$

Enfiler est alors empiler sur la pile arrière et défiler est dépiler de la pile frontale. Dans ce dernier cas, si la pile frontale est vide et la pile arrière ne l'est pas, nous retournons la pile arrière et l'échangeons avec la frontale. Graphiquement, défiler dans la configuration

$$\boxed{a \mid b \mid c} \quad \boxed{}$$

nécessite au préalable de fabriquer

$$\boxed{} \quad \boxed{a \mid b \mid c}$$

et enfin défiler c.

Modélisons une file comme nous avons modélisé un empilage par le constructeur cons/2, à la page 7. Ici le constructeur de file sera q/2 et l'appel $q(r, f)$ dénote une file fonctionnelle dont la pile arrière est r et la frontale f. Enfiler est réalisé par la fonction enq/2 (anglais : *enqueue*) :

$$\text{enq}(x, q(r, f)) \rightarrow q([x \mid r], f). \tag{2.10}$$

Défiler requiert que le résultat soit une *paire* faite de l'élément défilé et de la nouvelle file sans lui. En fait, la nouvelle file est la première composante de la paire, pour mieux correspondre à la façon dont l'opération est

représentée graphiquement, avec une flèche pointant à droite. Nommons
deq/1 (anglais : *dequeue*) la fonction de défilage :

$$\begin{aligned}
\mathsf{deq}(\mathsf{q}([x\,|\,r],[\,])) &\xrightarrow{\theta} \mathsf{deq}(\mathsf{q}([\,],\mathsf{rcat}(r,[x]))); \\
\mathsf{deq}(\mathsf{q}(r,[x\,|\,f])) &\xrightarrow{\iota} (\mathsf{q}(r,f),x).
\end{aligned} \tag{2.11}$$

Voir page 43 la définition (2.2) de rcat/2. Nous dirons que la file a pour
taille n si le nombre total d'éléments dans les deux piles est n. Le coût
de l'enfilage est $\mathcal{C}_n^{\mathsf{enq}} = 1$. Le coût minimal du défilage est $\mathcal{B}_n^{\mathsf{deq}} = 1$, dû
à la règle ι. Le coût maximal est

$$\mathcal{W}_n^{\mathsf{deq}} = |\theta\eta^{n-1}\zeta\iota| = 1 + (n-1) + 1 + 1 = n + 2. \tag{2.12}$$

Soit $\mathcal{S}_n$ le coût d'une série de n mises à jour d'une file fonctionnelle originellement vide. Une première tentative pour trouver $\mathcal{S}_n$ consiste à ignorer toute dépendance entre opérations et à cumuler leur coût individuel
maximal. Puisque $\mathcal{C}_k^{\mathsf{enq}} \leqslant \mathcal{C}_k^{\mathsf{deq}}$, nous supposons une série de n défilages
dans le pire des cas, c'est-à-dire, avec tous les éléments situés dans la
pile arrière. D'ailleurs, après k mises à jour, il ne peut y avoir plus de
k éléments dans la file, donc

$$\mathcal{S}_n \leqslant \sum_{k=1}^{n-1} \mathcal{W}_k^{\mathsf{deq}} = \sum_{k=1}^{n-1} (k+2) = \frac{1}{2}(n+4)(n-1) \sim \frac{1}{2}n^2. \tag{2.13}$$

d'après les équations (2.12) et (2.3).

Analyse agrégeante En fait, ce qui précède est trop pessimiste et
même irréaliste. Tout d'abord, on ne peut défiler d'une file vide, donc, à
tout moment, le nombre d'enfilages depuis le début est toujours supérieur
ou égal au nombre de défilages et la série doit débuter avec un enfilage.
Ensuite, lorsque l'on défile avec la pile frontale vide, la pile arrière est retournée et déplacée au front, donc ses éléments ne peuvent être retournés
à nouveau lors du prochain défilage, dont le coût sera alors 1.

De plus, comme nous l'avons remarqué plus haut, $\mathcal{C}_k^{\mathsf{enq}} \leqslant \mathcal{C}_k^{\mathsf{deq}}$, donc
le pire des cas pour une suite de n opérations se présente lorsque le
nombre de défilages est maximal et vaut donc $\lfloor n/2 \rfloor$. Si nous dénotons
par e le nombre d'enfilages et par d le nombre de défilages, nous avons
la relation triviale $n = e + d$ et les deux prérequis pour le pire des cas
deviennent $e = d$ (n pair) ou $e = d+1$ (n impair). Le premier correspond
graphiquement à un *chemin de Dyck* et le dernier à un *méandre de Dyck*.

Chemin de Dyck Décrivons les mises à jour comme à la FIGURE 2.15
page suivante. Textuellement, nous représentons un enfilage comme une

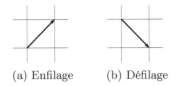

(a) Enfilage   (b) Défilage

FIGURE 2.15 – Représentation graphique des opérations sur les files

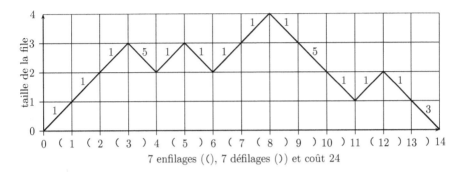

7 enfilages (⟨), 7 défilages (⟩) et coût 24

FIGURE 2.16 – Chemin de Dyck modélisant des opérations sur une file

parenthèse ouvrante et un défilage comme une parenthèse fermante. Par exemple, $((()()(()))()) $ correspond, à la FIGURE 2.16, à un chemin de Dyck. Pour qu'une ligne brisée soit un chemin de Dyck de longueur n, elle doit commencer à l'origine $(0,0)$ et aboutir au point de coordonnées $(n,0)$. En termes de *langage de Dyck*, un enfilage est appelé une *montée* et un défilage est une *descente*. Une montée suivie d'une descente, c'est-à-dire (), est appelé un *sommet*. Par exemple, à la FIGURE 2.16, nous trouvons quatre sommets. Les nombres annotant les montées et les descentes sont les coûts encourus par l'opération. L'axe des abscisses est gradué avec le nombre ordinal de chaque opération.

Si $e = d$, la ligne est un chemin de Dyck de longueur $n = 2e = 2d$. Pour déduire le coût total dans ce cas, nous devons *décomposer* le chemin, ce qui signifie que nous voulons identifier des motifs dont les coûts sont aisément calculables et qui constituent tout chemin, ou bien cela peut signifier que nous associons tout chemin à un autre dont le coût est le même, mais plus simple.

La FIGURE 2.17 montre comment le chemin précédent est associé à un chemin équivalent, exclusivement fait d'une suite de triangles isocèles dont les bases reposent sur l'axe des abscisses. Appelons-les *montagnes* et leur succession une *chaîne*.

L'association est simple : après la première suite de descentes, si nous sommes de retour à l'axe des abscisses, nous venons d'identifier une mon-

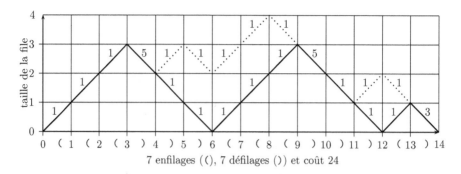

FIGURE 2.17 – Chemin de Dyck équivalent à la FIGURE 2.16

tagne et nous recommençons avec le reste du chemin. Sinon, la prochaine opération est une montée et nous l'échangeons avec la première descente après elle. Cela abaisse le point courant d'un niveau et le procédé est répété jusqu'à ce que les abscisses soient atteintes. Nous appelons cette méthode *réordonnancement* parce qu'elle revient, en termes opérationnels, à réordonner des sous-séquences d'opérations *a posteriori*.

Par exemple, la FIGURE 2.18 page ci-contre montre le réordonnancement de la FIGURE 2.16 page précédente. Remarquons que deux chemins différents peuvent être réordonnés en le même chemin. Ce qui rend la FIGURE 2.18c équivalente à la FIGURE 2.18a est l'invariance du coût parce que toutes les opérations concernées ont un coût unitaire. En effet, les enfilages ont toujours un coût unitaire et les défilages impliqués dans un réordonnancement ont aussi un coût unitaire, parce qu'ils trouvent la pile frontale non-vide après un sommet. Nous avons prouvé que tous les chemins sont équivalents à une chaîne de montagnes de même coût, donc le coût maximal peut être recherché parmi les chaînes uniquement.

Notons $e_1, e_2, \ldots, e_k$ les sous-séquences contiguës maximales de montées ; par exemple, à la FIGURE 2.17, nous avons $e_1 = 3$, $e_2 = 3$ et $e_3 = 1$. Bien entendu, $e = e_1 + e_2 + \cdots + e_k$. La descente qui constitue le i^{e} sommet a pour coût $\mathcal{W}_{e_i}^{\mathsf{deq}} = e_i + 2$, à cause de la vacuité de la pile frontale, puisque nous avons démarré les montées à partir des abscisses. Les $e_i - 1$ prochaines descentes ont toutes un coût unitaire parce que la pile frontale n'est pas vide. Donc, la i^{e} montagne a pour coût $e_i + (e_i + 2) + (e_i - 1) = 3e_i + 1$. Alors

$$\mathcal{S}_{e,k} = \sum_{i=1}^{k} (3e_i + 1) = 3e + k.$$

Le coût maximal est atteint en maximisant $\mathcal{S}_{e,k}$ pour un e donné :

$$\mathcal{W}_{e,e} := \max_{1 \leqslant k \leqslant e} \mathcal{S}_{e,k} = \mathcal{S}_{e,e} = 4e = 2n, \quad \text{où } n = e + d = 2e,$$

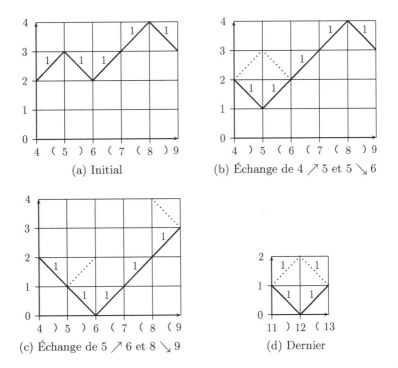

(a) Initial

(b) Échange de 4 ↗ 5 et 5 ↘ 6

(c) Échange de 5 ↗ 6 et 8 ↘ 9

(d) Dernier

FIGURE 2.18 – Réordonnancement de la FIGURE 2.16 en FIGURE 2.17

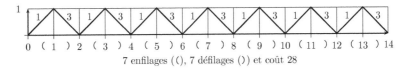

7 enfilages (( ), 7 défilages ( )) et coût 28

FIGURE 2.19 – Pire des cas si $e = d = 7$

où $\mathcal{W}_{e,e}$ est le coût maximal quand il y a e enfilages et $d = e$ défilages. En d'autres termes, le pire des cas quand $e = d = 7$ est le chemin de Dyck en dents de scie montré à la FIGURE 2.19.

Pour conclure, il est crucial de voir qu'il n'y a pas d'autres chemins de Dyck dont le réordonnancement mène à ce pire des cas, la raison étant que la transformation inverse, des chaînes de montagnes vers les chemins généraux, opère sur des défilages de coût unitaire et la solution que nous avons trouvée est la seule sans défilage de coût unitaire.

Méandre de Dyck   Un autre cas parmi les pires se produit si $e = d+1$ et la ligne est alors un *méandre de Dyck* dont l'extrémité finale est un point d'ordonnée $e - d = 1$. Un exemple est donné à la FIGURE 2.20, où la dernière opération est un défilage. La ligne en pointillés marque le

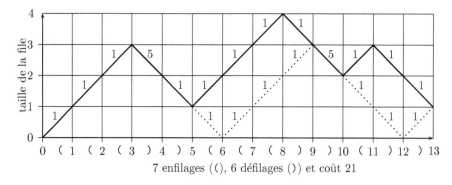

7 enfilages (⟨), 6 défilages (⟩) et coût 21

FIGURE 2.20 – Méandre de Dyck modélisant des opérations sur une file

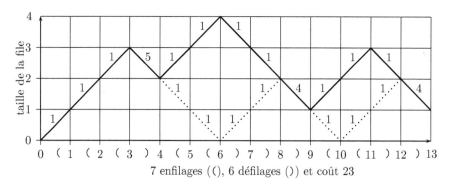

7 enfilages (⟨), 6 défilages (⟩) et coût 23

FIGURE 2.21 – Méandre de Dyck modélisant des opérations sur une file

résultat du réordonnancement que nous avons défini sur les chemins de Dyck. Ici, la dernière opération devient un enfilage.

Une autre possibilité est montrée à la FIGURE 2.21, où la dernière opération est inchangée. La différence entre les deux exemples repose sur le fait que, à l'origine, le dernier défilage a, dans le premier cas, un coût unitaire (donc est changé) et, dans le dernier cas, un coût strictement supérieur à 1 (donc inchangé).

La troisième sorte de méandre de Dyck est celle qui termine avec un enfilage, mais parce que cet enfilage doit partir de l'axe des abscisses, nous nous trouvons dans la même situation qu'avec le résultat du réordonnancement d'un méandre conclu avec un défilage de coût unitaire (voir à nouveau la ligne en pointillés à la FIGURE 2.20).

Par conséquent, nous n'avons qu'à comparer l'effet du réordonnancement des méandres se terminant avec un défilage, c'est-à-dire que nous envisageons les deux cas suivants.

— Si nous avons une chaîne de $n-1$ opérations suivies par un enfilage, le coût maximal de la chaîne est le coût d'un chemin de Dyck en dents de scie, $\mathcal{W}_{e-1,e-1} = 4(e-1) = 2n-2$, car $n = e+d = 2e-1$, plus le coût d'un enfilage, totalisant donc $2n-1$.

— Sinon, nous avons affaire à une chaîne de $n-3$ opérations suivies par deux montées et une descente (de coût 6). Le coût total est alors $\mathcal{W}_{e-2,e-2} + 6 = 2n$, ce qui est un petit peu plus que le cas précédent.

Coût amorti Le coût $\mathcal{S}_n$ d'une suite de n mises à jour sur une file originellement vide est strictement encadré comme suit :

$$n \leqslant \mathcal{S}_n \leqslant 2n,$$

où la borne inférieure est atteinte si toutes les mises à jour sont des enfilages, et la borne supérieure est atteinte quand une chaîne en dents de scie est suivie par un enfilage ou alors deux enfilages et un défilage. Par définition, le coût amorti d'une opération est $\mathcal{S}_n/n$, qui se situe donc entre 1 et 2, ce qui est inférieur à ce qu'aurait pu nous faire craindre la borne supérieure de l'inégalité (2.13). Rinderknecht (2011) propose une analyse légèrement différente de la précédente, avec les mêmes exemples.

Aparté Nous pouvons gagner un peu plus d'abstraction en utilisant un constructeur dédié pour la file vide, nilq/0, et en changeant la définition de enq/2 dans (2.10) page 67 de telle sorte qu'elle filtre ce cas :

$$\mathsf{enq}(x, \mathsf{nilq}()) \to \mathsf{q}([x], []);$$
$$\mathsf{enq}(x, \mathsf{q}(r, f)) \to \mathsf{q}([x\,|\,r], f).$$

Nous pouvons encore gagner un tout petit peu plus de temps en empilant x directement sur la pile frontale :

$$\mathsf{enq}(x, \mathsf{nilq}()) \to \mathsf{q}([], [x]);$$
$$\mathsf{enq}(x, \mathsf{q}(r, f)) \to \mathsf{q}([x\,|\,r], f).$$

Exercices

1. Soit $\mathsf{nxt}(q)$ le prochain élément à être défilé de q :

$$\mathsf{nxt}(\mathsf{q}([x\,|\,r], [])) \to \mathsf{nxt}(\mathsf{q}([], \mathsf{rcat}(r, [x])));$$
$$\mathsf{nxt}(\mathsf{q}(r, [x\,|\,f])) \to x.$$

Modifiez enq/2, deq/1 et nxt/1 de telle manière que $\mathcal{C}_n^{\mathsf{nxt}} = 1$, où n est le nombre d'éléments dans la file.

2. Trouvez $\mathcal{S}_n$ en utilisant la définition légèrement différente suivante :

$$\mathsf{deq}(\mathsf{q}([x\,|\,r], [])) \to \mathsf{deq}(\mathsf{q}([], \mathsf{rev}([x\,|\,r])));$$
$$\mathsf{deq}(\mathsf{q}(r, [x\,|\,f])) \to (\mathsf{q}(r, f), x).$$

2.6 Découpage

Étudions le problème du découpage d'une pile s à la position k. Évidemment, le résultat est une paire de piles. Plus précisément, soit (t, u) la valeur de $\mathsf{cut}(s, k)$, telle que $\mathsf{cat}(t, u) \twoheadrightarrow s$ et t contient k éléments, c'est-à-dire $\mathsf{len}(t) \twoheadrightarrow k$. En particulier, si $k = 0$, alors $t = [\,]$; les données invalides mènent à des résultats non-spécifiés. Par exemple, $\mathsf{cut}([4, 2], 0) \twoheadrightarrow ([\,], [4, 2])$ et $\mathsf{cut}([5, 3, 6, 0, 2], 3) \twoheadrightarrow ([5, 3, 6], [0, 2])$, mais, pour gagner en simplicité, on ne dira rien à propos de $\mathsf{cut}([0], 7)$ et $\mathsf{cut}([0], -1)$. Nous déduisons deux cas : $k = 0$ ou bien la pile n'est pas vide. Le premier est facile à deviner :

$$\mathsf{cut}(s, 0) \to ([\,], s); \qquad \mathsf{cut}([x \,|\, s], k) \to \boxed{}.$$

Une conception à grand pas emploie des appels récursifs sur des sous-structures pour établir la structure de la valeur dans le membre droit. Étant donné que $\mathsf{cut}/2$ prend deux arguments, nous prévoyons l'usage d'un ordre lexicographique (définition (1.8), page 14) :

$$\mathsf{cut}(s_0, k_0) \succ \mathsf{cut}(s_1, k_1) :\Leftrightarrow s_0 \succ s_1 \text{ ou } (s_0 = s_1 \text{ et } k_0 > k_1).$$

En définissant $(\succ)$ comme étant l'ordre des sous-termes propres sur les piles (section 1.5, page 13), nous obtenons

$$\mathsf{cut}([x \,|\, s], k) \succ \mathsf{cut}(s, j); \quad \mathsf{cut}([x \,|\, s], k) \succ \mathsf{cut}([x \,|\, s], j), \text{ si } k > j.$$

Dans le dernier cas, nous voulons poser $j = k - 1$, mais la valeur de $\mathsf{cut}(s, j)$ doit être projetée en (t, u) pour que x puisse être injecté et donne $([x \,|\, t], u)$. Cela peut être réalisé à l'aide d'une fonction auxiliaire $\mathsf{push}/2$:

$$\mathsf{cut}(s, 0) \to ([\,], s); \qquad\qquad \mathsf{push}(x, (t, u)) \to ([x \,|\, t], u).$$
$$\mathsf{cut}([x \,|\, s], k) \to \mathsf{push}(x, \mathsf{cut}(s, k - 1)).$$

Systèmes d'inférence Quand la valeur d'un appel récursif a besoin d'être déstructurée, il est commode d'utiliser une extension de notre langage pour éviter de créer des fonctions auxiliaires comme $\mathsf{push}/2$:

$$\mathsf{cut}(s, 0) \to ([\,], s) \;\textsc{Nil} \qquad \frac{\mathsf{cut}(s, k - 1) \twoheadrightarrow (t, u)}{\mathsf{cut}([x \,|\, s], k) \twoheadrightarrow ([x \,|\, t], u)} \;\textsc{Pref}$$

La nouvelle construction s'appelle une *règle d'inférence* parce qu'elle signifie : « Pour que la valeur de $\mathsf{cut}([x \,|\, s], k)$ soit $([x \,|\, t], u)$, nous inférons que la valeur de $\mathsf{cut}(s, k - 1)$ doit être (t, u). » Cette interprétation correspond à une lecture ascendante de la règle $\textsc{Pref}$ (*préfixe*). Tout comme nous pouvons composer horizontalement les règles de réécriture, nous composons les règles d'inférence verticalement, en les empilant :

$$\frac{\dfrac{\dfrac{\dfrac{\mathsf{cut}([0,2],0) \to ([\,],[0,2])}{\mathsf{cut}([6,0,2],1) \twoheadrightarrow ([6],[0,2])}}{\mathsf{cut}([3,6,0,2],2) \twoheadrightarrow ([3,6],[0,2])}}{\mathsf{cut}([5,3,6,0,2],3) \twoheadrightarrow ([5,3,6],[0,2])}}{}$$

Pour déterminer le coût de $\mathsf{cut}(s,k)$, nous comptons 1 pour chaque occurrence de $(\twoheadrightarrow)$ et nous prenons en compte la fonction auxiliaire cachée push/2, donc $\mathcal{C}[\![\mathsf{cut}([5,3,6,0,2],3)]\!] = 7$. En général, $\mathcal{C}_k^{\mathsf{cut}} = 2k+1$. Remarquons que les systèmes d'inférence définissent $(\twoheadrightarrow)$ au lieu de $(\to)$.

Au-delà de la simplification des programmes, ce qui rend ce formalisme intéressant est qu'il rend possible deux sortes d'interprétations : l'une, logique, et, l'autre, algorithmique. Le lecture algorithmique, appelée *inductive* dans certains contextes, a été illustrée tantôt. La lecture logique voit les règles d'inférences comme des implications logiques de la forme $P_1 \wedge P_2 \wedge \ldots \wedge P_n \Rightarrow C$ écrites

$$\frac{P_1 \qquad P_2 \qquad \ldots \qquad P_n}{C}$$

Les propositions P_i sont les *prémisses* et C est la *conclusion*. Dans le cas de PREF, il n'y a qu'une seule prémisse. S'il n'y a aucune prémisse, comme dans le cas de NIL, alors C est un *axiome* et aucune ligne horizontale n'est tirée. La composition de règles d'inférence est une *dérivation*. Dans le cas de $\mathsf{cut}/2$, toutes les dérivations sont isomorphes à une pile dont le sommet est la conclusion.

La lecture logique de la règle PREF est :

« Si $\mathsf{cut}(s,k-1) \twoheadrightarrow (t,u)$, alors $\mathsf{cut}([x\,|\,s],k) \twoheadrightarrow ([x\,|\,t],u)$. »

Une telle lecture descendante est dite *déductive*. On peut alors comprendre la dérivation précédente comme étant la preuve du théorème $\mathsf{cut}([5,3,6,0,2],3) \twoheadrightarrow ([5,3,6],[0,2])$.

Induction sur les dérivations La double herméneutique des règles d'inférence rend possible à la fois la spécification de programmes et la preuve de théorèmes à leurs propos par *induction sur la structure des dérivations*. Comme nous l'avons vu plus haut, l'induction structurelle peut être appliquée avec profit aux piles, considérées comme des types de données (objets). Puisque dans le cas de $\mathsf{cut}/2$ les dérivations sont elles-mêmes des piles, nous pouvons aussi appliquer à leur structure (en tant que méta-objets) le même principe d'induction. Illustrons cette élégante technique inductive avec la preuve de la *correction* de $\mathsf{cut}/2$.

Correction   Le concept de correction (McCarthy, 1962, Floyd, 1967, Hoare, 1971, Dijkstra, 1976) est une relation, donc nous devons toujours parler de la correction d'un programme par rapport à sa *spécification*. Une spécification est une description logique des propriétés attendues du résultat de l'exécution d'un programme, étant données des propriétés de son entrée. Dans le cas de $cut(s,k)$, nous avons déjà mentionné ce que nous attendions : la valeur doit être une paire (t,u) telle que la concaténation de t et u est s et la longueur de t est k.

Formellement, soit $\mathsf{CorCut}(s,k)$ la proposition

$$Si\ cut(s,k) \twoheadrightarrow (t,u),\ alors\ cat(t,u) \twoheadrightarrow s\ et\ len(t) \twoheadrightarrow k,$$

où la fonction $\mathsf{len}/1$ est définie à l'équation (2.5) page 46.

Supposons la véracité de l'antécédent de l'implication, sinon le théorème est trivialement vrai (vacuité), donc il existe une dérivation Δ dont la conclusion est $cut(s,k) \twoheadrightarrow (t,u)$. Cette dérivation est une (méta) pile dont le sommet est la conclusion en question, ce qui rend possible le raisonnement par induction sur sa structure, c'est-à-dire que nous supposons que CorCut est vraie pour la sous-dérivation immédiate de Δ (l'hypothèse d'induction) et nous procédons ensuite en montrant que CorCut est vraie pour la dérivation entière. Ceci n'est autre que l'induction sur les sous-termes immédiats que nous avons utilisé sur des piles considérées comme des objets du discours : nous supposons que le théorème est vrai pour s et nous procédons ensuite en prouvant qu'il est vrai pour $[x\,|\,s]$.

La preuve est guidée par une analyse par cas qui discrimine sur la sorte de règle pouvant terminer Δ. Pour éviter des collisions entre des variables du théorème et du système d'inférence, nous surlignons ces dernières, ainsi $\overline{s}$, $\overline{t}$ etc. qui sont alors différentes s et t dans CorCut.

— *Cas où Δ se termine par* NIL. Il n'y a pas de prémisses, car NIL est un axiome. Dans ce cas, nous devons établir CorCut sans induction. Le filtrage de $cut(s,k) \twoheadrightarrow (t,u)$ par $cut(\overline{s},0) \twoheadrightarrow ([\,],\overline{s})$ résulte en $\overline{s} = s$, $0 = k$, $[\,] = t$ et $\overline{s} = u$. D'où, $cat(t,u) = cat([\,],s) \xrightarrow{\alpha} s$, ce qui prouve la moitié de la conjonction. Aussi, $len(t) = len([\,]) \xrightarrow{a} 0$. Ceci est cohérent avec $k = 0$, donc $\mathsf{CorCut}(s,0)$ est établie.

— *Cas où Δ se termine avec par* PREF. La forme de Δ est donc

$$
\frac{\displaystyle \vdots \atop \displaystyle \overline{cut(\overline{s},\overline{k}-1) \twoheadrightarrow (\overline{t},\overline{u})}}{cut([\overline{x}\,|\,\overline{s}],\overline{k}) \twoheadrightarrow ([\overline{x}\,|\,\overline{t}],\overline{u})}\ \text{PREF}
$$

Le filtrage de $cut(s,k) \twoheadrightarrow (t,u)$ par la conclusion mène à $[\overline{x}\,|\,\overline{s}] = s$, $\overline{k} = k$, $[\overline{x}\,|\,\overline{t}] = t$ et $\overline{u} = u$. L'hypothèse d'induction est alors que le théorème est vrai pour la sous-dérivation : $cat(\overline{t},\overline{u}) \twoheadrightarrow \overline{s}$ et aussi $\text{len}(\overline{t}) \twoheadrightarrow \overline{k} - 1$. Le principe d'induction requiert que nous établissions alors $\text{cat}([\overline{x} \,|\, \overline{t}], \overline{u}) \twoheadrightarrow [\overline{x} \,|\, \overline{s}]$ et $\text{len}([\overline{x} \,|\, \overline{t}]) \twoheadrightarrow \overline{k}$. D'après la définition de $\text{cat}/2$ et une partie de l'hypothèse, nous déduisons aisément $\text{cat}([\overline{x} \,|\, \overline{t}], \overline{u}) \xrightarrow{\beta} [\overline{x} \,|\, \text{cat}(\overline{t}, \overline{u})] \twoheadrightarrow [\overline{x} \,|\, \overline{s}]$. Maintenant, l'autre partie : $\text{len}([\overline{x} \,|\, \overline{t}]) \xrightarrow{b} 1 + \text{len}(\overline{t}) \twoheadrightarrow 1 + (\overline{k} - 1) = \overline{k}$. □

Exercice Écrivez une définition équivalente à $\text{cut}/2$ qui soit en forme terminale.

2.7 Persistance

La *persistance* est une propriété caractéristique des langages purement fonctionnels. Elle signifie simplement que toutes les valeurs sont constantes. Les fonctions mettent à jour une structure des données en en créant une nouvelle version, au lieu de la modifier sur place et effaçant ainsi son histoire. Nous avons vu à la section 1.3 page 5 que les sous-arbres communs aux deux membres d'une même règle sont partagés. Un tel partage est rendu correct grâce à la persistance : il n'y a pas moyen de distinguer logiquement la copie d'un sous-arbre et l'original.

Partage maximal Une occasion évidente de partage est l'occurrence d'une variable dans les deux membres d'une même règle, comme on peut le voir à la FIGURE 1.4 page 8 par exemple. Mais ceci ne conduit pas nécessairement à un par-

$$\begin{aligned} \text{red}([]) &\to []; \\ \text{red}([x, x \,|\, s]) &\to \text{red}([x \,|\, s]); \\ \text{red}([x \,|\, s]) &\to [x \,|\, \text{red}(s)]. \end{aligned}$$

FIGURE 2.22 – Réduction

tage maximal, comme la définition de $\text{red}/1$ (*réduire*) à la FIGURE 2.22 le montre. Cette fonction recopie une pile sans ses éléments répétés consécutivement. Par exemple, $\text{red}([4, 1, 2, 2, 2, 1, 1]) \twoheadrightarrow [4, 1, 2, 1]$. Un graphe orienté sans circuit représentant la deuxième règle est montré à la FIGURE 2.23a. Dans cette figure, le partage est fondé sur des occurrences

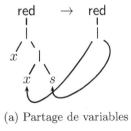

(a) Partage de variables

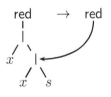

(b) Partage maximal

FIGURE 2.23 – Graphe orienté sans circuits de la seconde règle de $\text{red}/1$

communes de variables, mais nous pouvons constater que $[x \,|\, s]$ n'est pas complètement partagé. Considérons la même règle à la FIGURE 2.23b page précédente avec un partage maximal, où un sous-arbre complet est partagé.

Dans toute discussion sur la gestion de la mémoire, *nous supposerons que le partage est maximal pour chaque règle*, donc, par exemple, FIGURE 2.23b page précédente serait le défaut. Mais cette propriété n'est pas suffisante pour assurer que le partage est maximal entre les arguments d'un appel de fonction et sa valeur. Par exemple,

$$\mathsf{cp}([\,]) \to [\,]; \qquad \mathsf{cp}([x \,|\, s]) \to [x \,|\, \mathsf{cp}(s)].$$

fabrique une copie de son argument, mais la valeur de $\mathsf{cp}(s)$ ne partage que ses éléments avec s, bien que $\mathsf{cp}(s) \equiv s$.

Gestion de versions   Une idée simple pour réaliser des structures de données qui permettent de rebrousser chemin (en anglais : *backtracking*), consiste à conserver toutes les versions. Une pile peut être utilisée à cet effet, appelée ici *histoire*, et rebrousser chemin se réduit alors à une recherche linéaire dans l'histoire. Par exemple, nous pourrions vouloir conserver une suite de piles, chacune étant obtenue de la précédente par un empilage ou un dépilage, comme $[[4, 2, 1], [2, 1], [3, 2, 1], [2, 1], [1], [\,]]$, où la pile initiale était vide ; puis 1 a été empilé, suivi de 2 et 3 ; ensuite 3 a été dépilé et 4 empilé. De cette façon, la *dernière version* est le sommet de l'histoire, comme $[4, 2, 1]$ dans notre exemple. Par ailleurs, nous souhaitons que deux versions successives partagent le plus de structure possible. (Nous employons le terme « version » plutôt qu'« état » parce que dernier se réfère à des valeurs qui ne sont pas persistantes.) Ces exigences sont au cœur des logiciels dits de *gestion de versions*, utilisés par les programmeurs pour conserver une trace de l'évolution de leur programmes.

Nous continuerons avec notre exemple de l'évolution d'une pile, tout en gardant à l'esprit que la technique décrite ci-après est applicable à toute structure de données. Nous devons écrire deux fonctions, push/2 (différente de celle définie à la section 2.6) et pop/1, qui, au lieu de traiter une pile, traitent une histoire de piles. Soient les définitions suivantes :

$$
\begin{aligned}
&\mathsf{push}(x, [\,]) \to [[x], [\,]]; &\quad &\mathsf{pop}([[x \,|\, s] \,|\, h]) \to [s, [x \,|\, s] \,|\, h]. \\
&\mathsf{push}(x, [s \,|\, h]) \to [[x \,|\, s], s \,|\, h]. &\quad &\mathsf{top}([[x \,|\, s] \,|\, h]) \to x.
\end{aligned}
\tag{2.14}
$$

Les graphes orientés sans circuits (GOSC) associés sont montrés à la FIGURE 2.24 page suivante. L'histoire $[[4, 2, 1], [2, 1], [3, 2, 1], [2, 1], [1], [\,]]$ est montrée à la FIGURE 2.25 comme un graphe orienté sans circuits aussi.

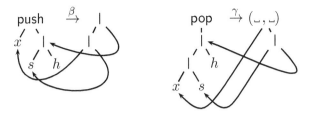

FIGURE 2.24 – GOSC de push/2 et pop/1 avec partage maximal

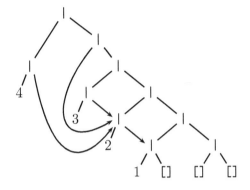

FIGURE 2.25 – L'histoire $[[4, 2, 1], [2, 1], [3, 2, 1], [2, 1], [1], []]$

Il est le résultat de l'évaluation de

$$\text{push}(4, \text{pop}(\text{push}(3, \text{push}(2, \text{push}(1, []))))). \qquad (2.15)$$

Soit $\text{ver}(k, h)$ dont valeur est la k^e version antérieure dans l'histoire h, de telle sorte que $\text{ver}(0, h)$ soit la dernière version. Comme on s'y attendrait, $\text{ver}/2$ n'est rien d'autre qu'une recherche linéaire avec un compte à rebours :

$$\text{ver}(0, [s \,|\, h]) \to s; \qquad \text{ver}(k, [s \,|\, h]) \to \text{ver}(k - 1, h).$$

Notre codage de l'histoire permet à la dernière version d'être aisément copiée avec modification, mais pas les plus anciennes. Quand toutes les versions d'une structure de donnée sont ainsi modifiables, on parle de *persistance complète* ; si seule la dernière version est modifiable, on parle de *persistance partielle* (Mehlhorn et Tsakalidis, 1990).

Revisiter les mises à jour   Dans le but de parvenir à la persistance complète, nous devrions conserver une histoire des mises à jour, $\underline{\text{push}}(x)$ et $\underline{\text{pop}}()$, au lieu de versions successives partagées le plus possible avec

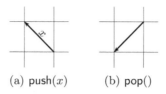

(a) push(x)   (b) pop()

FIGURE 2.26 – Mises à jour de piles

leur successeur. Dans ce qui suite, le soulignement évite la confusion avec les fonctions push/2 et pop/1. Au lieu de l'équation (2.15), on a

$$[\underline{push}(4), \underline{pop}(), \underline{push}(3), \underline{push}(2), \underline{push}(1)]. \tag{2.16}$$

Toutes les suites de $\underline{push}(x)$ et $\underline{pop}()$ ne sont pas valides, comme, par exemple, $[\underline{pop}(), \underline{pop}(), \underline{push}(x)]$ et $[\underline{pop}()]$. Pour caractériser les histoires valides, examinons une représentation graphique des mises à jour à la FIGURE 2.26. Ceci est le même modèle que nous avons employé à la section 2.5 où nous avons étudié les files d'attente fonctionnelles (voir en particulier la FIGURE 2.15 page 69), sauf que nous choisissons ici une orientation vers la gauche de manière à refléter la notation des piles, dont les sommets sont écrits à gauche. Considérons par exemple l'histoire à la FIGURE 2.27. Il est clair qu'*une histoire valide est une ligne qui ne coupe jamais l'axe des abscisses.*

Programmer top/1 avec une histoire de mises à jour est plus difficile parce que nous devons identifier l'élément au sommet de la dernière version sans la construire. L'idée consiste à revisiter la ligne historique et déterminer le dernier empilage qui a conduit à une version dont la longueur égale celle de la dernière version. À la FIGURE 2.27, la dernière version est (•). Si nous tirons une ligne horizontale à partir de ce point

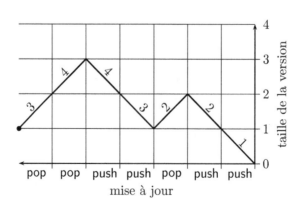

FIGURE 2.27 – $[\underline{pop}(), \underline{pop}(), \underline{push}(4), \underline{push}(3), \underline{pop}(), \underline{push}(2), \underline{push}(1)]$

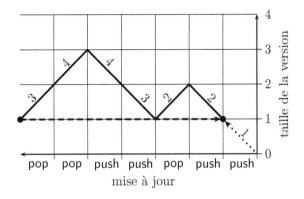

FIGURE 2.28 – Trouver le sommet de la dernière version

vers la droite, le premier empilement aboutissant sur la ligne est $\underline{\mathsf{push}}(1)$, donc le sommet de la dernière version est 1.

Cette expérience de pensée est illustrée à la FIGURE 2.28. Remarquons que nous n'avons pas besoin de déterminer la longueur de la dernière version : la *différence* de longueur avec la version courante, alors que nous reculons, est suffisante. Soient $\mathsf{top}_0/1$ et $\mathsf{pop}_0/1$ les équivalents de $\mathsf{top}/1$ et $\mathsf{pop}/1$, opérant sur des mises à jour au lieu de versions. Leur définition se trouve à la FIGURE 2.29. Une fonction auxiliaire $\mathsf{top}_0/2$ conserve la différence entre les longueurs de la dernière version et la version courante. Nous avons trouvé l'élément quand la différence est nulle et la mise à jour courante est un empilement.

$$
\begin{aligned}
&\mathsf{pop}_0(h) \to [\underline{\mathsf{pop}}() \,|\, h]. && \mathsf{top}_0(0, [\underline{\mathsf{push}}(x) \,|\, h]) \to x; \\
&\mathsf{top}_0(h) \to \mathsf{top}_0(0, h). && \mathsf{top}_0(k, [\underline{\mathsf{push}}(x) \,|\, h]) \to \mathsf{top}_0(k - 1, h); \\
&&& \mathsf{top}_0(k, [\underline{\mathsf{pop}}() \,|\, h]) \to \mathsf{top}_0(k + 1, h).
\end{aligned}
$$

FIGURE 2.29 – Le sommet et le reste d'une histoire de mises à jour

Comme précédemment, nous voulons que l'appel $\mathsf{ver}_0(k, h)$ construise la k^{e} version précédente dans h. Ici, nous devons reculer de k mises à jour dans le passé,

$$\mathsf{ver}_0(0, h) \to \mathsf{lst}_0(h); \qquad \mathsf{ver}_0(k, [s \,|\, h]) \to \mathsf{ver}_0(k - 1, h).$$

et construire la dernière version à partir du reste de l'histoire avec $\mathsf{lst}_0/1$:

$$\mathsf{lst}_0([]) \to []; \quad \mathsf{lst}_0([\underline{\mathsf{push}}(x) \,|\, h]) \to [x \,|\, \mathsf{lst}_0(h)]; \quad \frac{\mathsf{lst}_0(h) \to [x \,|\, s]}{\mathsf{lst}_0([\underline{\mathsf{pop}}() \,|\, h]) \twoheadrightarrow s}.$$

Soit $\mathcal{C}_{k,n}^{\mathsf{ver}_0}$ le coût de l'appel $\mathsf{ver}_0(k,h)$ et soit $\mathcal{C}_n^{\mathsf{lst}_0}$ le coût de $\mathsf{lst}_0(h)$, où n est la longueur de h :

$$\mathcal{C}_i^{\mathsf{lst}_0} = i + 1, \qquad \mathcal{C}_{k,n}^{\mathsf{ver}_0} = (k+1) + \mathcal{C}_{n-k}^{\mathsf{lst}_0} = n + 2.$$

Quelle est la quantité totale de mémoire allouée ? Plus précisément, nous souhaitons connaître le nombre d'empilements effectués. La seule règle de $\mathsf{lst}_0/1$ qui use d'un empilement dans son membre droit est la seconde, donc le nombre de nœuds d'empilage est le nombre d'empilages. Mais ceci est un gâchis dans certains cas, par exemple, quand la version construite est vide, comme avec l'histoire $[\underline{\mathsf{pop}()}, \underline{\mathsf{push}}(6)]$. La méthode optimale est d'allouer exactement autant que la valeur finale a besoin.

Nous pouvons réaliser cette optimalité de la mémoire avec $\mathsf{lst}_1/1$ définie à la FIGURE 2.30 en conservant des caractéristiques à la fois de $\mathsf{top}_0/1$ et de $\mathsf{lst}_0/1$. Alors $\mathcal{C}_n^{\mathsf{lst}_1} = \mathcal{C}_n^{\mathsf{lst}_0} = n + 1$, et le nombre de nœuds d'empilage créés est alors la

$$\begin{aligned}
\mathsf{lst}_1(h) &\to \mathsf{lst}_1(0, h). \\
\mathsf{lst}_1(0, [\underline{\mathsf{push}}(x) \,|\, h]) &\to [x \,|\, \mathsf{lst}_1(0, h)]; \\
\mathsf{lst}_1(k, [\underline{\mathsf{push}}(x) \,|\, h]) &\to \mathsf{lst}_1(k - 1, h); \\
\mathsf{lst}_1(k, [\underline{\mathsf{pop}}() \,|\, h]) &\to \mathsf{lst}_1(k + 1, h); \\
\mathsf{lst}_1(k, [\,]) &\to [\,].
\end{aligned}$$

FIGURE 2.30 – Dernière version

longueur de la dernière version. Nous avons là encore un exemple de coût qui dépend de la taille du résultat, comme pour $\mathsf{flat}_0/1$ à la section 2.4 page 59.

Une amélioration est encore possible si la ligne historique atteint l'axe des abscisses, parce qu'il n'y a alors aucune raison de visiter les mises à jour *antérieures* à un dépilage résultant en une version vide ; comme par exemple à la FIGURE 2.31, il est inutile d'aller au-delà de $\underline{\mathsf{push}}(3)$ pour déterminer que la dernière version est [3]. Mais, pour détecter si la ligne historique rencontre l'axe des abscisses, nous avons besoin d'augmenter l'histoire h avec la longueur n de la dernière version, c'est-à-dire, de

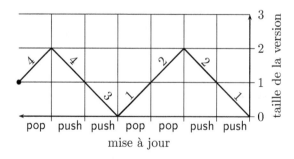

FIGURE 2.31 – Dernière version [3] trouvée en quatre pas

$$\begin{aligned}
\mathsf{ver}_3(k, (n, h)) &\to \mathsf{ver}_3(k, n, h). \\
\mathsf{ver}_3(0, n, h) &\to \mathsf{lst}_3(0, n, h); \\
\mathsf{ver}_3(k, n, [\underline{\mathsf{pop}}()\,|\,h]) &\to \mathsf{ver}_3(k-1, n+1, h); \\
\mathsf{ver}_3(k, n, [\underline{\mathsf{push}}(x)\,|\,h]) &\to \mathsf{ver}_3(k-1, n-1, h). \\
\mathsf{lst}_3((n, h)) &\to \mathsf{lst}_3(0, n, h). \\
\mathsf{lst}_3(k, 0, h) &\to [\,]; \\
\mathsf{lst}_3(0, n, [\underline{\mathsf{push}}(x)\,|\,h]) &\to [x\,|\,\mathsf{lst}_3(0, n-1, h)]; \\
\mathsf{lst}_3(k, n, [\underline{\mathsf{push}}(x)\,|\,h]) &\to \mathsf{lst}_3(k-1, n-1, h); \\
\mathsf{lst}_3(k, n, [\underline{\mathsf{pop}}()\,|\,h]) &\to \mathsf{lst}_3(k+1, n+1, h).
\end{aligned}$$

FIGURE 2.32 – Requête d'une version sans paires

travailler avec (n, h), et modifier push/2 et pop/1 en conséquence :

$$\begin{aligned}
\mathsf{push}_2(x, (n, h)) &\to (n+1, [\underline{\mathsf{push}}(x)\,|\,h]). \\
\mathsf{pop}_2((n, h)) &\to (n-1, [\underline{\mathsf{pop}}()\,|\,h]).
\end{aligned}$$

Nous devons réécrire ver/2 de telle sorte qu'elle conserve la longueur de la dernière version :

$$\begin{aligned}
\mathsf{ver}_2(0, (n, h)) &\to \mathsf{lst}_1(0, h); \\
\mathsf{ver}_2(k, (n, [\underline{\mathsf{pop}}()\,|\,h])) &\to \mathsf{ver}_2(k-1, (n+1, h)); \\
\mathsf{ver}_2(k, (n, [\underline{\mathsf{push}}(x)\,|\,h])) &\to \mathsf{ver}_2(k-1, (n-1, h)).
\end{aligned}$$

Nous pouvons réduire l'emploi de la mémoire en séparant l'histoire courante h et la longueur n de la dernière version, de façon à n'allouer aucune paire, et nous pouvons nous arrêter lorsque la version courante est $[\,]$, comme prévu, à la FIGURE 2.32.

On pourrait se demander si cela vaut la peine d'accoupler n et h pour les séparer à nouveau, ce qui va à l'encontre du principe d'abstraction des données. Cet exemple démontre que l'abstraction est désirable pour les appelants, mais les fonctions appelées peuvent la briser à cause du filtrage de motif. Nous pourrions aussi nous rendre compte que le choix d'une pile pour conserver les mises à jour n'est pas le meilleur en termes d'usage de la mémoire. À la place, nous pouvons directement enchaîner les mises à jour avec l'aide d'un argument supplémentaire qui dénote la mise à jour précédente, donc, par exemple, au lieu de l'équation (2.16) :

$$(3, \underline{\mathsf{push}}(4, \underline{\mathsf{pop}}(\underline{\mathsf{push}}(3, \underline{\mathsf{push}}(2, \underline{\mathsf{push}}(1, [\,])))))).$$

Ce nouveau codage reflète bien l'appel (2.15) à la page 79 et économise n nœuds d'empilage dans une histoire de longueur n. Voir la FIGURE 2.33.

$$\mathsf{ver}_4(k, (n, h)) \rightarrow \mathsf{ver}_4(k, n, h).$$
$$\mathsf{ver}_4(0, n, h) \rightarrow \mathsf{lst}_4(0, n, h);$$
$$\mathsf{ver}_4(k, n, \underline{\mathsf{pop}}(h)) \rightarrow \mathsf{ver}_4(k - 1, n + 1, h);$$
$$\mathsf{ver}_4(k, n, \underline{\mathsf{push}}(x, h)) \rightarrow \mathsf{ver}_4(k - 1, n - 1, h).$$
$$\mathsf{lst}_4((n, h)) \rightarrow \mathsf{lst}_4(0, n, h).$$
$$\mathsf{lst}_4(k, 0, h) \rightarrow [\,];$$
$$\mathsf{lst}_4(0, n, \underline{\mathsf{push}}(x, h)) \rightarrow [x \,|\, \mathsf{lst}_4(0, n - 1, h)];$$
$$\mathsf{lst}_4(k, n, \underline{\mathsf{push}}(x, h)) \rightarrow \mathsf{lst}_4(k - 1, n - 1, h);$$
$$\mathsf{lst}_4(k, n, \underline{\mathsf{pop}}(h)) \rightarrow \mathsf{lst}_4(k + 1, n + 1, h).$$

FIGURE 2.33 – Requête d'une version sans pile

$$\mathsf{push}_4(x, (n, h)) \rightarrow (n+1, \underline{\mathsf{push}}(x, h)).$$
$$\mathsf{pop}_4((n, h)) \rightarrow (n-1, \underline{\mathsf{pop}}(h)).$$

Maintenant, il existe un coût minimal et maximal. Le pire des cas est quand l'élément au fond dans la dernière version est le premier élément empilé dans l'histoire, donc $\mathsf{lst}_4/3$ doit retourner jusqu'à l'origine. En d'autres termes, la ligne historique n'atteint jamais l'axe des abscisses après le premier empilage. Nous avons alors le même coût que précédemment : $\mathcal{W}_n^{\mathsf{lst}_4} = n + 1$. Le meilleur des cas se produit lorsque la dernière version est vide. Dans ce cas, $\mathcal{B}_n^{\mathsf{lst}_4} = 1$ et c'est la sorte d'amélioration que nous avions en tête.

Persistance complète La méthode conservant les mises à jour dans l'histoire est complètement persistante parce qu'elle permet de modifier une version passée comme suit : traversons l'histoire jusqu'au moment adéquat, dépilons la mise à jour, empilons-en une autre et remettons à leur place les mises à jours précédemment traversées, qui ont été stockées dans un accumulateur.

Mais changer le passé ne doit pas créer une histoire contenant une version qui n'est pas constructible, c'est-à-dire que la ligne historique ne doit pas croiser l'axe des abscisses après la modification. Si le changement consiste à replacer un dépilage par un empilage, il n'y a aucune raison de s'inquiéter, car cela hissera de 2 ordonnées le point terminal de la ligne. C'est le changement inverse qui demande un peu d'attention, car il abaisse de 2 le point terminal. Cette différence verticale de ±2 niveaux provient de la différence entre les points terminaux d'un empilement et d'un dépilement de même origine et peut facilement être visualisée à la FIGURE 2.26 page 80 en posant l'une sur l'autre les sous-figures. Par conséquent, à la FIGURE 2.27, la dernière version a pour longueur 1, ce qui

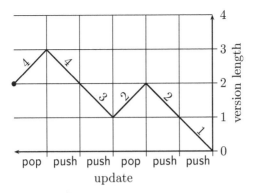

FIGURE 2.34 – $\underline{\text{pop}}(\underline{\text{push}}(4, \underline{\text{push}}(3, \underline{\text{pop}}(\underline{\text{push}}(2, \underline{\text{push}}(1, [])))))))$

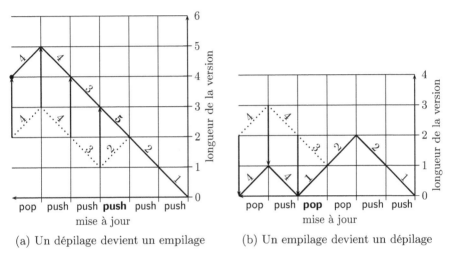

(a) Un dépilage devient un empilage (b) Un empilage devient un dépilage

FIGURE 2.35 – Changement de mises à jour

implique qu'il est impossible de remplacer un empilage par un dépilage, à n'importe quel moment du passé.

Considérons l'histoire à la FIGURE 2.34. Soit $\text{chg}(k, u, (n, h))$ l'histoire modifiée, où k est l'index de la mise à jour que nous voulons changer, en indexant la dernière avec 0; soit u la nouvelle mise à jour que nous voulons insérer; finalement, soit n la longueur de la dernière version de l'histoire h. L'appel

$$\text{chg}(3, \underline{\text{push}}(5), (2, \underline{\text{pop}}(\underline{\text{push}}(4, \underline{\text{push}}(3, \underline{\text{pop}}(\underline{\text{push}}(2, \text{push}(1, []))))))))$$

résulte en $(4, \underline{\text{pop}}(\underline{\text{push}}(4, \underline{\text{push}}(3, \underline{\text{push}}(5, \underline{\text{push}}(2, \underline{\text{push}}(1, []))))))))$. Cet appel réussi parce qu'à la FIGURE 2.35a la nouvelle ligne historique ne croise pas l'axe des abscisses. Nous pouvons voir à la FIGURE 2.35b le résultat de l'appel

$$\mathsf{chg}(2, \underline{\mathsf{pop}}(), (2, \underline{\mathsf{pop}}(\underline{\mathsf{push}}(4, \underline{\mathsf{push}}(3, \underline{\mathsf{pop}}(\underline{\mathsf{push}}(2, \underline{\mathsf{push}}(1, [])))))))).$$

Tous ces exemples nous aident à deviner la propriété caractéristique d'un remplacement valide :

— le remplacement d'un dépilage par un empilage, d'un dépilage par un dépilage, d'un empilage par un empilage est toujours valide ;

— le remplacement d'un empilage par un dépilage à la position $k > 0$ est valide si, et seulement si, la ligne historique entre les mises à jour 0 et $k - 1$ se maintient au-dessus ou touche sans la traverser la ligne horizontale d'ordonnée 2.

Nous pouvons concevoir un algorithme procédant en deux phases. Tout d'abord, la mise à jour qui doit être à remplacée doit être localisée, mais, la différence avec $\mathsf{ver}_4/3$ est que nous pourrions avoir besoin de savoir si la ligne historique, avant d'atteindre la mise à jour, est bien entièrement située au-dessus de la ligne horizontale d'ordonnée 2. Ceci est facile à vérifier si nous conservons, à travers les appels récursifs, l'ordonnée la plus petite atteinte par la ligne. La seconde phase, quant à elle, substitue la mise à jour et vérifie que l'histoire résultant est valide.

Réalisons la première phase. D'abord, nous projetons n et h hors de (n, h) de manière à économiser un peu de mémoire, et l'ordonnée la plus basse est n, que nous passons comme un argument supplémentaire à une autre fonction $\mathsf{chg}/5$:

$$\mathsf{chg}(k, u, (n, h)) \to \mathsf{chg}(k, u, n, h, n).$$

La fonction $\mathsf{chg}/5$ traverse h tout en décrémentant k, jusqu'à ce que $k = 0$, ce qui signifie que la mise à jour a été trouvée. En même temps, la longueur de la version courante est calculée (troisième argument) et comparée à la précédente ordonnée la plus basse (cinquième argument), qui est mise à jour en conséquence. Nous pourrions essayer le canevas suivant :

$$
\begin{aligned}
\mathsf{chg}(0, u, n, h, m) &\to \boxed{} ; \\
\mathsf{chg}(k, u, n, \underline{\mathsf{pop}}(h), m) &\to \mathsf{chg}(k - 1, u, n + 1, h, m); \\
\mathsf{chg}(k, u, n, \underline{\mathsf{push}}(x, h), m) &\to \mathsf{chg}(k - 1, u, n - 1, h, m), \qquad \text{si } m < n; \\
\mathsf{chg}(k, u, n, \underline{\mathsf{push}}(x, h), m) &\to \mathsf{chg}(k - 1, u, n - 1, h, n - 1).
\end{aligned}
$$

Le problème est que nous oublions l'histoire jusqu'à la mise à jour recherchée. Deux techniques sont envisageables pour la conserver : soit nous utilisons un accumulateur et nous nous conformons à une définition avec des appels terminaux (conception à petits pas), soit nous remettons à sa place une mise à jour après la conclusion d'un appel récursif (conception à grand pas). La seconde option est plus rapide, car il n'y a pas alors besoin de retourner l'accumulateur quand nous avons fini ; la première option nous permet de partager l'histoire jusqu'à la mise à jour quand l'histoire résultante est structurellement équivalente, en payant le prix d'un argument supplémentaire qui est l'histoire originale. Nous avons déjà rencontré ce dilemme quand nous avions comparé sfst/2 et $\mathsf{sfst_0/2}$ à la section 2.3, page 47. Choisissons une conception à grands pas, à la FIGURE 2.36. Remarquons comment la longueur n' de la nouvelle histoire est simplement passée vers le bas dans les règles d'inférence. Elle peut facilement être comprise :

— remplacer un dépilage par un dépilage ou un empilage par un empilage laisse la longueur originelle invariante ;

— remplacer un dépilage par un empilage accroît la longueur originelle de 2 ;

— remplacer un empilage par un dépilage, en supposant que cela soit valide, fait décroître la longueur originelle de 2.

Cette tâche est dédiée à la fonction rep/3 (anglais : *replace*), qui réalise la seconde phase. Le dessein est de lui faire construire une paire faite de la différence de longueur d et de la nouvelle histoire h' :

$$\mathsf{rep}(\underline{\mathsf{pop}}(), \underline{\mathsf{pop}}(h), m) \to (0, \underline{\mathsf{pop}}(h));$$
$$\mathsf{rep}(\underline{\mathsf{push}}(x), \underline{\mathsf{push}}(y, h), m) \to (0, \underline{\mathsf{push}}(x, h));$$
$$\mathsf{rep}(\underline{\mathsf{push}}(x), \underline{\mathsf{pop}}(h), m) \to (2, \underline{\mathsf{push}}(x, h));$$
$$\mathsf{rep}(\underline{\mathsf{pop}}(), \underline{\mathsf{push}}(y, h), m) \to (-2, \underline{\mathsf{pop}}(h)).$$

Cette définition implique que nous devons redéfinir chg/3 comme suit :

$$\frac{\mathsf{chg}(k, u, n, h, n) \twoheadrightarrow (d, h')}{\mathsf{chg}(k, u, (n, h)) \twoheadrightarrow (n + d, h')}.$$

$$\mathsf{chg}(0, u, n, h, m) \to \mathsf{rep}(u, h, m) \qquad \frac{\mathsf{chg}(k - 1, u, n + 1, h, m) \twoheadrightarrow (n', h')}{\mathsf{chg}(k, u, n, \underline{\mathsf{pop}}(h), m) \twoheadrightarrow (n', \underline{\mathsf{pop}}(h'))}$$

$$\frac{\mathsf{chg}(k - 1, u, n - 1, h, m) \twoheadrightarrow (n', h') \qquad m < n}{\mathsf{chg}(k, u, n, \underline{\mathsf{push}}(x, h), m) \twoheadrightarrow (n', \underline{\mathsf{push}}(x, h'))}$$

$$\frac{\mathsf{chg}(k - 1, u, n - 1, h, n - 1) \twoheadrightarrow (n', h')}{\mathsf{chg}(k, u, n, \underline{\mathsf{push}}(x, h), m) \twoheadrightarrow (n', \underline{\mathsf{push}}(x, h'))}$$

FIGURE 2.36 – Changer une version antérieure (grands pas)

2.8   Tri optimal

Trier consiste à arranger une suite donnée d'objets, appelés *clés*, pour qu'ils satisfassent un ordre prédéfini. D'après Knuth (1998a), Les premiers algorithmes de tri ont été inventés et automatisés dans des tabulateurs à la fin du dix-neuvième siècle pour l'établissement du recensement des États-Unis d'Amérique.

Permutations Nous avons vu page 9 que le coût moyen d'un algorithme de tri opérant par comparaisons est défini comme étant la moyenne arithmétique des coûts du tri de toutes les permutations d'une taille fixe. Une permutation de $(1, 2, \ldots, n)$ est un n-uplet $(a_1, a_2, \ldots, a_n)$ tel que $a_i \in \{1, \ldots, n\}$ et $a_i \neq a_j$ pour tout $i \neq j$. Par exemple, toutes les permutations de $(1, 2, 3)$ sont

$$(1, 2, 3) \quad (1, 3, 2) \quad (2, 1, 3) \quad (2, 3, 1) \quad (3, 1, 2) \quad (3, 2, 1).$$

Étant donné toutes les permutations de $(1, 2, \ldots, n - 1)$, construisons inductivement toutes les permutations de $(1, 2, \ldots, n)$. Si $(a_1, a_2, \ldots, a_{n-1})$ est une permutation de $(1, 2, \ldots, n - 1)$, alors nous pouvons construire n permutations de $(1, 2, \ldots, n)$ en insérant n entre toutes les paires d'objets consécutifs dans $(a_1, a_2, \ldots, a_{n-1})$:

$$(\boldsymbol{n}, a_1, a_2, \ldots, a_{n-1}) \quad (a_1, \boldsymbol{n}, a_2, \ldots, a_{n-1}) \quad \ldots \quad (a_1, a_2, \ldots, a_{n-1}, \boldsymbol{n}).$$

Par exemple, il est clair que toutes les permutations de $(1, 2)$ sont $(1, 2)$ et $(2, 1)$. La méthode nous conduit de $(1, 2)$ à $(\boldsymbol{3}, 1, 2)$, $(1, \boldsymbol{3}, 2)$ et $(1, 2, \boldsymbol{3})$; et de $(2, 1)$ à $(\boldsymbol{3}, 2, 1)$, $(2, \boldsymbol{3}, 1)$ et $(2, 1, \boldsymbol{3})$. Si nous nommons p_n le nombre de permutations de n éléments, nous tirons de ce qui précède la récurrence $p_n = n \cdot p_{n-1}$, qui, avec l'ajout de l'évidente égalité $p_1 = 1$, produit $p_n = n!$, pour tout $n > 0$, exactement comme nous nous y attendions. Si les n objets à permuter ne sont pas $(1, 2, \ldots, n)$ mais, par exemple, $(\mathsf{b}, \mathsf{d}, \mathsf{a}, \mathsf{c})$, il suffit alors simplement d'associer à chacun d'eux leur index dans le n-uplet, par exemple b est représenté par 1, d par 2, a par 3 et c par 4, donc le n-uplet est associé à $(1, 2, 3, 4)$ et, par exemple, la permutation $(4, 1, 2, 3)$ est alors le codage de $(\mathsf{c}, \mathsf{b}, \mathsf{d}, \mathsf{a})$.

Factorielle Nous avons rencontré la fonction factorielle dans l'introduction et ici encore. Voici un simple calcul, proposé par Graham *et al.* (1994), pour caractériser sa croissance asymptotique :

$$n!^2 = (1 \cdot 2 \cdot \ldots \cdot n)(n \cdot \ldots \cdot 2 \cdot 1) = \prod_{k=1}^{n} k(n + 1 - k).$$

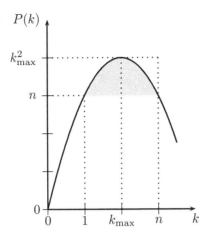

FIGURE 2.37 – Parabole $P(k) := k(n + 1 - k)$

La parabole $P(k) := k(n+1-k) = -k^2 + (n+1)k$ atteint son maximum là où sa dérivée s'annule : $P'(k_{\max}) = 0 \Leftrightarrow k_{\max} = (n+1)/2$. L'ordonnée correspondante est $P(k_{\max}) = ((n+1)/2)^2 = k_{\max}^2$. Quand k varie de 1 à n, l'ordonnée minimale, n, est atteinte aux points d'abscisses 1 et n, comme le montre la FIGURE 2.37. Donc, $1 \leqslant k \leqslant k_{\max}$ implique

$$P(1) \leqslant P(k) \leqslant P(k_{\max}), \quad \text{c'est-à-dire}, \quad n \leqslant k(n+1-k) \leqslant \left(\frac{n+1}{2}\right)^2.$$

En multipliant les côtés pour des valeurs de la variable k décrivant l'intervalle discret $[1..n]$ produit

$$n^n = \prod_{k=1}^{n} n \leqslant n!^2 \leqslant \prod_{k=1}^{n} \left(\frac{n+1}{2}\right)^2 = \left(\frac{n+1}{2}\right)^{2n} \Rightarrow n^{n/2} \leqslant n! \leqslant \left(\frac{n+1}{2}\right)^n.$$

Il clair maintenant que $n!$ est *exponentielle*, donc sa croissance asymptotique domine celle de tout polynôme. Concrètement, une fonction dont le coût est proportionnel à la factorielle est inutile même pour de petites données. Pour les cas où une équivalence est préférée, la formule de Stirling affirme

$$n! \sim n^n e^{-n} \sqrt{2\pi n}. \tag{2.17}$$

Dénombrer les permutations Nous voulons écrire un programme qui forme toutes les permutations d'une pile donnée. Nous définissons la fonction perm/1 telle que perm(s) est la pile de toutes les permutations des éléments de la pile s. Nous allons employer la méthode inductive vue ci-dessus et qui opérait en insérant un nouvel objet dans tous les intervalles possibles d'une permutation plus courte.

$$\mathsf{perm}([\,]) \xrightarrow{\alpha} [\,]; \quad \mathsf{perm}([x]) \xrightarrow{\beta} [[x]]; \quad \mathsf{perm}([x\,|\,s]) \xrightarrow{\gamma} \mathsf{dist}(x, \mathsf{perm}(s)).$$

La fonction $\mathsf{dist}/2$ (*distribuer*) est telle que $\mathsf{dist}(x, s)$ est la pile de toutes les piles obtenues en insérant l'élément x à toutes les positions dans la pile s. Puisqu'une telle insertion dans une permutation de longueur n résulte en une permutation de longueur $n + 1$, nous devons ajouter ces nouvelles permutations à celles de même longueur déjà formées :

$$\mathsf{dist}(x, [\,]) \xrightarrow{\delta} [\,]; \quad \mathsf{dist}(x, [p\,|\,t]) \xrightarrow{\epsilon} \mathsf{cat}(\mathsf{ins}(x, p), \mathsf{dist}(x, t)).$$

L'appel $\mathsf{ins}(x, p)$ calcule la pile de permutations qui résultent de l'insertion de x à toutes les positions dans la permutation p. Par conséquent, il vient

$$\mathsf{ins}(x, [\,]) \xrightarrow{\zeta} [[x]]; \quad \mathsf{ins}(x, [j\,|\,s]) \xrightarrow{\eta} [[x, j\,|\,s]\,|\,\mathsf{push}(j, \mathsf{ins}(x, s))].$$

où la fonction $\mathsf{push}/2$ (à ne pas confondre avec la fonction de même nom et arité à la section 2.7) est telle que tout appel $\mathsf{push}(x, t)$ empile l'élément x sur toutes les permutations de la pile de permutation t. Leur ordre reste invariant :

$$\mathsf{push}(x, [\,]) \xrightarrow{\theta} [\,]; \quad \mathsf{push}(x, [p\,|\,t]) \xrightarrow{\iota} [[x\,|\,p]\,|\,\mathsf{push}(x, t)].$$

Maintenant, nous pouvons produire toutes les permutations de $(4, 1, 2, 3)$ ou $(\mathsf{c}, \mathsf{b}, \mathsf{d}, \mathsf{a})$ en appelant $\mathsf{perm}([4, 1, 2, 3])$ ou $\mathsf{perm}([\mathsf{c}, \mathsf{b}, \mathsf{d}, \mathsf{a}])$. Nous pouvons remarquer qu'après la formation des permutations de longueur $n+1$, les permutations de longueur n ne sont plus nécessaires, ce qui permet à un environnement d'exécution de réutiliser la mémoire correspondante pour d'autres usages (un processus appelé *glanage de cellules*). En ce qui concerne les coûts, la définition de $\mathsf{push}/2$ implique

$$\mathcal{C}_0^{\mathsf{push}} \overset{\theta}{=} 1; \qquad \mathcal{C}_{n+1}^{\mathsf{push}} \overset{\iota}{=} 1 + \mathcal{C}_n^{\mathsf{push}}, \quad \text{avec } n \geqslant 0.$$

Nous déduisons aisément $\mathcal{C}_n^{\mathsf{push}} = n + 1$. Nous savons que le résultat de $\mathsf{ins}(x, p)$ est une pile de longueur $n+1$ si p est une permutation de n objets dans laquelle nous insérons un objet supplémentaire x. Par conséquent, la définition de $\mathsf{ins}/2$ donne lieu aux récurrences suivantes :

$$\mathcal{C}_0^{\mathsf{ins}} \overset{\zeta}{=} 1; \quad \mathcal{C}_{k+1}^{\mathsf{ins}} \overset{\eta}{=} 1 + \mathcal{C}_{k+1}^{\mathsf{push}} + \mathcal{C}_k^{\mathsf{ins}} = 3 + k + \mathcal{C}_k^{\mathsf{ins}}, \quad \text{où } k \geqslant 0,$$

et $\mathcal{C}_k^{\text{ins}}$ est le coût de $\text{ins}(x, p)$ avec p de longueur k. En sommant membre à membre pour toutes les valeurs de k allant de 0 à $n - 1$, avec $n > 0$:

$$\sum_{k=0}^{n-1} \mathcal{C}_{k+1}^{\text{ins}} = \sum_{k=0}^{n-1} 3 + \sum_{k=0}^{n-1} k + \sum_{k=0}^{n-1} \mathcal{C}_k^{\text{ins}}.$$

En éliminant les termes identiques dans $\sum_{k=0}^{n-1} \mathcal{C}_{k+1}^{\text{ins}}$ et $\sum_{k=0}^{n-1} \mathcal{C}_k^{\text{ins}}$, nous déduisons

$$\mathcal{C}_n^{\text{ins}} = 3n + \frac{1}{2}n(n - 1) + \mathcal{C}_0^{\text{ins}} = \frac{1}{2}n^2 + \frac{5}{2}n + 1.$$

Cette dernière équation est en fait valide même si $n = 0$. Soit $\mathcal{C}_{n!}^{\text{dist}}$ le coût de la distribution d'un élément parmi $n!$ permutations de longueur n. La définition de $\text{dist}/2$ montre qu'elle itère des appels à $\text{cat}/2$ et $\text{ins}/2$ dont les argument sont toujours de longueur $n + 1$ et n, respectivement, parce que toutes les permutations traitées ici ont la même longueur. Nous déduisons, pour $k \geqslant 0$, les récurrences suivantes :

$$\mathcal{C}_0^{\text{dist}} \overset{\delta}{=} 1; \quad \mathcal{C}_{k+1}^{\text{dist}} \overset{\epsilon}{=} 1 + \mathcal{C}_{n+1}^{\text{cat}} + \mathcal{C}_n^{\text{ins}} + \mathcal{C}_k^{\text{dist}} = \frac{1}{2}n^2 + \frac{7}{2}n + 4 + \mathcal{C}_k^{\text{dist}},$$

puisque nous savons déjà que $\mathcal{C}_n^{\text{cat}} = n + 1$ et nous connaissons la valeur de $\mathcal{C}_n^{\text{ins}}$. En sommant membre à membre la dernière équation pour toutes les valeurs de k allant de 0 à $n! - 1$, nous pouvons éliminer la plupart des termes et obtenir une définition non-récurrente de $\mathcal{C}_{n!}^{\text{dist}}$:

$$\sum_{k=0}^{n!-1} \mathcal{C}_{k+1}^{\text{dist}} = \sum_{k=0}^{n!-1} \left(\frac{1}{2}n^2 + \frac{7}{2}n + 4 \right) + \sum_{k=0}^{n!-1} \mathcal{C}_k^{\text{dist}},$$

$$\mathcal{C}_{n!}^{\text{dist}} = \left(\frac{1}{2}n^2 + \frac{7}{2}n + 4 \right) n! + \mathcal{C}_0^{\text{dist}} = \frac{1}{2}(n^2 + 7n + 8)n! + 1.$$

Évaluons finalement le coût de $\text{perm}(s)$, noté $\mathcal{C}_k^{\text{perm}}$, où k est la longueur de la pile s. D'après les règles de α à γ, nous déduisons les équations récurrentes suivantes, où $k > 0$:

$$\mathcal{C}_0^{\text{perm}} \overset{\alpha}{=} 1; \quad \mathcal{C}_1^{\text{perm}} \overset{\beta}{=} 1;$$

$$\mathcal{C}_{k+1}^{\text{perm}} \overset{\gamma}{=} 1 + \mathcal{C}_k^{\text{perm}} + \mathcal{C}_{k!}^{\text{dist}} = \frac{1}{2}(k^2 + 7k + 8)k! + 2 + \mathcal{C}_k^{\text{perm}}.$$

Sommant membre à membre, la plupart des termes s'annulent :

$$\sum_{k=1}^{n-1} \mathcal{C}_{k+1}^{\text{perm}} = \frac{1}{2} \sum_{k=1}^{n-1} (k^2 + 7k + 8)k! + \sum_{k=1}^{n-1} 2 + \sum_{k=1}^{n-1} \mathcal{C}_k^{\text{perm}},$$

$$\mathcal{C}_n^{\mathrm{perm}} = \frac{1}{2}\sum_{k=1}^{n-1}(k^2+7k+8)k! + 2(n-1) + \mathcal{C}_1^{\mathrm{perm}}$$

$$= \frac{1}{2}\sum_{k=1}^{n-1}((k+2)(k+1)+6+4k)k! + 2n - 1$$

$$= \frac{1}{2}\sum_{k=1}^{n-1}(k+2)(k+1)k! + 3\sum_{k=1}^{n-1}k! + 2\sum_{k=1}^{n-1}kk! + 2n - 1$$

$$= \frac{1}{2}\sum_{k=1}^{n-1}(k+2)! + 3\sum_{k=1}^{n-1}k! + 2\sum_{k=1}^{n-1}kk! + 2n - 1$$

$$= \frac{1}{2}\sum_{k=3}^{n+1}k! + 3\sum_{k=1}^{n-1}k! + 2\sum_{k=1}^{n-1}kk! + 2n - 1$$

$$= \frac{1}{2}(n+2)n! + \frac{7}{2}\sum_{k=1}^{n-1}k! + 2\sum_{k=1}^{n-1}kk! + 2n - \frac{5}{2}.$$

Cette dernière équation est en fait valide même si $n = 1$. Une des sommes a une forme close simple :

$$\sum_{k=1}^{n-1}kk! = \sum_{k=1}^{n-1}((k+1)! - k!) = \sum_{k=2}^{n}k! - \sum_{k=1}^{n-1}k! = n! - 1.$$

Précisons alors notre dérivation précédente :

$$\mathcal{C}_n^{\mathrm{perm}} = \frac{1}{2}nn! + n! + \frac{7}{2}\sum_{k=1}^{n-1}k! + 2(n! - 1) + 2n - \frac{5}{2}$$

$$= \frac{1}{2}nn! + 3n! + 2n - \frac{9}{2} + \frac{7}{2}\sum_{k=1}^{n-1}k!, \quad \text{où } n > 0.$$

La somme restante est appelée la *factorielle gauche* (Kurepa, 1971) et elle est notée habituellement comme suit :

$$!n := \sum_{k=1}^{n-1}k!, \quad \text{avec } n > 0.$$

Malheureusement, on ne connaît pas de forme close pour la factorielle gauche. C'est en fait une situation courante lorsque l'on détermine le coût de fonctions relativement complexes. La meilleure suite à adopter est alors de trouver une approximation asymptotique du coût. D'abord, $n! \leqslant !(n+1)$. Ensuite,

$$!(n+1) - n! \leqslant (n-2)\cdot(n-2)! + (n-1)! \leqslant (n-1)\cdot(n-2)! + (n-1)! = 2(n-1)!$$

Par conséquent,

$$1 \leqslant \frac{!(n+1)}{n!} \leqslant \frac{n! + 2(n-1)!}{n!} = 1 + \frac{2}{n} \Rightarrow !n \sim (n-1)!$$

Nous avons $(n+1)! = (n+1)n!$, d'où $(n+1)!/(nn!) = 1 + 1/n$, et $nn! \sim (n+1)!$. Donc,

$$\mathcal{C}_n^{\mathsf{perm}} \sim \frac{1}{2}(n+1)! + 3n! + \frac{7}{2}(n-1)! + 2n - \frac{9}{2} \sim \frac{1}{2}(n+1)!$$

C'est un programme à la lenteur insupportable, comme on s'y attendrait. Nous ne devrions même pas espérer calculer facilement $\mathcal{C}_{11}^{\mathsf{perm}}$ et il n'y a pas moyen d'améliorer significativement le coût parce le nombre de permutations qu'il forme est intrinsèquement exponentiel, donc il suffirait ne serait-ce que d'un appel de fonction par permutation pour tout de même engendrer un coût exponentiel. En d'autres termes, la mémoire nécessaire pour contenir le résultat a une taille qui est exponentielle en fonction de la taille de la donnée, parce qu'au moins un appel de fonction par permutation est nécessaire. Pour une étude approfondie du calcul de toutes les permutations d'une taille donnée, se référer au travail encyclopédique de Knuth (2011).

Permutations et tri Les permutations sont un sujet digne d'être étudier en détail à cause de leur lien intime avec le tri. Une permutation peut être conçue comme le bouleversement de clés originellement ordonnées et une permutation de tri les remet à leur place. Une notation légèrement différente pour les permutations se révèle utile ici, une qui montre les index et les clés ensemble. Par exemple, au lieu d'écrire $\pi_1 = (2, 4, 1, 5, 3)$, nous écrivons

$$\pi_1 = \begin{pmatrix} 1 & 2 & 3 & 4 & 5 \\ 2 & 4 & 1 & 5 & 3 \end{pmatrix}.$$

La première ligne est faite des index ordonnés et la seconde ligne contient les clés. En général, une permutation $\pi = (a_1, a_2, \ldots, a_n)$ équivaut à

$$\pi = \begin{pmatrix} 1 & 2 & \ldots & n \\ \pi(1) & \pi(2) & \ldots & \pi(n) \end{pmatrix},$$

où $a_i = \pi(i)$, pour tout i allant de 1 à n. La permutation suivante π_s trie les clés de π_1 :

$$\pi_s = \begin{pmatrix} 1 & 2 & 3 & 4 & 5 \\ 3 & 1 & 5 & 2 & 4 \end{pmatrix}.$$

Pour voir comment, nous définissons la composition de deux permutations π_a et π_b ainsi :

$$\pi_b \circ \pi_a := \begin{pmatrix} 1 & 2 & \ldots & n \\ \pi_b(\pi_a(1)) & \pi_b(\pi_a(2)) & \ldots & \pi_b(\pi_a(n)) \end{pmatrix}.$$

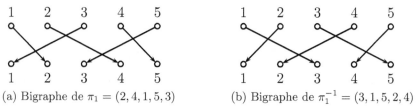

(a) Bigraphe de $\pi_1 = (2, 4, 1, 5, 3)$ (b) Bigraphe de $\pi_1^{-1} = (3, 1, 5, 2, 4)$

FIGURE 2.38 – Permutation π_1 et son inverse π_1^{-1}

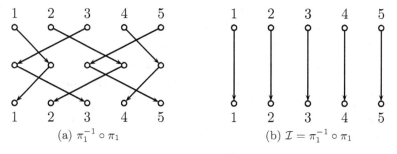

(a) $\pi_1^{-1} \circ \pi_1$ (b) $\mathcal{I} = \pi_1^{-1} \circ \pi_1$

FIGURE 2.39 – Application de π_1 à π_1^{-1}.

Alors $\pi_s \circ \pi_1 = \mathcal{I}$, où la *permutation identité* $\mathcal{I}$ est telle que $\mathcal{I}(k) = k$, pour tous les index k. En d'autres termes, $\pi_s = \pi_1^{-1}$, c'est-à-dire que *trier une permutation consiste à construire son inverse* :

$$\begin{pmatrix} 1 & 2 & 3 & 4 & 5 \\ 3 & 1 & 5 & 2 & 4 \end{pmatrix} \circ \begin{pmatrix} 1 & 2 & 3 & 4 & 5 \\ 2 & 4 & 1 & 5 & 3 \end{pmatrix} = \begin{pmatrix} 1 & 2 & 3 & 4 & 5 \\ 1 & 2 & 3 & 4 & 5 \end{pmatrix}.$$

Une autre représentation graphique des permutations et de leur composition se fonde sur la vue qu'elles sont des bijections d'un intervalle discret sur lui-même. On parle alors de *graphes bipartis*, aussi appelés *bigraphes*. De tels graphes sont faits de deux ensembles disjoints de nœuds de même cardinal, les index et les clés, et les arcs joignent un index et une clé, sans partager des nœuds avec d'autres arcs. Par exemple, la permutation π_1 est montrée à la FIGURE 2.38a et son inverse π_1^{-1} est visible à la FIGURE 2.38b. La composition de π_1^{-1} et π_1 est obtenue en identifiant les clés de π_1 avec les index de π_1^{-1}, comme montré à la FIGURE 2.39a. La permutation identité est obtenue en remplaçant deux arcs adjacents par leur clôture transitive et en effaçant le nœud intermédiaire, comme montré à la FIGURE 2.39b. Notons qu'une permutation peut être son propre inverse, comme

$$\pi_3 = \begin{pmatrix} 1 & 2 & 3 & 4 & 5 \\ 3 & 4 & 1 & 2 & 5 \end{pmatrix}.$$

À la FIGURE 2.40 est montré que $\pi_3 \circ \pi_3 = \pi_3$, donc π_3 est une *involution*.

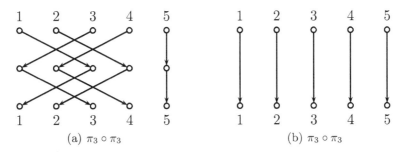

FIGURE 2.40 – L'involution π_3 se trie elle-même

L'étude des permutations et de leur propriétés fondamentales permet de comprendre les algorithmes de tri et, en particulier, leur coût moyen. Elle permet aussi de quantifier le désordre. Étant donné $(1, 3, 5, 2, 4)$, nous voyons que seules les paires de clés $(3, 2)$, $(5, 2)$ et $(5, 4)$ ne sont pas ordonnées. En général, étant donné $(a_1, a_2, \ldots, a_n)$, les paires (a_i, a_j) telles que $i < j$ et $a_i > a_j$ sont appelées *inversions*. Plus il y a d'inversions, plus le désordre est grand. Sans surprise, la permutation identité ne possède aucune inversion et la permutation $\pi_1 = (2, 4, 1, 5, 3)$, que nous avons étudiée précédemment, en a 4. Lorsque nous considérons les bigraphes de permutations, une inversion correspond à l'intersection de deux arcs, plus précisément, elle est la paire constituée des clés pointées par deux arcs. Par conséquent, le nombre d'inversions est le nombre de croisement d'arcs, donc, par exemple, π_1^{-1} a 4 inversions. En fait, *l'inverse d'une permutation a le même nombre d'inversions que la permutation elle-même.* Cela est clairement vu par la comparaison des bigraphes de π_1 et π_1^{-1} à la FIGURE 2.38 page précédente : pour déduire le bigraphe de π_1^{-1} de celui correspondant à π_1, inversons l'orientation de chaque arc, puis échangeons les index et les clés, c'est-à-dire les deux lignes de nœuds. Une autre façon est d'imaginer que nous plions vers les bas la feuille de papier le long de la ligne des clés, puis regardons à travers et inversons les arcs. De toute façon, les intersections sont invariantes. La symétrie horizontale est évidente aux FIGURES 2.39a et 2.40a.

Minimiser le coût maximal Après l'analyse du coût d'un algorithme de tri opérant par comparaisons, nous aurons besoin de savoir dans quelle mesure son efficacité est proche de celle d'un algorithme optimal. Le premier problème théorique que nous examinerons est celui de minimiser le coût maximal. La FIGURE 2.41 page suivante montre l'arbre de toutes les comparaisons possibles pour trier trois nombres. Les *nœuds externes* sont toutes les permutations de (a_1, a_2, a_3). Les *nœuds internes* sont des comparaisons entre deux clés a_i et a_j, notée $a_i?a_j$. Remarquons que les

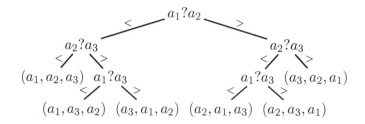

FIGURE 2.41 – Un arbre de comparaisons pour trois clés

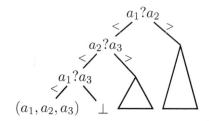

FIGURE 2.42 – Inutilité de $a_1 > a_3$

feuilles, dans ce cadre, sont les nœuds internes avec deux enfants qui sont des nœuds externes. Si $a_i < a_j$, alors cette propriété est vraie partout dans le sous-arbre gauche, sinon $a_i > a_j$ est avérée dans le sous-arbre droit. Cet arbre n'est qu'un arbre parmi d'autres : il correspond à un algorithme qui commence par comparer a_1 et a_2 et il y a, bien sûr, bien d'autres stratégies. Mais il ne contient pas de comparaisons redondantes : si un chemin de la racine à une feuille inclut $a_i < a_j$ et $a_j < a_k$, nous n'avons pas besoin d'y trouver la comparaison $a_i < a_k$. La FIGURE 2.42 montre un arbre de comparaisons avec une telle comparaison redondante. Le nœud externe spécial $\perp$ ne correspond à aucune permutation parce qu'une comparaison $a_1 < a_3$ ne peut échouer car elle est impliquée par transitivité par les comparaisons précédentes sur le chemin depuis la racine.

Un arbre de comparaisons non-redondantes pour n clés possède
$n!$ nœuds externes.

Étant donné que nous étudions ici comment trier n clés avec un nombre minimal de comparaisons, nous considérerons par la suite les arbres de comparaisons optimaux avec $n!$ nœuds externes. De plus, parmi eux, nous voulons déterminer les arbres pour lesquels le nombre maximal de comparaisons est minimal.

Un *chemin externe* est un chemin de la racine à un nœud externe. Nous dirons que la *hauteur* d'un arbre est la longueur, comptée en nombre d'arcs, de son chemin externe le plus long. À la FIGURE 2.41, la hauteur est 3 et il y a 4 chemins externes de longueur 3, par exemple $(a_1 < a_2) \to (a_2 > a_3) \to (a_1 > a_3) \to (a_3, a_1, a_2)$.

La contrainte de maximalité signifie que nous devons porter notre attention sur la hauteur de l'arbre de comparaisons parce que le nombre de nœuds internes (comparaisons) le long des chemins externes maximaux est un majorant du nombre de comparaisons nécessaires pour trier *toutes* les permutations.

La contrainte de minimalité dans l'énoncé du problème signifie alors que *nous voulons un minorant de la hauteur d'un arbre de comparaisons avec n! nœuds externes.*

Un *arbre binaire parfait* est un arbre binaire dont les nœuds internes ont des enfants qui sont deux nœuds internes ou bien deux nœuds externes. Si un tel arbre a hauteur h, alors il a 2^h nœuds externes. Par exemple, la FIGURE 2.43 illustre le cas où la hauteur h est 3 et nous constatons qu'il y a en effet $2^h = 8$ nœuds externes, figurés par des carrés. Puisque, par définition, les arbres minimisant les comparaisons ont $n!$ nœuds externes et hauteur $S(n)$, ils contiennent nécessairement moins de nœuds externes qu'un arbre binaire parfait de même hauteur, c'est-à-dire que $n! \leqslant 2^{S(n)}$, donc

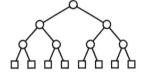

FIGURE 2.43 –
Arbre binaire parfait
de hauteur 3

$$\lceil \lg n! \rceil \leqslant S(n),$$

où $\lceil x \rceil$ (*partie entière par excès de x*) est le plus petit entier qui est plus grand ou égal à x. Pour obtenir un bon minorant de $S(n)$, nous avons besoin du théorème suivant, admis sans démonstration.

Théorème 1 (Somme et intégrale). *Soit $f : [a, b] \to \mathbb{R}$ une fonction croissante, monotone et intégrable au sens de Riemann. Alors*

$$\sum_{k=a}^{b-1} f(k) \leqslant \int_a^b f(x)\,dx \leqslant \sum_{k=a+1}^{b} f(k). \qquad \square$$

Prenons $a := 1$, $b := n$ et $f(x) := \lg x$. Le théorème implique donc

$$n \lg n - \frac{n}{\ln 2} + \frac{1}{\ln 2} = \int_1^n \lg x\,dx \leqslant \sum_{k=2}^{n} \lg k = \lg n! \leqslant S(n).$$

Une approche plus puissante mais bien plus compliquée, connue sous le nom de sommation d'Euler-Maclaurin, produit la formule de Stirling (Sedgewick et Flajolet, 1996, chap. 4), un grand minorant de $\lg n!$:

$$\left(n + \frac{1}{2}\right) \lg n - \frac{n}{\ln 2} + \lg \sqrt{2\pi} < \lg n! \leqslant S(n). \qquad (2.18)$$

Minimiser le coût moyen Nous examinons ici la tâche consistant à minimiser le coût moyen. Nommons *longueur externe* la somme des longueurs de tous les chemins externes d'un arbre donné. Le nombre moyen de comparaisons est la longueur externe moyenne. À la FIGURE 2.41 page 96, elle vaut $(2 + 3 + 3 + 3 + 3 + 2)/3! = 8/3$. Notre problème ici est donc de déterminer la forme de l'arbre de comparaisons optimal de longueur externe minimale.

Ces arbres ont leurs nœuds externes sur un ou deux niveaux successifs et sont donc *presque parfaits*. Pour comprendre pourquoi, considérons un arbre binaire ne vérifiant pas cette propriété, donc ses nœuds externes les plus près de la racine sont situés au niveau l et ceux les plus près des feuilles sont au niveau L, avec $L \geqslant l + 2$. Si nous échangeons une feuille au niveau $L - 1$ avec un nœud externe au niveau l, la longueur externe est diminuée de la quantité $(l + 2L) - (2(l + 1) + (L - 1)) = L - l - 1 \geqslant 1$. En répétant ces échanges, on abouti à la forme annoncée.

Les chemins externes sont faits de p chemins se terminant au pénultième niveau $h - 1$ et de q chemins finissant au niveau h, le plus bas. (La racine a pour niveau 0.) Cherchons deux équations dont les solutions sont p et q.

— D'après le problème ci-dessus de la minimisation du coût maximal, nous savons qu'un arbre de comparaison optimal de n clés a $n!$ nœuds externes : $p + q = n!$.

— Si nous remplaçons les nœuds externes au niveau $h - 1$ par des feuilles, le niveau h devient complet, avec 2^h nœuds externes, donc $2p + q = 2^h$.

Nous avons maintenant deux équations linéaires satisfaites par p et q, dont les solutions sont $p = 2^h - n!$ et $q = 2n! - 2^h$. De plus, nous pouvons maintenant exprimer la longueur externe minimale comme suit : $(h - 1)p + hq = (h + 1)n! - 2^h$.

Finalement, nous devons déterminer la hauteur h de l'arbre en fonction de $n!$. Ceci peut être accompli en remarquant que, par construction, le dernier niveau peut être incomplet, donc $0 < q \leqslant 2^h$, ou, de manière équivalente, $h = \lceil \lg n! \rceil$. Nous concluons que la longueur externe minimale est

$$(\lceil \lg n! \rceil + 1)n! - 2^{\lceil \lg n! \rceil}.$$

Soit $M(n)$ le plus petit nombre moyen de comparaisons effectuées par un algorithme de tri optimal. Nous avons alors

$$M(n) = \lceil \lg n! \rceil + 1 - \frac{1}{n!} 2^{\lceil \lg n! \rceil}.$$

Puisque $\lceil \lg n! \rceil = \lg n! + x$, avec $0 \leqslant x < 1$, si nous posons la fonction

$\theta(x) := 1 + x - 2^x$, nous déduisons

$$M(n) = \lg n! + \theta(x).$$

Nous avons $\max_{0 \leqslant x < 1} \theta(x) = 1 - (1 + \ln \ln 2)/\ln 2 \simeq 0.08607$, donc

$$\lg n! \leqslant M(n) < \lg n! + 0.09. \tag{2.19}$$

Chapitre 3

Tri par insertion

Si nous avons une pile de clés totalement ordonnées, il est aisé d'y insérer une clé de plus de telle sorte que le pile reste ordonnée : il suffit pour cela de la comparer avec la clé au sommet, puis, si nécessaire, avec la clé en dessous, la suivante etc. jusqu'à trouver sa place. Par exemple, l'insertion de 1 dans $[3,5]$ commence par la comparaison entre 1 et 3 et résulte en $[1,3,5]$, sans avoir besoin de comparer 1 et 5. L'algorithme appelé *tri par insertion* (Knuth, 1998a) consiste à insérer ainsi les clés une par une dans une pile originellement vide. Une analogie ludique est celle du tri d'une main dans un jeu de cartes : chaque carte, de gauche à droite, est comparée et déplacée vers la gauche jusqu'à ce qu'elle atteigne sa place.

3.1 Insertion simple

Soit $\mathsf{ins}(s,x)$ (à ne pas confondre avec la fonction de même nom et arité à la section 2.8) la pile ordonnée de façon croissante et résultant de l'*insertion simple* de x dans la pile s. La fonction $\mathsf{ins}/2$ peut être définie en supposant une fonction minimum et maximum, $\mathsf{min}/2$ et $\mathsf{max}/2$:

$$\mathsf{ins}(x,[\,]) \to [x];$$
$$\mathsf{ins}(x,[y\,|\,s]) \to [\mathsf{min}(x,y)\,|\,\mathsf{ins}(\mathsf{max}(x,y),s)].$$

Restreignons-nous temporairement au tri des entiers naturels par ordre croissant. Nous devons fournir des définitions qui calculent le minimum et le maximum :

$$\mathsf{max}(0,y) \to y; \qquad\qquad \mathsf{min}(0,y) \to 0;$$
$$\mathsf{max}(x,0) \to x; \qquad\qquad \mathsf{min}(x,0) \to 0;$$
$$\mathsf{max}(x,y) \to 1 + \mathsf{max}(x-1,y-1). \quad \mathsf{min}(x,y) \to 1 + \mathsf{min}(x-1,y-1).$$

$$
\begin{aligned}
\mathsf{isrt}([3,1,2]) \;&\overset{\nu}{\to}\; \mathsf{ins}(\mathsf{isrt}([1,2]),3) \\
&\overset{\nu}{\to}\; \mathsf{ins}(\mathsf{ins}(\mathsf{isrt}([2]),1),3) \\
&\overset{\nu}{\to}\; \mathsf{ins}(\mathsf{ins}(\mathsf{ins}(\mathsf{isrt}([\,]),2),1),3) \\
&\overset{\mu}{\to}\; \mathsf{ins}(\mathsf{ins}(\mathsf{ins}([\,],2),1),3) \\
&\overset{\lambda}{\to}\; \mathsf{ins}(\mathsf{ins}([2],1),3) \\
&\overset{\lambda}{\to}\; \mathsf{ins}([1,2],3) \\
&\overset{\kappa}{\to}\; [1\,|\,\mathsf{ins}([2],3)] \\
&\overset{\kappa}{\to}\; [1,2\,|\,\mathsf{ins}([\,],3)] \\
&\overset{\lambda}{\to}\; [1,2,3].
\end{aligned}
$$

FIGURE 3.1 – $\mathsf{isrt}([3,1,2]) \twoheadrightarrow [1,2,3]$

Bien que cette approche s'accorde bien avec notre langage fonctionnel, elle est à la fois lente et encombrante, donc il vaut mieux étendre notre langage de telle sorte que les règles de réécriture soient sélectionnées par filtrage seulement si une comparaison optionnelle est vraie. Nous pouvons alors définir $\mathsf{isrt}/1$ (anglais : *insertion sort*) et redéfinir $\mathsf{ins}/2$ comme

$$
\mathsf{ins}([y\,|\,s],x) \overset{\kappa}{\to} [y\,|\,\mathsf{ins}(s,x)], \text{ si } x \succ y; \qquad \mathsf{isrt}([\,]) \overset{\mu}{\to} [\,];
$$
$$
\mathsf{ins}(s,x) \overset{\lambda}{\to} [x\,|\,s]. \qquad\qquad \mathsf{isrt}([x\,|\,s]) \overset{\nu}{\to} \mathsf{ins}(\mathsf{isrt}(s),x).
$$

Considérons un court exemple à la FIGURE 3.1.

Soit $\mathcal{C}_n^{\mathsf{isrt}}$ le coût du tri par insertion simple de n clés, et $\mathcal{C}_i^{\mathsf{ins}}$ le coût de l'insertion d'une clé dans une pile de longueur i. D'après le programme fonctionnel, nous dérivons les récurrences suivantes :

$$
\mathcal{C}_0^{\mathsf{isrt}} \overset{\mu}{=} 1; \qquad \mathcal{C}_{i+1}^{\mathsf{isrt}} \overset{\nu}{=} 1 + \mathcal{C}_i^{\mathsf{ins}} + \mathcal{C}_i^{\mathsf{isrt}}.
$$

L'équation $(\overset{\nu}{=})$ suppose que la longueur de $\mathsf{isrt}(s)$ est la même que celle de s et que la longueur de $\mathsf{ins}(s,x)$ est la même que celle de $[x\,|\,s]$. Nous en déduisons

$$
\mathcal{C}_n^{\mathsf{isrt}} = 1 + n + \sum_{i=0}^{n-1} \mathcal{C}_i^{\mathsf{ins}}. \tag{3.1}
$$

Un coup d'œil à la définition de $\mathsf{ins}/2$ révèle que $\mathcal{C}_i^{\mathsf{ins}}$ ne peut être exprimé en termes de i uniquement parce qu'il dépend de l'ordre relatif des clés. Ainsi, nous devons nous contenter du coût minimal, maximal et moyen.

Coût minimal Le meilleur des cas se passe de la règle κ. En d'autres termes, à la règle ν, chaque clé x insérée dans une pile triée non-vide $\mathsf{isrt}(s)$ est inférieure ou égale au sommet de la pile. Cette règle insère les clés dans l'ordre inverse :

$$\mathsf{isrt}([x_1, \ldots, x_n]) \twoheadrightarrow \mathsf{ins}(\mathsf{ins}(\ldots (\mathsf{ins}([\,], x_n) \ldots), x_2), x_1). \qquad (3.2)$$

Par conséquent, *le coût minimal est atteint pour une pile donnée qui est déjà triée en ordre croissant,* c'est-à-dire que les clés dans le résultat sont croissantes, mais peuvent être répétées. Alors $\mathcal{B}_n^{\mathsf{ins}} = |\lambda| = 1$ et l'équation (3.1) implique que le tri par insertion simple a un coût linéaire dans le meilleur des cas :

$$\mathcal{B}_n^{\mathsf{isrt}} = 2n + 1 \sim 2n.$$

Coût maximal   Le pire des cas fait usage le plus possible de la règle κ, ce qui implique que *le pire des cas se produit lorsque la pile donnée est triée par ordre décroissant.* Nous avons alors

$$\mathcal{W}_n^{\mathsf{ins}} = |\kappa^n \lambda| = n + 1.$$

Après substitution des coûts maximaux dans l'équation (3.1) page précédente, nous voyons que le tri par insertion simple a un coût quadratique dans le pire des cas :

$$\mathcal{W}_n^{\mathsf{isrt}} = \frac{1}{2}n^2 + \frac{3}{2}n + 1 \sim \frac{1}{2}n^2.$$

Une autre façon consiste à prendre la longueur de la trace maximale :

$$\mathcal{W}_n^{\mathsf{isrt}} = \left| \nu^n \mu \prod_{i=0}^{n-1} \kappa^i \lambda \right| = |\nu^n \mu| + \sum_{i=0}^{n-1} |\kappa^i \lambda| = \frac{1}{2}n^2 + \frac{3}{2}n + 1.$$

Ce coût ne devrait pas nous surprendre parce que $\mathsf{isrt}/1$ et $\mathsf{rev}_0/1$, à la section 2.2, produisent la même sorte de réécritures partielles, comme on peut le constater en comparant (3.2) de la présente page et (2.4) page 45, et aussi $\mathcal{C}_n^{\mathsf{cat}} = \mathcal{W}_n^{\mathsf{ins}}$, où n est la taille de leur premier argument. Par conséquent, $\mathcal{W}_n^{\mathsf{isrt}} = \mathcal{W}_n^{\mathsf{rev}_0}$.

Coût moyen   Le coût moyen satisfait l'équation (3.1) parce que toutes les permutations $(x_1, \ldots, x_n)$ sont également probables, donc

$$\mathcal{A}_n^{\mathsf{isrt}} = 1 + n + \sum_{i=0}^{n-1} \mathcal{A}_i^{\mathsf{ins}}. \qquad (3.3)$$

Sans perte de généralité, on dira que $\mathcal{A}_i^{\mathsf{ins}}$ est le coût pour l'insertion de la clé $i+1$ dans toutes les permutations de $(1, \ldots, i)$, divisé par $i+1$. (C'est ainsi que l'ensemble des permutations d'une taille donnée est construit inductivement à la page 88.) L'évaluation partielle (3.2) à la page 103 a pour longueur $|\nu^n \mu| = n + 1$. La trace correspondant à l'insertion dans une pile vide est μ. Si la pile a pour longueur i, insérer au sommet a pour trace λ; juste après la première clé, $\kappa \lambda$ etc. jusqu'après la dernière clé, $\kappa^i \lambda$. Il vient que le coût moyen pour insérer une clé est, pour $i \geqslant 0$,

$$\mathcal{A}_i^{\text{ins}} = \frac{1}{i+1} \sum_{j=0}^{i} |\kappa^j \lambda| = \frac{i}{2} + 1. \tag{3.4}$$

Le coût moyen pour insérer n clés dans une pile vide est, par conséquent,

$$\sum_{i=0}^{n-1} \mathcal{A}_i^{\text{ins}} = \frac{1}{4} n^2 + \frac{3}{4} n.$$

Enfin, d'après l'équation (3.3) page précédente, le coût moyen du tri de n clés par insertion simple est

$$\mathcal{A}_n^{\text{isrt}} = \frac{1}{4} n^2 + \frac{7}{4} n + 1.$$

Discussion   Bien que le coût moyen est asymptotiquement équivalent à 50% du coût maximal, il est néanmoins quadratique lui aussi. Le côté positif est que l'insertion simple est plutôt efficace quand les clés données sont peu nombreuses ou presque triées (Cook et Kim, 1980). Il s'agit là d'un exemple typique d'un *algorithme de tri adaptatif* (Estivill-Castro et Wood, 1992, Moffat et Petersson, 1992). La mesure naturelle de l'ordre pour le tri par insertion est le nombre d'inversions. En effet, l'évaluation partielle (3.2), page précédente, montre que les clés sont insérées en ordre inverse. Donc, à la règle κ, nous savons que la clé x était originellement avant y, mais $x \succ y$. Par conséquent, une application de *la règle κ élimine une inversion des données.* Un corollaire est que le nombre moyen d'inversions dans une permutation aléatoire de n objets est

$$\sum_{j=0}^{n-1} \frac{1}{j+1} \sum_{i=0}^{j} |\kappa^i| = \sum_{j=0}^{n-1} \frac{1}{j+1} \cdot \frac{j(j+1)}{2} = \frac{1}{2} \sum_{j=0}^{n-1} j = \frac{n(n-1)}{4}.$$

Exercices

1. Un algorithme de tri qui préserve l'ordre relatif de clés égales est dit *stable*. Est-ce que isrt/1 est stable?

2. Prouvez $\mathsf{len}([x\,|\,s]) \equiv \mathsf{len}(\mathsf{ins}(x, s))$.

3. Prouvez $\mathsf{len}(s) \equiv \mathsf{len}(\mathsf{isrt}(s))$.

4. Traditionnellement, les manuels sur l'analyse des algorithmes évaluent le coût des procédures de tri en comptant le nombre de comparaisons, pas les appels de fonctions. Ce faisant, il est plus facile de comparer, avec cette même mesure, des algorithmes de tri très différents, du moment qu'ils opèrent par comparaisons, et cela même s'il sont mis en œuvre par différents langages de programmation. (Il existe des algorithmes de tri qui ne reposent pas sur les comparaisons.) Soient $\overline{\mathcal{B}}_n^{\mathsf{isrt}}$, $\overline{\mathcal{W}}_n^{\mathsf{isrt}}$ et $\overline{\mathcal{A}}_n^{\mathsf{isrt}}$ le nombre minimal, maximal et moyen de comparaisons nécessaires pour trier par insertion simple une pile de longueur n. Établissez

$$\overline{\mathcal{B}}_n^{\mathsf{isrt}} = n - 1; \quad \overline{\mathcal{W}}_n^{\mathsf{isrt}} = \frac{1}{2}n(n - 1); \quad \overline{\mathcal{A}}_n^{\mathsf{isrt}} = \frac{1}{4}n^2 + \frac{3}{4}n - H_n,$$

où $H_n := \sum_{k=1}^{n} 1/k$ est le n^{e} *nombre harmonique* et, par convention, $H_0 := 0$. *Aide* : l'emploi de la règle λ implique une comparaison si, et seulement si, s n'est pas vide.

Piles ordonnées   Comme nous l'avons fait pour la preuve de correction de $\mathsf{cut/2}$ page 76, nous devons exprimer ici les propriétés caractéristiques que nous attendons du résultat de $\mathsf{isrt/1}$, d'abord informellement, puis formellement. Nous pourrions dire : « La pile $\mathsf{isrt}(s)$ est totalement ordonnée de façon croissante et contient toutes les clés présentes dans s, sans plus. » Cela capture tout ce que l'on attend d'un algorithme de tri.

Soit $\mathsf{Ord}(s)$ la proposition « La pile s est triée en ordre croissant. » Pour définir formellement ce concept, utilisons des *définitions logiques inductives*. Nous avons employé cette technique pour définir formellement les piles, à la page 7, d'une manière qui engendre un ordre bien fondé simple qui est mis à profit par l'induction structurelle, à savoir, $[x\,|\,s] \succ x$ et $[x\,|\,s] \succ s$. Ici, nous allons prouver $\mathsf{Ord}(s)$ si $\mathsf{Ord}(t)$ est vraie pour tout t tel que $s \succ t$. Nous avons défini $\mathsf{cut/2}$ à la section 2.6, page 74, en utilisant la même technique sur des règles d'inférence. Ces trois cas, structure de donnée, proposition et fonction, sont des cas particuliers de définitions inductives. Définissons par construction Ord à l'aide des axiomes ORD_0 et ORD_1, et de la règle d'inférence ORD_2 comme suit :

$$\mathsf{Ord}([\,]) \;\; \mathrm{ORD}_0 \qquad \mathsf{Ord}([x]) \;\; \mathrm{ORD}_1 \qquad \frac{x \prec y \qquad \mathsf{Ord}([y\,|\,s])}{\mathsf{Ord}([x, y\,|\,s])} \;\; \mathrm{ORD}_2$$

Notons que ce système est paramétrisé par l'ordre bien fondé $(\prec)$ sur les clés défini par $x \prec y :\Leftrightarrow y \succ x$. La règle ORD_2 pourrait être équivalente à $(x \prec y \land \mathsf{Ord}([y\,|\,s])) \Rightarrow \mathsf{Ord}([x,y\,|\,s])$ ou $x \prec y \Rightarrow (\mathsf{Ord}([y\,|\,s]) \Rightarrow \mathsf{Ord}([x,y\,|\,s]))$ ou $x \prec y \Rightarrow \mathsf{Ord}([y\,|\,s]) \Rightarrow \mathsf{Ord}([x,y\,|\,s])$. Puisque l'ensemble des piles ordonnées est exactement engendré par ce système, si l'énoncé $\mathsf{Ord}([x,y\,|\,s])$ est vrai, alors, nécessairement, ORD₂ a été utilisée pour le produire, donc $x \prec y$ et $\mathsf{Ord}([y\,|\,s])$ sont vrais aussi. Cet usage d'une définition inductive est appelé un *lemme d'inversion* et peut être compris comme l'inférence d'une condition nécessaire pour une formule putative, ou comme une *analyse par cas sur une définition inductive*.

Piles équivalentes   La seconde partie de notre définition informelle ci-dessus était : « La pile $\mathsf{isrt}(s)$ contient toutes les clés de s, sans plus. » Ici encore, nous avons affaire à une conjonction de deux propositions. La première correspond à : « La pile s contient toutes les clés de la pile t, sans plus. » Les permutations nous permettent de préciser le propos : « Les piles s et t sont des permutations l'une de l'autre. », ce que nous notons $s \approx t$ et $t \approx s$. Le rôle de s ne différant en rien de celui de t, la relation $(\approx)$ doit être symétrique : $s \approx t \Rightarrow t \approx s$. De plus, la relation en question doit être *transitive* : $s \approx u$ et $u \approx t$ impliquent $s \approx t$. Nous voulons aussi que $(\approx)$ soit *réflexive*, c'est-à-dire $s \approx s$. Par définition, une relation binaire qui est réflexive, symétrique et transitive est une *relation d'équivalence*.

La relation $(\approx)$ peut être définie de différentes manières. Le dessein que nous poursuivrons ici consiste à définir une permutation comme une série de *transpositions*, c'est-à-dire d'échanges de clés adjacentes. Cette approche est privilégiée ici parce qu'on peut concevoir l'insertion simple comme l'empilement d'une clé, suivi d'une suite de transpositions jusqu'à ce que l'ordre total soit rétabli.

$$[] \approx [] \;\; \text{PNIL} \qquad [x,y\,|\,s] \approx [y,x\,|\,s] \;\; \text{SWAP}$$

$$\frac{s \approx t}{[x\,|\,s] \approx [x\,|\,t]} \;\text{PUSH} \qquad \frac{s \approx u \qquad u \approx t}{s \approx t} \;\text{TRANS}$$

Les règles PNIL et SWAP sont des axiomes, la deuxième étant synonyme de transposition. La règle TRANS est la transitivité et offre un exemple avec deux prémisses, donc une dérivation où elle apparaît est un *arbre binaire*, comme on peut le constater à la FIGURE 3.2 page suivante. Les arbres de preuves, à la différence des autres arbres, sont dessinés avec leur racine vers le bas de la figure.

Nous devons maintenant prouver la *réflexivité* de $(\approx)$, c'est-à-dire $\mathsf{Refl}(s)\colon s \approx s$, par induction sur la structure de la dérivation. La différence avec la preuve de la correction de $\mathsf{cut}/2$, page 76, est que l'hypothèse d'induction s'applique aux deux prémisses de TRANS. Par ailleurs, le

$$\dfrac{\dfrac{[1,2] \approx [2,1] \; \text{SWAP}}{[3,1,2] \approx [3,2,1]} \; \text{PUSH} \qquad [3,2,1] \approx [2,3,1] \; \text{SWAP}}{[3,1,2] \approx [2,3,1]} \; \text{TRANS}$$

(a) Arbre étendu

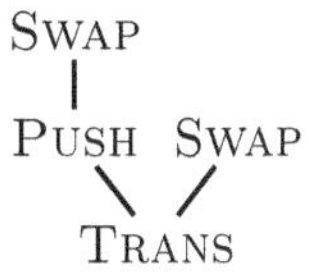

$$\begin{array}{c} \text{SWAP} \\ | \\ \text{PUSH} \quad \text{SWAP} \\ \diagdown \quad \diagup \\ \text{TRANS} \end{array}$$

(b) Arbre taillé

FIGURE 3.2 – Arbre de preuve de $[3,1,2] \approx [2,3,1]$

théorème n'est pas explicitement une implication. Tout d'abord, nous éta-blissons la véracité de Refl aux axiomes (les feuilles de l'arbre de preuve) et nous continuons avec l'induction sur les autres règles d'inférence, qui démontre que la réflexivité est préservée lorsque l'on se déplace vers la racine.

— Les axiomes PNIL et SWAP prouvent Refl($[]$) et Refl($[x, x \,|\, s]$).
— Supposons alors que Refl soit vrai pour la prémisse de PUSH, c'est-à-dire, $s = t$. Clairement, la conclusion implique Refl($[x \,|\, s]$).
— Supposons que Refl soit vrai pour les *deux* antécédents de PUSH, c'est-à-dire, $s = u = t$. La conclusion conduit à Refl(s). $\qquad\square$

Prouvons maintenant la *symétrie* de ($\approx$) en employant la même tech-nique. Soit Sym(s, t): $s \approx t \Rightarrow t \approx s$. Nous avons affaire à une implica-tion ici, donc supposons $s \approx t$, c'est-à-dire que nous avons un arbre de preuve Δ dont la racine est $s \approx t$, et établissons alors $t \approx s$. Dans la suite, nous surlignons les variables du système d'inférence.

— Si Δ se termine avec PNIL, alors $[] = s = t$, ce qui implique trivialement $t \approx s$.
— Si Δ se termine avec SWAP, alors $[\overline{x}, \overline{y} \,|\, \overline{s}] = s$ et $[\overline{y}, \overline{x} \,|\, \overline{s}] = t$, d'où $t \approx s$.
— Si Δ se termine avec PUSH, alors $[\overline{x} \,|\, \overline{s}] = s$ et $[\overline{x} \,|\, \overline{t}] = t$. L'hypothèse d'induction s'applique à la prémisse, $\overline{s} \approx \overline{t}$, donc $\overline{t} \approx \overline{s}$ est vrai. Une application de PUSH à cette dernière implique $[\overline{x} \,|\, \overline{t}] \approx [\overline{x} \,|\, \overline{s}]$, c'est-à-dire, $t \approx s$.
— Si Δ se termine avec TRANS, alors l'hypothèse d'induction appli-quée aux prémisses impliquent $u \approx s$ et $t \approx u$, qui peuvent être les prémisses de la règle TRANS et conduisent à $t \approx s$. $\qquad\square$

Correction Tournons maintenant notre attention vers notre objectif principal, que nous pouvons écrire Isrt(s): Ord(isrt(s)) $\land$ isrt(s) $\approx s$. Abordons sa preuve par induction sur la structure de s.

— La véracité de la base Isrt($[]$) est montrée en deux temps. D'abord, nous avons isrt($[]$) $\overset{\mu}{\to} []$ et Ord($[]$) n'est autre que l'axiome ORD$_0$. La conjointe est vraie aussi car isrt($[]$) $\approx []$ $\Leftrightarrow$ $[] \approx []$, ce qui n'est

autre que l'axiome $\textsc{Pnil}$.
— Supposons $\mathsf{lsrt}(s)$ et établissons $\mathsf{lsrt}([x\,|\,s])$. En d'autres termes, supposons $\mathsf{Ord}(\mathsf{isrt}(s))$ et $\mathsf{isrt}(s) \approx s$. Nous avons

$$\mathsf{isrt}([x\,|\,s]) \overset{\nu}{\hookrightarrow} \mathsf{ins}(\mathsf{isrt}(s), x). \qquad (3.5)$$

Puisque nous voulons $\mathsf{Ord}(\mathsf{isrt}([x\,|\,s]))$ en supposant $\mathsf{Ord}(\mathsf{isrt}(s))$, nous avons besoin du lemme $\mathsf{InsOrd}(s)\colon \mathsf{Ord}(s) \Rightarrow \mathsf{Ord}(\mathsf{ins}(s, x))$. Prouver la conjointe $\mathsf{isrt}([x\,|\,s]) \approx [x\,|\,s]$ en supposant $\mathsf{isrt}(s) \approx s$ nécessite le lemme $\mathsf{InsCmp}(s)\colon \mathsf{ins}(s, x) \approx [x\,|\,s]$. En particulier, $\mathsf{InsCmp}(\mathsf{isrt}(s))$ est $\mathsf{ins}(\mathsf{isrt}(s), x) \approx [x\,|\,\mathsf{isrt}(s)]$.
— La règle $\textsc{Push}$ et l'hypothèse d'induction $\mathsf{isrt}(s) \approx s$ impliquent $[x\,|\,\mathsf{isrt}(s)] \approx [x\,|\,s]$.
— Grâce à la transitivité de $(\approx)$, nous avons $\mathsf{ins}(\mathsf{isrt}(s), x) \approx [x\,|\,s]$, ce qui, avec la réécriture (3.5) donne $\mathsf{isrt}([x\,|\,s]) \approx [x\,|\,s]$ et donc $\mathsf{lsrt}([x\,|\,s])$.

Avec le principe d'induction, nous concluons $\forall s \in S.\mathsf{lsrt}(s)$. $\square$

Insérer ajoute une clé   Pour compléter la preuve précédente, nous devons prouver le lemme $\mathsf{InsCmp}(s)\colon \mathsf{ins}(s, x) \approx [x\,|\,s]$ par induction sur la structure de s.
— La base $\mathsf{InsCmp}([])$ est vraie parce que $\mathsf{ins}([], x) \overset{\lambda}{\hookrightarrow} [x] \approx [x]$, en composant les règles $\textsc{Pnil}$ et $\textsc{Push}$.
— Supposons $\mathsf{InsCmp}(s)$ et déduisons $\mathsf{InsCmp}([y\,|\,s])$, c'est-à-dire

$$\mathsf{ins}(s, x) \approx [x\,|\,s] \Rightarrow \mathsf{ins}([y\,|\,s], x) \approx [x, y\,|\,s].$$

Il y a deux cas à analyser.
— Si $y \succ x$, alors $\mathsf{ins}([y\,|\,s], x) \overset{\lambda}{\hookrightarrow} [x, y\,|\,s] \approx [x, y\,|\,s]$, par $\textsc{Swap}$;
— sinon, $x \succ y$ et $\mathsf{ins}([y\,|\,s], x) \overset{\kappa}{\hookrightarrow} [y\,|\,\mathsf{ins}(s, x)]$.
    — Nous déduisons $[y\,|\,\mathsf{ins}(s, x)] \approx [y, x\,|\,s]$ en employant l'hypothèse d'induction comme prémisse de la règle $\textsc{Push}$.
    — Par ailleurs, $\textsc{Swap}$ donne $[y, x\,|\,s] \approx [x, y\,|\,s]$.
    — La transitivité de $(\approx)$ appliquée aux deux derniers résultats produit $\mathsf{ins}([y\,|\,s], x) \approx [x, y\,|\,s]$.

Remarquons que nous n'avons pas eu besoin de supposer que la pile était triée : ce qui compte ici est que $\mathsf{ins}/2$ n'égare aucune des clés qu'elle insère, mais un mauvais placement ne serait pas un problème. $\square$

Insérer préserve l'ordre   Pour compléter la preuve de la correction, nous devons prouver le lemme $\mathsf{InsOrd}(s)\colon \mathsf{Ord}(s) \Rightarrow \mathsf{Ord}(\mathsf{ins}(s, x))$ par induction sur la structure de s, ce qui signifie que l'insertion préserve l'ordre des clés dans la pile.

— La base $\mathsf{InsOrd}([\,])$ est facile à vérifier : nous avons la réécriture $\mathsf{ins}([\,], x) \overset{\lambda}{\to} [x]$ et ORD_1 est $\mathsf{Ord}([x])$.

— Prouvons $\mathsf{InsOrd}(s) \Rightarrow \mathsf{InsOrd}([x\,|\,s])$ en supposant

$$(H_0) \ \mathsf{Ord}(s), \qquad (H_1) \ \mathsf{Ord}(\mathsf{ins}(s, x)), \qquad (H_2) \ \mathsf{Ord}([y\,|\,s]),$$

et en dérivant $\mathsf{Ord}(\mathsf{ins}([y\,|\,s], x))$.

Deux cas résultent de la comparaison entre x et y :

— Si $y \succ x$, alors H_2 implique $\mathsf{Ord}([x, y\,|\,s])$, par la règle ORD_2. Puisque $\mathsf{ins}([y\,|\,s], x) \overset{\lambda}{\to} [x, y\,|\,s]$, nous avons $\mathsf{Ord}(\mathsf{ins}([y\,|\,s], x))$.

— Sinon, $x \succ y$ et nous déduisons

$$\mathsf{ins}([y\,|\,s], x) \overset{\kappa}{\to} [y\,|\,\mathsf{ins}(s, x)]. \tag{3.6}$$

C'est ici que les choses se compliquent parce que nous devons analyser la structure de s comme suit.

— Si $s = [\,]$, alors $[y\,|\,\mathsf{ins}(s, x)] \overset{\lambda}{\to} [y, x]$. Par ailleurs, $x \succ y$, l'axiome ORD_1 et la règle ORD_2 impliquent $\mathsf{Ord}([y, x])$, donc $\mathsf{Ord}(\mathsf{ins}([y\,|\,s], x))$.

— Sinon, il existe une clé z et une pile t tels que $s = [z\,|\,t]$.

— Si $z \succ x$, alors

$$[y\,|\,\mathsf{ins}(s, x)] = [y\,|\,\mathsf{ins}([z\,|\,t], x)] \overset{\lambda}{\to} [y, x, z\,|\,t] = [y, x\,|\,s]. \tag{3.7}$$

H_0 est $\mathsf{Ord}([z\,|\,t])$, qui, avec $z \succ x$ et la règle ORD_2, implique $\mathsf{Ord}([x, z\,|\,t])$. Puisque $x \succ y$, une autre application de ORD_2 produit $\mathsf{Ord}([y, x, z\,|\,t])$, c'est-à-dire $\mathsf{Ord}([y, x\,|\,s])$. Ceci et la réécriture (3.7) ont pour conséquence $\mathsf{Ord}([y\,|\,\mathsf{ins}(s, x)])$. Enfin, par la réécriture (3.6), $\mathsf{Ord}(\mathsf{ins}([y\,|\,s], x))$ s'ensuit.

— Le dernier cas à examiner est si $x \succ z$:

$$[y\,|\,\mathsf{ins}(s, x)] = [y\,|\,\mathsf{ins}([z\,|\,t], x)] \overset{\kappa}{\to} [y, z\,|\,\mathsf{ins}(t, x)]. \tag{3.8}$$

L'hypothèse H_2 est $\mathsf{Ord}([y, z\,|\,t])$, qui, par le lemme d'inversion de la règle ORD_2, conduit à $y \succ z$. D'après la dernière réécriture, l'hypothèse H_1 est équivalente à $\mathsf{Ord}([z\,|\,\mathsf{ins}(t, x)])$, qui, avec $y \succ z$, permet l'usage de la règle ORD_2 à nouveau, aboutissant à $\mathsf{Ord}([y, z\,|\,\mathsf{ins}(t, x)])$. La réécriture (3.8) alors implique $\mathsf{Ord}([y\,|\,\mathsf{ins}(s, x)])$, qui, avec la réécriture (3.6) conduit à $\mathsf{Ord}(\mathsf{ins}([y\,|\,s], x))$. $\square$

Discussion   Peut-être la caractéristique la plus frappante de la preuve de correction est sa longueur. Plus précisément, deux aspects pourraient soulever des questions. D'abord, étant donné que le programme de tri par insertion n'est long que de quatre lignes et sa spécification (les S_i et P_j) consiste en un total de sept cas, il est n'est pas évident qu'une preuve de cinq pages denses augmente notre confiance dans le programme. La longueur de la preuve peut aussi nous faire douter de sa justesse.

Le premier doute peut être éclairci en remarquant que les deux parties de la spécification sont disjointes et sont donc aussi aisées à comprendre en isolement que le programme lui-même. De plus, les spécifications étant, en général, de nature logique et pas nécessairement algorithmique, elles sont probablement plus abstraites et plus facile à composer que les programmes, donc une longue preuve pourrait réutiliser plusieurs lemmes et spécifications, ce qui diminue la complexité locale. Par exemple, le prédicat lsrt peut facilement être paramétré par la fonction de tri : $\mathsf{lsrt}(f, s)\colon \mathsf{Ord}(f(s)) \wedge f(s) \approx s$, et donc il peut s'appliquer à plusieurs algorithmes de tri, en prenant garde néanmoins que la relation ($\approx$) n'est probablement pas toujours adéquatement définie en termes de transpositions. Le second doute peut être complètement éliminé par l'usage d'un *assistant de preuve*, comme Coq (Bertot et Castéran, 2004). Par exemple, la spécification formelle de ($\approx$) et les preuves entièrement automatiques (grâce à la tactique eauto) de sa réflexivité et symétrie sont contenues dans le script suivant, où x::s dénote $[x\,|\,s]$, (->) traduit ($\Rightarrow$), perm s t est $s \approx t$ et List est le synonyme de pile :

```
Set Implicit Arguments.
Require Import List.
Variable A: Type.

Inductive perm: list A -> list A -> Prop :=
  Pnil  : perm nil nil
| Push  : forall x s t, perm s t -> perm (x::s) (x::t)
| Swap  : forall x y s, perm (x::y::s) (y::x::s)
| Trans : forall s t u, perm s u -> perm u t -> perm s t.

Hint Constructors perm.

Lemma reflexivity: forall s, perm s s.
Proof. induction s; eauto. Qed.

Lemma symmetry: forall s t, perm s t -> perm t s.
Proof. induction 1; eauto. Qed.
```

Terminaison Si le programme termine, la correction signifie que le résultat possède des caractéristiques attendues. Cette propriété est appelée *correction partielle* quand il est pertinent de la distinguer de la *correction totale*, qui est la conjonction de la correction partielle et de la terminaison.

Prouvons alors la terminaison de isrt/1 par la méthode des paires de dépendance (section 2.4, page 65). Les paires à ordonner sont dans ce cas $(\mathsf{ins}([y\,|\,s]), x), \mathsf{ins}(s, x))_\kappa$, $(\mathsf{isrt}([x\,|\,s]), \mathsf{isrt}(s))_\nu$, $(\mathsf{isrt}([x\,|\,s]), \mathsf{ins}(\mathsf{isrt}(s), x))_\nu$. En usant de la relation de sous-terme propre sur le premier paramètre de ins/2, nous ordonnons la première paire :

$$\mathsf{ins}([y\,|\,s], x) \succ \mathsf{ins}(s, x) \Leftrightarrow [y\,|\,s] \succ s.$$

Ceci est suffisant pour prouver que ins/2 termine. La seconde paire est orientée de manière similaire :

$$\mathsf{isrt}([x\,|\,s]) \succ \mathsf{isrt}(s) \Leftrightarrow [x\,|\,s] \succ s.$$

Il n'est pas utile de prendre en compte la troisième paire, après tout, parce que nous savons maintenant que ins/2 termine, donc la seconde paire est suffisante pour entrainer la terminaison de isrt/1. En d'autres termes, puisque ins/2 termine, elle peut être considérée, dans le cadre de l'analyse de terminaison, comme un constructeur de données, donc la troisième paire devient inutile :

$$\mathsf{isrt}([x\,|\,s]) \succ \underline{\mathsf{ins}}(\mathsf{isrt}(s), x) \Leftrightarrow \mathsf{isrt}([x\,|\,s]) \succ \mathsf{isrt}(s) \Leftrightarrow [x\,|\,s] \succ s,$$

où $\underline{\mathsf{ins}}$/2 dénote ins/2 prise comme un constructeur. (Nous avons utilisé cette notation à la FIGURE 2.33 page 84.) □

3.2 Insertion bidirectionnelle

Rappelons ici la définition du tri par insertion simple de clés :

$$\mathsf{ins}([y\,|\,s], x) \xrightarrow{\kappa} [y\,|\,\mathsf{ins}(s, x)], \text{ si } y \succ x; \qquad \mathsf{isrt}([]) \xrightarrow{\mu} [];$$
$$\mathsf{ins}(s, x) \xrightarrow{\lambda} [x\,|\,s]. \qquad\qquad \mathsf{isrt}([x\,|\,s]) \xrightarrow{\nu} \mathsf{ins}(\mathsf{isrt}(s), x).$$

La raison pour laquelle ins/2 est appelée insertion simple est que les clés sont comparées dans un sens seulement : du sommet de la pile vers le fond. Nous pourrions nous demander ce qui se passerait si les comparaisons pouvaient êtres effectuées du haut vers le bas ou du bas vers le haut, *à partir de la dernière clé insérée*. Conceptuellement, cela revient à placer un doigt sur la dernière clé insérée et à le déplacer selon le résultat des comparaisons avec la nouvelle clé. Appelons cette méthode *insertion bidirectionnelle* and nommons i2w/1 la fonction de tri fondée sur elle. La pile avec doigt virtuel peut être simulée par deux piles, t et u, de telle sorte que la valeur de $\mathsf{rcat}(t, u)$ soit la pile triée courante, correspondant à $\mathsf{isrt}(s)$ à la règle ν. (À la section 2.5, page 66, nous avions utilisé deux piles pour simuler une file.)

Appelons $\mathsf{rcat}(t, u)$ la *pile simulée* ; la pile t est un *préfixe retourné* de la pile simulée et la pile u est un *suffixe*. Par exemple, un doigt pointant 5 dans la pile simulée $[0, 2, 4, 5, 7, 8, 9]$ serait représenté par la paire de piles $[4, 2, 0]$ et $[5, 7, 8, 9]$. Le retournement de la première pile est mieux compris si celle-ci est dessinée avec son sommet à *droite* sur la page :

$$t = \boxed{\begin{array}{|c|c|c|c|} 0 & 2 & 4 & \ \end{array}} \qquad \overset{\downarrow}{\boxed{\begin{array}{|c|c|c|c|} 5 & 7 & 8 & 9 \end{array}}} = u$$

Étant donnée une clé x, elle est alors aisément insérée soit dans t (en faisant attention que l'ordre est inversé), ou bien dans u. Si nous voulons insérer 1, nous devrions dépiler 4 et l'empiler sur la pile de droite (le suffixe), idem pour 2 et enfin nous pouvons empiler 1 sur la pile de droite, car, par convention, le doigt pointe toujours le sommet du suffixe, où la dernière clé insérée se trouve :

$$\boxed{\begin{array}{|c|c|} 0 & \ \end{array}} \qquad \overset{\downarrow}{\boxed{\begin{array}{|c|c|c|c|c|c|c|} 1 & 2 & 4 & 5 & 7 & 8 & 9 \end{array}}}$$

Soit i2w(s) (anglais : *insertion going two ways*) dont la valeur est la pile triée correspondant à la pile s. Soit i2w(s, t, u) dont la valeur est la pile triée contenant toutes les clés de s, t et u, où s est un suffixe de la pile originelle (probablement pas triée) et $\mathsf{rcat}(t, u)$ est la pile simulée courante, c'est-à-dire que t est la pile de gauche (préfixe retourné) et u est la pile de droite (le suffixe).

La fonction i2w/1 est définie à la FIGURE 3.3. La règle ξ introduit les deux piles employées pour l'insertion. Les règles π et ρ pourraient être

$$
\begin{aligned}
\mathsf{i2w}(s) &\xrightarrow{\xi} \mathsf{i2w}(s, [\,], [\,]). \\
\mathsf{i2w}([\,], [\,], u) &\xrightarrow{\pi} u; \\
\mathsf{i2w}([\,], [y\,|\,t], u) &\xrightarrow{\rho} \mathsf{i2w}([\,], t, [y\,|\,u]); \\
\mathsf{i2w}([x\,|\,s], t, [z\,|\,u]) &\xrightarrow{\sigma} \mathsf{i2w}([x\,|\,s], [z\,|\,t], u), \quad \text{si } x \succ z; \\
\mathsf{i2w}([x\,|\,s], [y\,|\,t], u) &\xrightarrow{\tau} \mathsf{i2w}([x\,|\,s], t, [y\,|\,u]), \quad \text{si } y \succ x; \\
\mathsf{i2w}([x\,|\,s], t, u) &\xrightarrow{\upsilon} \mathsf{i2w}(s, t, [x\,|\,u]).
\end{aligned}
$$

FIGURE 3.3 – Tri par insertion bidirectionnelle avec i2w/1

$$
\begin{aligned}
\mathsf{i2w}([2,3,1,4]) &\xrightarrow{\xi} \mathsf{i2w}([2,3,1,4],[\,],[\,]) \\
&\xrightarrow{\upsilon} \mathsf{i2w}([3,1,4],[\,],[2]) \\
&\xrightarrow{\sigma} \mathsf{i2w}([3,1,4],[2],[\,]) \\
&\xrightarrow{\upsilon} \mathsf{i2w}([1,4],[2],[3]) \\
&\xrightarrow{\tau} \mathsf{i2w}([1,4],[\,],[2,3]) \\
&\xrightarrow{\upsilon} \mathsf{i2w}([4],[\,],[1,2,3]) \\
&\xrightarrow{\sigma} \mathsf{i2w}([4],[1],[2,3]) \\
&\xrightarrow{\sigma} \mathsf{i2w}([4],[2,1],[3]) \\
&\xrightarrow{\sigma} \mathsf{i2w}([4],[3,2,1],[\,]) \\
&\xrightarrow{\upsilon} \mathsf{i2w}([\,],[3,2,1],[4]) \\
&\xrightarrow{\rho} \mathsf{i2w}([\,],[2,1],[3,4]) \\
&\xrightarrow{\rho} \mathsf{i2w}([\,],[1],[2,3,4]) \\
&\xrightarrow{\rho} \mathsf{i2w}([\,],[\,],[1,2,3,4]) \\
&\xrightarrow{\pi} [1,2,3,4].
\end{aligned}
$$

FIGURE 3.4 – $\mathsf{i2w}([2,3,1,4]) \twoheadrightarrow [1,2,3,4]$

remplacées par $\mathsf{i2w}([\,],t,u) \to \mathsf{rcat}(t,u)$, mais nous avons préféré une définition plus courte et autonome. La règle σ est utilisée pour déplacer les clés de la pile de droite vers la pile de gauche. La règle τ les déplace dans l'autre sens. La règle υ réalise l'insertion proprement dite, au sommet de la pile de droite.

La FIGURE 3.4 montre l'évaluation de $\mathsf{i2w}([2,3,1,4])$, dont la trace est donc $(\xi)(\upsilon)(\sigma\upsilon)(\tau\upsilon)(\sigma^3\upsilon)(\rho^3\pi)$. Le nombre de fois que la règle ρ est sélectionnée est le nombre de clés dans la pile de gauche après l'épuisement des clés à trier. La règle π n'est utilisée qu'une seule fois.

Coûts extrêmes Cherchons le coût minimal et maximal pour une pile donnée contenant n clés. Le meilleur des cas fera un usage minimal des règles σ et τ, et ce nombre minimal d'appels est nul quand les deux comparaisons associées sont négatives. La première clé insérée n'utilise pas les clés σ et τ, mais seulement la règle υ, donc, juste après, le préfixe retourné est vide et le suffixe contient cette clé unique. Si nous voulons insérer la deuxième clé sans déplacer la première clé, et user de la règle υ directement, la deuxième clé doit être inférieure à la première. En itérant ce même raisonnement, la troisième clé doit être inférieure à la deuxième etc. Au bout du compte, cela signifie que *l'entrée est, dans le meilleur des cas, une pile triée en ordre non-croissant*. La dernière étape étant le retournement du préfixe, et celui-ci étant vide ici, nous n'utilisons pas du tout la règle ρ—seulement la règle π, une fois. En d'autres termes, la trace d'évaluation est $\zeta\epsilon^n\alpha$, donc, si $\mathcal{B}_n^{\mathsf{i2w}}$ est le coût quand la pile contient n clés triées en ordre non-croissant, alors

$$\mathcal{B}_n^{\mathsf{i2w}} = |\zeta \epsilon^n \alpha| = n + 2.$$

Supposons que la pile à trier soit $[x_0, x_1, \ldots, x_{n-1}]$ et que $x \prec y$ signifie $y \succ x$. Le pire des cas doit déclencher un usage maximal des règles σ et τ, d'un côté, et des règles π et ρ, de l'autre. Visons d'abord les premières. Puisque x_0 est la première clé, elle est empilée sur le suffixe vide initial par la règle v. La deuxième clé, x_1, devant voyager le plus possible, doit être insérée sous x_0. Ce faisant, la règle σ est utilisée une fois et puis v; finalement, x_0 se trouve à gauche et x_1 à droite. En d'autres termes, nous avons la paire de piles $[x_0]$ et $[x_1]$. À cause de cette symétrie, la suite de la construction du pire des cas se poursuit par le déplacement soit de x_0 ou de x_1 dans la pile opposée, c'est-à-dire que nous pouvons arbitrairement poser $x_2 \prec x_0$ ou $x_1 \prec x_2$.

— Si $x_2 \prec x_0$, la règle τ est utilisée une fois, puis v, produisant la configuration $[]$ et $[x_2, x_0, x_1]$. Ceci suppose donc $x_2 \prec x_0 \prec x_1$. La quatrième clé, x_3, doit être insérée au fond de la pile de droite, qui doit être d'abord retournée sur le sommet de la pile de gauche par la règle σ : nous obtenons alors $[x_1, x_0, x_2]$ et $[x_3]$, c'est-à-dire $x_2 \prec x_0 \prec x_1 \prec x_3$. Finalement, la pile de gauche est retournée au sommet de celle de droite par la règle ρ et la règle π arrive en dernier. La trace d'évaluation est $(\xi)(v)(\sigma v)(\tau v)(\sigma^3 v)(\rho^3 \pi)$, dont la longueur est 14.

— Si $x_1 \prec x_2$, nous avons $[x_1, x_0]$ et $[x_2]$, puis $[]$ et $[x_3, x_0, x_1, x_2]$, ce qui implique la condition $x_3 \prec x_0 \prec x_1 \prec x_2$. La trace d'évaluation est $(\xi)(v)(\sigma v)(\sigma v)(\tau^2 v)(\pi)$, dont la longueur est 10, ce qui est inférieur à la trace précédente qui suppose $x_2 \prec x_0$.

En conclusion, $x_2 \prec x_0$ mène au pire des cas. Mais que se passe-t-il si la pile à trier contient un nombre impair de clés? Pour deviner ce qui se produit, insérons x_4 en supposant à tour de rôle $x_1 \prec x_2$ et $x_2 \prec x_0$.

— Si $x_2 \prec x_0$, nous déplaçons toutes les clés hors de la pile de gauche, aboutissant à la configuration $[x_4]$ et $[x_2, x_0, x_1, x_3]$, donc à la condition $x_4 \prec x_2 \prec x_0 \prec x_1 \prec x_3$ et à la trace d'évaluation $(\xi)(v)(\sigma v)(\tau v)(\sigma^3 v)(\tau^3 v)(\rho \pi)$, dont la longueur est 16.

— Si $x_1 \prec x_2$, nous voulons insérer x_4 au fond de la pile de droite, obtenant $[x_2, x_1, x_0, x_3]$ et $[x_4]$, et $x_3 \prec x_0 \prec x_1 \prec x_2 \prec x_4$ et la trace $(\xi)(v)(\sigma v)(\sigma v)(\tau^2 v)(\sigma^4 v)(\rho^4 \pi)$, dont la longueur est 19. Elle est peut-être mieux visualisée à l'aide d'arcs orientés, révélant une spirale à la FIGURE 3.5 page suivante.

Par conséquent, il semble que lorsque le nombre de clés est impair, poser $x_1 \prec x_2$ mène au coût maximal, alors que $x_2 \prec x_0$ aboutit au coût

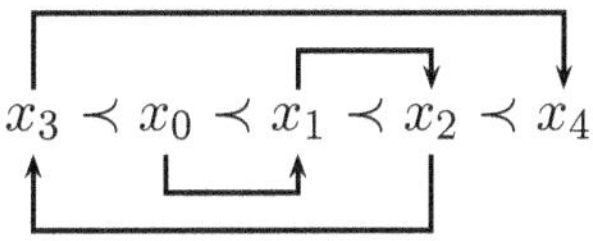

FIGURE 3.5 – Pire des cas pour i2w/1 si $n = 5$ ($x_1 \prec x_2$)

maximal lorsque le nombre de clés est pair. Déterminons ces coûts pour tout n pour ne retenir que celui qui est le plus élevé. Notons $\mathcal{W}_{2p+1}^{x_1 \prec x_2}$ le premier coût et $\mathcal{W}_{2p}^{x_2 \prec x_0}$ le second.

— Si $n = 2p + 1$ et $x_1 \prec x_2$, alors la trace d'évaluation est

$$(\xi)(\upsilon)(\sigma\upsilon)(\sigma\upsilon)(\tau^2\upsilon)(\sigma^4\upsilon)(\tau^4\upsilon)\ldots(\sigma^{2p-2}\upsilon)(\tau^{2p-2}\upsilon)(\sigma^{2p}\upsilon)(\rho^{2p}\pi),$$

comme cela est suggéré par le tri de $[x_0, x_1, x_2, x_3, x_4, x_5, x_6]$:

$$
\begin{aligned}
\mathsf{i2w}([x_0, x_1, x_2, x_3, x_4, x_5, x_6]) &\xrightarrow{\xi} \mathsf{i2w}([\,], [\,], [x_0, x_1, x_2, x_3, x_4, x_5, x_6]) \\
&\xrightarrow{\upsilon} \mathsf{i2w}([\,], [x_0], [x_1, x_2, x_3, x_4, x_5, x_6]) \\
&\xrightarrow{\sigma} \mathsf{i2w}([x_0], [\,], [x_1, x_2, x_3, x_4, x_5, x_6]) \\
&\xrightarrow{\upsilon} \mathsf{i2w}([x_0], [x_1], [x_2, x_3, x_4, x_5, x_6]) \\
&\xrightarrow{\sigma} \mathsf{i2w}([x_1, x_0], [\,], [x_2, x_3, x_4, x_5, x_6]) \\
&\xrightarrow{\tau^2} \mathsf{i2w}([x_1, x_0], [x_2], [x_3, x_4, x_5, x_6]) \\
&\twoheadrightarrow \mathsf{i2w}([\,], [x_0, x_1, x_2], [x_3, x_4, x_5, x_6]) \\
&\xrightarrow{\upsilon} \mathsf{i2w}([\,], [x_3, x_0, x_1, x_2], [x_4, x_5, x_6]) \\
&\xrightarrow{\sigma^4} \mathsf{i2w}([x_2, x_1, x_0, x_3], [\,], [x_4, x_5, x_6]) \\
&\xrightarrow{\upsilon} \mathsf{i2w}([x_2, x_1, x_0, x_3], [x_4], [x_5, x_6]) \\
&\xrightarrow{\tau^4} \mathsf{i2w}([\,], [x_3, x_0, x_1, x_2, x_4], [x_5, x_6]) \\
&\twoheadrightarrow \mathsf{i2w}([\,], [x_5, x_3, x_0, x_1, x_2, x_4], [x_6]) \\
&\xrightarrow{\sigma^6} \mathsf{i2w}([x_4, x_2, x_1, x_0, x_3, x_5], [\,], [x_6]) \\
&\twoheadrightarrow \mathsf{i2w}([x_4, x_2, x_1, x_0, x_3, x_5], [x_6], [\,]). \\
&\xrightarrow{\upsilon}
\end{aligned}
$$

L'évaluation ici montrée n'est que partielle mais suffisante pour notre propos. En effet, si nous omettons les règles ξ, υ, π et ρ, nous pouvons voir émerger un motif de la sous-trace

$$(\sigma^2\tau^2)(\sigma^4\tau^4)(\sigma^6\tau^6)\ldots(\sigma^{2p-2}\tau^{2p-2})(\sigma^{2p}).$$

La règle υ est employée n fois parce qu'elle insère la clé à la bonne position. Donc le coût total est

$$
\begin{aligned}
\mathcal{W}_{2p+1}^{x_1 \prec x_2} &= |\xi| + |\upsilon^{2p+1}| + \sum_{k=1}^{p-1}\left(|\sigma^{2k}| + |\tau^{2k}|\right) + |\sigma^{2p}| + |\rho^{2p}\pi| \\
&= 1 + (2p+1) + \sum_{k=1}^{p-1} 2(2k) + (2p) + (2p+1)
\end{aligned}
$$

$$= 2p^2 + 4p + 3.$$

— Si $n = 2p$ et $x_2 \prec x_0$, alors la trace d'évaluation est

$$(\xi)(\upsilon)(\sigma\upsilon)(\tau\upsilon)(\sigma^3\upsilon)(\tau^3\upsilon)\ldots(\sigma^{2p-1}\upsilon)(\rho^{2p-1}\pi),$$

comme suggéré par l'évaluation partielle suivante (la première différence avec le cas précédent est graissée) :

$$
\begin{aligned}
\text{i2w}([x_0, x_1, x_2, x_3, x_4, x_5]) &\to \text{i2w}([\,], [\,], [x_0, x_1, x_2, x_3, x_4, x_5]) \\
&\xrightarrow{\upsilon} \text{i2w}([\,], [x_0], [x_1, x_2, x_3, x_4, x_5]) \\
&\xrightarrow{\sigma} \text{i2w}([x_0], [\,], [x_1, x_2, x_3, x_4, x_5]) \\
&\xrightarrow{\upsilon} \text{i2w}([x_0], [x_1], [x_2, x_3, x_4, x_5]) \\
&\xrightarrow{\tau} \text{i2w}([\,], [\boldsymbol{x_0, x_1}], [\boldsymbol{x_2, x_3, x_4, x_5}]) \\
&\xrightarrow{\upsilon}{}_{\sigma^3} \text{i2w}([\,], [x_2, x_0, x_1], [x_3, x_4, x_5]) \\
&\twoheadrightarrow \text{i2w}([x_1, x_0, x_2], [\,], [x_3, x_4, x_5]) \\
&\xrightarrow{\upsilon}{}_{\tau^3} \text{i2w}([x_1, x_0, x_2], [x_3], [x_4, x_5]) \\
&\twoheadrightarrow \text{i2w}([\,], [x_2, x_0, x_1, x_3], [x_4, x_5]) \\
&\xrightarrow{\upsilon}{}_{\sigma^5} \text{i2w}([\,], [x_4, x_2, x_0, x_1, x_3], [x_5]) \\
&\twoheadrightarrow \text{i2w}([x_3, x_1, x_0, x_2, x_4], [\,], [x_5]) \\
&\xrightarrow{\upsilon} \text{i2w}([x_3, x_1, x_0, x_2, x_4], [x_5], [\,])
\end{aligned}
$$

Si nous omettons les règles ξ, υ, π et ρ, nous voyons émerger un motif de la sous-trace $(\sigma^1\tau^1)(\sigma^3\tau^3)(\sigma^5\tau^5)\ldots(\sigma^{2p-3}\tau^{2p-3})(\sigma^{2p-1})$. La règle υ est utilisée n fois parce qu'elle insère la clé à la bonne place. Donc, le coût total est

$$
\begin{aligned}
\mathcal{W}_{2p}^{x_2 \prec x_0} &= |\xi| + |\upsilon^{2p}| + \sum_{k=1}^{p-1}\Big\{|\sigma^{2k-1}| + |\tau^{2k-1}|\Big\} + |\sigma^{2p-1}| + |\rho^{2p-1}\pi| \\
&= 1 + (2p) + \sum_{k=1}^{p-1} 2(2k-1) + (2p-1) + ((2p-1)+1) \\
&= 2p^2 + 2p + 2.
\end{aligned}
$$

Ces formules sont valides pour tout $p \geqslant 0$. Nous pouvons alors conclure cette discussion au sujet du pire des cas de i2w/1 :

— Si $n = 2p$, le pire des cas se produit quand les clés satisfont l'ordre total $x_{2p} \prec x_{2p-2} \prec \cdots \prec x_0 \prec x_1 \prec x_3 \prec \cdots \prec x_{2p-3} \prec x_{2p-1}$ et $\mathcal{W}_{2p}^{\text{i2w}} = 2p^2 + 2p + 2$, soit $\mathcal{W}_n^{\text{i2w}} = n^2/2 + n + 2$.

— Si $n = 2p+1$, le pire des cas arrive quand les clés satisfont l'ordre $x_{2p-1} \prec x_{2p-3} \prec \cdots \prec x_3 \prec x_0 \prec x_1 \prec x_2 \prec \cdots \prec x_{2p-2} \prec x_{2p}$ et $\mathcal{W}_{2p+1}^{\text{i2w}} = 2p^2 + 4p + 3$, d'où $\mathcal{W}_n^{\text{i2w}} = n^2/2 + n + 3/2$.

De peu, le premier cas produit donc le coût maximal :

$$\mathcal{W}_n^{\text{i2w}} = \frac{1}{2}n^2 + n + 2 = \mathcal{W}_n^{\text{isrt}} - n + 1 \sim \mathcal{W}_n^{\text{isrt}} \sim \frac{1}{2}n^2.$$

Coût moyen Soit $\mathcal{A}_n^{\text{i2w}}$ le coût moyen de l'appel i2w(s), où la pile s a pour longueur n. Nous allons faire la même supposition que dans le cas de $\mathcal{A}_n^{\text{isrt}}$, c'est-à-dire que nous recherchons la somme des coûts pour trier toutes les permutations de $(1, 2, \ldots, n)$, pour la diviser par $n!$. Les insertions sont illustrées par l'*arbre d'évaluation* à la FIGURE 3.6, où les clés a, b et c sont insérées dans une pile originellement vide, avec tous les ordres possibles. Notons comment toutes les permutations sont atteintes exactement une fois, aux nœuds externes (voir page 95). Par exemple, $[a, b, c]$ et $[c, b, a]$ sont des nœuds externes.

Le coût total est la *longueur externe* de l'arbre, c'est-à-dire la somme des longueurs des chemins de la racine à tous les nœuds externes, ce qui revient au même que de sommer les longueurs de toutes les traces pos-

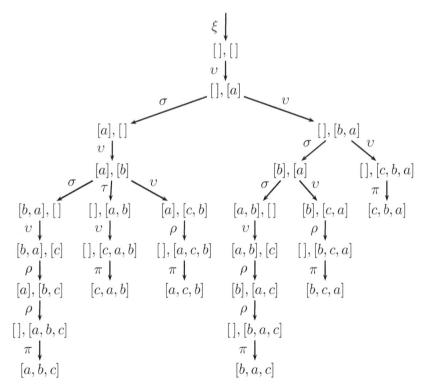

FIGURE 3.6 – Tri de $[a, b, c]$ (premier argument de i2w/3 omis)

sibles : $|\xi\upsilon\sigma\upsilon\sigma\upsilon\rho^2\pi|+|\xi\upsilon\sigma\upsilon\tau\upsilon\pi|+|\xi\upsilon\sigma\upsilon^2\rho\pi|+|\xi\upsilon^2\sigma^2\upsilon\rho^2\pi|+|\xi\upsilon^2\sigma\upsilon\rho\pi|+$ $|\xi\upsilon^3\pi| = 44$, donc le coût moyen pour trier 3 clés est $44/3! = 22/3$.

Étant données une pile gauche contenant p clés et une pile droite avec q clés, caractérisons toutes les traces possibles pour l'insertion d'une clé de plus, en nous arrêtant avant l'insertion d'une autre clé ou lorsque la pile finale est fabriquée. Dans la pile gauche, une insertion est possible après la première clé, après la deuxième etc. jusqu'à la dernière. Après la k^e clé, avec $1 \leqslant k \leqslant p$, la trace est donc $\tau^k\upsilon$. Dans la pile droite, une insertion est possible au sommet, après la première clé, après la deuxième etc. jusqu'après la dernière. Après la k^e clé, où $0 \leqslant k \leqslant q$, la trace est alors $\sigma^k\upsilon$. Toutes les traces possibles sont donc contenues dans la disjonction de traces

$$\sum_{k=1}^{p}\tau^k\upsilon + \sum_{k=0}^{q}\sigma^k\upsilon,$$

dont la longueur cumulée est

$$C_{p,q} := \sum_{k=1}^{p}|\tau^k\upsilon| + \sum_{k=0}^{q}|\sigma^k\upsilon| = (p+q+1) + \frac{1}{2}p(p+1) + \frac{1}{2}q(q+1).$$

Il y a $p + q + 1$ points d'insertion, donc le coût moyen d'une insertion dans la configuration (p, q) est

$$A_{p,q} := \frac{C_{p,q}}{p+q+1} = 1 + \frac{p^2 + q^2 + p + q}{2p + 2q + 2}. \tag{3.9}$$

En posant $k := p + q$, nous pouvons exprimer ce coût comme suit :

$$A_{k-q,q} = \frac{1}{k+1}q^2 - \frac{k}{k+1}q + \frac{k+2}{2}.$$

La pile gauche est retournée après la dernière insertion, donc les traces qui suivent sont $\rho^{p-k}\pi$, avec $1 \leqslant k \leqslant p$, si la dernière insertion a eu lieu à gauche, sinon $\rho^{p+k}\pi$, avec $0 \leqslant k \leqslant q$, soit : $\rho^0\pi$, $\rho^1\pi$, ..., $\rho^{p+q}\pi$. En d'autres termes, après une insertion, toutes les configurations possibles sont uniquement réalisées (seule une pile droite vide est invalide, à cause de la règle υ). Par conséquent, nous pouvons prendre la moyenne des coûts moyens pour l'insertion d'une clé dans toutes les partitions de l'entier k en $p + q$, où $q \neq 0$, donc le coût moyen d'une insertion dans une pile simulée avec k clés est

$$A_0 := 1; \quad A_k := \frac{1}{k}\sum_{p+q=k}A_{p,q} = \frac{1}{k}\sum_{q=1}^{k}A_{k-q,q} = \frac{1}{3}k + \frac{7}{6},$$

en gardant à l'esprit que $\sum_{q=1}^{k} q^2 = k(k+1)(2k+1)/6$ (voir l'équation (2.8) page 59). Le coût du retournement final est aussi moyenné sur toutes les configurations possibles, ici de $n > 0$ clés :

$$\mathcal{A}_n^{\curvearrowleft} = \frac{1}{n} \sum_{k=0}^{n-1} |\rho^k \pi| = \frac{n+1}{2}.$$

Finalement, nous savons que toutes les traces débutent avec ξ, ensuite continuent avec toutes les insertions et se concluent avec un retournement. Cela signifie que le coût moyen $\mathcal{A}_n^{\mathsf{i2w}}$ pour trier n clés est défini par les équations suivantes :

$$\mathcal{A}_0^{\mathsf{i2w}} = 2; \quad \mathcal{A}_n^{\mathsf{i2w}} = 1 + \sum_{k=0}^{n-1} \mathcal{A}_k + \mathcal{A}_n^{\curvearrowleft} = \frac{1}{6}n^2 + \frac{3}{2}n + \frac{4}{3} \sim \frac{1}{6}n^2.$$

Nous pouvons vérifier que $\mathcal{A}_3^{\mathsf{i2w}} = 22/3$, comme prévu. En conclusion, en moyenne, trier avec des insertions bidirectionnelles est plus rapide qu'avec des insertions simples, mais le coût asymptotique reste néanmoins quadratique.

Exercices

1. Dans la conception de i2w/3, nous avons choisi d'empiler la clé toujours sur la pile droite, à la règle v. Modifions légèrement cette stratégie et empilons plutôt sur la pile gauche quand celle-ci est vide. Voir règle ($\rightsquigarrow$) à la FIGURE 3.7. Prouvez que le coût moyen satisfait alors l'équation

$$\mathcal{A}_n^{\mathsf{i2w_1}} = \mathcal{A}_n^{\mathsf{i2w}} - H_n + 2.$$

Aide : Écrivez les exemples similaires à ceux de la FIGURE 3.6 page 117, déterminez la longueur moyenne externe et observez

$$
\begin{aligned}
\mathsf{i2w_1}(s) &\rightarrow \mathsf{i2w_1}(s, [\,], [\,]). \\
\mathsf{i2w_1}([\,], [\,], u) &\rightarrow u; \\
\mathsf{i2w_1}([\,], [y\,|\,t], u) &\rightarrow \mathsf{i2w_1}([\,], t, [y\,|\,u]); \\
\mathsf{i2w_1}([x\,|\,s], t, [z\,|\,u]) &\rightarrow \mathsf{i2w_1}([x\,|\,s], [z\,|\,t], u), \quad \text{si } x \succ z; \\
\mathsf{i2w_1}([x\,|\,s], [\,], u) &\rightsquigarrow \mathsf{i2w_1}(s, [x], u); \\
\mathsf{i2w_1}([x\,|\,s], [y\,|\,t], u) &\rightarrow \mathsf{i2w_1}([x\,|\,s], t, [y\,|\,u]), \quad \text{si } y \succ x; \\
\mathsf{i2w_1}([x\,|\,s], t, u) &\rightarrow \mathsf{i2w_1}(s, t, [x\,|\,u]).
\end{aligned}
$$

FIGURE 3.7 – Variation i2w$_1$/1 sur i2w/1 (voir ($\rightsquigarrow$))

que la différence avec i2w/1 est que la configuration avec une pile gauche vide est remplacée par une configuration avec une pile gauche qui est un singleton, c'est-à-dire, en termes de coûts, que $\mathcal{A}_{0,k}$ est remplacé par $\mathcal{A}_{1,k-1}$ dans la définition de $\mathcal{A}_k$.

2. À la règle v de i2w/3, la clé x est empilée sur la pile droite. Considérez à la FIGURE 3.8 (règle ($\rightsquigarrow$)) la variante où celle-ci est toujours empilée sur la pile gauche. Montrez très simplement que le coût moyen satisfait alors

$$\mathcal{A}_n^{\mathsf{i2w_2}} = \mathcal{A}_n^{\mathsf{i2w}} + 1.$$

$$\mathsf{i2w_2}(s) \rightarrow \mathsf{i2w_2}(s, [\,], [\,]).$$
$$\mathsf{i2w_2}([\,], [\,], u) \rightarrow u;$$
$$\mathsf{i2w_2}([\,], [y\,|\,t], u) \rightarrow \mathsf{i2w_2}([\,], t, [y\,|\,u]);$$
$$\mathsf{i2w_2}([x\,|\,s], t, [z\,|\,u]) \rightarrow \mathsf{i2w_2}([x\,|\,s], [z\,|\,t], u), \quad \text{si } x \succ z;$$
$$\mathsf{i2w_2}([x\,|\,s], [y\,|\,t], u) \rightarrow \mathsf{i2w_2}([x\,|\,s], t, [y\,|\,u]), \quad \text{si } y \succ x;$$
$$\mathsf{i2w_2}([x\,|\,s], t, u) \rightsquigarrow \mathsf{i2w_2}(s, [x\,|\,t], u).$$

FIGURE 3.8 – Variation i2w$_2$/1 sur i2w/1 (voir ($\rightsquigarrow$))

3.3 Insertion bidirectionnelle équilibrée

Lorsque l'on tri à l'aide d'insertions bidirectionnelles, les clés sont insérées à partir de l'endroit où le doigt pointe sur la pile simulée. A priori, il n'y pas de raison de privilégier un sens ou un autre, donc nous pourrions maintenir le doigt au milieu de la pile pour réduire la distance parcourue en moyenne. Nous appelons cette approche *insertions bidirectionnelles équilibrées*. L'adjectif « équilibrées » qualifie la forme de l'arbre de comparaisons engendré.

En faisant de notre mieux pour maintenir les deux piles de la même longueur ou presque, nous obtenons deux cas : soit (a) elles sont exactement de la même longueur, ou (b) l'une d'elles, disons la pile droite, contient une clé de plus. Envisageons comment maintenir cet invariant à travers des insertions successives. Supposons que nous nous trouvions dans le cas (b). Alors, si la clé doit être insérée dans la pile gauche, les piles résultantes auront la même longueur, ce qui veut dire le cas (a) ; sinon, nous déplaçons le sommet de la pile droite sur le sommet de la pile gauche, en plus de l'insertion elle-même, et nous voilà de retour au

$$
\begin{aligned}
\mathsf{i2wb}(s) &\xrightarrow{\xi} \mathsf{i2wb}(s,[],[],0). \\
\mathsf{i2wb}([],[],u,d) &\xrightarrow{\pi} u; \\
\mathsf{i2wb}([],[y\,|\,t],u,d) &\xrightarrow{\rho} \mathsf{i2wb}([],t,[y\,|\,u],d); \\
\mathsf{i2wb}([x\,|\,s],t,[z\,|\,u],0) &\xrightarrow{\sigma} \mathsf{i2wb}(s,t,[z\,|\,\mathsf{iup}(u,x)],1), \quad \text{si } x \succ z; \\
\mathsf{i2wb}([x\,|\,s],[y\,|\,t],u,0) &\xrightarrow{\tau} \mathsf{i2wb}(s,\mathsf{idn}(t,x),[y\,|\,u],1), \quad \text{si } y \succ x; \\
\mathsf{i2wb}([x\,|\,s],t,u,0) &\xrightarrow{\upsilon} \mathsf{i2wb}(s,t,[x\,|\,u],1); \\
\mathsf{i2wb}([x\,|\,s],t,[z\,|\,u],1) &\xrightarrow{\phi} \mathsf{i2wb}(s,[z\,|\,t],\mathsf{iup}(u,x),0), \quad \text{si } x \succ z; \\
\mathsf{i2wb}([x\,|\,s],[y\,|\,t],u,1) &\xrightarrow{\chi} \mathsf{i2wb}(s,[y\,|\,\mathsf{idn}(t,x)],u,0), \quad \text{si } y \succ x; \\
\mathsf{i2wb}([x\,|\,s],t,u,1) &\xrightarrow{\psi} \mathsf{i2wb}(s,[x\,|\,t],u,0).
\end{aligned}
$$

FIGURE 3.9 – Insertions bidirectionnelles équilibrées

cas (a) aussi. Si nous nous trouvons au cas (a) et l'insertion à lieu dans la pile droite, il n'y a pas besoin de rééquilibrage ; sinon, le sommet de la pile gauche est déplacé sur le sommet de la pile droite : dans les deux situations, nous parvenons au cas (b). Que faire si la clé doit être insérée à la position pointée par le doigt ? Si les deux piles ont la même longueur, c'est-à-dire au cas (a), nous devons empiler la clé sur la pile droite et retourner ainsi au cas (b) ; sinon, la pile droite contient une clé de plus que la pile gauche, ce qui est le cas (b), donc il vaut mieux l'empiler à gauche : enfin, les piles ont la même longueur et nous revoilà au cas (a).

Pour programmer cet algorithme, nous avons besoin d'une variante idn/2 (anglais : *insert downwardly*) de ins/2 parce que la pile gauche est triée en ordre décroissant. Changeons le nom ins/2 en iup/2 (anglais : *insert upwardly*).

$$
\begin{aligned}
\mathsf{iup}([y\,|\,s],x) &\xrightarrow{\kappa_0} [y\,|\,\mathsf{iup}(s,x)], \text{ si } y \succ x; \quad \mathsf{iup}(s,x) \xrightarrow{\lambda_0} [x\,|\,s]. \\
\mathsf{idn}([y\,|\,s],x) &\xrightarrow{\kappa_1} [y\,|\,\mathsf{idn}(s,x)], \text{ si } x \succ y; \quad \mathsf{idn}(s,x) \xrightarrow{\lambda_1} [x\,|\,s].
\end{aligned}
$$

Par ailleurs, nous avons besoin d'un paramètre additionnel qui représente la différence de longueur entre les deux piles : 0 si elles ont la même longueur et 1 si la pile droite contient une clé de plus. Appelons cette nouvelle function i2wb/1 et définissons-la à la FIGURE 3.9. À la FIGURE 3.10 page suivante on peut voir toutes les traces possibles et les résultats du tri de $[a, b, c]$. Remarquons que l'arbre n'est pas parfait, mais équilibré, car certains arcs correspondent à deux réécritures. La *longueur interne* est 43, c'est-à-dire la somme des longueurs des chemins de la racine à chaque nœud interne, donc le coût moyen est 43/6.

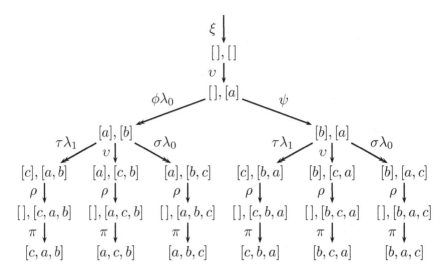

FIGURE 3.10 – Tri de $[a, b, c]$ par insertions bidirectionnelles équilibrées

Coût minimal   Continuons en cherchant le coût minimal de i2wb/1. Supposons que nous avons la pile $[x_0, x_1, x_2, x_3, x_4]$ et que nous voulions minimiser les réécritures, donc ne pas déclencher l'usage des règles σ, τ, ϕ et χ ; l'usage de la règle ρ devrait aussi être minimal. La règle ρ n'est pas un problème parce qu'elle retourne la pile gauche et, par construction, la pile droite a la même longueur que la gauche, ou contient au maximum une clé de plus. Un simple diagramme avec deux piles initialement vides suffit pour nous convaincre que les clés doivent aller à droite, puis à gauche, produisant, par exemple $[x_3, x_1]$ et $[x_4, x_2, x_0]$. On peut mieux voir cela grâce à des arcs orientés qui révèlent un tourbillon, à la FIGURE 3.11, à contraster avec la spirale de la FIGURE 3.5 page 115 pour la fonction i2w/1.

La règle définissant i2w/1 est employée d'abord. Ensuite, chaque clé est insérée, alternativement, par les règles υ et ψ. Finalement, la pile gauche est retournée par les règles π et ρ, donc la question repose sur la détermination de la longueur de la pile gauche dans le meilleur des cas. Le dessein était que si le nombre total de clés est pair, les deux piles finiront par contenir, avant l'usage de la règle ρ, exactement la moitié,

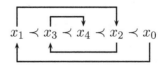

FIGURE 3.11 – Meilleur des cas de i2wb/1 si $n = 5$

parce que les piles ont la même longueur. Si le total est impair, la pile gauche contient la partie entière de la moitié. Formellement, notons $\mathcal{B}_n^{\text{i2wb}}$ le coût d'un appel i2wb(s), où la pile s contient n clés. Si $p \geqslant 0$, alors

$$\mathcal{B}_{2p}^{\text{i2wb}} = 1 + 2p + p = 3p + 1,$$
$$\mathcal{B}_{2p+1}^{\text{i2wb}} = 1 + (2p + 1) + p = 3p + 2.$$

Une façon plus compacte d'exprimer cela est :

$$\mathcal{B}_n^{\text{i2wb}} = 1 + n + \lfloor n/2 \rfloor \sim \frac{3}{2}n.$$

L'équivalence asymptotique est correcte car $n/2 - 1 < \lfloor n/2 \rfloor \leqslant n/2$.

Exercice Le pire des cas se produit quand les insertions sont faites au fond de la pile la plus longue. Trouvez $\mathcal{W}_n^{\text{i2wb}}$ et caractérisez le pire des cas précisément.

Coût moyen Considérons le cout moyen quand $n = 2p$. Alors

$$\mathcal{A}_{2p}^{\text{i2wb}} = 1 + \sum_{k=0}^{2p-1} \mathcal{A}_k + \mathcal{A}_p^{\frown}, \tag{3.10}$$

où $\mathcal{A}_k$ est le coût moyen de l'insertion d'une clé dans une pile simulée de k clés et $\mathcal{A}_p^{\frown}$ est le coût du retournement de p clés de la gauche vers la droite. La variable p dans $\mathcal{A}_p^{\frown}$ est correcte car il y a $\lfloor n/2 \rfloor$ clés à gauche après la fin des insertions. Clairement,

$$\mathcal{A}_p^{\frown} = p + 1.$$

Pour déterminer $\mathcal{A}_k$, nous ne devons analyser que deux cas : k est pair ou non. Lors de l'analyse du coût moyen de i2w/1, il y avait bien plus de configurations à prendre en compte parce que toutes les insertions ne menaient pas à des piles de même longueur ou presque. Si k est pair, alors il existe un entier j tel que $k = 2j$ et

$$\mathcal{A}_{2j} = \mathcal{A}_{j,j},$$

où $\mathcal{A}_{j,j}$ est le nombre moyen de réécritures pour insérer un nombre aléatoire dans une configuration de deux piles de longueur j. Nous avons déjà évalué $\mathcal{A}_{p,q}$ à l'équation (3.9) page 118. Par conséquent,

$$\mathcal{A}_{2j} = \frac{j^2 + 3j + 1}{2j + 1} = \frac{1}{2}j - \frac{1}{4} \cdot \frac{1}{2j + 1} + \frac{5}{4}.$$

Le cas $k = 2j + 1$ est dérivé de manière similaire : $\mathcal{A}_{2j+1} = (j + 3)/2$. L'équation (3.10) devient alors

$$\mathcal{A}_{2p}^{\text{i2wb}} = 1 + \sum_{k=0}^{2p-1} \mathcal{A}_k + (p + 1) = 2 + p + \sum_{j=0}^{p-1} (\mathcal{A}_{2j} + \mathcal{A}_{2j+1})$$

$$= \frac{1}{2}p^2 + \frac{13}{4}p + 2 - \frac{1}{4} \sum_{j=0}^{p-1} \frac{1}{2j+1}. \tag{3.11}$$

Nous devons trouver la valeur de cette somme. Soit $H_n := \sum_{k=1}^{n} 1/k$ le n^{e} *nombre harmonique*. Alors

$$H_{2p} = \sum_{j=0}^{p-1} \frac{1}{2j+1} + \sum_{j=1}^{p} \frac{1}{2j} = \sum_{j=0}^{p-1} \frac{1}{2j+1} + \frac{1}{2} H_p.$$

Nous pouvons maintenant remplacer notre somme par des nombres harmoniques dans l'équation (3.11) :

$$\mathcal{A}_{2p}^{\text{i2wb}} = \frac{1}{2}p^2 + \frac{13}{4}p - \frac{1}{4}H_{2p} + \frac{1}{8}H_p + 2.$$

Le cas restant à résoudre $\mathcal{A}_{2p+1}^{\text{i2wb}}$ donne, par un raisonnement semblable,

$$\mathcal{A}_{2p+1}^{\text{i2wb}} = 1 + \sum_{k=0}^{2p} \mathcal{A}_k + \mathcal{A}_p^{\curvearrowright}.$$

Réutilisons les calculs précédents :

$$\mathcal{A}_{2p+1}^{\text{i2wb}} = \mathcal{A}_{2p}^{\text{i2wb}} + \mathcal{A}_{2p} = \frac{1}{2}p^2 + \frac{15}{4}p - \frac{1}{4}H_{2p+1} + \frac{1}{8}H_p + \frac{13}{4}.$$

Nous avons $1 + x < e^x$, pour tout réel $x \neq 0$. En particulier, $x = 1/i$, pour l'entier $i > 0$, conduit à $1 + 1/i < e^{1/i}$. Les deux membres étant positifs, nous déduisons : $\prod_{i=1}^{n}(1 + 1/i) < \prod_{i=1}^{n} e^{1/i}$. Or, trivialement :

$$\prod_{i=1}^{n} \left(1 + \frac{1}{i}\right) = 2 \times \frac{3}{2} \times \frac{4}{3} \times \cdots \times \frac{n+1}{n} = \frac{(n+1)!}{n!} = n + 1,$$

et

$$\prod_{i=1}^{n} e^{1/i} = \exp\left(\sum_{i=1}^{n} \frac{1}{i}\right) = \exp(H_n).$$

Donc, $n + 1 < \exp(H_n)$ et, enfin : $\ln(n + 1) < H_n$. Un majorant de H_n peut être trouvé en remplaçant x par $-1/i$:

$$\ln(n + 1) < H_n < 1 + \ln n. \tag{3.12}$$

Nous pouvons maintenant exprimer l'encadrement de $\mathcal{A}_n^{\mathsf{i2wb}}$ sans H_n :

$$\ln(p+1) - 2\ln(2p) + 14 < 8 \cdot \mathcal{A}_{2p}^{\mathsf{i2wb}} - 4p^2 - 26p$$
$$< \ln p - 2\ln(2p+1) + 17;$$
$$\ln(p+1) - 2\ln(2p+1) + 24 < 8 \cdot \mathcal{A}_{2p+1}^{\mathsf{i2wb}} - 4p^2 - 30p$$
$$< \ln p - 2\ln(2p+2) + 27.$$

Poser $n = 2p$ et $n = 2p+1$ implique les encadrements respectifs suivants :

$$-2\ln n + \ln(n+2) + 4 < \varphi(n) < -2\ln(n+1) + \ln n + 7,$$
$$-2\ln n + \ln(n+1) < \varphi(n) < -2\ln(n+1) + \ln(n-1) + 3,$$

où $\varphi(n) := 8 \cdot \mathcal{A}_n^{\mathsf{i2wb}} - n^2 - 13n - 10 + \ln 2$. Nous conservons le plus petit minorant et le plus grand majorant de $\varphi(n)$, d'où

$$\ln(n+1) - 2\ln n < \varphi(n) < -2\ln(n+1) + \ln n + 7.$$

Nous pouvons affaiblir l'encadrement un petit peu avec $\ln n < \ln(n+1)$ et simplifier :

$$0 < 8 \cdot \mathcal{A}_n^{\mathsf{i2wb}} - n^2 - 13n + \ln 2n - 10 < 7.$$

Par conséquent, pour tout $n > 0$, il existe ϵ_n tel que $0 < \epsilon_n < 7/8$ et

$$\mathcal{A}_n^{\mathsf{i2wb}} = \frac{1}{8}(n^2 + 13n - \ln 2n + 10) + \epsilon_n. \tag{3.13}$$

Chapitre 4

Tri par interclassement

Knuth (1996) rapporte que le premier programme informatique, écrit en 1945 par le mathématicien John von Neumann, était un algorithme de tri que l'on appelle de nos jours *tri par interclassement*, ou *tri par fusion*. Il figure aujourd'hui parmi les plus méthodes de tri les plus enseignées parce qu'il illustre une stratégie de résolution de problèmes connue sous le nom de « diviser pour régner » : la donnée est divisée, les parties non-triviales sont récursivement traitées et leurs solutions sont finalement combinées pour former une solution au problème initial. On peut reconnaître là la double méthode d'*analyse et synthèse*, prônée en mathématiques : l'analyse divise le problème en sous-problèmes et la synthèse combine chacune des solutions. Bien sûr, il faut parvenir à des sous-problèmes suffisamment simples pour que leur solution soit évidente ou obtenue par une autre méthode. Bien que le tri par interclassement ne soit pas difficile à programmer, la détermination de son coût nécessite des connaissances mathématiques approfondies. La plupart des manuels (Graham *et al.*, 1994, Cormen *et al.*, 2009) montrent comment déterminer l'ordre de grandeur d'un majorant du coût (exprimée à l'aide de la notation de Bachmann $\mathcal{O}$) à partir d'équations de récurrences qu'il satisfait, mais le cas général n'est souvent présenté qu'en annexe ou pas du tout, parce qu'une solution asymptotique requiert une certaine habileté en *combinatoire analytique* (Flajolet et Sedgewick, 2001, 2009, Flajolet et Golin, 1994, Hwang, 1998, Chen *et al.*, 1999).

De plus, il y a plusieurs variantes du tri par interclassement (Knuth, 1998a, Golin et Sedgewick, 1993) et, souvent, la variante *descendante* est la seule présentée et son fonctionnement illustré sur des tableaux. Ici, nous montrons que les piles, en tant que structures de données purement fonctionnelles (Okasaki, 1998b), sont adaptées aussi bien à la version descendante qu'à la version *ascendante* (Panny et Prodinger, 1995).

4.1   Interclassement

John von Neumann n'a pas en fait vraiment décrit le tri par interclassement, mais l'opération sur laquelle il s'appuie, l'*interclassement*, qu'il nomma *meshing* (maillage). L'interclassement consiste à combiner deux piles de clés ordonnées en une seule pile ordonnée. Sans perte de généralité, nous ne nous intéresserons qu'au tri en ordre croissant. Par exemple, l'interclassement de $[10, 12, 17]$ et $[13, 14, 16]$ donne $[10, 12, 13, 14, 16, 17]$. Une façon de parvenir à ce résultat consiste à comparer les deux clés les plus petites, retenir la plus petite et répéter le procédé jusqu'à ce qu'une des piles soit épuisée, auquel cas l'autre est ajoutée en entier aux clés précédemment retenues. Nous avons ainsi (les clés comparées sont soulignées) :

$$\begin{cases} \underline{10} \; 12 \; 17 \\ \underline{13} \; 14 \; 16 \end{cases} \to 10 \begin{cases} \underline{12} \; 17 \\ \underline{13} \; 14 \; 16 \end{cases} \to 10 \; 12 \begin{cases} \underline{17} \\ \underline{13} \; 14 \; 16 \end{cases} \to 10 \; 12 \; 13 \begin{cases} \underline{17} \\ \underline{14} \; 16 \end{cases}$$

La fonction mrg/2 (anglais : *merge*) à la FIGURE 4.1 met en œuvre cette technique. La règle ι n'est pas nécessaire mais nous la conservons tout de même car elle rend le coût symétrique, tout comme mrg/2 l'est : $\mathcal{C}^{\mathrm{mrg}}_{m,n} = \mathcal{C}^{\mathrm{mrg}}_{n,m}$ et $\mathrm{mrg}(s, t) \equiv \mathrm{mrg}(t, s)$, où m et n sont les longueurs de s et t. Cette propriété permet d'exprimer le coût plus facilement et d'accélérer l'évaluation. Remarquons que dans la définition de cat/2 (équation (1.3) à la page 7), nous n'incluons pas une règle similaire, $\mathrm{cat}(s, [\,]) \to s$, parce que, malgré le gain en termes de coût, la fonction est asymétrique et les calculs de coûts sont simplifiés lorsque nous employons $\mathcal{C}^{\mathrm{cat}}_{n}$ plutôt que $\mathcal{C}^{\mathrm{cat}}_{m,n}$. La FIGURE 4.2 page suivante montre une trace d'évaluation de mrg/2. Les règles κ et λ impliquent une comparaison, contrairement à θ et ι qui terminent les évaluations ; par conséquent, si $\overline{\mathcal{C}}^{\mathrm{mrg}}_{m,n}$ est le nombre de comparaisons pour interclasser avec mrg/2 deux piles de longueurs m et n, nous avons

$$\mathcal{C}^{\mathrm{mrg}}_{m,n} = \overline{\mathcal{C}}^{\mathrm{mrg}}_{m,n} + 1. \tag{4.1}$$

Pour gagner en généralité, nous étudierons $\overline{\mathcal{C}}^{\mathrm{mrg}}_{m,n}$. Graphiquement, nous représentons les clés d'une pile par un disque blanc ($\circ$) et les clés de

$$\boxed{\begin{aligned} \mathrm{mrg}([\,], t) &\overset{\theta}{\to} t; \\ \mathrm{mrg}(s, [\,]) &\overset{\iota}{\to} s; \\ \mathrm{mrg}([x \,|\, s], [y \,|\, t]) &\overset{\kappa}{\to} [y \,|\, \mathrm{mrg}([x \,|\, s], t)], \text{ si } x \succ y; \\ \mathrm{mrg}([x \,|\, s], t) &\overset{\lambda}{\to} [x \,|\, \mathrm{mrg}(s, t)]. \end{aligned}}$$

FIGURE 4.1 – Interclasser deux piles triées

$$
\begin{aligned}
\mathsf{mrg}([3,4,7],[1,2,5,6]) &\xrightarrow{\kappa} [1\,|\,\mathsf{mrg}([3,4,7],[2,5,6])] \\
&\xrightarrow{\kappa} [1,2\,|\,\mathsf{mrg}([3,4,7],[5,6])] \\
&\xrightarrow{\lambda} [1,2,3\,|\,\mathsf{mrg}([4,7],[5,6])] \\
&\xrightarrow{\lambda} [1,2,3,4\,|\,\mathsf{mrg}([7],[5,6])] \\
&\xrightarrow{\kappa} [1,2,3,4,5\,|\,\mathsf{mrg}([7],[6])] \\
&\xrightarrow{\kappa} [1,2,3,4,5,6\,|\,\mathsf{mrg}([7],[\,])] \\
&\xrightarrow{\iota} [1,2,3,4,5,6,7].
\end{aligned}
$$

FIGURE 4.2 – $\mathsf{mrg}([3,4,7],[1,2,5,6]) \twoheadrightarrow [1,2,3,4,5,6,7]$

l'autre par un disque noir (•). Nous les appellerons *nœuds* et nous les dessinerons sur une ligne horizontale, celui la plus à gauche étant le plus petit. Les comparaisons sont toujours effectuées entre un nœud blanc et un nœud noir, et sont représentées comme des *arcs* à la FIGURE 4.2. Un arc entrant (côté pointu) signifie que la clé du nœud est inférieure à celle de l'autre extrémité, donc tous les arcs pointent vers la gauche et le nombre de comparaisons est le nombre de nœuds avec un arc entrant.

(4.2)

Coût minimal Il y a deux nœuds blancs consécutifs sans arcs à l'extrême droite de la FIGURE 4.2, ce qui suggère que plus il y a de clés provenant d'une même pile au fond du résultat, moins il y a eu de comparaisons pour l'interclassement : le nombre minimal est atteint quand *la pile la plus courte apparaît la première dans le résultat* (donc à gauche sur la figure). Considérons l'exemple suivant, où le nombre de comparaisons est le nombre de nœuds noirs :

Le nombre minimal de comparaisons $\overline{\mathcal{B}}^{\mathsf{mrg}}_{m,n}$ pour l'interclassement de piles de taille m et n est donc

$$
\overline{\mathcal{B}}^{\mathsf{mrg}}_{m,n} = \min\{m,n\}. \tag{4.3}
$$

Coût maximal Nous pouvons augmenter le nombre de comparaisons par rapport à $m+n$ en ôtant, à la FIGURE 4.2, les nœuds à droite *qui ne sont pas comparés*, comme on peut le voir ici :

Ceci maximise les comparaisons parce tous les nœuds, sauf le dernier (le plus à droite), sont pointés par un arc. Le nombre maximal de comparaisons $\overline{\mathcal{W}}_{m,n}^{\mathrm{mrg}}$ est donc

$$\overline{\mathcal{W}}_{m,n}^{\mathrm{mrg}} = m + n - 1. \tag{4.4}$$

Échanger les deux nœuds les plus à droite dans l'exemple précédent laisse $m + n - 1$ invariant :

donc le nombre maximal de comparaisons se produit quand *les deux dernières clés dans le résultat proviennent de deux piles.*

Coût moyen Cherchons le nombre moyen de comparaisons dans tous les interclassements de deux piles de longueurs m et n. Considérons la FIGURE 4.3, avec $m = 3$ nœuds blancs et $n = 2$ nœuds noirs qui sont interclassés de toutes les manières possibles. Examinons la structure en jeu. La première colonne liste toutes les configurations où le nœud noir le plus à droite est aussi le plus à droite dans le résultat (le dernier). La deuxième colonne liste tous les cas où le nœud noir le plus à droite est avant-dernier dans le résultat. La troisième colonne est divisée en deux groupes, le premier dénombrant les cas où le nœud noir le plus à droite est l'antépénultième dans le résultat. Le nombre total de comparaisons est 35 et le nombre de configurations est 10, donc le nombre moyen de comparaisons est $35/10 = 7/2$. Cherchons une méthode qui fournit ce ratio pour tout m et n.

Tout d'abord, le nombre de configurations : combien y a-t-il de manières de combiner m nœuds blancs et n nœuds noirs ? Cela revient à se demander combien il y a de façons de peindre en noir n nœuds choisis parmi $m + n$ nœuds blancs. Plus abstraitement, cela équivaut à trouver combien il y a de manières de choisir n objets parmi $m + n$. Ce nombre

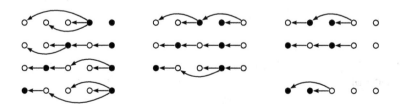

FIGURE 4.3 – Tous les interclassements avec $m = 3$ ($\circ$) et $n = 2$ ($\bullet$)

est appelé *coefficient binomial* et est noté $\binom{m+n}{n}$. Par exemple, considérons l'ensemble $\{a, b, c, d, e\}$ et les *combinaisons* de 3 objets pris parmi eux sont

$$\{a, b, c\}, \{a, b, d\}, \{a, b, e\}, \{a, c, d\}, \{a, c, e\}, \{a, d, e\},$$
$$\{b, c, d\}, \{b, c, e\}, \{b, d, e\},$$
$$\{c, d, e\}.$$

Ce dénombrement établit que $\binom{5}{3} = 10$. Remarquons que nous utilisons des ensembles mathématiques, donc l'ordre des éléments ou leur répétition ne sont pas significatifs. Il est aisé de compter les combinaisons si nous nous souvenons comment nous avons compté les permutations, page 88. Déterminons donc $\binom{r}{k}$. Nous pouvons choisir le premier objet parmi r, le deuxième parmi $r - 1$ etc. jusqu'à ce que nous choisissions le r^{e} objet parmi $r - k + 1$, donc nous avons réalisé $r(r - 1) \ldots (r - k + 1)$ choix. Mais ces arrangements contiennent des doublons, par exemple, nous devons identifier $\{a, b, c\}$ à $\{b, a, c\}$, puisque l'ordre est insignifiant. Par conséquent, nous devons diviser le nombre d'arrangements par le nombre de doublons, qui n'est autre que le nombre de permutations de k objets, c'est-à-dire $k!$. Au bout du compte :

$$\binom{r}{k} := \frac{r(r - 1) \ldots (r - k + 1)}{k!} = \frac{r!}{k!(r - k)!}.$$

Nous pouvons vérifier maintenant qu'à la FIGURE 4.3 page précédente, nous devons bien avoir 10 cas car $\binom{5}{2} = 5!/(2!3!) = 10$. La symétrie du problème signifie qu'interclasser une pile de m clés avec une pile de n clés aboutit au même résultat qu'interclasser une pile de n clés avec une pile de m clés :

$$\binom{m + n}{n} = \binom{m + n}{m}.$$

Ceci peut aussi être facilement prouvé via la définition :

$$\binom{m + n}{n} := \frac{(m + n)!}{n!(m + n - n)!} = \frac{(m + n)!}{m!n!} =: \binom{m + n}{m}.$$

Comme nous l'avons remarqué précédemment, le nombre total $K(m, n)$ de comparaisons nécessaires pour interclasser m et n clés de toutes les façons possibles avec notre méthode est le nombre de nœuds avec un arc entrant. Soit $\overline{K}(m, n)$ le nombre total de nœuds *sans* arc entrant, entourés à la FIGURE 4.4. Cette figure a été obtenue en déplaçant la troisième colonne de la FIGURE 4.3 page ci-contre sous la deuxième colonne et en ôtant les arcs. Le nombre total de nœuds est donc $K(m, n) + \overline{K}(m, n)$.

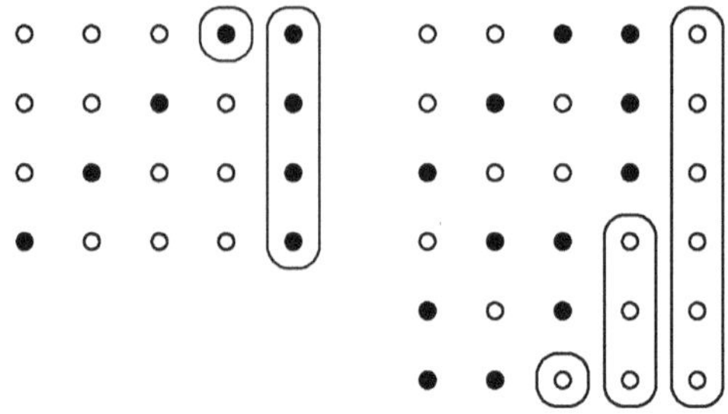

FIGURE 4.4 – Dénombrement vertical

Puisqu'à chaque interclassement, on a $m + n$ nœuds et qu'il y a $\binom{m+n}{n}$ interclassements, ce même nombre est $(m + n)\binom{m+n}{n}$, donc

$$K(m, n) + \overline{K}(m, n) = (m + n)\binom{m + n}{n}. \qquad (4.5)$$

Nous pouvons facilement caractériser les nœuds cerclés : ils constituent la plus longue série monochromatique et continue à droite dans le résultat. Puisqu'il n'y a que deux couleurs, la détermination du nombre total $W(m, n)$ de nœuds blancs cerclés est duale à la détermination du nombre total $B(m, n)$ de nœuds noirs, précisément :

$$B(m, n) = W(n, m).$$

Par conséquent,

$$\overline{K}(m, n) = W(m, n) + B(m, n) = W(m, n) + W(n, m). \qquad (4.6)$$

D'après les équations (4.5) et (4.6), nous tirons

$$K(m, n) = (m + n)\binom{m + n}{n} - W(m, n) - W(n, m). \qquad (4.7)$$

Nous pouvons décomposer $W(m, n)$ en dénombrant *verticalement* les nœuds blancs cerclés. À la FIGURE 4.4, $W(3, 2)$ est la somme des nombres d'interclassements avec au moins trois, deux et un nœuds blancs cerclés terminaux : $W(3, 2) = 1 + 3 + 6 = 10$. La première colonne donne $B(3, 2) = 1 + 4 = 5$. En général, le nombre d'interclassements avec un nœud blanc cerclé à droite est le nombre de manières de combiner n nœuds noirs avec $m - 1$ nœuds blancs : $\binom{n+m-1}{n}$. Le nombre d'inter-classements avec au moins deux nœuds blancs à droite est $\binom{n+m-2}{n}$, et ainsi de suite. Par conséquent

$$W(m, n) = \binom{n + m - 1}{n} + \binom{n + m - 2}{n} + \cdots + \binom{n + 0}{n} = \sum_{j=0}^{m-1} \binom{n + j}{n}.$$

$\binom{r}{k}$		k									
		0	1	2	3	4	5	6	7	8	9
	0	1	0	0	0	0	0	0	0	0	0
	1	1	1	0	0	0	0	0	0	0	0
	2	1	2	1	0	0	0	0	0	0	0
	3	1	3	3	1	0	0	0	0	0	0
r	4	1	4	6	4	1	0	0	0	0	0
	5	1	5	10	10	5	1	0	0	0	0
	6	1	6	15	20	15	6	1	0	0	0
	7	1	7	21	35	35	21	7	1	0	0
	8	1	8	28	56	70	56	28	8	1	0
	9	1	9	36	84	126	126	84	36	9	1

FIGURE 4.5 – Le coin du triangle de Pascal (en gras)

Cette somme peut en fait être simplifiée car elle possède une forme close, mais pour bien la comprendre, nous devons d'abord aiguiser notre intuition à propos des combinaisons. En calculant des combinaisons $\binom{r}{k}$ pour de petites valeurs de r et k à l'aide de la définition, nous pouvons remplir une table nommée traditionnellement *le triangle de Pascal* et montrée à la FIGURE 4.5. Remarquons comment nous avons posé, par convention, $\binom{r}{k} = 0$ si $k > r$. Le triangle de Pascal vérifie de nombreuses propriétés intéressantes, en particulier à propos de sommes de certaines de ses valeurs. Par exemple, si nous choisissons un nombre dans le triangle et son voisin de droite, leur somme se trouve sous le voisin. Nous pouvons voir cela en extrayant de la FIGURE 4.5 les lignes $r = 7$ et $r = 8$:

$$\left\| \begin{array}{c|ccccccccc} 7 & 1 & 7 & \boxed{21 & 35} & 35 & \boxed{21 & 7} & 1 & 0 & 0 \\ 8 & 1 & 8 & \boxed{28} & \boxed{56} & 70 & 56 & \boxed{28} & 8 & 1 & 0 \end{array} \right\|$$

Nous avons encadré deux exemples de cette propriété additive des combinaisons : $21 + 35 = 56$ et $21 + 7 = 28$. Nous pouvons parier alors

$$\binom{r-1}{k-1} + \binom{r-1}{k} = \binom{r}{k}.$$

Ceci n'est en fait pas difficile à prouver si nous revenons à la définition :

$$\binom{r}{k} := \frac{r!}{k!(r-k)!} = \frac{r}{k} \cdot \frac{(r-1)!}{(k-1)!((r-1)-(k-1))!} = \frac{r}{k}\binom{r-1}{k-1}.$$

$$\binom{r}{k} := \frac{r!}{k!(r-k)!} = \frac{r}{r-k} \cdot \frac{(r-1)!}{k!((r-1)-k)!} = \frac{r}{r-k}\binom{r-1}{k}.$$

La première égalité est valable si $k > 0$ et la seconde si $r \neq k$. Nous pouvons alors exprimer $\binom{r-1}{k-1}$ et $\binom{r-1}{k}$ en termes de $\binom{r}{k}$ dans la somme

$$\binom{r-1}{k-1} + \binom{r-1}{k} = \frac{k}{r}\binom{r}{k} + \frac{r-k}{r}\binom{r}{k} = \binom{r}{k}.$$

La somme est valide si $r > 0$. Nous pouvons prouver directement cette formule en ayant recours au dénombrement combinatoire, sans passer par l'algèbre. Supposons que nous ayons *déjà* tous les sous-ensembles de k clés choisies parmi r. Par définition, il y en a $\binom{r}{k}$. Nous distinguons alors une clé arbitrairement parmi les r et nous voulons séparer la collection d'ensembles en deux : d'un côté, toutes les combinaisons qui contiennent cette clé particulière, de l'autre, toutes celles qui ne la contiennent pas. Le premier ensemble a pour cardinal $\binom{r-1}{k-1}$ car ses combinaisons sont construites en prenant la clé en question et en choisissant $k-1$ clés restantes parmi $r-1$. Le second ensemble contient $\binom{r-1}{k}$ combinaisons qui sont faites à partir de $r-1$ clés (la clé spéciale est mise de côté), dont k ont alors été sélectionnées de toutes les manières possibles. Ce simple raisonnement par partition donne la même formule additive que ci-dessus. Retournons maintenant à notre somme :

$$W(m,n) = \sum_{j=0}^{m-1}\binom{n+j}{n}.$$

1	0
5	1
15	6
35	21
	56

En regardant le triangle de Pascal, nous comprenons que cette somme porte sur des nombres appartenant à une même colonne. Plus précisément, elle débute à la diagonale avec le nombre $\binom{n}{n} = 1$ et descend jusqu'à ce que m nombres aient été ajoutés. Choisissons donc un petit exemple sous la forme de deux colonnes adjacentes, où la somme est petite. À gauche est montré un extrait pour $n = 4$ (la colonne de gauche est la cinquième dans le triangle de Pascal) et $m = 4$ (hauteur de la colonne de gauche). La somme de la colonne gauche, qui est la somme recherchée, égale le nombre en bas de la colonne droite : $1 + 5 + 15 + 35 = 56$. En vérifiant que cela vaut aussi pour d'autres colonnes, nous gagnons le sentiment que nous tenons-là un motif général. Avant de tenter une preuve dans le cas général, voyons comme faire avec notre exemple. Commençons avec le bas de la colonne droite, 56, et utilisons la formule d'addition à l'envers, c'est-à-dire, exprimons 56 comme la somme de deux nombres dans la ligne au-dessus : $56 = 35 + 21$. Nous voulons garder le nombre 35 parce qu'il fait partie de la somme recherchée. Appliquons encore la formule additive à propos de 21 et tirons $21 = 15 + 6$. Gardons 15 et recommençons avec 6, d'où $6 = 5 + 1$. Finalement, $1 = 1 + 0$. Nous venons donc de vérifier $56 = 35 + (15 + (5 + (1 + 0)))$, qui est exactement ce que nous recherchions. Puisque nous voulons que le nombre correspondant à 35 soit, en général, $\binom{n+m-1}{n}$, nous avons la dérivation

$$\binom{n+m}{n+1} = \binom{n+m-1}{n} + \binom{n+m-1}{n+1}$$
$$= \binom{n+m-1}{n} + \left[\binom{n+m-2}{n} + \binom{n+m-2}{n+1} \right]$$
$$= \binom{n+m-1}{n} + \binom{n+m-2}{n} + \cdots + \left[\binom{n}{n} + \binom{n}{n+1} \right],$$
$$\binom{n+m}{n+1} = \sum_{j=0}^{m-1} \binom{n+j}{n} = W(m,n). \tag{4.8}$$

Maintenant, nous pouvons remplacer cette forme close dans l'équation (4.7) page 132 :

$$K(m,n) = (m+n)\binom{m+n}{n} - \binom{m+n}{n+1} - \binom{m+n}{m+1}.$$

Par définition, le nombre moyen de comparaisons $\overline{\mathcal{A}}_{m,n}^{\mathsf{mrg}}$ est le ratio de $K(m,n)$ par $\binom{m+n}{n}$, donc

$$\overline{\mathcal{A}}_{m,n}^{\mathsf{mrg}} = m + n - \frac{m}{n+1} - \frac{n}{m+1} = \frac{mn}{m+1} + \frac{mn}{n+1}. \tag{4.9}$$

Nous avons nécessairement $\overline{\mathcal{B}}_{m,n}^{\mathsf{mrg}} \leqslant \overline{\mathcal{A}}_{m,n}^{\mathsf{mrg}} \leqslant \overline{\mathcal{W}}_{m,n}^{\mathsf{mrg}}$ et nous pourrions nous demander si et quand le coût moyen atteint les bornes. Le majorant est atteint si, et seulement si, les entiers naturels (m, n) satisfont l'équation $m^2 + n^2 - mn = 1$, dont les uniques solutions sont $(0, 1)$, $(1, 0)$ et $(1, 1)$. Le minorant, quant à lui, est atteint si, et seulement si, $mn/(m+1) + mn/(n+1) = \min\{m, n\}$, dont les uniques solutions en entiers naturels sont $(0, n)$, $(m, 0)$ et $(1, 1)$. De plus, les cas $(m, 1)$ et $(1, n)$ suggèrent que l'interclassement d'une pile contenant une seule clé (un singleton) avec une autre pile est équivalent à l'insertion de ladite clé parmi les autres, comme nous l'avons fait avec l'insertion simple à la section 3.1 page 101. En d'autres termes, nous devrions avoir le théorème

$$\mathsf{ins}(x, s) \equiv \mathsf{mrg}([x], s). \tag{4.10}$$

Par conséquent, *l'insertion simple est un cas spécial d'interclassement*. Néanmoins, les coûts moyens ne sont pas exactement les mêmes. D'abord, nous avons $\mathcal{A}_{m,n}^{\mathsf{mrg}} = \overline{\mathcal{A}}_{m,n}^{\mathsf{mrg}} + 1$, car nous devons tenir compte de l'emploi

de la règle θ ou ι à la FIGURE 4.1 page 128, comme nous l'avons reconnu
à l'équation (4.1). Alors, les équations (3.4) page 104 et (4.9) donnent

$$\mathcal{A}_{1,n}^{\mathsf{mrg}} = \frac{1}{2}n + 2 - \frac{1}{n+1} \quad \text{et} \quad \mathcal{A}_{n}^{\mathsf{ins}} = \frac{1}{2}n + 1.$$

Asymptotiquement, les coûts sont équivalents :

$$\mathcal{A}_{1,n}^{\mathsf{mrg}} \sim \mathcal{A}_{n}^{\mathsf{ins}}.$$

Mais $\mathsf{mrg}/2$ est légèrement plus lente en moyenne que $\mathsf{ins}/2$ dans ce cas :

$$\mathcal{A}_{1,n}^{\mathsf{mrg}} - \mathcal{A}_{n}^{\mathsf{ins}} = 1 - \frac{1}{n+1} < 1 \quad \text{et} \quad \mathcal{A}_{1,n}^{\mathsf{mrg}} - \mathcal{A}_{n}^{\mathsf{ins}} \sim 1.$$

Par ailleurs, il est intéressant d'observer ce qui advient quand $m = n$,
c'est-à-dire quand les deux piles interclassées ont la même longueur :

$$\mathcal{A}_{n,n}^{\mathsf{mrg}} = 2n - 1 + \frac{2}{n+1} = \mathcal{W}_{n,n}^{\mathsf{mrg}} - 1 + \frac{2}{n+1} \sim 2n. \qquad (4.11)$$

En d'autres termes, le coût moyen de l'interclassement de deux piles de
même taille est asymptotiquement le nombre total de clés, ce qui est le
pire des cas.

Terminaison   La terminaison de $\mathsf{mrg}/2$ à la FIGURE 4.1 page 128 est facile à établir en prenant un ordre lexicographique (page 14) sur les paires
de piles qui sont, à leur tour, partiellement ordonnées par la relation de
sous-terme propre (page 13), ou, plus restrictive, la *relation de sous-pile
immediate*, c'est-à-dire, $[x \,|\, s] \succ s$. Les paires de dépendance des règles
κ et λ sont ordonnées par $([x \,|\, s], [y \,|\, t]) \succ ([x \,|\, s], t)$ et $([x \,|\, s], t) \succ (s, t).\square$

4.2   Trier 2^n clés

L'interclassement peut être utilisé pour trier *une* pile de clés comme
suit. La pile initiale est coupée en deux, puis les deux parties sont coupées
à leur tour etc. jusqu'à ce qu'il ne reste que des singletons. Ceux-ci sont
alors interclassés deux à deux etc. jusqu'à ce qu'une seule pile demeure,
une pile qui est inductivement triée car un singleton est trié par définition
et $\mathsf{mrg}(s, t)$ est triée si s et t le sont. Cette technique ne spécifie pas la
stratégie de coupure et, peut-être, la plus intuitive est celle qui consiste
à couper en deux moitiés égales ou presque, l'égalité étant atteinte pour
toutes les sections seulement s'il y a originellement 2^p clés. Nous verrons
plus loin comment s'accommoder au cas général et à une stratégie de
partition différente.

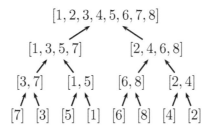

FIGURE 4.6 – Tri de $[7, 3, 5, 1, 6, 8, 4, 2]$

Pour l'instant, considérons à la FIGURE 4.6 tous les interclassements et leur ordre relatif dans le tri de la pile $[7, 3, 5, 1, 6, 8, 4, 2]$. Nous nommons cette structure un *arbre d'interclassement*, parce que chaque nœud de l'arbre est une pile ordonnée, soit un singleton, soit le résultat de l'interclassement de ses deux enfants. La racine contient logiquement le résultat. L'arbre d'interclassement est mieux compris lors d'un examen du bas vers le haut, niveau par niveau.

Dénotons par $\mathcal{C}_p^{\bowtie}$ le nombre de comparaisons pour trier 2^p clés et considérons un arbre d'interclassement avec 2^{p+1} feuilles. Il est constitué de deux sous-arbres immédiats de 2^p feuilles chacun, et la racine contient 2^{p+1} clés. Par conséquent

$$\mathcal{C}_0^{\bowtie} = 0, \quad \mathcal{C}_{p+1}^{\bowtie} = 2 \cdot \mathcal{C}_p^{\bowtie} + \overline{\mathcal{C}}_{2^p, 2^p}^{\mathrm{mrg}}.$$

En déroulant la récurrence, nous aboutissons à

$$\mathcal{C}_{p+1}^{\bowtie} = 2^p \sum_{k=0}^{p} \frac{1}{2^k} \overline{\mathcal{C}}_{2^k, 2^k}^{\mathrm{mrg}}. \tag{4.12}$$

Coût minimal   Quand la pile donnée est déjà triée en ordre croissant ou décroissant, le nombre de comparaisons est minimal. En fait, étant donné un arbre d'interclassement au nombre minimal de comparaisons, l'échange de n'importe quels sous-arbres dont les racines sont interclassées laisse le nombre de comparaisons invariant. La raison en est que l'arbre d'interclassement est construit de façon ascendante et le nombre de comparaisons est une fonction symétrique. Notons $\mathcal{B}_p^{\bowtie}$ le nombre minimal de comparaisons pour trier 2^p clés. D'après les équations (4.12) et (4.3), nous avons alors

$$\mathcal{B}_p^{\bowtie} = 2^{p-1} \sum_{k=0}^{p-1} \frac{1}{2^k} \overline{\mathcal{B}}_{2^k, 2^k}^{\mathrm{mrg}} = p2^{p-1}. \tag{4.13}$$

Coût maximal Tout comme avec le meilleur des cas, la construction d'un arbre d'interclassement avec un nombre maximal de comparaisons exige que tous les sous-arbres soient aussi dans le pire des cas, par exemple, $[7, 3, 5, 1, 4, 8, 6, 2]$. Soit $\mathcal{W}_p^{\bowtie}$ le nombre maximal de comparaisons pour trier 2^p clés. D'après les équations (4.12) et (4.4),

$$\mathcal{W}_p^{\bowtie} = 2^{p-1} \sum_{k=0}^{p-1} \frac{1}{2^k} \overline{\mathcal{W}}_{2^k,2^k}^{\mathrm{mrg}} = (p-1)2^p + 1. \tag{4.14}$$

Coût moyen Pour une pile donnée, dont toutes les permutations sont équiprobables, le coût moyen de son tri par interclassement est obtenu en considérant les coûts moyens de tous les sous-arbres de l'arbre d'interclassement : toutes les permutations des clés sont considérées pour une longueur donnée. Donc l'équation (4.12) est satisfaite par $\overline{\mathcal{A}}_{2^k,2^k}^{\mathrm{mrg}}$ et le coût moyen $\mathcal{A}_p^{\bowtie}$, soit le nombre moyen de comparaisons pour trier 2^p clés. Les équations (4.11) et (4.1) donnent

$$\overline{\mathcal{A}}_{n,n}^{\mathrm{mrg}} = 2n - 2 + \frac{2}{n+1}.$$

Avec l'équation (4.12), nous obtenons de plus, pour $p > 0$,

$$
\begin{aligned}
\mathcal{A}_p^{\bowtie} &= 2^{p-1} \sum_{k=0}^{p-1} \frac{1}{2^k} \overline{\mathcal{A}}_{2^k,2^k}^{\mathrm{mrg}} = 2^p \sum_{k=0}^{p-1} \frac{1}{2^k} \left(2^k - 1 + \frac{1}{2^k+1} \right) \\
&= 2^p \left(p - \sum_{k=0}^{p-1} \frac{1}{2^k} + \sum_{k=0}^{p-1} \frac{1}{2^k(2^k+1)} \right) \\
&= 2^p \left(p - \sum_{k=0}^{p-1} \frac{1}{2^k} + \sum_{k=0}^{p-1} \left(\frac{1}{2^k} - \frac{1}{2^k+1} \right) \right) = p2^p - 2^p \sum_{k=0}^{p-1} \frac{1}{2^k+1} \\
&= p2^p - 2^p \sum_{k \geqslant 0} \frac{1}{2^k+1} + 2^p \sum_{k \geqslant p} \frac{1}{2^k+1} = p2^p - \alpha 2^p + \sum_{k \geqslant 0} \frac{1}{2^k + 2^{-p}},
\end{aligned}
\tag{4.15}
$$

où $\alpha := \sum_{k \geqslant 0} \frac{1}{2^k+1} \simeq 1.264499$ est irrationnel (Borwein, 1992). Puisque $0 < 2^{-p} < 1$, nous avons $1/(2^k + 1) < 1/(2^k + 2^{-p}) < 1/2^k$ et

$$(p - \alpha)2^p + \alpha < \mathcal{A}_p^{\bowtie} < (p - \alpha)2^p + 2. \tag{4.16}$$

La convergence uniforme de la série $\sum_{k \geqslant 0} \frac{1}{2^k + 2^{-p}}$ nous permet d'échanger les limites sur k et p, puis de déduire $\mathcal{A}_p^{\bowtie} - (p-\alpha)2^p - 2 \to 0^-$, si $p \to \infty$. En d'autres termes, $\mathcal{A}_p^{\bowtie}$ est mieux approché par sa borne supérieure, pour des valeurs croissantes de la variable p.

4.3 Tri descendant

Lorsque nous appliquons la stratégie de coupure au milieu à un nombre arbitraire de clés, nous obtenons deux piles de longueurs $\lfloor n/2 \rfloor$ et $\lceil n/2 \rceil$, et l'algorithme prend le nom général de tri par interclassement *ascendant*. Le programme réalisant ce tri est montré à la FIGURE 4.7.

Remarquons que l'appel $\mathsf{cutr}(s, t, u)$ retourne la première moitié de t sur s si $s = t$. La technique consiste à commencer avec $s = []$ et à continuer en projetant les clés de t une par une et celles de u deux par deux, donc lorsque $\mathsf{cutr}(s, t, [])$ ou $\mathsf{cutr}(s, t, [y])$ sont atteints, nous savons que t est la seconde moitié de la pile initiale et s est la première moitié retournée (de longueur $\lfloor n/2 \rfloor$ si n est la longueur de la pile originelle).

Dans la première règle de $\mathsf{tms/1}$ (anglais : *top-down merge sort*), nous économisons un appel récursif à $\mathsf{cutr/3}$ et un peu de mémoire en appelant $\mathsf{cutr}([x], [y\,|\,t], t)$ au lieu de $\mathsf{cutr}([], [x, y\,|\,t], [x, y\,|\,t])$. De plus, de cette manière, la seconde règle prend en charge les deux cas de base, à savoir $\mathsf{tms}([])$ et $\mathsf{tms}([y])$.

Par ailleurs, notons que, dans la seconde règle de $\mathsf{cutr/2}$, si $u = []$, alors la longueur de la pile initiale est paire, et, si $u = [a]$, elle est impaire. Selon les contextes d'utilisation, un inconvénient de $\mathsf{tms/1}$ peut être que le tri est *instable*, c'est-à-dire que l'ordre relatif de clés égales n'est pas toujours invariant.

Puisque toutes les comparaisons sont faites par $\mathsf{mrg/2}$, la définition de $\mathsf{tms/1}$ implique que le nombre de comparaisons satisfait

$$\overline{\mathcal{C}}_0^{\mathsf{tms}} = \overline{\mathcal{C}}_1^{\mathsf{tms}} = 0, \qquad \overline{\mathcal{C}}_n^{\mathsf{tms}} = \overline{\mathcal{C}}_{\lfloor n/2 \rfloor}^{\mathsf{tms}} + \overline{\mathcal{C}}_{\lceil n/2 \rceil}^{\mathsf{tms}} + \overline{\mathcal{C}}_{\lfloor n/2 \rfloor, \lceil n/2 \rceil}^{\mathsf{mrg}}. \qquad (4.17)$$

$$
\begin{aligned}
\mathsf{tms}([x, y\,|\,t]) &\to \mathsf{cutr}([x], [y\,|\,t], t); \\
\mathsf{tms}(t) &\to t.
\end{aligned}
$$

$$
\begin{aligned}
\mathsf{cutr}(s, [y\,|\,t], [a, b\,|\,u]) &\to \mathsf{cutr}([y\,|\,s], t, u); \\
\mathsf{cutr}(s, t, u) &\to \mathsf{mrg}(\mathsf{tms}(s), \mathsf{tms}(t)).
\end{aligned}
$$

$$
\begin{aligned}
\mathsf{mrg}([], t) &\to t; \\
\mathsf{mrg}(s, []) &\to s; \\
\mathsf{mrg}([x\,|\,s], [y\,|\,t]) &\to [y\,|\,\mathsf{mrg}([x\,|\,s], t)], \text{ si } x \succ y; \\
\mathsf{mrg}([x\,|\,s], t) &\to [x\,|\,\mathsf{mrg}(s, t)].
\end{aligned}
$$

FIGURE 4.7 – Tri par interclassement descendant avec $\mathsf{tms/1}$

Coût minimal Le nombre minimal de comparaisons vérifie

$$\overline{\mathcal{B}}_0^{\mathsf{tms}} = \overline{\mathcal{B}}_1^{\mathsf{tms}} = 0, \quad \overline{\mathcal{B}}_n^{\mathsf{tms}} = \overline{\mathcal{B}}_{\lfloor n/2 \rfloor}^{\mathsf{tms}} + \overline{\mathcal{B}}_{\lceil n/2 \rceil}^{\mathsf{tms}} + \overline{\mathcal{B}}_{\lfloor n/2 \rfloor, \lceil n/2 \rceil}^{\mathsf{mrg}}.$$

Nous avons $\overline{\mathcal{B}}_n^{\mathsf{tms}} = \overline{\mathcal{B}}_{\lfloor n/2 \rfloor}^{\mathsf{tms}} + \overline{\mathcal{B}}_{\lceil n/2 \rceil}^{\mathsf{tms}} + \lfloor n/2 \rfloor$, via l'équation (4.3) page 129. En particulier,

$$\overline{\mathcal{B}}_{2p}^{\mathsf{tms}} = 2 \cdot \overline{\mathcal{B}}_p^{\mathsf{tms}} + p, \quad \overline{\mathcal{B}}_{2p+1}^{\mathsf{tms}} = \overline{\mathcal{B}}_p^{\mathsf{tms}} + \overline{\mathcal{B}}_{p+1}^{\mathsf{tms}} + p.$$

Introduisons la différence de deux termes successifs, $\Delta_n := \overline{\mathcal{B}}_{n+1}^{\mathsf{tms}} - \overline{\mathcal{B}}_n^{\mathsf{tms}}$, donc $\Delta_0 = 0$, et cherchons une contrainte. Puisque nous prenons les parties entières par défaut et par excès de $n/2$, nous considérerons deux cas, selon la parité de n :

— $\Delta_{2p} = \overline{\mathcal{B}}_{2p+1}^{\mathsf{tms}} - \overline{\mathcal{B}}_{2p}^{\mathsf{tms}} = \overline{\mathcal{B}}_{p+1}^{\mathsf{tms}} - \overline{\mathcal{B}}_p^{\mathsf{tms}} = \Delta_p.$
— $\Delta_{2p+1} = \overline{\mathcal{B}}_{p+1}^{\mathsf{tms}} - \overline{\mathcal{B}}_p^{\mathsf{tms}} + 1 = \Delta_p + 1.$

Nous avons déjà rencontré Δ_n sous le nom ν_n à l'équation (1.7) page 12. Définissons-là récursivement :

$$\nu_0 := 0, \quad \nu_{2n} := \nu_n, \quad \nu_{2n+1} := \nu_n + 1. \quad (4.18)$$

Cette définition devient évidente quand nous considérons les représentations binaires de $2n$ et $2n+1$. Remarquons que ν est une fonction à la simplicité trompeuse, par exemple, elle est périodique car $\nu_{2p} = 1$, mais $\nu_{2p-1} = p$. Revenons à notre propos : nous avons $\overline{\mathcal{B}}_{n+1}^{\mathsf{tms}} = \overline{\mathcal{B}}_n^{\mathsf{tms}} + \nu_n$ et, en sommant membre à membre, nous obtenons

2^0	1
2^1	10
	11
2^2	100
	101
	110
	111
2^3	1000
	1001
	1010
	1011
	1100
	1101
	1110
	1111
$\vdots$	$\vdots$
$2^{\lfloor \lg n \rfloor}$	$\ldots$
	$\vdots$
	n

FIGURE 4.8

$$\overline{\mathcal{B}}_n^{\mathsf{tms}} = \sum_{k=0}^{n-1} \nu_k. \quad (4.19)$$

Trollope (1968) a été le premier à trouver une forme close pour $\sum_{k=0}^{n-1} \nu_k$, avec une démonstration qui a été ensuite simplifiée par Delange (1975), qui en a étendu l'analyse avec des séries de Fourier. Stolarsky (1977) a collecté de nombreuses références sur ce sujet. À l'équation (4.13), nous avons $\overline{\mathcal{B}}_{2p}^{\mathsf{tms}} = \frac{1}{2} p 2^p$, soit $\overline{\mathcal{B}}_n^{\mathsf{tms}} = \frac{1}{2} n \lg n$ si $n = 2^p$. Ceci devrait nous inciter à rechercher, avec McIlroy (1974), un terme linéaire supplémentaire dans le cas général, soit les plus grandes constantes réelles a et b telles que, si $n \geqslant 2$,

$$\mathsf{Low}(n) : \frac{1}{2} n \lg n + an + b \leqslant \overline{\mathcal{B}}_n^{\mathsf{tms}}. \quad (4.20)$$

Le cas de base est $\mathsf{Low}(2) : 2a + b \leqslant 0$. Le moyen le plus simple de structurer l'argument inductif est de suivre la définition de $\overline{\mathcal{B}}_n^{\mathsf{tms}}$ quand $n = 2p$

Bits de n				n
0	0	$\cdots$	0	0
$\vdots$		$\overline{\mathcal{B}}_{2^p}^{\mathsf{tms}}$		$\vdots$
0	1	$\cdots$	1	$2^p - 1$
1	0	$\cdots$	0	2^p
$\vdots$		$\overline{\mathcal{B}}_{i}^{\mathsf{tms}}$		$\vdots$
1		$\cdots$		$2^p + i - 1$

$$\textsc{Figure}\ 4.9 - \overline{\mathcal{B}}_{2^p+i}^{\mathsf{tms}} = \overline{\mathcal{B}}_{2^p}^{\mathsf{tms}} + \overline{\mathcal{B}}_{i}^{\mathsf{tms}} + i$$

et $n = 2p + 1$, mais un minorant de $\overline{\mathcal{B}}_{2p+1}^{\mathsf{tms}}$ dépendrait des minorants de $\overline{\mathcal{B}}_{p}^{\mathsf{tms}}$ et $\overline{\mathcal{B}}_{p+1}^{\mathsf{tms}}$, ce qui cumulerait les imprécisions. Au lieu de cela, si nous pouvions nous appuyer sur au moins une valeur exacte à partir de laquelle construire inductivement la borne, nous gagnerions en précision. Par conséquent, nous devrions obtenir de meilleurs résultats si nous pouvions décomposer $\overline{\mathcal{B}}_{2^p+i}^{\mathsf{tms}}$, où $0 < i \leqslant 2^p$, en termes de $\overline{\mathcal{B}}_{2^p}^{\mathsf{tms}}$ (exactement) et $\overline{\mathcal{B}}_{i}^{\mathsf{tms}}$. Ceci devient facile si nous comptons les bits à la Figure 4.9, qui est la même table qu'à la Figure 4.8, où $n = 2^p + i$. (Gardons en tête que $\overline{\mathcal{B}}_{n}^{\mathsf{tms}}$ est la somme des bits jusqu'à $n - 1$, comme nous pouvons le constater à l'équation (4.19).) Nous constatons que

$$\overline{\mathcal{B}}_{2^p+i}^{\mathsf{tms}} = \overline{\mathcal{B}}_{2^p}^{\mathsf{tms}} + \overline{\mathcal{B}}_{i}^{\mathsf{tms}} + i. \tag{4.21}$$

(Le terme i est la somme des bits les plus à gauche.) Donc, supposons $\mathsf{Low}(n)$, pour tout $1 \leqslant n \leqslant 2^p$, et prouvons $\mathsf{Low}(2^p + i)$ si $0 < i \leqslant 2^p$. Le principe d'induction entraîne alors que $\mathsf{Low}(n)$ vaut pour tout $n \geqslant 2$. Le pas inductif $\mathsf{Low}(2^p + i)$ devrait nous offrir l'opportunité de maximiser les constantes a et b. Soit $m = 2^p$. En employant $\overline{\mathcal{B}}_{2^p}^{\mathsf{tms}} = \frac{1}{2}p2^p$ et l'hypothèse d'induction $\mathsf{Low}(i)$, nous avons :

$$\frac{1}{2}m \lg m + \left(\frac{1}{2}i \lg i + ai + b\right) + i \leqslant \overline{\mathcal{B}}_{m}^{\mathsf{tms}} + \overline{\mathcal{B}}_{i}^{\mathsf{tms}} + i = \overline{\mathcal{B}}_{m+i}^{\mathsf{tms}}. \tag{4.22}$$

Pour le pas inductif, il nous faut $\frac{1}{2}(m+i) \lg(m+i) + a(m+i) + b \leqslant \overline{\mathcal{B}}_{m+i}^{\mathsf{tms}}$. Avec (4.22), il est impliqué par

$$\frac{1}{2}(m + i) \lg(m + i) + a(m + i) + b \leqslant \frac{1}{2}m \lg m + \left(\frac{1}{2}i \lg i + ai + b\right) + i.$$

Nous pouvons d'ores et déjà remarquer que cette inégalité est équivalente à la suivante :

$$\frac{1}{2}m \lg(m + i) + \frac{1}{2}i \lg(m + i) + am \leqslant \frac{1}{2}m \lg m + \frac{1}{2}i \lg i + i. \tag{4.23}$$

Mais $\frac{1}{2}m\lg m < \frac{1}{2}m\lg(m+i)$ et $\frac{1}{2}i\lg i < \frac{1}{2}i\lg(m+i)$, par conséquent, la constante a que nous cherchons doit satisfaire $am \leqslant i$, pour tout $0 < i < m$, donc a est strictement négatif.

Nous plongeons i dans les nombres réels en posant $i = x2^p = xm$, où x est un nombre réel tel que $0 < x \leqslant 1$. En remplaçant i par xm dans l'inégalité (4.23), nous tirons

$$\frac{1}{2}(1+x)\lg(1+x) + a \leqslant \frac{1}{2}x\lg x + x.$$

Soit $\Phi(x) := \frac{1}{2}x\lg x - \frac{1}{2}(1+x)\lg(1+x) + x$. L'inégalité précedente est alors équivalente à $a \leqslant \Phi(x)$. La fonction Φ est continûment prolongée en 0 car $\lim_{x\to 0} x\lg x = 0$, et dérivable sur l'intervalle fermé $[0,1]$:

$$\frac{d\Phi}{dx} = \frac{1}{2}\lg\frac{4x}{x+1}. \tag{4.24}$$

La racine de $d\Phi/dx = 0$ est $1/3$, et la dérivée est négative avant et positive après. Par conséquent, $a_{\max} := \min_{0\leqslant x\leqslant 1}\Phi(x) = \Phi(\frac{1}{3}) = -\frac{1}{2}\lg\frac{4}{3}$. Le cas de base était $b \leqslant -2a$, donc $b_{\max} := -2a_{\max} = \lg\frac{4}{3}$. Finalement,

$$\frac{1}{2}n\lg n - \left(\frac{1}{2}\lg\frac{4}{3}\right)n + \lg\frac{4}{3} \leqslant \overline{B}_n^{\mathsf{tms}}, \tag{4.25}$$

où $\frac{1}{2}\lg\frac{4}{3} \simeq 0.2075$. Le plus important est que le minorant est atteint quand $x = 1/3$, c'est-à-dire si $2^p + i = 2^p + x2^p = (1+1/3)2^p = 2^{p+2}/3$, ou, en général, $2^k/3$. Les entiers les plus proches sont $\lfloor 2^k/3\rfloor$ et $\lceil 2^k/3\rceil$, donc nous devons trouver lequel minimise $\overline{B}_n^{\mathsf{tms}} - \frac{1}{2}n\lg(\frac{3}{4}n)$, étant donné que $\frac{1}{2}n\lg n - \left(\frac{1}{2}\lg\frac{4}{3}\right)n = \frac{1}{2}n\lg(\frac{3}{4}n)$. Nous débutons avec :

Lemme 1. *Les entiers de la forme $4^p - 1$ sont divisibles par 3.*

Démonstration. Soit $\mathsf{Div}(p)$ la proposition à prouver. Clairement, $\mathsf{Div}(1)$ est vraie. Supposons $\mathsf{Div}(p)$ et prouvons $\mathsf{Div}(p+1)$. L'hypothèse d'induction veut dire qu'il existe un entier q tel que $4^p - 1 = 3q$. Par conséquent, $4^{p+1} - 1 = 3(4q+1)$, ce qui signifie que $\mathsf{Div}(p+1)$ est vraie. Le principe d'induction implique alors que le lemme est vrai pour tout entier p. $\square$

Théorème 2. *Nous avons $\overline{B}_{1+\phi_k}^{\mathsf{tms}} - \overline{B}_{\phi_k}^{\mathsf{tms}} = \lfloor k/2\rfloor$, où $\phi_k := \lfloor 2^k/3\rfloor$.*

Démonstration. Soit $\phi_k := \lfloor 2^k/3\rfloor$. Soit k est pair ou impair.
— Si $k = 2m$, alors $2^k/3 = (4^m - 1)/3 + 1/3$. Puisque $1/3 < 1$ et que, par le lemme 1, $(4^m - 1)/3$ est un entier : $2^k/3 = \lfloor 2^k/3\rfloor + 1/3$ et

$$\lfloor 2^k/3\rfloor = (4^m - 1)/3 = 4^{m-1} + 4^{m-2} + \cdots + 1$$

$$= 2^{2m-2} + 2^{2m-4} + \cdots + 1$$
$$= (1010\ldots01)_2.$$

Donc $\nu_{\phi_{2m}} = m$. On sait que $\overline{\mathcal{B}}_{m+1}^{\text{tms}} = \overline{\mathcal{B}}_m^{\text{tms}} + \nu_m$, par conséquent : $\overline{\mathcal{B}}_{1+\phi_{2m}}^{\text{tms}} - \overline{\mathcal{B}}_{\phi_{2m}}^{\text{tms}} = m$, soit $\overline{\mathcal{B}}_{1+\phi_k}^{\text{tms}} - \overline{\mathcal{B}}_{\phi_k}^{\text{tms}} = \lfloor k/2 \rfloor$.

— Si $k = 2m+1$, alors $2^k/3 = 2(4^m-1)/3 + 2/3$. Puisque $2/3 < 1$ et que, par le lemme 1, $(4^m-1)/3$ est un entier, nous avons donc

$$2^k/3 = \lfloor 2^k/3 \rfloor + 2/3 = \lceil 2^k/3 \rceil - 1/3$$

et

$$\lfloor 2^k/3 \rfloor = 2(4^m-1)/3$$
$$= 2^{2m-1} + 2^{2m-3} + \cdots + 2$$
$$= (1010\ldots10)_2;$$

d'où $\nu_{\phi_{2m+1}} = m$. D'après $\overline{\mathcal{B}}_{m+1}^{\text{tms}} = \overline{\mathcal{B}}_m^{\text{tms}} + \nu_m$, nous pouvons alors déduire $\overline{\mathcal{B}}_{1+\phi_{2m+1}}^{\text{tms}} - \overline{\mathcal{B}}_{\phi_{2m+1}}^{\text{tms}} = m$, soit : $\overline{\mathcal{B}}_{1+\phi_k}^{\text{tms}} - \overline{\mathcal{B}}_{\phi_k}^{\text{tms}} = \lfloor k/2 \rfloor$. $\square$

Soit $Q(x) := \frac{1}{2}x \lg(\frac{3}{4}x)$. Comparons $\overline{\mathcal{B}}_{\phi_k}^{\text{tms}} - Q(\phi_k)$ avec $\overline{\mathcal{B}}_{1+\phi_k}^{\text{tms}} - Q(1+\phi_k)$ selon la parité de k. Si la première différence est plus petite, alors l'entier $p = \phi_k$ minimise $\overline{\mathcal{B}}_p^{\text{tms}} - \frac{1}{2}p \lg(\frac{3}{4}p)$; sinon c'est $p = 1 + \phi_k$:

— Si $k = 2m+2$, alors $\phi_{2m+2} = 2^{2m} + \phi_{2m}$ (théorème 2). D'après l'équation (4.21),

$$\overline{\mathcal{B}}_{\phi_{2m+2}}^{\text{tms}} = \overline{\mathcal{B}}_{2^{2m}}^{\text{tms}} + \overline{\mathcal{B}}_{\phi_{2m}}^{\text{tms}} + \phi_{2m} = \overline{\mathcal{B}}_{\phi_{2m}}^{\text{tms}} - m4^m + \phi_{2m}.$$

En sommant les deux membres, de $m = 0$ à $m = n-1$, mène à

$$\overline{\mathcal{B}}_{\phi_{2n}}^{\text{tms}} = \overline{\mathcal{B}}_{\phi_0}^{\text{tms}} + S_n + \sum_{m=0}^{n-1} \phi_{2m}, \text{ où } S_n := \sum_{m=0}^{n-1} m4^m.$$

Nous devons maintenant trouver une forme close de S_n :

$$S_n + n4^n = \sum_{m=1}^{n} m4^m = \sum_{m=0}^{n-1}(m+1)4^{m+1} = 4 \cdot S_n + 4\sum_{m=0}^{n-1} 4^m.$$

De $\sum_{m=0}^{n-1} 4^m = (4^n-1)/3$, nous tirons $9 \cdot S_n = (3n-4)4^n + 4$. D'un autre côté, $9\sum_{m=0}^{n-1} \phi_{2m} = 4^n - 3n - 1$. Finalement, remarquons que $\phi_0 = 0$ et $\overline{\mathcal{B}}_0^{\text{tms}} = 0$, nous déduisons

$$\overline{\mathcal{B}}_{\phi_{2n}}^{\text{tms}} = (n-1)\phi_{2n}. \tag{4.26}$$

Cherchons maintenant

$$Q(\phi_{2n}) = \frac{1}{2}\phi_{2n}(2(n-1)+\lg(1-1/4^n)) = \overline{\mathcal{B}}^{\mathsf{tms}}_{\phi_{2n}} + \frac{1}{2}\phi_{2n}\lg(1-1/4^n),$$

en usant de (4.26). Si nous définissons $f(x) := (1-x)\ln(1-1/x)$, alors $\overline{\mathcal{B}}^{\mathsf{tms}}_{\phi_{2n}} - Q(\phi_{2n}) = f(4^n)/(6\ln 2)$. Un peu d'analyse réelle élémentaire révèle que $3\ln(3/4) \leqslant f(x) < 1$, si $x \geqslant 4$, c'est-à-dire

$$1 - \frac{1}{2}\lg 3 \leqslant \overline{\mathcal{B}}^{\mathsf{tms}}_{\phi_{2n}} - Q(\phi_{2n}) < \frac{1}{6\ln 2}, \text{ si } n \geqslant 1.$$

Cela donne l'encadrement

$$0.2075 < \overline{\mathcal{B}}^{\mathsf{tms}}_{\phi_{2n}} - Q(\phi_{2n}) < 0.2405. \tag{4.27}$$

D'après le théorème 2 et l'équation (4.26), nous avons

$$\overline{\mathcal{B}}^{\mathsf{tms}}_{1+\phi_{2n}} = (1+\phi_{2n})(n-1)+1. \tag{4.28}$$

De plus,

$$Q(1+\phi_{2n}) = \frac{1}{2}(1+\phi_{2n})(2(n-1)+\lg(1+1/2^{2n-1}))$$

$$= \overline{\mathcal{B}}^{\mathsf{tms}}_{1+\phi_{2n}} - 1 + \frac{1}{6}(4^n+2)\lg(1+2/4^n),$$

d'après (4.28). Si l'on pose $g(x) := 1 - \frac{1}{6}(x+2)\lg(1+2/4^n)$, alors $\overline{\mathcal{B}}^{\mathsf{tms}}_{1+\phi_{2n}} - Q(1+\phi_{2n}) = g(4^n)$. Une analyse élémentaire montre que $2 - \lg 3 \leqslant g(x) < 1 - 1/(3\ln 2)$, quand $x \geqslant 4$, c'est-à-dire $2 - \lg 3 \leqslant g(4^n) < 1 - 1/(3\ln 2)$, où $n \geqslant 1$. D'où l'encadrement

$$0.4150 < \overline{\mathcal{B}}^{\mathsf{tms}}_{1+\phi_{2n}} - Q(1+\phi_{2n}) < 0.5192. \tag{4.29}$$

En comparant (4.27) et (4.29), on a $p = \phi_{2n} = (1010\ldots01)_2$ qui minimise $\overline{\mathcal{B}}^{tms}_p - \frac{1}{2}p\lg(\frac{3}{4}p)$.

— Si $k = 2m+1$, alors $\phi_{2m+1} = 2^{2m-1}+\phi_{2m-1}$ (théorème 2). D'après l'équation (4.21), nous tirons

$$\overline{\mathcal{B}}^{\mathsf{tms}}_{\phi_{2m+1}} = \overline{\mathcal{B}}^{\mathsf{tms}}_{2^{2m-1}} + \overline{\mathcal{B}}^{\mathsf{tms}}_{\phi_{2m-1}} + \phi_{2m-1}$$

$$= \overline{\mathcal{B}}^{\mathsf{tms}}_{\phi_{2m-1}} - (2m-1)4^{m-1} + \phi_{2m-1}.$$

En sommant membre à membre pour $m = 1$ à $m = n-1$ entraîne $9\overline{\mathcal{B}}^{\mathsf{tms}}_{\phi_{2n+1}} = S_{n+1}/2 - 3(4^n-1) + \sum_{m=0}^{n-1}\phi_{2m+1}$, qui se simplifie en

$$\overline{\mathcal{B}}^{\mathsf{tms}}_{\phi_{2n+1}} = \frac{1}{2}\phi_{2n+1}(2n-1). \tag{4.30}$$

Nous avons alors

$$Q(\phi_{2n+1}) = \frac{1}{2}\phi_{2n+1}(2n - 1 + \lg(1 - 1/4^n))$$

$$= \overline{\mathcal{B}}^{\mathsf{tms}}_{\phi_{2n+1}} + \frac{1}{2}\phi_{2n+1}\lg(1 - 1/4^n),$$

où la dernière égalité résulte de (4.30). Si, comme nous l'avons fait pour $Q(\phi_{2n})$, nous posons $f(x) := (1 - x)\ln(1 - 1/x)$, nous avons $\overline{\mathcal{B}}^{\mathsf{tms}}_{\phi_{2n+1}} - Q(\phi_{2n+1}) = f(4^n)/(3\ln 2)$. Nous savons déjà que $3\ln(3/4) \leqslant f(x) < 1$, si $x \geqslant 4$, soit

$$\lg 3 - 2 \leqslant \overline{\mathcal{B}}^{\mathsf{tms}}_{\phi_{2n+1}} - Q(\phi_{2n+1}) < \frac{1}{3\ln 2}, \text{ si } n \geqslant 1.$$

Nous avons donc établi :

$$0.4150 < \overline{\mathcal{B}}^{\mathsf{tms}}_{\phi_{2n+1}} - Q(\phi_{2n+1}) < 0.4809. \qquad (4.31)$$

Par ailleurs, d'après le théorème 2 et l'équation (4.30), nous tirons

$$\overline{\mathcal{B}}^{\mathsf{tms}}_{1+\phi_{2n+1}} = \frac{1}{2}(1 + \phi_{2n+1})(2n - 1) + \frac{1}{2}. \qquad (4.32)$$

De plus,

$$Q(1 + \phi_{2n+1}) = \frac{1}{2}(1 + \phi_{2n+1})(2n - 1 + \lg(1 + 1/2^{2n+1}))$$

$$= \overline{\mathcal{B}}^{\mathsf{tms}}_{1+\phi_{2n+1}} - \frac{1}{2} + \frac{1}{6}(1 + 2^{2n+1})\lg(1 + 1/2^{2n+1}),$$

d'après (4.32). Alors $\overline{\mathcal{B}}^{\mathsf{tms}}_{1+\phi_{2n+1}} - Q(1 + \phi_{2n+1}) = h(2^{2n+1})$, où $h(x) := \frac{1}{2} - \frac{1}{6}(1 + x)\lg(1 + 1/x)$. Une analyse élémentaire montre que $5 - 3\lg 3 \leqslant h(x) < 1/2 - 1/(6\ln 2)$, si $x \geqslant 8$, c'est-à-dire que $5 - 3\lg 3 \leqslant \overline{\mathcal{B}}^{\mathsf{tms}}_{1+\phi_{2n+1}} - Q(1 + \phi_{2n+1}) < 1/2 - 1/(6\ln 2)$, si $n \geqslant 1$. D'où

$$0.2450 < \overline{\mathcal{B}}^{\mathsf{tms}}_{1+\phi_{2n+1}} - Q(1 + \phi_{2n+1}) < 0.2596. \qquad (4.33)$$

De (4.31) et (4.33), on a $p = 1 + \phi_{2m+1} = (1010\ldots1011)_2$ qui minimise $\overline{\mathcal{B}}^{tms}_p - \frac{1}{2}p\lg p$.

Finalement, nous déduisons de l'analyse précédente que le minorant de (4.25) est atteint si $n = 2$ (le cas de base) et est sinon approché au plus près quand $n = (1010\ldots01)_2$ ou $n = (1010\ldots1011)_2$. Prises comme un tout, ces valeurs constituent la *suite de Jacobsthal*, définie par

$$J_0 = 0; \; J_1 = 1; \; J_{n+2} = J_{n+1} + 2J_n, \text{ for } n \geqslant 0. \qquad (4.34)$$

Employons maintenant la même approche inductive pour trouver un bon majorant à $\overline{\mathcal{B}}_n^{\text{tms}}$. En d'autres termes, nous voulons minimiser les constantes réelles a' et b' telles que, si $n \geqslant 2$,

$$\overline{\mathcal{B}}_n^{\text{tms}} \leqslant \frac{1}{2}n \lg n + a'n + b'.$$

La seule différence avec la recherche du minorant est que les inégalités sont inversées, donc nous voulons

$$\Phi(x) \leqslant a', \text{ où } \Phi(x) := \frac{1}{2}x \lg x - \frac{1}{2}(1+x)\lg(1+x) + x.$$

Ici, il nous faut trouver le maximum de Φ sur l'intervalle fermé $[0,1]$. Les deux racines positives de Φ sont 0 et 1, et Φ est négative entre elles (voir (4.24)). D'où : $a'_{\min} := \max_{0 \leqslant x \leqslant 1} \Phi(x) = \Phi(0) = \Phi(1) = 0$. Par ailleurs, d'après le cas de base : $b'_{\min} = -2a_{\min} = 0$. Finalement, nous avons dérivé l'encadrement suivant :

$$\tfrac{1}{2}n \lg n - \left(\frac{1}{2}\lg\frac{4}{3}\right)n + \lg\frac{4}{3} \leqslant \overline{\mathcal{B}}_n^{\text{tms}} \leqslant \frac{1}{2}n \lg n. \tag{4.35}$$

Le majorant est clairement atteint si $n = 2^p$ à cause de l'équation (4.13). Il est aussi évident maintenant que $\overline{\mathcal{B}}_n^{\text{tms}} \sim \frac{1}{2}n \lg n$, mais si nous n'étions seulement intéressés que par ce résultat asymptotique, Bush (1940) en donne une dérivation très simple grâce à un dénombrement de bits de la FIGURE 4.8 page 140. Rappelons que Delange (1975) a étudié $\overline{\mathcal{B}}_n^{\text{tms}}$ dans le cadre de l'analyse réelle et a montré que $\overline{\mathcal{B}}_n^{\text{tms}} = \frac{1}{2}n \lg n + F_0(\lg n) \cdot n$, où F_0 est une fonction périodique de période 1, continue et nulle part dérivable, et dont la série de Fourier montre que sa valeur moyenne est environ -0.145599.

Coût maximal   Le nombre maximal de comparaisons satisfait

$$\overline{\mathcal{W}}_0^{\text{tms}} = \overline{\mathcal{W}}_1^{\text{tms}} = 0, \qquad \overline{\mathcal{W}}_n^{\text{tms}} = \overline{\mathcal{W}}_{\lfloor n/2 \rfloor}^{\text{tms}} + \overline{\mathcal{W}}_{\lceil n/2 \rceil}^{\text{tms}} + \overline{\mathcal{W}}_{\lfloor n/2 \rfloor, \lceil n/2 \rceil}^{\text{mrg}}.$$

L'équation (4.4) page 130 done $\overline{\mathcal{W}}_n^{\text{tms}} = \overline{\mathcal{W}}_{\lfloor n/2 \rfloor}^{\text{tms}} + \overline{\mathcal{W}}_{\lceil n/2 \rceil}^{\text{tms}} + n - 1$ et

$$\overline{\mathcal{W}}_0^{\text{tms}} = \overline{\mathcal{W}}_1^{\text{tms}} = 0; \ \overline{\mathcal{W}}_{2p}^{\text{tms}} = 2\overline{\mathcal{W}}_p^{\text{tms}} + 2p - 1, \ \overline{\mathcal{W}}_{2p+1}^{\text{tms}} = \overline{\mathcal{W}}_p^{\text{tms}} + \overline{\mathcal{W}}_{p+1}^{\text{tms}} + 2p.$$

Posons la différence entre deux termes successifs : $\Delta_n := \overline{\mathcal{W}}_{n+1}^{\text{tms}} - \overline{\mathcal{W}}_n^{\text{tms}}$.
— Si $n = 2p$, alors $\Delta_{2p} = \Delta_p + 1$.
— Si $n = 2p+1$, alors $\overline{\mathcal{W}}_{2p+2}^{\text{tms}} = 2 \cdot \overline{\mathcal{W}}_{p+1}^{\text{tms}} + 2p + 1$, d'où $\Delta_{2p+1} = \Delta_p + 1$.
En somme, $\Delta_0 = 0$ et $\Delta_n = \Delta_{\lfloor n/2 \rfloor} + 1$. Si nous déroulons la récurrence, nous trouvons que $\Delta_n = \Delta_{\lfloor \lfloor n/2 \rfloor /2 \rfloor} + 2$, donc nous devons simplifier un terme de la forme $\lfloor \lfloor \lfloor \ldots \rfloor /2 \rfloor /2 \rfloor$.

Théorème 3 (Parties entières par défaut et fractions). *Soit x un nombre réel et q un entier naturel. Alors $\lfloor \lfloor x \rfloor / q \rfloor = \lfloor x/q \rfloor$.*

Démonstration. L'égalité est équivalente à la conjonction des deux inégalités complémentaires $\lfloor \lfloor x \rfloor / q \rfloor \leqslant \lfloor x/q \rfloor$ et $\lfloor x/q \rfloor \leqslant \lfloor \lfloor x \rfloor / q \rfloor$. La première est une simple conséquence de $\lfloor x \rfloor \leqslant x$. Puisque les deux membres de la seconde sont des entiers, $\lfloor x/q \rfloor \leqslant \lfloor \lfloor x \rfloor / q \rfloor$ est équivalente à $p \leqslant \lfloor x/q \rfloor \Rightarrow p \leqslant \lfloor \lfloor x \rfloor / q \rfloor$, pour tout entier p. Un lemme évident est que si i est un entier et y un réel, $i \leqslant \lfloor y \rfloor \Leftrightarrow i \leqslant y$, donc l'inégalité originelle est équivalente à $p \leqslant x/q \Rightarrow p \leqslant \lfloor x \rfloor / q$, qui est trivialement équivalente à $pq \leqslant x \Rightarrow pq \leqslant \lfloor x \rfloor$. Puisque pq est un entier, cette implication est vraie par le même petit lemme précédent. $\square$

En usant du théorème 3, nous déduisons $\Delta_n = m$, où m est le plus petit entier naturel tel que $\lfloor n/2^m \rfloor = 0$. En d'autres termes, m est le nombre de bits dans la notation binaire de n, que nous retrouvons à l'équation (1.6), donc $\Delta_n = \lfloor \lg n \rfloor + 1$. En revenant à la définition de Δ_n, formons $\sum_{k=1}^{n-1} \Delta_k$ et donc

$$\overline{\mathcal{W}}_n^{\mathsf{tms}} = \sum_{k=1}^{n-1} (\lfloor \lg k \rfloor + 1). \tag{4.36}$$

Alors que le coût minimal est le nombre de bits à 1 jusqu'à $n - 1$, nous voyons maintenant que le coût maximal est le nombre total de bits jusqu'à $n - 1$. Cela nous incite à parier que $\overline{\mathcal{W}}_n^{\mathsf{tms}} \sim 2 \cdot \overline{\mathcal{B}}_n^{\mathsf{tms}} \sim n \lg n$, car nous nous attendons à ce que le nombre de bits à 0 et à 1 soient les mêmes en moyenne. Considérons à nouveau la table des bits à la figure FIGURE 4.8 page 140. La plus grande puissance de 2 qui est inférieure à n est $2^{\lfloor \lg n \rfloor}$ parce que c'est le nombre binaire $(10 \ldots 0)_2$ qui possède le même nombre de bits que n; il figure donc dans la même section de la table que n. La technique consiste à compter les bits en colonnes, du haut vers le bas, et vers la gauche. Dans la colonne la plus à droite, nous trouvons n bits. Dans la deuxième colonne à partir de la droite, nous lisons $n - 2^1 + 1$ bits. La troisième contient $n - 2^2 + 1$ bits etc. jusqu'à la colonne la plus à gauche qui regroupe $n - 2^{\lfloor \lg n \rfloor} + 1$ bits. Le nombre total de bits dans la table est donc

$$\sum_{k=1}^{n} (\lfloor \lg k \rfloor + 1) = \sum_{k=0}^{\lfloor \lg n \rfloor} (n - 2^k + 1) = (n+1)(\lfloor \lg n \rfloor + 1) - 2^{\lfloor \lg n \rfloor + 1} + 1.$$

Exprimons la représentation binaire de n : $n := (b_{m-1} \ldots b_0)_2$, alors $2^{m-1} \leqslant n \leqslant 2^m - 1$ et $2^{m-1} < 2^{m-1} + 1 \leqslant n + 1 \leqslant 2^m$, et donc $m - 1 < \lg(n+1) \leqslant m$, d'où $m = \lceil \lg(n+1) \rceil$, ce qui, avec l'aide de l'équation (1.6) page 12, prouve $1 + \lfloor \lg n \rfloor = \lceil \lg(n+1) \rceil$. En conséquence, l'équation (4.36) peut être réécrite comme

$$\overline{\mathcal{W}}_0^{\mathsf{tms}} = \overline{\mathcal{W}}_1^{\mathsf{tms}} = 0, \qquad \overline{\mathcal{W}}_n^{\mathsf{tms}} = n \lceil \lg n \rceil - 2^{\lceil \lg n \rceil} + 1. \tag{4.37}$$

Cette équation est plus subtile qu'elle ne paraît, à cause de la périodicité cachée dans $2^{\lceil \lg n \rceil}$. Nous analysons selon que $n = 2^p$ ou non :
- si $n = 2^p$, alors $\overline{\mathcal{W}}_n^{\mathsf{tms}} = n \lg n - n + 1$;
- sinon, nous avons $\lceil \lg n \rceil = \lfloor \lg n \rfloor + 1 = \lg n - \{\lg n\} + 1$ et puis $\overline{\mathcal{W}}_n^{\mathsf{tms}} = n \lg n + \theta(1 - \{\lg n\}) \cdot n + 1$, où $\theta(x) := x - 2^x$ et la *partie fractionnaire* du réel x est $\{x\} := x - \lfloor x \rfloor$. En particulier, $0 \leqslant \{x\} < 1$. La dérivée est $\theta'(x) = 1 - 2^x \ln 2$; elle a une racine $\theta'(x_0) = 0 \Leftrightarrow x_0 = -\lg \ln 2$; elle est positive avant x_0, et négative après. Donc $\theta(x)$ atteint son maximal en x_0 :

$$\max_{0 < x \leqslant 1} \theta(x) = \theta(x_0) = -(1 + \ln \ln 2)/\ln 2 \simeq -0.9139,$$

et $\min_{0 < x \leqslant 1} \theta(x) = \theta(1) = -1$. Par injectivité, $\theta(1) = \theta(1 - \{\lg n\})$ implique $\{\lg n\} = 0$, soit $n = 2^p$ (premier cas).
En conclusion : $\overline{\mathcal{W}}_n^{\mathsf{tms}} = n \lg n + A(\lg n) \cdot n + 1$, où $A(x) := 1 - \{x\} - 2^{1-\{x\}}$ est une fonction périodique, car $A(x) = A(\{x\})$, encadrée comme suit : $-1 \leqslant A(x) < -1/\ln 2 - \lg \ln 2 < -0.91$. Une analyse plus poussée de $A(x)$ fait appel à des séries de Fourier ou à l'analyse complexe ; sa valeur moyenne est environ -0.942695. Les auteurs de référence sur ce sujet sont Flajolet et Golin (1994), et aussi Panny et Prodinger (1995). Nous pouvons maintenant conclure :

$$n \lg n - n + 1 \leqslant \overline{\mathcal{W}}_n^{\mathsf{tms}} < n \lg n - 0.91 n + 1. \tag{4.38}$$

Le minorant est atteint si $n = 2^p$. Le majorant est approché au mieux quand $\{\lg n\} = 1 + \lg \ln 2$, soit quand n est l'entier le plus proche de $2^p \ln 2$ (prendre la notation binaire de $\ln 2$, décaler le point décimal (ou virgule) p fois vers la droite et arrondir). Très clairement, $\overline{\mathcal{W}}_n^{\mathsf{tms}} \sim n \lg n$.

Coût moyen Soit $\overline{\mathcal{A}}_n^{\mathsf{tms}}$ le nombre moyen de comparaisons pour trier n clés de façon descendante. Toutes les permutations de la pile donnée étant également probables, l'équation (4.17) devient

$$\overline{\mathcal{A}}_0^{\mathsf{tms}} = \overline{\mathcal{A}}_1^{\mathsf{tms}} = 0, \qquad \overline{\mathcal{A}}_n^{\mathsf{tms}} = \overline{\mathcal{A}}_{\lfloor n/2 \rfloor}^{\mathsf{tms}} + \overline{\mathcal{A}}_{\lceil n/2 \rceil}^{\mathsf{tms}} + \overline{\mathcal{A}}_{\lfloor n/2 \rfloor, \lceil n/2 \rceil}^{\mathsf{mrg}}.$$

L'équation (4.9) implique, à son tour,

$$\overline{\mathcal{A}}_n^{\mathsf{tms}} = \overline{\mathcal{A}}_{\lfloor n/2 \rfloor}^{\mathsf{tms}} + \overline{\mathcal{A}}_{\lceil n/2 \rceil}^{\mathsf{tms}} + n - \frac{\lfloor n/2 \rfloor}{\lceil n/2 \rceil + 1} - \frac{\lceil n/2 \rceil}{\lfloor n/2 \rfloor + 1}.$$

Si nous procédons comme avec les extremums du coût, nous obtenons

$$\overline{\mathcal{A}}_{2p}^{\mathsf{tms}} = 2 \cdot \overline{\mathcal{A}}_{p}^{\mathsf{tms}} + 2p - 2 + \frac{2}{p+1}, \ \overline{\mathcal{A}}_{2p+1}^{\mathsf{tms}} = \overline{\mathcal{A}}_{p}^{\mathsf{tms}} + \overline{\mathcal{A}}_{p+1}^{\mathsf{tms}} + 2p - 1 + \frac{2}{p+2}.$$

Ces récurrences sont plutôt difficiles. Poser $\Delta_n := \overline{\mathcal{A}}_{n+1}^{\mathsf{tms}} - \overline{\mathcal{A}}_{n}^{\mathsf{tms}}$ mène à

$$\Delta_{2p+1} = \Delta_{2p} + \frac{2}{(p+1)(p+2)}.$$

Contrairement aux équations aux différences que nous avons dérivées pour les extremums du coût, celle-ci n'est pas d'une grande aide, par conséquent nous devrions opter pour une approche inductive, comme nous l'avons fait pour trouver l'encadrement serré de $\overline{\mathcal{B}}_{n}^{\mathsf{tms}}$. Les inéquations (4.16) page 138 sont équivalentes à

$$n \lg n - \alpha n + \alpha < \overline{\mathcal{A}}_{n}^{\mathsf{tms}} < n \lg n - \alpha n + 2, \text{ si } n = 2^p,$$

et cela nous suggère de rechercher des bornes de la forme $n \lg n + an + b$ aussi quand $n \neq 2^p$. Commençons par la borne inférieure et entreprenons de maximiser les constantes réelles a et b dans

$$\mathsf{H}(n) \colon n \lg n + an + b \leqslant \overline{\mathcal{A}}_{n}^{\mathsf{tms}}, \text{ avec } n \geqslant 2.$$

Puisque $\mathsf{H}(2p)$ dépend de $\mathsf{H}(p)$, et que $\mathsf{H}(2p+1)$ dépend de $\mathsf{H}(p)$ et $\mathsf{H}(p+1)$, la propriété $\mathsf{H}(n)$, pour tout $n > 1$, dépend donc transitivement de $\mathsf{H}(2)$ seul, parce que nous itérons des divisions par 2. Si nous écrivons $\mathsf{H}(n) \rightsquigarrow \mathsf{H}(m)$ pour dire : « $\mathsf{H}(n)$ dépend de $\mathsf{H}(m)$ », nous avons alors, par exemple, $\mathsf{H}(2^3) \rightsquigarrow \mathsf{H}(2^2) \rightsquigarrow \mathsf{H}(2^1)$; $\mathsf{H}(7) \rightsquigarrow \mathsf{H}(3) \rightsquigarrow \mathsf{H}(2)$ et $\mathsf{H}(7) \rightsquigarrow \mathsf{H}(4) \rightsquigarrow \mathsf{H}(2)$. $\mathsf{H}(2)$ équivaut à

$$2a + b + 1 \leqslant 0. \tag{4.39}$$

Parce que la définition de $\overline{\mathcal{A}}_{n}^{\mathsf{tms}}$ dépend de la parité de n, le pas inductif sera double. Supposons $\mathsf{H}(n)$ pour $n < 2p$, en particulier, nous supposerons $\mathsf{H}(p)$, qui, avec l'expression de $\overline{\mathcal{A}}_{2p}^{\mathsf{tms}}$ ci-dessus, équivaut à

$$(2p \lg p + 2ap + 2b) + 2p - 2 + \frac{2}{p+1} \leqslant \overline{\mathcal{A}}_{2p}^{\mathsf{tms}}.$$

Nous voulons $\mathsf{H}(2p) \colon 2p \lg(2p) + 2ap + b = 2p \lg p + 2ap + 2p + b \leqslant \overline{\mathcal{A}}_{2p}^{\mathsf{tms}}$, qui tient si la condition suffisante suivante est satisfaite :

$$2p \lg p + 2ap + 2p + b \leqslant 2p \lg p + 2ap + 2b + 2p - 2 + \frac{2}{p+1},$$

ce qui équivaut à

$$2 - \frac{2}{p+1} = \frac{2p}{p+1} \leqslant b.$$

Soit $\Phi(p) := 2p/(p+1)$. Cette fonction est strictement croissante pour les valeurs $p > 0$ et $\Phi(p) \to 2^-$, lorsque $p \to +\infty$.

L'autre pas inductif concerne les valeurs impaires de n. Nous supposerons $H(n)$ pour tout $n < 2p + 1$, en particulier, nous supposons $H(p)$ et $H(p+1)$, qui, avec l'expression de $\overline{\mathcal{A}}_{2p+1}^{\mathsf{tms}}$ ci-dessus, implique

$$(p \lg p + ap + b) + ((p+1)\lg(p+1) + a(p+1) + b) + 2p - 1 + \frac{2}{p+2} \leqslant \overline{\mathcal{A}}_{2p+1}^{\mathsf{tms}},$$

qui peut être simplifiée légèrement comme suit :

$$p \lg p + (p+1)\lg(p+1) + a(2p+1) + 2b + 2p - 1 + \frac{2}{p+2} \leqslant \overline{\mathcal{A}}_{2p+1}^{\mathsf{tms}}.$$

Nous désirons établir $H(2p+1)$: $(2p+1)\lg(2p+1) + a(2p+1) + b \leqslant \overline{\mathcal{A}}_{2p+1}^{\mathsf{tms}}$, qui est donc impliquée par

$$(2p+1)\lg(2p+1) \leqslant p \lg p + (p+1)\lg(p+1) + b + 2p - 1 + \frac{2}{p+2}. \quad (4.40)$$

Soit $\Psi(p) := (2p+1)\lg(2p+1) - (p+1)\lg(p+1) - p \lg p - 2p + 1 - 2/(p+2)$. Alors (4.40) équivaut à $\Psi(p) \leqslant b$. De plus,

$$\frac{d\Psi}{dp}(p) = \frac{2}{(p+2)^2} + \lg\left(1 + \frac{1}{4p(p+1)}\right).$$

Clairement, $d\Psi/dp > 0$, si $p > 0$, donc $\Psi(p)$ croît strictement sur $p > 0$. Cherchons $\lim_{p \to +\infty} \Psi(p)$ en réécrivant $\Psi(p)$ comme suit :

$$\Psi(p) = 2 - \frac{2}{p+2} + (2p+1)\lg(p+1/2) - (p+1)\lg(p+1) - p \lg p$$

$$= 2 - \frac{2}{p+2} + p\left(\lg(p+1/2)^2 - \lg(p+1) - \lg p\right) + \lg(p+1/2)$$

$$- \lg(p+1)$$

$$= 2 - \frac{2}{p+2} + p \lg\left(1 + \frac{1}{4p(p+1)}\right) + \lg\frac{p+1/2}{p+1}.$$

La limite de $x \ln(1 + 1/x^2)$ quand $x \to +\infty$ est obtenue en changeant x en $1/y$ et en considérant la limite quand $y \to 0^+$, qui est 0 par la règle de l'Hôpital. Ce résultat peut être étendu et appliqué au grand terme dans $\Psi(p)$, et, puisque tous les autres termes variables convergent vers 0, nous pouvons conclure que $\Psi(p) \to 2^-$, lorsque $p \to +\infty$.

Étant donné que nous devons satisfaire les conditions $\Psi(p) \leqslant b$ et $\Phi(p) \leqslant b$ pour que le double pas inductif tienne, nous devons comparer $\Psi(p)$ et $\Phi(p)$ lorsque p est un entier naturel : nous avons $\Phi(1) < \Psi(1)$ et $\Phi(2) < \Psi(2)$, mais $\Psi(p) < \Phi(p)$ si $p \geqslant 3$. Par conséquent, pour que la constante b ne dépende pas de p, elle doit être supérieure à 2, qui est le plus petit majorant de f et g. Mais l'inéquation (4.39) nous dit que nous devons minimiser b pour maximiser a (ce qui constitue la priorité), donc devons choisir la limite : $b_{\min} = 2$. La même inégalité entraîne $a \leqslant -3/2$, donc $a_{\max} = -3/2$ et le principe d'induction complète établit

$$n \lg n - \frac{3}{2}n + 2 < \overline{\mathcal{A}}_n^{\mathsf{tms}}, \text{ pour } n \geqslant 2. \tag{4.41}$$

Ce minorant n'est pas très bon, mais il a été obtenu sans grande peine. Nous pouvons nous souvenir du minorant au cas où $n = 2^p$, dans (4.16) page 138 : $n \lg n - \alpha n + \alpha < \overline{\mathcal{A}}_n^{\mathsf{tms}}$, où $\alpha \simeq 1.264499$. En fait, Flajolet et Golin (1994) ont prouvé

$$n \lg n - \alpha n < \overline{\mathcal{A}}_n^{\mathsf{tms}}. \tag{4.42}$$

À l'asymptote, ce minorant est identique à celui pour le cas $n = 2^p$. Notre méthode inductive ne peut mener à ce beau résultat car elle produit des conditions suffisantes qui sont trop fortes, en particulier, nous n'avons pas trouvé de décomposition de la forme $\overline{\mathcal{A}}_{2^p+i}^{\mathsf{tms}} = \overline{\mathcal{A}}_{2^p}^{\mathsf{tms}} + \overline{\mathcal{A}}_i^{\mathsf{tms}} + \dots$

Cherchons maintenant les plus petites constantes réelles a' et b' telles que pour $n \geqslant 2$, $\overline{\mathcal{A}}_n^{\mathsf{tms}} \leqslant n \lg n + a'n + b'$. Le cas de base de $\mathsf{H}(n)$ dans (4.39) est ici inversé : $2a' + b' + 1 \geqslant 0$. Par conséquent, pour minimiser a', nous devons maximiser b'. Par ailleurs, les conditions sur b' déduites des pas inductifs sont aussi inversées par rapport à b : $b' \leqslant \Phi(p)$ et $b' \leqslant \Psi(p)$. Le cas de base est $\mathsf{H}(2)$, soit $p = 1$, et nous avons vu tantôt que $\Phi(1) \leqslant \Psi(1)$, donc nous devons avoir $b' < \Phi(1) = 1$. Par conséquent, la valeur maximale est $b'_{\max} = 1$. Finalement, ceci implique que $a' \geqslant -1$, d'où $a'_{\min} = -1$.

En regroupant nos bornes, nous avons l'encadrement

$$n \lg n - \frac{3}{2}n + 2 < \overline{\mathcal{A}}_n^{\mathsf{tms}} < n \lg n - n + 1.$$

Trivialement, nous avons $\overline{\mathcal{A}}_n^{\mathsf{tms}} \sim n \lg n \sim \overline{\mathcal{W}}_n^{\mathsf{tms}} \sim 2 \cdot \overline{\mathcal{B}}_n^{\mathsf{tms}}$. Flajolet et Golin (1994) ont prouvé, au moyen d'une analyse bien au-delà de la portée de ce livre, le résultat très fort suivant :

$$\overline{\mathcal{A}}_n^{\mathsf{tms}} = n \lg n + B(\lg n) \cdot n + \mathcal{O}(1),$$

où B est une fonction périodique de période 1, continue et nulle part dérivable, dont la valeur moyenne est environ -1.2481520. La notation $\mathcal{O}(1)$ est un cas particulier de la notation dite de Bachmann pour désigner une constante positive inconnue. La valeur maximale atteinte par $B(x)$ est approximativement -1.24075, donc

$$\overline{\mathcal{A}}_n^{\mathsf{tms}} = n \lg n - (1.25 \pm 0.01) \cdot n + \mathcal{O}(1).$$

4.4 Tri ascendant

Au lieu de couper une pile de n clés en deux moitiés, nous pourrions la diviser en deux piles de longueur $2^{\lceil \lg n \rceil - 1}$ et $n - 2^{\lceil \lg n \rceil - 1}$, où le premier nombre représente la plus grande puissance de 2 strictement inférieure à n. Par exemple, si $n = 11 = 2^3 + 2^1 + 2^0$, nous partagerions en $2^3 = 8$ et $2^1 + 2^0 = 3$. Bien sûr, si $n = 2^p$, cette stratégie, nommée *ascendante*, coïncide avec celle du tri par interclassement descendant, ce qui, en termes de coût, s'exprime ainsi : $\overline{C}_{2^p}^{\mathsf{bms}} = \overline{C}_{2^p}^{\mathsf{tms}} = C_p^{\bowtie}$, où bms/1 réalise le *tri par interclassement ascendant* (anglais : *bottom-up merge sort*). La différence entre les tris descendant et ascendant se voit aisément à la FIGURE 4.10. En général, nous avons les équations suivantes :

$$\overline{C}_0^{\mathsf{bms}} = \overline{C}_1^{\mathsf{bms}} = 0, \quad \overline{C}_n^{\mathsf{bms}} = \overline{C}_{2^{\lceil \lg n \rceil - 1}}^{\mathsf{bms}} + \overline{C}_{n - 2^{\lceil \lg n \rceil - 1}}^{\mathsf{bms}} + \overline{C}_{2^{\lceil \lg n \rceil - 1}, n - 2^{\lceil \lg n \rceil - 1}}^{\mathsf{mrg}}.$$
$$(4.43)$$

La FIGURE 4.11a montre l'arbre d'interclassement de sept clés triées de cette manière. Remarquons que le singleton [4] est interclassé avec [2, 6], une pile deux fois plus longue. Le déséquilibre des longueurs est propagé vers le haut. Le cas général est mieux suggéré en ne conservant de chaque nœud que la longueur de la pile associée, comme on peut en voir un exemple à la FIGURE 4.11b.

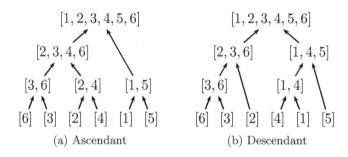

FIGURE 4.10 – Comparaison des tris de $[6, 3, 2, 4, 1, 5]$

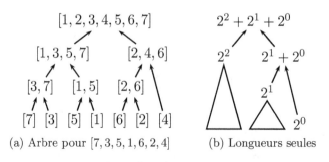

FIGURE 4.11 – Arbre d'interclassement pour sept clés

Coût minimal Soit $\overline{\mathcal{B}}_n^{\mathsf{bms}}$ le coût minimal pour trier n clés de manière ascendante. Soit $n = 2^p + i$, avec $0 < i < 2^p$. Alors, de l'équation (4.43) page ci-contre, et (4.3) page 129, nous déduisons :

$$\overline{\mathcal{B}}_{2^p+i}^{\mathsf{bms}} = \overline{\mathcal{B}}_{2^p}^{\mathsf{bms}} + \overline{\mathcal{B}}_{i}^{\mathsf{bms}} + i,$$

que nous identifions comme une instance des équations fonctionnelles suivantes : $f(0) = f(1) = 0$, $f(2) = 1$ et $f(2^p + i) = f(2^p) + f(i) + i$, avec $f = \overline{\mathcal{B}}^{\mathsf{tms}}$, comme on le voit à l'équation (4.21) page 141. Par conséquent,

$$\overline{\mathcal{B}}_n^{\mathsf{bms}} = \overline{\mathcal{B}}_n^{\mathsf{tms}} = \sum_{k=0}^{n-1} \nu_k. \tag{4.44}$$

Nous pouvons donc réutiliser l'encadrement de $\overline{\mathcal{B}}_n^{\mathsf{tms}}$:

$$\frac{1}{2}n \lg n - \left(\frac{1}{2}\lg\frac{4}{3}\right)n + \lg\frac{4}{3} \leqslant \overline{\mathcal{B}}_n^{\mathsf{bms}} \leqslant \frac{1}{2}n \lg n. \tag{4.45}$$

Le minorant est atteint si $n = 2$ et est approché au plus près lorsque n est un nombre de Jacobsthal (voir équations (4.34) page 145). Le majorant est atteint quand $n = 2^p$.

Coût maximal Soit $\overline{\mathcal{W}}_n^{\mathsf{bms}}$ le coût maximal pour trier n clés de manière ascendante. Soit $n = 2^p + i$, avec $0 < i < 2^p$. Alors, de l'équation (4.43) page ci-contre, et (4.4) page 130, nous déduisons

$$\overline{\mathcal{W}}_{2^p+i}^{\mathsf{bms}} = \overline{\mathcal{W}}_{2^p}^{\mathsf{bms}} + \overline{\mathcal{W}}_{i}^{\mathsf{bms}} + 2^p + i - 1. \tag{4.46}$$

Cherchons un minorant de $\overline{\mathcal{W}}_n^{\mathsf{bms}}$ en fondant une induction sur cette équation. Précisément, trouvons les plus grandes constantes réelles a et b telles que, pour $n \geqslant 2$,

$$n \lg n + an + b \leqslant \overline{\mathcal{W}}_n^{\mathsf{bms}}.$$

Le cas de base est $n = 2$, soit, $b \leqslant -2a - 1$. Supposons que le minorant tienne pour $n = i$ et souvenons-nous de l'équation (4.14) page 138, qui prend ici la forme $\overline{\mathcal{W}}_{2^p}^{\mathsf{bms}} = p2^p - 2^p + 1$. Alors (4.46) entraîne :

$$(p2^p - 2^p + 1) + (i \lg i + ai + b) + 2^p + i - 1 \leqslant \overline{\mathcal{W}}_{2^p+i}^{\mathsf{bms}},$$

qui est équivalente à $p2^p + i \lg i + i + ai + b \leqslant \overline{\mathcal{W}}_{2^p+i}^{\mathsf{bms}}$. Nous voulons que le minorant tienne si $n = 2^p + i$, soit $(2^p + i)\lg(2^p + i) + a(2^p + i) + b \leqslant \overline{\mathcal{W}}_{2^p+i}^{\mathsf{bms}}$. Clairement, cela est vrai si la contrainte plus forte qui suit est vraie :

$$(2^p + i)\lg(2^p + i) + a(2^p + i) + b \leqslant p2^p + i \lg i + i + ai + b.$$

Cette inégalité est équivalente à $a2^p \leqslant p2^p - (2^p + i)\lg(2^p + i) + i\lg i + i$. Plongeons i dans les nombres réels en posant $i = x2^p$, où x est un nombre réel tel que $0 < x \leqslant 1$. Alors, l'inégalité en question équivaut à

$$a \leqslant \Phi(x), \text{ où } \Phi(x) := x\lg x - (1 + x)\lg(1 + x) + x.$$

La fonction Φ peut être étendue par continuité en 0, car $\lim_{x\to 0} x\lg x = 0$, et elle est dérivable sur l'intervalle fermé $[0, 1]$:

$$\frac{d\Phi}{dx} = \lg\frac{2x}{x + 1}.$$

La racine de $d\Phi/dx = 0$ est 1, la dérivée est négative avant, puis positive ; donc Φ décroît jusqu'à $x = 1$: $a_{\max} := \min_{0 < x \leqslant 1} \Phi(x) = \Phi(1) = -1$. Du cas de base, nous tirons : $b_{\max} := -2a_{\max} - 1 = 1$. Par conséquent,

$$n\lg n - n + 1 \leqslant \overline{\mathcal{W}}_n^{\mathsf{bms}}.$$

Le minorant est atteint quand $x = 1$, c'est-à-dire $i = 2^p$, soit $n = 2^{p+1}$.

Cherchons maintenant les plus petites constantes réelles a' et b' telles que, pour $n \geqslant 2$,

$$\overline{\mathcal{W}}_n^{\mathsf{bms}} \leqslant n\lg n + a'n + b'.$$

La différence avec le minorant est que les inégalités sont inversées et nous minimisons les inconnues, au lieu de les maximiser. Par conséquent, le cas de base est ici $b' \geqslant -2a - 1$ et la condition pour l'induction est $a' \geqslant \Phi(x)$. D'après les variations de Φ : $a'_{\min} := \max_{0 \leqslant x \leqslant 1} \Phi(x) = \Phi(0) = 0$, et $b'_{\min} := -2a'_{\min} - 1 = -1$. En conclusion,

$$n\lg n - n + 1 \leqslant \overline{\mathcal{W}}_n^{\mathsf{bms}} < n\lg n - 1. \tag{4.47}$$

Puisque $\Phi(x)$ a été étendue en $x = 0$, le majorant est approché au plus près lorsque $i = 1$, la plus petite valeur possible, soit quand $n = 2^p + 1$ (l'interclassement le plus déséquilibré : des piles de taille 2^p et 1). Une étude plus approfondie par Panny et Prodinger (1995), fondée sur une analyse de Fourier, confirme que les termes linéaires de cet encadrement ne peuvent être améliorés et elle montre aussi que la valeur moyenne du coefficient linéaire est environ -0.70057.

Une autre approche Bien que nous ayons déjà encadré $\overline{\mathcal{W}}_n^{\mathsf{bms}}$ au plus près, nous pouvons apprendre quelque chose de plus en exprimant le coût d'une façon différente de celle de sa définition, d'une manière plus adaptée à des calculs élémentaires aussi. En toute généralité, soient $r \geqslant 0$ et $e_r > \cdots > e_1 > e_0 \geqslant 0$ tels que $n := 2^{e_r} + \cdots + 2^{e_1} + 2^{e_0} > 0$. Nous avons employé cette décomposition à l'équation (1.6) à la page 12.

Considérons alors à la FIGURE 4.12 l'arbre de tous les interclassements possibles dont on ne retient que les longueurs. Les triangles sont des sous-arbres constitués d'*interclassements équilibrés*, c'est-à-dire d'interclassements entre piles de même longueurs, pour lesquels nous connaissons déjà le nombre de comparaisons. Les longueurs des *interclassements*

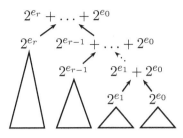

FIGURE 4.12 – $\sum_{j=0}^{r} 2^{e_j}$ clés

déséquilibrés se trouvent dans la branche descendant à droite, c'est-à-dire les nœuds à partir de la racine, $2^{e_r} + \cdots + 2^{e_0}$, jusqu'à $2^{e_1} + 2^{e_0}$. À la FIGURE 4.13 sont montrés les arbres de coût maximal pour n pair et $n + 1$. Les expressions encadrées ne se trouvent pas dans l'arbre en opposition, donc, la somme dans chaque arbre des termes non-encadrés est identique.

— *Si n est pair*, à la FIGURE 4.13a, cette somme est $\overline{\mathcal{W}}_n^{\mathsf{bms}} - r$. Elle égale $\overline{\mathcal{W}}_{n+1}^{\mathsf{bms}} - 2^{e_0} - \overline{\mathcal{W}}_{2^0}^{\mathsf{bms}}$ à la FIGURE 4.13b. En égalant les deux :

$$\overline{\mathcal{W}}_n^{\mathsf{bms}} - r = \overline{\mathcal{W}}_{n+1}^{\mathsf{bms}} - 2^{e_0} - \overline{\mathcal{W}}_{2^0}^{\mathsf{bms}}. \tag{4.48}$$

Explicitons que e_0 est une fonction de n (il s'agit de la plus grande puissance de 2 qui divise n) : $e_0 := \rho_n$. De plus, nous savons déjà que $\nu_n = r+1$ et $\overline{\mathcal{W}}_1^{\mathsf{bms}} = 0$. Prendre $n = 2k$ dans l'équation (4.48) implique alors la récurrence

$$\overline{\mathcal{W}}_{2k+1}^{\mathsf{bms}} = \overline{\mathcal{W}}_{2k}^{\mathsf{bms}} + 2^{\rho_{2k}} + \nu_{2k} - 1. \tag{4.49}$$

La fonction ρ_n (anglais : *ruler function*) est étudiée par Graham *et al.* (1994), Knuth (2011) et satisfait les récurrences suivantes

$$\rho_1 = 0, \qquad \rho_{2n} = \rho_n + 1, \qquad \rho_{2n+1} = 0, \tag{4.50}$$

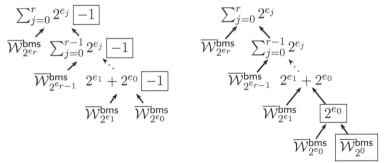

(a) La somme des nœuds est $\overline{\mathcal{W}}_n^{\mathsf{bms}}$ (b) La somme des nœuds est $\overline{\mathcal{W}}_{n+1}^{\mathsf{bms}}$

FIGURE 4.13 – Arbres de coût maximal pour n pair et $n + 1$

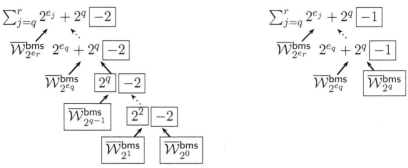

(a) La somme des nœuds est $\overline{\mathcal{W}}_n^{\mathsf{bms}}$

(b) La somme des nœuds est $\overline{\mathcal{W}}_{n+1}^{\mathsf{bms}}$

FIGURE 4.14 – Arbres de coût maximal pour n impair et $n+1$

pour $n > 0$. On les devine facilement à partir de la notation binaire de n car ρ_n compte le nombre de zéros à droite. Ceci nous permet de simplifier un petit peu l'équation (4.49) en

$$\overline{\mathcal{W}}_{2k+1}^{\mathsf{bms}} = \overline{\mathcal{W}}_{2k}^{\mathsf{bms}} + 2 \cdot 2^{\rho_k} + \nu_k - 1. \tag{4.51}$$

— *Si n est impair*, nous construisons les arbres à la FIGURE 4.14. La somme des expressions non-encadrées à la FIGURE 4.14a est

$$\overline{\mathcal{W}}_n^{\mathsf{bms}} - \sum_{k=0}^{q-1} \overline{\mathcal{W}}_{2k}^{\mathsf{bms}} - \sum_{k=2}^{q} 2^k + 2((q-1) + (r-q+1))$$

$$= \overline{\mathcal{W}}_n^{\mathsf{bms}} - \sum_{k=0}^{q-1} ((k-1)2^k + 1) - \sum_{k=2}^{q} 2^k + 2r$$

$$= \overline{\mathcal{W}}_n^{\mathsf{bms}} - (q-1)2^q - q + 2r + 1,$$

en utilisant l'équation (4.14) et $\sum_{k=0}^{q-1} k2^k = (q-2)2^q + 2$. En effet, soit $S_q := \sum_{k=0}^{q-1} k2^{k-1}$. Alors

$$S_q + q2^{q-1} = \sum_{k=1}^{q} k2^{k-1} = \sum_{k=0}^{q-1} (k+1)2^k$$

$$= \sum_{k=0}^{q-1} k2^k + \sum_{k=0}^{q-1} 2^k = 2 \cdot S_{q-1} + 2^q - 1,$$

d'où

$$S_q = \sum_{k=1}^{q-1} k2^{k-1} = (q-2)2^{q-1} + 1. \tag{4.52}$$

La même somme à la FIGURE 4.14b vaut

$$\mathcal{W}_{n+1}^{\mathsf{bms}} - \overline{\mathcal{W}}_{2q}^{\mathsf{bms}} + (r-q+1) = \overline{\mathcal{W}}_{n+1}^{\mathsf{bms}} - (q-1)2^q - q + r.$$

Nous égalons ces deux sommes et les simplifions en

$$\overline{\mathcal{W}}_{n+1}^{\mathsf{bms}} = \overline{\mathcal{W}}_n^{\mathsf{bms}} + r + 1 = \overline{\mathcal{W}}_n^{\mathsf{bms}} + \nu_n.$$

En nous souvenant des récurrences (4.18) page 140 et en posant $n = 2k - 1$, cette équation est simplifiée en

$$\overline{\mathcal{W}}_{2k}^{\mathsf{bms}} = \overline{\mathcal{W}}_{2k-1}^{\mathsf{bms}} + \nu_{k-1} + 1. \tag{4.53}$$

D'après les équations (4.53) et (4.51), nous déduisons

$$\overline{\mathcal{W}}_{2k+1}^{\mathsf{bms}} = \overline{\mathcal{W}}_{2k-1}^{\mathsf{bms}} + 2 \cdot 2^{\rho_k} + \nu_{k-1} + \nu_k, \quad \overline{\mathcal{W}}_{2k+2}^{\mathsf{bms}} = \overline{\mathcal{W}}_{2k}^{\mathsf{bms}} + 2 \cdot 2^{\rho_k} + 2\nu_k.$$

Ces équations sont un bon moyen pour calculer les valeurs de $\overline{\mathcal{W}}_n^{\mathsf{bms}}$. En sommant les côtés pour des valeurs croissantes de la variable k donne

$$\overline{\mathcal{W}}_{2p+1}^{\mathsf{bms}} = \overline{\mathcal{W}}_1^{\mathsf{bms}} + 2\sum_{k=1}^{p} 2^{\rho_k} + \sum_{k=1}^{p} \nu_{k-1} + \sum_{k=1}^{p} \nu_k = 2\sum_{k=1}^{p} 2^{\rho_k} + 2\sum_{k=1}^{p-1} \nu_k + \nu_p. \tag{4.54}$$

$$\overline{\mathcal{W}}_{2p}^{\mathsf{bms}} = \overline{\mathcal{W}}_2^{\mathsf{bms}} + 2\sum_{k=1}^{p-1} 2^{\rho_k} + 2\sum_{k=1}^{p-1} \nu_k = 1 + 2\sum_{k=1}^{p-1} 2^{\rho_k} + 2\sum_{k=1}^{p-1} \nu_k. \tag{4.55}$$

Ces expressions contiennent deux fonctions intéressantes, qui jouent un rôle en théorie élémentaire des nombres : $\sum_{k=1}^{p-1} 2^{\rho_k}$ et $\sum_{k=1}^{p-1} \nu_k$, cette dernière étant $\overline{\mathcal{B}}_p^{\mathsf{bms}}$, comme nous l'avons vu à l'équation (4.44).

Coût moyen   Soit $\overline{\mathcal{A}}_n^{\mathsf{bms}}$ le nombre moyen de comparaisons pour trier n clés de manière ascendante. Toutes les permutations de la pile étant également probables, l'équation (4.43) page 152 donne $\overline{\mathcal{A}}_0^{\mathsf{bms}} = \overline{\mathcal{A}}_1^{\mathsf{bms}} = 0$,

$$\overline{\mathcal{A}}_n^{\mathsf{bms}} = \overline{\mathcal{A}}_{2^{\lceil \lg n \rceil - 1}}^{\mathsf{bms}} + \overline{\mathcal{A}}_{n - 2^{\lceil \lg n \rceil - 1}}^{\mathsf{bms}} + \overline{\mathcal{A}}_{2^{\lceil \lg n \rceil - 1}, n - 2^{\lceil \lg n \rceil - 1}}^{\mathsf{mrg}},$$

qui, avec l'équation (4.9), à son tour implique $\overline{\mathcal{A}}_0^{\mathsf{bms}} = \overline{\mathcal{A}}_1^{\mathsf{bms}} = 0$ et

$$\overline{\mathcal{A}}_n^{\mathsf{bms}} = \overline{\mathcal{A}}_{2^{\lceil \lg n \rceil - 1}}^{\mathsf{bms}} + \overline{\mathcal{A}}_{n - 2^{\lceil \lg n \rceil - 1}}^{\mathsf{bms}} + n - \frac{2^{\lceil \lg n \rceil - 1}}{n - 2^{\lceil \lg n \rceil - 1} + 1} - \frac{n - 2^{\lceil \lg n \rceil - 1}}{2^{\lceil \lg n \rceil - 1} + 1}.$$

Cette définition est plutôt intimidante, donc tournons-nous vers l'induction pour trouver un encadrement, comme nous l'avons fait pour $\overline{\mathcal{B}}_n^{\mathsf{tms}}$ dans l'inégalité (4.20) page 140. Commençons avec le minorant et cherchons à maximiser les constantes réelles a et b telles que, si $n \geqslant 2$,

$$\mathsf{H}(n) \colon n \lg n + an + b \leqslant \overline{\mathcal{A}}_n^{\mathsf{bms}}.$$

Le cas de base de l'induction est $\mathsf{H}(2)$:

$$2a + b + 1 \leqslant 0. \tag{4.56}$$

Supposons alors $\mathsf{H}(n)$ pour tout $2 \leqslant n \leqslant 2^p$, et montrons $\mathsf{H}(2^p + i)$, pour tout $0 < i \leqslant 2^p$. Le principe d'induction ensuite entraîne que $\mathsf{H}(n)$ est vrai pour tout $n \geqslant 2$. Si $n = 2^p + i$, alors $\lceil \lg n \rceil - 1 = p$, donc

$$\overline{\mathcal{A}}^{\mathsf{bms}}_{2^p+i} = \overline{\mathcal{A}}^{\mathsf{bms}}_{2^p} + \overline{\mathcal{A}}^{\mathsf{bms}}_i + 2^p + i - \frac{2^p}{i+1} - \frac{i}{2^p+1}. \tag{4.57}$$

Par hypothèse, $\mathsf{H}(i)$ tient, soit $i \lg i + ai + b \leqslant \overline{\mathcal{A}}^{\mathsf{bms}}_i$, mais, au lieu d'user de $\mathsf{H}(2^p)$, nous emploierons la valeur exacte à l'équation (4.15) page 138, où $\alpha := \sum_{k \geqslant 0} 1/(2^k + 1)$. D'après l'équation (4.57), nous dérivons

$$(p-\alpha)2^p + \sum_{k \geqslant 0} \frac{1}{2^k + 2^{-p}} + (i \lg i + ai + b) + 2^p + i - \frac{2^p}{i+1} - \frac{i}{2^p+1} < \overline{\mathcal{A}}^{\mathsf{bms}}_{2^p+i}.$$

Nous voulons prouver $\mathsf{H}(2^p + i)$: $(2^p + i) \lg(2^p + i) + a(2^p + i) + b \leqslant \overline{\mathcal{A}}^{\mathsf{bms}}_{2^p+i}$, qui est donc impliquée par

$$(2^p + i) \lg(2^p + i) + a2^p \leqslant (p - \alpha + 1)2^p - \frac{2^p}{i+1} + i \lg i + i - \frac{i}{2^p+1} + c_p,$$

où $c_p := \sum_{k \geqslant 0} 1/(2^k + 2^{-p})$. Posons

$$\Psi(p, i) := p - \alpha + 1 - \frac{1}{i+1} + \frac{i}{2^p+1} - \frac{1}{2^p}\left((2^p + i) \lg(2^p + i) - i \lg i - c_p\right).$$

Alors la condition suffisante ci-dessus équivaut à $a \leqslant \Psi(p, i)$. Pour l'étude de $\Psi(p, i)$, fixons p et laissons i varier sur l'intervalle réel $]0, 2^p]$. La dérivée partielle de Ψ par rapport à i est

$$\frac{\partial \Psi}{\partial i}(p, i) = \frac{1}{2^p+1} + \frac{1}{(i+1)^2} - \frac{1}{2^p} \lg\left(\frac{2^p}{i} + 1\right).$$

Déterminons aussi la dérivée deuxième par rapport à i :

$$\frac{\partial^2 \Psi}{\partial i^2}(p, i) = \frac{1}{(2^p + i)i \ln 2} - \frac{2}{(i+1)^3},$$

où $\ln x$ est le logarithme naturel de x. Soit le polynôme cubique suivant :

$$K_p(i) := i^3 + (3 - 2\ln 2)i^2 + (3 - 2^{p+1} \ln 2)i + 1.$$

Alors $\partial^2 \Psi / \partial i^2 = 0 \Leftrightarrow K_p(i) = 0$ et le signe de $\partial^2 \Psi / \partial i^2$ est le signe de $K_p(i)$. En général, une équation cubique prend la forme

$$ax^3 + bx^2 + cx + d = 0, \text{ avec } a \neq 0.$$

Un résultat classique à propos de la nature des racines est le suivant. Soit $\Delta := 18abcd - 4b^3d + b^2c^2 - 4ac^3 - 27a^2d^2$ le *discriminant* de la cubique.

— Si $\Delta > 0$, l'équation a trois racine réelles distinctes ;
— si $\Delta = 0$, l'équation possède une racine multiple et toutes ses racines sont réelles ;
— si $\Delta < 0$, l'équation possède une racine réelle et deux racines complexes, non-réelles et conjuguées.

Reprenons le fil de la discussion. Soit le polynôme cubique suivant :

$$\Delta(x) := (4\ln 2)x^3 - (9 - 2\ln 2)(3 + 2\ln 2)x^2 + 12(9 - 2\ln 29)x - 4(27 - 8\ln 2).$$

Alors le discriminant de $K_p(i) = 0$ est $\Delta(2^{p+1}) \cdot \ln^2 2$. Le discriminant de $\Delta(x) = 0$ est négatif, donc $\Delta(x)$ a une racine réelle $x_0 \simeq 8.64872$. Puisque le coefficient de x^3 est positif, $\Delta(x)$ est négatif si $x < x_0$ et positif si $x > x_0$.

1. Étant donné que $p \geqslant 3$ implique $2^{p+1} > x_0$, le discriminant de $K_p(i) = 0$ est positif, ce qui veut dire que $K_p(i)$ possède trois racines réelles distinctes si $p \geqslant 3$, de même que $\partial^2 \Psi / \partial i^2$.

2. Sinon, $K_p(i)$ a une racine réelle si $0 \leqslant p \leqslant 2$.

Avant d'étudier ces deux cas en détail, rafraîchissons-nous la mémoire à propos des polynômes cubiques. Soient ρ_0, ρ_1 et ρ_2 les racines du polynôme $P(x) = ax^3 + bx^2 + cx + d$. Sa forme factorisée puis développée donne $P(x) = a(x - \rho_0)(x - \rho_1)(x - \rho_2) = ax^3 - a(\rho_0 + \rho_1 + \rho_2)x^2 + a(\rho_0\rho_1 + \rho_0\rho_2 + \rho_1\rho_2)x - a(\rho_0\rho_1\rho_2)$, donc $\rho_0\rho_1\rho_2 = -d/a$.

— Soit $p \in \{0, 1, 2\}$. Nous venons de trouver que $K_p(i)$ possède une racine réelle, disons ρ_0, et deux non-réelles et conjuguées, disons ρ_1 et $\rho_2 = \overline{\rho_1}$. Alors $\rho_0\rho_1\rho_2 = \rho_0|\rho_1|^2 = -1$, d'où $\rho_0 < 0$. Puisque le coefficient de x^3 est positif, ceci entraîne $K_p(i) > 0$ si $i > 0$, ce qui est vrai de $\partial^2 \Psi / \partial i^2$ aussi : $i > 0$ implique $\partial^2 \Psi / \partial i^2 > 0$, par conséquent $\partial \Psi / \partial i$ croît. Puisque

$$\frac{\partial \Psi}{\partial i}(p, i) \xrightarrow[i \to 0^+]{} -\infty < 0, \text{ et } \left.\frac{\partial \Psi}{\partial i}(p, i)\right|_{i = 2^p} = -\frac{1}{2^p(2^p + 1)^2} < 0,$$

nous déduisons que $\partial \Psi / \partial i < 0$ si $i > 0$, ce qui signifie que $\Psi(p, i)$ décroît lorsque $i \in]0, 2^p]$. Puisque nous voulons minimiser $\Psi(p, i)$, nous avons $\min_{0 < i \leqslant 2^p} \Psi(p, i) = \Psi(p, 2^p)$.

— Si $p \geqslant 3$, alors $K_p(i)$ possède trois racines réelles. Ici, le produit des racines de $K_p(i)$ est -1, donc au plus deux d'entre elles sont positives. Puisque nous avons $K_p(0) = 1 > 0$, $K_p(1) < 0$ et $\lim_{i \to +\infty} K_p(i) > 0$, nous voyons que $K_p(i)$ a une racine dans $]0, 1[$ et une autre dans $]1, +\infty[$, de même que $\partial^2 \Psi / \partial i^2$. De plus, $\partial \Psi / \partial i|_{i=1} > 0$ et $\partial \Psi / \partial i|_{i=2^p} < 0$, donc le théorème de la valeur intermédiaire entraîne l'existence d'un réel $i_p \in]1, 2^p[$ tel que

$\partial\Psi/\partial i|_{i=i_p} = 0$, et nous le savons unique parce que $\partial\Psi^2/\partial i^2$ ne change de signe qu'une fois dans l'intervalle $]1, +\infty[$. Ceci signifie aussi que $\Psi(p, i)$ croît si i croît sur $[1, i_p[$, atteint son maximum quand $i = i_p$, et décroît sur $]i_p, 2^p]$. Or $\lim_{i\to 0+} \Psi(p, i) = -\infty$ et nous sommes à la recherche d'un minorant de $\Psi(p, i)$, donc nous devons déterminer si $i = 1$ ou $i = 2^p$ minimise $\Psi(p, i)$: en fait, nous avons $\Psi(p, 1) \geqslant \Psi(p, 2^p)$, donc nous en concluons que $\min_{0<i\leqslant 2^p} \Psi(p, i) = \Psi(p, 2^p)$.

Dans tous les cas, nous devons minimiser $\Psi(p, 2^p)$. Nous avons :

$$\Psi(p, 2^p) = -\frac{1}{2^p + 1} - \sum_{k=0}^{p} \frac{1}{2^k + 1}.$$

Nous vérifions que $\Psi(p, 2^p) > \Psi(p+1, 2^{p+1})$, donc la fonction décroît aux points entiers et $a_{\max} = \min_{p>0} \Psi(p, 2^p) = \lim_{p\to\infty} \Psi(p, 2^p) = -\alpha^+$. De l'inéquation (4.56), nous tirons $b_{\max} = -2a_{\max} - 1 = 2\alpha - 1 \simeq 1.52899$. Au total, par le principe d'induction, nous avons établi, pour $n \geqslant 2$,

$$n \lg n - \alpha n + 2\alpha - 1 < \overline{\mathcal{A}}_n^{\mathsf{bms}}.$$

Ce minorant est meilleur que celui pour le coût moyen du tri par interclassement descendant, à l'inégalité (4.41) page 151, parce que là-bas, nous avions décomposé n en valeurs paires et impaires, pas $n = 2^p + i$ qui nous permet ici d'utiliser la valeur exacte de $\overline{\mathcal{A}}_{2^p}^{\mathsf{bms}}$. Il est même un peu meilleur que (4.16) page 138, ce qui est une bonne surprise.

Nous devons tâcher à présent d'obtenir un majorant à l'aide de la même technique. En d'autres termes, nous souhaitons ici minimiser les constantes réelles a' et b' telles que $\overline{\mathcal{A}}_n^{\mathsf{bms}} \leqslant n \lg n + a'n + b'$, pour $n \geqslant 2$. La différence avec la quête du minorant est que les inégalités sont inversées : $a' \geqslant \Psi(p, i)$ et $b' \geqslant -2a' - 1$. Nous revisitons les deux cas ci-dessus :

— Si $0 \leqslant p \leqslant 2$, alors $\max_{0<i\leqslant 2^p} \Psi(p, i) = \Psi(p, 1)$. Nous vérifions aisément que $\max_{0\leqslant p\leqslant 2} \Psi(p, 1) = \Psi(0, 1) = 1 - \alpha$.

— Si $p \geqslant 3$, nous devons exprimer i_p en fonction de p, mais il est difficile de résoudre l'équation $\partial\Psi/\partial i|_{i=i_p} = 0$, même de manière approchée.

Avant d'abandonner la partie, nous pourrions tenter de dériver Ψ par rapport à p, au lieu de i. En effet, $(p, i, \Psi(p, i))$ définit une surface dans l'espace, et en privilégiant p par rapport à i, nous découpons la surface par des plans perpendiculaires à l'axe des i. Parfois, découper dans une direction plutôt qu'une autre facilite l'analyse. Le problème ici est de dériver c_p. Nous pouvons contourner la difficulté avec le majorant $c_p < 2$ des inégalités (4.16) page 138 et en définissant

$$\Phi(p, i) := p - \alpha + 1 - \frac{1}{i+1} + \frac{i}{2^p + 1} - \frac{1}{2^p}((2^p + i)\lg(2^p + i) - i\lg i - 2).$$

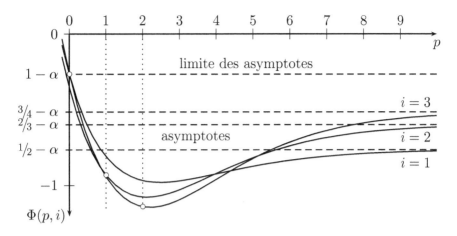

FIGURE 4.15 – $\Phi(p,1)$, $\Phi(p,2)$ et $\Phi(p,3)$

Nous avons ainsi $\Psi(p,i) < \Phi(p,i)$ et, au lieu de $\Psi(p,i) \leqslant a'$, nous imposons la contrainte plus forte $\Phi(p,i) \leqslant a'$ et croisons nos doigts. Dans la FIGURE 4.15, sont esquissées $\Phi(p,1)$, $\Phi(p,2)$ et $\Phi(p,3)$. (Le point de départ pour chaque courbe est marqué d'un disque blanc.) La dérivation par rapport à p produit

$$\frac{\partial \Phi}{\partial p}(p,i) = \frac{i}{2^p} \ln\left(\frac{2^p}{i} + 1\right) - \frac{\ln 2}{2^{p-1}} - \frac{i2^p \ln 2}{(2^p + 1)^2}.$$

Pour étudier le signe de $\partial\Phi(p,i)/\partial p$ quand p varie, définissons

$$\varphi(x,i) := \frac{x}{i \ln 2} \cdot \frac{\partial \Phi}{\partial p}(p,i)\bigg|_{p=\lg x}.$$

Puisque $x \geqslant 1$ implique $x/i \ln 2 > 0$ et $\lg x \geqslant 0$, le signe de $\varphi(x,i)$ quand $x \geqslant 1$ varie est le même que le signe de $\partial\Phi(p,i)/\partial p$ quand $p \geqslant 0$ varie, en gardant à l'esprit que $x = 2^p$. Nous avons

$$\varphi(x,i) = \lg\left(\frac{x}{i} + 1\right) - \left(\frac{x}{x+1}\right)^2 - \frac{2}{i},$$

$$\frac{\partial \varphi}{\partial x}(x,i) = \frac{1}{(x+i)\ln 2} - \frac{2x}{(x+1)^3}.$$

Ceci devrait nous rappeler quelque chose de familier :

$$\frac{\partial \varphi}{\partial x}(x,i) = x \cdot \frac{\partial^2 \Psi}{\partial x^2}(p,x)\bigg|_{p=\lg i}.$$

Quand $x \geqslant 1$ varie, le signe de $\partial\varphi(x,i)/\partial x$ est le même que le signe de $\partial^2\Psi(p,x)/\partial x^2\big|_{p=\lg i}$, donc nous pouvons réactiver la discussion préalable sur les racines de $K_p(i)$, tout en prenant soin de remplacer i par x, et 2^p par i :

— Si $i \in \{1, 2, 3, 4\}$, alors $\partial \varphi(x, i)/\partial x > 0$ quand $x > 0$.

— Si $i \geqslant 5$, alors $\partial \varphi(x, i)/\partial x > 0$ quand $x \geqslant 1$.

Dans les deux cas, $\varphi(x, i)$ croît quand $x \geqslant 1$, ce qui, sachant par ailleurs que $\lim_{x \to 0^+} \varphi(x, i) = -\infty < 0$ et $\lim_{x \to \infty} \varphi(x, i) = +\infty > 0$, entraîne l'existence d'une racine unique $\rho > 0$ telle que $\varphi(x, i) < 0$ si $x < \rho$, et $\varphi(x, i) > 0$ si $x > \rho$, et de même pour $\partial \Phi/\partial p$ (avec une racine différente). Ainsi, $\Phi(p, i)$ décroît jusqu'à son minimum, avant de croître. (Voir à nouveau la FIGURE 4.15 page précédente.)

De plus, nous avons la limite

$$\overline{\lim}_{p \to \infty} \Phi(p, i) = \frac{i}{i + 1} - \alpha < 1 - \alpha = \Phi(0, 1),$$

donc les courbes ont des asymptotes. Puisque nous recherchons le maximum, nous déduisons : $a'_{\min} = \max_{0 < i \leqslant 2^p} \Phi(p, i) = 1 - \alpha \simeq -0.2645$, et la constante est $b'_{\min} = -2a'_{\min} - 1 = 2\alpha - 3 \simeq -0.471$. En somme, nous avons trouvé, pour $n \geqslant 2$,

$$n \lg n - \alpha n + (2\alpha - 1) < \overline{\mathcal{A}}_n^{\mathsf{bms}} < n \lg n - (\alpha - 1)n - (3 - 2\alpha). \quad (4.58)$$

Le minorant est approché au plus près lorsque $n = 2^p$. Pour interpréter les valeurs de n pour lesquelles le majorant est approché au plus près, nous devons jeter un autre coup d'œil à la FIGURE 4.15 page précédente. Nous avons $i/(i + 1) - \alpha \to 1 - \alpha$, si $p \to \infty$, mais ceci ne nous dit rien sur p.

Malheureusement, comme nous l'avions remarqué plus tôt, pour un p donné, nous ne savons caractériser explicitement i_p, qui est la valeur de i qui maximise $\Phi(p, i)$ (dans les plans perpendiculaires à cette page). Malgré tout, les termes linéaires de cet encadrement ne peuvent être améliorés. Cela veut dire que le nombre supplémentaire de comparaisons dû au tri de $n = 2^p + i$ clés au lieu de 2^p est au plus n.

Comme c'était déjà le cas avec le tri par interclassement descendant, des mathématiques approfondies par Panny et Prodinger (1995) montrent que $\overline{\mathcal{A}}_n^{\mathsf{bms}} = n \lg n + B^*(\lg n) \cdot n$, où B^* est une fonction continue, non-dérivable et périodique, dont la valeur moyenne est environ -0.965. Trivialement, nous avons

$$\overline{\mathcal{A}}_n^{\mathsf{bms}} \sim n \lg n \sim \overline{\mathcal{W}}_n^{\mathsf{bms}} \sim 2 \cdot \overline{\mathcal{B}}_n^{\mathsf{bms}}.$$

$$\begin{array}{ll}
\mathsf{bms}([\,]) \overset{\mu}{\to} [\,]; & \mathsf{solo}([\,]) \overset{\xi}{\to} [\,]; \\
\mathsf{bms}(s) \overset{\nu}{\to} \mathsf{all}(\mathsf{solo}(s)). & \mathsf{solo}([x\,|\,s]) \overset{\pi}{\to} [[x]\,|\,\mathsf{solo}(s)].
\end{array}$$

$$\begin{array}{ll}
\mathsf{all}([s]) \overset{\rho}{\to} s; & \mathsf{nxt}([s,t\,|\,u]) \overset{\tau}{\to} [\mathsf{mrg}(s,t)\,|\,\mathsf{nxt}(u)]; \\
\mathsf{all}(s) \overset{\sigma}{\to} \mathsf{all}(\mathsf{nxt}(s)). & \mathsf{nxt}(u) \overset{\upsilon}{\to} u.
\end{array}$$

$$\begin{array}{l}
\mathsf{mrg}([\,],t) \overset{\theta}{\to} t; \\
\mathsf{mrg}(s,[\,]) \overset{\iota}{\to} s; \\
\mathsf{mrg}([x\,|\,s],[y\,|\,t]) \overset{\kappa}{\to} [y\,|\,\mathsf{mrg}([x\,|\,s],t)], \text{ si } x \succ y\,; \\
\mathsf{mrg}([x\,|\,s],t) \overset{\lambda}{\to} [x\,|\,\mathsf{mrg}(s,t)].
\end{array}$$

FIGURE 4.16 – Tri par interclassement ascendant avec $\mathsf{bms}/1$

Programme Nous avons réussi à analyser le nombre de comparaisons pour trier par interclassement parce que le processus, dans sa globalité, peut être aisément visualisé par un arbre. Il est grand tant d'écrire un programme dont les traces d'évaluation sont conformes à ces arbres d'interclassement. Nous montrons à la FIGURE 4.16 la définition de la fonction de tri $\mathsf{bms}/1$ et de plusieurs auxiliaires.

— L'appel $\mathsf{solo}(s)$ s'évalue en une pile contenant des singletons avec toutes les clés de s dans le même ordre. En d'autres termes, il s'agit des feuilles de l'arbre d'interclassement.

— L'appel $\mathsf{all}(u)$ s'évalue en une pile contenant les interclassements des piles adjacentes dans u. Dit encore autrement, il s'agit du niveau juste au-dessus de u dans l'arbre d'interclassement.

— L'appel $\mathsf{all}(\mathsf{solo}(s))$, quant à lui, calcule la pile ordonnée correspondant à la pile de singletons $\mathsf{solo}(s)$, c'est-à-dire, en commençant par les feuilles, il construit les niveaux de plus en plus haut en faisant appel à $\mathsf{mrg}/2$, jusqu'à atteindre la racine.

La beauté de ce programme est qu'il n'y a pas besoin de deux phases distinctes, d'abord construire les arbres des interclassements équilibrés et puis effectuer les interclassement déséquilibrés à partir des racines de ceux-ci : il est possible de parvenir au même résultat en procédant vers la droite et vers le haut d'une manière uniforme.

Coût supplémentaire Pour déterminer le coût $\mathcal{C}_n^{\mathsf{bms}}$ nous avons besoin d'ajouter au nombre de comparaisons le nombre de réécritures qui n'impliquent pas de comparaisons, c'est-à-dire, autres que par les règles κ et λ.

— Les règles θ et ι sont utilisées une fois pour conclure chaque interclassement. Soit $\overline{\mathcal{C}}_n^{\ltimes}$ le nombre de comparaisons effectuées lors des interclassements déséquilibrés quand il y a n clés à trier. Un coup d'œil à la FIGURE 4.12 page 155 révèle

$$\overline{\mathcal{C}}_n^{\ltimes} := \sum_{i=1}^{r} \overline{\mathcal{C}}_{2^{e_i}, 2^{e_i-1}+\cdots+2^{e_0}}^{\mathsf{mrg}}. \qquad (4.59)$$

Le nombre total de comparaisons est la somme des nombres de comparaisons des interclassements équilibrés et déséquilibrés :

$$\overline{\mathcal{C}}_n^{\mathsf{bms}} = \sum_{i=0}^{r} \mathcal{C}_{e_i}^{\ltimes} + \overline{\mathcal{C}}_n^{\ltimes} = \sum_{i=0}^{r} \overline{\mathcal{C}}_{2^{e_i}}^{\mathsf{bms}} + \sum_{i=1}^{r} \overline{\mathcal{C}}_{2^{e_i}, 2^{e_i-1}+\cdots+2^{e_0}}^{\mathsf{mrg}}. \qquad (4.60)$$

Pour trouver le nombre d'interclassements, posons $\overline{\mathcal{C}}_{m,n}^{\mathsf{mrg}} = 1$ à l'équation (4.12) page 137, donnant $\overline{\mathcal{C}}_{2^p}^{\mathsf{bms}} = 2^p - 1$. En substituant ce résultat dans l'équation (4.60), nous tirons $\overline{\mathcal{C}}_n^{\mathsf{bms}} = n - 1$. En d'autres termes, les règles θ et ι sont employées $n - 1$ fois au total.

— À la règle τ, un appel $\mathsf{nxt}([s, t \,|\, u])$ correspond à un appel $\mathsf{mrg}(s, t)$, un par interclassement. Donc τ est utilisée $n - 1$ fois.

— La règle υ est employée une fois par niveau dans l'arbre d'interclassement, sauf pour la racine, avec u étant soit vide, soit un singleton. Soit $\Lambda(j)$ le nombre de nœuds au niveau j, où $j = 0$ représente le niveau des feuilles. Alors, le nombre z que nous recherchons est le plus grand entier naturel satisfaisant l'équation $\Lambda(z) = 1$, à la racine. La fonction $\mathsf{nxt}/1$ implique

$$\Lambda(j + 1) = \lceil \Lambda(j)/2 \rceil, \text{ avec } \Lambda(0) = n.$$

Cette récurrence équivaut à la forme close $\Lambda(j) = \lceil n/2^j \rceil$, en conséquence du théorème suivant.

Théorème 4 (Parties entières par excès et fractions). *Soit x un nombre réel et q un entier naturel. Alors $\lceil \lceil x \rceil / q \rceil = \lceil x/q \rceil$.*

Démonstration. L'égalité est équivalente à la conjonction des deux inégalités complémentaires $\lceil \lceil x \rceil / q \rceil \geqslant \lceil x/q \rceil$ et $\lceil \lceil x \rceil / q \rceil \leqslant \lceil x/q \rceil$. Pour la première : $\lceil x \rceil \geqslant x \Rightarrow \lceil x \rceil / q \geqslant x/q \Rightarrow \lceil \lceil x \rceil / q \rceil \geqslant \lceil x/q \rceil$. Pour la deuxième : puisque les deux membres de l'inégalité sont des entiers, $\lceil \lceil x \rceil / q \rceil \leqslant \lceil x/q \rceil$ équivaut à $p \leqslant \lceil \lceil x \rceil / q \rceil \Rightarrow p \leqslant \lceil x/q \rceil$, pour tout entier p. Un lemme évident est que si i est un entier et y un réel, $i \leqslant \lceil y \rceil \Leftrightarrow i \leqslant y$, donc l'inéquation initiale est équivalente à $p \leqslant \lceil x \rceil / q \Rightarrow p \leqslant x/q$, pour tout entier p, c'est-à-dire $pq \leqslant \lceil x \rceil \Rightarrow pq \leqslant x$. Le lemme valide cette implication et achève la preuve. $\qquad \square$

Pour trouver z, nous devons exprimer n comme une suite de bits $n := \sum_{k=0}^{m-1} b_k 2^k = (b_{m-1} \ldots b_0)_2$, où $b_k \in \{0, 1\}$ et $b_{m-1} = 1$. Il est facile de déduire une formule pour b_i. Nous avons

$$\frac{n}{2^{i+1}} = \frac{1}{2^{i+1}} \sum_{k=0}^{m-1} b_k 2^k = \frac{1}{2^{i+1}} \sum_{k=0}^{i} b_k 2^k + (b_{m-1} \ldots b_{i+1})_2. \quad (4.61)$$

Nous prouvons alors $\lfloor n/2^{i+1} \rfloor = (b_{m-1} \ldots b_{i+1})_2$ comme suit :

$$\sum_{k=0}^{i} 2^k < 2^{i+1} \Rightarrow 0 \leqslant \sum_{k=0}^{i} b_k 2^k < 2^{i+1} \Leftrightarrow 0 \leqslant \frac{1}{2^{i+1}} \sum_{k=0}^{i} b_k 2^k < 1.$$

Ceci et l'équation (4.61) impliquent que

$$\left\lceil \frac{n}{2^i} \right\rceil = (b_{m-1} \ldots b_i)_2 + \begin{cases} 0, & \text{si } (b_{i-1} \ldots b_0)_2 = 0; \\ 1, & \text{sinon.} \end{cases}$$

Donc, $\lceil n/2^z \rceil = 1$ équivaut à $z = m - 1$ si $n = 2^{m-1}$, et $z = m$ sinon. L'équation (1.6) page 12 stipule $m = \lfloor \lg n \rfloor + 1$, et par conséquent $z = \lfloor \lg n \rfloor$ si n est une puissance de 2, et $z = \lfloor \lg n \rfloor + 1$ sinon. Plus simplement, ceci signifie que $z = \lceil \lg n \rceil$.

— La règle ρ est utilisée une fois, à la racine. La règle σ est employée z fois.

— La trace de $\mathsf{solo}(s)$ est $\pi^n \xi$ si s contient n clés, donc $\mathcal{C}_n^{\mathsf{solo}} = n + 1$.

— La contribution au coût total des règles μ et ν est simplement 1.

Au total, $\mathcal{C}_n^{\mathsf{bms}} = \overline{\mathcal{C}}_n^{\mathsf{bms}} + 3n + 2\lceil \lg n \rceil + 1$ et $\mathcal{C}_n^{\mathsf{bms}} \sim \overline{\mathcal{C}}_n^{\mathsf{bms}}$.

Amélioration Il est aisé d'améliorer $\mathsf{bms/1}$ en construisant directement le deuxième niveau de l'arbre d'interclassement *sans utiliser* $\mathsf{mrg/2}$. Considérons le programme à la FIGURE 4.17 page suivante, où $\mathsf{solo/1}$ a été remplacée par $\mathsf{duo/1}$. Le nombre de comparaisons est inchangé, mais le coût, quantifié par le nombre de réécritures, est légèrement inférieur. Le coût additionnel de $\mathsf{duo}(s)$ est $\lfloor n/2 \rfloor + 1$, où n est la longueur de s. D'un autre côté, nous économisons le coût de $\mathsf{solo}(s)$. La première réécriture par la règle σ n'est pas effectuée, de même que l'appel subséquent $\mathsf{nxt}(s)$, c'est-à-dire, $\lfloor n/2 \rfloor$ appels à $\mathsf{mrg/2}$ sur des paires de singletons par κ ou λ, plus une réécriture par θ ou ι pour le dernier singleton ou la pile vide, faisant un total de $\lfloor n/2 \rfloor \mathcal{C}_{1,1}^{\mathsf{mrg}} + 1 = 2\lfloor n/2 \rfloor + 1$. Au bout du compte, le coût total est diminué de

$$((n + 1) + 1 + (2\lfloor n/2 \rfloor + 1)) - (\lfloor n/2 \rfloor + 1) = n + \lfloor n/2 \rfloor + 2.$$

Donc, $\mathcal{C}_n^{\mathsf{bms_0}} = \overline{\mathcal{C}}_n^{\mathsf{bms}} + \lceil 3n/2 \rceil + 2\lceil \lg n \rceil - 1$, pour $n > 0$, et $\mathcal{C}_0^{\mathsf{bms_0}} = 3$. Asymptotiquement, nous avons $\mathcal{C}_n^{\mathsf{bms_0}} \sim \overline{\mathcal{C}}_n^{\mathsf{bms}}$.

$$\mathsf{bms_0}(s) \to \mathsf{all}(\mathsf{duo}(s)).$$

$$\mathsf{duo}([x, y \,|\, s]) \to [[y, x] \,|\, \mathsf{duo}(s)], \qquad \text{si } x \succ y;$$
$$\mathsf{duo}([x, y \,|\, s]) \to [[x, y] \,|\, \mathsf{duo}(s)];$$
$$\mathsf{duo}(s) \to [s].$$

$$\mathsf{all}([s]) \to s;$$
$$\mathsf{all}(s) \to \mathsf{all}(\mathsf{nxt}(s)).$$

$$\mathsf{nxt}([s, t \,|\, u]) \to [\mathsf{mrg}(s, t) \,|\, \mathsf{nxt}(u)];$$
$$\mathsf{nxt}(u) \to u.$$

$$\mathsf{mrg}([\,], t) \to t;$$
$$\mathsf{mrg}(s, [\,]) \to s;$$
$$\mathsf{mrg}([x \,|\, s], [y \,|\, t]) \to [y \,|\, \mathsf{mrg}([x \,|\, s], t)], \quad \text{si } x \succ y;$$
$$\mathsf{mrg}([x \,|\, s], t) \to [x \,|\, \mathsf{mrg}(s, t)].$$

FIGURE 4.17 – Tri ascendant accéléré avec $\mathsf{bms_0}/1$

4.5   Comparaison

Dans cette section, nous réunissons nos résultats à propos des tris par interclassement descendant et ascendant pour rendre plus aisée leur comparaison, et nous présentons aussi quelques propriétés qui mettent en relation le coût de ces deux algorithmes.

Coût minimal   Le coût minimal des deux variantes du tri par interclassement est le même : $\overline{\mathcal{B}}_n^{\mathsf{tms}} = \overline{\mathcal{B}}_n^{\mathsf{bms}}$ et

$$\frac{1}{2} n \lg n - \left(\frac{1}{2} \lg \frac{4}{3} \right) n + \lg \frac{4}{3} \leqslant \overline{\mathcal{B}}_n^{\mathsf{tms}} \leqslant \frac{1}{2} n \lg n.$$

Le minorant est atteint si $n = 2$ et est approché au plus près quand n est un nombre de Jacobsthal (voir (4.34) page 145). Le majorant est atteint quand $n = 2^p$. Ces résultats ne sont peut-être pas intuitifs *a priori*.

Coût maximal   Dans les sections précédentes, nous avons obtenu les encadrements suivants :

$$n \lg n - n + 1 \leqslant \overline{\mathcal{W}}_n^{\mathsf{tms}} < n \lg n - 0.91n + 1;$$
$$n \lg n - n + 1 \leqslant \overline{\mathcal{W}}_n^{\mathsf{bms}} < n \lg n - 1.$$

Dans les deux cas, le minorant est atteint si, et seulement si $n = 2^p$. Le majorant du tri descendant est approché au plus près quand n est l'entier le plus proche de $2^p \ln 2$. Le majorant du tri ascendant est approché au plus près si $n = 2^p + 1$.

Il est intéressant d'encadrer $\overline{\mathcal{W}}_n^{\mathsf{bms}}$ en fonction de $\overline{\mathcal{W}}_n^{\mathsf{tms}}$ pour éclairer davantage la relation entre ces deux variantes du tri par interclassement.

Nous avons déjà remarqué $\overline{\mathcal{C}}_{2^p}^{\mathsf{bms}} = \overline{\mathcal{C}}_{2^p}^{\mathsf{tms}}$, d'où $\overline{\mathcal{W}}_{2^p}^{\mathsf{bms}} = \overline{\mathcal{W}}_{2^p}^{\mathsf{tms}}$. Par ailleurs, $\overline{\mathcal{W}}_{2^p}^{\mathsf{bms}} = \overline{\mathcal{W}}_{2^p-1}^{\mathsf{bms}} + p$, donc $\overline{\mathcal{W}}_{2^p-1}^{\mathsf{bms}} = \overline{\mathcal{W}}_{2^p-1}^{\mathsf{tms}}$. Un autre cas intéressant est $\overline{\mathcal{W}}_{2^p+1}^{\mathsf{tms}} = (p-1)2^p + p + 2$, donc $\overline{\mathcal{W}}_{2^p+1}^{\mathsf{bms}} - \overline{\mathcal{W}}_{2^p+1}^{\mathsf{tms}} = 2^p - p - 1$. Ceci nous incite à conjecturer l'encadrement suivant, aux bornes atteignables, qui relie le tri descendant et ascendant :

$$\overline{\mathcal{W}}_n^{\mathsf{tms}} \leqslant \overline{\mathcal{W}}_n^{\mathsf{bms}} \leqslant \overline{\mathcal{W}}_n^{\mathsf{tms}} + n - \lceil \lg n \rceil - 1.$$

Nous établirons ces inégalités grâce à l'induction complète sur n et, ce faisant, nous découvrirons quand elles deviennent des égalités. D'abord, déduisons de la récurrence générale satisfaite par le coût du tri ascendant la récurrence pour le coût maximal :

$$\overline{\mathcal{W}}_0^{\mathsf{bms}} = \overline{\mathcal{W}}_1^{\mathsf{bms}} = 0; \quad \overline{\mathcal{W}}_n^{\mathsf{bms}} = \overline{\mathcal{W}}_{2^{\lceil \lg n \rceil - 1}}^{\mathsf{bms}} + \overline{\mathcal{W}}_{n-2^{\lceil \lg n \rceil - 1}}^{\mathsf{bms}} + n - 1. \quad (4.62)$$

Par ailleurs, nous pouvons vérifier aisément, pour tout $p \geqslant 0$, que nous avons l'égalité intéressante

$$\overline{\mathcal{W}}_{2^p}^{\mathsf{tms}} = \overline{\mathcal{W}}_{2^p}^{\mathsf{bms}}. \quad (4.63)$$

Minorant Prouvons, pour tout $n \geqslant 0$,

$$\mathsf{W}_L(n) \colon \overline{\mathcal{W}}_n^{\mathsf{tms}} \leqslant \overline{\mathcal{W}}_n^{\mathsf{bms}}. \quad (4.64)$$

Par (4.63), il est clair que $\mathsf{W}_L(2^0)$ est vraie. Soit l'hypothèse d'induction $\forall m \leqslant 2^p . \mathsf{W}_L(m)$. Le principe d'induction exige que nous prouvions alors $\mathsf{W}_L(2^p + i)$, pour tout $0 < i < 2^p$.

Des équations (4.62) et (4.63), il vient

$$\overline{\mathcal{W}}_{2^p+i}^{\mathsf{bms}} = \overline{\mathcal{W}}_{2^p}^{\mathsf{bms}} + \overline{\mathcal{W}}_i^{\mathsf{bms}} + 2^p + i - 1$$
$$= \overline{\mathcal{W}}_{2^p}^{\mathsf{tms}} + \overline{\mathcal{W}}_i^{\mathsf{bms}} + 2^p + i - 1 \geqslant \overline{\mathcal{W}}_{2^p}^{\mathsf{tms}} + \overline{\mathcal{W}}_i^{\mathsf{tms}} + 2^p + i - 1,$$

l'inégalité étant l'instance $\mathsf{W}_L(i)$ de l'hypothèse d'induction. Par conséquent, si l'inégalité

$$\overline{\mathcal{W}}_{2^p}^{\mathsf{tms}} + \overline{\mathcal{W}}_i^{\mathsf{tms}} + 2^p + i - 1 \geqslant \overline{\mathcal{W}}_{2^p+i}^{\mathsf{tms}} \quad (4.65)$$

est vraie, alors le résultat $\mathsf{W}_L(2^p + i)$ s'ensuit. Essayons donc de prouver cette condition suffisante.

Soit $n = 2^p + i$. Alors on a $p = \lfloor \lg n \rfloor$ et $\lceil \lg n \rceil = \lfloor \lg n \rfloor + 1$. L'équation (4.37) page 148 implique

$$\overline{\mathcal{W}}^{\mathsf{tms}}_{2^p+i} = (2^p + i)(p+1) - 2^{p+1} + 1 = ((p-1)2^p + 1) + (p+1)i$$
$$= \overline{\mathcal{W}}^{\mathsf{tms}}_{2^p} + (p+1)i.$$

Par conséquent, l'inégalité (4.65) est équivalente à $pi \leqslant \overline{\mathcal{W}}^{\mathsf{tms}}_i + 2^p - 1$. En employant l'équation (4.37), cette inégalité équivaut à

$$(p - \lceil \lg i \rceil)i \leqslant 2^p - 2^{\lceil \lg i \rceil}. \tag{4.66}$$

Pour la prouver, nous devons analyser deux cas complémentaires :
— $i = 2^q$, avec $0 \leqslant q < p$. Alors $\lg i = q$ et l'équation (4.66) est équivalente à $(p-q)2^q \leqslant 2^p - 2^q$, c'est-à-dire,

$$p - q \leqslant 2^{p-q} - 1. \tag{4.67}$$

Posons $f(x) := 2^x - x - 1$, pour $x > 0$. Nous avons $f(0) = f(1) = 0$ et $f(x) > 0$ pour $x > 1$, donc l'inégalité (4.67) est vraie et la borne est atteinte si, et seulement si, $x = 1$, soit $q = p - 1$.
— $i = 2^q + j$, avec $0 \leqslant q < p$ et $0 < j < 2^q$. Alors $\lfloor \lg i \rfloor = q = \lceil \lg i \rceil - 1$ et l'inégalité (4.66) équivaut à $(p-q-1)i \leqslant 2^p - 2^{q+1}$, c'est-à-dire

$$(p - q + 1)2^q + (p - q - 1)j \leqslant 2^p. \tag{4.68}$$

Puisque $p - q - 1 \geqslant 0$ et $j < 2^q$, on a $(p-q-1)j \leqslant (p-q-1)2^q$ (égalité si $q = p - 1$), donc

$$(p - q + 1)2^q + (p - q - 1)j \leqslant (p-q)2^{q+1}.$$

L'inégalité (4.68) est impliquée par l'inégalité $2(p - q) \leqslant 2^{p-q}$. Posons $g(x) := 2^x - 2x$, pour $x > 0$. Nous avons $g(1) = g(2) = 0$ et $f(x) > 0$ si $x > 2$. Donc, l'inégalité (4.68) est vraie et la borne atteinte si, et seulement si, $x = 1$, soit $q = p - 1$ (le cas $x = 2$ implique $i \leqslant 2^{p-1}$, donc une borne stricte). $\qquad\square$

Cherchons maintenant la forme de n quand $\mathsf{W}_L(n)$ est stricte. Nous avons établi ci-dessus que, si $q = p - 1$, c'est-à-dire que la notation binaire de n commence par deux bits à 1, formellement $(11(0 + 1)^*)_2$, alors l'inégalité suivante est vraie :

$$\overline{\mathcal{W}}^{\mathsf{tms}}_{2^p+i} = \overline{\mathcal{W}}^{\mathsf{tms}}_{2^p} + \overline{\mathcal{W}}^{\mathsf{tms}}_i + 2^p + i - 1 \leqslant \overline{\mathcal{W}}^{\mathsf{tms}}_{2^p} + \overline{\mathcal{W}}^{\mathsf{bms}}_i + 2^p + i - 1 = \overline{\mathcal{W}}^{\mathsf{bms}}_{2^p+i}.$$

Cette inégalité n'est pas stricte : $\overline{\mathcal{W}}^{\mathsf{tms}}_{2^p+i} = \overline{\mathcal{W}}^{\mathsf{bms}}_{2^p+i} \Leftrightarrow \overline{\mathcal{W}}^{\mathsf{tms}}_i = \overline{\mathcal{W}}^{\mathsf{bms}}_i$.

En reprenant l'analyse par cas plus haut, si $i = 2^q + j$, nous avons $\overline{\mathcal{W}}^{\mathsf{tms}}_{2^p+i} = \overline{\mathcal{W}}^{\mathsf{bms}}_{2^p+i}$, si, et seulement si, $\overline{\mathcal{W}}^{\mathsf{tms}}_{2^{p-1}+j} = \overline{\mathcal{W}}^{\mathsf{bms}}_{2^{p-1}+j}$. Ces équivalences peuvent être répétées, engendrant deux séries strictement décroissantes d'entiers positifs, $2^p + i > 2^{p-1} + j > 2^{p-2} + k > \ldots$ et $i > j > k > \ldots$ La fin de la dernière série est simplement 0, ce qui veut dire que la première termine à une puissance de 2, à laquelle s'applique l'équation (4.63). En d'autres termes, la représentation binaire de n est constituée d'une série d'au moins un bit à 1 (d'après 2^p, 2^{p-1}, 2^{p-2}, ...), possiblement suivie par des bits à 0, ce que nous pouvons formellement écrire $n = (1^+0^*)_2$, c'est-à-dire, que n est la différence de deux puissances de 2. Nous souvenant par ailleurs que $\overline{\mathcal{W}}^{\mathsf{bms}}_{2^q} = \overline{\mathcal{W}}^{\mathsf{tms}}_{2^q}$, nous avons établi

$$\boxed{\overline{\mathcal{W}}^{\mathsf{bms}}_n = \overline{\mathcal{W}}^{\mathsf{tms}}_n \Leftrightarrow n = 2^q \text{ ou } n = 2^p - 2^q, \text{avec } p > q \geqslant 0.}$$

Remarquons que si $n = 2^p - 1$, le nombre d'interclassements ascendants déséquilibrés est maximal, et les coûts maximaux sont les mêmes dans les deux variantes.

Majorant   Si $n = 2^p + 1$, alors $p = \lfloor \lg n \rfloor = \lceil \lg n \rceil - 1$. Par ailleurs, la définition (4.62) implique $\overline{\mathcal{W}}^{\mathsf{bms}}_{2^p+1} = p2^p + 1$ et la définition (4.37) page 148 $\overline{\mathcal{W}}^{\mathsf{tms}}_{2^p+1} = (p-1)2^p + p + 2$, donc $\overline{\mathcal{W}}^{\mathsf{bms}}_{2^p+i} - \overline{\mathcal{W}}^{\mathsf{tms}}_{2^p+i} = 2^p - p - 1$. En termes de n, ceci veut dire : $\overline{\mathcal{W}}^{\mathsf{bms}}_n - \overline{\mathcal{W}}^{\mathsf{tms}}_n = n - \lceil \lg n \rceil - 1$, si $n = 2^p + 1$. Nous souhaitons montrer que cette différence est maximale :

$$\mathsf{W}_U(n)\colon \overline{\mathcal{W}}^{\mathsf{bms}}_n \leqslant \overline{\mathcal{W}}^{\mathsf{tms}}_n + n - \lceil \lg n \rceil - 1. \tag{4.69}$$

Notons comment l'équation (4.63) implique $\mathsf{W}_U(2^p)$. Par conséquent, soit l'hypothèse d'induction $\forall m \leqslant 2^p.\mathsf{W}_U(m)$ et montrons que $\mathsf{W}_U(2^p + i)$, pour tout $0 < i < 2^p$. Soit $n = 2^p + i$. De (4.62) & (4.63) vient

$$\overline{\mathcal{W}}^{\mathsf{bms}}_{2^p+i} = \overline{\mathcal{W}}^{\mathsf{bms}}_{2^p} + \overline{\mathcal{W}}^{\mathsf{bms}}_i + 2^p + i - 1 = \overline{\mathcal{W}}^{\mathsf{tms}}_{2^p} + \overline{\mathcal{W}}^{\mathsf{bms}}_i + 2^p + i - 1$$
$$\leqslant \overline{\mathcal{W}}^{\mathsf{tms}}_{2^p} + \overline{\mathcal{W}}^{\mathsf{tms}}_i + 2^p + 2i - \lceil \lg i \rceil - 2,$$

où l'inégalité est l'instance $\mathsf{W}_U(i)$ de l'hypothèse d'induction. De plus, $n - \lceil \lg n \rceil - 1 = 2^p + i - p - 2$. Par conséquent, si nous avions l'inégalité

$$\overline{\mathcal{W}}^{\mathsf{tms}}_{2^p} + \overline{\mathcal{W}}^{\mathsf{tms}}_i + 2^p + 2i - \lceil \lg i \rceil - 2 \leqslant \overline{\mathcal{W}}^{\mathsf{tms}}_{2^p+i} + 2^p + i - p - 2,$$

alors $\mathsf{W}_U(2^p + i)$ s'ensuivrait. En employant l'équation (4.37), nous avons

$$\overline{\mathcal{W}}^{\mathsf{tms}}_i = i\lceil \lg i \rceil - 2^{\lceil \lg i \rceil} + 1,$$
$$\overline{\mathcal{W}}^{\mathsf{tms}}_{2^p} = (p-1)2^p + 1,$$
$$\overline{\mathcal{W}}^{\mathsf{tms}}_{2^p+i} = \overline{\mathcal{W}}^{\mathsf{tms}}_{2^p} + (p+1)i.$$

L'inégalité à prouver devient $\overline{\mathcal{W}}_i^{\mathsf{tms}} + i - \lceil \lg i \rceil \leqslant (p+1)i - p$, soit

$$1 \leqslant (i-1)(p - \lceil \lg i \rceil) + 2^{\lceil \lg i \rceil}. \tag{4.70}$$

Nous avons deux cas complémentaires à considérer :
- $i = 2^q$, avec $0 \leqslant q < p$. Alors $\lg i = q$ et l'inéquation (4.70) équivaut à $(p - q + 1)(2^q - 1) \geqslant 0$. Puisque $0 \leqslant q < p$ implique $p - q + 1 > 1$ et $2^q \geqslant 1$, l'inégalité est prouvée et devient une égalité si, et seulement si, $q = 0$.
- $i = 2^q + j$, avec $0 \leqslant q < p$ et $0 < j < 2^q$. Nous avons alors $\lfloor \lg i \rfloor = q = \lceil \lg i \rceil - 1$ et l'inéquation (4.70) est donc équivalente à $1 \leqslant (2^q + j - 1)(p - q) + 2^q$, ou

$$1 \leqslant (p - q + 1)2^q + (p - q - 1)(j - 1). \tag{4.71}$$

De $q < p$ nous déduisons $p - q + 1 \geqslant 2$ et $p - q - 1 \geqslant 0$; nous avons aussi $2^q \geqslant 1$ et $j \geqslant 1$. Par conséquent, $(p - q + 1)2^q \geqslant 2$ et $(p - q - 1)(j - 1) \geqslant 0$, donc l'inéquation (4.71) est vraie au sens strict (pas d'égalité). □

En passant, nous avons aussi prouvé que si $i = 1$, soit $n = 2^p + 1$, alors

$$\overline{\mathcal{W}}_{2^p+1}^{\mathsf{bms}} = \overline{\mathcal{W}}_{2^p}^{\mathsf{tms}} + \overline{\mathcal{W}}_1^{\mathsf{bms}} + 2^p \leqslant \overline{\mathcal{W}}_{2^p}^{\mathsf{tms}} + \overline{\mathcal{W}}_1^{\mathsf{tms}} + 2^p = \overline{\mathcal{W}}_{2^p+1}^{\mathsf{tms}} + 2^p - p - 1.$$

Mais, puisque $\overline{\mathcal{W}}_1^{\mathsf{tms}} = \overline{\mathcal{W}}_1^{\mathsf{bms}} = 0$, l'inégalité restante est en fait une égalité. En conclusion,

$$\boxed{\overline{\mathcal{W}}_n^{\mathsf{bms}} = \overline{\mathcal{W}}_n^{\mathsf{tms}} + n - \lceil \lg n \rceil - 1 \Leftrightarrow n = 1 \text{ ou } n = 2^p + 1, \text{avec } p \geqslant 0.}$$

Programme　Nous présenterons le langage de programmation Erlang dans la partie III, mais voici déjà comment calculer efficacement les coûts maximaux :

```
-module(max).
-compile(nowarn_export_all).
-compile(export_all).

ceiling(X) when X > trunc(X) -> trunc(X) + 1;
ceiling(X)                   -> trunc(X).

log2(X) -> math:log(X)/math:log(2).

exp2(0) -> 1;
exp2(N) -> E=exp2(N div 2), (1 + N rem 2)*(E*E).
```

```
rho(1) -> 0;
rho(N) -> case N rem 2 of
              0 -> rho(N div 2) + 1;
              1 -> 0
          end.

nu(0) -> 0;
nu(N) -> nu(N div 2) + N rem 2.

bms(0) -> 0;
bms(1) -> 0;
bms(N) -> K = N div 2,
          case N rem 2 of
              0 -> bms(N-1) + nu(K-1) + 1;
              1 -> bms(N-2) + 2*exp2(rho(K)) + nu(K-1) + nu(K)
          end.

tms(0) -> 0;
tms(1) -> 0;
tms(N) -> L = ceiling(log2(N)), N*L - exp2(L) + 1.
```

Remarquons que l'exponentiation binaire 2^n est évaluée efficacement au moyen des équations récurrentes suivantes :

$$2^0 = 1, \quad 2^{2m} = (2^m)^2, \quad 2^{2m+1} = 2(2^m)^2.$$

Le coût $\mathcal{C}_n^{\mathsf{exp2}}$ satisfait donc $\mathcal{C}_0^{\mathsf{exp2}} = 1$ et $\mathcal{C}_n^{\mathsf{exp2}} = 1 + \mathcal{C}_{\lfloor n/2 \rfloor}^{\mathsf{exp2}}$, si $n > 0$. Par conséquent, si $n > 0$, il vaut 1 plus le nombre de bits de n, soit $\mathcal{C}_n^{\mathsf{exp2}} = \lfloor \lg n \rfloor + 2$, sinon $\mathcal{C}_0^{\mathsf{exp2}} = 1$.

Coût moyen En somme, nous avons établi, pour $n \geqslant 2$,

$$n \lg n - \frac{3}{2}n + 2 < \overline{\mathcal{A}}_n^{\mathsf{tms}} < n \lg n - n + 1,$$
$$n \lg n - \alpha n + (2\alpha - 1) < \overline{\mathcal{A}}_n^{\mathsf{bms}} < n \lg n - (\alpha - 1)n - (3 - 2\alpha),$$

où $\alpha \simeq 1.2645$, $2\alpha - 1 \simeq 1.52899$ et $3 - 2\alpha \simeq 0.471$. Pour le tri descendant, la nature de n quand l'encadrement est le plus serré n'a pas été élucidée par notre méthode inductive. Pour la variante ascendante, le minorant est approché au plus près quand $n = 2^p$, mais nous n'avons pu déterminer les valeurs de n qui permettent la meilleure approximation du majorant.

L'encadrement de $\overline{\mathcal{A}}_n^{\mathsf{bms}}$ ne nous permet pas de comparer les coûts moyens des deux variantes du tri par interclassement que nous avons étudiées. Nous allons donc prouver que le tri descendant requiert moins de comparaisons, en moyenne, que le tri ascendant. Puisque nous avons déjà établi que ceci est vrai aussi pour le cas le plus défavorable (voir (4.64) page 167), et que leur coût minimal sont égaux (voir (4.44) page 153), ceci scelle le sort de la variante ascendante, qui renaîtra sous une forme plus utile à la section 4.6 page 176. Nous voulons prouver par induction :

$$\overline{\mathcal{A}}_n^{\mathsf{tms}} \leqslant \overline{\mathcal{A}}_n^{\mathsf{bms}}.$$

Nous savons déjà que l'inégalité est une égalité quand $n = 2^p$, donc vérifions-la pour $n = 2$, puis supposons qu'elle soit valable jusqu'à 2^p et tâchons ensuite de la prouver pour $2^p + i$, où $0 < i \leqslant 2^p$, dont notre objectif découlera. Souvenons-nous de l'équation (4.57) page 158 :

$$\overline{\mathcal{A}}_{2^p+i}^{\mathsf{bms}} = \overline{\mathcal{A}}_{2^p}^{\mathsf{bms}} + \overline{\mathcal{A}}_i^{\mathsf{bms}} + 2^p + i - \frac{2^p}{i+1} - \frac{i}{2^p+1}.$$

Puisque $\overline{\mathcal{A}}_{2^p}^{\mathsf{bms}} = \overline{\mathcal{A}}_{2^p}^{\mathsf{tms}}$ et que, par hypothèse, $\overline{\mathcal{A}}_i^{\mathsf{tms}} \leqslant \overline{\mathcal{A}}_i^{\mathsf{bms}}$, nous avons

$$\overline{\mathcal{A}}_{2^p+i}^{\mathsf{bms}} \geqslant \overline{\mathcal{A}}_{2^p}^{\mathsf{tms}} + \overline{\mathcal{A}}_i^{\mathsf{tms}} + 2^p + i - \frac{2^p}{i+1} - \frac{i}{2^p+1}. \qquad (4.72)$$

Si nous pouvions montrer que le membre droit est supérieur ou égal à $\overline{\mathcal{A}}_{2^p+i}^{\mathsf{tms}}$, nous aurions gagné. Généralisons cette condition suffisante et exprimons-la comme le lemme suivant :

$$\mathsf{T}(m,n)\colon \overline{\mathcal{A}}_{m+n}^{\mathsf{tms}} \leqslant \overline{\mathcal{A}}_m^{\mathsf{tms}} + \overline{\mathcal{A}}_n^{\mathsf{tms}} + m + n - \frac{m}{n+1} - \frac{n}{m+1}.$$

Ordonnons les paires (m, n) d'entiers naturels m et n selon un ordre lexicographique (voir définition (1.8) page 14). Le cas de base, $(0, 0)$, est aisément vérifiable. Nous observons que la proposition à établir est symétrique, $\mathsf{T}(m,n) \Leftrightarrow \mathsf{T}(n,m)$, donc nous n'avons besoin que de trois cas : $(2p, 2q)$, $(2p, 2q+1)$ et $(2p+1, 2q+1)$.

1. $(m, n) = (2p, 2q)$. Dans ce cas,
   — $\overline{\mathcal{A}}_{m+n}^{\mathsf{tms}} = \overline{\mathcal{A}}_{2(p+q)}^{\mathsf{tms}} = 2\overline{\mathcal{A}}_{p+q}^{\mathsf{tms}} + 2(p+q) - 2 + 2/(p+q+1)$;
   — $\overline{\mathcal{A}}_m^{\mathsf{tms}} = \overline{\mathcal{A}}_{2p}^{\mathsf{tms}} = 2\overline{\mathcal{A}}_p^{\mathsf{tms}} + 2p - 2 + 2/(p+1)$;
   — $\overline{\mathcal{A}}_n^{\mathsf{tms}} = \overline{\mathcal{A}}_{2q}^{\mathsf{tms}} = 2\overline{\mathcal{A}}_q^{\mathsf{tms}} + 2q - 2 + 2/(q+1)$.
   Alors, le membre droit de $\mathsf{T}(m,n)$ est

$$r := 2\left(\overline{\mathcal{A}}_p^{\mathsf{tms}} + \overline{\mathcal{A}}_q^{\mathsf{tms}} + 2(p+q) - 2 + \tfrac{1}{p+1} + \tfrac{1}{q+1} - \tfrac{p}{2q+1} - \tfrac{q}{2p+1}\right).$$

L'hypothèse d'induction $\mathsf{T}(p,q)$ est

$$\overline{\mathcal{A}}_{p+q}^{\mathsf{tms}} \leqslant \overline{\mathcal{A}}_p^{\mathsf{tms}} + \overline{\mathcal{A}}_q^{\mathsf{tms}} + p + q - \frac{p}{q+1} - \frac{q}{p+1}.$$

Donc $r/2 \geqslant \overline{\mathcal{A}}_{p+q}^{\mathsf{tms}} + p + q - 2 + \frac{q+1}{p+1} + \frac{p+1}{q+1} - \frac{p}{2q+1} - \frac{q}{2p+1}$. Si le membre droit est supérieur ou égal à $\overline{\mathcal{A}}_{m+n}^{\mathsf{tms}}/2$, alors $\mathsf{T}(m,n)$ est prouvé. En d'autres termes, nous devons établir

$$\frac{p+1}{q+1} + \frac{q+1}{p+1} \geqslant 1 + \frac{p}{2q+1} + \frac{q}{2p+1} + \frac{1}{p+q+1}.$$

Nous développons tout pour nous défaire des fractions ; nous observons alors que nous pouvons factoriser pq et le polynôme bivarié restant est nul si $p = q$ (l'inégalité est une égalité), ce qui signifie que nous pouvons factoriser $p - q$ (en fait, deux fois). Finalement, cette inéquation équivaut à $pq(p-q)^2(2p+2q+3) \geqslant 0$, où $p, q \geqslant 0$, ce qui veut dire que $\mathsf{T}(m,n)$ est vrai.

2. $(m,n) = (2p, 2q+1)$. Dans ce cas,
   - $\overline{\mathcal{A}}_{m+n}^{\mathsf{tms}} = \overline{\mathcal{A}}_{2(p+q)+1}^{\mathsf{tms}} = \overline{\mathcal{A}}_{p+q}^{\mathsf{tms}} + \overline{\mathcal{A}}_{p+q+1}^{\mathsf{tms}} + 2(p+q) - 1 + \frac{2}{(p+q+2)}$;
   - $\overline{\mathcal{A}}_m^{\mathsf{tms}} = \overline{\mathcal{A}}_{2p}^{\mathsf{tms}} = 2\overline{\mathcal{A}}_p^{\mathsf{tms}} + 2p - 2 + 2/(p+1)$;
   - $\overline{\mathcal{A}}_n^{\mathsf{tms}} = \overline{\mathcal{A}}_{2q+1}^{\mathsf{tms}} = \overline{\mathcal{A}}_q^{\mathsf{tms}} + \overline{\mathcal{A}}_{q+1}^{\mathsf{tms}} + 2q - 1 + 2/(q+2)$.

   Alors, le membre droit de $\mathsf{T}(m,n)$ est

$$r := 2\overline{\mathcal{A}}_p^{\mathsf{tms}} + \overline{\mathcal{A}}_q^{\mathsf{tms}} + \overline{\mathcal{A}}_{q+1}^{\mathsf{tms}} + 4(p+q) - 2 + \frac{2}{p+1} + \frac{2}{q+2} - \frac{p}{q+1} - \frac{2q+1}{2p+1}.$$

   Les hypothèses d'induction $\mathsf{T}(p,q)$ et $\mathsf{T}(p,q+1)$ sont
   - $\overline{\mathcal{A}}_{p+q}^{\mathsf{tms}} \leqslant \overline{\mathcal{A}}_p^{\mathsf{tms}} + \overline{\mathcal{A}}_q^{\mathsf{tms}} + p + q - \frac{p}{q+1} - \frac{q}{p+1}$,
   - $\overline{\mathcal{A}}_{p+(q+1)}^{\mathsf{tms}} \leqslant \overline{\mathcal{A}}_p^{\mathsf{tms}} + \overline{\mathcal{A}}_{q+1}^{\mathsf{tms}} + p + (q+1) - \frac{p}{q+2} - \frac{q+1}{p+1}$.

   Donc $r \geqslant \overline{\mathcal{A}}_{p+q}^{\mathsf{tms}} + \overline{\mathcal{A}}_{p+q+1}^{\mathsf{tms}} + 2(p+q) - 3 + \frac{2q+3}{p+1} + \frac{p+2}{q+2} - \frac{2q+1}{2p+1}$. Si le membre droit est supérieur ou égal à $\overline{\mathcal{A}}_{m+n}^{\mathsf{tms}}$, alors $\mathsf{T}(m,n)$ est prouvé. En d'autres termes, nous voulons

$$\frac{2q+3}{p+1} + \frac{p+2}{q+2} \geqslant 2 + \frac{2q+1}{2p+1} + \frac{2}{p+q+2}.$$

En développant tout pour nous débarrasser des fractions, nous obtenons un polynôme bivarié avec les facteurs triviaux p et $p - q$ (car, si $p = q$, l'inégalité devient une égalité). Après, un système de calcul formel peut finir la factorisation, montrant que l'inégalité équivaut à $p(p-q)(p-q-1)(2p+2q+5) \geqslant 0$, donc $\mathsf{T}(m,n)$ tient.

3. $(m,n) = (2p+1, 2q+1)$. Dans ce cas,
   - $\overline{\mathcal{A}}_{m+n}^{\mathsf{tms}} = \overline{\mathcal{A}}_{2(p+q+1)}^{\mathsf{tms}} = 2\overline{\mathcal{A}}_{p+q+1}^{\mathsf{tms}} + 2(p+q) + 2/(p+q+2)$;

— $\overline{\mathcal{A}}_n^{\mathsf{tms}} = \overline{\mathcal{A}}_{2p+1}^{\mathsf{tms}} = \overline{\mathcal{A}}_p^{\mathsf{tms}} + \overline{\mathcal{A}}_{p+1}^{\mathsf{tms}} + 2p - 1 + 2/(p+2)$;

— $\overline{\mathcal{A}}_n^{\mathsf{tms}} = \overline{\mathcal{A}}_{2q+1}^{\mathsf{tms}} = \overline{\mathcal{A}}_q^{\mathsf{tms}} + \overline{\mathcal{A}}_{q+1}^{\mathsf{tms}} + 2q - 1 + 2/(q+2)$.

Alors, le membre droit de $\mathsf{T}(m,n)$ est

$$r := \overline{\mathcal{A}}_p^{\mathsf{tms}} + \overline{\mathcal{A}}_q^{\mathsf{tms}} + \overline{\mathcal{A}}_{p+1}^{\mathsf{tms}} + \overline{\mathcal{A}}_{q+1}^{\mathsf{tms}} + 4(p+q) + \frac{2}{p+2} + \frac{2}{q+2} - \frac{2p+1}{2q+2} - \frac{2q+1}{2p+2}.$$

Les hypothèses d'induction symétriques $\mathsf{T}(p, q+1)$ et $\mathsf{T}(p+1, q)$:

— $\overline{\mathcal{A}}_{p+(q+1)}^{\mathsf{tms}} \leqslant \overline{\mathcal{A}}_p^{\mathsf{tms}} + \overline{\mathcal{A}}_{q+1}^{\mathsf{tms}} + p + q + 1 - \frac{p}{q+2} - \frac{q+1}{p+1}$;

— $\overline{\mathcal{A}}_{(p+1)+q}^{\mathsf{tms}} \leqslant \overline{\mathcal{A}}_{p+1}^{\mathsf{tms}} + \overline{\mathcal{A}}_q^{\mathsf{tms}} + p + q + 1 - \frac{p+1}{q+1} - \frac{q}{p+2}$.

Donc, $r \geqslant 2\overline{\mathcal{A}}_{p+q+1}^{\mathsf{tms}} + 2(p+q) - 2 + \frac{q+1}{p+1} + \frac{q}{p+2} + \frac{p+1}{q+1} + \frac{p}{q+2} + \frac{2}{p+2} + \frac{2}{q+2} - \frac{2p+1}{2q+2} - \frac{2q+1}{2p+2}$. Si le membre droit est supérieur ou égal à $\overline{\mathcal{A}}_{m+n}^{\mathsf{tms}}$, alors $\mathsf{T}(m,n)$ est prouvé. En d'autres termes, nous voulons

$$\frac{q+1}{p+1} + \frac{q+2}{p+2} + \frac{p+2}{q+2} + \frac{p+1}{q+1} \geqslant 2 + \frac{2p+1}{2q+2} + \frac{2q+1}{2p+2} + \frac{2}{p+q+2}.$$

Après développement pour former un polynôme positif, nous remarquons que l'inégalité est une égalité si $p = q$, donc $p - q$ est un facteur. Après division, un autre facteur $p - q$ apparaît. L'inégalité équivaut donc à $(p-q)^2(2p^2(q+1) + p(2q^2 + 9q + 8) + 2(q+2)^2) \geqslant 0$, donc $\mathsf{T}(m,n)$ est vrai dans ce cas aussi.

Au total, $\mathsf{T}(m,n)$ est vrai dans chaque cas, donc le lemme est vrai pour tout m et n. En appliquant le lemme à (4.72), nous prouvons le théorème $\overline{\mathcal{A}}_n^{\mathsf{tms}} \leqslant \overline{\mathcal{A}}_n^{\mathsf{bms}}$, pour tout n. En regroupant tous les cas où l'inégalité est une égalité, nous vérifions ce que nous attendions : $m = n$, $m = n + 1$ ou $n = m + 1$. Pour (4.72), ceci signifie $i = 2^p$ ou $i = 2^p - 1$, soit

$$\boxed{\overline{\mathcal{A}}_n^{\mathsf{tms}} = \overline{\mathcal{A}}_n^{\mathsf{bms}} \Leftrightarrow n = 2^p \text{ ou } n = 2^p - 1, \text{où } p \geqslant 0.}$$

Programme   Voici une réalisation en **Erlang** du calcul des coûts moyens du tri par interclassement descendant et ascendant :

```
-module(mean).
-compile(nowarn_export_all).
-compile(export_all).
-compile({no_auto_import,[floor/1]}).

floor(X) when X < trunc(X)    -> trunc(X) - 1;
floor(X)                      -> trunc(X).
```

```
ceiling(X) when X > trunc(X) -> trunc(X) + 1;
ceiling(X)                    -> trunc(X).


log2(X) -> math:log(X)/math:log(2).
exp2(0) -> 1;
exp2(N) -> E=exp2(N div 2), (1 + N rem 2)*(E*E).


mrg(M,N) -> M + N - M/(N+1) - N/(M+1).
bms0(N) -> bms(N) + N + ceiling(N/2) + 2*ceiling(log2(N)) - 1.


bms(0) -> 0;
bms(1) -> 0;
bms(N) -> E=exp2(ceiling(log2(N))-1),
          bms(E) + bms(N-E) + mrg(E,N-E).


tms(0) -> 0;
tms(1) -> 0;
tms(N) -> F=floor(N/2), C=ceiling(N/2),
          tms(F) + tms(C) + mrg(C,F).


h(0) -> 0; h(N) -> 1/N + h(N-1).


i2wb(N) -> P = N div 2,
             case N rem 2 of
               0 -> P*P/2 + 13*P/4 + h(P)/8 - h(N)/4 + 2;
               1 -> P*P/2 + 15*P/4 + h(P)/8 - h(N)/4 + 13/4
             end.
```

Interclassement ou insertion Comparons les tris par insertion et interclassement dans leurs variantes les plus rapides. Nous avons trouvé à l'équation (3.13) page 125 le coût moyen du tri par insertion bidirectionnelle équilibrée :

$$\mathcal{A}_n^{\mathsf{i2wb}} = \frac{1}{8}(n^2 + 13n - \ln n + 10 - \ln 2) + \epsilon_n, \text{ avec } 0 < \epsilon_n < \frac{7}{8}.$$

Par ailleurs, nous venons tout juste de trouver que le coût en plus des comparaisons est $\lceil 3n/2 \rceil + 2\lceil \lg n \rceil - 1$ pour $\mathsf{bms}_0/1$, et $\overline{\mathcal{C}}_n^{\mathsf{bms}_0} = \overline{\mathcal{C}}_n^{\mathsf{bms}}$. En outre, nous avons obtenu l'encadrement (4.58) page 162 de $\overline{\mathcal{A}}_n^{\mathsf{bms}}$, le majorant étant excellent. Par conséquent,

$$\mathcal{A}_n^{\mathsf{bms}_0} < (n \lg n - (\alpha - 1)n - (3 - 2\alpha)) + (\lceil 3n/2 \rceil + 2\lceil \lg n \rceil - 1)$$
$$< (n + 2) \lg n + 1.236n + 1.529;$$

$$\mathcal{A}_n^{\text{bms0}} > (n \lg n - 1.35n + 1.69) + (\lceil 3n/2 \rceil + 2 \lceil \lg n \rceil - 1)$$
$$> (n + 2) \lg n + 0.152n + 0.69;$$

$$(n^2 + 13n - \ln 2n + 10)/8 < \mathcal{A}_n^{\text{i2wb}} < (n^2 + 13n - \ln 2n + 17)/8.$$

où $\alpha \simeq 1.2645$ et $\lceil x \rceil < x + 1$. Donc,

$$(n + 2) \lg n + 1.236n + 1.529 < (n^2 + 13n - \ln 2n + 10)/8$$

implique $\mathcal{A}_n^{\text{bms0}} < \mathcal{A}_n^{\text{i2wb}}$, et aussi l'inégalité

$$(n^2 + 13n - \ln 2n + 17)/8 < (n + 2) \lg n + 0.152n + 0.69$$

entraîne la relation $\mathcal{A}_n^{\text{i2wb}} < \mathcal{A}_n^{\text{bms0}}$. Avec l'aide d'un système de calcul formel, nous trouvons que $\mathcal{A}_n^{\text{bms0}} < \mathcal{A}_n^{\text{i2wb}}$ si $n \geqslant 43$, et $\mathcal{A}_n^{\text{i2wb}} < \mathcal{A}_n^{\text{bms0}}$ si $3 \leqslant n \leqslant 29$. Pour le cas $n = 2$, nous avons : $\mathcal{A}_2^{\text{i2wb}} = 11/2 > 5 = \mathcal{A}_2^{\text{bms0}}$. Si nous laissons de côté ce cas particulier, nous pouvons conclure que le tri par insertion est plus rapide, en moyenne, pour des piles de moins de 30 clés, et le contraire est vrai pour des piles d'au moins 43 clés. Entre-deux, nous ne savons rien, mais nous pouvons calculer efficacement les coûts moyens et procéder par dichotomie sur l'intervalle de 30 à 43.

En utilisant le programme **Erlang** ci-dessus, nous trouvons rapidement que le tri par insertion est battu le plus tôt par le tri par interclassement à la valeur $n = 36$. Ceci suggère de laisser tomber **duo/1** en faveur d'une fonction qui construit des segments de 35 clés à partir de la pile originelle, puis les trie avec des insertions équilibrées bidirectionnelles et, finalement, s'il y a plus de 35 clés, commence à interclasser ces piles ordonnées. Cette amélioration revient à ne pas construire les premiers 35 niveaux dans l'arbre d'interclassement mais, plutôt, à construire le 35ᵉ niveau par insertions.

Malgré l'analyse qui précède, nous devrions garder à l'esprit qu'elle s'appuie sur la mesure qu'est le nombre d'appels de fonction, qui suppose que chaque appel est vraiment effectué par l'environnement d'exécution (pas d'expansion en ligne), que tous les changements de contextes ont la même durée, que les autres opérations prennent un temps négligeable en comparaison, que l'antémémoire, les prévisions de saut et le pipeline des instructions sont sans effet etc. Même l'utilisation du même compilateur sur la même machine ne nous dédouane pas de procéder à un prudent banc de test.

4.6   Tri en ligne

Les algorithmes de tri peuvent être distingués selon qu'ils opèrent sur la totalité de la pile de clés, ou bien clé par clé. Les premiers sont dits *hors ligne*, car les clés ne sont pas ordonnées pendant qu'elles arrivent, et les derniers sont appelés *en ligne*, car le tri est temporellement entrelacé avec l'acquisition des données. Le tri par interclassement ascendant est un algorithme hors ligne, mais il peut être facilement modifié pour devenir en ligne en remarquant que les interclassements équilibrés peuvent être répétés à chaque fois qu'une nouvelle clé arrive et les interclassements déséquilibrés ne sont effectués que lorsque la pile courante ordonnée est demandée.

Plus précisément, considérons à nouveau la FIGURE 4.12 page 155 sans les interclassements déséquilibrés. L'ajout d'une nouvelle clé (par la droite) mène à deux circonstances : si n est pair, c'est-à-dire $e_0 > 0$, alors rien n'est fait et la clé devient une pile singleton ordonnée de longueur 2^0 ; sinon, une cascade d'interclassements entre piles de longueurs égales à 2^{e_i}, avec $e_i = i$, est déclenchée jusqu'à ce que $e_j > j$. Ce procédé est exactement l'addition en binaire de 1 à n, sauf que des interclassements, au lieu d'additions de bits, sont effectués tant qu'une retenue est produite et propagée.

À notre connaissance, seul Okasaki (1998a) mentionne cette variante ; il montre qu'elle peut être efficacement programmée avec des structures de données purement fonctionnelles, tout comme la version hors ligne. (Remarquons que le contexte dans lequel il écrit est néanmoins différent du nôtre car il suppose une évaluation paresseuse et procède à une analyse du coût amorti.) Le tri hors ligne est utilisé dans la bibliothèque de référence de l'assistant de preuve Coq (Bertot et Castéran, 2004).

Notre programme est montré à la FIGURE 4.18. Nous usons de zero() pour représenter un bit à 0 dans la notation binaire du nombre de clés ordonnées présentement. Par dualité, l'appel one(s) dénote un bit à 1, où la pile s contient un nombre de clés triées égal à la puissance de 2 associée dans la notation binaire. Chaque appel à one/1 correspond à un sous-arbre à la FIGURE 4.12 page 155. Par exemple, la configuration de la pile [one([4]), zero(), one([3, 6, 7, 9])] correspond au nombre binaire $(101)_2$, donc elle contient $1 \cdot 2^2 + 0 \cdot 2^1 + 1 \cdot 2^0 = 5$ clés en tout. Gardons présent à l'esprit que les bits sont à l'envers dans la pile, ainsi l'arrivée de la clé 5 donnerait [zero(), one([4, 5]), one([3, 6, 7, 9])].

Notons que le programme à la FIGURE 4.18 page suivante ne capture pas l'usage normal du tri en ligne, car, en pratique, l'argument s de l'appel oms(s) (anglais : *on-line merge sort*) ne serait pas connu dans sa totalité, donc add/2 ne serait appelé que quand une clé est disponible. Toutefois, dans l'analyse suivante, nous nous intéressons au nombre de comparaisons d'une série de mises à jour par sum/2 (un cadre de travail que nous avons déjà rencontré à la section 2.5), suivie d'une suite d'interclassements déséquilibrés par unb/2 (anglais : *unbalanced*), avec pour

$$\mathsf{oms}(s) \xrightarrow{\phi} \mathsf{unb}(\mathsf{sum}(s,[\,]),[\,]).$$

$$\mathsf{sum}([\,],t) \xrightarrow{\chi} t;$$
$$\mathsf{sum}([x\,|\,s],t) \xrightarrow{\psi} \mathsf{sum}(s,\mathsf{add}([x],t)).$$

$$\mathsf{add}(s,[\,]) \xrightarrow{\omega} [\mathsf{one}(s)];$$
$$\mathsf{add}(s,[\mathsf{zero}()\,|\,t]) \xrightarrow{\gamma} [\mathsf{one}(s)\,|\,t];$$
$$\mathsf{add}(s,[\mathsf{one}(u)\,|\,t]) \xrightarrow{\delta} [\mathsf{zero}()|\mathsf{add}(\mathsf{mrg}(s,u),t)].$$

$$\mathsf{unb}([\,],u) \xrightarrow{\mu} u;$$
$$\mathsf{unb}([\mathsf{zero}()\,|\,s],u) \xrightarrow{\nu} \mathsf{unb}(s,u);$$
$$\mathsf{unb}([\mathsf{one}(t)\,|\,s],u) \xrightarrow{\xi} \mathsf{unb}(s,\mathsf{mrg}(t,u)).$$

$$\mathsf{mrg}([\,],t) \xrightarrow{\theta} t;$$
$$\mathsf{mrg}(s,[\,]) \xrightarrow{\iota} s;$$
$$\mathsf{mrg}([x\,|\,s],[y\,|\,t]) \xrightarrow{\kappa} [y\,|\,\mathsf{mrg}([x\,|\,s],t)], \text{ si } x \succ y;$$
$$\mathsf{mrg}([x\,|\,s],t) \xrightarrow{\lambda} [x\,|\,\mathsf{mrg}(s,t)].$$

FIGURE 4.18 – Tri par interclassement en ligne avec oms/1

résultat une pile ordonnée ; par conséquent, notre programme convient à notre objectif qui est d'évaluer $\overline{\mathcal{C}}_n^{\mathsf{oms}}$.

Soit $\overline{\mathcal{C}}_n^{\mathsf{add}}$ le nombre de comparaisons pour ajouter une nouvelle clé à la pile courante de longueur n et souvenons-nous que $\overline{\mathcal{C}}_{m,n}^{\mathsf{mrg}}$ est le nombre de comparaisons pour interclasser deux piles de longueurs m et n en appelant mrg/2. Si n est pair, alors il n'y a pas de comparaisons, puisque ceci est similaire à l'ajout de 1 à une séquence binaire $(\Xi 0)_2$, où Ξ est une chaîne de bits arbitraire. Sinon, une suite d'interclassements équilibrés de taille 2^i sont effectués, car cela est similaire à l'ajout de 1 à $(\Xi 011 \ldots 1)_2$, où Ξ est arbitraire. Par conséquent,

$$\overline{\mathcal{C}}_{2j}^{\mathsf{add}} = 0, \qquad \overline{\mathcal{C}}_{2j-1}^{\mathsf{add}} = \sum_{i=0}^{\rho_{2j}} \overline{\mathcal{C}}_{2^i,2^i}^{\mathsf{mrg}},$$

où ρ_n est la plus grande puissance de 2 qui divise n. Soit $\overline{\mathcal{C}}_n^{\mathsf{sum}}$ le nombre de comparaisons pour ajouter n clés à $[\,]$. Nous avons

$$\overline{\mathcal{C}}_n^{\mathsf{sum}} = \sum_{k=0}^{n-1} \overline{\mathcal{C}}_k^{\mathsf{add}}.$$

$$\overline{\mathcal{C}}_{2p}^{\mathsf{sum}} = \overline{\mathcal{C}}_{2p+1}^{\mathsf{sum}} = \sum_{k=1}^{2p-1} \overline{\mathcal{C}}_k^{\mathsf{add}} = \sum_{j=1}^{p} \overline{\mathcal{C}}_{2j-1}^{\mathsf{add}} = \sum_{j=1}^{p} \sum_{i=0}^{1+\rho_j} \overline{\mathcal{C}}_{2^i,2^i}^{\mathsf{mrg}}. \qquad (4.73)$$

Soit $\overline{\mathcal{C}}_n^{\mathsf{unb}}$ le nombre de comparaisons de tous les interclassements déséquilibrés pour trier n clés. Un coup d'œil en arrière, à la définition (4.59) page 164 nous rappelle que

$$\overline{\mathcal{C}}_n^{\mathsf{unb}} = \overline{\mathcal{C}}_n^{\ltimes} = \sum_{i=1}^{r} \overline{\mathcal{C}}_{2^{e_i}, 2^{e_{i-1}} + \cdots + 2^{e_0}}^{\mathsf{mrg}}. \tag{4.74}$$

Soit $\overline{\mathcal{C}}_n^{\mathsf{oms}}$ le nombre de comparaisons pour trier n clés en ligne. On a

$$\overline{\mathcal{C}}_n^{\mathsf{oms}} = \overline{\mathcal{C}}_n^{\mathsf{sum}} + \overline{\mathcal{C}}_n^{\mathsf{unb}}. \tag{4.75}$$

Coût minimal En remplaçant $\mathcal{C}$ par $\mathcal{B}$ dans l'équation (4.73), nous obtenons les équations pour le nombre minimal de comparaisons, ce qui nous permet de simplifier $\overline{\mathcal{B}}_n^{\mathsf{sum}}$ avec l'aide de l'équation (4.3) page 129 :

$$\overline{\mathcal{B}}_{2p}^{\mathsf{sum}} = \overline{\mathcal{B}}_{2p+1}^{\mathsf{sum}} = \sum_{j=1}^{p} \sum_{i=0}^{1+\rho_j} \overline{\mathcal{B}}_{2^i, 2^i}^{\mathsf{mrg}} = \sum_{j=1}^{p} \sum_{i=0}^{1+\rho_j} 2^i = 4 \sum_{j=1}^{p} 2^{\rho_j} - p. \tag{4.76}$$

Soit $T_p := \sum_{j=1}^{p} 2^{\rho_j}$. Les récurrences (4.50) page 155 sur la fonction ρ nous aident à trouver une récurrence pour T_p comme suit :

$$T_{2q} = \sum_{k=0}^{q-1} 2^{\rho_{2k+1}} + \sum_{k=1}^{q} 2^{\rho_{2k}} = q + 2 \cdot T_q,$$

$$T_{2q+1} = \sum_{j=1}^{2q+1} 2^{\rho_j} = 1 + T_{2q} = (q+1) + 2 \cdot T_q.$$

De manière équivalente, $T_p = 2 \cdot T_{\lfloor p/2 \rfloor} + \lceil p/2 \rceil = 2 \cdot T_{\lfloor p/2 \rfloor} + p - \lfloor p/2 \rfloor$. Donc, en déroulant quelques pas de la récurrence révèle rapidement l'équation :

$$2 \cdot T_p = 2p + \sum_{j=1}^{\lfloor \lg p \rfloor} \left\lfloor \frac{p}{2^j} \right\rfloor 2^j,$$

en usant du Théorème 3 page 147. Par définition, $\{x\} := x - \lfloor x \rfloor$, d'où

$$2 \cdot T_p = p \lfloor \lg p \rfloor + 2p - \sum_{j=1}^{\lfloor \lg p \rfloor} \left\{ \frac{p}{2^j} \right\} 2^j.$$

Puisque $0 \leqslant \{x\} < 1$, nous obtenons l'encadrement

$$p \lfloor \lg p \rfloor + 2p - 2^{\lfloor \lg p \rfloor + 1} + 2 < 2 \cdot T_p \leqslant p \lfloor \lg p \rfloor + 2p.$$

De même, avec $x - 1 < \lfloor x \rfloor \leqslant x$ et $\lfloor x \rfloor = x - \{x\}$, nous dérivons :

$$p(\lg p - \{\lg p\}) + 2p - 2^{\lg p - \{\lg p\} + 1} + 2 < 2 \cdot T_p \leqslant p \lg p + 2p,$$
$$p \lg p + 2p + 2 - p \cdot \theta_L(\{\lg p\}) < 2 \cdot T_p \leqslant p \lg p + 2p,$$

où $\theta_L(x) := x + 2^{1-x}$. Puisque $\max_{0 \leqslant x < 1} \theta_L(x) = \theta_L(0) = 2$, nous concluons :

$$p \lg p + 2 < 2 \cdot T_p \leqslant p \lg p + 2p.$$

Le majorant est atteint si $p = 2^q$. L'application de cet encadrement à la définition de $\overline{\mathcal{B}}_{2p}^{\mathsf{sum}}$ dans (4.76) produit

$$2p \lg p - p + 4 < \overline{\mathcal{B}}_{2p}^{\mathsf{sum}} \leqslant 2p \lg p + 3p. \tag{4.77}$$

Par conséquent, $\overline{\mathcal{B}}_{2p}^{\mathsf{sum}} = \overline{\mathcal{B}}_{2p+1}^{\mathsf{sum}} \sim 2p \lg p$, donc $\overline{\mathcal{B}}_n^{\mathsf{sum}} \sim n \lg n$.

Grâce à (4.3) & (4.74) on a $\overline{\mathcal{B}}_n^{\mathsf{unb}} = \sum_{i=1}^r \min\{2^{e_i}, 2^{e_{i-1}} + \cdots + 2^{e_0}\}$. Commençons par noter que

$$\sum_{j=0}^i 2^{e_j} \leqslant \sum_{j=0}^{e_i} 2^j = 2 \cdot 2^{e_i} - 1.$$

Ceci équivaut au fait qu'un nombre binaire donné est toujours inférieur ou égal au nombre avec le même nombre de bits tous à 1, par exemple, $(10110111)_2 \leqslant (11111111)_2$. Par définition de e_i, on a $e_{i-1} + 1 \leqslant e_i$, donc

$$\sum_{j=0}^{i-1} 2^{e_j} \leqslant 2^{e_{i-1}+1} - 1 \leqslant 2^{e_i} - 1 < 2^{e_i}$$

et $\min\{2^{e_i}, 2^{e_{i-1}} + \cdots + 2^{e_0}\} = 2^{e_{i-1}} + \cdots + 2^{e_0}$. Nous avons alors

$$\overline{\mathcal{B}}_n^{\mathsf{unb}} = \sum_{i=1}^r \sum_{j=0}^{i-1} 2^{e_j} < n. \tag{4.78}$$

Trivialement, $0 < \overline{\mathcal{B}}_n^{\mathsf{unb}}$, donc (4.75) implique $\overline{\mathcal{B}}_n^{\mathsf{oms}} \sim n \lg n \sim 2 \cdot \overline{\mathcal{B}}_n^{\mathsf{bms}}$.

Coût maximal En remplaçant $\mathcal{C}$ par $\mathcal{W}$ dans l'équation (4.73), nous obtenons des équations pour le nombre maximal de comparaisons, que nous pouvons simplifier avec l'aide de l'équation (4.4) page 130 en

$$\overline{\mathcal{W}}_{2p}^{\mathsf{sum}} = \overline{\mathcal{W}}_{2p\,|\,1}^{\mathsf{sum}} = \sum_{j=1}^p \sum_{i=0}^{1+\rho_j} \overline{\mathcal{W}}_{2^i,2^i}^{\mathsf{mrg}} = 8 \sum_{j=1}^p 2^{\rho_j} - \sum_{j=1}^p \rho_j - 4p. \tag{4.79}$$

Nous pouvons obtenir une forme close de $\sum_{j=1}^{p} \rho_j$ si nous pensons à la propagation de la retenue et au nombre de bits à 1 lorsque nous ajoutons 1 à un nombre binaire (car j décrit les entiers successifs). Ceci revient à trouver une relation entre ρ_j, ρ_{j+1}, ν_j et ν_{j+1}.

— Supposons d'abord que $2n + 1 = (\Xi 01^a)_2$, où Ξ est une chaîne de bits arbitraire et $(1^a)_2$ est une chaîne de 1 répétés a fois. Alors $\nu_{2n+1} = \nu_\Xi + a$ et $\rho_{2n+1} = 0$.

— Supposons $2n + 2 = (\Xi 10^a)_2$, donc $\nu_{2n+2} = \nu_\Xi + 1$ et $\rho_{2n+2} = a$. Nous pouvons maintenant mettre en relation ρ et ν grâce à a :

$$\rho_{2n+2} = \nu_{2n+1} - \nu_\Xi = \nu_{2n+1} - (\nu_{2n+2} - 1) = 1 + \nu_{2n+1} - \nu_{2n+2}.$$

Nous pouvons vérifier la répétition du même motif avec ρ_{2n+1}, avec simplement les définitions de ρ et ν : $\rho_{2n+1} = 1 + \nu_{2n} - \nu_{2n+1}$. Ceci termine la preuve, pour tout entier $n > 0$, que $\rho_n = 1 + \nu_{n-1} - \nu_n$. En sommant membre à membre, nous obtenons

$$\sum_{j=1}^{p} \rho_j = p - \nu_p.$$

Il est intéressant de noter que nous avons déjà rencontré $p - \nu_p$ à l'équation (1.7), page 12. Nous pouvons maintenant simplifier (4.79) ainsi :

$$\overline{\mathcal{W}}_{2p}^{\mathsf{sum}} = \overline{\mathcal{W}}_{2p+1}^{\mathsf{sum}} = 8 \sum_{j=1}^{p} 2^{\rho_j} - 5p - \nu_p = 2 \cdot \overline{\mathcal{B}}_{2p}^{\mathsf{sum}} - 3p - \nu_p.$$

En réutilisant l'encadrement de $\overline{\mathcal{B}}_{2p}^{\mathsf{sum}}$ dans l'inégalité (4.77) nous amène à $\overline{\mathcal{W}}_{2p}^{\mathsf{sum}} = \overline{\mathcal{W}}_{2p+1}^{\mathsf{sum}} \sim 4p \lg p$.

Les équations (4.4) et (4.74), ainsi que l'inéquation (4.78) impliquent

$$\overline{\mathcal{W}}_n^{\mathsf{unb}} = \sum_{i=1}^{r} \sum_{j=0}^{i} 2^{e_j} - \nu_n + 1 = \overline{\mathcal{B}}_n^{\mathsf{unb}} + n - \rho_n - \nu_n + 1 < 2n + 1.$$

Par conséquent, $\overline{\mathcal{W}}_n^{\mathsf{oms}} \sim 2n \lg n \sim 2 \cdot \overline{\mathcal{W}}_n^{\mathsf{bms}}$.

Coût supplémentaire Prenons maintenant en compte toutes les réécritures dans l'évaluation d'un appel $\mathsf{oms}(s)$. Soit $\mathcal{C}_n^{\mathsf{oms}}$ ce nombre. Nous connaissons déjà la contribution due aux comparaisons, $\overline{\mathcal{C}}_n^{\mathsf{oms}}$, soit dans la règle κ ou λ, donc cherchons $\mathcal{C}_n^{\mathsf{oms}} - \overline{\mathcal{C}}_n^{\mathsf{oms}}$:

— La règle ϕ est employée une fois.

— Les règles χ et ψ constituent la sous-trace $\psi^n \chi$, donc sont utilisées $n + 1$ fois.

— Les règles ω, γ et δ sont employées $F(n) = 2n - \nu_n$ fois, comme on peut le constater à l'équation (1.7). Nous devons aussi tenir compte des règles θ et ι requises pour les appels $\mathsf{mrg}(s, u)$ dans la règle δ. Chaque bit à 1 dans la notation binaire des nombres de 1 à $n - 1$ déclenche un tel appel, c'est-à-dire $\sum_{k=1}^{n-1} \nu_k$.

— Les règles ν et ξ sont utilisées pour chaque bit dans la notation binaire de n et la règle μ est employée une fois, pour un total de $\lfloor \lg n \rfloor + 2$ appels. Nous avons aussi besoin d'ajouter le nombre d'appels $\mathsf{mrg}(t, u)$ à la règle ξ, qui témoignent de l'application des règles θ et ι. Ceci est le nombre de bits à 1 dans n, faisant donc ν_n.

Au total, nous avons $\mathcal{C}_n^{\mathsf{oms}} - \overline{\mathcal{C}}_n^{\mathsf{oms}} = 3n + \lfloor \lg n \rfloor + \sum_{k=1}^{n-1} \nu_k + 2$. L'équation (4.44) page 153 implique $\mathcal{C}_n^{\mathsf{oms}} = \overline{\mathcal{C}}_n^{\mathsf{oms}} + 3n + \lfloor \lg n \rfloor + \overline{\mathcal{B}}_n^{\mathsf{bms}} + 2$. L'encadrement (4.35) page 146 implique $\overline{\mathcal{B}}_n^{\mathsf{bms}} \sim \frac{1}{2} n \lg n$, d'où $\mathcal{C}_n^{\mathsf{oms}} \sim \overline{\mathcal{C}}_n^{\mathsf{oms}}$.

Exercices

1. Prouvez $\mathsf{mrg}(s, t) \equiv \mathsf{mrg}(t, s)$.

2. Prouvez que $\mathsf{mrg}(s, t)$ est une pile ordonnée si s et t sont ordonnés.

3. Prouvez que toutes les clés de s et t sont dans $\mathsf{mrg}(s, t)$.

4. Prouvez la terminaison de $\mathsf{bms/1}$, $\mathsf{oms/1}$ et $\mathsf{tms/1}$.

5. Est-ce que $\mathsf{bms/1}$ est stable ? Qu'en est-il de $\mathsf{tms/1}$?

6. Trouvez $\mathcal{C}_n^{\mathsf{tms}} - \overline{\mathcal{C}}_n^{\mathsf{tms}}$. *Aide :* pensez à l'équation (1.7) page 12.

7. À la page 164, nous avons trouvé que le nombre d'interclassements effectués par $\mathsf{bms}(s)$ est $n - 1$ si n est le nombre de clés dans s. Montrez que $\mathsf{tms}(s)$ effectue le même nombre d'interclassements. (*Aide* : Considérez l'équation (4.17) page 139.)

8. Trouvez un dénombrement d'éléments de la table à la FIGURE 4.8 page 140 montrant que

$$\sum_{k=1}^{p-1} 2^{\rho_k} = \sum_{i=0}^{\lceil \lg p \rceil - 1} \left\lceil \frac{p - 2^i}{2^{i+1}} \right\rceil 2^i.$$

9. Comparez le nombre de nœuds d'empilage créés par $\mathsf{bms/1}$ et $\mathsf{tms/1}$.

Chapitre 5

Recherche de motifs

Nous appellerons *alphabet* un ensemble fini non-vide de symboles, appelés *lettres*, que nous composerons avec une police linéale, par exemple a, b etc. Un *mot* est une suite finie de lettres, comme mot ; en particulier, une lettre est un mot, comme en français. Nous dénotons la répétition d'une lettre ou d'un mot avec un exposant, par exemple, $a^3 = $ aaa. Les mots, tout comme les lettres, peuvent être joints pour former des mots : le mot $u \cdot v$ est constitué des lettres du mot u suivies des lettres du mot v ; par exemple, si $u = $ or et $v = $ ange, alors $u \cdot v = $ orange. Cette opération est associative : $(u \cdot v) \cdot w = u \cdot (v \cdot w)$. Pour abréger, l'opérateur peut être omis : $(uv)w = u(vw)$. La concaténation de mots se comporte comme un produit non-commutatif, donc elle a un élément neutre ε, appelé le *mot vide* : $u \cdot \varepsilon = \varepsilon \cdot u = u$.

Un mot x est un *facteur* d'un mot y s'il existe deux mots u et v tels que $y = uxv$. Le mot x est un *préfixe* de y, noté $x \trianglelefteq y$, si $u = \varepsilon$, c'est-à-dire si $y = xv$. De plus, si $v \neq \varepsilon$, c'est un *préfixe propre*, noté $x \triangleleft y$. Étant donné $y = uxv$, le mot x est un *suffixe* de y si $v = \varepsilon$. Si, en plus, $u \neq \varepsilon$, il est un *suffixe propre*. Soit a une lettre quelconque et x, y des mots quelconques ; alors la relation de préfixe est facile à définir par un système d'inférence comme suit :

$$\varepsilon \trianglelefteq y \qquad \frac{x \trianglelefteq y}{a \cdot x \trianglelefteq a \cdot y}$$

Le but étant d'écrire un programme pour chercher un facteur dans un texte, nous avons besoin de traduire les mots et les opérations en termes du langage fonctionnel. Une lettre est traduite en un constructeur constant ; par exemple, a devient a(). Un mot de plus d'une lettre est traduit en une pile de lettres traduites, comme je dans [j(), e()]. La concaténation d'une lettre et d'un mot est traduite par un empilage, ainsi a·mie devient $[\mathsf{a}(), \mathsf{m}(), \mathsf{i}(), \mathsf{e}()]$. La concaténation de deux mots est traduite par la concaténation de piles, donc $\mathsf{ab} \cdot \mathsf{cd}$ mène à $\mathsf{cat}([\mathsf{a}(), \mathsf{b}()], [\mathsf{c}(), \mathsf{d}()])$.

Comme toujours, la traduction du système d'inférence définissant ($\trianglelefteq$) en une fonction $\mathsf{pre/2}$ requiert que les cas correspondant aux axiomes s'évaluent en $\mathsf{true}()$ et que les cas qui ne sont pas spécifiés ($\ntrianglelefteq$) s'évaluent en $\mathsf{false}()$:

$$\mathsf{pre}([\,], y) \to \mathsf{true}(); \quad \mathsf{pre}([a\,|\,x], [a\,|\,y]) \to \mathsf{pre}(x, y); \quad \mathsf{pre}(x, y) \to \mathsf{false}().$$

Le système d'inférence est alors une spécification formelle du programme.

Une lettre d'un mot peut être caractérisée de façon unique par un entier naturel appelé *index*, en supposant que la première lettre a pour index 0 (Dijkstra, 1982). Si $x = \mathsf{pot}$, alors la lettre à l'index 0 est $x[0] = \mathsf{p}$ et celle à l'index 2 est $x[2] = \mathsf{t}$. Un facteur x de y peut être identifié par l'index de $x[0]$ dans y. La fin du facteur peut aussi être isolée ; par exemple, $x = \mathsf{fin}$ est un facteur de $y = \mathsf{affiner}$ à l'index 2, noté $y[2, 4] = x$ et signifiant $y[2] = x[0]$, $y[3] = x[1]$ et $y[4] = x[2]$.

La recherche de motifs est courante dans l'édition de textes, bien qu'elle soit mieux connue en tant que *recherche d'occurrences*, un sujet d'études en *algorithmique du texte*, appelé parfois en anglais *stringology* (Charras et Lecroq, 2004, Crochemore *et al.*, 2007) (Cormen *et al.*, 2009, §32). Dû à la nature asymétrique de la recherche, le mot p est appelé le *motif* (à ne pas confondre avec le motif d'une règle de réécriture) et le mot t est le *texte*.

5.1   Recherche naïve

À la section 2.3, page 47, nous avons présenté la recherche linéaire, c'est-à-dire la recherche pas à pas de l'occurrence d'un élément dans une pile. Nous pouvons la généraliser à la recherche d'une suite d'éléments contigus dans une pile, c'est-à-dire qu'elle résout alors le problème de la recherche d'un mot. Cette approche est qualifiée de naïve parce qu'elle est une extension simple d'une idée simple, et il est sous-entendu qu'elle n'est pas la plus efficace. Tout commence avec la comparaison de $p[0]$ et $t[0]$, puis, en supposant que $p[0] = t[0]$, les lettres $p[1]$ et $t[1]$ sont à leur tour comparées etc. jusqu'à ce qu'un des mots soit vide ou une inégalité se produise. En supposant que p est plus court que t, le premier cas signifie que p est un préfixe de t. Dans le dernier cas, p est décalé de telle sorte que $p[0]$ soit aligné avec $t[1]$ et les comparaisons reprennent à partir de ce point. Si p ne peut être décalé davantage parce que son extrémité dépasserait la fin de t, alors il n'est pas un facteur. L'essence de cette procédure est résumée à la FIGURE 5.1 page ci-contre, où $p[i] \neq t[j]$

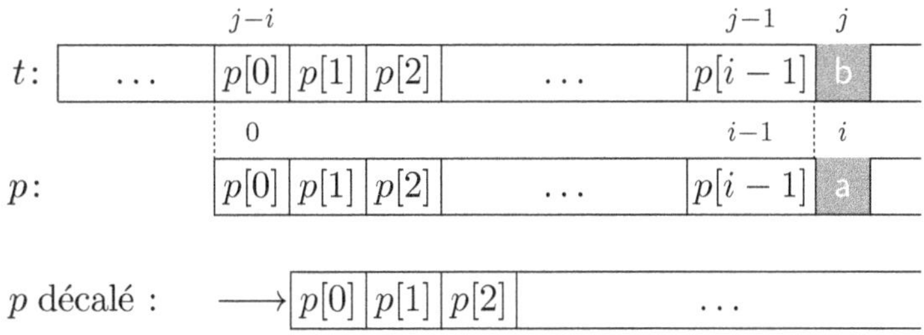

FIGURE 5.1 – Recherche naïve du motif p dans le texte t
(échec grisé)

$$\mathsf{loc}_0(p, t) \rightarrow \mathsf{loc}_0(p, t, 0).$$

$$\mathsf{pre}([\,], t) \rightarrow \mathsf{true}();$$
$$\mathsf{pre}([a\,|\,p], [a\,|\,t]) \rightarrow \mathsf{pre}(p, t);$$
$$\mathsf{pre}(p, t) \rightarrow \mathsf{false}().$$

$$\mathsf{loc}_0([x\,|\,p], [\,], j) \rightarrow \mathsf{absent}();$$

$$\frac{\mathsf{pre}(p, t) \twoheadrightarrow \mathsf{true}()}{\mathsf{loc}_0(p, t, j) \rightarrow \mathsf{factor}(j)};$$

$$\frac{\mathsf{pre}(p, [a\,|\,t]) \twoheadrightarrow \mathsf{false}()}{\mathsf{loc}_0(p, [a\,|\,t], j) \rightarrow \mathsf{loc}_0(p, t, j+1)}.$$

FIGURE 5.2 – Recherche naïve avec $\mathsf{loc}_0/2$

(les lettres a et b ne sont pas significatives en elles-mêmes).

La FIGURE 5.2 montre un programme fonctionnel réalisant ce plan. L'appel $\mathsf{loc}_0(p, t)$ est évalué en $\mathsf{absent}()$ si le motif p n'est pas un facteur du texte t, sinon en $\mathsf{factor}(k)$, où k est l'index dans t où p apparaît en premier. Du point de vue conceptuel, ce dessein consiste à combiner une recherche linéaire de la première lettre du motif et un test de préfixe pour le reste du motif et du texte. Il est important de vérifier si les invariants implicites en général ne sont pas brisés en présence de cas aux limites. Par exemple, dans le traitement de piles, utilisons des piles vides partout où cela est possible et interprétons chaque réécriture et l'évaluation complète. Nous avons ainsi $\mathsf{pre}([\,], t) \twoheadrightarrow \mathsf{true}()$, parce que $t = \varepsilon \cdot t$. Mais aussi $\mathsf{loc}_0([\,], t) \twoheadrightarrow \mathsf{factor}(0)$.

Raffinements   Bien que la composition de ce programme soit intuitive, elle est trop longue. Nous pourrions remarquer qu'après un appel à $\mathsf{pre}/2$

$$\mathsf{loc}_1(p, t) \to \mathsf{loc}_1(p, t, 0).$$

$$\mathsf{loc}_1([a\,|\,p], [\,], j) \to \mathsf{absent}();$$
$$\mathsf{loc}_1(p, t, j) \to \mathsf{pre}_1(p, t, p, t, j).$$

$$\mathsf{pre}_1([\,], t, p', t', j) \to \mathsf{factor}(j);$$
$$\mathsf{pre}_1([a\,|\,p], [a\,|\,t], p', t', j) \to \mathsf{pre}_1(p, t, p', t', j);$$
$$\mathsf{pre}_1(p, t, p', [a\,|\,t'], j) \to \mathsf{loc}_1(p', t', j + 1).$$

FIGURE 5.3 – Raffinement de la FIGURE 5.2 page précédente

s'évalue en **true**(), l'évaluation s'achève avec **factor**(j). De même, une valeur **false**() est suivie par l'appel $\mathsf{loc}_0(p, t, j + 1)$. Par conséquent, au lieu d'appeler **pre/2** et puis inspecter la valeur résultante pour déterminer la suite, nous pourrions donner l'initiative à **pre/2**. Ceci implique qu'elle a besoin de recevoir des arguments supplémentaires pour pouvoir terminer avec **factor**(j) ou recommencer avec $\mathsf{loc}_0(p, t, j+1)$, comme on s'y attend. Le programme correspondant est montré à la FIGURE 5.3.

Un examen plus approfondi révèle que nous pouvons mêler $\mathsf{loc}_1/3$ et $\mathsf{pre}_1/5$ en **pre/5** à la FIGURE 5.4. Cette sorte de conception progressive, où un programme est transformé en une série de programmes équivalents est un *raffinement*. Ici, chaque raffinement est plus efficace que le précédent, mais moins lisible que l'original, donc chaque étape doit être vérifiée attentivement.

$$\mathsf{loc}(p, t) \xrightarrow{\pi} \mathsf{pre}(p, t, p, t, 0).$$

$$\mathsf{pre}([\,], t, p', t', j) \xrightarrow{\rho} \mathsf{factor}(j);$$
$$\mathsf{pre}(p, [\,], p', t', j) \xrightarrow{\sigma} \mathsf{absent}();$$
$$\mathsf{pre}([a\,|\,p], [a\,|\,t], p', t', j) \xrightarrow{\tau} \mathsf{pre}(p, t, p', t', j);$$
$$\mathsf{pre}(p, t, p', [b\,|\,t'], j) \xrightarrow{\upsilon} \mathsf{pre}(p', t', p', t', j + 1).$$

FIGURE 5.4 – Raffinement de la FIGURE 5.3

Terminaison   On veut montrer que l'index dans le texte augmente toujours, qu'une comparaison échoue ou non, donc nous définissons un ordre lexicographique sur les paires de dépendance de **pre/5** constituées par le quatrième et le deuxième argument (définition (1.8) page 14), avec $s \succ t$ si t est la sous-pile immédiate de s. La troisième règle satisfait

$(t', [a \,|\, t]) \succ (t', t)$. La quatrième est ordonnée aussi : $([b \,|\, t'], t) \succ (t', t')$.$\square$

Complétude Remarquons comment, à la règle σ, le motif p ne peut pas être vide car les règles sont ordonnées et ce cas serait alors filtré par la règle ρ. La complétude de la définition de pre/5 requiert un examen attentif et nous devons justifier pourquoi l'appel $\mathsf{pre}([a \,|\, p], [b \,|\, t], p', [\,], j)$, où $a \neq b$, ne peut se produire.

Il est peut-être surprenant qu'une assertion plus générale soit plus facile à établir :

$$\mathsf{loc}(p, t) \twoheadrightarrow \mathsf{pre}(p_0, t_0, p'_0, t'_0, j) \text{ implique } t'_0 \succcurlyeq t_0,$$

où $(\succcurlyeq)$ est la relation de sous-pile réflexive. Prouvons cette propriété par *induction sur la longueur de la dérivation*. Plus précisément, nous voulons établir la proposition

$$\mathsf{Comp}(n) \colon \mathsf{loc}(p, t) \xrightarrow{n} \mathsf{pre}(p_0, t_0, p'_0, t'_0, j) \Rightarrow t'_0 \succcurlyeq t_0.$$

— La base $\mathsf{Comp}(0)$ est aisément prouvée sans induction grâce à la règle $\pi : \mathsf{loc}(p, t) \xrightarrow{\pi} \mathsf{pre}(p, t, p, t, 0)$ et $t \succcurlyeq t$ est triviale.
— L'hypothèse d'induction est $\mathsf{Comp}(n)$ et nous voulons montrer que, avec cette hypothèse, $\mathsf{Comp}(n + 1)$ est vraie aussi. Autrement dit, si $\mathsf{loc}(p, t) \xrightarrow{n} \mathsf{pre}(p_0, t_0, p'_0, t'_0, j)$, alors $t'_0 \succcurlyeq t_0$; nous voulons prouver que $\mathsf{pre}(p_0, t_0, p'_0, t'_0, j) \to \mathsf{pre}(p_1, t_1, p'_1, t'_1, k)$ implique $t'_1 \succcurlyeq t_1$. Cette réécriture ne peut être que via τ ou υ.
  — Si τ, l'hypothèse d'induction appliquée au membre gauche entraîne $t' \succcurlyeq [a \,|\, t]$, donc $t' \succcurlyeq t$ dans le membre droit ;
  — sinon, le membre droit de υ satisfait clairement $t' \succcurlyeq t'$.

En somme, $\mathsf{Comp}(0)$ est vraie et $\mathsf{Comp}(n) \Rightarrow \mathsf{Comp}(n + 1)$. Par conséquent, le principe d'induction implique $\forall n.\mathsf{Comp}(n)$, qui, à son tour, entraîne notre formulation avec $(\twoheadrightarrow)$. Notons comment, dans ce cas, cette technique de preuve se réduit à une induction sur les entiers naturels.$\square$

Coût Dans l'analyse de coût qui suit, soit m la taille du motif p et n la longueur du texte t. De plus, comme c'est souvent le cas avec les algorithmes de recherche, nous discriminerons selon que p est un facteur de t ou non.

Coût minimal Si $m \leqslant n$, le meilleur cas se produit quand le motif est un préfixe du texte, donc la trace d'évaluation est $\pi\tau^m\rho$ et sa longueur $\mathcal{B}_{m,n}^{\mathsf{loc}} = m + 2$. Si $m > n$, le coût minimal est $\mathcal{B}_{m,n}^{\mathsf{loc}} = |\pi\tau^n\sigma| = n + 2$. Nous pouvons regrouper ces deux cas en une seule formule :

$$\mathcal{B}_{m,n}^{\mathsf{loc}} = \min\{m, n\} + 2.$$

Coût maximal Pour trouver le coût maximal, étudions les cas où le motif est un facteur du texte et quand il ne l'est pas.

— *Le texte contient le motif.* La découverte du motif doit être retardée le plus possible, donc le pire des cas est quand w est un suffixe de t et chaque inégalité de lettre porte sur la dernière lettre du motif. Par exemple, prenons $p = \mathsf{a}^{m-1}\mathsf{b}$ et $t = \mathsf{a}^{n-1}\mathsf{b}$. La trace d'évaluation est $\pi(\tau^{m-1}\upsilon)^{n-m}\tau^m\rho$, de longueur $mn - m^2 + m + 2$.

— *Le texte ne contient pas le motif.* Le motif n'est le préfixe d'aucun suffixe du texte. La comparaison la plus tardive qui échoue se produit sur la dernière lettre du motif, comme avec $p = \mathsf{a}^{m-1}\mathsf{b}$ et $t = \mathsf{a}^n$. Le coût est $|\pi(\tau^{m-1}\upsilon)^{n-m+1}\tau^{m-1}\sigma| = mn - m^2 + 2m + 1$.

Par conséquent, le coût maximal est $\mathcal{W}^{\mathsf{loc}}_{m,n} = mn - m^2 + 2m + 1$, quand le motif n'est pas un facteur du texte et $m \geqslant 1$. L'analyse précédente suggère une amélioration dans ce cas, mais qui empirerait le cas où le texte contient le motif : juste après la règle τ, ajoutons

$$\mathsf{pre}([a], [b], p', t', j) \rightarrow \mathsf{absent}();$$

Coût moyen Supposons que $0 < m \leqslant n$ et que les lettres de p et t sont puisées dans un même alphabet de cardinal $\breve{a} > 1$. La recherche de motifs naïve consiste à confronter un motif et les préfixes des suffixes du texte, par longueurs décroissantes. Soit $\overline{\mathcal{A}}^{\breve{a}}_m$ le nombre moyen de comparaisons de lettres pour comparer deux mots de longueur m, de l'alphabet $\breve{a}$. Le nombre moyen $\overline{\mathcal{A}}^{\mathsf{loc}}_{m,n}$ de comparaisons pour la recherche naïve est

$$\overline{\mathcal{A}}^{\mathsf{loc}}_{m,n} = (n - m + 1)\overline{\mathcal{A}}^{\breve{a}}_m + \overline{\mathcal{A}}^{\breve{a}}_{m-1}, \tag{5.1}$$

car il y a $n - m + 1$ suffixes de longueur au moins m et 1 suffixe de longueur $m - 1$, avec lesquels le motif est comparé. La détermination de $\overline{\mathcal{A}}^{\breve{a}}_m$ est obtenue en figeant le motif p et en laissant le texte t prendre toutes les formes possibles. Il y a $\breve{a}^m$ comparaisons entre $p[0]$ et $t[0]$, autant qu'il y a de textes différents ; si $p[0] = t[0]$, il y a $\breve{a}^{m-1}$ comparaisons entre $p[1]$ et $t[1]$, autant qu'il a de différents $t[1, m-1]$ etc. Au total, il y a $\breve{a}^m + \breve{a}^{m-1} + \cdots + \breve{a} = \breve{a}(\breve{a}^m - 1)/(\breve{a} - 1)$ comparaisons. Il y a $\breve{a}^m$ textes possibles, donc la moyenne est

$$\overline{\mathcal{A}}^{\breve{a}}_m = \frac{\breve{a}(\breve{a}^m - 1)}{\breve{a}^m(\breve{a} - 1)} = \frac{\breve{a}}{\breve{a} - 1}\left(1 - \frac{1}{\breve{a}^m}\right) < \frac{\breve{a}}{\breve{a} - 1} \leqslant 2.$$

Puisque $\overline{\mathcal{A}}^{\breve{a}}_1 = 1$, il vient l'encadrement suivant grâce à l'équation (5.1) :

$$n - m + 2 \leqslant \overline{\mathcal{A}}^{\mathsf{loc}}_{m,n} < 2(n - m + 2) \leqslant 2n + 4.$$

La recherche naïve est donc efficace en moyenne, mais son hypothèse n'est pas applicable à un corpus en français. Le coût moyen est d'autant moindre que l'alphabet est grand car $\lim_{\breve{a} \to \infty} \overline{\mathcal{A}}^{\breve{a}}_m = 1$.

5.2 Algorithme de Morris et Pratt

En cas d'échec de comparaison, la recherche naïve recommence à comparer les premières lettres de p sans utiliser l'information du succès partiel, à savoir : $p[0, i-1] = t[j-i, j-1]$ et $p[i] \neq t[j]$ (voir FIGURE 5.1 page 185). La comparaison de p avec $t[j-i+1, j-1]$ pourrait réutiliser $t[j-i+1, j-1] = p[1, i-1]$, en d'autres termes, $p[0, i-2]$ est comparé à $p[1, i-1]$: le motif p est comparé à une partie de lui-même. Si nous connaissons un index k tel que $p[0, k-1] = p[i-k, i-1]$, c'est-à-dire si $p[0, k-1]$ est un *bord* de $p[0, i-1]$, alors nous pouvons recommencer à comparer $t[j]$ avec $p[k]$. Clairement, plus k est grand, plus on évite de comparaisons, donc nous voulons trouver le *bord maximal* de chaque préfixe de p.

Bord Le bord d'un mot non-vide y est un préfixe propre de y qui est aussi un suffixe. Par exemple, le mot abacaba a trois bords : ε, a et aba. Ce dernier est le bord de longueur maximale, ce que nous décrivons par l'égalité $\mathfrak{B}(\underline{abacaba}) = $ aba. Un autre exemple est $\mathfrak{B}(abac) = \varepsilon$, car abac $= \varepsilon$abacε. Les bords maximaux peuvent se recouvrir partiellement, par exemple nous avons $\mathfrak{B}(\underline{aaaa}) = \mathfrak{B}(a\underline{aaa}) = $ aaa.

L'accélération apportée par Morris et Pratt à la recherche naïve est illustrée à la FIGURE 5.5. Notons que, contrairement à la recherche naïve, les lettres du texte sont comparées en ordre strictement croissant (on ne rebrousse jamais chemin). Considérons l'exemple de la FIGURE 5.6 page suivante où, à la fin, p est n'est pas trouvé dans t. Comme d'habitude, les lettres sur fond gris correspondent à des échecs de comparaisons. Il est clair que $\mathfrak{B}(a) = \varepsilon$, pour toute lettre a.

Nous pouvons chercher soit $\mathfrak{B}(ay)$, soit $\mathfrak{B}(ya)$, où y est un mot non-vide. Puisque que nous souhaitons trouver le bord maximal de chaque préfixe d'un motif donné, le second choix est plus adéquat ($y \lhd ya$). L'idée est de considérer récursivement $\mathfrak{B}(y) \cdot a$: si c'est un préfixe de y,

FIGURE 5.5 – L'algorithme de Morris et Pratt (échec grisé)

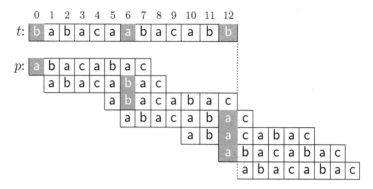

FIGURE 5.6 – L'algorithme de Morris et Pratt au travail

alors $\mathfrak{B}(ya) = \mathfrak{B}(y) \cdot a$; sinon, nous cherchons le bord maximal du bord maximal de y, c'est-à-dire $\mathfrak{B}^2(y) \cdot a$ etc. jusqu'à ce que $\mathfrak{B}^q(y) \cdot a$ soit un préfixe de y ou $\mathfrak{B}^q(y) = \varepsilon$. Par exemple, $\mathfrak{B}(y \cdot a) = \mathfrak{B}^3(y) \cdot a$ à la FIGURE 5.7.

Mathématiquement, pour tout mot $y \neq \varepsilon$ et toute lettre a,

$$\mathfrak{B}(a) := \varepsilon; \qquad \mathfrak{B}(y \cdot a) := \begin{cases} \mathfrak{B}(y) \cdot a, & \text{si } \mathfrak{B}(y) \cdot a \trianglelefteq y; \\ \mathfrak{B}(\mathfrak{B}(y) \cdot a), & \text{sinon.} \end{cases} \tag{5.2}$$

Considérons les exemples suivants où y et $\mathfrak{B}(y)$ sont donnés :

$$y = \mathsf{abaabb}, \quad \mathfrak{B}(y) = \varepsilon, \quad \mathfrak{B}(y \cdot \mathsf{b}) = \mathfrak{B}(\mathfrak{B}(y) \cdot \mathsf{b}) = \mathfrak{B}(\mathsf{b}) = \varepsilon;$$
$$y = \mathsf{baaaba}, \quad \mathfrak{B}(y) = \mathsf{ba}, \quad \mathfrak{B}(y \cdot \mathsf{a}) = \mathfrak{B}(y) \cdot \mathsf{a} = \mathsf{baa};$$
$$y = \mathsf{abbbab}, \quad \mathfrak{B}(y) = \mathsf{ab}, \quad \mathfrak{B}(y \cdot \mathsf{a}) = \mathfrak{B}(\mathfrak{B}(y) \cdot \mathsf{a}) = \mathfrak{B}^2(y) \cdot \mathsf{a} = \mathsf{a}.$$

Fonction de suppléance   Notons $\|y\|$ la longueur du mot y. Pour un mot x donné, définissons une fonction $\mathfrak{F}_x$, pour tous ses préfixes :

$$\mathfrak{F}_x(\|y\|) := \|\mathfrak{B}(y)\|, \quad \text{pour tout } x \text{ et } y \neq \varepsilon \text{ tels que } y \trianglelefteq x. \tag{5.3}$$

$$y \cdot \mathsf{a} = \boxed{\mathfrak{B}(y) \mid \mathsf{a}?} \quad \cdots \quad \boxed{\mathfrak{B}(y) \mid \mathsf{a}}$$

$$\mathfrak{B}(y) \cdot \mathsf{a} = \boxed{\mathfrak{B}^2(y) \mid \mathsf{a}?} \quad \cdots \quad \boxed{\mathfrak{B}^2(y) \mid \mathsf{a}}$$

$$\mathfrak{B}^2(y) \cdot \mathsf{a} = \boxed{\mathfrak{B}^3(y) \mid \mathsf{a}} \quad \cdots \quad \boxed{\mathfrak{B}^3(y) \mid \mathsf{a}}$$

FIGURE 5.7 – $\mathfrak{B}(y \cdot \mathsf{a}) = \mathfrak{B}(\mathfrak{B}(y) \cdot \mathsf{a}) = \mathfrak{B}(\mathfrak{B}^2(y) \cdot \mathsf{a}) = \mathfrak{B}^3(y) \cdot \mathsf{a}$.

x	a	b	a	c	a	b	a	c
i	0	1	2	3	4	5	6	7
$\mathfrak{F}_x(i)$	-1	0	0	1	0	1	2	3

FIGURE 5.8 – Fonction de suppléance de abacabac

Pour des raisons qui deviendront claires bientôt, cette fonction est appelée la *fonction de suppléance* de x. Une définition équivalente est

$$\mathfrak{F}_x(i) = \|\mathfrak{B}(x[0, i-1])\|, \quad \text{pour tout } x \text{ et } i \text{ tels que } 0 < i \leqslant \|x\|.$$

Par exemple, à la FIGURE 5.8, nous trouvons la table des bords maximaux des préfixes du mot abacabac. À la FIGURE 5.5 page 189, la longueur du bord maximal est k, donc $k = \mathfrak{F}_p(i)$ et $p[\mathfrak{F}_p(i)]$ est la première lettre à être comparée avec $t[j]$ après le décalage. Par ailleurs, la figure présuppose que $i > 0$, donc le bord en question est défini. Les équations (5.2) page ci-contre qui définissent le bord maximal peuvent être déroulées de la manière suivante :

$$\mathfrak{B}(ya) = \mathfrak{B}(\mathfrak{B}(y) \cdot a), \qquad \mathfrak{B}(y) \cdot a \not\trianglelefteq y;$$
$$\mathfrak{B}(\mathfrak{B}(y) \cdot a) = \mathfrak{B}(\mathfrak{B}^2(y) \cdot a), \qquad \mathfrak{B}^2(y) \cdot a \not\trianglelefteq \mathfrak{B}(y);$$
$$\vdots \qquad\qquad\qquad \vdots$$
$$\mathfrak{B}(\mathfrak{B}^{p-1}(y) \cdot a) = \mathfrak{B}(\mathfrak{B}^p(y) \cdot a), \qquad \mathfrak{B}^p(y) \cdot a \not\trianglelefteq \mathfrak{B}^{p-1}(y);$$

et $\varepsilon \notin \{y, \mathfrak{B}(y), \ldots, \mathfrak{B}^{p-1}(y)\}$. Par transitivité, les équations impliquent $\mathfrak{B}(ya) = \mathfrak{B}(\mathfrak{B}^p(y) \cdot a)$. Deux cas sont possibles : soit $\mathfrak{B}^p(y) = \varepsilon$, soit $\mathfrak{B}(ya) = \mathfrak{B}(a) = \varepsilon$, ou bien la recherche continue jusqu'à ce que nous trouvions le plus petit $q > p$ tel que $\mathfrak{B}(\mathfrak{B}^{q-1}(y) \cdot a) = \mathfrak{B}(\mathfrak{B}^q(y) \cdot a)$ avec $\mathfrak{B}^q(y) \cdot a \trianglelefteq \mathfrak{B}^{q-1}(y)$. Étant donné qu'un bord est un préfixe propre, c'est-à-dire que $\mathfrak{B}(y) \triangleleft y$, nous avons $\mathfrak{B}^2(y) = \mathfrak{B}(\mathfrak{B}(y)) \triangleleft \mathfrak{B}(y)$, ce qui entraîne $\mathfrak{B}^q(y) \cdot a \trianglelefteq \mathfrak{B}^{q-1}(y) \triangleleft \cdots \triangleleft \mathfrak{B}(y) \triangleleft y$. Par conséquent $\mathfrak{B}^q(y) \cdot a \trianglelefteq y$, car $q > 0$, et $\mathfrak{B}(ya) = \mathfrak{B}^q(y) \cdot a$. Ce raisonnement établit que

$$\mathfrak{B}(ya) = \begin{cases} \mathfrak{B}^q(y) \cdot a, & \text{si } \mathfrak{B}^q(y) \cdot a \trianglelefteq y; \\ \varepsilon, & \text{sinon}; \end{cases}$$

avec la contrainte additionnelle que q doit être aussi petit que possible. Cette forme de la définition de $\mathfrak{B}$ est plus simple parce qu'elle ne contient pas un appel imbriqué comme $\mathfrak{B}(\mathfrak{B}(y) \cdot a)$. Nous pouvons maintenant prendre la longueur de chaque côté des équations :

$$\|\mathfrak{B}(ya)\| = \begin{cases} \|\mathfrak{B}^q(y) \cdot a\| = 1 + \|\mathfrak{B}^q(y)\|, & \text{si } \mathfrak{B}^q(y) \cdot a \trianglelefteq y; \\ \|\varepsilon\| = 0, & \text{sinon}. \end{cases}$$

Si $ya \lhd x$, alors $\|\mathfrak{B}(ya)\| = \mathfrak{F}_x(\|ya\|) = \mathfrak{F}_x(\|y\|+1)$. Posons $i := \|y\| > 0$.

$$\mathfrak{F}_x(i+1) = \begin{cases} 1 + \|\mathfrak{B}^q(y)\|, & \text{si } \mathfrak{B}^q(y) \cdot a \lhd y; \\ 0, & \text{sinon.} \end{cases}$$

Nous avons à présent besoin de travailler sur $\|\mathfrak{B}^q(y)\|$. De la définition de $\mathfrak{F}$ par l'équation (5.3) page 190, nous déduisons

$$\mathfrak{F}_x^q(\|y\|) = \|\mathfrak{B}^q(y)\|, \quad \text{avec } y \lhd x, \tag{5.4}$$

que nous prouvons par induction sur q. Appelons cette propriété $\mathsf{P}(q)$. Trivialement, $\mathsf{P}(0)$ est vraie. Supposons donc $\mathsf{P}(n)$ pour tout $n \leqslant q$: ce sera l'hypothèse d'induction. Supposons $y \lhd x$ et prouvons alors $\mathsf{P}(q+1)$:

$$\mathfrak{F}_x^{q+1}(\|y\|) = \mathfrak{F}_x^q(\mathfrak{F}_x(\|y\|)) = \mathfrak{F}_x^q(\|\mathfrak{B}(y)\|) \doteq \|\mathfrak{B}^q(\mathfrak{B}(y))\| = \|\mathfrak{B}^{q+1}(y)\|,$$

où $(\doteq)$ est une application valide de l'hypothèse d'induction parce que $\mathfrak{B}(y) \lhd y \lhd x$. Ceci prouve $\mathsf{P}(q+1)$ et le principe d'induction entraîne la validité de $\mathsf{P}(n)$ pour tout $n \geqslant 0$. Par conséquent, l'équation (5.4) nous permet de raffiner notre définition de $\mathfrak{F}_x(i+1)$ de la manière suivante, avec $i > 0$:

$$\mathfrak{F}_x(i+1) = \begin{cases} 1 + \mathfrak{F}_x^q(i), & \text{si } \mathfrak{B}^q(y) \cdot a \lhd y; \\ 0, & \text{sinon.} \end{cases}$$

Nous n'avons pas mis à profit une partie de la définition (5.2) page 190 : $\mathfrak{B}(a) := \varepsilon$. Elle entraîne $\mathfrak{F}_x(1) = \mathfrak{F}_x(\|a\|) = \|\mathfrak{B}(a)\| = \|\varepsilon\| = 0$ et, puisque la définition de $\mathfrak{F}$ implique $\mathfrak{F}_x(1) = 1 + \mathfrak{F}_x(0)$, on a $\mathfrak{F}_x(0) = -1$. La propriété « $\mathfrak{B}^q(y) \cdot a \lhd y$ et $ya \lhd x$ et $\|y\| = i$ » implique les égalités $y[\|\mathfrak{B}^q(y)\|] = a \Leftrightarrow y[\mathfrak{F}_x^q(i)] = a \Leftrightarrow x[\mathfrak{F}_x^q(i)] = x[\|y\|] \Leftrightarrow x[\mathfrak{F}_x^q(i)] = x[i]$. Nous savons maintenant que

$$\mathfrak{F}_x(0) = -1 \quad \text{et} \quad \mathfrak{F}_x(i+1) = \begin{cases} 1 + \mathfrak{F}_x^q(i), & \text{si } x[\mathfrak{F}_x^q(i)] = x[i]; \\ 0, & \text{sinon};\end{cases}$$

où q est le plus petit entier naturel non nul satisfaisant la condition. Nous pouvons simplifier davantage :

$$\mathfrak{F}_x(0) = -1 \quad \text{et} \quad \mathfrak{F}_x(i+1) = 1 + \mathfrak{F}_x^q(i),$$

où $i \geqslant 0$ et $q > 0$ est le plus petit entier naturel tel que $\mathfrak{F}_x^q(i) = -1$ ou $x[\mathfrak{F}_x^q(i)] = x[i]$.

$$\mathsf{fail}_0(x, 0) \to -1; \quad \mathsf{fail}_0(x, i) \to 1 + \mathsf{fp}(x, \mathsf{nth}(x, i-1), \mathsf{fail}_0(x, i-1)).$$

$$\mathsf{nth}([a\,|\,x], 0) \to a; \quad \mathsf{nth}([a\,|\,x], i) \to \mathsf{nth}(x, i-1).$$

$$\mathsf{fp}(x, a, -1) \to -1; \quad \frac{\mathsf{nth}(x, k) \twoheadrightarrow a}{\mathsf{fp}(x, a, k) \twoheadrightarrow k}; \quad \mathsf{fp}(x, a, k) \to \mathsf{fp}(x, a, \mathsf{fail}_0(x, k)).$$

FIGURE 5.9 – La fonction de suppléance $\mathfrak{F}$ par $\mathsf{fail}_0/2$

Prétraitement   L'appel de fonction $\mathsf{fail}_0(x, i)$, définie à la FIGURE 5.9, réalise $\mathfrak{F}_x(i)$. La fonction $\mathsf{fp}/3$ (anglais : *fixed point*) calcule $\mathfrak{F}_x^q(i-1)$, en commençant avec $\mathsf{fail}_0(x, i-1)$ et $\mathsf{nth}(x, i-1)$, qui dénote $x[i-1]$ et est nécessaire pour vérifier la condition $x[\mathfrak{F}_x^q(i-1)] = x[i-1]$. Le test d'égalité $\mathfrak{F}_x^q(i-1) = -1$ est effectué par la première règle de $\mathsf{fp}/3$.

L'algorithme de Morris et Pratt nécessite le calcul de $\mathfrak{F}_x(i)$ pour tous les index i du motif x et, puisqu'il dépend des valeurs de certains appels $\mathfrak{F}_x(j)$, où $j < i$, il est plus efficace de calculer $\mathfrak{F}_x(i)$ pour des valeurs croissantes de la variable i et de les mémoriser, de telle sorte qu'elles peuvent être réutilisées au lieu d'être recalculées. Cette technique est appelée *mémoïsation* (à ne pas confondre avec mémorisation, au sens plus général). Dans ce cas, l'évaluation de $\mathfrak{F}_x(i)$ repose sur le mémo

$$[(x[i-1], \mathfrak{F}_x(i-1)), (x[i-2], \mathfrak{F}_x(i-2)), \ldots, (x[0], \mathfrak{F}_x(0))].$$

La version avec mémoïsation de $\mathsf{fail}_0/2$ est appelée $\mathsf{fail}/2$ à la FIGURE 5.10. Ici, nous travaillons avec le mémo p, qui est un préfixe retourné, au lieu de x, donc nous devons connaître sa longueur i pour savoir combien de lettres doivent être ignorées par $\mathsf{suf}/2$ (*suffixe*) : $\mathsf{suf}(x, i - k - 1)$ au lieu de $\mathsf{fail}_0(x, k)$. Grâce au mémo, $\mathsf{fp}/4$ n'a pas besoin d'appeler $\mathsf{fail}/2$, seulement d'examiner p avec $\mathsf{suf}/2$. Remarquons que nous avons apporté une petite amélioration cosmétique en déplaçant l'incrément : au lieu de $1 + \mathsf{fp}(\ldots)$ et $\cdots \twoheadrightarrow k$, nous avons maintenant $\mathsf{fp}(\ldots)$ et $\cdots \twoheadrightarrow k + 1$.

$$\mathsf{fail}(p, 0) \to -1; \quad \mathsf{fail}([(a, k)\,|\,p], i) \to \mathsf{fp}(p, a, k, i-1).$$

$$\mathsf{fp}(p, a, -1, i) \to 0; \quad \frac{\mathsf{suf}(p, i - k - 1) \twoheadrightarrow [(a, k')\,|\,p']}{\mathsf{fp}(p, a, k, i) \twoheadrightarrow k + 1};$$

$$\frac{\mathsf{suf}(p, i - k - 1) \twoheadrightarrow [(b, k')\,|\,p']}{\mathsf{fp}(p, a, k, i) \twoheadrightarrow \mathsf{fp}(p', a, k', k)}.$$

$$\mathsf{suf}(p, 0) \to p; \quad \mathsf{suf}([a\,|\,p], i) \to \mathsf{suf}(p, i-1).$$

FIGURE 5.10 – Fonction de suppléance avec mémoïsation

$$\text{pp}(x) \to \text{pp}(x, [\,], 0).$$

$$\text{pp}([\,], p, i) \to \text{rev}(p);$$
$$\text{pp}([a \,|\, x], p, i) \to \text{pp}(x, [(a, \text{fail}(p, i)) \,|\, p], i + 1).$$

FIGURE 5.11 – Prétraitement d'un motif y par pp/1

Nommons pp/1 (anglais : *preprocessing*) la fonction calculant la pile

$$[(x[0], \mathfrak{F}_x(0)), (x[1], \mathfrak{F}_x(1)), \ldots, (x[m-1], \mathfrak{F}_x(m-1))]$$

pour un motif x de taille m. Sa définition est montrée à la FIGURE 5.11, où rev/1 est la fonction de retournement (définition (2.2) page 43), et pp/1 simplement appelle la fonction de suppléance fail/2 pour chaque nouvel index i du mémo courant p et créé un nouveau mémo en accouplant l'index de l'échec avec la lettre courante puis empile le mémo courant $([(a, \text{fail}(p, i)) \,|\, p])$. Le retournement de pile à la fin est nécessaire parce que le mémo contient les lettres en ordre inverse par rapport au motif. L'exemple à la FIGURE 5.8 page 191 mène à l'évaluation suivante :

$$\text{pp}(x) \twoheadrightarrow [(\mathsf{a}, -1), (\mathsf{b}, 0), (\mathsf{a}, 0), (\mathsf{c}, 1), (\mathsf{a}, 0), (\mathsf{b}, 1), (\mathsf{a}, 2), (\mathsf{c}, 3)],$$

où $x = \text{abacabac}$. Si $x = \text{ababaca}$, alors
$$\text{pp}(x) \twoheadrightarrow [(\mathsf{a}, -1), (\mathsf{b}, 0), (\mathsf{a}, 0), (\mathsf{b}, 1), (\mathsf{a}, 2), (\mathsf{c}, 3), (\mathsf{a}, 0)].$$

Coût minimal Il est clair que, d'après la définition (5.2) page 190, la détermination du bord maximal d'un mot non-vide requiert le bord maximal de tout ou partie de ses préfixes propres, donc, si le mot contient n lettres, au moins $n - 1$ comparaisons sont nécessaires, car le bord de la première lettre seule n'a besoin d'aucune comparaison. Cette borne inférieure peut être atteinte, comme le raisonnement suivant le démontre. Appelons *comparaison positive* le succès d'un test de préfixe, tel que nous le trouvons dans la définition de $\mathfrak{B}$, soit $\mathfrak{B}(y) \cdot a \trianglelefteq y$. Par dualité, une *comparaison négative* est l'échec d'un test de préfixe. De façon à minimiser le nombre d'appels pour évaluer $\mathfrak{B}(ya)$, nous pourrions remarquer qu'une comparaison positive n'entraîne que l'évaluation de $\mathfrak{B}(y)$, alors qu'une comparaison négative demande deux appels : $\mathfrak{B}(\mathfrak{B}(y) \cdot a)$. Par conséquent, une première idée serait de supposer que nous n'avons que des comparaisons positives :

$$\mathfrak{B}(x) \overset{n-2}{=} \mathfrak{B}(x[0, n-2]) \cdot x[n-1] \overset{n-1}{=} \cdots \overset{0}{=} \mathfrak{B}(x[0]) \cdot x[1, n-1] = x[1, n-1],$$

où ($\stackrel{i}{=}$) implique $\mathfrak{B}(x[0,i]) \cdot x[i+1] \trianglelefteq x[0,i]$, pour $0 \leqslant i \leqslant n-2$. D'abord, $i = 0$ et la comparaison positive correspondante entraîne $x[0] = x[1]$. Les autres comparaisons entraînent $x[0] = x[1] = \cdots = x[n-1]$, donc un cas parmi les meilleurs est $x = a^n$, pour toute lettre a.

Mais il existe un autre cas, parce que l'appel le plus externe à $\mathfrak{B}$ après une comparaison négative n'implique pas de comparaisons si son argument est une unique lettre :

$$
\begin{aligned}
\mathfrak{B}(x) &\stackrel{n-2}{=} \mathfrak{B}(\mathfrak{B}(x[0,n-2]) \cdot x[n-1]) \\
&\stackrel{n-3}{=} \mathfrak{B}(\mathfrak{B}(\mathfrak{B}(x[0,n-3]) \cdot x[n-2]) \cdot x[n-1]) \\
&\vdots \\
&\stackrel{0}{=} \mathfrak{B}(\mathfrak{B}(\ldots \mathfrak{B}(\mathfrak{B}(x[0]) \cdot x[1]) \ldots) \cdot x[n-1]) \\
&\stackrel{.}{=} \mathfrak{B}(\mathfrak{B}(\ldots \mathfrak{B}(\mathfrak{B}(x[1]) \cdot x[2]) \ldots) \cdot x[n-1]) \\
&\vdots \\
&\stackrel{.}{=} \mathfrak{B}(x[n-1]) = \varepsilon.
\end{aligned}
$$

où ($\stackrel{i}{=}$) implique $\mathfrak{B}(x[0,i]) \cdot x[i+1] \not\trianglelefteq x[0,i]$, pour $0 \leqslant i \leqslant n-2$ et ($\stackrel{.}{=}$) ne contient aucune comparaison. Commencer avec $i = 0$ nous amène à $x[1] \neq x[0]$, donc $i = 1$ mène à $x[2] \neq x[0]$ etc. ainsi les effets de toutes ces comparaisons négatives sont $x[0] \neq x[i]$, pour $1 \leqslant i \leqslant n-2$. Le nombre de comparaisons négatives est $n-1$, donc minimal, mais la structure du mot est différente du cas précédent, car la première lettre doit différer de toutes les suivantes. Soit $\overline{\mathcal{B}}_n^{\mathsf{pp}}$ le nombre minimal de comparaisons impliquées dans l'évaluation de $\mathsf{pp}(x)$, où la longueur du motif x est n. C'est le même nombre que le nombre de comparaisons pour évaluer $\mathfrak{B}(x[0,n-2])$ quand $x[0,n-2]$ est un cas parmi les meilleurs. Par conséquent, $\overline{\mathcal{B}}_n^{\mathsf{pp}} = n-2$.

Coût maximal Pour maximiser le nombre de comparaisons, nous devons calculer le plus de bords possibles. Pour ce faire, l'évaluation de $\mathfrak{B}(x)$ amènerait à chercher le bord maximal d'un facteur de longueur $n-1$, où n est la longueur de x. Le meilleur des cas $x = a^n$ montre que $\mathfrak{B}(x) = x[1,n-1]$, ce qui sied à notre but, sauf que nous voudrions $\mathfrak{B}(x[1,n-1])$. En d'autres termes, nous ajoutons la contrainte d'une première comparaison négative :

$$
\begin{aligned}
\mathfrak{B}(x) &\stackrel{n-1}{=} \mathfrak{B}(\mathfrak{B}(x[0,n-2]) \cdot x[n-1]) \\
&\stackrel{n-2}{=} \mathfrak{B}(\mathfrak{B}(x[0,n-3]) \cdot x[n-2,n-1]) \\
&\vdots \\
&\stackrel{1}{=} \mathfrak{B}(\mathfrak{B}(x[0]) \cdot x[1,n-1]) = \mathfrak{B}(x[1,n-1]),
\end{aligned}
$$

où $\binom{n-1}{=}$ suppose $\mathfrak{B}(x[0, n-2]) \cdot x[n-1] \not\trianglelefteq x[0, n-2]$, et $\binom{i}{=}$, avec $1 \leqslant i \leqslant n-2$, correspond à $\mathfrak{B}(x[0, i]) \cdot x[i+1] \trianglelefteq x[0, i]$. Ces contraintes impliquent $x[0] = x[1] = \cdots = x[n-2] \neq x[n-1]$, c'est-à-dire un motif $x = a^{n-1}b$, avec $a \neq b$. Jusqu'à présent, le nombre de comparaisons est $n-1$, comme dans le cas minimal, mais l'évaluation se poursuit ainsi :

$$\mathfrak{B}(a^i b) \overset{i}{=} \mathfrak{B}(\mathfrak{B}(a^i) \cdot b) \doteq \mathfrak{B}(\mathfrak{B}(a^{i-1}) \cdot ab) \doteq \cdots \doteq \mathfrak{B}(a^{i-1}b),$$

où $1 \leqslant i \leqslant n-2$ et $\binom{i}{=}$ causent les comparaisons négatives $\mathfrak{B}(a^i) \cdot b \not\trianglelefteq a^i$ et les comparaisons positives $(\doteq)$, que nous ne comptons pas car nous avons pour objectif de trouver $\overline{\mathcal{W}}_n^{\mathsf{pp}}$, donc des évaluations répétées du même bord n'entraînent pas de comparaisons répétées grâce à la mémoïsation. Par conséquent, nous avons $n-2$ comparaisons négatives jusqu'à ce que $\mathfrak{B}(b) = \varepsilon$, qui, avec les $n-1$ comparaisons positives précédentes, font un total de $2n-3$. Puisque $\overline{\mathcal{W}}_n^{\mathsf{pp}}$ est le nombre de comparaisons pour calculer $\mathfrak{B}(x[0, n-2])$ sans répétitions, nous avons

$$\overline{\mathcal{W}}_n^{\mathsf{pp}} = 2(n-1) - 3 = 2n - 5.$$

Recherche Nous avons trouvé ci-dessus : $n-2 \leqslant \overline{\mathcal{C}}_n^{\mathsf{pp}} \leqslant 2n-5$, où les bornes sont atteignables si $n \geqslant 3$. Pour employer la valeur de $\mathsf{pp}(p)$, nous pourrions commencer par modifier la recherche linéaire de la section 5.1, en particulier le programme à la FIGURE 5.4 page 186, tout en gardant un œil sur la FIGURE 5.5 page 189. Le résultat est montré à la FIGURE 5.12. Notons comment le premier argument de $\mathsf{mp}/5$, p, est la copie de travail et le troisième, p', est l'original qui demeure invariant (il est utilisé pour restaurer p après l'échec d'une comparaison). Les index i, j et k sont les mêmes qu'à la FIGURE 5.5 page 189. Le dernier n'est autre que la valeur calculée par la fonction de suppléance ; les variables i et j sont incrémentées à chaque fois qu'une lettre du motif est identique à une lettre du texte (troisième règle de $\mathsf{mp}/5$) et j est aussi incrémentée à chaque inégalité de la première lettre du motif (quatrième règle de $\mathsf{mp}/5$).

$$\frac{\mathsf{pp}(p) \twoheadrightarrow p'}{\mathsf{mp}(p, t) \twoheadrightarrow \mathsf{mp}(p', t, p', 0, 0)}.$$

$$\mathsf{mp}([\,], t, p', i, j) \rightarrow \mathsf{factor}(j - i);$$
$$\mathsf{mp}(p, [\,], p', i, j) \rightarrow \mathsf{absent}();$$
$$\mathsf{mp}([(a, k) \,|\, p], [a \,|\, t], p', i, j) \rightarrow \mathsf{mp}(p, t, p', i+1, j+1);$$
$$\mathsf{mp}([(a, -1) \,|\, p], [b \,|\, t], p', 0, j) \rightarrow \mathsf{mp}(p', t, p', 0, j+1);$$
$$\mathsf{mp}([(a, k) \,|\, p], t, p', i, j) \rightarrow \mathsf{mp}(\mathsf{suf}(p', k), t, p', k, j).$$

FIGURE 5.12 – L'algorithme de Morris et Pratt (recherche)

Coût minimal Soit $\overline{\mathcal{B}}_{m,n}^{\mathsf{mp}/5}$ le nombre minimal de comparaisons effectuées durant une évaluation de mp/5, où m est la longueur du motif et n est la longueur du texte. Tout comme avec la recherche naïve, le meilleur des cas est quand le motif est un préfixe du texte, donc $\overline{\mathcal{B}}_{m,n}^{\mathsf{mp}/5} = m$. En prenant en compte le prétraitement, le nombre de comparaisons $\overline{\mathcal{B}}_{m,n}^{\mathsf{mp}}$ de mp/2 est

$$\overline{\mathcal{B}}_{m,n}^{\mathsf{mp}} = \overline{\mathcal{B}}_{m}^{\mathsf{pp}} + \overline{\mathcal{B}}_{m,n}^{\mathsf{mp}/5} = (m-2) + m = 2m - 2.$$

Coût maximal Puisque l'algorithme de Morris et Pratt seulement lit le texte vers l'avant, le pire des cas doit maximiser le nombre de fois que les lettres du texte t sont comparées avec une lettre du motif p. Par conséquent, la première lettre du motif ne peut différer de toutes les lettres du texte, sinon chaque lettre du texte serait comparée exactement une fois. Supposons l'exact opposé : $p[0] = t[i]$, avec $i \geqslant 0$. Mais ceci impliquerait aussi une comparaison par lettre du texte. Pour forcer le motif à se décaler le moins possible, nous imposons en plus $p[1] \neq t[i]$, pour $i > 0$. En bref, cela signifie que $ab \trianglelefteq p$, avec des lettres a et b telles que $a \neq b$ et $t = a^n$. Un simple diagramme suffit pour révéler que cette configuration maximise le nombre de comparaisons $\overline{\mathcal{W}}_{m,n}^{\mathsf{mp}/5} = 2n - 1$, car chaque lettre du texte est comparée deux fois, sauf la première, qui n'est comparée qu'une fois. En tenant compte du prétraitement, le nombre maximal de comparaisons $\overline{\mathcal{W}}_{m,n}^{\mathsf{mp}}$ de mp/2 est

$$\overline{\mathcal{W}}_{m,n}^{\mathsf{mp}} = \overline{\mathcal{W}}_{m}^{\mathsf{pp}} + \overline{\mathcal{B}}_{m,n}^{\mathsf{mp}/5} = (2m-5) + (2n-1) = 2(n+m-3).$$

Métaprogrammation L'étude précédente mène à des programmes pour le prétraitement et la recherche qui obscurcissent plutôt l'idée principale derrière l'algorithme de Morris et Pratt, à savoir, le recours aux bords maximaux des préfixes propres du motif et la lecture unidirectionnelle du texte. La raison de cette infortune est que, pour des impératifs d'efficacité, nous devons mémoïser les valeurs de la fonction de suppléance et, au lieu de travailler avec le motif originel, nous en traitons une version qui a été augmentée avec ces valeurs. Par ailleurs, l'emploi de piles pour modéliser le motif ralentit et obscurcit la lecture des lettres et les décalages.

Si le motif est fixe, une approche plus lisible est possible, consistant en la modification du prétraitement de telle sorte qu'un programme dédié est produit. Ce type de méthode sur mesure, où un programme est le résultat de l'exécution d'un autre, est appelé *métaprogrammation*. Bien entendu, il n'est envisageable que si le temps nécessaire pour émettre, compiler et exécuter le programme est amorti à long terme, ce qui implique pour le problème traité que le motif et le texte sont assez longs ou que la recherche est répétée avec le même motif sur d'autres textes (ou le reste du même texte, après qu'une occurrence du motif a été trouvée).

Il existe une convention graphique commode pour le contenu de la table de suppléance à la FIGURE 5.8 page 191, appelée *automate fini déterministe* et montrée à la FIGURE 5.14. Nous ne décrirons ici que de manière sommaire les automates ; pour un traitement mathématique et très approfondi, voir Perrin (1990), Hopcroft *et al.* (2003) et Sakarovitch (2003). Imaginons que les cercles, appelés *états*, contiennent les valeurs de i d'après la table. Les arcs, appelés *transitions*, entre deux états sont de deux sortes : soit continus et annotés par une lettre appelée *label*, soit en pointillés et orientés à gauche. La succession des états à travers des arcs continus forme le mot $x = $ abacabac. L'état le plus à droite est distingué par deux cercles concentriques parce qu'il marque la fin de x. Par définition, si $\mathfrak{F}_x(i) = j$, il y a une transition rétrograde entre l'état i et j. L'état le plus à gauche est la cible d'un arc continu sans source et est la source d'un arc pointillé sans cible. Le premier dénote simplement le début

$$\mathsf{mp}_0(t) \to \mathsf{zero}(t, 0).$$

$$\mathsf{zero}([\mathsf{a}()\,|\,t], j) \to \mathsf{one}(t, j+1);$$
$$\mathsf{zero}([\mathsf{a}\,|\,t], j) \to \mathsf{zero}(t, j+1);$$
$$\mathsf{zero}([\,], j) \to \mathsf{absent}().$$

$$\mathsf{one}([\mathsf{b}()\,|\,t], j) \to \mathsf{two}(t, j+1);$$
$$\mathsf{one}(t, j) \to \mathsf{zero}(t, j).$$

$$\mathsf{two}([\mathsf{a}()\,|\,t], j) \to \mathsf{three}(t, j+1);$$
$$\mathsf{two}(t, j) \to \mathsf{zero}(t, j).$$

$$\mathsf{three}([\mathsf{c}()\,|\,t], j) \to \mathsf{four}(t, j+1);$$
$$\mathsf{three}(t, j) \to \mathsf{one}(t, j).$$

$$\mathsf{four}([\mathsf{a}()\,|\,t], j) \to \mathsf{five}(t, j+1);$$
$$\mathsf{four}(t, j) \to \mathsf{zero}(t, j).$$

$$\mathsf{five}([\mathsf{b}()\,|\,t], j) \to \mathsf{six}(t, j+1);$$
$$\mathsf{five}(t, j) \to \mathsf{one}(t, j).$$

$$\mathsf{six}([\mathsf{a}()\,|\,t], j) \to \mathsf{seven}(t, j+1);$$
$$\mathsf{six}(t, j) \to \mathsf{two}(t, j).$$

$$\mathsf{seven}([\mathsf{c}()\,|\,t], j) \to \mathsf{factor}(j-6);$$
$$\mathsf{seven}(t, j) \to \mathsf{three}(t, j).$$

FIGURE 5.13 – Recherche de abacabac dans t

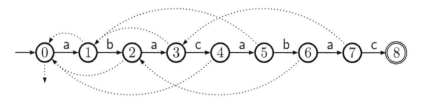

FIGURE 5.14 – Automate de Morris et Pratt du motif abacabac

du mot et le dernier correspond à la valeur spéciale $\mathfrak{F}_x(0) = -1$.

Ce qui est important pour nous est que le support intuitif qu'apporte un automate mène aussi à une réalisation intuitive, où chaque état correspond à une fonction et les transitions sont associées aux différentes règles de la définition de la fonction pour l'état d'où elles sortent.

L'exemple abacabac est montré à la FIGURE 5.13. Les états de l'automate, 0, 1, jusqu'à 7, correspondent aux fonctions zero/2, one/2 etc. jusqu'à seven/2. Notons comment $mp_0/1$ met l'index à 0 quand elle initialise le premier état, c'est-à-dire, par l'appel à zero/2. L'index j joue le même rôle que dans la FIGURE 5.5 page 189. La première règle de chaque fonction correspond à une transition vers la droite dans l'automate de la FIGURE 5.14 page précédente et la deuxième règle est une transition rétrograde, donc un échec, sauf dans zero/2, où elle signifie que le motif est décalé d'une lettre. La fonction zero/2 possède une troisième règle traitant le cas où le motif n'est pas un facteur du texte. Nous pourrions ajouter une règle similaire aux autres définitions, pour les accélérer, mais nous choisissons la brièveté et nous laissons les règles pour les échecs successifs nous ramener à zero/2. La première règle de seven/2 est spéciale aussi, parce qu'elle est utilisée quand le motif a été trouvé. Finalement, remarquons l'index $j - 6$, qui montre clairement que la longueur du motif fait partie du programme, qui est donc un métaprogramme.

Variante de Knuth Un coup d'œil à la FIGURE 5.5 page 189, devrait nous fournir matière à réflexion. Que se passerait-il si $a = a$? Alors le décalage mènerait immédiatement à une comparaison négative. Donc, comparons $p[\mathfrak{F}_p(i)]$ à $t[j]$ seulement si $p[\mathfrak{F}_p(i)] \neq p[i]$. Sinon, nous prenons le bord maximal du bord maximal etc. jusqu'à ce que nous trouvions le plus petit q tel que $p[\mathfrak{F}_p^q(i)] \neq p[i]$. Ceci est une amélioration proposée par Knuth *et al.* (1977). Une édition mise à jour a été publiée par Knuth (2010) et un traitement fondé sur la théorie des automates par Crochemore *et al.* (2007), à la section 2.6. Voir aussi une dérivation du programme par raffinements algébriques dans le livre de Bird (2010).

Dans l'automate de recherche, quand un échec se produit à l'état i sur la lettre a, nous suivons une transition arrière vers l'état $\mathfrak{F}_x(i)$, mais, si la transition normale est a à nouveau, nous suivons à nouveau la transition rétrograde etc. jusqu'à ce que nous trouvions une transition normale dont le label n'est pas a ou alors nous devons décaler le motif. L'amélioration proposée par Knuth consiste à remplacer toutes ces transitions d'échecs successifs par une seule.

Par exemple, l'automate de la FIGURE 5.14 page précédente est amélioré de cette façon à la FIGURE 5.15 page suivante.

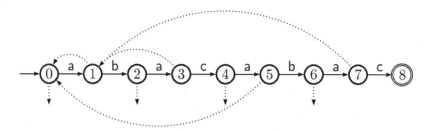

FIGURE 5.15 – Automate de Knuth, Morris et Pratt pour **abacabac**

Exercices

1. Cherchez $\mathcal{A}_{m,n}^{\mathsf{loc}}$.

2. Prouvez que **pp/1** et **mp/2** terminent.

3. Prouvez **loc/2** = **mp/2** (correction de l'algorithme de Morris et Pratt).

4. Trouvez $\mathcal{B}_m^{\mathsf{pp}}$ et $\mathcal{W}_m^{\mathsf{pp}}$. (Attention au coût de **suf/2**.)

5. Cherchez $\mathcal{B}_{m,n}^{\mathsf{mp}}$ et $\mathcal{W}_{m,n}^{\mathsf{mp}}$.

6. Proposez une simple modification pour éviter l'appel à **rev/1** à la FIGURE 5.11 page 194.

7. Modifiez **fail/2** de telle manière que **mp/2** réalise l'algorithme de Knuth, Morris et Pratt. Étudiez les cas meilleurs et pires de cette variante et montrez que $\overline{\mathcal{W}_m^{\mathsf{pp}}} = 2m - 6$, pour $m \geqslant 3$.

8. Écrivez le métaprogramme correspondant à l'automate à la FIGURE 5.15.

9. Écrivez une fonction **rlw/2** (anglais : *remove the last word*) telle que l'appel **rlw**(w, t) est réécrit en le texte t si le mot w est absent, sinon en t sans la dernière occurrence de t.

Deuxième partie

Structures arborescentes

Chapitre 6

Arbres de Catalan

Dans la partie I de ce livre, nous traitons des structures linéaires, comme les piles et les files d'attente, mais, pour vraiment comprendre les programmes qui opèrent sur ces structures, nous avons besoin du concept d'arbre. C'est pourquoi nous avons présenté très tôt les arbres de syntaxe abstraite, les graphes orientés sans circuits (FIGURE 1.4 page 8), les arbres de comparaison (FIGURE 2.41 page 96), les arbres binaires (FIGURE 2.43 page 97), les arbres de preuve (FIGURE 3.2a page 107), les arbres d'évaluation (FIGURE 3.6 page 117) et les arbres d'interclassement (FIGURE 4.6 page 137). Ces arbres étaient des méta-objets, ou concepts, employés pour comprendre la structure linéaire à l'étude.

Dans ce chapitre, nous prenons un point de vue plus abstrait et nous considérons la classe générale des *arbres de Catalan*, ou arbres généraux. Nous les étudierons comme des objets mathématiques dans le but de transférer nos résultats aux arbres utilisés comme structures de données pour réaliser des algorithmes. En particulier, nous nous intéresserons à les mesurer, à les compter, et à déterminer quelques paramètres moyens relatifs à leur taille, la raison étant que la connaissance de ce à quoi ressemble un arbre moyen nous informera sur le coût de le traverser de différentes façons.

Les arbres de Catalan sont un type spécial de graphe, soit un objet constitué de *nœuds* (appelés aussi *sommets*) reliés par des *arcs*, sans orientation (seule la connexion importe). Ce qui fait un arbre de Catalan est la distinction d'un nœud, appelé la *racine*, et l'absence de cycles, c'est-à-dire de chemins fermés contenant des nœuds reliés successivement. Les arbres de Catalan sont souvent appelés *arbres ordonnés* (anglais : *ordered trees* ou *planted plane*

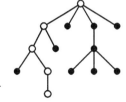

FIGURE 6.1 –
Arbre de Catalan
de hauteur 4

trees), en théorie des graphes, et *arbres généraux* (anglais : *unranked trees*, *n-ary trees*, *rose trees*) en théorie de la programmation. Un exemple est donné à la FIGURE 6.1. Remarquons que la racine est le nœud situé en haut de la figure et qu'elle possède quatre sous-arbres ordonnés, dont les racines sont nommées *enfants*. Les nœuds dessinés comme des disques blancs (○) constituent un chemin maximal commençant à la racine (le nombre de nœuds le long de celui-ci est maximal). Le nœud terminal n'a pas d'enfants ; il y a précisément 8 nœuds de ce genre au total, appelés *feuilles*. Le nombre de disques blancs est la *hauteur* de l'arbre de Catalan (il peut y avoir plusieurs chemins maximaux de même longueur), donc l'exemple donné a pour hauteur 4.

Les programmeurs mettent en œuvre les arbres de Catalan comme une structure de donnée, par exemple via l'usage de XML, auquel cas, des informations sont logées dans les nœuds et leur recherche peut exiger l'atteinte d'une feuille, dans la circonstance la plus défavorable. Le coût maximal d'une recherche est donc proportionnel à la hauteur de l'arbre et la détermination de la hauteur moyenne devient pertinente lorsque l'on réalise une série de recherches aléatoires (Vitter et Flajolet, 1990). Pour mener à bien ce type d'analyse, nous devons d'abord déterminer le nombre d'arbres de Catalan d'une taille donnée. Il y a deux mesures usuelles de la taille : soit nous quantifions les arbres par le nombre de leurs nœuds, ou bien nous comptons le nombre d'arcs. En fait, le choix de l'une ou l'autre mesure n'est dicté que par des considérations de commodité ou de style : il y a n arcs s'il y a $n+1$ nœuds, tout simplement parce que chaque nœud, sauf la racine, possède un parent. Il arrive fréquemment que les formules à propos des arbres de Catalan soient un peu plus simples lorsqu'elles font référence au nombre d'arcs, donc ce sera là notre mesure de la taille dans ce chapitre.

6.1 Énumeration

Un grand nombre de manuels (Sedgewick et Flajolet, 1996, § 5.1 & 5.2) montre comment déterminer le nombre d'arbres de Catalan avec n arcs au moyen d'outils mathématiques puissants connus sous le nom de *fonctions génératrices* (Graham *et al.*, 1994, chap. 7). À leur place, pour des raisons didactiques, nous choisissons une technique plus intuitive issue du dénombrement combinatoire qui consiste à construire une bijection entre deux ensembles finis, le cardinal de l'un étant donc le cardinal de l'autre. Pour une taille donnée, nous allons associer chaque arbre de Catalan à un objet de manière exclusive, et aucun objet ne sera laissé de côté. De plus, ces objets doivent être aisément dénombrables.

Les objets qui conviennent le mieux à notre objectif sont ici les *chemins monotones dans un treillis*, c'est-à-dire une grille carrée (Mohanty, 1979, Humphreys, 2010). Ces chemins sont constitués d'une suite de pas orientés vers le haut (↑), appelés *montées*, et de pas vers la droite (→), appelés *descentes*, et ils commencent au coin en bas à gauche $(0,0)$. Les *chemins de Dyck*

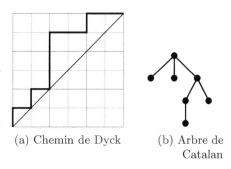

(a) Chemin de Dyck   (b) Arbre de Catalan

FIGURE 6.2 – Bijection

de longueur $2n$ sont les chemins se aboutissant à (n,n) et qui restent au-dessus de la diagonale, ou la touchent. Nous souhaitons montrer qu'*il existe une bijection entre les chemins de Dyck de longueur $2n$ et les arbres de Catalan avec n arcs*.

Pour comprendre cette bijection, nous devons d'abord présenter un type particulier de *parcours*, ou *traversée*, de l'arbre de Catalan. Imaginons qu'un arbre est une carte routière où les nœuds dénotent des villes et les arcs des routes. Un parcours complet de l'arbre consiste alors à commencer notre voyage à la racine et, en suivant les arcs, à visiter tous les nœuds. (Il est permis de passer plusieurs

FIGURE 6.3

fois par le même nœud, puisqu'il n'y a pas de cycles.) Bien entendu, il existe de nombreuses façons de réaliser cette tournée et celle que nous envisagerons ici est dite un *parcours en préordre*.

À chaque nœud, nous prenons l'arc le plus à gauche qui n'a pas encore été emprunté et nous parcourons le sous-arbre correspondant en préordre ; lorsque nous sommes de retour, nous itérons le choix avec les enfants qui restent. Pour plus de clarté, nous montrons à la FIGURE 6.3 la *numérotation en préordre* de la FIGURE 6.2b, où l'ordre dans lequel un nœud est rencontré la première fois remplace le disque noir (•).

La première partie de la bijection est une injection des arbres de Catalan avec n arcs vers les chemins de Dyck de longueur $2n$. En parcourant l'arbre en préordre, nous associons une montée à chaque arc en descendant, et une descente sur le même arc en montant. Clairement, il y a $2n$ pas dans le chemin de Dyck. La surjection consiste simplement à inverser le procédé en lisant le chemin de Dyck pas à pas, de la gauche vers la droite, et en construisant l'arbre correspondant.

Nous devons maintenant compter le nombre de chemins de Dyck de longueur $2n$, dons nous savons maintenant qu'il est aussi le nombre d'arbres de Catalan avec n arcs.

Le nombre total de chemins monotones de longueur $2n$ est le nombre de choix de n montées parmi $2n$ pas, soit $\binom{2n}{n}$. Nous devons ensuite soustraire le nombre de chemins qui débutent par une montée et qui traversent la diagonale. Un tel chemin est montré à la FIGURE 6.4, dessiné avec un trait continu et gras. Le premier point atteint sous la diagonale est utilisé pour tracer une ligne en pointillés parallèle à la diagonale. Tous les pas depuis ce point vers $(0, 0)$ sont alors changés en leur contrepartie : une montée par une descente et vice-versa. Le segment résultant est figuré par une ligne hachurée. Cette opération est nommée une *ré-*

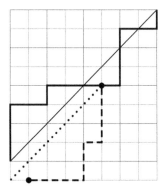

FIGURE 6.4 – Réflexion d'un préfixe par rapport à $y = x - 1$

flexion (Renault, 2008). Le point crucial est que nous pouvons faire se réfléchir tout chemin monotone qui traverse la diagonale et obtenir un chemin distinct de $(1, -1)$ à (n, n). De plus, tout chemin réfléchi peut être réfléchi lorsqu'il atteint la ligne en pointillés vers leur contrepartie originale. En d'autres termes, la réflexion est bijective. (Une autre approche visuelle et intuitive de ce même fait a été publiée par Callan (1995).) Par conséquent, il y a autant de chemins monotones de $(0, 0)$ à (n, n) qui coupent la diagonale qu'il y a de chemins monotones de $(1, -1)$ à (n, n). Ces derniers sont aisément énumérés : $\binom{2n}{n-1}$. En conclusion, le nombre de chemins de Dyck de longueur $2n$ est

$$C_n = \binom{2n}{n} - \binom{2n}{n-1} = \binom{2n}{n} - \frac{(2n)!}{(n-1)!(n+1)!}$$

$$= \binom{2n}{n} - \frac{n}{n+1} \cdot \frac{(2n)!}{n!n!} = \binom{2n}{n} - \frac{n}{n+1}\binom{2n}{n} = \frac{1}{n+1}\binom{2n}{n}.$$

Les nombres C_n sont les *nombres de Catalan*. En employant la formule de Stirling , vue à l'équation (2.17) à la page 89, nous trouvons que le nombre d'arbres de Catalan avec n arcs est

$$C_n = \frac{1}{n+1}\binom{2n}{n} \sim \frac{4^n}{n\sqrt{\pi n}}. \tag{6.1}$$

6.2 Longueur moyenne des chemins

La *longueur des chemins* d'un arbre de Catalan est la somme des longueurs des chemins depuis la racine. Nous avons vu ce concept dans le contexte des arbres binaires, où il était décliné en deux variantes, la *longueur interne* (page 121) et la *longueur externe* (page 98), selon que le

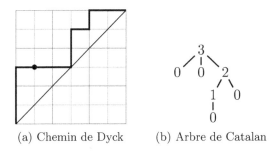

(a) Chemin de Dyck   (b) Arbre de Catalan

FIGURE 6.5 – Bijection fondée sur les degrés

nœud final était interne ou externe. Dans le cas des arbres de Catalan, la distinction pertinente entre nœuds est d'être une *feuille* (c'est-à-dire un nœud sans sous-arbre) ou non, mais certains auteurs parlent néanmoins de longueur externe lorsqu'ils se réfèrent aux distances des feuilles, et de longueur interne pour les nœuds internes, donc nous devons garder présent à l'esprit si le contexte est les arbres de Catalan ou les arbres binaires.

Dans le but d'étudier la longueur moyenne (des chemins) des arbres de Catalan, et quelques paramètres voisins, nous pourrions suivre Dershowitz et Zaks (1981) en recherchant d'abord le nombre moyen de nœuds de degré d au niveau l dans un arbre de Catalan avec n arcs. Le *degré d'un nœud* est le nombre de ses enfants et son *niveau* est sa distance jusqu'à la racine, comptée en arcs, sachant que la racine se trouve au niveau 0.

Le premier pas de notre méthode pour obtenir la longueur moyenne (des chemins) nécessite la définition d'une nouvelle bijection entre les arbres de Catalan et les chemins de Dyck. À la FIGURE 6.2b page 205, nous voyons un arbre de Catalan équivalent au chemin de Dyck à la FIGURE 6.2a, construit à partir du parcours en préordre de cet arbre. La FIGURE 6.5b montre le même arbre, où le contenu des nœuds est leur degré. Le parcours en préordre (des degrés) est $[3, 0, 0, 2, 1, 0, 0]$. Puisque le dernier degré est toujours 0 (une feuille), nous l'éliminons et conservons $[3, 0, 0, 2, 1, 0]$. Un autre chemin de Dyck équivalent est obtenu en traduisant les degrés de cette liste en suites de montées ($\uparrow$) suivies d'une descente ($\rightarrow$), donc, par exemple, 3 est traduit en ($\uparrow, \uparrow, \uparrow, \rightarrow$) et 0 en ($\rightarrow$). À la fin, $[3, 0, 0, 2, 1, 0]$ est traduit en $[\uparrow, \uparrow, \uparrow, \rightarrow, \rightarrow, \rightarrow, \uparrow, \uparrow, \rightarrow, \uparrow, \rightarrow, \rightarrow]$, ce qui correspond au chemin de Dyck à la FIGURE 6.5a. Il est aisé de se convaincre soi-même que nous pouvons reconstruire l'arbre à partir du chemin de Dyck, par conséquent, nous avons bien là une bijection.

La raison d'être de cette nouvelle bijection est la nécessité de trouver le nombre moyen de nœuds dans un arbre de Catalan dont la racine

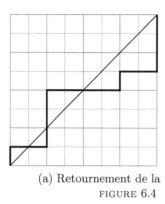 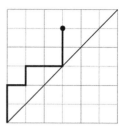

(a) Retournement de la   (b) Retournement et
FIGURE 6.4   réflexion de la FIGURE 6.5a
                           après $(1, 3)$

FIGURE 6.6 – Retournements et réflexions

possède un degré donné. Ce nombre nous aidera à parvenir à la longueur moyenne des chemins, en appliquant une idée de Ruskey (1983). D'après la bijection, il est clair que le nombre d'arbres dont la racine a pour degré $r = 3$ est le nombre de chemins de Dyck contenant le segment de $(0, 0)$ à $(0, r)$, suivi d'une descente (voir le point $(1, r)$ à la FIGURE 6.5a), et ensuite tous les chemins monotones au-dessus de la diagonale jusqu'au coin en haut à droite (n, n). Par conséquent, nous devons déterminer le nombre de ces chemins.

Nous avons vu à la section 6.4 page 213 la réflexion bijective de chemins et l'énumération à l'aide du principe d'inclusion et d'exclusion. Ajoutons maintenant à notre arsenal une bijection de plus qui se révèle souvent utile : le *retournement*. Elle consiste simplement à renverser l'ordre des pas constitutifs d'un chemin. Considérons par exemple la FIGURE 6.6a. Bien entendu, la composition de deux bijections étant une bijection, la composition d'un retournement et d'une réflexion est bijective, donc les chemins monotones au-dessus de la diagonale de $(1, r)$ à (n, n) sont en bijection avec les chemins monotones au-dessus de la diagonale de $(0, 0)$ à $(n - r, n - 1)$. Par exemple, la FIGURE 6.6b montre le retournement et la réflexion du chemin de Dyck de la FIGURE 6.5a après le point $(1, 3)$, distingué par un disque noir ($\bullet$).

En nous souvenant que les arbres de Catalan avec n arcs sont en bijection avec les chemins de Dyck de longueur $2n$ (section 6.1 page 204), nous savons à présent que le nombre d'arbres de Catalan avec n arcs et dont la racine a pour degré r est le nombre de chemins monotones au-dessus de la diagonale du point $(0, 0)$ à $(n - r, n - 1)$. Nous pouvons trouver ce nombre en utilisant la même technique que pour le nombre total C_n de chemins de Dyck. Le principe d'inclusion et d'exclusion dit

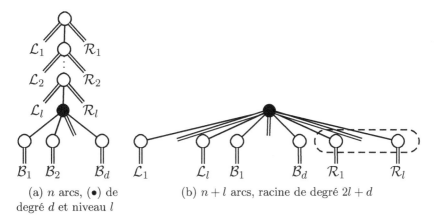

(a) n arcs, (•) de degré d et niveau l

(b) $n + l$ arcs, racine de degré $2l + d$

FIGURE 6.7 – Bijection

que nous devrions compter le nombre total de chemins avec les mêmes extrémités et soustraire le nombre de chemins qui traversent la diagonale. Le premier nombre est $\binom{2n-r-1}{n-1}$, qui énumère les façons d'interclasser $n - 1$ montées ($\uparrow$) avec $n - r$ descentes ($\rightarrow$). Le dernier nombre est le même que le nombre de chemins monotones de $(1, -1)$ à $(n - r, n - 1)$, comme on peut le voir en faisant se réfléchir les chemins jusqu'à leur première traversée de la diagonale, soit $\binom{2n-r-1}{n}$; en d'autres termes, c'est le nombre d'interclassements de n montées avec $n - r - 1$ descentes. Finalement, en imitant la dérivation de l'équation (6.1), le nombre $\mathcal{R}_n(r)$ d'arbres avec n arcs et racine de degré r est

$$\mathcal{R}_n(r) = \binom{2n - r - 1}{n - 1} - \binom{2n - r - 1}{n} = \frac{r}{2n - r}\binom{2n - r}{n}.$$

Soit $\mathcal{N}_n(l, d)$ le nombre d'arbres de Catalan avec n arcs au niveau l et de degré d. Ce nombre constitue l'étape suivante dans la détermination de la longueur moyenne des chemins parce que Ruskey (1983) a trouvé une jolie bijection qui le met en relation avec $\mathcal{R}_n(r)$ dans l'équation suivante :

$$\mathcal{N}_n(l, d) = \mathcal{R}_{n+l}(2l + d).$$

À la FIGURE 6.7a se trouve le motif général d'un arbre de Catalan avec un nœud (•) au niveau d et de degré d. Les arcs doubles dénotent un ensemble d'arcs, donc $\mathcal{L}_i$, $\mathcal{R}_i$ et $\mathcal{B}_i$ représentent en fait des forêts. À la FIGURE 6.7b, nous voyons un arbre de Catalan en bijection avec le premier, obtenu de celui-ci en élevant le nœud qui nous intéresse (•) pour en faire la racine, les forêts $\mathcal{L}_i$ avec leurs parents respectifs sont attachées dessous, ensuite les $\mathcal{B}_i$, et, finalement, les $\mathcal{R}_i$ pour lesquelles de nouveaux parents sont nécessaires (dans un cadre hachuré dans la figure). Il est clair que la nouvelle racine a pour degré $2l + d$ et il y a $n + l$ arcs. Il est essentiel de comprendre que la transformation peut être inversée pour tout arbre (elle est injective et surjective), donc est elle bien bijective. Nous en déduisons

$$\mathcal{N}_n(l, d) = \frac{2l + d}{2n - d}\binom{2n - d}{n + l} = \binom{2n - d - 1}{n + l - 1} - \binom{2n - d - 1}{n + l},$$

où la dernière étape résulte de l'expression du coefficient binomial en termes de la fonction factorielle. En particulier, ceci entraîne que le nombre total de nœuds au niveau l dans tous les arbres de Catalan avec n arcs est

$$\sum_{d=0}^{n} \mathcal{N}_n(l, d) = \sum_{d=0}^{n}\binom{2n - d - 1}{n + l - 1} - \sum_{d=0}^{n}\binom{2n - d - 1}{n + l}.$$

Tournons notre attention vers la première somme :

$$\sum_{d=0}^{n}\binom{2n - d - 1}{n + l - 1} = \sum_{i=n-1}^{2n-1}\binom{i}{n + l - 1} = \sum_{i=n+l-1}^{2n-1}\binom{i}{n + l - 1}.$$

Nous pouvons maintenant employer l'identité (4.8) page 135, qui équivaut à $\sum_{i=j}^{k}\binom{i}{j} = \binom{k+1}{j+1}$, donc $j = n + l - 1$ et $k = 2n - 1$ entraînent

$$\sum_{d=0}^{n}\binom{2n - d - 1}{n + l - 1} = \binom{2n}{n + l}.$$

De plus, en remplaçant l par $l+1$ donne $\sum_{d=0}^{n}\binom{2n-d-1}{n+l} = \binom{2n}{n+l+1}$, donc le nombre total de nœuds au niveau l dans tous les arbres de Catalan avec n arcs est

$$\sum_{d=0}^{n} \mathcal{N}_n(l, d) = \binom{2n}{n + l} - \binom{2n}{n + l + 1} = \frac{2l + 1}{2n + 1}\binom{2n + 1}{n - l}. \qquad (6.2)$$

Soit $\mathbb{E}[P_n]$ la *longueur moyenne des chemins* d'un arbre de Catalan avec n arcs. Nous avons

$$\mathbb{E}[P_n] = \frac{1}{C_n} \cdot \sum_{l=0}^{n} l \sum_{d=0}^{n} \mathcal{N}_n(l, d),$$

parce qu'il y a C_n arbres et la double somme est la somme des longueurs des chemins de tous les arbres. Si nous moyennons encore par le nombre de nœuds, soit $n + 1$, nous obtenons le niveau moyen d'un nœud dans un arbre de Catalan aléatoire, et nous devons prendre garde car certains auteurs choisissent cette quantité comme la définition de la longueur moyenne. Alternativement, si nous choisissons au hasard des arbres de Catalan distincts avec n arcs, puis choisissons des nœuds distincts dans ceux-ci, $\mathbb{E}[P_n]/(n+1)$ est la limite du coût moyen pour les atteindre depuis la racine. En usant des équations (6.2) et (6.1) page 206, alors

$$\mathbb{E}[P_n] \cdot C_n = \sum_{l=0}^{n} l \left[\binom{2n}{n+l} - \binom{2n}{n+l+1} \right]$$

$$= \sum_{l=1}^{n} l \binom{2n}{n+l} - \sum_{l=0}^{n-1} l \binom{2n}{n+l+1}$$

$$= \sum_{l=1}^{n} l \binom{2n}{n+l} - \sum_{l=1}^{n} (l-1) \binom{2n}{n+l}$$

$$= \sum_{l=1}^{n} \binom{2n}{n+l} = \sum_{i=n+1}^{2n} \binom{2n}{i}.$$

La somme restante est facile à débloquer parce qu'elle est la somme de la moitié d'une ligne paire dans le triangle de Pascal. Nous voyons à la FIGURE 4.5 page 133 que la première moitié égale la seconde, seul l'élément central restant (il y a un nombre impair d'éléments dans une ligne paire). Ceci est vite vu : $\sum_{j=0}^{n-1} \binom{2n}{j} = \sum_{j=0}^{n-1} \binom{2n}{2n-j} = \sum_{i=n+1}^{2n} \binom{2n}{i}$. Par conséquent,

$$\sum_{i=0}^{2n} \binom{2n}{i} = 2 \cdot \sum_{i=n+1}^{2n} \binom{2n}{i} + \binom{2n}{n},$$

et nous pouvons poursuivre comme suit :

$$\frac{\mathbb{E}[P_n]}{n+1} = \frac{1}{2} \binom{2n}{n}^{-1} \left[\sum_{i=0}^{2n} \binom{2n}{i} - \binom{2n}{n} \right] = \frac{1}{2} \left[\binom{2n}{n}^{-1} \sum_{i=0}^{2n} \binom{2n}{i} - 1 \right].$$

La somme restante est peut-être l'identité combinatoire la plus fameuse parce qu'elle est un corollaire du vénérable *théorème binomial*, qui établit que, pour tous nombres réels x et y, et tout entier positif n, nous avons l'égalité suivante :

$$(x+y)^n = \sum_{k=0}^{n} \binom{n}{k} x^{n-k} y^k.$$

La vérité de cette proposition apparaît grâce au raisonnement suivant. Puisque, par définition, $(x+y)^n = \underbrace{(x+y)(x+y)\ldots(x+y)}_{n \text{ fois}}$, chaque terme dans le développement de $(x + y)^n$ a la forme $x^{n-k}y^k$, pour un certain k variant de 0 à n, inclus. Le coefficient de $x^{n-k}y^k$ pour un k donné est simplement le nombre de choix de k variables y parmi les n facteurs de $(x + y)^n$, les variables x provenant des $n - k$ facteurs restants.

Poser $x = y = 1$ entraîne l'identité $2^n = \sum_{k=0}^n \binom{n}{k}$, qui, finalement, débloque notre dernière étape :

$$\mathbb{E}[P_n] = \frac{n+1}{2} \left[4^n \binom{2n}{n}^{-1} - 1 \right]. \tag{6.3}$$

En nous souvenant de (6.1) page 206, nous obtenons le développement asymptotique suivant :

$$\mathbb{E}[P_n] \sim \frac{1}{2} n \sqrt{\pi n}. \tag{6.4}$$

Remarquons que cette équivalence est vraie aussi si n dénote un nombre de nœuds, au lieu d'un nombre d'arcs. La formule exacte donnant la longueur moyenne des chemins d'un arbre de Catalan avec n nœuds est $\mathbb{E}[P_{n-1}]$ car il possède alors $n - 1$ arcs.

Pour certaines applications, il est utile de connaître les longueurs externes et internes, qui sont, respectivement, les longueurs des chemins jusqu'aux feuilles et aux nœuds internes (à ne pas confondre avec les longueurs externes et internes des arbres binaires). Soit $\mathbb{E}[E_n]$ la première et $\mathbb{E}[I_n]$ la seconde. Nous avons :

$$\mathbb{E}[E_n] \cdot C_n = \sum_{l=0}^n l \cdot \mathcal{N}_n(l,0) = \sum_{l=0}^n l \left[\binom{2n-1}{n+l-1} - \binom{2n-1}{n+l} \right]$$

$$= \sum_{l=0}^{n-1} (l+1) \binom{2n-1}{n+l} - \sum_{l=0}^{n-1} l \binom{2n-1}{n+l} = \sum_{l=0}^{n-1} \binom{2n-1}{n+l},$$

$$\mathbb{E}[E_n] \cdot C_n = \sum_{i=n}^{2n-1} \binom{2n-1}{i} = \frac{1}{2} \sum_{j=0}^{2n-1} \binom{2n-1}{j} = 4^{n-1},$$

où la dernière égalité procède du fait qu'une ligne impaire dans le triangle de Pascal contient un nombre pair de coefficients et les deux moitiés ont des sommes égales. Nous concluons :

$$\mathbb{E}[E_n] = (n+1)4^{n-1} \binom{2n}{n}^{-1} \sim \frac{1}{4} n \sqrt{\pi n}. \tag{6.5}$$

La dérivation de $\mathbb{E}[I_n]$ est simple parce que

$$\mathbb{E}[P_n] = \mathbb{E}[E_n] + \mathbb{E}[I_n]. \tag{6.6}$$

De (6.3) et (6.5), nous exprimons $\mathbb{E}[P_n]$ en termes de $\mathbb{E}[E_n]$:

$$\mathbb{E}[P_n] = 2\mathbb{E}[E_n] - \frac{n+1}{2},$$

alors, en substituant dans (6.6), nous tirons enfin

$$\mathbb{E}[I_n] = \mathbb{E}[E_n] - \frac{n+1}{2}$$

et

$$\mathbb{E}[I_n] = (n+1)4^{n-1}\binom{2n}{n}^{-1} - \frac{n+1}{2} \sim \frac{1}{4}n\sqrt{\pi n}. \tag{6.7}$$

Finalement, les formules (6.3), (6.5) et (6.7) impliquent

$$\mathbb{E}[I_n] \sim \mathbb{E}[E_n] \sim \frac{1}{2}\mathbb{E}[P_n].$$

6.3 Nombre moyen de feuilles

La bijection fondée sur les degrés que nous avons présentée à la FI-GURE 6.5 page 207 implique qu'il y a $(n+1)/2$ feuilles en moyenne dans un arbre de Catalan aléatoire avec n arcs. En effet, une feuille est un coin dans le treillis ordinaire, et ce n'est *pas* un coin dans le chemin du treillis fondé sur les degrés, c'est-à-dire un nœud interne, par conséquent, feuilles et nœuds internes sont en nombre égal, et, puisque leur nombre total est $n+1$, le nombre moyen de feuilles est $(n+1)/2$.

Pour plus d'information, nous recommandons les articles par Dershowitz et Zaks (1980, 1981, 1990).

6.4 Hauteur moyenne

Comme mentionné plus haut, la *hauteur* d'un arbre est le nombre de nœuds sur un chemin maximal de la racine à une feuille (un nœud sans sous-arbres) ; par exemple, nous pouvons suivre vers le bas et compter les nœuds (◦) dans la FIGURE 6.1. Un arbre réduit à une unique feuille a pour hauteur 0.

Nous commençons par l'observation clé qu'un arbre de Catalan avec n arcs et de hauteur h est en bijection avec un chemin de Dyck de longueur $2n$ *et de hauteur* h (voir FIGURE 6.2 page 205). Ce simple fait nous permet de raisonner sur la hauteur des chemins de Dyck et de transférer le résultat vers les arbres de Catalan de départ. En effet, nous avons déjà vu que la correspondance entre chemins dans un treillis et arbres de Catalan, où une montée atteignant la diagonale l correspond

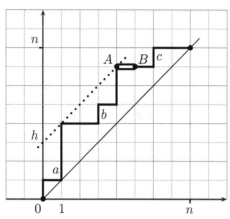

FIGURE 6.8 – Chemin de Dyck de longueur $2n$ et hauteur h

à un nœud au niveau l dans l'arbre, en contant les niveaux à partir du niveau 0 de la racine. Une simple bijection entre chemins montrera que pour chaque nœud de niveau l d'un arbre de hauteur h et taille n, il y a nœud correspondant soit au niveau $h - l + 1$ ou $h - l$ dans un autre arbres de même hauteur et taille (Dershowitz et Rinderknecht, 2015).

Considérons le chemin de Dyck à la FIGURE 6.8, en bijection avec un arbre de $n = 8$ arcs et hauteur $h = 3$. Cherchons le dernier (le plus à droite) des points sur le chemin lorsqu'il atteint sa pleine hauteur (la ligne pointillée de l'équation $y = x + h$), que nous appelons l'*apex* du chemin (nommé A sur la figure). La descente qui suit immédiatement mène à B et est dessinée avec une double ligne. Faisons tourner de 180° le segment de $(0,0)$ à A, et le segment de B à (n,n). La descente invariante (A, B) alors connecte les segments ainsi retournés. De cette façon, ce qui était l'apex devient l'origine et vice-versa : cette bijection préserve les hauteurs entre chemins, comme nous le voyons à FIGURE 6.9.

La clef est que chaque montée atteignant le niveau l à la FIGURE 6.8, représentant un nœud de niveau l dans l'arbre de Catalan correspondant, atteint le niveau $h - l + 1$ ou $h - l$ dans la FIGURE 6.9, selon qu'elle se trouvait à la gauche (segment avant A) ou à la droite (segment après B) de l'apex.

Dans l'exemple de la figure, la montée a atteint le niveau 1, et sa contrepartie après transformation atteint le niveau $3 - 1 + 1 = 3$; la montée b atteint le niveau 2 and aussi après parce que $3 - 2 + 1 = 2$; la montée c atteint aussi le niveau 2, mais, parce elle se trouvait avant à la droite de l'apex, elle atteint après le niveau $3 - 2 = 1$.

De cette bijection, il suit que *la hauteur moyenne est, à 1 près, le double du niveau moyen d'un nœud, soit la longueur moyenne des che-*

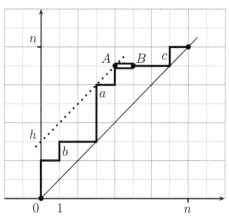

FIGURE 6.9 – Chemin de Dyck en bijection avec FIGURE 6.8

mins. L'équation (6.3) est équivalente à

$$2\frac{\mathbb{E}[P_n]}{n+1} = 4^n \binom{2n}{n}^{-1} - 1.$$

Si l'on note $\mathbb{E}[H_n]$ la hauteur moyenne d'un arbre de Catalan avec n arcs, nous avons alors, en nous souvenant de (6.4),

$$\mathbb{E}[H_n] \sim 2\frac{\mathbb{E}[P_n]}{n+1} \sim \sqrt{\pi n}.$$

Chapitre 7

Arbres binaires

Dans ce chapitre, nous plaçons l'accent sur l'arbre binaire comme structure de donnée, en la redéfinissant au passage et en présentant quelques algorithmes et mesures classiques qui s'y rapportent.

La FIGURE 7.1 montre un arbre binaire en exemple. Les nœuds sont de deux sortes : internes (○ et ●) ou externes (□). La caractéristique d'un arbre binaire est que les nœuds internes sont reliés vers le bas à deux autres nœuds, appelé *enfants*, alors que les nœuds externes n'ont pas de tels liens. La racine est le nœud interne le plus haut, représenté par un cercle et un diamètre. Les *feuilles* sont les nœuds internes dont les enfants sont deux nœuds externes ; elles sont figurées par des disques (●).

Les nœuds internes sont d'habitude associés avec quelque information, alors que les nœuds externes ne le sont pas, comme celui montré à la FIGURE 7.3a page suivante : ceci sera la représentation par défaut dans ce livre. Parfois, pour attirer plus d'attention sur les nœuds internes, les nœuds externes peuvent être omis, comme à la FIGURE 7.3b page suivante. De plus, on pour-

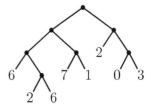

FIGURE 7.2 – Un arbre feuillu

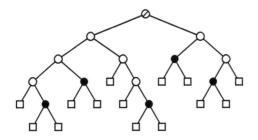

FIGURE 7.1 – Un arbre binaire

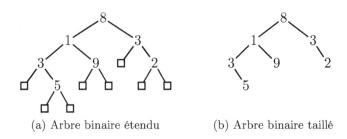

(a) Arbre binaire étendu   (b) Arbre binaire taillé

FIGURE 7.3 – Deux représentations d'un arbre binaire

rait alors restreindre l'information aux seules feuilles, auquel cas l'arbre est dit *feuillu*, comme à la FIGURE 7.2 page précédente. Dans une autre variante, tous les nœuds comportent quelque donnée, comme c'était le cas avec les arbres de comparaison (voir par exemple la FIGURE 2.41 page 96, où les nœuds externes contiennent des permutations et les nœuds internes ont des comparaisons de clés).

Comme nous l'avons vu avec l'étude des algorithmes de tri optimaux en moyenne, page 95, un *chemin externe* est un chemin de la racine à un nœud externe et la *hauteur* d'un arbre est la longueur des chemins externes maximaux. Par exemple, la hauteur de l'arbre binaire à la FIGURE 7.1 page précédente est 5 et il y a deux chemins externes de longueur maximale. Un chemin de la racine à un nœud interne est un *chemin interne*. La *longueur interne* d'un arbre est la somme des longueurs de tous ses chemins internes. Nous avons déjà rencontré la *longueur externe* page 117, qui est la somme des longueurs de tous les chemins externes. (La longueur d'un chemin est le nombre de ses arcs.)

Avertissement   Certains auteurs utilisent une nomenclature différente pour la définition des feuilles et de la hauteur. Il n'est pas rare de rencontrer le concept de *profondeur* d'un arbre, qui peut être confondu par erreur avec sa hauteur, la profondeur comptant le nombre de nœuds sur un chemin maximal.

Théorème 5. *Un arbre binaire avec n nœuds internes a $n + 1$ nœuds externes.*

Démonstration. Soit e le nombre de nœuds externes à déterminer. Nous pouvons compter les arcs de deux manières complémentaires. Du haut vers le bas, nous voyons que chaque nœud interne a exactement deux enfants, donc $l = 2n$, où l est le nombre d'arcs. Du bas vers le haut, nous voyons que chaque nœud a exactement un parent, sauf la racine, qui n'en a pas. Par conséquent, $l = (n + e) - 1$. En identifiant les deux valeurs de l, nous obtenons $e = n + 1$.   □

Structure de donnée Il y a de nombreuses manières de représenter un arbre binaire comme une structure de donnée. D'abord, nous pouvons remarquer que, tout comme une pile peut être vide ou non, il y a deux sortes de nœuds, internes ou externes, et l'arbre vide peut être identifié à un nœud externe. Donc, nous n'avons besoin que de deux constructeurs de donnée, disons ext/0 pour les nœuds externes et int/3 pour les nœuds internes. Ce dernier a trois arguments parce que deux enfants sont attendus, ainsi que quelque information. L'ordre de ces arguments pourrait varier. Si nous voyons un nœud interne se trouver, horizontalement, entre ses sous-arbres t_1 et t_2, nous pourrions préférer l'écriture int(t_1, x, t_2). (Les lecteurs sémites pourraient souhaiter échanger t_1 et t_2.) Alternativement, nous pourrions considérer qu'un nœud interne se trouve, verticalement, avant ses sous-arbres, auquel cas nous préférerions écrire int(x, t_1, t_2). Ce choix rend la dactylographie et l'écriture manuscrite de petits arbres plus aisée, en particulier pour tester nos programmes. Par exemple, l'arbre binaire de la FIGURE 7.3a page ci-contre correspond à int$(8, t_1, \text{int}(3, \text{ext}(), \text{ext}(2, \text{ext}(), \text{ext}())))$, avec le sous-arbre $t_1 = \text{int}(1, \text{ext}(3, \text{ext}(), \text{int}(5, \text{ext}(), \text{ext}())), \text{ext}(9, \text{ext}(), \text{ext}()))$. Nous adopterons dorénavant la convention int(x, t_1, t_2), parfois appelée *notation préfixe*.

La *taille* d'un arbre binaire est le nombre de ses nœuds internes. C'est là la mesure la plus fréquente des arbres quand on exprime le coût de fonctions. En guise de réchauffement, écrivons un programme qui calcule la taille d'un arbre binaire :

$$\text{size}(\text{ext}()) \to 0; \quad \text{size}(\text{int}(x, t_1, t_2)) \to 1 + \text{size}(t_1) + \text{size}(t_2). \quad (7.1)$$

Notons la similitude avec le calcul de la longueur d'une pile :

$$\text{len}(\text{nil}()) \to 0; \quad \text{len}(\text{cons}(x, s)) \to 1 + \text{len}(s).$$

La différence est que deux appels récursifs sont nécessaires pour visiter tous les nœuds d'un arbre binaire, au lieu d'un pour une pile. Cette topologie bidimensionnelle rend possible de nombreux types de visites, appelés *marches* ou *parcours*.

7.1 Parcours

Dans cette section, nous présentons les parcours classiques des arbres binaires, qui sont distingués selon l'ordre dans lequel l'information emmagasinée aux nœuds internes est empilée sur une pile.

Préfixe Un parcours *préfixe* d'un arbre binaire non-vide est une pile dans laquelle on trouve d'abord la racine (récursivement, le nœud interne courant), suivie par les nœuds en préfixe du sous-arbre gauche et, finalement, les nœuds en préfixe du sous-arbre droit. (Par abus de langage, nous identifierons le contenu des nœuds aux nœuds eux-mêmes lorsqu'il n'y a pas d'ambiguïté.) Par exemple, les nœuds en préfixe de l'arbre à la FIGURE 7.3a page 218 sont $[8, 1, 3, 5, 9, 3, 2]$. Étant donné que cette méthode visite les enfants d'un nœud avant ses frères (deux nœuds internes sont frères s'ils ont le même parent), elle est un *parcours en profondeur*. Une simple fonction le réalisant est $\mathsf{pre}_0/1$:

$$\mathsf{pre}_0(\mathsf{ext}()) \xrightarrow{\gamma} [\,];$$
$$\mathsf{pre}_0(\mathsf{int}(x, t_1, t_2)) \xrightarrow{\delta} [x \,|\, \mathsf{cat}(\mathsf{pre}_0(t_1), \mathsf{pre}_0(t_2))]. \qquad (7.2)$$

Nous avons utilisé la concaténation de piles réalisée par $\mathsf{cat}/2$, définie en (1.3) page 7, pour ordonner les valeurs des sous-arbres. Nous savons que le coût de $\mathsf{cat}/2$ est linéaire en la taille de son premier argument : $\mathcal{C}_p^{\mathsf{cat}} := \mathcal{C}[\![\mathsf{cat}(s, t)]\!] = p+1$, où p est la longueur de s. Soit $\mathcal{C}_n^{\mathsf{pre}_0}$ le coût de $\mathsf{pre}_0(t)$, où n est le nombre de nœuds internes de t. D'après la définition de $\mathsf{pre}_0/1$, nous déduisons

$$\mathcal{C}_0^{\mathsf{pre}_0} = 1; \quad \mathcal{C}_{n+1}^{\mathsf{pre}_0} = 1 + \mathcal{C}_p^{\mathsf{pre}_0} + \mathcal{C}_{n-p}^{\mathsf{pre}_0} + \mathcal{C}_p^{\mathsf{cat}},$$

où p est la taille de t_1. Donc $\mathcal{C}_{n+1}^{\mathsf{pre}_0} = \mathcal{C}_p^{\mathsf{pre}_0} + \mathcal{C}_{n-p}^{\mathsf{pre}_0} + p + 2$. Cette récurrence appartient à une classe dite « diviser pour régner » parce qu'elle provient de stratégies qui divisent la donnée (ici, de taille $n+1$), puis résolvent séparément les parties ainsi obtenues (ici, de tailles p et $n-p$) et, finalement, combinent les solutions des parties en une solution de la partition. Le coût supplémentaire dû à la composition des solutions partielles (ici, $p+2$) est appelé le *péage* (anglais : *toll*) et l'existence d'une forme close pour la solution, ainsi que son comportement asymptotique, dépendent de manière cruciale de la sorte de péage.

Dans d'autres contextes (voir page 61) et de manière idiosyncratique, nous appelions cette stratégie *conception à grands pas* parce que nous voulions une façon commode de la contraster avec une autre sorte de modélisation que nous avons appelée *conception à petits pas*. Conséquemment, nous avons déjà rencontré des cas de « diviser pour régner », par exemple, avec le tri par interclassement au chapitre 4 page 127, qui souvent symbolise le concept lui-même.

Le coût maximal $\mathcal{W}_k^{\mathsf{pre}_0}$ satisfait la récurrence

$$\mathcal{W}_0^{\mathsf{pre}_0} = 1; \quad \mathcal{W}_{k+1}^{\mathsf{pre}_0} = 2 + \max_{0 \leqslant p \leqslant k} \{\mathcal{W}_p^{\mathsf{pre}_0} + \mathcal{W}_{k-p}^{\mathsf{pre}_0} + p\}. \qquad (7.3)$$

Au lieu d'attaquer frontalement ces équations, nous pouvons deviner une solution possible et la vérifier. Ici, nous pourrions essayer de choisir à chaque appel récursif $p = k$, en suivant l'idée que maximiser le péage à chaque nœud de l'arbre conduira peut-être à un total qui est maximal. Donc, nous envisageons

$$\mathcal{W}_0^{\mathsf{pre}_0} = 1; \quad \mathcal{W}_{k+1}^{\mathsf{pre}_0} = \mathcal{W}_k^{\mathsf{pre}_0} + k + 3. \tag{7.4}$$

En sommant les membres pour des valeurs croissantes de la variable $k = 0$ à $k = n - 1$ et en simplifiant, nous obtenons

$$\mathcal{W}_n^{\mathsf{pre}_0} = \frac{1}{2}(n^2 + 5n + 2) \sim \frac{1}{2}n^2.$$

Maintenant, nous vérifions si cette forme close satisfait l'équation (7.3). Nous avons $2(\mathcal{W}_p^{\mathsf{pre}_0} + \mathcal{W}_{n-p}^{\mathsf{pre}_0} + p + 2) = 2p^2 + 2(1 - n)p + n^2 + 5n + 8$. Ceci est l'équation d'une parabole dont le minimum se produit pour $p = (n - 1)/2$ et dont le maximum pour $p = n$, sur l'intervalle $[0, n]$. Le maximum, dont la valeur est $n^2 + 7n + 8$, égale $2 \cdot \mathcal{W}_{n+1}^{\mathsf{pre}_0}$, donc la forme close satisfait l'équation de récurrence.

À quoi ressemble un arbre binaire qui maximise le coût de $\mathsf{pre}_0/1$? Nous obtenons le péage $k + 3$ dans (7.4) parce que nous prenons le coût maximal de $\mathsf{cat}/2$ à chaque nœud, ce qui signifie que tous les nœuds internes qui sont concaténés proviennent du sous-arbre gauche, du sous-arbre gauche du sous-arbre gauche etc. donc ces nœuds sont concaténés encore et encore en chemin vers la racine (c'est-à-dire, au retour de chaque appel récursif), entraînant un coût quadratique. La forme d'un tel arbre est montrée à la FIGURE 7.4a.

Par dualité, le coût minimal $\mathcal{B}_k^{\mathsf{pre}_0}$ satisfait la récurrence

$$\mathcal{B}_0^{\mathsf{pre}_0} = 1; \quad \mathcal{B}_{k+1}^{\mathsf{pre}_0} = 2 + \min_{0 \leqslant p \leqslant k}\{\mathcal{B}_p^{\mathsf{pre}_0} + \mathcal{B}_{k-p}^{\mathsf{pre}_0} + p\}.$$

En reprenant le raisonnement précédent, mais dans la direction opposée, nous essayons de minimiser le péage en choisissant $p = 0$, ce qui signifie

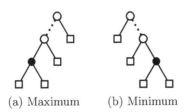

(a) Maximum   (b) Minimum

FIGURE 7.4 – Arbres extrémaux pour $\mathcal{C}_n^{\mathsf{pre}_0}$

$$\mathsf{pre}_1(t) \to \mathsf{flat}(\mathsf{pre}_2(t)).$$

$$\mathsf{pre}_2(\mathsf{ext}()) \to [\,];$$
$$\mathsf{pre}_2(\mathsf{int}(x, t_1, t_2)) \to [x, \mathsf{pre}_2(t_1) \,|\, \mathsf{pre}_2(t_2)].$$

FIGURE 7.5 – Parcours préfixe avec flat/1

que tous les nœuds externes, sauf un, sont des sous-arbres gauches. En conséquence, nous avons

$$\mathcal{B}_0^{\mathsf{pre}_0} = 1; \quad \mathcal{B}_{k+1}^{\mathsf{pre}_0} = \mathcal{B}_k^{\mathsf{pre}_0} + 3. \tag{7.5}$$

En sommant les membres pour des valeurs croissantes de la variable de $k = 0$ à $k = n - 1$ et en simplifiant, nous obtenons

$$\mathcal{B}_n^{\mathsf{pre}_0} = 3n + 1 \sim 3n.$$

Il est aisé de s'assurer que ceci est en fait une solution de (7.5). La forme de l'arbre correspondant est montrée à la FIGURE 7.4b page précédente. Notez que les deux arbres extrêmes sont isomorphes à une pile (c'est-à-dire à l'arbre de syntaxe abstraite d'une pile) et, en tant que tels, il sont des *arbres dégénérés*, aussi appelés *peignes*. Par ailleurs, le coût maximal de pre$_0$/1 est quadratique, ce qui nécessite une amélioration.

Nous pouvons parvenir à une autre conception à grands pas en n'utilisant pas cat/2 et en appelant à la place flat/1, définie à la FIGURE 2.12 page 63, *une seule fois à la fin*. La FIGURE 7.5 montre qu'une nouvelle version du parcours préfixe, appelée pre$_1$/1. Le coût de pre$_2(t)$ est $2n + 1$ (voir théorème 5 page 218). À la page 63, nous avons trouvé que le coût de flat(s) est $1 + n + \Omega + \Gamma + L$, où n est la longueur de flat(s), Ω est le nombre de pile vides dans s, Γ est le nombre de piles non-vides et L est la somme des longueurs des piles imbriquées. La valeur de Ω est $n + 1$ car c'est le nombre de nœuds externes. La valeur de Γ est $n - 1$, parce que chaque nœud interne donne lieu à une pile non-vide via la deuxième règle de pre$_2$/1 et la racine est exclue car nous ne comptons que les piles imbriquées. La valeur de L est $3(n - 1)$ car ces piles ont pour longueur 3, par la même règle. Au total, $\mathcal{C}[\![\mathsf{flat}(s)]\!] = 6n - 2$, où pre$_2(t) \twoheadrightarrow s$ et n est la taille de t. Finalement, nous devons tenir compte de la règle définissant pre$_1$/1 et évaluer à nouveau le coût dû à l'arbre vide :

$$\mathcal{C}_0^{\mathsf{pre}_1} = 3; \quad \mathcal{C}_n^{\mathsf{pre}_1} = 1 + (2n + 1) + (6n - 2) = 8n, \text{ si } n > 0.$$

Malgré une amélioration significative du coût et l'absence de cas extrêmes, nous devrions tenter une conception à petits pas avant d'abandonner la partie. Le principe qui soutient ce type d'approche est d'en

$$\mathsf{pre}_3(t) \xrightarrow{\alpha} \mathsf{pre}_4([t]).$$

$$\mathsf{pre}_4([\,]) \xrightarrow{\beta} [\,];$$
$$\mathsf{pre}_4([\mathsf{ext}()\,|\,f]) \xrightarrow{\gamma} \mathsf{pre}_4(f);$$
$$\mathsf{pre}_4([\mathsf{int}(x, t_1, t_2)\,|\,f]) \xrightarrow{\delta} [x\,|\,\mathsf{pre}_4([t_1, t_2\,|\,f])].$$

FIGURE 7.6 – Parcours préfixe efficace avec une forêt

faire le moins possible dans chaque règle. Il est clair que la racine est correctement placée par $\mathsf{pre}_0/1$, mais sans $\mathsf{pre}_3(t_1)$ et $\mathsf{pre}_3(t_2)$ dans le schéma suivant, que pouvons-nous faire ?

$$\mathsf{pre}_3(\mathsf{ext}()) \rightarrow [\,]; \quad \mathsf{pre}_3(\mathsf{int}(x, t_1, t_2)) \rightarrow [x\,|\,\boxed{}\,].$$

Il faut alors penser en termes de forêts, au lieu d'arbres isolés, parce qu'une forêt est une pile d'arbres et, en tant que telle, elle peut être utilisée aussi pour accumuler des arbres. Ceci est une technique fréquente lorsque l'on calcule avec des arbres. Voir la FIGURE 7.6. Les arbres vides de la forêt sont ignorés par la règle γ. Dans la règle δ, les sous-arbres t_1 et t_2 sont maintenant simplement empilés à nouveau sur la forêt f, pour être examinés ultérieurement. De cette manière, il n'y a pas besoin de calculer $\mathsf{pre}_4(t_1)$ ou $\mathsf{pre}_4(t_2)$ immédiatement. Cette méthode est légèrement différente de celle qui use d'un accumulateur qui contient, à chaque instant, un résultat partiel ou un résultat partiel retourné. Ici, aucun paramètre n'est ajouté, mais, une pile remplace l'arbre originel dans lequel on choisit des nœuds internes facilement (la racine du premier arbre) dans l'ordre attendu. Nous donnons un exemple à la FIGURE 7.7 page suivante, où la forêt est l'argument de $\mathsf{pre}_4/1$ et les nœuds cerclés sont la valeur courante de x dans la règle δ de la FIGURE 7.6. Le coût de $\mathsf{pre}_3(t)$, où n est la taille de t, est facilement calculable :

— la règle α est utilisée une fois ;
— la règle β est utilisée une fois ;
— la règle γ est utilisée une fois pour chaque nœud externe, c'est-à-dire $n + 1$ fois (voir le théorème 5 page 218) ;
— la règle δ est utilisée une fois pour chaque nœud interne, donc n fois, par définition.

Au total, $C_n^{\mathsf{pre}_3} = 2n + 3 \sim 2n$, ce qui est une amélioration notable. Le lecteur attentif pourrait remarquer que nous pourrions réduire davantage le coût en ne visitant pas les nœuds externes, comme montré à la FIGURE 7.8. Nous avons alors

$$C_n^{\mathsf{pre}_5} = C_n^{\mathsf{pre}_3} - (n + 1) = n + 2.$$

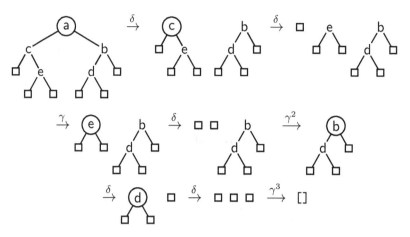

FIGURE 7.7 – Parcours préfixe avec $\mathsf{pre}_4/1$

Malgré le gain, le nouveau programme est significativement plus long et les membres droits sont des évaluations partielles de la règle δ. La mesure de la donnée que nous utilisons pour évaluer les coûts n'inclut pas le temps abstrait pour sélectionner la règle à appliquer, mais il est probable que, plus il y a de motifs, plus cette pénalité cachée est élevée. Dans ce livre, nous préférons les programmes concis et donc visiter les nœuds externes, à moins qu'il n'y ait une raison logique de ne pas le faire.

Au total, le nombre de nœuds d'empilage créés par les règles α et δ est le nombre total de nœuds, soit $2n + 1$, mais si nous voulons savoir combien il peut y avoir de nœuds à un moment donné, il faut considérer comment la forme de l'arbre originel influe sur les règles γ et δ. Dans le meilleur des cas, t_1 dans δ est $\mathsf{ext}()$ et sera éliminé à la réécriture suivante par la règle γ sans création de nœuds supplémentaires. Dans

$$\mathsf{pre}_5(t) \to \mathsf{pre}_6([t]).$$

$$\mathsf{pre}_6([\,]) \to [\,];$$
$$\mathsf{pre}_6([\mathsf{ext}()\,|\,f]) \to \mathsf{pre}_6(f);$$
$$\mathsf{pre}_6([\mathsf{int}(x, \mathsf{ext}(), \mathsf{ext}())\,|\,f]) \to [x\,|\,\mathsf{pre}_6(f)];$$
$$\mathsf{pre}_6([\mathsf{int}(x, \mathsf{ext}(), t_2)\,|\,f]) \to [x\,|\,\mathsf{pre}_6([t_2\,|\,f])];$$
$$\mathsf{pre}_6([\mathsf{int}(x, t_1, \mathsf{ext}())\,|\,f]) \to [x\,|\,\mathsf{pre}_6([t_1\,|\,f])];$$
$$\mathsf{pre}_6([\mathsf{int}(x, t_1, t_2)\,|\,f]) \to [x\,|\,\mathsf{pre}_6([t_1, t_2\,|\,f])].$$

FIGURE 7.8 – Longue définition d'un parcours préfixe

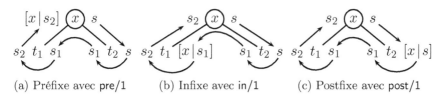

(a) Préfixe avec pre/1   (b) Infixe avec in/1   (c) Postfixe avec post/1

FIGURE 7.9 – Parcours classiques efficaces

le pire des cas, t_1 maximise le nombre de nœuds internes de sa branche gauche. Par conséquent, ces deux configurations correspondent aux cas extrêmes pour le coût de $pre_0/1$ à la FIGURE 7.4 page 221. Dans le pire des cas, tous les $2n + 1$ nœuds de l'arbre se trouveront dans la pile à un moment donné, alors que, dans le meilleur des cas, seulement deux s'y trouveront. La question de la taille moyenne de la pile sera étudiée plus loin, en relation avec la hauteur moyenne.

La différence entre conception à grands pas (ou « diviser pour régner ») et à petits pas n'est pas toujours nette et est principalement un moyen didactique. En particulier, nous ne devrions pas supposer qu'il n'y a que deux types possibles de modélisation pour chaque tâche donnée. Pour clarifier davantage ce sujet, utilisons une approche hétérogène pour concevoir une autre version, $pre/1$, qui calcule efficacement le parcours préfixe d'un arbre binaire. En considérant $pre_0/1$, nous pouvons identifier la source de l'inefficacité dans le fait que, dans le pire des cas,

$$pre_0(t) \twoheadrightarrow [x_1 \,|\, cat([x_2 \,|\, cat(\dots cat([x_n \,|\, cat([\,], [\,])], [\,]) \dots]]$$

où $t = int(x_1, int(x_2, \dots, int(x_n, ext(), ext()), \dots, ext()), ext())$ est l'arbre de la FIGURE 7.4a page 221. Nous avons rencontré ce genre de réécriture partielle dans la formule (2.4) page 45 et (3.2) page 103, et nous avons trouvé qu'elle mène à un coût quadratique. Bien que l'emploi de $cat/2$ en lui-même n'est pas problématique, mais, plutôt, l'accumulation d'appels à $cat/2$ dans le premier argument, cherchons néanmoins une définition qui n'utilise pas du tout la concaténation. Cela signifie que nous voulons construire le parcours préfixe exclusivement à l'aide d'empilages. Par conséquent, nous devons ajouter un paramètre auxiliaire, égal à la pile vide au départ, sur lequel le contenu des nœuds est empilé dans l'ordre attendu : $pre(t) \rightarrow pre(t, [\,])$. Maintenant, nous devrions nous demander quelle est l'interprétation de cet accumulateur en considérant le motif $pre(t, s)$.

Examinons le nœud interne $t = int(x, t_1, t_2)$ à la FIGURE 7.9a. Les flèches rendent le parcours dans l'arbre plus évident et connectent les différentes étapes de la pile en préfixe : une flèche vers le bas pointe

$$\mathsf{pre}(t) \xrightarrow{\theta} \mathsf{pre}(t, [\,]).$$

$$\mathsf{pre}(\mathsf{ext}(), s) \xrightarrow{\iota} s;$$
$$\mathsf{pre}(\mathsf{int}(x, t_1, t_2), s) \xrightarrow{\kappa} [x \,|\, \mathsf{pre}(t_1, \mathsf{pre}(t_2, s))].$$

FIGURE 7.10 – Parcours préfixe efficace (coût et mémoire)

l'argument d'un appel récursif sur l'enfant correspondant ; une flèche vers le haut pointe le résultat d'un appel sur le parent. Par exemple, le sous-arbre t_2 correspond à l'appel récursif $\mathsf{pre}(t_2, s)$ dont la valeur est s_1. De même, nous avons $\mathsf{pre}(t_1, s_1) \twoheadrightarrow s_2$, ce qui équivaut donc à $\mathsf{pre}(t_1, \mathsf{pre}(t_2, s)) \twoheadrightarrow s_2$. Finalement, la racine est associée à l'évaluation $\mathsf{pre}(t, s) \twoheadrightarrow [x \,|\, s_2]$, c'est-à-dire $\mathsf{pre}(t, s) \equiv [x \,|\, \mathsf{pre}(t_1, \mathsf{pre}(t_2, s))]$. La règle pour les nœuds externes n'est pas montrée et consiste simplement à laisser la pile invariante. Nous pouvons finalement rédiger le programme fonctionnel à la FIGURE 7.10. Nous comprenons à présent qu'étant donné $\mathsf{pre}(t, s)$, les nœuds dans la pile s sont les nœuds qui suivent, en préfixe, les nœuds dans le sous-arbre t. Le coût est facilement déterminé :

$$\mathcal{C}_n^{\mathsf{pre}} = 1 + (n + 1) + n = 2n + 2. \tag{7.6}$$

(Il y a $n + 1$ nœuds externes quand il y a n nœuds internes.)

Nous devrions privilégier cette variante, plutôt que $\mathsf{pre}_3/1$, parce qu'elle a besoin de moins de mémoire : la règle δ à la FIGURE 7.6 page 223 empile t_1 et t_2, donc alloue deux nœuds d'empilage pour chaque nœud interne, faisant un total de $2n$ nœuds supplémentaires. Par contraste, $\mathsf{pre}/1$ n'en crée aucun, mais alloue n nœuds d'appel à $\mathsf{pre}/2$ (un pour chaque nœud interne), donc l'avantage tient, même s'il est nuancé. Notons en passant que $\mathsf{pre}_3/1$ est en forme terminale, mais pas $\mathsf{pre}/2$.

Numérotation préfixe La FIGURE 7.11a montre un arbre binaire dont les nœuds internes ont été remplacés par leur rang dans le par-

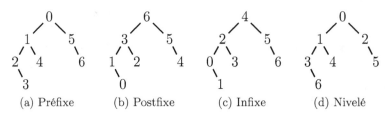

(a) Préfixe   (b) Postfixe   (c) Infixe   (d) Nivelé

FIGURE 7.11 – Numérotations classiques d'un arbre binaire taillé

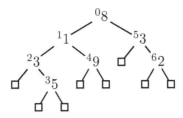

FIGURE 7.12 – Rangs préfixes en exposant

cours préfixe, 0 étant le plus petit rang, assigné à la racine. En particulier, le parcours préfixe de cet arbre est $[0, 1, 2, 3, 4, 5, 6]$. Ce type d'arbre est une *numérotation préfixe* d'un arbre donné. Un exemple complet est montré à la FIGURE 7.12, où les rangs préfixes sont les exposants des nœuds internes. Remarquons comment ces nombres augmentent le long de chemins descendants.

Nous produisons cette numérotation (des rangs) en deux temps : d'abord, nous avons besoin de comprendre comment calculer le rang correct pour un nœud donné ; ensuite, nous devons utiliser les rangs pour construire un arbre. Le plan pour la première partie est montré à l'œuvre sur les nœuds internes à la FIGURE 7.13a. Un nombre à la gauche d'un nœud est son rang, par exemple, i est le range du nœud x : ces rangs descendent dans l'arbre. Un nombre à la droite d'un nœud est le plus petit rang qui n'est pas utilisé dans la numérotation des sous-arbres de ce nœud : ces rangs montent et peuvent être employés pour la numérotation d'un autre sous-arbre. Par exemple, j est le plus petit rang qui ne numérote pas les nœuds du sous-arbre t_1. Les nœuds externes ne changent pas le rang qui leur parvient et ne sont pas montrés.

La seconde et dernière étape consiste à construire l'arbre contenant la numérotation préfixe, et elle schématisée à la FIGURE 7.13b. Conceptuellement, il s'agit-là de la complétion de la première phase en ce sens que les flèches ascendantes, qui dénotent des valeurs des appels récursifs sur des sous-arbres, maintenant pointent des paires dont la première composante est le rang trouvé à la première phase et la seconde com-

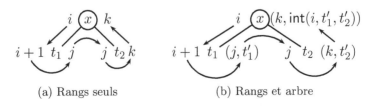

(a) Rangs seuls   (b) Rangs et arbre

FIGURE 7.13 – Numérotation préfixe en deux temps

$$\frac{\mathsf{npre}(0, t) \twoheadrightarrow (i, t')}{\mathsf{npre}(t) \twoheadrightarrow t'} \cdot \qquad \mathsf{npre}(i, \mathsf{ext}()) \twoheadrightarrow (i, \mathsf{ext}());$$

$$\frac{\mathsf{npre}(i + 1, t_1) \twoheadrightarrow (j, t_1') \qquad \mathsf{npre}(j, t_2) \twoheadrightarrow (k, t_2')}{\mathsf{npre}(i, \mathsf{int}(x, t_1, t_2)) \twoheadrightarrow (k, \mathsf{int}(i, t_1', t_2'))} \cdot$$

FIGURE 7.14 – Numérotation préfixe

$$\mathsf{npre}(t) \to \mathsf{snd}(\mathsf{npre}(0, t)).$$

$$\mathsf{snd}((x, y)) \to y.$$

$$\mathsf{npre}(i, \mathsf{ext}()) \to (i, \mathsf{ext}());$$
$$\mathsf{npre}(i, \mathsf{int}(x, t_1, t_2)) \to \mathsf{t}_1(\mathsf{npre}(i + 1, t_1), i, t_2).$$

$$\mathsf{t}_1((j, t_1'), i, t_2) \to \mathsf{t}_2(\mathsf{npre}(j, t_2), i, t_1').$$

$$\mathsf{t}_2((k, t_2'), i, t_1') \to (k, \mathsf{int}(i, t_1', t_2')).$$

FIGURE 7.15 – Version de npre/1 sans système d'inférence

posante est un arbre numéroté. Comme d'habitude avec les définitions récursives, nous supposons que les appels récursifs sur les sous-structures sont corrects (c'est-à-dire qu'ils sont réécrits en la valeur attendue) et nous inférons la valeur de l'appel sur la totalité de la structure courante, ici $(k, \mathsf{int}(i, t_1', t_2'))$.

La fonction npre/1 (anglais : *number in preorder*) à la FIGURE 7.14 réalise cet algorithme. Nous utilisons une fonction auxiliaire npre/2 telle que $\mathsf{npre}(i, t) \twoheadrightarrow (j, t')$, où t' est la numérotation préfixe de t, de racine i, et j est le plus petit rang qui manque dans t' (en d'autres termes, $j - i$ est la taille de t et t'). Cette fonction est celle illustrée à la FIGURE 7.13b page précédente.

En passant, nous devrions peut-être nous souvenir que les systèmes d'inférence, vus d'abord page 74, peuvent être éliminés en introduisant des fonctions auxiliaires (une par prémisse). Dans le cas présent, nous écririons le programme équivalent de la FIGURE 7.15.

Terminaison Il est facile de démontrer la terminaison de pre/2 car la technique que nous avons utilisée pour établir la terminaison de la fonction de Ackermann à la page 14 est pertinente ici aussi. Nous définissons un ordre lexicographique sur les appels à pre/2 (paires de dépendance) :

$$\mathsf{pre}(t,s) \succ \mathsf{pre}(t',s') :\Leftrightarrow t \succ_B t' \text{ ou } (t = t' \text{ et } s \succ_S s'), \qquad (7.7)$$

où B est l'ensemble des arbres binaires, S est l'ensemble de toutes les piles, $t \succ_B t'$ signifie que l'arbre t' est un sous-arbre immédiat de t, et $s \succ_S s'$ veut dire que la pile s' est la sous-pile immédiate de s (page 13). D'après la définition à la FIGURE 7.10 page 226, nous voyons que la règle θ conserve la terminaison si pre/2 termine ; la règle ι termine trivialement ; finalement, la règle κ réécrit un appel en des appels plus petits :

$$\mathsf{pre}(\mathsf{int}(x,t_1,t_2),s) \succ \mathsf{pre}(t_2,s),$$
$$\mathsf{pre}(\mathsf{int}(x,t_1,t_2),s) \succ \mathsf{pre}(t_1,u), \text{ for all } u,$$

en particulier si $\mathsf{pre}(t_2,s) \twoheadrightarrow u$. En conséquence, pre/1 termine pour toutes les données. □

Équivalence Pour voir comment l'induction structurelle peut être utilisée pour prouver des propriétés portant sur des arbres binaires, nous considérerons une proposition simple que nous avons énoncée tantôt, et que nous exprimons ici comme $\mathsf{Pre}(t) \colon \mathsf{pre}_0(t) \equiv \mathsf{pre}(t)$. Nous devons donc établir

— la base $\mathsf{Pre}(\mathsf{ext}())$;
— le pas inductif $\forall t_1.\mathsf{Pre}(t_1) \Rightarrow \forall t_2.\mathsf{Pre}(t_2) \Rightarrow \forall x.\mathsf{Pre}(\mathsf{int}(x,t_1,t_2))$.

La base est aisée car

$$\mathsf{pre}_0(\mathsf{ext}()) \xrightarrow{\gamma} [] \xleftarrow{\iota} \mathsf{pre}(\mathsf{ext}(),[]) \xleftarrow{\theta} \mathsf{pre}(\mathsf{ext}()).$$

Voir la définition de $\mathsf{pre}_0/1$ à l'équation (7.2) page 220, et celle de cat/2 :

$$\mathsf{cat}([],t) \xrightarrow{\alpha} t; \qquad \mathsf{cat}([x\,|\,s],t) \xrightarrow{\beta} [x\,|\,\mathsf{cat}(s,t)].$$

Dans le but de découvrir comment utiliser les deux hypothèses d'induction $\mathsf{Pre}(t_1)$ et $\mathsf{Pre}(t_2)$, commençons avec un côté de l'équivalence que nous souhaitons établir, par exemple le membre gauche, et réécrivons-le jusqu'à ce que nous atteignions l'autre membre ou bien nous soyons arrêtés. Posons $t := \mathsf{int}(x,t_1,t_2)$, alors

$$
\begin{aligned}
\mathsf{pre}_0(t) &= \mathsf{pre}_0(\mathsf{int}(x,t_1,t_2)) \\
&\xrightarrow{\delta} [x\,|\,\mathsf{cat}(\mathsf{pre}_0(t_1),\mathsf{pre}_0(t_2))] \\
&\equiv [x\,|\,\mathsf{cat}(\mathsf{pre}(t_1),\mathsf{pre}_0(t_2))] && \mathsf{Pre}(t_1) \\
&\equiv [x\,|\,\mathsf{cat}(\mathsf{pre}(t_1),\mathsf{pre}(t_2))] && \mathsf{Pre}(t_2) \\
&\xrightarrow{\theta} [x\,|\,\mathsf{cat}(\mathsf{pre}(t_1,[]),\mathsf{pre}(t_2))] \\
&\xrightarrow{\theta} [x\,|\,\mathsf{cat}(\mathsf{pre}(t_1,[]),\mathsf{pre}(t_2,[]))].
\end{aligned}
$$

À l'arrêt, nous réécrivons alors le membre opposé, le plus loin possible :

$$\mathsf{pre}(t) = \mathsf{pre}(\mathsf{int}(x, t_1, t_2)) \xrightarrow{\theta} \mathsf{pre}(\mathsf{int}(x, t_1, t_2), [\,]) \xrightarrow{\kappa} [x \,|\, \mathsf{pre}(t_1, \mathsf{pre}(t_2, [\,]))].$$

La comparaison des deux expressions sur lesquelles nous nous sommes arrêtés suggère un sous-but à atteindre.

Soit $\mathsf{CatPre}(t, s) \colon \mathsf{cat}(\mathsf{pre}(t, [\,]), s) \equiv \mathsf{pre}(t, s)$. Quand un prédicat dépend de deux paramètres, différentes possibilités s'ouvrent à nous : soit nous usons d'un ordre lexicographique, soit une simple induction sur l'une seulement des variables suffit. Il est généralement préférable d'utiliser un ordre lexicographique sur les paires de paramètres et, si nous nous rendons compte plus tard qu'une seule composante est réellement nécessaire, nous pouvons toujours réécrire la preuve avec une induction portant sur cette unique composante. Définissons

$$(t, s) \succ_{B \times S} (t', s') :\Leftrightarrow t \succ_B t' \text{ ou } (t = t' \text{ et } s \succ_S s').$$

Conceptuellement, il s'agit du même ordre que celui sur les appels à $\mathsf{pre}/1$ dans la définition (7.7). Si nous réalisons plus tard que des relations de sous-termes immédiats sont trop restrictives, nous choisirions ici des relations de sous-termes générales, ce qui signifie, dans le cas des arbres binaires, qu'un arbre est un sous-arbre d'un autre. L'élément minimal de l'ordre lexicographique que nous venons de définir est $(\mathsf{ext}(), [\,])$. Le principe d'induction bien fondée requiert alors que nous établissions

— la base $\mathsf{CatPre}(\mathsf{ext}(), [\,])$;
— $\forall t, s.(\forall t', s'.(t, s) \succ_{B \times S} (t', s') \Rightarrow \mathsf{CatPre}(t', s')) \Rightarrow \mathsf{CatPre}(t, s)$.

La base est aisée :

$$\mathsf{cat}(\underline{\mathsf{pre}}(\mathsf{ext}(), [\,]), [\,]) \xrightarrow{\iota} \mathsf{cat}([\,], [\,]) \xrightarrow{\alpha} [\,] \xleftarrow{\iota} \mathsf{pre}(\mathsf{ext}(), [\,]).$$

Nous supposons alors $\forall t', s'.(t, s) \succ_{B \times S} (t', s') \Rightarrow \mathsf{CatPre}(t', s')$, ce qui est l'hypothèse d'induction, et nous poursuivons en réécrivant le membre gauche après avoir posé $t := \mathsf{int}(x, t_1, t_2)$. Le résultat est montré à la FIGURE 7.16 page suivante, où

— ($\equiv_0$) est l'instance $\mathsf{CatPre}(t_1, \mathsf{pre}(t_2, [\,]))$ de l'hypothèse d'induction car $(t, s) \succ_{B \times S} (t_1, s')$, pour toutes les piles s', en particulier si $\mathsf{pre}(t_2, [\,]) \twoheadrightarrow s'$;
— ($\equiv_1$) est une application de l'associativité de la concaténation de piles (page 15), à savoir $\mathsf{CatAssoc}(\mathsf{pre}(t_1, [\,]), \mathsf{pre}(t_2, [\,]), s)$;
— ($\equiv_2$) est l'instance $\mathsf{CatPre}(t_2, s)$ de l'hypothèse d'induction car nous avons $(t, s) \succ_{B \times S} (t_2, s)$;
— ($\equiv_3$) est l'instance $\mathsf{CatPre}(t_1, \mathsf{pre}(t_2, s))$ de l'hypothèse d'induction car $(t, s) \succ_{B \times S} (t_1, s')$, pour toutes les piles s', en particulier si $s' = \mathsf{pre}(t_2, s)$.

Nous pouvons maintenant conclure à la FIGURE 7.17 page ci-contre. □

$$
\begin{aligned}
\mathsf{cat}(\mathsf{pre}(t,[\,]),s) &= \mathsf{cat}(\underline{\mathsf{pre}}(\mathsf{int}(x,t_1,t_2),[\,]),s) \\
&\xrightarrow{\kappa} \underline{\mathsf{cat}}([x\,|\,\mathsf{pre}(t_1,\mathsf{pre}(t_2,[\,]))],s) \\
&\xrightarrow{\beta} [x\,|\,\mathsf{cat}(\mathsf{pre}(t_1,\mathsf{pre}(t_2,[\,])),s)] \\
&\equiv_0 [x\,|\,\mathsf{cat}(\mathsf{cat}(\mathsf{pre}(t_1,[\,]),\mathsf{pre}(t_2,[\,])),s)] \\
&\equiv_1 [x\,|\,\mathsf{cat}(\mathsf{pre}(t_1,[\,]),\mathsf{cat}(\mathsf{pre}(t_2,[\,]),s))] \\
&\equiv_2 [x\,|\,\mathsf{cat}(\mathsf{pre}(t_1,[\,]),\mathsf{pre}(t_2,s))] \\
&\equiv_3 [x\,|\,\mathsf{pre}(t_1,\mathsf{pre}(t_2,s))] \\
&\xleftarrow{\kappa} \mathsf{pre}(\mathsf{int}(x,t_1,t_2),s) \\
&= \mathsf{pre}(t,s). \qquad\qquad \square
\end{aligned}
$$

FIGURE 7.16 – Preuve de $\mathsf{CatPre}(t)$: $\mathsf{cat}(\mathsf{pre}(t,[\,]),s) \equiv \mathsf{pre}(t,s)$

$$
\begin{aligned}
\mathsf{pre}_0(t) &= \mathsf{pre}_0(\mathsf{int}(x,t_1,t_2)) \\
&\xrightarrow{\delta} [x\,|\,\mathsf{cat}(\mathsf{pre}_0(t_1),\mathsf{pre}_0(t_2))] \\
&\equiv [x\,|\,\mathsf{cat}(\mathsf{pre}(t_1),\mathsf{pre}_0(t_2))] && \mathsf{Pre}(t_1) \\
&\equiv [x\,|\,\mathsf{cat}(\underline{\mathsf{pre}}(t_1),\mathsf{pre}(t_2))] && \mathsf{Pre}(t_2) \\
&\xrightarrow{\theta} [x\,|\,\mathsf{cat}(\mathsf{pre}(t_1,[\,]),\underline{\mathsf{pre}}(t_2))] \\
&\xrightarrow{\theta} [x\,|\,\mathsf{cat}(\mathsf{pre}(t_1,[\,]),\mathsf{pre}(t_2,[\,]))] \\
&\equiv [x\,|\,\mathsf{pre}(t_1,\mathsf{pre}(t_2,[\,]))] && \mathsf{CatPre}(t_1,\mathsf{pre}(t_2,[\,])) \\
&\xleftarrow{\kappa} \mathsf{pre}(\mathsf{int}(x,t_1,t_2),[\,]) \\
&\xleftarrow{\theta} \mathsf{pre}(\mathsf{int}(x,t_1,t_2)) \\
&= \mathsf{pre}(t). \qquad\qquad \square
\end{aligned}
$$

FIGURE 7.17 – Preuve de $\mathsf{Pre}(t)$: $\mathsf{pre}_0(t) \equiv \mathsf{pre}(t)$

Aplatissement revu À la section 2.4 page 59, nous avons défini deux fonctions pour aplatir des piles (FIGURE 2.8 page 61 et FIGURE 2.12 page 63). Avec le parcours préfixe en tête, nous pourrions voir qu'aplatir une pile équivaut à parcourir en préfixe un arbre feuillu (voir FIGURE 7.2 page 217), en laissant de côté les piles vides. L'essentiel est de voir une pile, contenant peut-être d'autres piles imbriquées, comme étant un arbre binaire feuillu ; un exemple est montré à la FIGURE 7.18 page suivante, où les nœuds internes (|) sont des nœuds d'empilage. La première étape consiste à définir inductivement l'ensemble des arbres binaires feuillus comme le plus petit ensemble L engendré par l'application déductive (descendante) du système d'inférence suivant :

$$
\mathsf{leaf}(x) \in L \qquad \frac{t_1 \in L \qquad t_2 \in L}{\mathsf{fork}(t_1,t_2) \in L}.
$$

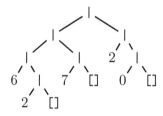

FIGURE 7.18 – Piles imbriquées vues comme un arbre feuillu

$$\mathsf{lpre}(t) \to \mathsf{lpre}(t, [\,]).$$

$$\mathsf{lpre}(\mathsf{leaf}(x), s) \to [x \,|\, s];$$
$$\mathsf{lpre}(\mathsf{fork}(t_1, t_2), s) \to \mathsf{lpre}(t_1, \mathsf{lpre}(t_2, s)).$$

FIGURE 7.19 – Parcours préfixe sur des arbres binaires feuillus

En d'autres termes, une feuille contenant la donnée x est notée $\mathsf{leaf}(x)$ et les autres nœuds internes sont des *fourches* (anglais : *fork*), écrites $\mathsf{fork}(t_1, t_2)$, où t_1 et t_2 sont des arbres binaires feuillus aussi. La seconde étape requiert la modification de $\mathsf{pre}/1$, définie à la FIGURE 7.10 page 226, de telle sorte qu'elle traite des arbres binaires feuillus. La nouvelle fonction, $\mathsf{lpre}/1$, est montrée à la FIGURE 7.19. L'étape finale est la traduction de $\mathsf{lpre}/1$ et $\mathsf{lpre}/2$ en $\mathsf{flat}_2/1$ et $\mathsf{flat}_2/2$, respectivement, à la FIGURE 7.20. Le point crucial est que $\mathsf{fork}(t_1, t_2)$ devient $[t_1 \mid t_2]$, et $\mathsf{leaf}(x)$, lorsque x n'est pas une pile vide, devient x au *dernier* motif. Le cas $\mathsf{leaf}([\,])$ devient $[\,]$ au premier motif.

Nous avons trouvé que le coût de $\mathsf{pre}/1$ est $\mathcal{C}_n^{\mathsf{pre}} = 2n + 2$ à l'équation (7.6) page 226, où n est le nombre de nœuds internes. Ici, n est la longueur de $\mathsf{flat}_2(t)$, à savoir, le nombre de feuilles dans l'arbre feuillu qui ne sont pas des piles. Avec cette définition, le nombre de nœuds d'empilage est $n + \Omega + \Gamma$, où Ω est le nombre de piles vides imbriquées et

$$\mathsf{flat}_2(t) \to \mathsf{flat}_2(t, [\,]).$$

$$\mathsf{flat}_2([\,], s) \to s;$$
$$\mathsf{flat}_2([t_1 \,|\, t_2], s) \to \mathsf{flat}_2(t_1, \mathsf{flat}_2(t_2, s));$$
$$\mathsf{flat}_2(x, s) \to [x \,|\, s].$$

FIGURE 7.20 – Aplatir comme $\mathsf{lpre}/1$

$$\mathsf{in}(t) \xrightarrow{\xi} \mathsf{in}(t, [\,]).$$

$$\mathsf{in}(\mathsf{ext}(), s) \xrightarrow{\pi} s;$$
$$\mathsf{in}(\mathsf{int}(x, t_1, t_2), s) \xrightarrow{\rho} \mathsf{in}(t_1, [x \,|\, \mathsf{in}(t_2, s)]).$$

FIGURE 7.21 – Parcours infixe

Γ est le nombre de piles imbriquées non-vides, donc $S := 1 + \Omega + \Gamma$ est le nombre total de piles. Par conséquent, $\mathcal{C}_n^{\mathsf{flat}_2} = 2(n + S)$. Par exemple,

$$\mathsf{flat}_2([1, [[\,], [2, 3]], [[4]], 5]) \xrightarrow{22} [1, 2, 3, 4, 5],$$

car $n = 5$ et $S = 6$. (Ce dernier est le nombre de crochets ouvrants.) Quand $S = 1$, la pile est plate et $\mathcal{C}_n^{\mathsf{pre}} = \mathcal{C}_n^{\mathsf{flat}_2}$, sinon $\mathcal{C}_n^{\mathsf{pre}} < \mathcal{C}_n^{\mathsf{flat}_2}$.

Infixe Le parcours *infixe* d'un arbre binaire non-vide est une pile dans laquelle on trouve d'abord les nœuds du sous-arbre gauche en parcours infixe, suivis par la racine et enfin les nœuds du sous-arbre droit, en parcours infixe aussi. Par exemple, le parcours infixe de l'arbre à la FI-GURE 7.3a page 218 est $[3, 5, 1, 9, 8, 3, 2]$. Il s'agit clairement d'un parcours en profondeur, comme le parcours préfixe, parce que les enfants sont visités avant les frères. Donc, en capitalisant sur pre/1 à la FI-GURE 7.10 page 226, nous comprenons que nous devrions structurer notre programme de telle sorte qu'il suive la stratégie montrée à la FIGURE 7.9b page 225, où la seule différence avec la FIGURE 7.9a est le moment où la racine x est empilée sur l'accumulateur : entre les parcours infixes des sous-arbres t_1 et t_2. Les réécritures implicites dans la figure sont

$$\mathsf{in}(t_2, s) \twoheadrightarrow s_1,$$
$$\mathsf{in}(t_1, [x \,|\, s_1]) \twoheadrightarrow s_2,$$
$$\mathsf{in}(t, s) \twoheadrightarrow s_2,$$

où $t = \mathsf{int}(x, t_1, t_2)$. En éliminant les variables intermédiaires s_1 et s_2, nous obtenons l'équivalence

$$\mathsf{in}(t_1, [x \,|\, \mathsf{in}(t_2, s)]) \equiv \mathsf{in}(t, s).$$

Le cas des nœuds externes est le même que celui d'un parcours préfixe. Ce raisonnement aboutit donc à la fonction définie à la FIGURE 7.21, dont le coût est le même que celui d'un parcours préfixe : $\mathcal{C}_n^{\mathsf{in}} = \mathcal{C}_n^{\mathsf{pre}} = 2n + 2$.

La FIGURE 7.11c page 226 est un exemple d'arbre binaire qui est le résultat d'une *numérotation infixe*. Le parcours infixe de cet arbre

$$\frac{\mathsf{nin}(0, t) \twoheadrightarrow (i, t')}{\mathsf{nin}(t) \twoheadrightarrow t'} \; . \qquad \mathsf{nin}(i, \mathsf{ext}()) \to (i, \mathsf{ext}());$$

$$\frac{\mathsf{nin}(i, t_1) \twoheadrightarrow (j, t'_1) \qquad \mathsf{nin}(j+1, t_2) \twoheadrightarrow (k, t'_2)}{\mathsf{nin}(i, \mathsf{int}(x, t_1, t_2)) \twoheadrightarrow (k, \mathsf{int}(j, t'_1, t'_2))} \; .$$

FIGURE 7.22 – Numérotation infixe

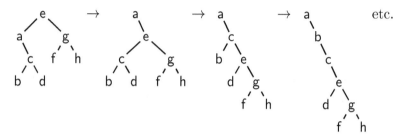

FIGURE 7.23 – Rotations à droite descendantes

est $[0, 1, 2, 3, 4, 5, 6]$. Les numérotations infixes possèdent une propriété intéressante : étant donné n'importe quel nœud interne, tous les nœuds dans son sous-arbre gauche ont des rangs inférieurs, et tous les nœuds dans son sous-arbre droit ont des rangs supérieurs. Soit nin/1 la fonction qui calcule la numérotation infixe d'un arbre donnée à la FIGURE 7.22, où j, à la racine, est le plus petit rang supérieur à tout rang dans t_1.

Aplatissement revu   La conception de flat/1 à la FIGURE 2.12 page 63 peut suggérer une nouvelle approche du parcours infixe. En composant des rotations à droite, vues aux FIGURES 2.11b à 2.11c page 63 (l'inverse est, bien entendu, une *rotation à gauche*), le nœud à visiter en premier en infixe peut être amené à devenir la racine d'un arbre dont le sous-arbre gauche est vide. Récursivement, le sous-arbre droit est traité, d'une façon descendante. Cet algorithme est correct parce *les parcours infixes sont invariants par rotation*, ce qui est symboliquement exprimé comme suit.

$\mathsf{Rot}(x, y, t_1, t_2, t_3) \colon \mathsf{in}(\mathsf{int}(y, \mathsf{int}(x, t_1, t_2), t_3)) \equiv \mathsf{in}(\mathsf{int}(x, t_1, \mathsf{int}(y, t_2, t_3)))$.

À la FIGURE 7.23, nous montrons comment un arbre binaire devient un arbre dégénéré (ou *peigne*) penchant à droite, isomorphe à une pile, en répétant des rotations à droite, de manière descendante. Par dualité, nous pourrions composer des rotations à gauche et obtenir un arbre dégénéré, penchant à gauche, dont le parcours infixe est aussi égal au parcours

$$\begin{array}{c}
\mathsf{in}_1(\mathsf{ext}()) \xrightarrow{\alpha} [\,]; \\
\mathsf{in}_1(\mathsf{int}(y, \mathsf{int}(x, t_1, t_2), t_3)) \xrightarrow{\beta} \mathsf{in}_1(\mathsf{int}(x, t_1, \mathsf{int}(y, t_2, t_3))); \\
\mathsf{in}_1(\mathsf{int}(y, \mathsf{ext}(), t_3)) \xrightarrow{\gamma} [y \,|\, \mathsf{in}_1(t_3)].
\end{array}$$

FIGURE 7.24 – Parcours infixe par rotations à droite

infixe de l'arbre originel. La fonction $\mathsf{in}_1/1$ basée sur des rotations à droite est montrée à la FIGURE 7.24. Remarquons comment, à la règle γ, nous empilons la racine y dans le résultat dès que nous le pouvons, ce qui ne serait pas possible si nous avions utilisé des rotations à gauche, et donc nous ne construisons *pas* tout l'arbre pivoté, comme à la FIGURE 7.23 page ci-contre.

Le coût $\mathcal{C}_n^{\mathsf{in}_1}$ dépend de la topologie de l'arbre donné. Premièrement, notons que la règle α n'est employée qu'une fois, sur le nœud externe le plus à droite. Deuxièmement, si l'arbre à traverser est déjà dégénéré et penche à droite, la règle β est inutilisée et la règle γ est appliquée n fois. Il est clair que cela est le meilleur des cas et $\mathcal{B}_n^{\mathsf{in}_1} = n + 1$. Troisièmement, nous devrions remarquer qu'une rotation à droite rallonge d'un nœud exactement la *branche la plus à droite*, c'est-à-dire la suite de nœuds commençant avec la racine et atteints en suivant des arcs à droite (par exemple, dans l'arbre initial à la FIGURE 7.23 page précédente, la branche la plus à droite est $[\mathsf{e}, \mathsf{g}, \mathsf{h}]$). Par conséquent, si nous voulons maximiser l'usage de la règle β, nous avons besoin d'un arbre dont le sous-arbre droit est vide, donc le sous-arbre gauche contient $n - 1$ nœuds (la racine appartient, par définition à la branche la plus à droite). Ceci entraîne :

$$\mathcal{W}_n^{\mathsf{in}_1} = (n - 1) + (n + 1) = 2n.$$

Exercice Prouvez $\forall x, y, t_1, t_2, t_3 . \mathsf{Rot}(x, y, t_1, t_2, t_3)$.

Réflexion Définissons une fonction $\mathsf{mir}/1$ (anglais : *mirror*) telle que $\mathsf{mir}(t)$ est l'arbre symétrique à l'arbre binaire t, par rapport à une ligne extérieure verticale. Un exemple est montré à la FIGURE 7.25 page suivante. Nous pouvons définir cette fonction facilement :

$$\mathsf{mir}(\mathsf{ext}()) \xrightarrow{\sigma} \mathsf{ext}(); \quad \mathsf{mir}(\mathsf{int}(x, t_1, t_2)) \xrightarrow{\tau} \mathsf{int}(x, \mathsf{mir}(t_2), \mathsf{mir}(t_1)).$$

D'après l'exemple précédent, il est assez simple de postuler la propriété

$$\mathsf{InMir}(t) : \mathsf{in}(\mathsf{mir}(t)) \equiv \mathsf{rev}(\mathsf{in}(t)),$$

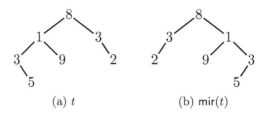

(a) t (b) $\mathsf{mir}(t)$

FIGURE 7.25 – Réfléchissement d'un arbre binaire

où rev/1 retourne la pile en argument (voir définition (2.2) page 43). Cette propriété est utile parce que le membre gauche de l'équivalence est plus coûteux que le membre droit :

$$\mathcal{C}[\![\mathsf{in}(\mathsf{mir}(t))]\!] = \mathcal{C}_n^{\mathsf{mir}} + \mathcal{C}_n^{\mathsf{in}} = (2n+1) + (2n+2) = 4n+3,$$

à comparer avec $\mathcal{C}[\![\mathsf{rev}(\mathsf{in}(t))]\!] = \mathcal{C}_n^{\mathsf{in}} + \mathcal{C}_n^{\mathsf{rev}} = (2n+2) + (n+2) = 3n+4$.

L'induction sur la structure des sous-arbres immédiats exige que nous établissions

— la base $\mathsf{InMir}(\mathsf{ext}())$;
— le pas $\forall t_1.\mathsf{InMir}(t_1) \Rightarrow \forall t_2.\mathsf{InMir}(t_2) \Rightarrow \forall x.\mathsf{InMir}(\mathsf{int}(x, t_1, t_2))$.

La base est obtenue par la dérivation suivante :

$$
\begin{aligned}
\mathsf{in}(\underline{\mathsf{mir}}(\mathsf{ext}())) &\xrightarrow{\sigma} \underline{\mathsf{in}}(\mathsf{ext}()) \\
&\xrightarrow{\xi} \mathsf{in}(\mathsf{ext}(), [\,]) \\
&\xrightarrow{\pi} [\,] \\
&\xleftarrow{\zeta} \mathsf{rcat}([\,], [\,]) \\
&\xleftarrow{\epsilon} \mathsf{rev}([\,]) \\
&\xleftarrow{\pi} \mathsf{rev}(\underline{\mathsf{in}}(\mathsf{ext}(), [\,])) \\
&\xleftarrow{\xi} \mathsf{rev}(\underline{\mathsf{in}}(\mathsf{ext}())).
\end{aligned}
$$

Supposons ensuite $\mathsf{InMir}(t_1)$ et $\mathsf{InMir}(t_2)$, puis posons $t := \mathsf{int}(x, t_1, t_2)$, pour tout x. Nous réécrivons le membre gauche de l'équivalence à prouver jusqu'à atteindre le membre droit ou bien être bloqué :

$$
\begin{aligned}
\mathsf{in}(\mathsf{mir}(t)) = {} & \mathsf{in}(\underline{\mathsf{mir}}(\mathsf{int}(x, t_1, t_2))) \\
\xrightarrow{\tau} {} & \underline{\mathsf{in}}(\mathsf{int}(x, \mathsf{mir}(t_2), \mathsf{mir}(t_1))) \\
\xrightarrow{\xi} {} & \underline{\mathsf{in}}(\mathsf{int}(x, \mathsf{mir}(t_2), \mathsf{mir}(t_1)), [\,]) \\
\xrightarrow{\rho} {} & \mathsf{in}(\mathsf{mir}(t_2), [x \,|\, \mathsf{in}(\mathsf{mir}(t_1), [\,])]) \\
\xleftarrow{\zeta} {} & \mathsf{in}(\mathsf{mir}(t_2), [x \,|\, \underline{\mathsf{in}}(\mathsf{mir}(t_1))]) \\
\equiv {} & \mathsf{in}(\mathsf{mir}(t_2), [x \,|\, \mathsf{rev}(\underline{\mathsf{in}}(t_1))]) \qquad\qquad \mathsf{InMir}(t_1) \\
\xrightarrow{\xi} {} & \mathsf{in}(\mathsf{mir}(t_2), [x \,|\, \underline{\mathsf{rev}}(\mathsf{in}(t_1, [\,]))]) \\
\xrightarrow{\epsilon} {} & \mathsf{in}(\mathsf{mir}(t_2), [x \,|\, \mathsf{rcat}(\mathsf{in}(t_1, [\,]), [\,])]).
\end{aligned}
$$

Nous ne pouvons pas utiliser l'hypothèse d'induction $\mathsf{InMir}(t_2)$ pour nous débarrasser de $\mathsf{mir}(t_2)$. Un examen attentif des termes suggère d'*affaiblir* la propriété et de surcharger InMir avec une nouvelle définition :

$$\mathsf{InMir}(t, s) \colon \mathsf{in}(\mathsf{mir}(t), s) \equiv \mathsf{rcat}(\mathsf{in}(t, [\,]), s).$$

Nous avons $\mathsf{InMir}(t, [\,]) \Leftrightarrow \mathsf{InMir}(t)$. Maintenant, nous pouvons réécrire

$$
\begin{aligned}
\mathsf{in}(\mathsf{mir}(t), s) =\ & \mathsf{in}(\underline{\mathsf{mir}}(\mathsf{int}(x, t_1, t_2)), s) \\
\xrightarrow{\tau}\ & \underline{\mathsf{in}}(\mathsf{int}(x, \mathsf{mir}(t_2), \mathsf{mir}(t_1)), s) \\
\xrightarrow{\rho}\ & \mathsf{in}(\mathsf{mir}(t_2), [x \,|\, \mathsf{in}(\mathsf{mir}(t_1), s)]) \\
\equiv\ & \mathsf{in}(\mathsf{mir}(t_2), [x \,|\, \mathsf{rcat}(\mathsf{in}(t_1, [\,]), s)]) && \mathsf{InMir}(t_1, s) \\
\equiv_0\ & \mathsf{rcat}(\mathsf{in}(t_2, [\,]), [x \,|\, \mathsf{rcat}(\mathsf{in}(t_1, [\,]), s)]) \\
\xleftarrow{\eta}\ & \underline{\mathsf{rcat}}([x \,|\, \mathsf{in}(t_2, [\,])], \mathsf{rcat}(\mathsf{in}(t_1, [\,]), s)),
\end{aligned}
$$

où $(\equiv_0)$ est $\mathsf{InMir}(t_2, [x \,|\, \mathsf{rcat}(\mathsf{in}(t_1, [\,]), s)])$. Le membre droit maintenant :

$$\mathsf{rcat}(\mathsf{in}(t, [\,]), s) = \mathsf{rcat}(\underline{\mathsf{in}}(\mathsf{int}(x, t_1, t_2), [\,]), s) \xrightarrow{\rho} \mathsf{rcat}(\mathsf{in}(t_1, [x \,|\, \mathsf{in}(t_2, [\,])]), s).$$

Les deux expressions sur lesquelles nous butons partagent le sous-terme $[x \mid \mathsf{in}(t_2, [\,])]$. La principale différence est que la première expression contient deux appels à $\mathsf{rcat}/2$, au lieu d'un dans la deuxième. Pouvons-nous trouver un moyen pour n'avoir qu'un seul appel dans la première aussi ? Nous cherchons une expression équivalente à $\mathsf{rcat}(s, \mathsf{rcat}(t, u))$, dont la forme est $\mathsf{rcat}(v, w)$, où v et w ne contiennent aucun appel à $\mathsf{rcat}/2$. Quelques exemple suggèrent rapidement

$$\mathsf{Rcat}(s, t, u) \colon \mathsf{rcat}(s, \mathsf{rcat}(t, u)) \equiv \mathsf{rcat}(\mathsf{cat}(t, s), u).$$

Nous n'avons en fait pas besoin du principe d'induction pour prouver ce théorème si nous nous souvenons de ce que nous avons déjà établi :
— $\mathsf{CatRev}(s, t) \colon \mathsf{cat}(\mathsf{rev}_0(t), \mathsf{rev}_0(s)) \equiv \mathsf{rev}_0(\mathsf{cat}(s, t))$;
— $\mathsf{EqRev}(s) \colon \mathsf{rev}_0(s) \equiv \mathsf{rev}(s)$;
— $\mathsf{CatAssoc}(s, t, u) \colon \mathsf{cat}(s, \mathsf{cat}(t, u)) \equiv \mathsf{cat}(\mathsf{cat}(s, t), u)$;
— $\mathsf{RevCat}(s, t) \colon \mathsf{rcat}(s, t) \equiv \mathsf{cat}(\mathsf{rev}(s), t)$.
Alors, nous avons les équivalences suivantes :

$$
\begin{aligned}
\mathsf{rcat}(s, \mathsf{rcat}(t, u)) &\equiv \mathsf{rcat}(s, \mathsf{cat}(\mathsf{rev}(t), u)) && \mathsf{RevCat}(t, u) \\
&\equiv \mathsf{rcat}(s, \mathsf{cat}(\mathsf{rev}_0(t), u)) && \mathsf{EqRev}(t) \\
&\equiv \mathsf{cat}(\mathsf{rev}(s), \mathsf{cat}(\mathsf{rev}_0(t), u)) && \mathsf{RevCat}(s, \mathsf{cat}(\mathsf{rev}_0(t), u)) \\
&\equiv \mathsf{cat}(\mathsf{rev}_0(s), \mathsf{cat}(\mathsf{rev}_0(t), u)) && \mathsf{EqRev}(s) \\
&\equiv \mathsf{cat}(\mathsf{cat}(\mathsf{rev}_0(s), \mathsf{rev}_0(t)), u) && \mathsf{CatAssoc}(\mathsf{rev}(s), \mathsf{rev}(t), u) \\
&\equiv \mathsf{cat}(\mathsf{rev}_0(\mathsf{cat}(t, s)), u) && \mathsf{CatRev}(s, t) \\
&\equiv \mathsf{cat}(\mathsf{rev}(\mathsf{cat}(t, s)), u) && \mathsf{EqRev}(\mathsf{cat}(t, s)) \\
&\equiv \mathsf{rcat}(\mathsf{cat}(t, s), u) && \mathsf{RevCat}(\mathsf{cat}(t, s), u)
\end{aligned}
$$

Reprenons la réécriture de la première expression qui nous a arrêté :

$$\text{in}(\text{mir}(t), s) \equiv_0 \text{rcat}([x \,|\, \text{in}(t_2, [\,])], \text{rcat}(\text{in}(t_1, [\,]), s))$$
$$\equiv_1 \text{rcat}(\text{cat}(\text{in}(t_1, [\,]), [x \,|\, \text{in}(t_2, [\,])]), s),$$

où $(\equiv_0)$ est un raccourci pour la dérivation précédente et $(\equiv_1)$ est l'instance $\text{Rcat}([x \,|\, \text{in}(t_2, [\,])], \text{in}(t_1, [\,]), s)$. Une comparaison des expressions problématiques révèle que nous devons prouver $\text{cat}(\text{in}(t, [\,]), s) \equiv \text{in}(t, s)$. Cette équivalence est similaire à $\text{CatPre}(t, s)$. En supposant qu'elle est vraie aussi, nous avons fini.   □

Exercices

1. Prouvez le lemme manquant $\text{CatIn}(t, s)$: $\text{cat}(\text{in}(t, [\,]), s) \equiv \text{in}(t, s)$.

2. Définissez une fonction qui construit un arbre binaire à partir de ses parcours préfixe et infixe, en supposant que ses nœuds internes sont distincts. Assurez-vous que le coût est une fonction linéaire du nombre de nœuds internes. Comparez votre solution avec celle de Mu et Bird (2003).

Postfixe Un parcours *postfixe* d'un arbre binaire non-vide est une pile avec, d'abord, les nœuds du sous-arbre droit, en parcours postfixe, suivis par les nœuds du sous-arbre gauche, en parcours postfixe, et finalement la racine. Par exemple, le parcours postfixe de l'arbre à la FIGURE 7.3a page 218 est $[5, 3, 9, 1, 2, 3, 8]$. À l'évidence, il s'agit là d'un parcours en profondeur, comme un parcours préfixe, mais, contrairement à ce dernier, la racine est placée au fond de la pile. Cette approche est résumée pour les nœuds internes à la FIGURE 7.9c page 225. La différence avec **pre/1** et **in/1** réside dans le moment où la racine est empilée sur l'accumulateur. La définition de la fonction est donnée à la FIGURE 7.26. La signification de la pile s dans l'appel $\text{post}(t, s)$ est le même que dans $\text{pre}(t, s)$, modulo l'ordre : s contient, en postfixe, les nœuds qui suivent, en postfixe, les nœuds du sous-arbre t. Le coût est familier aussi :

$$\mathcal{C}_n^{\text{post}} = \mathcal{C}_n^{\text{in}} = \mathcal{C}_n^{\text{pre}} = 2n + 2.$$

$$\text{post}(t) \xrightarrow{\lambda} \text{post}(t, [\,]).$$

$$\text{post}(\text{ext}(), s) \xrightarrow{\mu} s;$$
$$\text{post}(\text{int}(x, t_1, t_2), s) \xrightarrow{\nu} \text{post}(t_1, \text{post}(t_2, [x \,|\, s])).$$

FIGURE 7.26 – Parcours postfixe

$$\frac{\mathsf{npost}(0, t) \twoheadrightarrow (i, t')}{\mathsf{npost}(t) \to t'} \cdot \qquad \mathsf{npost}(i, \mathsf{ext}()) \to (i, \mathsf{ext}());$$

$$\frac{\mathsf{npost}(i, t_1) \twoheadrightarrow (j, t_1') \qquad \mathsf{npost}(j, t_2) \twoheadrightarrow (k, t_2')}{\mathsf{npost}(i, \mathsf{int}(x, t_1, t_2)) \to (k + 1, \mathsf{int}(k, t_1', t_2'))} \cdot$$

FIGURE 7.27 – Numérotation postfixe

Un exemple de *numérotation postfixe* est montré à la FIGURE 7.11b page 226, donc le parcours postfixe de cet arbre est $[0, 1, 2, 3, 4, 5, 6]$. Remarquons que les rangs augmentent le long de chemins ascendants. La FIGURE 7.27 montre le programme pour numéroter un arbre binaire en postfixe. La racine est numérotée avec le nombre venant du sous-arbre droit, suivant en cela l'organisation d'un parcours postfixe.

Une preuve Soit $\mathsf{PreMir}(t) \colon \mathsf{pre}(\mathsf{mir}(t)) \equiv \mathsf{rev}(\mathsf{post}(t))$. L'expérience acquise en prouvant $\mathsf{InMir}(t)$ nous suggère d'affaiblir (c'est-à-dire de généraliser) la propriété :

$$\mathsf{PreMir}(t, s) \colon \mathsf{pre}(\mathsf{mir}(t), s) \equiv \mathsf{rcat}(\mathsf{post}(t, []), s).$$

Clairement, $\mathsf{PreMir}(t, []) \Leftrightarrow \mathsf{PreMir}(t)$. Définissons alors

$$(t, s) \succ_{B \times S} (t', s') :\Leftrightarrow t \succ_B t' \text{ ou } (t = t' \text{ et } s \succ_S s').$$

Il s'agit là essentiellement du même ordre que celui sur les appels à $\mathsf{pre}/1$, à la définition (7.7) page 229. L'élément minimal pour cet ordre lexicographique est $(\mathsf{ext}(), [])$. L'induction bien fondée alors requiert la preuve de
— la base $\mathsf{PreMir}(\mathsf{ext}(), [])$;
— $\forall t, s.(\forall t', s'.(t, s) \succ_{B \times S} (t', s') \Rightarrow \mathsf{PreMir}(t', s')) \Rightarrow \mathsf{PreMir}(t, s)$.
La base est établie comme suit :

$$\begin{aligned}
\mathsf{pre}(\underline{\mathsf{mir}}(\mathsf{ext}()), []) &\xrightarrow{\sigma} \mathsf{pre}(\mathsf{ext}(), []) \\
&\xrightarrow{\iota} [] \\
&\xleftarrow{\zeta} \mathsf{rcat}([], []) \\
&\xleftarrow{\mu} \mathsf{rcat}(\underline{\mathsf{post}}(\mathsf{ext}(), []), []).
\end{aligned}$$

Posons $t := \mathsf{int}(x, t_1, t_2)$. À la FIGURE 7.28 page suivante, nous avons les réécritures du membre gauche, où

$$
\begin{aligned}
\mathsf{pre}(\mathsf{mir}(t), s) &= \mathsf{pre}(\underline{\mathsf{mir}}(\mathsf{int}(x, t_1, t_2)), s) \\
&\xrightarrow{\tau} \underline{\mathsf{pre}}(\mathsf{int}(x, \mathsf{mir}(t_2), \mathsf{mir}(t_1)), s) \\
&\xrightarrow{\kappa} \overline{[x \mid \mathsf{pre}(\mathsf{mir}(t_2), \mathsf{pre}(\mathsf{mir}(t_1), s))]} \\
&\equiv_0 [x \mid \mathsf{pre}(\mathsf{mir}(t_2), \mathsf{rcat}(\mathsf{post}(t_1, []), s))] \\
&\equiv_1 [x \mid \mathsf{rcat}(\mathsf{post}(t_2, []), \mathsf{rcat}(\mathsf{post}(t_1, []), s))] \\
&\equiv_2 [x \mid \mathsf{rcat}(\mathsf{cat}(\mathsf{post}(t_1, []), \mathsf{post}(t_2, [])), s)] \\
&\xleftarrow{\zeta} \underline{\mathsf{rcat}}([], [x \mid \mathsf{rcat}(\mathsf{cat}(\mathsf{post}(t_1, []), \mathsf{post}(t_2, [])), s)]) \\
&\xleftarrow{\eta} \underline{\mathsf{rcat}}([x], \mathsf{rcat}(\mathsf{cat}(\mathsf{post}(t_1, []), \mathsf{post}(t_2, [])), s)) \\
&\equiv_3 \mathsf{rcat}(\mathsf{cat}(\mathsf{cat}(\mathsf{post}(t_1, []), \mathsf{post}(t_2, [])), [x]), s) \\
&\equiv_4 \mathsf{rcat}(\mathsf{cat}(\mathsf{post}(t_1, []), \mathsf{cat}(\mathsf{post}(t_2, []), [x])), s) \\
&\equiv_5 \mathsf{rcat}(\mathsf{cat}(\mathsf{post}(t_1, []), \mathsf{post}(t_2, [x])), s) \\
&\equiv_6 \mathsf{rcat}(\mathsf{post}(t_1, \mathsf{post}(t_2, [x])), s) \\
&\xleftarrow{\nu} \mathsf{rcat}(\underline{\mathsf{post}}(\mathsf{int}(x, t_1, t_2), []), s) \\
&= \mathsf{rcat}(\mathsf{post}(t, []), s).
\end{aligned}
$$

$\square$

FIGURE 7.28 – Preuve de $\mathsf{pre}(\mathsf{mir}(t), s) \equiv \mathsf{rcat}(\mathsf{post}(t, []), s)$

— ($\equiv_0$) est $\mathsf{PreMir}(t_1, s)$, une instance de l'hypothèse d'induction ;
— ($\equiv_1$) est $\mathsf{PreMir}(t_2, \mathsf{rcat}(\mathsf{post}(t_1, []), s))$, de l'hypothèse d'induction ;
— ($\equiv_2$) est $\mathsf{Rcat}(\mathsf{post}(t_2, []), \mathsf{post}(t_1, []), s)$,
— ($\equiv_3$) est $\mathsf{Rcat}([x], \mathsf{cat}(\mathsf{post}(t_1, []), \mathsf{post}(t_2, [])), s)$,
— ($\equiv_4$) est $\mathsf{CatAssoc}(\mathsf{post}(t_1, []), \mathsf{post}(t_2, []), [x])$,
— ($\equiv_5$) est $\mathsf{CatPost}(t_2, [x])$ si $\mathsf{CatPost}(t, s)$: $\mathsf{cat}(\mathsf{post}(t), s) \equiv \mathsf{post}(t, s)$,
— ($\equiv_6$) est $\mathsf{CatPost}(t_1, \mathsf{post}(t_2, [x]))$.
Alors $\mathsf{CatPost}(t, s) \Rightarrow \mathsf{PreMir}(t, s) \Rightarrow \mathsf{pre}(\mathsf{mir}(t)) \equiv \mathsf{rev}(\mathsf{post}(t))$. $\square$

Dualité Le théorème dual $\mathsf{PostMir}(t)$: $\mathsf{post}(\mathsf{mir}(t)) \equiv \mathsf{rev}(\mathsf{pre}(t))$ peut être démontré d'au moins deux façons : soit nous concevons une nouvelle preuve dans l'esprit de $\mathsf{PreMir}(t)$, soit nous utilisons le fait que le théorème est une équivalence et nous produisons alors une suite de théorèmes équivalents, dont le dernier est simple à établir. Choisissons cette seconde méthode et commençons par considérer $\mathsf{PreMir}(\mathsf{mir}(t))$, puis continuons en recherchant des expressions équivalentes aux deux membres, jusqu'à atteindre $\mathsf{PostMir}(t)$:

$$
\begin{aligned}
\mathsf{pre}(\mathsf{mir}(\mathsf{mir}(t))) &\equiv \mathsf{rev}(\mathsf{post}(\mathsf{mir}(t))) && \mathsf{PreMir}(\mathsf{mir}(t)) \\
\mathsf{pre}(t) &\equiv \mathsf{rev}(\mathsf{post}(\mathsf{mir}(t))) && \mathsf{InvMir}(t) \\
\mathsf{rev}(\mathsf{pre}(t)) &\equiv \mathsf{rev}(\mathsf{rev}(\mathsf{post}(\mathsf{mir}(t)))) && \\
\mathsf{rev}(\mathsf{pre}(t)) &\equiv \mathsf{post}(\mathsf{mir}(t)) && \mathsf{InvRev}(\mathsf{post}(\mathsf{mir}(t))),
\end{aligned}
$$

où $\mathsf{InvMir}(t)$: $\mathsf{mir}(\mathsf{mir}(t)) \equiv t$ et $\mathsf{InvRev}(s) :\Leftrightarrow \mathsf{Inv}(s) \wedge \mathsf{EqRev}(s)$. $\square$

Exercices

1. Prouvez le lemme $\mathsf{CatPost}(t, s)$: $\mathsf{cat}(\mathsf{post}(t, [\,]), s) \equiv \mathsf{post}(t, s)$.

2. Utilisez $\mathsf{rev}_0/1$ au lieu de $\mathsf{rev}/1$ dans $\mathsf{InMir}(t)$ et $\mathsf{PreMir}(t)$. Les preuves sont-elles plus aisées ?

3. Prouvez le lemme manquant $\mathsf{InvMir}(t)$: $\mathsf{mir}(\mathsf{mir}(t)) \equiv t$.

4. Pouvez-vous reconstruire un arbre binaire d'après ses parcours infixe et postfixe, en supposant que ses nœuds internes sont tous distincts ?

Parcours par niveaux Le *niveau* l d'un arbre est une sous-suite de son parcours préfixe telle que tous les nœuds ont pour longueur interne l. En particulier, la racine est le seul nœud au niveau 0. Dans l'arbre de la FIGURE 7.3a page 218, $[3, 9, 2]$ est le niveau 2. Pour comprendre la contrainte du parcours préfixe, nous devons considérer la numérotation préfixe de l'arbre, montrée à la FIGURE 7.12 page 227, où les rangs sont les exposants à gauche des contenus. De cette manière, il n'y a plus d'ambiguïté lorsque nous faisons référence à des nœuds. Par exemple, $[3, 9, 2]$ est en fait ambigu parce qu'il existe deux nœuds dont l'information associée est 3. Nous voulions dire que $[^2 3, {}^4 9, {}^6 2]$ est le niveau 2 car tous ces nœuds ont une longueur de chemin interne égale à 2 *et* possèdent des rangs préfixes croissants $(2, 4, 6)$.

Un *parcours des niveaux* consiste en une pile contenant les nœuds de tous les niveaux par longueurs de chemins croissantes. Ainsi, le parcours par niveaux de l'arbre à la FIGURE 7.3a page 218 est $[8, 1, 3, 3, 9, 2, 5]$. Parce que cette méthode visite les frères d'un nœuds avant ses enfants, elle est un *parcours en largeur*.

À la FIGURE 7.11d page 226 est montrée une *numérotation par niveaux* de l'arbre à la FIGURE 7.12 page 227, souvent appelée *numérotation en largeur*. (Attention lors de la recherche du terme correct en anglais, qui est *breadth numbering*, car il est souvent mal écrit, par exemple « bread numbering » et « breath numbering ».) Notons que les rangs augmentent le long de chemin descendants, comme dans une numérotation préfixe.

Il se peut que nous comprenions maintenant que la notion de niveau d'un arbre n'est pas intuitive. La raison en est simple : les nœuds d'un niveau ne sont pas frères, sauf au niveau 1, donc, en général, nous ne pouvons nous attendre à construire le niveau d'un arbre $\mathsf{int}(x, t_1, t_2)$ à l'aide uniquement des niveaux de t_1 et t_2, c'est-à-dire, avec une conception à grands pas. En conséquence, une conception à petits pas est nécessaire, en contraste avec, par exemple, $\mathsf{size}/1$ dans (7.1) page 219.

Soit $\mathsf{bf}_0/1$ (anglais : *breadth-first*) la fonction telle que $\mathsf{bf}_0(t)$ calcule la pile de nœuds de t par niveaux. Elle est partiellement définie à la FI-

$$\boxed{\mathsf{bf}_0(t) \rightarrow \mathsf{bf}_1([t]). \quad \mathsf{bf}_1([\,]) \rightarrow [\,]; \quad \frac{\mathsf{def}(f) \twoheadrightarrow (r, f')}{\mathsf{bf}_1(f) \rightarrow \mathsf{cat}(r, \mathsf{bf}_1(f'))}.}$$

FIGURE 7.29 – Parcours par niveaux avec $\mathsf{bf}_0/1$

$$\boxed{\begin{array}{c} \mathsf{def}([\,]) \rightarrow ([\,], [\,]); \quad \mathsf{def}([\mathsf{ext}()\,|\,f]) \rightarrow \mathsf{def}(f); \\[4pt] \dfrac{\mathsf{def}(f) \twoheadrightarrow (r, f')}{\mathsf{def}([\mathsf{int}(x, t_1, t_2)\,|\,f]) \rightarrow ([x\,|\,r], [t_1, t_2\,|\,f'])}. \end{array}}$$

FIGURE 7.30 – Coupe

GURE 7.29. Si nous imaginons que nous coupons la racine d'un arbre binaire, nous obtenons ses deux sous-arbres immédiats. Si nous coupons la racine de ces arbres, nous obtenons encore des sous-arbres. Ceci suggère que nous devrions travailler avec des forêts au lieu d'arbres isolément.

La fonction de coupe est $\mathsf{def}/1$ (anglais : *deforest*), définie à la FIGURE 7.30, telle que $\mathsf{def}(f)$, où f représente une forêt, calcule une paire (r, f'), où r est les racines en préfixe des arbres dans f, et f' est la forêt immédiate de f. Remarquons qu'à la FIGURE 7.30, la règle d'inférence augmente le niveau partiel r avec la racine x, et que t_2 est empilé avant t_1 sur le reste de la forêt immédiate f, qui sera traitée plus tard par $\mathsf{bf}_0/1$. Au lieu de construire la pile des niveaux $[[8], [1, 3], [3, 9, 2], [5]]$, nous aplatissons pas à pas simplement en appelant $\mathsf{cat}/2$ à la règle μ. Si nous voulons réellement les niveaux, nous écririons $[r\,|\,\mathsf{bf}_1(f')]$ au lieu de $\mathsf{cat}(r, \mathsf{bf}_1(f'))$, ce qui, d'ailleurs, réduit le coût.

Le concept sous-jacent ici est celui de *parcours d'une forêt*. Sauf en infixe, tous les parcours dont nous avons discuté se généralisent naturellement aux forêts binaires : le parcours préfixe d'une forêt est le parcours préfixe du premier arbre, suivi du parcours préfixe du reste de la forêt. La même logique est pertinente pour les parcours en postfixe et par niveaux. Cette uniformité provient du fait que tous ces parcours vont vers la droite, à savoir, un enfant à gauche est visité avant son frère. La notion de hauteur d'un arbre se généralise à une forêt tout aussi bien : la hauteur d'une forêt est la hauteur maximale de ses arbres. La raison pour laquelle cela est simple est que la hauteur est un concept qui repose sur une vue purement verticale des arbres, donc indépendant de l'ordre des sous-arbres.

Pour évaluer le coût $\mathcal{C}_{n,h}^{\mathsf{bf}_0}$ de l'appel $\mathsf{bf}_0(t)$, où n est la taille de l'arbre binaire t et h est sa hauteur, il est commode de travailler avec les *ni veaux étendus.* Un niveau étendu est un niveau où les nœuds externes sont inclus (ils ne sont pas explicitement numérotés en préfixe parce que les nœuds externes sont indistincts). Par exemple, le niveau étendu 2 de l'arbre à la FIGURE 7.12 page 227 est $[^2 3, {}^4 9, \square, {}^6 2]$. S'il est nécessaire parfois de souligner la différence, nous pouvons appeler les niveaux habituels *niveaux taillés,* ce qui est cohérent avec la terminologie de la FIGURE 7.3 page 218. Remarquons qu'il y a toujours un niveau étendu de plus que de niveaux taillés, constitué entièrement de nœuds externes. (Nous évitons d'écrire que ces nœuds sont les plus hauts, parce que le problème avec le terme « hauteur » est qu'il n'a de sens que si les arbres sont figurés avec leur racine au bas de la page. C'est peut-être pour cela que certains auteurs préfèrent le concept, plus clair, de *profondeur,* en usage en théorie des graphes. Pour un compendium sur les différentes façons de dessiner des arbres, voir Knuth (1997) à la section 2.3.) En d'autres termes, $l_h = 0$, où l_i est le nombre de nœuds internes au niveau étendu i.

— La règle ι est utilisée une fois ;
— la règle κ est appliquée une fois ;
— les règles λ et μ sont employées une fois pour chaque niveau étendu de l'arbre initial ; ceux-ci totalisent $2(h+1)$ appels ;
— le coût de $\mathsf{cat}(r, \mathsf{loc}_1(f'))$ est la longueur du niveau r, plus un, donc le coût cumulé de la concaténation est $\sum_{i=0}^{h} \mathcal{C}_{l_i}^{\mathsf{cat}} = n + h + 1$;
— la règle ϵ est utilisée une fois par niveau étendu, soit $h + 1$ fois ;
— la règle ζ est appliquée une fois pour chaque nœud externe, donc $n + 1$ fois ;
— les règles η et θ sont utilisées une fois pour chaque nœud interne, c'est-à-dire $2n$ fois.

En somme, nous obtenons

$$\mathcal{C}_{n,h}^{\mathsf{bf_0}} = 4n + 4h + 7.$$

Par définition, le coût minimal est $\mathcal{B}_n^{\mathsf{bf_0}} = \min_h \mathcal{C}_{n,h}^{\mathsf{bf_0}}$. La hauteur est minimale quand l'arbre binaire est *parfait,* c'est-à-dire que tous ses niveaux sont pleins (voir FIGURE 2.43 page 97). Dans ce cas, $l_i = 2^i$, pour $0 \leqslant i \leqslant h-1$, et, par extension, il y a 2^h nœuds externes. Le théorème 5 donne l'équation $n + 1 = 2^h$, d'où $h = \lg(n+1)$, et enfin nous avons $\mathcal{B}_n^{\mathsf{bf_0}} = 4n + 4\lg(n+1) + 7 \sim 4n$.

Le coût maximal est obtenu en maximisant la hauteur, tout en conservant la taille constante. Ceci se produit pour les arbre dégénérés, comme ceux montrés à la FIGURE 7.4 page 221 et à la FIGURE 7.31 page suivante. Ici, $h = n$ et le coût est $\mathcal{W}_n^{\mathsf{bf_0}} = 8n + 7 \sim 8n$.

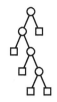

Ce résultat est à contraster avec les programmes que nous avons écrits tantôt pour les parcours préfixe, infixe et postfixe, dont le coût était $2n + 2$. Il est possible de réduire le coût du parcours des niveaux en employant un modèle différent, basé sur $pre_3/1$ à la FIGURE 7.6 page 223. La différence est qu'au lieu d'utiliser une pile   FIGURE 7.31

pour conserver les sous-arbres à traverser ultérieurement, nous employons une file, une structure de données linéaire que nous avons présentée à la section 2.5. Considérons à la FIGURE 7.32 l'algorithme à l'œuvre sur le même exemple qu'à la FIGURE 7.7 page 224. Gardons à l'esprit que les arbres sont défilés du côté droit de la forêt et enfilés à gauche. (Certains auteurs préfèrent l'autre sens.) La racine du prochain arbre à défiler est cerclée.

En vue d'une comparaison avec $pre_4/1$ à la FIGURE 7.6 page 223, nous écrirons $x \prec q$ au lieu de $enq(x, q)$, et $q \succ x$ au lieu de (q, x). La file vide est notée $\ominus$. Crucialement, nous permettrons à ces expressions d'apparaître dans les motifs des règles définissant $bf_2/1$, qui effectue un parcours des niveaux à la FIGURE 7.33. La différence en termes de structure de donnée (accumulateur) a déjà été mentionnée : $pre_4/1$ emploie une pile et $bf_2/1$ une file, mais, en ce qui concerne les algorithmes, ceux-ci ne diffèrent que dans l'ordre relatif dans lequel t_1 et t_2 sont ajoutés à l'accumulateur.

À la section 2.5, nous avons vu comment mettre en œuvre une file $q(r, f)$ avec deux piles r et f : la pile arrière r, où les éléments sont empilés (logiquement enfilés), et la pile frontale f, de laquelle les éléments sont dépilés (logiquement défilés). Aussi, nous avons défini l'enfilage par $enq/2$ dans (2.10), page 67, et le défilage avec $deq/1$ dans (2.11). Ceci nous permet de raffiner la définition de $bf_2/1$ en $bf_3/1$ à la FIGURE 7.34 page ci-contre.

Nous pouvons spécialiser le programme davantage, de façon à économiser de la mémoire en n'utilisant pas le constructeur $q/2$ et en nous

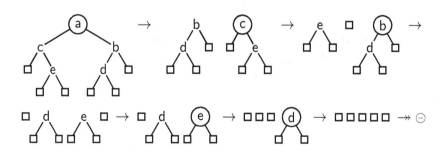

FIGURE 7.32 – Parcours des niveaux avec une file

$$\mathsf{bf}_1(t) \to \mathsf{bf}_2(t \prec \ominus).$$

$$\mathsf{bf}_2(\ominus) \to [\,];$$
$$\mathsf{bf}_2(q \succ \mathsf{ext}()) \to \mathsf{bf}_2(q);$$
$$\mathsf{bf}_2(q \succ \mathsf{int}(x, t_1, t_2)) \to [x \,|\, \mathsf{bf}_2(t_2 \prec t_1 \prec q)].$$

FIGURE 7.33 – Parcours des niveaux avec une file abstraite

$$\mathsf{bf}_3(t) \to \mathsf{bf}_4(\mathsf{enq}(t, \mathsf{q}([\,], [\,]))). \qquad \mathsf{bf}_4(\mathsf{q}([\,], [\,])) \to [\,];$$

$$\frac{\mathsf{deq}(q) \twoheadrightarrow (q', \mathsf{ext}())}{\mathsf{bf}_4(q) \twoheadrightarrow \mathsf{bf}_4(q')}; \qquad \frac{\mathsf{deq}(q) \twoheadrightarrow (q', \mathsf{int}(x, t_1, t_2))}{\mathsf{bf}_4(q) \twoheadrightarrow [x \,|\, \mathsf{bf}_4(\mathsf{enq}(t_2, \mathsf{enq}(t_1, q')))]}.$$

FIGURE 7.34 – Raffinement de la FIGURE 7.33

souvenant que son premier argument est la pile arrière et le second la pile frontale. De plus, au lieu d'appeler deq/1 et enq/2, nous pouvons insérer leur définition et les fusionner avec la définition en cours. Le résultat est montré à la FIGURE 7.35. Souvenons-nous que rcat/2 (anglais : *reverse and catenate*) est définie à l'équation (2.2) page 43. Remarquons que $\mathsf{bf}_4(\mathsf{enq}(t, \mathsf{q}([\,], [\,])))$ a été optimisé en $\mathsf{bf}([\,], [t])$ de manière à éviter un retournement de pile. La définition de bf/1 peut être considérée comme le plus *concret* des raffinements, le programme le plus *abstrait* étant la définition originale de $\mathsf{bf}_1/1$. La première est plus courte que $\mathsf{bf}_0/1$, mais le gain véritable est le coût. Soit n la taille de l'arbre binaire en question et h sa hauteur. L'emploi des règles est :

— la règle ν est utilisée une fois ;
— la règle ξ est employée une fois ;
— la règle π est appliquée une fois par niveau, sauf le premier (la racine), donc, au total h fois ;

$$\mathsf{bf}(t) \xrightarrow{\nu} \mathsf{bf}([\,], [t]).$$

$$\mathsf{bf}([\,], [\,]) \xrightarrow{\xi} [\,];$$
$$\mathsf{bf}([t \,|\, r], [\,]) \xrightarrow{\pi} \mathsf{bf}([\,], \mathsf{rcat}(r, [t]));$$
$$\mathsf{bf}(r, [\mathsf{ext}() \,|\, f]) \xrightarrow{\rho} \mathsf{bf}(r, f);$$
$$\mathsf{bf}(r, [\mathsf{int}(x, t_1, t_2) \,|\, f]) \xrightarrow{\sigma} [x \,|\, \mathsf{bf}([t_2, t_1 \,|\, r], f)].$$

FIGURE 7.35 – Raffinement de la FIGURE 7.34

— tous les niveaux, sauf le premier (la racine), sont retournés par
rev/1 : $\sum_{i=1}^{h} \mathcal{C}_{e_i}^{\text{rev}} = \sum_{i=1}^{h}(e_i+2) = (n-1)+(n+1)+2h = 2n+2h$,
où e_i est le nombre de nœuds au niveau étendu i ;

— la règle ρ est utilisée une fois pour chaque nœud externe, à savoir,
$n+1$ fois ;

— la règle σ est employée une fois pour chaque nœud interne, donc
n fois.

La somme de toutes ces sommes partielles donne

$$\mathcal{C}_{n,h}^{\text{bf}} = 4n + 3h + 3.$$

Comme avec $\text{bf}_0/1$, le coût minimal se produit quand $h = \lg(n+1)$, donc
$\mathcal{B}_n^{\text{bf}} = 4n+3\lg(n+1)+3 \sim 4n$. Le coût maximal se produit quand $h = n$,
d'où $\mathcal{W}_n^{\text{bf}} = 7n + 3 \sim 7n$. Nous pouvons maintenant comparer $\text{bf}_0/1$ et
$\text{bf}/1 : \mathcal{C}_{n,h}^{\text{bf}} < \mathcal{C}_{n,h}^{\text{bf}_0}$ et la différence de coût est la plus notable dans leur cas
le plus défavorable, qui est, pour les deux, un arbre dégénéré (un peigne).
Par conséquent, $\text{bf}/1$ est préférable dans tous les cas.

Terminaison   Dans le but de prouver la terminaison de $\text{bf}/2$, nous
réutilisons l'ordre lexicographique sur les paires de piles, basé sur la relation de sous-pile immédiate ($\succ_S$) qui nous a permis de prouver la terminaison de $\text{mrg}/2$ page 136 :

$$(s,t) \succ_{S^2} (s',t') :\Leftrightarrow s \succ_S s' \text{ ou } (s = s' \text{ et } t \succ_S t').$$

Malheureusement, ($\succ_{S^2}$) échoue dans l'ordonnancement monotone (par
rapport à la relation de réécriture) du membre gauche et du membre
droit de la règle σ, à cause de $(r, [\text{int}(x,t_1,t_2)\,|\,f]) \not\succ_{S^2} ([t_2,t_1\,|\,r], f)$. Une
autre approche consiste à définir un ordre bien fondé sur le nombre de
nœuds dans une paire de forêts :

$$(r, f) \succ_{S^2} (r', f') :\Leftrightarrow \dim(r) + \dim(f) > \dim(r') + \dim(f'),$$

avec

$$\dim([\,]) \rightarrow [\,]; \qquad \dim([t\,|\,f]) \rightarrow \text{size}(t) + \dim(f).$$

où $\text{size}/1$ est définie par (7.1) page 219. Ceci est une sorte de mesure
polynomiale sur les paires de dépendance, dont on peut en voir une
illustration avec $\text{flat}/1$ page 65. Ici, $\mathcal{M}[\![\text{bf}(s,t)]\!] := \dim(s) + \dim(t)$. Malheureusement, cet ordre échoue dans l'ordonnancement monotone de la
règle π, car $(r, [\,]) \not\succ_{S^2} ([\,], \text{rev}(r))$.

L'énigme est résolue si nous visualisons l'ensemble complet des traces
d'évaluation de $\text{bf}/2$ d'une manière compacte. Si nous supposons que
$\text{rev}/1$ est un constructeur, les membres droits ne contiennent aucun appel

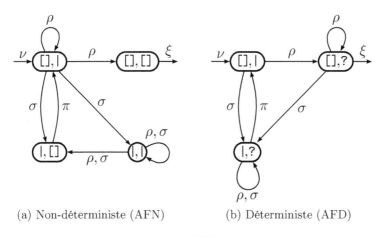

(a) Non-déterministe (AFN)   (b) Déterministe (AFD)

FIGURE 7.36 – Traces de bf/2 comme automate fini

ou exactement un appel récursif. Les traces des appels à ces définitions sont joliment représentées comme des automates finis. Un exemple d'automate fini déterministe (AFD) a été vu à la FIGURE 5.14 page 198. Ici, une transition est une règle de réécriture et un état correspond à une abstraction de la donnée. Dans le cas de bt/2, la donnée est une paire de piles. Décidons pour le moment que nous ne prendrons en compte que le fait qu'une pile est vide ou non, ce qui conduit à quatre états. Posons que « | » dénote une pile non-vide arbitraire. En examinant les définitions de bf/1 et bf/2 à la FIGURE 7.35 page 245, nous voyons que

— la règle ξ s'applique à l'état $([], [])$ uniquement ;
— la règle π s'applique à l'état $(|, [])$, et conduit à l'état $([], |)$;
— la règle ρ s'applique aux états $([], |)$ et $(|, |)$, et mène à n'importe quel état ;
— la règle σ s'applique aux états $([], |)$ et $(|, |)$, et conduit aux états $(|, [])$ et $(|, |)$.

À la FIGURE 7.36a, nous regroupons toute cette connectivité en un automate fini. Notons que, par définition, l'état initial possède une transition entrante ν sans source et que l'état final a une transition sortante ξ sans destination. Une trace est n'importe quelle séquence de transitions de l'état initial $([], |)$ à l'état final $([], [])$, par exemple, $\nu \rho^p \sigma^q \pi \rho \xi$, avec $p \geqslant 0$ et $q \geqslant 2$. Cet automate est appelé *automate fini non-déterministe* (AFN) parce qu'un état peut avoir plus d'une transition sortante avec la même étiquette (voir l'état initial et les deux transitions d'étiquette σ, par exemple).

Il est toujours possible de construire un *automate fini déterministe* (AFD) équivalent à un automate fini non-déterministe donné (Perrin, 1990, Hopcroft *et al.*, 2003). Les transitions sortant de chaque état du premier ont une étiquette distinct. L'équivalence signifie que l'ensemble des traces de chaque automate est le même. Si « ? » dénote une pile, vide ou non, alors la FIGURE 7.36b page précédente montre un AFD équivalent pour les traces de bf/1 et bf/2.

Comme nous l'avons observé tantôt en employant l'ordre bien fondé ($\succ_{S^2}$) basé sur la taille des piles, toutes les transitions $x \to y$ dans l'AFD satisfont $x \succ_{S^2} y$, sauf π, pour laquelle $x =_{S^2} y$ est vrai (le nombre total de nœuds est invariant). Nous pouvons néanmoins conclure que bf/2 termine parce que la seule façon de ne pas terminer serait l'existence d'un *circuit* π, à savoir, une suite de transitions successives d'un état vers lui-même, toutes portant l'étiquette π, donc le long de laquelle le nombre de nœuds est constant. En fait, toutes les traces contiennent π suivie de ρ ou σ.

Encore un autre point de vue sur ce sujet serait de prouver, en examinant toutes les règles isolément et toutes les compositions de deux règles, que

$$x \to y \Rightarrow x \succeq: S^2 y \quad \text{et} \quad x \xrightarrow{2} y \Rightarrow x \succ_{S^2} y.$$

Par conséquent, si $n > 0$, alors $x \xrightarrow{2n} y$ implique $x \succ_{S^2} y$, car ($\succ_{S^2}$) est transitive. De plus, si $x \xrightarrow{2n} y \to z$, alors $x \succ_{S^2} y \succeq: S^2 z$, donc $x \succ_{S^2} z$. Par conséquent, $x \xrightarrow{n} y$ pour tout $n > 1$, donc $x \succ_{S^2} y$.   □

Numérotation en largeur   Comme nous l'avons mentionné plus tôt, la FIGURE 7.11d page 226 montre un exemple de numérotation en largeur. Ce problème a reçu une attention particulière (Jones et Gibbons, 1993, Gibbons et Jones, 1998, Okasaki, 2000) parce que les programmeurs en langages fonctionnels se sentent d'habitude défiés avec cet exercice. Une bonne démarche consiste à modifier la fonction $bf_1/2$ à la FIGURE 7.33 page 245 de telle sorte qu'elle construise un arbre au lieu d'une pile. Nous y parvenons en enfilant ses sous-arbres immédiats, qui seront ainsi récursivement numérotés après leur défilage, et en incrémentant un compteur, initialisé à 0, à chaque fois qu'un arbre non-vide est défilé.

Considérons $bfn_1/1$ et $bfn_2/2$ (anglais : *breadth-first numbering*) à la FIGURE 7.37 page ci-contre, et comparons-les avec les définitions à la FIGURE 7.33 page 245. En particulier, notons que, à la différence de $bf_1/2$, les nœuds externes sont enfilés au lieu d'être écartés, parce qu'il sont ultérieurement nécessaires pour construire l'arbre numéroté.

À la FIGURE 7.38 page ci-contre est montré un exemple où les exposants représentent les valeurs de i (le premier argument de $bf_2/2$), les réécritures descendantes définissent les états successifs de la file de travail (le second argument de $bf_2/2$), et les réécritures ascendantes montrent les états successifs des files résultantes (membre droit de $bf_2/2$). Souvenons-

$$\frac{\mathsf{bfn}_2(0, t \prec \ominus) \twoheadrightarrow \ominus \succ t'}{\mathsf{bfn}_1(t) \twoheadrightarrow t'}.$$

$$\mathsf{bfn}_2(i, \ominus) \to \ominus; \qquad \mathsf{bfn}_2(i, q \succ \mathsf{ext}()) \to \mathsf{ext}() \prec \mathsf{bfn}_2(i, q);$$

$$\frac{\mathsf{bfn}_2(i+1, t_2 \prec t_1 \prec q) \twoheadrightarrow q' \succ t'_1 \succ t'_2}{\mathsf{bfn}_2(i, q \succ \mathsf{int}(x, t_1, t_2)) \twoheadrightarrow \mathsf{int}(i, t'_1, t'_2) \prec q'}.$$

FIGURE 7.37 – Numérotation en largeur abstraite

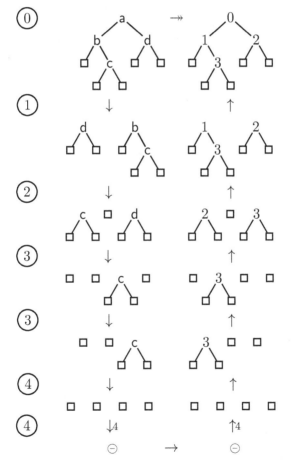

FIGURE 7.38 – Exemple de numérotation en largeur

$$\frac{\mathsf{deq}(\mathsf{bfn}(0,\mathsf{q}([\,],[t]))) \twoheadrightarrow (\mathsf{q}([\,],[\,]),t')}{\mathsf{bfn}_3(t) \to t'}.$$

$$\mathsf{bfn}_4(i,\mathsf{q}([\,],[\,])) \to \mathsf{q}([\,],[\,]); \qquad \frac{\mathsf{deq}(q) \twoheadrightarrow (q',\mathsf{ext}())}{\mathsf{bfn}_4(i,q) \to \mathsf{enq}(\mathsf{ext}(),\mathsf{bfn}_4(i,q'))};$$

$$\frac{\mathsf{deq}(q) \twoheadrightarrow (q_1,\mathsf{int}(x,t_1,t_2))}{\mathsf{deq}(\mathsf{bfn}_4(i+1,\mathsf{enq}(t_2,\mathsf{enq}(t_1,q_1)))) \twoheadrightarrow (q_2,t_2') \qquad \mathsf{deq}(q_2) \twoheadrightarrow (q',t_1')}{\mathsf{bfn}_4(i,q) \to \mathsf{enq}(\mathsf{int}(i,t_1',t_2'),q')}$$

FIGURE 7.39 – Raffinement de la FIGURE 7.37 page précédente

nous que les arbres sont enfilés à gauche et défilés à droite (d'autres auteurs utilisent la convention inverse, comme Okasaki (2000)) et faisons attention au fait que, dans les réécritures verticales à gauche, t_1 est enfilé d'abord, alors que, sur la droite, t_2' est défilé en premier, ce qui devient plus clair lorsque nous comparons $t_2 \prec t_1 \prec q = t_2 \prec (t_1 \prec q)$ avec $q' \succ t_1' \succ t_2' = (q' \succ t_1') \succ t_2'$.

Nous pouvons raffiner $\mathsf{bfn}_1/1$ et $\mathsf{bfn}_2/2$ en introduisant explicitement les appels de fonction pour enfiler et défiler, comme cela est montré à la FIGURE 7.39, ce qui pourrait être contrasté avec la FIGURE 7.34 page 245.

Exercices

1. Comment prouveriez-vous la correction de $\mathsf{bfn}/1$?

2. Trouvez le coût $\mathcal{C}_n^{\mathsf{bfn}}$ de $\mathsf{bfn}(t)$, où n est la taille de t.

7.2 Formes classiques

Dans cette section, nous passons brièvement en revue quelques arbres binaires particuliers qui se révèlent utiles lors de la recherche des extremums du coûts de nombreux algorithmes.

Perfection Nous avons déjà mentionné ce qu'est un *arbre binaire parfait* dans le contexte du tri optimal (voir FIGURE 2.43 page 97). Une façon de définir de tels arbres consiste à dire que tous leurs nœuds externes appartiennent au même niveau ou, de manière équivalente, que les sous-arbres immédiats de tous les nœuds ont la même hauteur. (La hauteur d'un nœud externe est 0.) À la FIGURE 7.40 page ci-contre est montrée la définition de $\mathsf{per}/1$ (*perfection*), où $\mathsf{true}/1$ est un contructeur. Donc, si un arbre t est parfait, nous connaissons aussi sa hauteur h puisque $\mathsf{per}(t) \twoheadrightarrow \mathsf{true}(h)$.

$$\mathsf{per}(\mathsf{ext}()) \to \mathsf{true}(0); \quad \frac{\mathsf{per}(t_1) \twoheadrightarrow \mathsf{true}(h) \qquad \mathsf{per}(t_2) \twoheadrightarrow \mathsf{true}(h)}{\mathsf{per}(\mathsf{int}(x, t_1, t_2)) \to \mathsf{true}(h+1)};$$
$$\mathsf{per}(t) \to \mathsf{false}().$$

FIGURE 7.40 – Vérification de la perfection

Notons que les règles sont ordonnées, donc la dernière ne pourrait être sélectionnée que si les précédentes ont échoué à filtrer l'appel en cours.

Un raffinement sans règles d'inférence est montré à la FIGURE 7.41, où $\mathsf{per}_0(t_1)$ est évalué avant $\mathsf{per}_0(t_2)$ puisque $\mathsf{t}(\mathsf{per}_0(t_1), \mathsf{per}_0(t_2))$ est lent si $\mathsf{per}_0(t_1) \twoheadrightarrow \mathsf{false}()$.

$$\mathsf{per}_0(\mathsf{ext}()) \to \mathsf{true}(0);$$
$$\mathsf{per}_0(\mathsf{int}(x, t_1, t_2)) \to \mathsf{t}_1(\mathsf{per}_0(t_1), t_2).$$

$$\mathsf{t}_1(\mathsf{false}(), t_2) \to \mathsf{false}();$$
$$\mathsf{t}_1(h, t_2) \to \mathsf{t}_2(h, \mathsf{per}_0(t_2)).$$

$$\mathsf{t}_2(\mathsf{true}(h), \mathsf{true}(h)) \to \mathsf{true}(h+1);$$
$$\mathsf{t}_2(h, x) \to \mathsf{false}().$$

FIGURE 7.41 – Raffinement de la FIGURE 7.40

Complétude Un arbre binaire est *complet* si les enfants de chaque nœud interne sont deux nœuds externes ou deux nœuds internes. Un exemple est illustré à la FIGURE 7.42. Récursivement, un arbre donné est complet si, et seulement si, ses sous-arbres immédiats sont complets. Ceci est la même règle que nous avons utilisée pour la perfection. En d'autres termes,

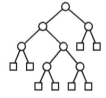

FIGURE 7.42

la perfection et la complétude sont propagées de façon ascendante. Par conséquent, nous devons décider que dire à propos des nœuds externes, en particulier, l'arbre vide. Si nous décidons que ce dernier est complet, alors $\mathsf{int}(x, \mathsf{ext}(), \mathsf{int}(y, \mathsf{ext}(), \mathsf{ext}()))$ serait, incorrectement, considéré complet. Sinon, les feuilles $\mathsf{int}(x, \mathsf{ext}(), \mathsf{ext}())$ seraient, incorrectement, considérées incomplètes. Donc, nous pouvons opter pour l'une ou l'autre possibilité et traiter exceptionnellement le cas problématique correspondant ; par exemple, nous pourrions décider que les nœuds externes sont incomplets, mais que les feuilles sont des arbres complets. Le programme se trouve à la FIGURE 7.43. La dernière règle s'applique si $t = \mathsf{ext}()$ ou $t = \mathsf{int}(x, t_1, t_2)$, avec t_1 ou t_2 incomplet.

$$\mathsf{comp}(\mathsf{int}(x, \mathsf{ext}(), \mathsf{ext}())) \to \mathsf{true}();$$

$$\frac{\mathsf{comp}(t_1) \twoheadrightarrow \mathsf{true}() \qquad \mathsf{comp}(t_2) \twoheadrightarrow \mathsf{true}()}{\mathsf{comp}(\mathsf{int}(x, t_1, t_2)) \to \mathsf{true}()}; \quad \mathsf{comp}(t) \to \mathsf{false}().$$

FIGURE 7.43 – Verification de la complétude

Équilibre   La dernière sorte d'arbre binaire intéressante est celle des *arbres équilibrés*. Il y a deux espèces de critères pour définir l'équilibre : la hauteur ou la taille (Nievergelt et Reingold, 1972, Hirai et Yamamoto, 2011). Dans ce dernier cas, les enfants d'un même parent sont les racines d'arbres de tailles similaires ; dans le premier cas, ils ont des hauteurs similaires.

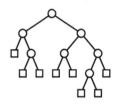

FIGURE 7.44

Le critère le plus courant étant la hauteur, nous l'utiliserons dans la suite. De plus, le sens exact de « similaire » dépend de l'algorithme. Par exemple, nous pourrions décider que deux arbres dont les hauteurs diffèrent au plus de 1 sont de hauteurs similaires. Voir la FIGURE 7.44 pour un exemple. Commençons avec une définition de la hauteur d'un arbre binaire et modifions-la pour en vérifier l'équilibre :

$$\mathsf{height}(\mathsf{ext}()) \to 0; \ \ \mathsf{height}(\mathsf{int}(x, t_1, t_2)) \to 1 + \max\{\mathsf{height}(t_1), \mathsf{height}(t_2)\}.$$

La modification est montrée à la FIGURE 7.45, où la règle d'inférence de $\mathsf{bal}_0/1$ est requise pour vérifier la condition $|h_1 - h_2| \leqslant 1$. Remarquons qu'un arbre parfait est équilibré ($h_1 = h_2$).

$$\mathsf{bal}_0(\mathsf{ext}()) \to \mathsf{true}(0);$$

$$\frac{\mathsf{bal}_0(t_1) \twoheadrightarrow \mathsf{true}(h_1) \quad \mathsf{bal}_0(t_2) \twoheadrightarrow \mathsf{true}(h_2) \quad |h_1 - h_2| \leqslant 1}{\mathsf{bal}_0(\mathsf{int}(x, t_1, t_2)) \twoheadrightarrow \mathsf{true}(1 + \max\{h_1, h_2\})};$$

$$\mathsf{bal}_0(t) \to \mathsf{false}().$$

FIGURE 7.45 – Vérification de l'équilibre

7.3   Codages d'arbres

En général, de nombreux arbres binaires ont le même parcours préfixe, postfixe ou infixe, donc il n'est pas possible de reconstruire l'arbre originel à partir d'un seul parcours. Le problème de la représentation unique d'un arbre binaire par une structure linéaire est appelé *codage d'arbre* (Mäkinen, 1991) et est relié au problème de la génération de tous les arbre binaires d'une taille donnée (Knuth, 2011, 7.2.1.6). Une approche simple consiste à étendre un parcours avec les nœuds externes ; ainsi, nous retenons dans le code suffisamment d'information sur les arbres, ce qui permet de revenir sans ambiguïté vers l'arbre initial.

La fonction de codage epost/1 (anglais : *extended postorder*) à la FIGURE 7.46, est une simple modification de post/1 à la FIGURE 7.26 page 238. Par exemple, l'arbre à la FIGURE 7.11b page 226 est codé par $[\square, \square, \square, 0, 1, \square, \square, 2, 3, \square, \square, \square, 4, 5, 6]$, où $\square$ dénote ext(). Puisqu'un arbre binaire avec n nœuds internes a $n + 1$ nœuds externes (voir théorème 5 page 218), le coût est très facile à déterminer :

$$\mathcal{C}_n^{\mathsf{epost}} = 2n + 2.$$

En ce qui concerne le décodage, nous avons déjà remarqué que la numérotation postfixe augmente le long de chemins ascendants, ce qui correspond à l'ordre dans lequel l'arbre est construit : des nœuds externes jusqu'à la racine. Par conséquent, tout ce que nous avons à faire est d'identifier les sous-arbres qui croissent en mettant les rangs inutilisés et les sous-arbres dans une pile auxiliaire : quand le contenu d'une racine apparaît dans le code (tout sauf ext()), nous pouvons créer un nœud interne avec les deux premiers sous-arbres dans la pile auxiliaire.

La définition de post2b/1 (anglais : *extended postorder to binary tree*) est donnée à la FIGURE 7.47 page suivante. La variable f est une forêt, c'est-à-dire une pile d'arbres. Remarquons que nous aurions un problème si l'arbre originel contenait des arbres, parce que, dans ce cas, un nœud externe contenu dans un nœud interne tromperait post2b/1. Le coût est facile à déterminer car un code postfixe doit avoir la longueur $2n + 1$,

$$
\boxed{
\begin{array}{l}
\mathsf{epost}(t) \to \mathsf{epost}(t, [\,]). \\[1em]
\mathsf{epost}(\mathsf{ext}(), s) \to [\mathsf{ext}()\,|\,s]; \\
\mathsf{epost}(\mathsf{int}(x, t_1, t_2), s) \to \mathsf{epost}(t_1, \mathsf{epost}(t_2, [x\,|\,s])).
\end{array}
}
$$

FIGURE 7.46 – Codage postfixe

$$\text{post2b}(s) \rightarrow \text{post2b}([\,], s).$$

$$\text{post2b}([t], [\,]) \rightarrow t;$$
$$\text{post2b}(f, [\text{ext}()\,|\,s]) \rightarrow \text{post2b}([\text{ext}()\,|\,f], s);$$
$$\text{post2b}([t_2, t_1\,|\,f], [x\,|\,s]) \rightarrow \text{post2b}([\text{int}(x, t_1, t_2)\,|\,f], s).$$

FIGURE 7.47 – Décodage postfixe

ce qui est le nombre total de nœuds d'un arbre binaire avec n nœuds internes. Par conséquent, $\mathcal{C}_n^{\text{post2b}} = 2n + 3$. Le théorème attendu est, bien entendu :

$$\text{post2b}(\text{epost}(t)) \equiv t. \tag{7.8}$$

En passant au codage préfixe, la fonction de codage epre/1 (anglais : *extended preorder*) à la FIGURE 7.48 est une simple modification de pre/1 à la FIGURE 7.10 page 226. Le coût est aussi simple à déterminer que pour un codage postfixe : $\mathcal{C}_n^{\text{epre}} = 2n + 2$.

Trouver la fonction inverse, du code préfixe vers l'arbre binaire, est un peu plus délicat qu'avec les codes postfixes, parce que les rangs préfixes augmentent le long des chemins descendants dans l'arbre, ce qui est la direction opposée à la croissance des arbres (les programmeurs font croître les arbres des feuilles vers la racine). Une solution est de se souvenir de la relation $\text{PreMir}(t)$ entre les parcours préfixe et postfixe que nous avons prouvée page 239 :

$$\text{pre}(\text{mir}(t)) \equiv \text{rev}(\text{post}(t)).$$

Nous devrions étendre la preuve de ce théorème pour avoir

$$\text{epre}(\text{mir}(t)) \equiv \text{rev}(\text{epost}(t)). \tag{7.9}$$

À la section 2.2, nous avons prouvé les propriétés $\text{Inv}(s)$ et $\text{EqRev}(s)$, soit l'involution de rev/1 :

$$\text{rev}(\text{rev}(s)) \equiv t. \tag{7.10}$$

$$\text{epre}(t) \rightarrow \text{epre}(t, [\,]).$$

$$\text{epre}(\text{ext}(), s) \rightarrow [\text{ext}()\,|\,s];$$
$$\text{epre}(\text{int}(x, t_1, t_2), s) \rightarrow [x\,|\,\text{epre}(t_1, \text{epre}(t_2, s))].$$

FIGURE 7.48 – Codage préfixe

$$\text{pre2b}(s) \rightarrow \text{pre2b}([\,], \text{rev}(s)).$$

$$\text{pre2b}([t], [\,]) \rightarrow t;$$
$$\text{pre2b}(f, [\text{ext}()\,|\,s]) \rightarrow \text{pre2b}([\text{ext}()\,|\,f], s);$$
$$\text{pre2b}([t_1, t_2\,|\,f], [x\,|\,s]) \rightarrow \text{pre2b}([\text{int}(x, t_1, t_2)\,|\,f], s).$$

FIGURE 7.49 – Décodage préfixe

Les propriétés (7.10) et (7.9) mènent à

$$\text{rev}(\text{epre}(\text{mir}(t))) \equiv \text{rev}(\text{rev}(\text{epost}(t))) \equiv \text{epost}(t).$$

L'application de (7.8) donne

$$\text{post2b}(\text{rev}(\text{epre}(\text{mir}(t)))) \equiv \text{post2b}(\text{epost}(t)) \equiv t.$$

D'après l'exercice 3 page 241, nous avons $\text{mir}(\text{mir}(t)) \equiv t$, par conséquent

$$\text{post2b}(\text{rev}(\text{epre}(t))) \equiv \text{mir}(t), \quad \text{donc} \quad \text{mir}(\text{post2b}(\text{rev}(\text{epre}(t)))) \equiv t.$$

Puisque nous voulons que le codage suivi du décodage soit l'identité, $\text{pre2b}(\text{epre}(t)) \equiv t$, nous avons $\text{pre2b}(\text{epre}(t)) \equiv \text{mir}(\text{post2b}(\text{rev}(\text{epre}(t))))$, c'est-à-dire, en posant la pile $s := \text{epre}(t)$,

$$\text{pre2b}(s) \equiv \text{mir}(\text{post2b}(\text{rev}(s))),$$

Nous obtenons donc $\text{pre2b}/1$ en modifiant $\text{post2b}/1$ à la FIGURE 7.49. La différence entre $\text{pre2b}/2$ et $\text{post2b}/2$ réside dans leur dernier motif, à savoir $\text{post2b}([t_2, t_1\,|\,f], [x\,|\,s])$ par opposition à $\text{pre2b}([t_1, t_2\,|\,f], [x\,|\,s])$, réalisant la fusion de $\text{mir}/1$ et $\text{post2b}/1$. Malheureusement, le coût de $\text{pre2b}(t)$ est plus élevé que le coût de $\text{post2b}(t)$ à cause du retournement de pile $\text{rev}(s)$ au début :

$$\mathcal{C}_n^{\text{pre2b}} = 2n + 3 + \mathcal{C}_n^{\text{rev}} = 3n + 5.$$

La conception de $\text{pre2b}/1$ est à petits pas, avec un accumulateur. Une approche plus directe extrairait le sous-arbre gauche et puis le sous-arbre droit du reste du code. En d'autres termes, la nouvelle version $\text{pre2b}_1(s)$ calcule un arbre construit à partir d'un préfixe du code s, accouplé avec le suffixe. La définition est montrée à la FIGURE 7.50 page suivante. Notons l'absence de tout concept adventice, contrairement à $\text{pre2b}/1$, qui s'appuie sur le retournement d'une pile et un théorème à propos de la réflexion d'arbres et des parcours postfixes. Donc $\text{pre2b}_0/1$ est conceptuellement plus simple, bien que son coût soit supérieur à celui de $\text{pre2b}/1$ parce que nous comptons le nombre d'appels de fonction

$$\frac{\mathsf{pre2b}_1(s) \twoheadrightarrow (t, [\,])}{\mathsf{pre2b}_0(s) \twoheadrightarrow t} \cdot \qquad \mathsf{pre2b}_1([\mathsf{ext}()\,|\,s]) \to (\mathsf{ext}(), s);$$

$$\frac{\mathsf{pre2b}_1(s) \twoheadrightarrow (t_1, s_1) \qquad \mathsf{pre2b}_1(s_1) \twoheadrightarrow (t_2, s_2)}{\mathsf{pre2b}_1([x\,|\,s]) \twoheadrightarrow (\mathsf{int}(x, t_1, t_2), s_2)} \cdot$$

FIGURE 7.50 – Un autre décodage préfixe

après que les règles d'inférence sont traduites dans le noyau du langage fonctionnel (donc deux appels supplémentaires filtrant (t_1, s_1) et (t_2, s_2) sont implicites).

Les codages d'arbres montrent qu'il est possible de représenter de façon compacte des arbres binaires, du moment que nous ne nous soucions pas du contenu des nœuds internes. Par exemple, nous avons mentionné que l'arbre à la FIGURE 7.11b page 226 a pour parcours postfixe étendu $[\Box, \Box, \Box, 0, 1, \Box, \Box, 2, 3, \Box, \Box, \Box, 4, 5, 6]$. Si nous ne souhaitons retenir que la forme de l'arbre, nous pourrions remplacer le contenu des nœuds internes par 0 et les nœuds externes par 1, dont nous tirons le code $[1, 1, 1, 0, 0, 1, 1, 0, 0, 1, 1, 1, 0, 0, 0]$. Un arbre binaire de taille n peut être représenté de manière unique par un nombre binaire de $2n + 1$ bits. En fait, nous pouvons écarter le premier bit parce que les deux premiers bits sont toujours 1, donc $2n$ bits sont en fait suffisants. Pour un parcours préfixe étendu, nous choisissons de coder les nœuds externes par 0 et les nœuds internes par 1, donc l'arbre de la FIGURE 7.11a page 226 donne $[0, 1, 2, \Box, 3, \Box, \Box, 4, \Box, \Box, 5, \Box, 6, \Box, \Box]$ et $(111010010010100)_2$. Nous pouvons aussi écarter le bit le plus à droite, car les deux derniers bits sont toujours 0.

7.4 Parcours arbitraires

Certaines applications requièrent un parcours d'arbre qui dépend d'une interaction avec un usager ou un autre logiciel, c'est-à-dire qu'à l'arbre est adjointe une notion de nœud courant, donc le prochain nœud a être visité peut être choisi parmi n'importe lequel de ses enfants, le parent ou même un frère. Cette interactivité contraste avec les parcours en préfixe, infixe et postfixe, où l'ordre de visite est prédéterminé et ne peut être changé durant le parcours.

Normalement, la visite d'une structure de donnée fonctionnelle commence toujours à la même place, par exemple, dans le cas d'une pile, il s'agit de l'élément au sommet, et, dans le cas d'un arbre, la racine. Parfois, mettre à jour une structure de donnée avec un algorithme en-ligne (voir page 10 et section 4.6 page 176) nécessite de garder un accès direct « dans » la structure de donnée, habituellement là où la dernière mise à jour a eu lieu, ou près d'elle, dans l'optique d'un coût amorti plus faible (voir page 10) ou d'un coû moyen inférieur (voir l'insertion bidirectionnelle à la section 3.2 page 111).

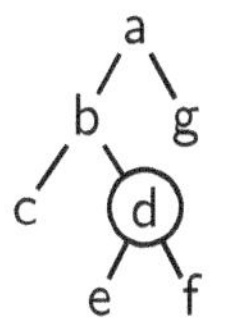

Appelons le nœud courant le *curseur*. Une *cré-maillère* dans un arbre binaire est faite d'un sous-arbre, dont la racine est le curseur, et d'un *chemin* de celui-ci jusqu'à la racine. Ce chemin est la réification de la *pile des appels* récursifs qui ont abouti au curseur, mais re-tournée, et les *sous-arbres qui n'ont pas été visités lors de la descente*. De cette façon, en un coup, il devient possible de visiter

FIGURE 7.51

les enfants dans n'importe quel ordre, le parent ou le frère. Considérons la FIGURE 7.51, où le curseur est le nœud d. La crémaillère est la paire

$$(\mathsf{int}(\mathsf{d}(), \mathsf{int}(\mathsf{e}(), \mathsf{ext}(), \mathsf{ext}()), \mathsf{int}(\mathsf{f}(), \mathsf{ext}(), \mathsf{ext}())), [p_1, p_2]),$$

où $p_1 := \mathsf{right}(\mathsf{b}(), \mathsf{int}(\mathsf{c}(), \mathsf{ext}(), \mathsf{ext}()))$ signifie que le nœud b possède un enfant à gauche c qui n'a pas été visité (ou, de manière équivalente, nous avons bifurqué à droite lorsque nous sommes descendu jusqu'à d), et $p_2 := \mathsf{left}(\mathsf{a}(), \mathsf{int}(\mathsf{g}(), \mathsf{ext}(), \mathsf{ext}()))$ signifie que le nœud a a un enfant à droite g qui n'a pas été visité. La pile $[p_1, p_2]$ est le chemin du nœud d vers le haut, jusqu'à la racine. Bien sûr, puisque b est le premier dans le chemin ascendant, il est le parent du curseur d.

Au début, la crémaillère ne contient que l'arbre originel $t : (t, [])$. Ensuite, les opérations que nous désirons pour parcourir un arbre binaire à la demande sont up/1 (se déplacer jusqu'au parent), left/1 (visiter l'enfant à gauche), right/1 (voir l'enfant à droite) et sibling/1 (aller au frère). Toutes prennent une crémaillère en argument et, après n'importe lequel de ces déplacements, une nouvelle crémaillère est assemblée. Voir le programme à la FIGURE 7.52 page suivante

Au-delà de parcours arbitraires dans un arbre binaire, cette technique, qui est un cas particulier de la *crémaillère de Huet* (Huet, 1997), permet aussi d'éditer localement la structure de donnée. Ceci revient en effet a simplement remplacer l'arbre courant par un autre :

$$\mathsf{graft}(t', (t, p)) \to (t', p).$$

Si nous ne souhaitons changer que le curseur, nous utiliserions

$$\mathsf{slider}(x', (\mathsf{int}(x, t_1, t_2), p)) \to (\mathsf{int}(x', t_1, t_2), p).$$

Si nous voulons monter jusqu'à la racine et extraire le nouvel arbre :

$$\mathsf{zip}((t, [])) \to t; \quad \mathsf{zip}(z) \to \mathsf{zip}(\mathsf{up}(z)).$$

$$\begin{aligned}
\mathsf{up}((t_1, [\mathsf{left}(x, t_2) \,|\, p])) &\rightarrow (\mathsf{int}(x, t_1, t_2), p);\\
\mathsf{up}((t_2, [\mathsf{right}(x, t_1) \,|\, p])) &\rightarrow (\mathsf{int}(x, t_1, t_2), p).\\[1em]
\mathsf{left}((\mathsf{int}(x, t_1, t_2), p)) &\rightarrow (t_1, [\mathsf{left}(x, t_2) \,|\, p]).\\[1em]
\mathsf{right}((\mathsf{int}(x, t_1, t_2), p)) &\rightarrow (t_2, [\mathsf{right}(x, t_1) \,|\, p]).\\[1em]
\mathsf{sibling}((t_1, [\mathsf{left}(x, t_2) \,|\, p])) &\rightarrow (t_2, [\mathsf{right}(x, t_1) \,|\, p]);\\
\mathsf{sibling}((t_2, [\mathsf{right}(x, t_1) \,|\, p])) &\rightarrow (t_1, [\mathsf{left}(x, t_2) \,|\, p]).
\end{aligned}$$

FIGURE 7.52 – Déplacements dans un arbre binaire

Nous n'avons pas besoin d'une crémaillère pour effectuer un parcours préfixe, infixe ou postfixe, parce qu'elle est principalement conçue pour ouvrir vers le bas et refermer vers le haut des chemins commençant à la racine d'un arbre, à la manière d'une crémaillère dans un vêtement. Néanmoins, si nous retenons un aspect de sa conception, à savoir l'accumulation de nœuds et sous-arbres à visiter, nous pouvons définir les parcours classiques en *forme terminale*, c'est-à-dire que les membres droits sont soit des valeurs ou un appel de fonction dont les arguments ne sont pas des appels eux-mêmes. (De telles définitions sont équivalentes à des *boucles* dans les langages impératifs et peuvent être optimisées par des compilateurs (Appel, 1992).)

Un parcours préfixe terminal est montré à la FIGURE 7.53, où, dans $\mathsf{pre}_8(s, f, t)$, la pile s collecte les nœuds visités en ordre préfixe, la pile f (forêt) est un accumulateur de sous-arbres à visiter et t est l'arbre restant à traverser. Le coût est :

$$\mathcal{C}_n^{\mathsf{pre}_7} = 3n + 2.$$

$$\begin{aligned}
\mathsf{pre}_7(t) &\rightarrow \mathsf{pre}_8([\,], [\,], t).\\[1em]
\mathsf{pre}_8(s, [\,], \mathsf{ext}()) &\rightarrow s;\\
\mathsf{pre}_8(s, [\mathsf{int}(x, t_1, \mathsf{ext}()) \,|\, f], \mathsf{ext}()) &\rightarrow \mathsf{pre}_8(s, [x \,|\, f], t_1);\\
\mathsf{pre}_8(s, [x \,|\, f], \mathsf{ext}()) &\rightarrow \mathsf{pre}_8([x \,|\, s], f, \mathsf{ext}());\\
\mathsf{pre}_8(s, f, \mathsf{int}(x, t_1, t_2)) &\rightarrow \mathsf{pre}_8(s, [\mathsf{int}(x, t_1, \mathsf{ext}()) \,|\, f], t_2).
\end{aligned}$$

FIGURE 7.53 – Parcours préfixe en forme terminale

7.5   Dénombrement

De nombreuses publications (Knuth, 1997, § 2.3.4.4) (Sedgewick et Flajolet, 1996, chap. 5) montrent comment trouver le nombre d'arbres binaires de taille n en utilisant des outils mathématiques puissants, appelés *fonctions génératrices* (Graham *et al.*, 1994, chap. 7). À leur place, pour des raisons didactiques, nous choisissons une technique plus intuitive issue du dénombrement combinatoire qui consiste à construire une bijection entre deux ensembles finis, le cardinal de l'un étant donc le cardinal de l'autre. Pour une taille donnée, nous allons associer chaque arbre binaire à un objet de manière exclusive, et aucun objet ne sera laissé de côté. De plus, ces objets doivent être aisément dénombrables.

Nous connaissons déjà les objets adéquats : les *chemins de Dyck*, que nous avons rencontrés à la section 2.5 sur les files d'attente. Un chemin de Dyck est une ligne brisée dans un repère orthonormé, allant du point $(0,0)$ à $(2n,0)$ et constituée de deux sortes de segments montrés à la FIGURE 7.54, de telle sorte qu'ils demeurent au-dessus de l'axe des abscisses, mais peuvent l'atteindre. Considérons à nouveau l'exemple que nous avons donné à la FIGURE 2.16 page 69, sans prendre en compte les coûts de chaque pas.

Si nous suivons la même convention qu'au chapitre 5, nous dirions ici qu'un *mot de Dyck* est un mot fini sur l'alphabet contenant les lettres r (montée ; anglais : *rise*) et f (descente ; anglais : *fall*), de telle manière que tous ses préfixes contiennent plus de lettres r que f, ou un nombre égal. Cette condition équivaut à la caractérisation géométrique « au-dessus de l'axe des abscisses ou l'atteignant ». Par exemple, rff n'est pas un mot de Dyck parce que le préfixe rff (en fait, le mot entier), contient plus de descentes que de montées, donc le chemin associé termine sous l'axe des abscisses. Le mot de Dyck correspondant au chemin de Dyck à la FIGURE 2.16 page 69 est rrrfrfrrffffrff. À ladite page, nous avons utilisé une parenthèse ouvrante et fermante au lieu de r et f. Conceptuellement, il n'y a pas de différence entre un chemin de Dyck et un mot de Dyck, nous parlons de chemin quand un cadre géométrique est plus intuitif et de mot pour un raisonnement symbolique et de la programmation.

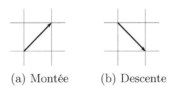

(a) Montée   (b) Descente

FIGURE 7.54 – Pas de base dans un repère

Tout d'abord, associons injectivement des arbres binaires à des mots de Dyck ; en d'autres termes, nous voulons parcourir un arbre donné et produire un mot de Dyck qui n'est le parcours d'aucun autre. Puisque, par définition, les arbres binaires non-vides sont faits de nœuds internes connectés à deux autres arbres binaires, nous pourrions nous demander comment découper un mot de Dyck en trois parties : une correspondant à la racine et deux correspondant aux sous-arbres immédiats. Étant donné que tout mot de Dyck commence par une montée et se termine par une descente, nous pourrions nous interroger à propos du mot entre les deux extrémités. En général, ce n'est pas un mot de Dyck ; par exemple, couper les bouts de rfrrff donne frrf. Au lieu de cela, nous recherchons une décomposition des mots de Dyck en mots de Dyck. Si un mot de Dyck a exactement un *retour*, c'est-à-dire une descente qui mène à l'axe des abscisses, alors découper la première montée et cet unique retour (qui doit aussi être la dernière descente) produit un autre mot de Dyck. Par exemple, rrfrrfff = r · rfrrff · f.

Ces mots sont appelés *premiers*, parce que tout mot de Dyck peut être décomposé de façon unique comme la concaténation de tels mots (d'où la référence à la décomposition en facteurs premiers en théorie élémentaire des nombres) : pour tout mot de Dyck non-vide d, il existe $n > 0$ mots de Dyck p_i premiers et uniques tels que $d = p_1 \cdot p_2 \cdots p_n$. Ceci conduit naturellement à la *décomposition en arches*, dont le nom provient d'une analogie architecturale : pour tout mot de Dyck d, il y a $n > 0$ mots de Dyck d_i et retours f_i tels que

$$d = (\mathsf{r} \cdot d_1 \cdot \mathsf{f}_1) \cdots (\mathsf{r} \cdot d_n \cdot \mathsf{f}_n).$$

Voir Panayotopoulos et Sapounakis (1995), Lothaire (2005), Flajolet et Sedgewick (2009). Mais cette analyse n'est pas adaptée telle quelle, parce que n peut être supérieur à 2, ce qui empêche toute analogie avec les arbres binaires. La solution est assez simple : conservons le premier facteur premier $\mathsf{r} \cdot d_1 \cdot \mathsf{f}_1$ et ne factorisons *pas* le suffixe, qui est un mot de Dyck. Autrement dit, pour tout mot de Dyck non-vide d, il existe un seul retour f_1 et deux sous-mots de Dyck d_1 et d_2 (vides ou non) tels que

$$d = (\mathsf{r} \cdot d_1 \cdot \mathsf{f}_1) \cdot d_2.$$

Ceci est la *décomposition par premier retour*, connue aussi comme la *décomposition quadratique* — il est aussi possible d'écrire $d = d_1 \cdot (\mathsf{r} \cdot d_2 \cdot \mathsf{f}_1)$. Par exemple, le mot de Dyck rrfrffrrrffrff, montré à la FIGURE 7.55 admet la décomposition quadratique r · rfrf · f · rrrffrff. Cette décomposition est unique parce que la factorisation en facteurs premiers est unique.

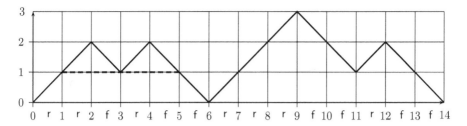

FIGURE 7.55 – Décomposition quadratique d'un chemin de Dyck

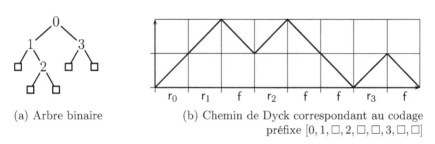

(a) Arbre binaire   (b) Chemin de Dyck correspondant au codage
                               préfixe $[0, 1, \square, 2, \square, \square, 3, \square, \square]$

FIGURE 7.56 – Bijection entre un arbre binaire et un chemin de Dyck

Étant donné un arbre $\mathsf{int}(x, t_1, t_2)$, la montée et la descente explicitement distinguées dans la décomposition quadratique doivent être comprises comme formant une paire qui est en correspondance avec x, alors que d_1 est associé à t_1 et d_2 à t_2. Plus précisément, la valeur de x n'est pas pertinente ici, seulement l'existence d'un nœud interne, et une fourche dans un arbre feuillu serait codée tout aussi bien. Symboliquement, si $\delta(t)$ est le mot de Dyck en relation avec l'arbre binaire t, alors nous nous attendons aux équations suivantes :

$$\delta(\mathsf{ext}()) = \varepsilon; \quad \delta(\mathsf{int}(x, t_1, t_2)) = \mathsf{r}_x \cdot \delta(t_1) \cdot \mathsf{f} \cdot \delta(t_2). \qquad (7.11)$$

Nous avons attaché le contenu du nœud x à la montée correspondante, donc nous ne perdons pas d'information. Par exemple, l'arbre à la FIGURE 7.56a est

$$t := \mathsf{int}(0, \mathsf{int}(1, \mathsf{ext}(), \mathsf{int}(2, \mathsf{ext}(), \mathsf{ext}())), \mathsf{int}(3, \mathsf{ext}(), \mathsf{ext}()),$$

et mis en correspondance avec le chemin de Dyck à la FIGURE 7.56b de la façon suivante :

$$
\begin{aligned}
\delta(t) &= \mathsf{r}_0 \cdot \delta(\mathsf{int}(1, \mathsf{ext}(), \mathsf{int}(2, \mathsf{ext}(), \mathsf{ext}()))) \cdot \mathsf{f} \cdot \delta(\mathsf{int}(3, \mathsf{ext}(), \mathsf{ext}())) \\
&= \mathsf{r}_0 \cdot (\mathsf{r}_1 \cdot \delta(\mathsf{ext}()) \cdot \mathsf{f} \cdot \delta(\mathsf{int}(2, \mathsf{ext}(), \mathsf{ext}()))) \cdot \mathsf{f} \cdot \delta(\mathsf{int}(3, \mathsf{ext}(), \mathsf{ext}())) \\
&= \mathsf{r}_0 \mathsf{r}_1 \varepsilon \cdot \mathsf{f} \cdot (\mathsf{r}_2 \cdot \delta(\mathsf{ext}()) \cdot \mathsf{f} \cdot \delta(\mathsf{ext}())) \cdot \mathsf{f} \cdot (\mathsf{r}_3 \cdot \delta(\mathsf{ext}()) \cdot \mathsf{f} \cdot \delta(\mathsf{ext}())) \\
&= \mathsf{r}_0 \mathsf{r}_1 \mathsf{f} \cdot (\mathsf{r}_2 \cdot \varepsilon \cdot \mathsf{f} \cdot \varepsilon) \cdot \mathsf{f} \cdot (\mathsf{r}_3 \cdot \varepsilon \cdot \mathsf{f} \cdot \varepsilon) = \mathsf{r}_0 \mathsf{r}_1 \mathsf{f} \mathsf{r}_2 \mathsf{f} \mathsf{f} \mathsf{r}_3 \mathsf{f}.
\end{aligned}
$$

$$\mathsf{dpre}(t) \to \mathsf{dpre}(t, [\,]).$$

$$\mathsf{dpre}(\mathsf{ext}(), s) \to s;$$
$$\mathsf{dpre}(\mathsf{int}(x, t_1, t_2), s) \to [\mathsf{r}(x) \,|\, \mathsf{dpre}(t_1, [\mathsf{f}() \,|\, \mathsf{dpre}(t_2, s)])].$$

FIGURE 7.57 – Codage préfixe d'un arbre en un chemin de Dyck

Remarquons que si nous remplaçons les montées par leur contenu associé (en indice) et les descentes par $\square$, nous obtenons $[0, 1, \square, 2, \square, \square, 3, \square]$, ce qui est le codage préfixe de l'arbre sans son dernier $\square$. Nous pourrions alors modifier epre/2 à la FIGURE 7.48 page 254 pour qu'elle code un arbre binaire en un chemin de Dyck, mais nous devrions enlever le dernier élément de la pile résultante, donc il est plus efficace de mettre en œuvre directement δ comme la fonction dpre/1 (anglais : *Dyck path as preorder*) à la FIGURE 7.57. Si la taille de l'arbre binaire est n, alors $\mathcal{C}_n^{\mathsf{dpre}} = 2n + 2$ et la longueur du chemin de Dyck est $2n$.

Cette correspondance est clairement inversible, car nous avons déjà résolu le décodage préfixe aux FIGURES 7.49 à 7.50 pages 255–256, et nous comprenons maintenant que l'inverse est fondé sur la décomposition quadratique du chemin.

Ceci dit, si nous sommes préoccupés par l'efficacité, nous pouvons nous souvenir qu'un codage postfixe conduit à un décodage plus rapide, comme nous l'avons vu aux FIGURES 7.46 à 7.47 pages 253–254. Pour créer un chemin de Dyck basé sur un parcours postfixe, nous associons les nœuds externes à des montées et les nœuds internes à des descentes (avec les contenus), enfin, nous ôtons la première montée. Voir la FIGURE 7.58b pour le chemin de Dyck obtenu à partir du parcours postfixe du même arbre que précédemment. Bien sûr, tout comme nous l'avons fait avec la correspondance préfixe, nous n'allons pas construire le codage postfixe, mais plutôt aller directement de l'arbre binaire au chemin de Dyck,

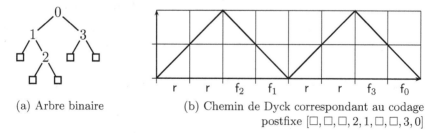

(a) Arbre binaire

(b) Chemin de Dyck correspondant au codage postfixe $[\square, \square, \square, 2, 1, \square, \square, 3, 0]$

FIGURE 7.58 – Bijection entre un arbre binaire et un chemin de Dyck

$$\mathsf{dpost}(t) \to \mathsf{dpost}(t, [\,]).$$

$$\mathsf{dpost}(\mathsf{ext}(), s) \to s;$$
$$\mathsf{dpost}(\mathsf{int}(x, t_1, t_2), s) \to \mathsf{dpost}(t_1, [\mathsf{r}() \,|\, \mathsf{dpost}(t_2, [\mathsf{f}(x) \,|\, s])]).$$

FIGURE 7.59 – Codage postfixe d'un arbre en un chemin de Dyck

$$\mathsf{d2b}(s) \to \mathsf{d2b}([\mathsf{ext}()], s).$$

$$\mathsf{d2b}([t], [\,]) \to t;$$
$$\mathsf{d2b}(f, [\mathsf{r}() \,|\, s]) \to \mathsf{d2b}([\mathsf{ext}() \,|\, f], s);$$
$$\mathsf{d2b}([t_2, t_1 \,|\, f], [\mathsf{f}(x) \,|\, s]) \to \mathsf{d2b}([\mathsf{int}(x, t_1, t_2) \,|\, f], s).$$

FIGURE 7.60 – Décodage postfixe d'un chemin de Dyck en un arbre

comme à la FIGURE 7.59. Remarquons que nous empilons r() et f(x) dans la même règle, donc nous n'avons pas besoin d'ôter la première montée à la fin. (Nous employons une optimisation semblable avec dpre/2 à la FIGURE 7.57 page ci-contre.) En termes structurels, l'inverse de cette correspondance postfixe est une décomposition $d = d_1 \cdot (\mathsf{r} \cdot d_2 \cdot \mathsf{f}_1)$, que nous avons mentionnée précédemment en passant comme étant une option à la décomposition quadratique.

La fonction qui décode les chemins de Dyck postfixes en arbres binaires est une simple variation de post2b/1 et post2b/2 à la FIGURE 7.47 page 254 : nous initialisons la pile auxiliaire avec [ext()]. La fonction est nommée d2b/1 et définie à la FIGURE 7.60. Le coût est

$$\mathcal{C}_n^{\mathsf{d2b}} = 2n + 2.$$

Que nous choisissions un codage préfixe ou postfixe, une conséquence des bijections est qu'il y a autant d'arbres binaires de taille n que de chemins de Dyck de longueur $2n$. Nous savons déjà, voir le chapitre 6, et l'équatio (6.1) page 206, qu'il y a C_n de ces chemins :

$$C_n = \frac{1}{n+1} \binom{2n}{n} \sim \frac{4^n}{n\sqrt{\pi n}}.$$

D'autres encodages des arbres binaires ont proposés par Knuth (1997) (section 2.3.3) et Sedgewick et Flajolet (1996) (section 5.11).

Longueur moyenne des chemins   La plupart des paramètres moyens usuels des arbres binaires, comme la longueur moyenne des chemins internes, la hauteur et largeur moyenne, sont obtenus très difficilement et requièrent des outils mathématiques qui vont au-delà de la portée de ce livre.

La longueur interne $I(t)$ d'un arbre binaire t est la somme des longueurs des chemins de la racine à chaque nœud interne. Nous avons déjà rencontré le concept de longueur externe $E(t)$, à savoir la somme des longueurs des chemins de la racine à chaque nœud externe, à la section 2.8 page 88 à propos du tri optimal, où nous avons montré que l'arbre binaire qui minimise la longueur interne moyenne possède tous ses nœuds externes sur deux niveaux successifs. La relation entre ces deux longueurs est assez simple parce que la structure binaire donne lieu à une équation qui ne dépend que de la taille n :

$$E_n = I_n + 2n. \tag{7.12}$$

En effet, soit $\mathsf{int}(x, t_1, t_2)$ un arbre avec n nœuds internes. Alors, nous avons

$$I(\mathsf{ext}()) = 0, \quad I(\mathsf{int}(x, t_1, t_2)) = I(t_1) + I(t_2) + n - 1, \tag{7.13}$$

parce que chaque chemin dans t_1 et t_2 est rallongé avec un arc de plus jusqu'à la racine x, et il y a $n - 1$ chemins ainsi, par définition. D'un autre côté,

$$E(\mathsf{ext}()) = 0, \quad E(\mathsf{int}(x, t_1, t_2)) = E(t_1) + E(t_2) + n + 1, \tag{7.14}$$

parce que chaque chemin dans t_1 et t_2 est rallongé avec un arc de plus jusqu'à la racine x et il y a $n + 1$ chemins en question, d'après le théorème 5 page 218. En soustrayant l'équation (7.13) de (7.14) donne

$$E(\mathsf{ext}()) - I(\mathsf{ext}()) = 0,$$
$$E(\mathsf{int}(x, t_1, t_2)) - I(\mathsf{int}(x, t_1, t_2)) = (E(t_1) - I(t_1)) + (E(t_2) - I(t_2)) + 2.$$

En d'autres termes, tout nœud interne ajoute 2 à la différence des longueurs externe et interne à partir de lui. Puisque cette différence est nulle aux nœuds externes, nous obtenons l'équation (7.12) pour l'arbre de taille n. Malheureusement, tout autre résultat est franchement difficile à obtenir. Par exemple, la *longueur interne moyenne* $\mathbb{E}[I_n]$, qui vaut

$$\mathbb{E}[I_n] = \frac{4^n}{b_n} - 3n - 1 \sim n\sqrt{\pi n},$$

est expliquée par Knuth (1997) à l'exercice 5 de la section 2.3.4.5, et Sedgewick et Flajolet (1996), au théorème 5.3 de la section 5.6. En utilisant l'équation (7.12), nous déduisons $\mathbb{E}[E_n] = \mathbb{E}[I_n] + 2n$, ce qui implique que le coût du parcours d'un arbre binaire aléatoire de taille n de la racine à un nœud externe est $\mathbb{E}[E_n]/(n+1) \sim \sqrt{\pi n}$. De plus, la valeur $\mathbb{E}[I_n]/n$ peut être comprise comme le niveau moyen d'un nœud interne choisi uniformément au hasard.

Hauteur moyenne La hauteur moyenne h_n d'un arbre binaire de taille n est encore plus difficile à obtenir et a été étudiée par Flajolet et Odlyzko (1981), Brown et Shubert (1984), Flajolet et Odlyzko (1984), Odlyzko (1984) :

$$h_n \sim 2\sqrt{\pi n}.$$

Dans le cas des arbres de Catalan, à savoir, les arbres dont les nœuds internes peuvent avoir un nombre quelconque d'enfants, l'analyse de la hauteur moyenne a été menée par Dasarathy et Yang (1980), Dershowitz et Zaks (1981), Kemp (1984) à la section 5.1.1, Dershowitz et Zaks (1990), Knuth *et al.* (2000) et Sedgewick et Flajolet (1996), à la section 5.9.

Largeur moyenne La *largeur* d'un arbre binaire est la longueur de son niveau étendu le plus grand. On peut montrer que la *largeur moyenne* w_n d'un arbre binaire de taille n satisfait

$$w_n \sim \sqrt{\pi n} \sim \frac{1}{2}h_n.$$

Ce résultat implique, en particulier, que la taille moyenne de la pile nécessaire à l'exécution d'un parcours préfixe avec $pre_4/2$ à la FIGURE 7.6 page 223 est deux fois la taille moyenne de la file nécessaire au parcours en largeur avec bf/1 à la FIGURE 7.35 page 245. Ceci n'est pas du tout évident, car les deux piles qui simulent la file ne contiennent pas toujours un niveau complet.

Pour les arbres de Catalan, Dasarathy et Yang (1980) ont joliment présenté une correspondance bijective avec les arbres binaires et le transfert de certains paramètres moyens.

Exercices

1. Prouvez post2b(epost(t)) $\equiv t$.
2. Prouvez pre2b(epre(t)) $\equiv t$.
3. Prouvez epre(mir(t)) $\equiv$ rev(epost(t)).
4. Définissez le codage d'un arbre binaire fondé sur son parcours infixe.

Chapitre 8

Arbres binaires de recherche

La recherche d'un nœud interne dans un arbre binaire peut être couteuse parce que, dans le pire des cas, l'arbre en entier doit être parcouru, par exemple, en préfixe ou en largeur. Pour remédier à cela, deux choses sont désirables : l'arbre binaire devrait être aussi équilibré que possible et le choix de visiter le sous-arbre gauche ou droit ne devrait être fait qu'après avoir examiné le contenu de la racine, appelé *clé*. La solution la plus simple consiste à satisfaire la dernière condition et voir si elle sied à la première.

Un *arbre binaire de recherche* (Mahmoud, 1992), noté $\mathsf{bst}(x, t_1, t_2)$, est un arbre binaire tel que la clé x est supérieure aux clés de t_1 et inférieure aux clés de t_2. (Le nœud externe $\mathsf{ext}()$ est un arbre de recherche trivial.) La fonction de comparaison dépend de la nature des clés, mais doit être *totale*, c'est-à-dire que toute clé est comparable avec n'importe quelle autre clé. Un exemple est donné à la

FIGURE 8.1

FIGURE 8.1. Une conséquence immédiate est que le parcours infixe d'un arbre binaire de recherche est toujours une pile triée par ordre croissant, par exemple $[3, 5, 11, 13, 17, 29]$ pour l'arbre de la FIGURE 8.1 ci-dessus.

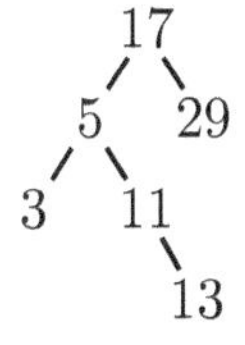

Cette propriété permet de vérifier simplement qu'un arbre binaire est en fait un arbre de recherche : effectuer un parcours infixe et ensuite vérifier l'ordre de la pile résultante. La fonction correspondante, $\mathsf{bst}_0/1$, est lisible à la FIGURE 8.2 page suivante, où $\mathsf{in}_2/2$ est simplement une redéfinition de $\mathsf{in}/2$ à la FIGURE 7.21 page 233. Donc, le coût de $\mathsf{in}_2(t)$, quand t est de taille n, est $C_n^{\mathsf{in}_2} = C_n^{\mathsf{in}} = 2n + 2$.

Le pire des cas pour $\mathsf{ord}/1$ se produit quand la pile est ordonnée de façon croissante, donc le coût maximal est $\mathcal{W}_n^{\mathsf{ord}} = n$, si $n > 0$. Le meilleur des cas est manifesté quand la première clé est supérieure à la deuxième, donc le coût minimal est $\mathcal{B}_n^{\mathsf{ord}} = 1$. En somme, nous avons

267

$$\mathsf{bst}_0(t) \to \mathsf{ord}(\mathsf{in}_2(t, [\,])).$$

$$\mathsf{in}_2(\mathsf{ext}(), s) \to s;$$
$$\mathsf{in}_2(\mathsf{bst}(x, t_1, t_2), s) \to \mathsf{in}_2(t_1, [x \,|\, \mathsf{in}_2(t_2, s)]).$$

$$\mathsf{ord}([x, y \,|\, s]) \to \mathsf{ord}([y \,|\, s]), \text{ si } y \succ x;$$
$$\mathsf{ord}([x, y \,|\, s]) \to \mathsf{false}();$$
$$\mathsf{ord}(s) \to \mathsf{true}().$$

FIGURE 8.2 – Vérification naïve d'un arbre binaire de recherche

$\mathcal{B}_n^{\mathsf{bst0}} = 1 + (2n + 2) + 1 = 2n + 4$ et $\mathcal{W}_n^{\mathsf{bst0}} = 1 + (2n + 2) + n = 3n + 3$.

Un meilleur dessein consiste à ne pas construire le parcours infixe, à *conserver seulement la plus petite clé jusqu'à présent*, en supposant que l'arbre est traversé de droite à gauche, et à la comparer avec la clé courante. Nous avons alors un problème au commencement, parce que nous n'avons encore visité aucun nœud. Une méthode fréquemment employée pour gérer ces situations exceptionnelles consiste à utiliser une *sentinelle*, qui est une valeur factice. Ici, nous voudrions prendre $+\infty$ comme sentinelle, parce que toute clé serait alors inférieure, en particulier la plus grande *qui n'est pas connue*. (Si elle l'était, nous la prendrions comme sentinelle.) Il est en fait facile de représenter cette valeur infinie dans notre langage fonctionnel : usons simplement d'un constructeur constant infty/0 (anglais : *infinity*) et assurons-nous que nous traitons ses comparaisons séparément des autres. En réalité, infty() n'est comparé qu'une fois, avec la clé la plus grande, mais nous n'essaierons pas d'optimiser cela, par peur d'obscurcir le dessein.

Le programme est montré à la FIGURE 8.3 page suivante. Le paramètre m représente la clé *minimale* jusqu'à présent. Le seul but de norm/1 est de se débarrasser de la plus petite clé m dans l'arbre et de terminer à la place avec true(), mais, si l'arbre n'est pas vide, nous pourrions tout aussi bien finir avec true(m), ou même false(x), si plus d'information se révélait utile.

Dans le pire des cas, l'arbre originel est un arbre binaire de recherche, donc il doit être traversé dans son intégralité. S'il y a n nœuds internes, le coût maximal est $\mathcal{W}_n^{\mathsf{bst}} = 1 + 2n + (n + 1) + 1 = 3n + 3$ parce que chaque nœud interne déclenche un appel à bst$_1$/2 et, à son tour, un appel à cmp/3 ; de même, tous les $n + 1$ nœuds externes sont visités. Par conséquent, $\mathcal{W}_n^{\mathsf{bst0}} = \mathcal{W}_n^{\mathsf{bst}}$, si $n > 0$, ce qui n'est pas une amélioration. Néanmoins, ici, nous ne construisons pas une pile avec toutes les clés, ce

$$\mathsf{bst}(t) \to \mathsf{norm}(\mathsf{bst}_1(t, \mathsf{infty}())).$$

$$\mathsf{bst}_1(\mathsf{ext}(), m) \to m;$$
$$\mathsf{bst}_1(\mathsf{bst}(x, t_1, t_2), m) \to \mathsf{cmp}(x, t_1, \mathsf{bst}_1(t_2, m)).$$

$$\mathsf{cmp}(x, t_1, \mathsf{infty}()) \to \mathsf{bst}_1(t_1, x);$$
$$\mathsf{cmp}(x, t_1, m) \to \mathsf{bst}_1(t_1, x), \text{ si } m \succ x;$$
$$\mathsf{cmp}(x, t_1, m) \to \mathsf{false}().$$

$$\mathsf{norm}(\mathsf{false}()) \to \mathsf{false}();$$
$$\mathsf{norm}(m) \to \mathsf{true}().$$

FIGURE 8.3 – Vérification d'un arbre binaire de recherche

qui est un gain clair en termes de mémoire allouée.

Ceci dit, la mémoire n'est pas le seul avantage, car le coût minimal de $\mathsf{bst}/1$ est inférieur à celui de $\mathsf{bst}_0/1$. En effet, le meilleur des cas pour les deux se produit lorsque l'arbre n'est pas un arbre binaire de recherche, mais ceci est découvert au plus tôt par $\mathsf{bst}/1$ dès la deuxième comparaison, parce que la première est toujours positive par dessein ($+\infty \succ x$). Bien entendu, pour que la deuxième comparaison soit effectuée le plus tôt possible, il faut que la première se produise le plus tôt possible aussi. Deux configurations font l'affaire :

$$\mathsf{bst}(\mathsf{bst}(x, t_1, \mathsf{bst}(y, \mathsf{ext}(), \mathsf{ext}()))) \xrightarrow{8} \mathsf{false}(),$$
$$\mathsf{bst}(\mathsf{bst}(y, \mathsf{bst}(x, t_1, \mathsf{ext}()), \mathsf{ext}())) \xrightarrow{8} \mathsf{false}(),$$

où $x \succcurlyeq y$. (Le deuxième arbre est la rotation à gauche du premier. Nous avons vu page 234 que les parcours infixes sont invariants par rotations.) Le coût minimal dans les deux cas est $\mathcal{B}_n^{\mathsf{bst}} = 8$, à contraster avec le coût linéaire $\mathcal{B}_n^{\mathsf{bst}_0} = 2n + 4$ dû à l'inévitable parcours infixe complet.

8.1 Recherche

Nous devons maintenant déterminer si la recherche d'une clé est plus rapide qu'avec un arbre binaire ordinaire, ce qui était notre motivation initiale. Étant donné l'arbre de recherche $\mathsf{bst}(x, t_1, t_2)$, si la clé y que nous cherchons est telle que $y \succ x$, alors nous la recherchons récursivement dans t_2 ; sinon, si $x \succ y$, nous examinons t_1 ; finalement, si $y = x$, c'est que nous venons de la trouver à la racine de l'arbre donné. La définition

$$\begin{array}{l}
\mathsf{mem}(y, \mathsf{ext}()) \to \mathsf{false}(); \\
\mathsf{mem}(x, \mathsf{bst}(x, t_1, t_2)) \to \mathsf{true}(); \\
\mathsf{mem}(y, \mathsf{bst}(x, t_1, t_2)) \to \mathsf{mem}(y, t_1), \text{ si } x \succ y; \\
\mathsf{mem}(y, \mathsf{bst}(x, t_1, t_2)) \to \mathsf{mem}(y, t_2).
\end{array}$$

FIGURE 8.4 – Appartenance à un arbre binaire de recherche

de mem/2 (anglais : *membership*) est donnée à la FIGURE 8.4 page suivante. Le point crucial est que nous ne sommes pas forcément amenés à visiter tous les nœuds. Plus précisément, si tous les nœuds sont visités, alors l'arbre est dégénéré, à savoir, il est isomorphe à une pile, comme les arbres à la FIGURE 7.4 page 221 et 7.31 page 244. Il est évident que le coût minimal d'une recherche positive (la clé est trouvée) se produit quand la clé est à la racine, donc $\mathcal{B}_{n(+)}^{\mathsf{mem}} = 1$, et une recherche négative minimise son coût si la racine possède un enfant qui est un nœud externe visité : $\mathcal{B}_{n(-)}^{\mathsf{mem}} = 2$. Une recherche positive maximise son coût quand l'arbre est dégénéré et la clé en question est la seule feuille, donc $\mathcal{W}_{n(+)}^{\mathsf{mem}} = n$, et une recherche négative de coût maximal se produit si nous visitons un des enfants de la feuille d'un arbre dégénéré : $\mathcal{W}_{n(-)}^{\mathsf{mem}} = n+1$. Par conséquent,

$$\mathcal{B}_n^{\mathsf{mem}} = 1 \quad \text{et} \quad \mathcal{W}_n^{\mathsf{mem}} = n + 1.$$

Ces extremums sont les mêmes qu'avec une recherche linéaire par ls/2 :

$$\mathsf{ls}(x, []) \to \mathsf{false}(); \quad \mathsf{ls}(x, [x \,|\, s]) \to \mathsf{true}(); \quad \mathsf{ls}(x, [y \,|\, s]) \to \mathsf{ls}(x, s).$$

Le coût d'une recherche linéaire positive est $\mathcal{C}_{n,k}^{\mathsf{ls}} = k$, si la clé recherchée est à la position k, avec la première clé à la position 1. Donc, en supposant que chaque clé est distincte et également probable, le coût moyen d'une recherche linéaire positive est

$$\mathcal{A}_n^{\mathsf{ls}} = \frac{1}{n} \sum_{k=1}^{n} \mathcal{C}_{n,k}^{\mathsf{ls}} = \frac{n+1}{2}.$$

Ceci soulève la question du coût moyen de mem/2.

Coût moyen Il est clair d'après la définition qu'une recherche commence à la racine et s'achève à un nœud interne, en cas de succès, ou bien à un nœud externe si elle est infructueuse ; de plus, chaque nœud sur ces chemins correspond à un appel de fonction. Par conséquent, le coût moyen de mem/2 est en relation directe avec la longueur interne moyenne et la longueur externe moyenne. Pour comprendre clairement comment, considérons un arbre binaire de recherche de taille n contenant des clés distinctes. Le coût total de la recherche de toutes ces clés est $n + I_n$, où I_n est la longueur interne (nous ajoutons n à I_n parce que nous comptons les nœuds sur les chemins, pas les arcs, car un nœud interne est associé à un appel de fonction.) En d'autres termes, une clé choisie au hasard parmi celles que nous savons présentes dans un arbre donné de taille n est trouvée par mem/2 pour un coût moyen de $1 + I_n/n$. Par dualité, le coût total pour atteindre tous les nœuds externes d'un arbre binaire de recherche est $(n + 1) + E_n$, où E_n est la longueur externe (il y a $n + 1$ nœuds externes dans un arbre contenant n nœuds internes ; voir le théorème 5 page 218). Autrement dit, le coût moyen d'une recherche négative (la clé est absente) avec mem/2 est $1 + E_n/(n + 1)$.

Parvenu à ce point, nous devrions comprendre que nous avons affaire à deux processus aléatoires, ou, de manière équivalente, à une moyenne de moyennes. En effet, la discussion précédente supposait que l'arbre de recherche était donné, mais que la clé était aléatoire. Le cas général est quand les deux sont aléatoires, c'est-à-dire que les résultats précédents sont moyennés pour tous les arbres possibles de taille fixe n. Soit $\mathcal{A}_{n(+)}^{\mathsf{mem}}$ le coût moyen de la recherche positive d'une clé aléatoire dans un arbre aléatoire de taille n (chacune des n clés étant recherchée avec la même probabilité) ; de plus, soit $\mathcal{A}_{n(-)}^{\mathsf{mem}}$ le coût moyen de la recherche négative d'une clé aléatoire dans un arbre aléatoire (chacun des $n + 1$ intervalles dont les extrémités sont les n clés ont la même probabilité d'être atteints). Alors

$$\mathcal{A}_{n(+)}^{\mathsf{mem}} = 1 + \frac{1}{n}\mathbb{E}[I_n] \quad \text{et} \quad \mathcal{A}_{n(-)}^{\mathsf{mem}} = 1 + \frac{1}{n+1}\mathbb{E}[E_n], \qquad (8.1)$$

où $\mathbb{E}[I_n]$ et $\mathbb{E}[E_n]$ sont, respectivement, la longueur interne moyenne et la longueur externe moyenne. En réutilisant l'équation (7.12), page 264 ($E_n = I_n + 2n$), nous déduisons $\mathbb{E}[E_n] = \mathbb{E}[I_n] + 2n$ et nous pouvons maintenant mettre en relation les coûts moyens de la recherche en éliminant les longueurs moyennes :

$$\mathcal{A}_{n(+)}^{\mathsf{mem}} = \left(1 + \frac{1}{n}\right)\mathcal{A}_{n(-)}^{\mathsf{mem}} - \frac{1}{n} - 2. \qquad (8.2)$$

Il est remarquable que cette équation est valable pour tous les arbres binaires de recherche, *indépendamment de la manière dont ils ont été construits*. Dans la section suivante, nous envisagerons deux méthodes pour faire des arbres de recherche et nous serons à même de déterminer $\mathcal{A}_{n(+)}^{\mathsf{mem}}$ et $\mathcal{A}_{n(-)}^{\mathsf{mem}}$ avec l'aide de l'équation (8.2).

Mais avant, nous pourrions peut-être remarquer qu'à la FIGURE 8.4 page précédente nous n'avons pas suivi l'ordre des comparaisons tel que nous l'avions décrit. Dans le cas d'une recherche positive, la comparaison

$$\mathsf{mem}_0(y, \mathsf{bst}(x, t_1, t_2)) \to \mathsf{mem}_0(y, t_1), \text{ si } x \succ y;$$
$$\mathsf{mem}_0(y, \mathsf{bst}(x, t_1, t_2)) \to \mathsf{mem}_0(y, t_2), \text{ si } y \succ x;$$
$$\mathsf{mem}_0(y, \mathsf{ext}()) \to \mathsf{false}();$$
$$\mathsf{mem}_0(y, t) \to \mathsf{true}().$$

FIGURE 8.5 – Chercher avec moins de comparaisons bivaluées

$y = x$ est vraie exactement une fois, à la fin ; par conséquent, la vérifier avant les autres, comme nous l'avons fait dans la deuxième règle à la FIGURE 8.4 page 270, signifie qu'elle échoue pour toute clé sur le chemin de recherche, sauf la dernière. Si nous mesurons le coût en tant que nombre d'appels de fonction, cela ne change rien, mais, si nous sommes intéressés par la minimisation du nombre de comparaisons d'une recherche, il est préférable de déplacer cette règle *après* les autres tests d'inégalité, comme à la FIGURE 8.5. (Nous supposons qu'une égalité est vérifiée aussi vite qu'une inégalité.) Avec $\mathsf{mem}_0/2$, le nombre de comparaisons pour chaque chemin de recherche est différent à cause de l'asymétrie entre la gauche et la droite : la visite de t_1 cause une comparaison $(x \succ y)$, alors que t_2 déclenche deux comparaisons $(x \nsucc y \text{ et } y \succ x)$. De plus, nous avons aussi déplacé le motif pour le nœud externe après les règles avec des comparaisons, parce que chaque chemin de recherche contient exactement un nœud externe à la fin, donc il est probablement plus efficace de vérifier cela en dernier. En passant, tous les manuels dont nous avons connaissance supposent qu'une seule comparaison atomique avec trois résultats possibles (une *comparaison trivaluée* résulte en « inférieur », « supérieur » ou « égal ») a lieu, bien que les programmes qu'ils donnent emploient explicitement les *comparaisons bivaluées* $(=)$ et $(\succ)$. Ce point aveugle général rend toute analyse théorique fondée sur le nombre de comparaisons moins pertinente, parce que la plupart des langages de programmation de haut niveau n'offrent tout simplement pas de comparaison trivaluée de façon native.

La variante d'Andersson Andersson (1991) a proposé une variante de la recherche qui prend explicitement en compte l'usage de comparaisons bivaluées et réduit leur nombre au minimum, aux dépens de plus d'appels de fonctions. Le dessein consiste à passer d'un appel à l'autre une clé candidate, tout en descendant dans l'arbre, et à toujours terminer une recherche à un nœud externe : si la candidate égale alors la clé recherchée, la recherche est positive, sinon elle ne l'est pas. Par conséquent, le coût en termes d'appels de fonctions d'une recherche négative

$$
\begin{aligned}
&\mathsf{mem}_1(y, \mathsf{bst}(x, t_1, t_2)) \to \mathsf{mem}_2(y, \mathsf{bst}(x, t_1, t_2), x); \\
&\qquad \mathsf{mem}_1(y, \mathsf{ext}()) \to \mathsf{false}().
\end{aligned}
$$

$$
\begin{aligned}
&\mathsf{mem}_2(y, \mathsf{bst}(x, t_1, t_2), c) \to \mathsf{mem}_2(y, t_1, c), \text{ si } x \succ y; \\
&\mathsf{mem}_2(y, \mathsf{bst}(x, t_1, t_2), c) \to \mathsf{mem}_2(y, t_2, x); \\
&\qquad \mathsf{mem}_2(y, \mathsf{ext}(), y) \to \mathsf{true}(); \\
&\qquad \mathsf{mem}_2(y, \mathsf{ext}(), c) \to \mathsf{false}().
\end{aligned}
$$

FIGURE 8.6 – Recherche à la Andersson (clé candidate)

est le même qu'avec $\mathsf{mem}/2$ ou $\mathsf{mem}_0/2$, et le nœud externe terminal est le même, mais le coût d'une recherche positive est plus élevé. Néanmoins, l'avantage est que *l'égalité n'est pas testée à la descente*, seulement quand le nœud externe est atteint, donc seulement une comparaison par nœud est nécessaire. Le programme est montré à la FIGURE 8.6. La candidate est le troisième argument de $\mathsf{mem}_2/2$ et sa première valeur est la racine de l'arbre lui-même, comme nous pouvons le voir à la première règle de $\mathsf{mem}_1/2$. La seule différence conceptuelle avec $\mathsf{mem}_0/2$ est la manière dont une recherche positive est identifiée : si, quelque part lors de la descente, $x = y$, alors x devient la candidate et elle sera passée aux autres appels (« vers le bas ») jusqu'à un nœud externe où $x = x$.

Le pire des cas se produit quand l'arbre est dégénéré et $\mathsf{mem}_1/2$ effectue $n + 1$ comparaisons bivaluées, soit $\overline{\mathcal{W}}_n^{\mathsf{mem}_1} = n + 1$, d'après les notations que nous avons utilisées dans l'analyse du tri par interclassement, au chapitre 4 page 127.

Dans le cas de $\mathsf{mem}_0/2$, l'appel récursif au sous-arbre droit entraîne deux fois plus de comparaisons qu'au sous-arbre gauche, donc le pire des cas est un arbre dégénéré penchant à droite, comme celui à la FIGURE 7.4b page 221, tous les nœuds internes étant visités : $\overline{\mathcal{W}}_n^{\mathsf{mem}_0} = 2n$.

Dans le cas de $\mathsf{mem}/2$, le nombre de comparaisons est symétrique parce que l'égalité est vérifiée d'abord, donc le pire des cas est un arbre dégénéré dans lequel une recherche négative amène à visiter tous les nœuds internes et un nœud externe : $\overline{\mathcal{W}}_n^{\mathsf{mem}} = 2n+1$. Asymptotiquement, nous avons

$$
\overline{\mathcal{W}}_n^{\mathsf{mem}} \sim \overline{\mathcal{W}}_n^{\mathsf{mem}_0} \sim 2 \cdot \overline{\mathcal{W}}_n^{\mathsf{mem}_1}.
$$

Dans le cas de la recherche à la Andersson, il n'y a pas de différence de coût, en termes d'appels de fonction, entre une recherche positive et négative, donc, si $n > 0$, nous avons

$$
\mathcal{A}_n^{\mathsf{mem}_3} = 1 + \mathcal{A}_n^{\mathsf{mem}_2} \quad \text{et} \quad \mathcal{A}_n^{\mathsf{mem}_2} = \mathcal{A}_{n(-)}^{\mathsf{mem}}. \tag{8.3}
$$

$$\mathsf{mem}_3(y, t) \to \mathsf{mem}_4(y, t, t).$$

$$\mathsf{mem}_4(y, \mathsf{bst}(x, t_1, t_2), t) \to \mathsf{mem}_4(y, t_1, t), \text{ si } x \succ y;$$
$$\mathsf{mem}_4(y, \mathsf{bst}(x, t_1, t_2), t) \to \mathsf{mem}_4(y, t_2, \mathsf{bst}(x, t_1, t_2));$$
$$\mathsf{mem}_4(y, \mathsf{ext}(), \mathsf{bst}(y, t_1, t_2)) \to \mathsf{true}();$$
$$\mathsf{mem}_4(y, \mathsf{ext}(), t) \to \mathsf{false}().$$

FIGURE 8.7 – Recherche à la Andersson (arbre candidat)

Le choix entre $\mathsf{mem}_0/2$ et $\mathsf{mem}_1/2$ dépend du compilateur ou de l'interprète du langage de programmation choisi pour la réalisation. Si une comparaison bivaluée est plus lente qu'une indirection (suivre un pointeur, ou, au niveau du langage d'assemblage, effectuer un saut inconditionnel), il est probablement judicieux d'opter pour la variante d'Andersson. Mais le jugement final doit aussi s'appuyer sur un jeu de tests.

Finalement, nous pouvons simplifier le programme d'Andersson en nous débarrassant du test de la valeur $\mathsf{ext}()$ au début de $\mathsf{mem}_1/2$. Nous devons alors simplement avoir un sous-arbre candidat, dont la racine est la clé candidate dans le programme original. Voir FIGURE 8.7 où nous avons $\overline{\mathcal{W}}_n^{\mathsf{mem}_3} = \overline{\mathcal{W}}_n^{\mathsf{mem}_1} = n+1$. Cette version ne devrait être privilégiée que si le langage de programmation employé pour la mise en œuvre possède des *synonymes*, définis dans les motifs, ou, de façon équivalente, si le compilateur peut détecter que le terme $\mathsf{bst}(x, t_1, t_2)$ peut être partagé au lieu d'être dupliqué dans la deuxième règle de $\mathsf{mem}_4/3$ (ici, nous supposons que le partage est implicite et maximal pour chaque règle). Pour des informations supplémentaires sur la variante d'Andersson, nous recommandons la lecture de Spuler (1992).

8.2 Insertion

Insertion de feuilles Puisque toutes les recherches se terminent à un nœud externe, il est extrêmement tentant de commencer l'insertion d'une clé distincte par une recherche négative et ensuite remplacer le nœud externe par une feuille contenant la clé à ajouter. La FIGURE 8.8 page ci-contre montre le programme pour $\mathsf{insl}/2$ (anglais : *insert a leaf*). Remarquons qu'il permet la présence de clés en doublon, ce qui complique considérablement l'analyse du coût (Burge, 1976, Archibald et Clément, 2006, Pasanen, 2010).

La FIGURE 8.9 page suivante montre une variante qui maintient l'unicité des clés, basée sur la définition de $\mathsf{mem}_0/2$ à la FIGURE 8.5 page 272.

$$\begin{aligned}
\mathsf{insl}(y, \mathsf{bst}(x, t_1, t_2)) &\xrightarrow{\tau} \mathsf{bst}(x, \mathsf{insl}(y, t_1), t_2), \text{ si } x \succ y; \\
\mathsf{insl}(y, \mathsf{bst}(x, t_1, t_2)) &\xrightarrow{v} \mathsf{bst}(x, t_1, \mathsf{insl}(y, t_2)); \\
\mathsf{insl}(y, \mathsf{ext}()) &\xrightarrow{\phi} \mathsf{bst}(y, \mathsf{ext}(), \mathsf{ext}()).
\end{aligned}$$

FIGURE 8.8 – Insertion de feuilles avec doublons possibles

$$\begin{aligned}
\mathsf{insl}_0(y, \mathsf{bst}(x, t_1, t_2)) &\rightarrow \mathsf{bst}(x, \mathsf{insl}_0(y, t_1), t_2), \text{ si } x \succ y; \\
\mathsf{insl}_0(y, \mathsf{bst}(x, t_1, t_2)) &\rightarrow \mathsf{bst}(x, t_1, \mathsf{insl}_0(y, t_2)), \text{ si } y \succ x; \\
\mathsf{insl}_0(y, \mathsf{ext}()) &\rightarrow \mathsf{bst}(y, \mathsf{ext}(), \mathsf{ext}()); \\
\mathsf{insl}_0(y, t) &\rightarrow t.
\end{aligned}$$

FIGURE 8.9 – Insertion de feuilles sans doublons

Nous pouvons aussi réutiliser la variante d'Andersson pour inspirer une autre solution à la FIGURE 8.10.

Coût moyen Dans le but de mener à bien l'analyse du coût moyen de l'insertion de feuilles, nous devons supposer que toutes les clés sont distinctes deux à deux ; cela équivaut à considérer tous les arbres de recherche résultant de l'insertion dans un arbre vide au début de toutes les clés de chaque permutation de $(1, 2, \ldots, n)$. Étant donné que le nombre de permutations est supérieur au nombre d'arbres de même taille, car $n! > b_n$ si $n > 2$ (équation (6.1) page 206), nous nous attendons à ce que certaines formes d'arbre correspondent à plusieurs permutations. Comme nous le verrons à la section à propos de la taille moyenne, les arbres dégénérés et extrêmement déséquilibrés sont rares en moyenne (Fill, 1996), ce qui fait des arbres binaires de recherche une bonne structure de donnée si les données sont aléatoires, en tout cas tant que des insertions

$$\mathsf{insl}_1(y, t) \rightarrow \mathsf{insl}_2(y, t, t).$$

$$\begin{aligned}
\mathsf{insl}_2(y, \mathsf{bst}(x, t_1, t_2), t) &\rightarrow \mathsf{bst}(x, \mathsf{insl}_2(y, t_1, t), t_2), \text{ si } x \succ y; \\
\mathsf{insl}_2(y, \mathsf{bst}(x, t_1, t_2), t) &\rightarrow \mathsf{bst}(x, t_1, \mathsf{insl}_2(y, t_2, \mathsf{bst}(x, t_1, t_2))); \\
\mathsf{insl}_2(y, \mathsf{ext}(), \mathsf{bst}(y, t_1, t_2)) &\rightarrow \mathsf{ext}(); \\
\mathsf{insl}_2(y, \mathsf{ext}(), t) &\rightarrow \mathsf{bst}(y, \mathsf{ext}(), \mathsf{ext}()).
\end{aligned}$$

FIGURE 8.10 – Insertion à la Andersson

$$\mathsf{mkl}(s) \xrightarrow{\xi} \mathsf{mkl}(s, \mathsf{ext}()). \qquad \mathsf{mkl}([\,], t) \xrightarrow{\psi} t;$$
$$\mathsf{mkl}([x\,|\,s], t) \xrightarrow{\omega} \mathsf{mkl}(s, \mathsf{insl}(x, t)).$$

FIGURE 8.11 – Créer un arbre avec des insertions de feuilles

de feuilles sont pratiquées. Nous n'allons considérer que insl/2 dans ce qui suit, parce que nous supposerons que les clés insérées sont uniques. (L'insertion à la Andersson n'est intéressante que si des clés peuvent être répétées en entrée et doivent être identifiées comme des doublons, tout en laissant l'arbre de recherche invariant.)

Définissons une fonction mkl/1 (anglais : *make leaves*) à la FIGURE 8.11 qui construit un arbre binaire de recherche en insérant des feuilles dont le contenu est donné dans une pile. Remarquons que nous pourrions aussi définir une fonction mklR/1 (anglais : *make leaves in reverse order*) telle que $\mathsf{mklR}(s) \equiv \mathsf{mkl}(\mathsf{rev}(s))$, d'une manière compacte :

$$\mathsf{mklR}([\,]) \to \mathsf{ext}(); \quad \mathsf{mklR}([x\,|\,s]) \to \mathsf{insl}(x, \mathsf{mklR}(s)). \tag{8.4}$$

Le coût de $\mathsf{insl}(x, t)$ dépend de x et de la forme de t, mais le coût moyen $\mathcal{A}_k^{\mathsf{insl}}$ de $\mathsf{insl}(x, t)$ dépend seulement de la taille k des arbres, parce que toutes les formes sont créées par $\mathsf{mkl}(s) \twoheadrightarrow t$ pour une longueur donnée de s, et tous les nœuds externes de t ont une égale probabilité d'être remplacés par une feuille contenant x. Précisément :

$$\mathcal{A}_n^{\mathsf{mkl}} = 2 + \sum_{k=0}^{n-1} \mathcal{A}_k^{\mathsf{insl}}. \tag{8.5}$$

Une caractéristique remarquable de l'insertion de feuilles est que les nœuds internes ne bougent pas, donc la longueur interne des nœuds est invariante et le coût de rechercher toutes les clés d'un arbre de taille n est le coût de les avoir insérées auparavant. Nous avons déjà remarqué que le coût moyen de la recherche est $n + \mathbb{E}[I_n]$; le coût moyen des n insertions est $\sum_{k=0}^{n-1} \mathcal{A}_k^{\mathsf{insl}}$. Donc d'après l'équation (8.5) :

$$n + \mathbb{E}[I_n] = \mathcal{A}_n^{\mathsf{mkl}} - 2 \tag{8.6}$$

(La soustraction de 2 tient compte des règles ξ et ψ, qui n'effectuent aucune insertion.) Le coût de l'insertion d'une feuille est celui d'une recherche négative :

$$\mathcal{A}_k^{\mathsf{insl}} = \mathcal{A}_{k(-)}^{\mathsf{mem}}. \tag{8.7}$$

Nous souvenant de l'équation (8.1) page 271, et aussi des équations (8.5), (8.6) et (8.7), il vient :

$$\mathcal{A}_{n(+)}^{\mathsf{mem}} = 1 + \frac{1}{n}\mathbb{E}[I_n] = \frac{1}{n}(\mathcal{A}_n^{\mathsf{mkl}} - 2) = \frac{1}{n}\sum_{k=0}^{n-1}\mathcal{A}_k^{\mathsf{insl}} = \frac{1}{n}\sum_{k=0}^{n-1}\mathcal{A}_{k(-)}^{\mathsf{mem}}.$$

Finalement, en utilisant l'équation (8.2) page 271, nous déduisons

$$\frac{1}{n}\sum_{k=0}^{n-1}\mathcal{A}_{k(-)}^{\mathsf{mem}} = \left(1 + \frac{1}{n}\right)\mathcal{A}_{n(-)}^{\mathsf{mem}} - \frac{1}{n} - 2.$$

De manière équivalente :

$$2n + 1 + \sum_{k=0}^{n-1}\mathcal{A}_{k(-)}^{\mathsf{mem}} = (n+1)\mathcal{A}_{n(-)}^{\mathsf{mem}}.$$

Cette équation est facile si nous soustrayons son instance $n-1$:

$$2 + \mathcal{A}_{n-1(-)}^{\mathsf{mem}} = (n+1)\mathcal{A}_{n(-)}^{\mathsf{mem}} - n\mathcal{A}_{n-1(-)}^{\mathsf{mem}}.$$

En remarquant que $\mathcal{A}_{0(-)}^{\mathsf{mem}} = 1$, l'équation devient

$$\mathcal{A}_{0(-)}^{\mathsf{mem}} = 1, \quad \mathcal{A}_{n(-)}^{\mathsf{mem}} = \mathcal{A}_{n-1(-)}^{\mathsf{mem}} + \frac{2}{n+1},$$

donc

$$\mathcal{A}_{n(-)}^{\mathsf{mem}} = 1 + 2\sum_{k=2}^{n+1}\frac{1}{k} = 2H_{n+1} - 1, \tag{8.8}$$

où $H_n := \sum_{k=1}^{n} 1/k$ est le n^{e} nombre harmonique. En remplaçant $\mathcal{A}_{n(-)}^{\mathsf{mem}}$ dans l'équation (8.2) et en utilisant $H_{n+1} = H_n + 1/(n+1)$, on obtient

$$\mathcal{A}_{n(+)}^{\mathsf{mem}} = 2\left(1 + \frac{1}{n}\right)H_n - 3. \tag{8.9}$$

D'après les inéquations (3.12) page 124 et les équations (8.8) et (8.9) :

$$\mathcal{A}_n^{\mathsf{insl}} \sim \mathcal{A}_{n(-)}^{\mathsf{mem}} \sim \mathcal{A}_{n(+)}^{\mathsf{mem}} \sim 2\ln n.$$

Nous obtenons plus d'information sur les comportements asymptotiques de $\mathcal{A}_{n(-)}^{\mathsf{mem}}$ et $\mathcal{A}_{n(+)}^{\mathsf{mem}}$ en examinant leur différence plutôt que leur rapport :

$$\mathcal{A}_{n(-)}^{\mathsf{mem}} - \mathcal{A}_{n(+)}^{\mathsf{mem}} = \frac{2}{n}(n+1-H_{n+1}) \sim 2 \quad \text{et} \quad 1 \leqslant \mathcal{A}_{n(-)}^{\mathsf{mem}} - \mathcal{A}_{n(+)}^{\mathsf{mem}} < 2.$$

La différence moyenne entre une recherche négative et une positive tend lentement vers 2 pour des valeurs croissantes de n, ce qui peut ne pas être évident. Nous pouvons faire usage de ce résultat pour comparer les différences moyennes des coûts d'une recherche positive avec **mem**/2 et **mem**$_3$/2 (Andersson). Nous souvenant de l'équation (8.3) page 273, nous tirons $1 + \mathcal{A}_{n(-)}^{\mathrm{mem}} = \mathcal{A}_{n(+)}^{\mathrm{mem}_3}$. Le résultat précédent maintenant entraîne

$$\mathcal{A}_{n(+)}^{\mathrm{mem}_3} - \mathcal{A}_{n(+)}^{\mathrm{mem}} \sim 3.$$

Par conséquent, le coût additionnel de la variante d'Andersson dans le cas d'une recherche positive est asymptotiquement 3, en moyenne. Par ailleurs, remplacer $\mathcal{A}_{n(-)}^{\mathrm{mem}}$ et $\mathcal{A}_{n(+)}^{\mathrm{mem}}$ dans les équations (8.1) donne

$$\mathbb{E}[I_n] = 2(n+1)H_n - 4n \quad \text{et} \quad \mathbb{E}[E_n] = 2(n+1)H_n - 2n. \qquad (8.10)$$

Donc $\mathbb{E}[I_n] \sim \mathbb{E}[E_n] \sim 2n \ln n$. Remarquons combien il est facile de trouver $\mathbb{E}[I_n]$ pour des arbres binaires de recherche, en comparaison avec l'extrême difficulté des arbres binaires normaux.

Si nous nous intéressons à des résultats un petit plus théoriques, nous pourrions rechercher le nombre moyen de comparaisons pour une recherche et une insertion. Un coup d'œil à la FIGURE 8.4 page 270 révèle que deux comparaisons bivaluées par nœud interne sont effectuées à la descente et une comparaison bivaluée (égalité) est faite si la clé est atteinte, sinon aucune :

$$\overline{\mathcal{A}}_{n(+)}^{\mathrm{mem}} = 1 + \frac{2}{n}\mathbb{E}[I_n] \quad \text{et} \quad \overline{\mathcal{A}}_{n(-)}^{\mathrm{mem}} = \frac{2}{n+1}\mathbb{E}[E_n]. \qquad (8.11)$$

En réutilisant les équations (8.10), nous concluons que

$$\overline{\mathcal{A}}_{n(+)}^{\mathrm{mem}} = 4\left(1 + \frac{1}{n}\right)H_n - 7 \quad \text{et} \quad \overline{\mathcal{A}}_{n(-)}^{\mathrm{mem}} = 4H_n + \frac{4}{n+1} - 4. \qquad (8.12)$$

Clairement, nous avons $\overline{\mathcal{A}}_{n(+)}^{\mathrm{mem}} \sim \overline{\mathcal{A}}_{n(-)}^{\mathrm{mem}} \sim 4 \ln n$. De plus,

$$\overline{\mathcal{A}}_{n(-)}^{\mathrm{mem}} - \overline{\mathcal{A}}_{n(+)}^{\mathrm{mem}} = \frac{4}{n+1} - \frac{4}{n}H_n + 3 \sim 3 \quad \text{et} \quad 1 \leqslant \overline{\mathcal{A}}_{n(-)}^{\mathrm{mem}} - \overline{\mathcal{A}}_{n(+)}^{\mathrm{mem}} < 3.$$

Les coûts moyens pour la recherche à la Andersson et les insertions sont faciles à déduire aussi, grâce aux équations (8.3) page 273 et (8.8) à la page 277 : $\mathcal{A}_n^{\mathrm{mem}_3} = 2H_{n+1} \sim 2\ln n$. Un retour sur la FIGURE 8.7 page 274 met en exergue qu'une comparaison bivaluée $(x \succ y)$ est effectuée en descendant dans l'arbre et une de plus pour l'arrêt à un nœud externe, que la recherche soit positive ou non :

$$\overline{\mathcal{A}}_n^{\mathrm{mem}_3} = \frac{1}{n+1}\mathbb{E}[E_n] = 2H_n + \frac{2}{n+1} - 2 \sim 2\ln n.$$

Nous pouvons finalement comparer le nombre moyen de comparaisons entre mem/2 et mem₃/2 (Andersson) :

$$\overline{\mathcal{A}}_{n(+)}^{\mathsf{mem}} - \overline{\mathcal{A}}_n^{\mathsf{mem}_3} = 2\left(1 + \frac{2}{n}\right)H_n - \frac{2}{n+1} - 5 \sim 2\ln n,$$

$$\overline{\mathcal{A}}_{n(-)}^{\mathsf{mem}} - \overline{\mathcal{A}}_n^{\mathsf{mem}_3} = 2H_n + \frac{2}{n+1} - 2 \sim 2\ln n.$$

En ce qui concerne l'insertion de feuilles, insl/2 se comporte comme mem₃/2, sauf qu'aucune comparaison n'est faite aux nœuds externes. De plus, nous finissons l'analyse du coût moyen de insl/2 avec les équations (8.7) et (8.8) :

$$\overline{\mathcal{A}}_n^{\mathsf{insl}} = \overline{\mathcal{A}}_n^{\mathsf{mem}_3} - 1 = 2H_n + \frac{2}{n+1} - 3 \quad \text{et} \quad \mathcal{A}_n^{\mathsf{insl}} = 2H_{n+1} - 1.$$

Finalement, grâce aux équations (8.6) et (8.10), nous déduisons

$$\mathcal{A}_n^{\mathsf{mkl}} = n + \mathbb{E}[I_n] + 2 = 2(n+1)H_n - n + 2 \sim 2n\ln n. \qquad (8.13)$$

Coût amorti Le pire des cas pour l'insertion d'une feuille se produit quand l'arbre de recherche est dégénéré et la clé à insérer devient la feuille la plus éloignée de la racine. Si l'arbre a pour taille n, alors $n+1$ appels sont effectués, comme nous pouvons le voir à la FIGURE 8.8 page 275, donc $\mathcal{W}_n^{\mathsf{insl}} = n+1$ et $\overline{\mathcal{W}}_n^{\mathsf{insl}} = n$. Dans le cas de l'insertion à la Andersson, à la FIGURE 8.10 page 275, le pire des cas est identique mais il y a un appel supplémentaire pour initialiser la clé candidate, d'où $\mathcal{W}_n^{\mathsf{insl}_1} = n+2$. De plus, le nombre de comparaisons est symétrique et égale 1 par nœud interne, donc $\overline{\mathcal{W}}_n^{\mathsf{insl}_1} = n$ et tout arbre dégénéré est le pire des cas.

Le meilleur des cas pour l'insertion d'une feuille avec insl/2 et insl₁/2 se produit quand la clé doit devenir l'enfant, à gauche ou à droite, de la racine, ou, dit autrement, la racine contient la clé minimale ou maximale dans le parcours infixe, donc $\mathcal{B}_n^{\mathsf{insl}} = 2$ et $\mathcal{B}_n^{\mathsf{insl}_1} = 3$. En ce qui concerne les comparaisons : $\overline{\mathcal{B}}_n^{\mathsf{insl}} = 1$ et $\overline{\mathcal{B}}_n^{\mathsf{insl}_1} = 2$.

En examinant les extremums du coût de mkl/1 et mkr/1, nous comprenons que nous ne pouvons simplement ajouter les extremums du coût de insl/2 parce que, comme nous l'avons mentionné plus tôt, l'appel insl(x, t) dépend de x et de la forme de t. Par exemple, après l'insertion de trois clés dans un arbre vide, la racine n'a plus d'enfant vide, donc le meilleur des cas que nous avons déterminé avant n'est plus valable.

Soit $\overline{\mathcal{B}}_n^{\mathsf{mkl}}$ le nombre minimal de comparaisons nécessaires pour construire un arbre binaire de recherche de taille n par insertion de feuilles. Si nous souhaitons minimiser le coût de chaque insertion, alors la longueur interne de chaque nœud doit être minimale et cela est possible si l'arbre croît comme un arbre parfait ou presque parfait. Un arbre parfait est un arbre dont les nœuds externes appartiennent au même niveau, une configuration que nous avons déjà rencontrée page 250 (l'arbre est contenu sans vide dans un triangle isocèle) ; un arbre presque parfait est un arbre dont les nœuds externes sont sur deux niveaux consécutifs et nous avons vu ce genre d'arbre au paragraphe consacré aux arbres de comparaison et à la minimisation du coût moyen du tri page 98.

Supposons d'abord que l'arbre est parfait, de taille n et hauteur h. La hauteur est la longueur, comptée en nombre d'arcs, du chemin le plus long de la racine à un nœud externe. La longueur totale pour un niveau k constitué uniquement de nœuds internes est $k2^k$. Par conséquent, en additionnant tous les niveaux, il vient

$$\overline{\mathcal{B}}_n^{\mathsf{mkl}} = \sum_{k=1}^{h-1} k2^k = (h-2)2^h + 2, \tag{8.14}$$

grâce à l'équation (4.52) page 156. De plus, en additionnant le nombre de nœuds internes par niveaux : $n = \sum_{k=0}^{h-1} 2^k = 2^h - 1$, donc $h = \lg(n+1)$, que nous pouvons remplacer dans l'équation (8.14) pour obtenir enfin

$$\overline{\mathcal{B}}_n^{\mathsf{mkl}} = (n+1)\lg(n+1) - 2n.$$

Nous avons prouvé $1 + \lfloor \lg n \rfloor = \lceil \lg(n+1) \rceil$ en déterminant le nombre maximal de comparaisons du tri par interclassement descendant, à l'équation (4.37) page 148, donc nous pouvons conclure :

$$\overline{\mathcal{B}}_n^{\mathsf{mkl}} = (n+1)\lfloor \lg n \rfloor - n + 1. \tag{8.15}$$

Supposons maintenant que l'arbre est presque parfait, avec l'avant-dernier niveau $h-1$ contenant $q \neq 0$ nœuds internes ; alors

$$\overline{\mathcal{B}}_n^{\mathsf{mkl}} = \sum_{k=1}^{h-2} k2^k + (h-1)q = (h-3)2^{h-1} + 2 + (h-1)q. \tag{8.16}$$

De plus, le nombre total n de nœuds internes, lorsqu'il est le résultat d'une somme par niveaux, satisfait $n = \sum_{k=0}^{h-2} 2^k + q = 2^{h-1} - 1 + q$, d'où $q = n - 2^{h-1} + 1$. Par définition, nous avons $0 < q \leqslant 2^{h-1}$, donc $0 < n - 2^{h-1} + 1 \leqslant 2^{h-1}$, d'où nous tirons $h - 1 < \lg(n+1) \leqslant h$, alors $h = \lceil \lg(n+1) \rceil = \lfloor \lg n \rfloor + 1$, d'où $q = n - 2^{\lfloor \lg n \rfloor} + 1$. Nous pouvons maintenant substituer à h et q leur valeur, que nous venons de déterminer, en termes de n dans l'équation (8.16) :

$$\overline{\mathcal{B}}_n^{\mathsf{mkl}} = (n+1)\lfloor \lg n \rfloor - 2^{\lfloor \lg n \rfloor} + 2. \tag{8.17}$$

En comparant les équations (8.15) et (8.17), nous voyons que le nombre de comparaisons est minimisé si l'arbre est parfait, donc $n = 2^p - 1$. L'approximation asymptotique de $\overline{\mathcal{B}}_n^{\mathsf{mkl}}$ n'est pas dure à trouver, du moment que nous évitons l'écueil $2^{\lfloor \lg n \rfloor} \sim n$. En effet, considérons la fonction $x(p) := 2^p - 1$, où p est un entier naturel. D'abord, remarquons que, pour tout $p > 0$,

$$2^{p-1} \leqslant 2^p - 1 < 2^p \Rightarrow p - 1 \leqslant \lg(2^p - 1) < p \Rightarrow \lfloor \lg(2^p - 1) \rfloor = p - 1.$$

Par conséquent, $2^{\lfloor \lg(x(p)) \rfloor} = 2^{p-1} = (x(p) + 1)/2 \sim x(p)/2 \not\sim x(p)$, ce qui prouve que $2^{\lfloor \lg(n) \rfloor} \not\sim n$ lorsque $n = 2^p - 1 \to \infty$. Au lieu de cela, dans le cas de l'équation (8.15), utilisons les inégalités classiques $x - 1 < \lfloor x \rfloor \leqslant x$:

$$(n + 1) \lg n - 2n < \overline{\mathcal{B}}_n^{\mathsf{mkl}} \leqslant (n + 1) \lg n - n + 1.$$

Dans le cas de l'équation (8.17), utilisons la définition de la partie fractionnaire $\{x\} := x - \lfloor x \rfloor$. Évidemment, $0 \leqslant \{x\} < 1$. Alors

$$\overline{\mathcal{B}}_n^{\mathsf{mkl}} = (n + 1) \lg n - n \cdot \theta(\{\lg n\}) + 2 - \{\lg n\},$$

où $\theta(x) := 1 + 2^{-x}$. Minimisons et maximisons le terme linéaire : nous avons $\min_{0 \leqslant x < 1} \theta(x) = \theta(1) = 3/2$ et $\max_{0 \leqslant x < 1} \theta(x) = \theta(0) = 2$. En gardant à l'esprit que $x = \{\lg n\}$, nous avons

$$(n + 1) \lg n - 2n + 2 < \overline{\mathcal{B}}_n^{\mathsf{mkl}} < (n + 1) \lg n - \frac{3}{2}n + 1.$$

Dans tous les cas, il est clairement établi à ce point que $\overline{\mathcal{B}}_n^{\mathsf{mkl}} \sim n \lg n$.

Soit $\overline{\mathcal{W}}_n^{\mathsf{mkl}}$ le nombre maximal de comparaisons pour construire un arbre binaire de recherche de taille n par insertion de feuilles. Si nous maximisons chaque insertion, nous devons faire croître un arbre dégénéré et insérer à un nœud de longueur externe maximale :

$$\overline{\mathcal{W}}_n^{\mathsf{mkl}} = \sum_{k=1}^{n-1} k = \frac{n(n-1)}{2} \sim \frac{1}{2} n^2.$$

Insertion d'une racine   Si des clés récemment insérées sont recherchées, le coût est relativement élevé parce que ces clés sont des feuilles ou sont proches de feuilles. Dans ce scénario, au lieu d'insérer une clé comme une feuille, il est préférable de l'insérer comme une nouvelle racine (Stephenson, 1980). La méthode consiste à d'abord effectuer une insertion de feuille et, sur le chemin du retour vers la racine (c'est-à-dire,

$$\begin{array}{l} \mathsf{rotr}(\mathsf{bst}(y, \mathsf{bst}(x, t_1, t_2), t_3)) \overset{\epsilon}{\to} \mathsf{bst}(x, t_1, \mathsf{bst}(y, t_2, t_3)). \\ \mathsf{rotl}(\mathsf{bst}(x, t_1, \mathsf{bst}(y, t_2, t_3))) \overset{\zeta}{\to} \mathsf{bst}(y, \mathsf{bst}(x, t_1, t_2), t_3). \end{array}$$

FIGURE 8.12 – Rotation à droite (ϵ) et à gauche (ζ)

après l'évaluation de chaque appel récursif), nous effectuons des rotations pour faire monter le nouveau nœud dans l'arbre. Plus précisément, si le nœud a été inséré dans un sous-arbre gauche, alors une rotation à droite l'amène un niveau plus haut, sinon une rotation à gauche aura le même effet. La composition de ces rotations fait monter la feuille jusqu'à la racine. La rotation à droite, $\mathsf{rotr}/1$ (anglais : *rotate right*) et à gauche, $\mathsf{rotl}/1$ (anglais : *rotate left*), ont été discutées à la section 7.1 page 234 et sont définies à la FIGURE 8.12. Clairement, elles commutent et sont inverses l'une de l'autre :

$$\mathsf{rotl}(\mathsf{rotr}(t)) \equiv \mathsf{rotr}(\mathsf{rotl}(t)) \equiv t.$$

De plus, bien que moins évident, elle préservent les parcours infixes :

$$\mathsf{in}_3(\mathsf{rotl}(t)) \equiv \mathsf{in}_3(\mathsf{rotr}(t)) \equiv \mathsf{in}_3(t),$$

où $\mathsf{in}_3/1$ calcule le parcours infixe d'un arbre : $\mathsf{in}_3(t) \to \mathsf{in}_2(t, [\,])$, et $\mathsf{in}_2/2$ est définie à la FIGURE 8.2 page 268. Ce théorème est relié de façon inhérente à $\mathsf{Rot}(x, y, t_1, t_2, t_3)$, page 234, et il est facile à démontrer, sans recours à l'induction. D'abord, si $\mathsf{in}_3(t) \equiv \mathsf{in}_3(\mathsf{rotl}(t))$, alors remplacer t par $\mathsf{rotr}(t)$ donne

$$\mathsf{in}_3(\mathsf{rotr}(t)) \equiv \mathsf{in}_3(\mathsf{rotl}(\mathsf{rotr}(t))) \equiv \mathsf{in}_3(t),$$

donc nous n'avons besoin de prouver que $\mathsf{in}_3(\mathsf{rotl}(t)) \equiv \mathsf{in}_3(t)$. Puisque le membre gauche est plus grand, nous devrions essayer de le réécrire en le membre droit. Les réécritures à la FIGURE 8.13 page suivante supposent une rotation gauche, donc l'arbre a la forme $t = \mathsf{bst}(x, t_1, \mathsf{bst}(y, t_2, t_3))$. Si nous appliquons une rotation à des sous-arbres, comme nous l'avons fait, par exemple, à la FIGURE 7.23 page 234, le même théorème implique que le parcours infixe de l'arbre en entier est invariant.

Un corollaire est que les rotations laissent inchangée la propriété d'être un arbre binaire de recherche (FIGURE 8.3 page 269) :

$$\mathsf{bst}(\mathsf{rotl}(t)) \equiv \mathsf{bst}(\mathsf{rotr}(t)) \equiv \mathsf{bst}(t).$$

En effet, en supposant que $\mathsf{bst}/1$ est la spécification de $\mathsf{bst}_0/1$ à la FIGURE 8.2 page 268, et que celle-ci est correcte, à savoir $\mathsf{bst}(t) \equiv \mathsf{bst}_0(t)$,

$$\underline{\mathsf{in}}_3(\mathsf{rotl}(t)) \to \mathsf{in}_2(\mathsf{rotl}(t),[\,])$$
$$= \mathsf{in}_2(\underline{\mathsf{rotl}}(\mathsf{bst}(x,t_1,\mathsf{bst}(y,t_2,t_3))),[\,])$$
$$\overset{\epsilon}{\to} \underline{\mathsf{in}}_2(\mathsf{bst}(y,\mathsf{bst}(x,t_1,t_2),t_3),[\,])$$
$$\to \mathsf{in}_2(\mathsf{bst}(x,t_1,t_2),[y\,|\,\mathsf{in}_2(t_3,[\,])])$$
$$\equiv \mathsf{in}_2(t_1,[x\,|\,\mathsf{in}_2(t_2,[y\,|\,\mathsf{in}_2(t_3,[\,])])])$$
$$\leftarrow \mathsf{in}_2(t_1,[x\,|\,\underline{\mathsf{in}}_2(\mathsf{bst}(y,t_2,t_3),[\,])])$$
$$\leftarrow \underline{\mathsf{in}}_2(\mathsf{bst}(x,t_1,\mathsf{bst}(y,t_2,t_3)),[\,])$$
$$= \mathsf{in}_2(t,[\,])$$
$$\leftarrow \mathsf{in}_3(t). \qquad \square$$

FIGURE 8.13 – Preuve de $\mathsf{in}_3(\mathsf{rotl}(t)) \equiv \mathsf{in}_3(t)$

il est assez aisé de démontrer notre théorème, avec l'aide du théorème précédent $\mathsf{in}_3(\mathsf{rotl}(t)) \equiv \mathsf{in}_3(t)$, qui équivaut à $\mathsf{in}_2(\mathsf{rotl}(t),[\,]) \equiv \mathsf{in}_2(t,[\,])$, et en remarquant qu'il est suffisant de prouver $\mathsf{bst}_0(\mathsf{rotl}(t)) \equiv \mathsf{bst}_0(t)$. Nous concluons alors :

$$\mathsf{bst}_0(\mathsf{rotl}(t)) \equiv \mathsf{ord}(\mathsf{in}_2(\mathsf{rotl}(t),[\,])) \equiv \mathsf{ord}(\mathsf{in}_2(t,[\,])) \leftarrow \mathsf{bst}_0(t).$$

Considérons maintenant un exemple d'insertion d'une racine à la FIGURE 8.14, où l'arbre de la FIGURE 8.1 page 267 est augmenté avec 7. Remarquons que la clôture transitive ($\twoheadrightarrow$) capture l'insertion de feuille préliminaire, que ($\overset{\epsilon}{\to}$) est une rotation à droite et que ($\overset{\varsigma}{\to}$) est une rotation à gauche. Il ne s'agit maintenant que de simplement modifier la définition de $\mathsf{insl}/2$ pour qu'elle devienne l'insertion de racine sous le nom de $\mathsf{insr}/2$, à la FIGURE 8.15 page suivante. Notons que nous pouvons éviter de créer les nœuds internes temporaires $\mathsf{bst}(x,\ldots,t_2)$ et $\mathsf{bst}(x,t_1,\ldots)$ en modifiant $\mathsf{rotl}/1$ et $\mathsf{rotr}/1$ de telle sorte qu'elles prennent trois arguments ($\mathsf{rotl}_0/3$ et $\mathsf{rotr}_0/3$), comme on le voit avec la nouvelle version $\mathsf{insr}_0/2$ à la FIGURE 8.16.

Une comparaison entre les insertions de feuilles et de racines révèle des faits intéressants. Par exemple, puisque l'insertion de feuilles

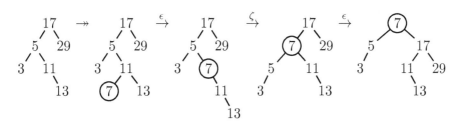

FIGURE 8.14 – Insertion de la racine 7 dans la FIGURE 8.1 page 267

$$\mathsf{insr}(y, \mathsf{bst}(x, t_1, t_2)) \overset{\eta}{\to} \mathsf{rotr}(\mathsf{bst}(x, \mathsf{insr}(y, t_1), t_2)), \text{ si } x \succ y;$$
$$\mathsf{insr}(y, \mathsf{bst}(x, t_1, t_2)) \overset{\theta}{\to} \mathsf{rotl}(\mathsf{bst}(x, t_1, \mathsf{insr}(y, t_2)));$$
$$\mathsf{insr}(y, \mathsf{ext}()) \overset{\iota}{\to} \mathsf{bst}(y, \mathsf{ext}(), \mathsf{ext}()).$$

FIGURE 8.15 – Insertion de racine avec doublons possibles

$$\mathsf{insr}_0(y, \mathsf{bst}(x, t_1, t_2)) \to \mathsf{rotr}_0(x, \mathsf{insr}_0(y, t_1), t_2), \text{ si } x \succ y;$$
$$\mathsf{insr}_0(y, \mathsf{bst}(x, t_1, t_2)) \to \mathsf{rotl}_0(x, t_1, \mathsf{insr}_0(y, t_2));$$
$$\mathsf{insr}_0(y, \mathsf{ext}()) \to \mathsf{bst}(y, \mathsf{ext}(), \mathsf{ext}()).$$

$$\mathsf{rotr}_0(y, \mathsf{bst}(x, t_1, t_2), t_3) \to \mathsf{bst}(x, t_1, \mathsf{bst}(y, t_2, t_3)).$$
$$\mathsf{rotl}_0(x, t_1, \mathsf{bst}(y, t_2, t_3)) \to \mathsf{bst}(y, \mathsf{bst}(x, t_1, t_2), t_3).$$

FIGURE 8.16 – Insertion de racine avec doublons possibles (bis)

ne déplace aucun nœud, les constructions d'un même arbre à partir de deux permutations des clés ont le même coût, par exemple $(1, 3, 2, 4)$ et $(1, 3, 4, 2)$. D'un autre côté, comme l'ont remarqué Geldenhuys et der Merwe (2009), fabriquer le même arbre de recherche avec des insertions de racine peut mener à des coûts différents, comme $(1, 2, 4, 3)$ et $(1, 4, 2, 3)$. Ces auteurs aussi prouvent que tous les arbres d'une taille donnée peuvent être obtenus par insertion de racines ou de feuilles car

$$\mathsf{RootLeaf}(s)\colon \mathsf{mkr}(s) \equiv \mathsf{mkl}(\mathsf{rev}(s)), \tag{8.18}$$

où mkr/1 (anglais : *make roots*) est aisément définie à la FIGURE 8.17. Remarquons que cela équivaut à affirmer $\mathsf{mkr}(s) \equiv \mathsf{mklR}(s)$, où mklR/1 est définie par l'équation (8.4) page 276. Il est utile de démontrer ici RootLeaf(s) parce que, contrairement à Geldenhuys et der Merwe (2009), nous voulons employer une induction structurelle pour être guidé exactement par la syntaxe des définitions de fonction, plutôt qu'une induction sur les tailles, un concept adventice, et nous voulons éviter aussi d'user d'ellipses dans la description des données. De plus, notre cadre logique n'est pas séparé de nos définitions de fonction (le programme abstrait) :

$$\mathsf{mkr}(s) \overset{\kappa}{\to} \mathsf{mkr}(s, \mathsf{ext}()). \qquad \mathsf{mkr}([\,], t) \overset{\lambda}{\to} t;$$
$$\mathsf{mkr}([x \,|\, s], t) \overset{\mu}{\to} \mathsf{mkr}(s, \mathsf{insr}(x, t)).$$

FIGURE 8.17 – Créer des arbres avec des insertions de racines

les réécritures elles-mêmes, les étapes de calcul, donnent naissance à une interprétation logique en termes de classes d'équivalences.

Nous commençons par remarquer que $\mathsf{RootLeaf}(s)$ équivaut à

$$\mathsf{RootLeaf}_0(s)\colon \mathsf{mkr}(s) \equiv \mathsf{mkl}(\mathsf{rev}_0(s)),$$

où $\mathsf{rev}_0/1$ est définie au début de la section 2.2 page 40, où nous prouvons $\mathsf{EqRev}(s)\colon \mathsf{rev}_0(s) \equiv \mathsf{rev}(s)$. C'est souvent une bonne idée d'employer $\mathsf{rev}_0/1$ dans des preuves inductives parce que la règle δ définit $\mathsf{rev}_0([x\,|\,s])$ directement en termes de $\mathsf{rev}_0(s)$. Rappelons les définitions concernées :

$$
\begin{array}{ll}
\mathsf{cat}([],t) \xrightarrow{\alpha} t; & \mathsf{rev}_0([]) \xrightarrow{\gamma} []; \\
\mathsf{cat}([x\,|\,s],t) \xrightarrow{\beta} [x\,|\,\mathsf{cat}(s,t)]. & \mathsf{rev}_0([x\,|\,s]) \xrightarrow{\delta} \mathsf{cat}(\mathsf{rev}_0(s),[x]).
\end{array}
$$

Bien sûr, $\mathsf{rev}_0/1$ est inutile en tant que programme à cause de son coût quadratique, qui ne peut battre le coût linéaire de $\mathsf{rev}/1$, mais, en ce qui concerne la preuve de théorème, elle est une spécification valable et le lemme $\mathsf{EqRev}(s)$ nous permet de transférer toute équivalence impliquant $\mathsf{rev}_0/1$ en une équivalence avec $\mathsf{rev}/1$.

Procédons par induction sur la structure de la pile s. D'abord, nous avons besoin de prouver directement (sans induction) $\mathsf{RootLeaf}_0([])$:

$$\mathsf{mkr}([]) \xrightarrow{\kappa} \mathsf{mkr}([],\mathsf{ext}()) \xrightarrow{\lambda} \mathsf{ext}() \xleftarrow{\psi} \mathsf{mkl}([],\mathsf{ext}()) \xleftarrow{\xi} \mathsf{mkl}([]) \xleftarrow{\gamma} \mathsf{mkl}(\underline{\mathsf{rev}_0}([])).$$

Ensuite, nous posons l'hypothèse d'induction $\mathsf{RootLeaf}_0(s)$ et nous passons à la preuve de $\mathsf{RootLeaf}_0([x\,|\,s])$, pour tout x. Étant donné que le membre droit est plus grand, nous commençons par le réécrire et si nous nous sentons fourvoyés, nous réécrivons l'autre membre, en visant leur convergence. En chemin, il y aura des étapes, sous la forme d'équivalences, qui constituent des lemmes (sous-buts) qui devront être démontrés ultérieurement. Nous avons :

$$
\begin{array}{lll}
\mathsf{mkl}(\underline{\mathsf{rev}_0}([x\,|\,s])) & \xrightarrow{\delta} \mathsf{mkl}(\mathsf{cat}(\mathsf{rev}_0(s),[x])) & \\
& \equiv \mathsf{mkl}(\mathsf{cat}(\mathsf{rev}_0(s),[x]),\mathsf{ext}()) & \\
& \equiv_0 \mathsf{mkl}([x],\mathsf{mkl}(\mathsf{rev}_0(s),\mathsf{ext}())) & \text{Lemma} \\
& \equiv \mathsf{mkl}([],\mathsf{insl}(x,\mathsf{mkl}(\mathsf{rev}_0(s),\mathsf{ext}()))) & \\
& \equiv \mathsf{insl}(x,\mathsf{mkl}(\mathsf{rev}_0(s),\mathsf{ext}())) & \\
& \equiv \mathsf{insl}(x,\mathsf{mkl}(\mathsf{rev}_0(s))) & \\
& \equiv \mathsf{insl}(x,\underline{\mathsf{mkr}}(s)) & \mathsf{RootLeaf}_0(s) \\
& \xrightarrow{\xi} \mathsf{insl}(x,\mathsf{mkr}(s,\mathsf{ext}())) & \\
& \equiv_1 \mathsf{mkr}(s,\underline{\mathsf{insl}}(x,\mathsf{ext}())) & \text{Lemma} \\
& \xrightarrow{\phi} \mathsf{mkr}(s,\mathsf{bst}(x,\mathsf{ext}(),\mathsf{ext}())) & \\
& \xleftarrow{\iota} \mathsf{mkr}(s,\underline{\mathsf{insr}}(x,\mathsf{ext}())) & \\
& \xleftarrow{\mu} \underline{\mathsf{mkr}}([x\,|\,s],\mathsf{ext}()) & \\
& \xleftarrow{\kappa} \mathsf{mkr}([x\,|\,s]). & \qquad\qquad \square
\end{array}
$$

Maintenant, nous devons démontrer les deux lemmes que nous avons identifiés lors de notre tentative de preuve. Le premier, dénoté par ($\equiv_0$), est un corollaire de $\mathsf{MklCat}(u, v, t)$: $\mathsf{mkl}(\mathsf{cat}(u, v), t) \equiv_0 \mathsf{mkl}(v, \mathsf{mkl}(u, t))$. La première chose à faire face à une nouvelle proposition est d'essayer de la réfuter en choisissant astucieusement des valeurs de ses variables. Dans ce cas, la vérité de ce lemme peut être intuitivement saisie sans efforts, ce qui nous donne confiance pour rechercher une preuve formelle, plutôt que de faire sans. Il est suffisant de raisonner par induction sur la structure de la pile u. D'abord, nous vérifions $\mathsf{MklCat}([], v, t)$:

$$\mathsf{mkl}(\underline{\mathsf{cat}}([], v), t) \xrightarrow{\alpha} \mathsf{mkl}(v, t) \xleftarrow{\psi} \mathsf{mkl}(v, \underline{\mathsf{mkl}}([], t)).$$

Ensuite, nous supposons $\mathsf{MklCat}(u, v, t)$, pour tout v et t, qui est donc l'hypothèse d'induction, et nous prouvons $\mathsf{MklCat}([x \mid u], v, t)$:

$$\begin{aligned}
\mathsf{mkl}(\underline{\mathsf{cat}}([x \mid u], v), t) &\xrightarrow{\beta} \mathsf{mkl}([x \mid \mathsf{cat}(u, v)], t) \\
&\equiv \mathsf{mkl}(\mathsf{cat}(u, v), \mathsf{insl}(x, t)) \\
&\equiv_0 \mathsf{mkl}(v, \mathsf{mkl}(u, \mathsf{insl}(x, t))) \quad \mathsf{MklCat}(u, v, \mathsf{inst}(x, t)) \\
&\xleftarrow{\omega} \mathsf{mkl}(v, \underline{\mathsf{mkl}}([x \mid u], t)). \hspace{3cm} \square
\end{aligned}$$

Définissons formellement le second lemme dénoté par l'équivalence ($\equiv_1$) dans la preuve de $\mathsf{RootLeaf}_0(s)$. Soit

$$\mathsf{MkrInsr}(x, s, t) : \mathsf{insl}(x, \mathsf{mkr}(s, t)) \equiv_1 \mathsf{mkr}(s, \mathsf{insl}(x, t)).$$

Cette proposition, malgré sa symétrie symbolique plaisante, n'est pas triviale et peut exiger quelques exemples pour être mieux saisie. Elle signifie que l'insertion d'une feuille peut être effectuée avant ou après une série d'insertion de racines, aboutissant dans les deux cas au même arbre. Nous construisons la preuve par induction sur la structure de la pile s uniquement. (Les autres paramètres ne sont probablement pas inductivement pertinents parce que x est une clé, donc nous ne pouvons rien dire sur son éventuelle structure interne, et t est le second paramètre de $\mathsf{mkr}/2$ et $\mathsf{insl}/2$, donc nous ne savons rien de sa forme ou contenu.) Nous débutons, comme il se doit, par une vérification (Une vérification, par définition, n'implique pas l'usage d'un argument inductif.) de la base $\mathsf{MklInsr}(x, [], t)$:

$$\mathsf{insl}(x, \underline{\mathsf{mkr}}([], t)) \xrightarrow{\lambda} \mathsf{insl}(x, t) \equiv \mathsf{mkr}([], \mathsf{insl}(x, t)).$$

Nous supposons maintenant $\mathsf{MkrInsr}(x, s, t)$ pour tout x et t, et nous tâchons de démontrer $\mathsf{MkrInsr}(x, [y \mid s], t)$, pour toute clé y, en réécrivant les deux membres de l'équivalence et en visant à obtenir le même terme :

$$\begin{aligned}
\mathsf{insl}(x, \underline{\mathsf{mkr}([y\,|\,s], t)}) &\xrightarrow{\mu} \mathsf{insl}(x, \mathsf{mkr}(s, \mathsf{insr}(y, t))) \\
&\equiv_1 \mathsf{mkr}(s, \mathsf{insl}(x, \mathsf{insr}(y, t))) \quad \mathsf{MkrInsr}(x, s, \mathsf{insr}(y, t)) \\
&\equiv_2 \mathsf{mkr}(s, \mathsf{insr}(y, \mathsf{insl}(x, t))) \qquad\qquad\qquad \text{Lemma} \\
&\equiv \mathsf{mkr}([y\,|\,s], \mathsf{insl}(x, t)). \qquad\qquad\qquad\qquad \Box
\end{aligned}$$

Remarquons que nous avons découvert la nécessité d'un nouveau lemme sous la forme de l'équivalence ($\equiv_2$), qui affirme que l'insertion d'une racine commute avec l'insertion d'une feuille. Ceci n'est pas évident et nécessite probablement d'être vu sur quelques exemples pour être cru. La technique de démonstration inductive elle-même nous a conduit à cet important concept sur lequel repose donc la proposition initiale. Soit le lemme en question formellement défini comme suit :

$$\mathsf{Ins}(x, y, t)\colon \mathsf{insl}(x, \mathsf{insr}(y, t)) \equiv_2 \mathsf{insr}(y, \mathsf{insl}(x, t)).$$

Nous utiliserons l'induction sur la structure de l'arbre t, parce que les autres variables sont des clés, donc sont atomiques. La vérification de la base $\mathsf{Ins}(x, y, \mathsf{ext}())$ est en fait plutôt longue, en comparaison avec les autres preuves. Nous commençons avec

$$\mathsf{insl}(x, \underline{\mathsf{insr}(y, \mathsf{ext}())}) \xrightarrow{\iota} \mathsf{insl}(x, \mathsf{bst}(y, \mathsf{ext}(), \mathsf{ext}())) \quad \otimes$$

Le symbole $\otimes$ est une étiquette à partir de laquelle différentes réécritures sont possibles, selon différentes conditions, et nous aurons besoin de revenir à cette étiquette. Ici, deux cas se présentent d'eux-même à nous : $x \succ y$ ou $y \succ x$. Nous avons l'analyse par cas suivante :

— Si $x \succ y$, alors

$$\begin{aligned}
\otimes &\xrightarrow{\upsilon} \mathsf{bst}(y, \mathsf{ext}(), \underline{\mathsf{insl}(x, \mathsf{ext}())}) & x \succ y \\
&\xrightarrow{\phi} \mathsf{bst}(y, \mathsf{ext}(), \mathsf{bst}(x, \mathsf{ext}(), \mathsf{ext}())) \\
&\xleftarrow{\epsilon} \underline{\mathsf{rotr}(\mathsf{bst}(x, \mathsf{bst}(y, \mathsf{ext}(), \mathsf{ext}()), \mathsf{ext}()))} \\
&\xleftarrow{\iota} \mathsf{rotr}(\mathsf{bst}(x, \underline{\mathsf{insr}(y, \mathsf{ext}())}, \mathsf{ext}())) \\
&\xleftarrow{\eta} \underline{\mathsf{insr}(y, \mathsf{bst}(x, \mathsf{ext}(), \mathsf{ext}()))} & x \succ y \\
&\xleftarrow{\phi} \mathsf{insr}(y, \underline{\mathsf{insl}(x, \mathsf{ext}())}).
\end{aligned}$$

— Si $y \succ x$, alors

$$\begin{aligned}
\otimes &\xrightarrow{\tau} \mathsf{bst}(y, \underline{\mathsf{insl}(x, \mathsf{ext}())}, \mathsf{ext}()) & y \succ x \\
&\xrightarrow{\phi} \mathsf{bst}(y, \mathsf{bst}(x, \mathsf{ext}(), \mathsf{ext}()), \mathsf{ext}()) \\
&\xleftarrow{\xi} \underline{\mathsf{rotl}(\mathsf{bst}(x, \mathsf{ext}(), \mathsf{bst}(y, \mathsf{ext}(), \mathsf{ext}())))} \\
&\xleftarrow{\iota} \mathsf{rotl}(\mathsf{bst}(x, \mathsf{ext}(), \underline{\mathsf{insr}(y, \mathsf{ext}())})) \\
&\xleftarrow{\theta} \underline{\mathsf{insr}(y, \mathsf{bst}(x, \mathsf{ext}(), \mathsf{ext}()))} & y \succ x \\
&\xleftarrow{\phi} \mathsf{insr}(y, \underline{\mathsf{insl}(x, \mathsf{ext}())}).
\end{aligned}$$

Maintenant, supposons $\mathsf{Ins}(x, y, t_1)$ et $\mathsf{Ins}(x, y, t_2)$, puis essayons de prouver $\mathsf{Ins}(x, y, t)$, où $t = \mathsf{bst}(a, t_1, t_2)$, pour toute clé a. Nous débutons arbitrairement avec le membre droit :

$$\mathsf{insr}(y, \mathsf{insl}(x, t)) = \mathsf{insr}(y, \mathsf{insl}(x, \mathsf{bst}(a, t_1, t_2))) \quad \otimes$$

Deux cas complémentaires font surface : $a \succ x$ ou $x \succ a$.
— Si $a \succ x$, alors $\otimes \overset{\tau}{\to} \mathsf{insr}(y, \mathsf{bst}(a, \mathsf{insl}(x, t_1), t_2)) \otimes$. Deux sous-cas apparaissent : $a \succ y$ ou $y \succ a$.
  — Si $a \succ y$, alors

$$
\begin{aligned}
\otimes &\equiv \mathsf{rotr}(\mathsf{bst}(a, \mathsf{insr}(y, \mathsf{insl}(x, t_1)), t_2)) && a \succ y \\
&\equiv_2 \mathsf{rotr}(\mathsf{bst}(a, \mathsf{insl}(x, \mathsf{insr}(y, t_1)), t_2)) && \mathsf{Ins}(x, y, t_1) \\
&\equiv \mathsf{rotr}(\mathsf{insl}(x, \mathsf{bst}(a, \mathsf{insr}(y, t_1), t_2))) && \\
&\equiv \mathsf{rotr}(\mathsf{insl}(x, \mathsf{rotl}(\mathsf{rotr}(\mathsf{bst}(a, \mathsf{insr}(y, t_1), t_2))))) && \\
&\overset{\eta}{\leftarrow} \mathsf{rotr}(\mathsf{insl}(x, \mathsf{rotl}(\underline{\mathsf{insr}(y, \mathsf{bst}(a, t_1, t_2))}))) && \\
&= \mathsf{rotr}(\mathsf{insl}(x, \mathsf{rotl}(\mathsf{insr}(y, t)))) && t = \mathsf{bst}(a, t_1, t_2) \\
&\equiv_3 \mathsf{rotr}(\mathsf{rotl}(\mathsf{insl}(x, \mathsf{insr}(y, t)))) && \text{Lemma} \\
&\equiv \mathsf{insl}(x, \mathsf{insr}(y, t)). && \mathsf{rotr}(\mathsf{rotl}(z)) \equiv z
\end{aligned}
$$

Ce qui fait marcher ce cas de la preuve est que $a \succ x$ et $a \succ y$ nous permettent de déplacer les appels aux rotations dans le terme de telle sorte qu'ils sont composés sur le sous-arbre t_1, ce qui rend possible l'usage de l'hypothèse d'induction $\mathsf{Ins}(x, y, t_1)$. Ensuite, nous ramenons vers le haut du terme les appels commutés, en utilisant le fait que la composition d'une rotation à gauche et à droite, et vice-versa, est l'identité. Remarquons comment, en cours de route, nous avons mis au jour une nouvelle équivalence, $(\equiv_3)$, en attente de démonstration. L'interprétation de ce sous-but est que la rotation à gauche et l'insertion d'une feuille commutent.
— Si $y \succ a$, alors

$$
\begin{aligned}
\otimes &\overset{\theta}{\to} \mathsf{rotl}(\mathsf{bst}(a, \mathsf{insl}(x, t_1), \mathsf{insr}(y, t_2))) && y \succ a \\
&\equiv \mathsf{rotl}(\mathsf{insl}(x, \mathsf{bst}(a, t_1, \mathsf{insr}(y, t_2)))) && \\
&\equiv \mathsf{rotl}(\mathsf{insl}(x, \mathsf{rotr}(\mathsf{rotl}(\mathsf{bst}(a, t_1, \mathsf{insr}(y, t_2)))))) && \\
&\overset{\theta}{\leftarrow} \mathsf{rotl}(\mathsf{insl}(x, \mathsf{rotr}(\underline{\mathsf{insr}(y, \mathsf{bst}(a, t_1, t_2))}))) && \\
&= \mathsf{rotl}(\mathsf{insl}(x, \mathsf{rotr}(\mathsf{insr}(y, t)))) && t = \mathsf{bst}(a, t_1, t_2) \\
&\equiv_4 \mathsf{rotl}(\mathsf{rotr}(\mathsf{insl}(x, \mathsf{insr}(y, t)))) && \text{Lemma} \\
&\equiv \mathsf{insl}(x, \mathsf{insr}(y, t)). && \mathsf{rotl}(\mathsf{rotr}(z)) \equiv z
\end{aligned}
$$

Ici, il n'y avait pas besoin de l'hypothèse d'induction, parce que $a \succ x$ et $y \succ a$ impliquent $y \succ x$, donc l'insertion de feuille et l'insertion de racine ne sont pas composées et s'appliquent à des sous-arbres différents, t_1 et t_2. Tout ce que nous avons à faire est alors de les faire remonter dans le terme dans le même ordre que nous les avons fait descendre (comme via une file d'attente). Nous avons découvert au passage une nouvelle équivalence, ($\equiv_4$), qui nécessitera une preuve ultérieure et qui est reliée par dualité à ($\equiv_3$) parce qu'elle dit qu'une rotation à *droite* et une insertion de feuille commutent. Dans leur ensemble, elles signifient qu'une rotation commute avec l'insertion d'une feuille.

— Si $x \succ a$, alors $\otimes \xrightarrow{\upsilon} \mathsf{insr}(y, \mathsf{bst}(a, t_1, \mathsf{insl}(y, t_2))) \otimes$. Deux sous-cas deviennent apparents : $a \succ y$ ou $y \succ a$.

— Si $a \succ y$, alors

$$
\begin{aligned}
\otimes &\equiv \mathsf{rotr}(\mathsf{bst}(a, \mathsf{bst}(a, \mathsf{insr}(y, t_1), \mathsf{insl}(x, t_2)))) && a \succ y \\
&\equiv \mathsf{rotr}(\mathsf{insl}(x, \mathsf{bst}(a, \mathsf{insr}(y, t_1), t_2))) \\
&\equiv \mathsf{rotr}(\mathsf{insl}(x, \mathsf{rotl}(\mathsf{rotr}(\mathsf{bst}(a, \mathsf{insr}(y, t_1), t_2))))) \\
&\xleftarrow{\eta} \mathsf{rotr}(\mathsf{insl}(x, \mathsf{rotl}(\underline{\mathsf{insr}}(y, \mathsf{bst}(a, t_1, t_2))))) \\
&= \mathsf{rotr}(\mathsf{insl}(x, \mathsf{rotl}(\mathsf{insr}(y, t)))) && t = \mathsf{bst}(a, t_1, t_2) \\
&\equiv_3 \mathsf{rotr}(\mathsf{rotl}(\mathsf{insl}(x, \mathsf{insr}(y, t)))) \\
&\equiv \mathsf{insl}(x, \mathsf{insr}(y, t)). && \mathsf{rotr}(\mathsf{rotl}(z)) \equiv z
\end{aligned}
$$

Ce sous-cas est similaire au précédent, dans le sens que les insertions sont effectuées sur des sous-arbres différents, donc il n'y a pas besoin de l'hypothèse d'induction. La différence est qu'ici ($\equiv_3$) est exigée au lieu de ($\equiv_4$).

— Si $y \succ a$, alors

$$
\begin{aligned}
\otimes &\equiv \mathsf{rotl}(\mathsf{bst}(a, t_1, \mathsf{insr}(y, \mathsf{insl}(x, t_2)))) \\
&\equiv_2 \mathsf{rotl}(\mathsf{bst}(a, t_1, \mathsf{insl}(x, \mathsf{insr}(y, t_2)))) && \mathsf{Ins}(x, y, t_2) \\
&\equiv \mathsf{rotl}(\mathsf{insl}(x, \mathsf{bst}(a, t_1, \mathsf{insr}(y, t_2)))) \\
&\equiv_3 \mathsf{insl}(x, \mathsf{rotl}(\mathsf{bst}(a, t_1, \mathsf{insr}(y, t_2)))) \\
&\xleftarrow{\theta} \mathsf{insl}(x, \underline{\mathsf{insr}}(y, \mathsf{bst}(a, t_1, t_2))) \\
&= \mathsf{insl}(x, \mathsf{insr}(y, t)). && t = \mathsf{bst}(a, t_1, t_2)
\end{aligned}
$$

Ceci est le dernier sous-cas. Il est similaire au premier, parce que les insertions sont composées, bien que sur t_2 au lieu de t_1, donc permettent l'usage de l'hypothèse d'induction. Ensuite, les insertions sont remontées dans le même ordre où elles ont descendu, par exemple, $\mathsf{insl}/2$ a été poussé vers le bas avant $\mathsf{insr}/2$ donc son appel est remonté avant celui de $\mathsf{insr}/2$. □

Maintenant, nous avons deux lemmes à prouver, duaux l'un de l'autre, et qui signifient ensemble que les rotations commutent avec les insertions de feuilles. Considérons le premier :

$$\mathsf{insl}(x, \mathsf{rotl}(t)) \equiv_3 \mathsf{rotl}(\mathsf{insl}(x, t)).$$

Implicitement, cette proposition n'a de sens que si l'arbre t est de la forme $t = \mathsf{bst}(a, t_1, \mathsf{bst}(b, t_2, t_3))$ et est un arbre binaire de recherche, ce qui implique $b \succ a$. La preuve est de nature technique, ce qui signifie qu'elle requiert de nombreux cas et n'apporte pas de nouvelles intuitions, comme le souligne l'absence d'induction. Nous commençons comme suit :

$$\mathsf{insl}(x, \mathsf{rotl}(t)) = \mathsf{insl}(x, \underline{\mathsf{rotl}}(\mathsf{bst}(a, t_1, \mathsf{bst}(b, t_2, t_3))))$$
$$\xrightarrow{\varsigma} \mathsf{insl}(x, \mathsf{bst}(b, \mathsf{bst}(a, t_1, t_2), t_3)) \quad \otimes$$

Deux cas sont à considérer : $b \succ x$ ou $x \succ b$.

— Si $b \succ x$, alors $\otimes \xrightarrow{\tau} \mathsf{bst}(b, \mathsf{insl}(x, \mathsf{bst}(a, t_1, t_2)), t_3) \otimes$. Nous avons donc deux sous-cas : $a \succ x$ ou $x \succ a$.

— Si $a \succ x$, alors $\otimes \xrightarrow{\tau} \mathsf{bst}(b, \mathsf{bst}(a, \mathsf{insl}(x, t_1), t_2), t_3)$
$$\equiv \mathsf{rotl}(\mathsf{bst}(a, \mathsf{insl}(x, t_1), \mathsf{bst}(b, t_2, t_3)))$$
$$\xleftarrow{\tau} \mathsf{rotl}(\underline{\mathsf{insl}}(x, \mathsf{bst}(a, t_1, \mathsf{bst}(b, t_2, t_3))))$$
$$= \mathsf{rotl}(\mathsf{insl}(x, t)).$$

— Si $x \succ a$, alors $\otimes \xrightarrow{\upsilon} \mathsf{bst}(b, \mathsf{bst}(a, t_1, \mathsf{insl}(x, t_2)), t_3)$
$$\equiv \mathsf{rotl}(\mathsf{bst}(a, t_1, \mathsf{bst}(b, \mathsf{insl}(x, t_2), t_3)))$$
$$\xleftarrow{\tau} \mathsf{rotl}(\mathsf{bst}(a, t_1, \underline{\mathsf{insl}}(x, \mathsf{bst}(b, t_2, t_3))))$$
$$\xleftarrow{\upsilon} \mathsf{rotl}(\underline{\mathsf{insl}}(x, \mathsf{bst}(a, t_1, \mathsf{bst}(b, t_2, t_3))))$$
$$= \mathsf{rotl}(\mathsf{insl}(x, t)).$$

— Si $x \succ b$, alors l'hypothèse $b \succ a$ implique $x \succ a$. Nous avons

$$\otimes \xrightarrow{\upsilon} \mathsf{bst}(b, \mathsf{bst}(a, t_1, t_2), \mathsf{insl}(x, t_3))$$
$$\equiv \mathsf{rotl}(\mathsf{bst}(a, t_1, \mathsf{bst}(b, t_2, \mathsf{insl}(x, t_3))))$$
$$\xleftarrow{\upsilon} \mathsf{rotl}(\mathsf{bst}(a, t_1, \underline{\mathsf{insl}}(x, \mathsf{bst}(b, t_2, t_3)))) \qquad x \succ b$$
$$\xleftarrow{\upsilon} \mathsf{rotl}(\underline{\mathsf{insl}}(x, \mathsf{bst}(a, t_1, \mathsf{bst}(b, t_2, t_3)))) \qquad x \succ a$$
$$= \mathsf{rotl}(\mathsf{insl}(x, t)). \qquad\qquad \square$$

Le lemme restant est $\mathsf{insl}(x, \mathsf{rotr}(t)) \equiv_4 \mathsf{rotr}(\mathsf{insl}(x, t))$. Un peu d'algèbre suffit pour montrer qu'il équivaut à $\mathsf{insl}(x, \mathsf{rotl}(t)) \equiv_3 \mathsf{rotl}(\mathsf{insl}(x, t))$. En effet, nous avons les équations suivantes équivalentes :

$$\mathsf{insl}(x, \mathsf{rotl}(t)) \equiv_3 \mathsf{rotl}(\mathsf{insl}(x, t))$$
$$\mathsf{insl}(x, \mathsf{rotl}(\mathsf{rotr}(t))) \equiv \mathsf{rotl}(\mathsf{insl}(x, \mathsf{rotr}(t)))$$
$$\mathsf{insl}(x, t) \equiv \mathsf{rotl}(\mathsf{insl}(x, \mathsf{rotr}(t)))$$
$$\mathsf{rotr}(\mathsf{insl}(x, t)) \equiv \mathsf{rotr}(\mathsf{rotl}(\mathsf{insl}(x, \mathsf{rotr}(t))))$$
$$\mathsf{rotr}(\mathsf{insl}(x, t)) \equiv_4 \mathsf{insl}(x, \mathsf{rotr}(t)). \qquad \square$$

Coût moyen Le nombre moyen de comparaisons pour l'insertion d'une racine est le même que pour l'insertion d'une feuille, parce que les rotations n'impliquent aucune comparaison :

$$\overline{\mathcal{A}}_n^{\text{insr}} = \overline{\mathcal{A}}_n^{\text{insr}_0} = \overline{\mathcal{A}}_n^{\text{insl}} = 2H_n + \frac{2}{n+1} - 3 \sim 2\ln n.$$

Ceci dit, les rotations doublent le coût de chaque pas vers le bas dans l'arbre, et, via les équations (8.11) et (8.12) page 278, nous avons alors

$$\mathcal{A}_n^{\text{insr}} = 1 + \frac{2}{n+1}\mathbb{E}[E_n] = 1 + \overline{\mathcal{A}}_{n(-)}^{\text{mem}} = 4H_n + \frac{4}{n+1} - 3 \sim 4\ln n.$$

Une conséquence du théorème (8.18) page 284 est que toutes les permutations de même taille donnent naissance au même ensemble d'arbres binaires de recherche, que ce soit grâce à mkl/1 ou mkr/1. Par conséquent, l'insertion par insl/1 ou insr/1 d'une même clé produira le même nombre moyen de comparaisons, parce que $\overline{\mathcal{A}}_n^{\text{insr}} = \overline{\mathcal{A}}_n^{\text{insr}_0} = \overline{\mathcal{A}}_n^{\text{insl}}$. Par induction sur la taille, nous concluons que le nombre moyen de comparaisons pour mkl/1 et mkr/1 est le même :

$$\overline{\mathcal{A}}_n^{\text{mkr}} = \overline{\mathcal{A}}_n^{\text{mkl}} = \mathbb{E}[I_n] = 2(n+1)H_n - 4n.$$

Puisque la seule différence entre insl/1 et insr/1 est le coût supplémentaire d'une rotation par arc descendant, nous réalisons rapidement, en nous souvenant des équations (8.13) et (8.10), que

$$\mathcal{A}_n^{\text{mkr}} = \mathcal{A}_n^{\text{mkl}} + \mathbb{E}[I_n] = n + 2 \cdot \mathbb{E}[I_n] + 2 = 4(n+1)H_n - 7n + 2.$$

Coût amorti Puisque la première phase de l'insertion d'une racine est l'insertion d'une feuille, les analyses précédentes des extremums du coût de insl/2 et insl_1/2 sont valables aussi bien pour insr/2. Considérons maintenant les coûts amortis de insr/2, à savoir, les extremums du coût de mkr/1.

Soit $\overline{\mathcal{B}}_n^{\text{mkr}}$ le nombre minimal de comparaisons pour construire un arbre binaire de recherche de taille n en employant des insertions de racines. Nous avons vu que le meilleur cas pour l'insertion d'une feuille (insl/2) se produit quand la clé insérée devient l'enfant de la racine. Bien que cela ne peut conduire au meilleur coût amorti (mkl/1), c'est le meilleur coût amorti quand des insertions de racines (mkr/1) sont utilisées, parce que la clé nouvellement insérée devient la racine avec exactement une rotation (à gauche si la clé était l'enfant à droite, à droite si elle était l'enfant à gauche), laissant la place libre à nouveau pour une autre insertion efficace (insr/2). Au bout du compte, l'arbre de recherche est dégénéré ; en fait, il y a exactement deux arbres de coût minimal, dont les formes sont celles de la FIGURE 7.4 page 221. Il est intéressant de noter que ces arbres sont de coût maximal lorsqu'ils sont construits avec des insertions de feuilles. La première clé n'est pas comparée, donc nous avons

$$\overline{B}_n^{\mathsf{mkr}} = n - 1 \sim \overline{B}_n^{\mathsf{mkl}} / \lg n.$$

Il est peut-être surprenant que le nombre maximal de comparaisons $\overline{W}_n^{\mathsf{mkr}}$ pour faire un arbre de recherche de taille n avec $\mathsf{mkr}/1$, c'est-à-dire le nombre maximal amorti de comparaisons avec $\mathsf{insr}/2$, est bien plus difficile a déterminer que le coût minimal ou moyen. Geldenhuys et der Merwe (2009) montrent que

$$\overline{W}_n^{\mathsf{mkr}} = \frac{1}{4}n^2 + n - 2 - c,$$

où $c = 0$ si n est pair, et $c = 1/4$ si n est impair. Ceci implique

$$\overline{W}_n^{\mathsf{mkr}} = \frac{1}{2}\overline{W}_n^{\mathsf{mkl}} + \frac{5}{4}n - 2 - c \sim \frac{1}{2}\overline{W}_n^{\mathsf{mkl}}.$$

Exercices

1. Prouvez $\mathsf{bst}_0(t) \equiv \mathsf{bst}(t)$. Voir les définitions de $\mathsf{bst}_0/1$ et $\mathsf{bst}/1$, respectivement, à la FIGURE 8.2 page 268 et à la FIGURE 8.3 page 269.

2. Prouvez $\mathsf{mem}(y, t) \equiv \mathsf{mem}_3(y, t)$, c'est-à-dire la correction de la recherche à la Andersson. Voir les définitions de $\mathsf{mem}/2$ et $\mathsf{mem}_3/2$, à la FIGURE 8.4 page 270 et à la FIGURE 8.7 page 274.

3. Prouvez $\mathsf{insr}(x, t) \equiv \mathsf{bst}(x, t_1, t_2)$. En d'autres termes, l'insertion d'une racine fait vraiment ce qu'elle dit faire.

4. Prouvez $\mathsf{mklR}(s) \equiv \mathsf{mkl}(\mathsf{rev}(s))$.

5. Prouvez $\mathsf{bst}(t) \equiv \mathsf{true}() \Rightarrow \mathsf{mkl}(\mathsf{pre}(t)) \equiv t$. Voir la définition de $\mathsf{pre}/1$ à la FIGURE 7.10 page 226. Est-ce que la réciproque est vraie elle aussi ?

8.3 Suppression

La suppression d'une clé dans un arbre binaire de recherche est un peu délicate, ce qui contraste avec l'insertion d'une feuille. Bien sûr, « suppression » est une convention dans le contexte des langages fonctionnels,

$$\begin{aligned}
&\mathsf{del}(y, \mathsf{bst}(x, t_1, t_2)) \to \mathsf{bst}(x, \mathsf{del}(y, t_1), t_2), \text{ si } x \succ y; \\
&\mathsf{del}(y, \mathsf{bst}(x, t_1, t_2)) \to \mathsf{bst}(x, t_1, \mathsf{del}(y, t_2)), \text{ si } y \succ x; \\
&\mathsf{del}(y, \mathsf{bst}(x, t_1, t_2)) \to \mathsf{aux}_0(x, t_1, \mathsf{min}(t_2)); \\
&\qquad \mathsf{del}(y, \mathsf{ext}()) \to \mathsf{ext}().
\end{aligned}$$

$$\begin{aligned}
&\mathsf{min}(\mathsf{bst}(x, \mathsf{ext}(), t_2)) \to (x, t_2); \\
&\quad \mathsf{min}(\mathsf{bst}(x, t_1, t_2)) \to \mathsf{aux}_1(x, \mathsf{min}(t_1), t_2).
\end{aligned}$$

$$\mathsf{aux}_1(x, (m, t_1'), t_2) \to (m, \mathsf{bst}(x, t_1', t_2)).$$

$$\mathsf{aux}_0(x, t_1, (m, t_2')) \to \mathsf{bst}(m, t_1, t_2').$$

FIGURE 8.18 – Suppression dans un arbre binaire de recherche

où les structures de données sont persistantes, donc suppression signifie que nous reconstruisons un nouvel arbre de recherche sans la clé en question.

Comme avec l'insertion, nous pourrions simplement commencer avec la recherche de la clé : si elle est absente, il n'y a rien à faire, sinon nous remplaçons la clé par son successeur ou prédécesseur immédiat en ordre infixe, c'est-à-dire par la clé minimale du sous-arbre droit ou la clé maximale du sous-arbre gauche.

Les définitions pour ces deux phases se trouvent à la FIGURE 8.18. Nous avons $\mathsf{min}(t_2) \twoheadrightarrow (m, t_2')$, où m est la clé minimale de l'arbre t_2 et t_2' est la reconstruction de t_2 sans m ; en d'autres termes, le nœud interne le plus à gauche de t_2 contient la clé m et ce nœud a été remplacé par un nœud externe. L'appel à $\mathsf{aux}_0/3$ substitue simplement la clé x à supprimer par son successeur immédiat m. Le but de la fonction auxiliaire $\mathsf{aux}_1/3$ est de reconstruire l'arbre dans lequel le minimum a été supprimé. Remarquons que le motif de la troisième règle n'est pas $\mathsf{del}(y, \mathsf{bst}(y, t_1, t_2))$, parce que nous savons déjà que $x = y$ et nous voulons éviter un test d'égalité inutile.

Bien entendu, nous pourrions aussi prendre le maximum du sous-arbre gauche et cette dissymétrie semble être la cause du déséquilibre, en moyenne, des arbres obtenus par la composition arbitraire d'insertions et de suppressions. En d'autres termes, la distribution des formes des arbres résultants diffère de la distribution des formes des arbres de même taille produits uniquement par insertions. Plus surprenant, peut-être, il a été démontré que les arbres construits par n insertions suivies de m suppressions $(n \geq m)$ ont bien la même distribution de formes que les

$$\mathsf{del}_0(y, \mathsf{bst}(x, t_1, t_2)) \rightarrow \mathsf{bst}(x, \mathsf{del}_0(y, t_1), t_2), \text{ si } x \succ y;$$
$$\mathsf{del}_0(y, \mathsf{bst}(x, t_1, t_2)) \rightarrow \mathsf{bst}(x, t_1, \mathsf{del}_0(y, t_2)), \text{ si } y \succ x;$$
$$\mathsf{del}_0(y, \mathsf{bst}(x, t_1, t_2)) \rightarrow \mathsf{del}(x, t_1, t_2);$$
$$\mathsf{del}_0(y, \mathsf{del}(x, t_1, t_2)) \rightarrow \mathsf{del}(x, \mathsf{del}_0(y, t_1), t_2), \text{ si } x \succ y;$$
$$\mathsf{del}_0(y, \mathsf{del}(x, t_1, t_2)) \rightarrow \mathsf{del}(x, t_1, \mathsf{del}_0(y, t_2)), \text{ si } y \succ x;$$
$$\mathsf{del}_0(y, t) \rightarrow t.$$

FIGURE 8.19 – Suppression paresseuse dans un arbre de recherche

arbres construits par $n - m$ insertions ! Ces phénomènes sont difficiles à comprendre et des exemples sont nécessaires pour les voir à l'œuvre (Panny, 2010, Eppinger, 1983, Culberson et Munro, 1989, Culberson et Evans, 1994, Knuth, 1998b, Heyer, 2009).

Une autre sorte d'asymétrie est que la suppression est bien plus compliquée à programmer que l'insertion. Ce fait a conduit certains chercheurs à proposer un cadre commun pour l'insertion et la suppression (Andersson, 1991, Hinze, 2002). En particulier, quand la recherche à la Andersson avec un arbre candidat est modifiée pour faire une suppression, le programme est plutôt court si le langage de programmation est impératif.

Une autre approche encore de la suppression consiste à marquer les nœuds visés comme supprimés sans vraiment les supprimer. Ils sont toujours nécessaires pour de futures comparaisons mais ils ne sont plus considérés comme faisant partie de la collection de clés que dénote l'arbre binaire de recherche : on parle alors de suppression paresseuse. Ceci nécessite deux sortes de nœuds internes, bst/3 et del/3. Cette autre conception est montrée à la FIGURE 8.19. Remarquons que l'insertion d'une clé qui a été supprimée paresseusement n'a pas besoin d'être réalisée à un nœud externe : le constructeur del/3 est alors simplement changé en bst/3, la marque d'un nœud interne normal.

Exercice Définissez les insertions usuelles dans ce type d'arbre.

8.4 Paramètres moyens

La hauteur moyenne h_n d'un arbre binaire de recherche de taille n a été l'objet d'intenses études (Devroye, 1986, 1987, Mahmoud, 1992, Knessl et Szpankowski, 2002), mais les méthodes, principalement de nature analytiques, sont bien au-delà de la portée de ce livre. Reed (2003) a prouvé que

$$h_n = \alpha \ln n - \frac{3\alpha}{2\alpha - 2} \ln \ln n + \mathcal{O}(1),$$

où α est l'unique solution sur l'intervalle $[2, +\infty[$ de l'équation

$$\alpha \ln(2e/\alpha) = 1,$$

une valeur approchée étant $\alpha \simeq 4.31107$, et $\mathcal{O}(1)$ désigne une fonction inconnue dont la valeur absolue est bornée supérieurement par une constante inconnue. La déduction d'une borne supérieure logarithmique par Aslam (2001) est particulièrement intéressante. Il a utilisé un modèle probabiliste et son résultat a été republié par Cormen *et al.* (2009) à la section 12.4.

Chauvin *et al.* (2001) ont étudié la largueur moyenne des arbres binaires de recherche.

Troisième partie

Programmation

Chapitre 9

Traduction en Erlang

Traduire notre langage fonctionnel en **Erlang** est en fait une tâche très aisée. La section 1.6 dans l'introduction proposait déjà un petit exemple. Au-delà de la nécessité d'en-têtes pour les modules, certaines conventions lexicales doivent être respectées, et nous devons avoir une certaine compréhension des mécanismes mis en jeu par le compilateur pour le partage de données par synonymie. De plus, nous expliquerons en termes du modèle de la mémoire à la section 9.1 comment les concepts de *pile de contrôle* (ou *pile des appels*) et le *tas* émergent, mais aussi nous présenterons une technique d'optimisation mise en œuvre par la plupart des compilateurs de langages fonctionnels : l'*optimisation des appels terminaux*.

Lexique et syntaxe En **Erlang**, les piles sont appelées *listes*. Néanmoins, nous continuerons à employer le mot « pile » pour permettre une lecture uniforme de ce livre.

La première lettre des variables est composée en majuscule, par exemple, *data* devient **Data** et *x* devient **X**.

Les constructeurs de données constants sont traduits sans leur paire de parenthèses ; par exemple, **absent**() devient **absent** en **Erlang**. Lorsque des arguments sont présents, un n-uplet est utilisé. Un n-uplet en **Erlang** est écrit avec des accolades, pour les distinguer des parenthèses des appels de fonction, donc (x, y) est traduit par **{X,Y}**. Ainsi, **one**(s) devient **{one,S}** en **Erlang** si **one/1** est un constructeur, sinon **one(S)**, si **one/1** est une fonction. En **Erlang**, un constructeur constant est appelé un *atome*.

Quand une variable dans un motif est inutilisée dans le membre droit, elle peut être remplacée par un souligné, donc

$$\mathsf{len}([\,]) \to 0;$$
$$\mathsf{len}([x\,|\,s]) \to 1 + \mathsf{len}(s).$$

$$\overbrace{\underbrace{\texttt{fact(N)}}_{\text{tête}}\ \underbrace{\textbf{when}\ \texttt{N > 1}}_{\text{garde}}\ \texttt{->}\ \underbrace{\texttt{N * fact(N-1)}}_{\text{corps}}}^{\text{clause}}$$

FIGURE 9.1 – Structure d'une clause en Erlang

peut être traduit en Erlang de la façon suivante :

```
len(   []) -> 0;
len([_|S]) -> 1 + len(S).
```

En ce qui concerne la syntaxe, nous devons traduire les règles de réécriture conditionnelles en utilisant le mot-clé **when** et écrire la condition du côté gauche. Par exemple, considérons à nouveau l'insertion simple à la section 3.1 :

$$\begin{aligned}\mathsf{ins}([y\,|\,s],x) &\rightarrow [y\,|\,\mathsf{ins}(s,x)], \text{ si } x \succ y;\\ \mathsf{ins}(s,x) &\rightarrow [x\,|\,s].\end{aligned}$$

Cette définition est traduite en Erlang ainsi :

```
ins([Y|S],X) when X > Y -> [Y|ins(S,X)];
ins(    S,X)            -> [X|S].
```

Notons qu'en Erlang, `X > Y` implique que `X` et `Y` sont des entiers ou des atomes (qui sont ordonnés alphabétiquement). En Erlang, une règle de réécriture est appelée une *clause*. Son membre gauche est appelé la *tête* et son membre droit le *corps*. La condition d'une clause est appelée la *garde*. En passant, les conventions lexicales, la syntaxe et le vocabulaire d'Erlang ont été indirectement calqués sur le langage de programmation Prolog (Sterling et Shapiro, 1994, Bratko, 2000). La structure d'une clause Erlang est résumée à la FIGURE 9.1.

Enfin, un commentaire débute par `%` et porte jusqu'à la fin de la ligne.

Systèmes d'inférence La traduction de programmes définis par un système d'inférence consiste soit à raffiner le système de telle sorte que la nouvelle version ne contienne plus aucune règle d'inférence (voir par exemple la FIGURE 7.40 page 251 et la FIGURE 7.41) et nous traduisons alors en Erlang, ou bien nous utilisons directement en Erlang une construction appelée **case**, qui est une expression conditionnelle générale. Considérons à nouveau la FIGURE 7.40 page 251. Une traduction directe en Erlang est

```
per(ext)             -> {true,0};
per({int,_,T1,T2}) ->
```

```
case per(T1) of
    false -> false;
  {true,H} -> case per(T2) of
                  {true,H} -> {true,H+1};
                      _ -> false
              end
end.
```

Remarquons que nous avons traduit la règle d'inférence avec deux **case** au lieu d'un, parce qu'il serait inefficace de calculer à la fois per(T1) et per(T2) si la valeur de per(T1) était false. De plus, une variable dans le motif d'un **case** peut être liée à une valeur définie avant (en OCaml, cela n'est pas possible), donc case per(T2) of {true,H} -> ... implique implicitement que H possède la même valeur que la variable H dans la conditionnelle case per(T1) of ... ; {true,H} -> ...

Considérons un autre exemple à la FIGURE 7.43 page 252. Il est traduit ainsi :

```
comp({int,_,ext,ext}) -> true;
comp({int,_,T1,T2})   -> case comp(T1) of
                             false -> false;
                                 _ -> comp(T2)
                         end;
comp(ext)             -> false.
```

Si la valeur de comp(t_2) est false(), alors la règle comp(t) $\rightarrow$ false() est sélectionnée. Ce changement de règle, ou *rebroussement*, n'est pas possible en Erlang : une fois que l'appel courant a filtré la tête d'une clause, les têtes restantes ne seront pas examinées. En factorisant l'appel comp(t_1), nous résolvons ce problème et la règle d'inférence devient un seul cas à traiter.

La fonction à la FIGURE 7.50 page 256 devient, quant à elle :

```
pre2b0(S) -> case pre2b1(S) of
                 {T,[]} -> T
             end.


pre2b1([ext|S]) -> {ext,S};
pre2b1([X|S])   ->
  case pre2b1(S) of
    {T1,S1} -> case pre2b1(S1) of
                   {T2,S2} -> {{int,X,T1,T2},S2}
               end
  end.
```

Ici, nous avons une situation avec des **case** dont l'unique motif ne peut échouer (le motif est dit *irréfutable*). **Erlang** fournit une syntaxe plus courte pour ce genre d'usage :

```
pre2b0(S) -> {T,[]}=pre2b1(S), T.


pre2b1([ext|S]) -> {ext,S};
pre2b1([X|S])   -> {T1,S1}=pre2b1(S),
                   {T2,S2}=pre2b1(S1),
                   {{int,X,T1,T2},S2}.
```

Considérons un exemple où les règles d'inférence ne sont pas utilisées, mais où nous réalisons que certaines fonctions se comportent uniquement comme des expressions conditionnelles. Nous en voyons un exemple à la FIGURE 8.3 page 269, avec les fonctions norm/1 et cmp/3 :

```
bst(T) -> case bst1(T,infty) of false -> false;
                                 _ -> true
          end.


bst1(ext,M)           -> M;
bst1({bst,X,T1,T2},M) -> case bst1(T2,M) of
                              infty -> bst1(T1,X);
                              N when N > X -> bst1(T1,X);
                              _ -> false
                         end.
```

Remarquons que nous avons dû renommer une variable m en N, pour éviter la liaison erronée avec la variable M avant. Est-ce que la définition de bst/1 à la FIGURE 8.3 aurait été plus courte si nous avions utilisé des règles d'inférence ?

La recherche de motifs dans un texte avec l'algorithme de Morris et Pratt a abouti à une définition avec des règles d'inférence aux FIGURES 5.10 à 5.12 pages 193–196. En incluant ici la solution à l'exercice 6 page 200, nous traduisons ce système en **Erlang** de la façon suivante :

```
fail(        _,0) -> -1;
fail([{A,K}|P],I) -> fp(P,A,K,I-1).


fp(_,_,-1,_) -> 0;
fp(P,A, K,I) -> case suf(P,I-K-1) of
                    [{A,_}|_] -> K + 1;
                    [{_,J}|Q] -> fp(Q,A,J,K)
                end.
```

```
suf(    P,0) -> P;
suf([_|P],I) -> suf(P,I-1).


mp(P,T) -> PP=pp(P), mp(PP,T,PP,0,0).


mp(        [],     _, _,I,J) -> {factor,J-I};
mp(        _,     [], _,_,_) -> absent;
mp( [{A,_}|P],[A|T],PP,I,J) -> mp(P,T,PP,I+1,J+1);
mp([{_,-1}|_],[_|T],PP,0,J) -> mp(PP,T,PP,0,J+1);
mp( [{_,K}|_],    T,PP,_,J) -> mp(suf(PP,K),T,PP,K,J).


pp(X) -> pp(X,[],0).


pp(   [],_,_) -> [];
pp([A|X],P,I) -> U={A,fail(P,I)}, [U|pp(X,[U|P],I+1)].
```

La boucle interactive Erlang Les programmes que nous avons écrits jusqu'à présent ne sont pas des programmes Erlang complets, pour cela ils doivent être des *modules*. Un module est une unité de compilation contenant une collection de définitions. Le nom du module doit être le nom de base du fichier contenant le module. Par exemple, le module suivant nommé math1,

```
-module(math1).                    % Sans l'extension .erl
-export([fact/1]).
fact(1)            -> 1;
fact(N) when N > 1 -> N * fact(N-1).
```

doit être écrit dans un fichier nommé math1.erl. La ligne -export liste tous les noms des fonctions qui peuvent être appelées depuis l'extérieur du module, c'est-à-dire, depuis un autre module ou depuis la *boucle interactive Erlang*. Une boucle interactive est une application qui lit des commandes entrées par un usager, les interprète, affiche un résultat ou un message d'erreur et attend d'autres commandes.

Pour tester quelques exemples avec fact/1, nous devons d'abord exécuter la boucle interactive. Selon le système d'exploitation, l'environnement de programmation peut varier grandement. Ici, nous supposerons une interface textuelle, comme celles disponibles via un terminal du système d'exploitation Unix, ou ses dérivés. La boucle interactive Erlang est une application qui nous permet de compiler à la demande des modules et d'appeler des fonctions de ceux-ci. Son nom est probablement erl. Nous montrons le début d'une session :

```
$ erl
Erlang R14B04 (erts-5.8.5) [source] [smp:4:4] [rq:4]
[async-threads:0] [hipe] [kernel-poll:false]

Eshell V5.8.5  (abort with ^G)
1> []
```

La première ligne est la commande qui lance la boucle. La dernière ligne est l'invite, le nombre 1 signifiant que celle-ci attend sa première commande. Remarquons que l'invite du terminal est dénotée par le symbole du dollar américain ($). Le caractère [] dénote l'invite clignotante de la boucle Erlang où la saisie a lieu. Si nous voulons fermer la boucle et revenir à l'interprète de commandes du terminal, il suffit de saisir « q(). » (anglais : *quit*). Chaque commande doit être terminée par un point (.) et suivie par la pression sur la touche « retour » (ou « entrée »).

```
1> q().
ok
2> $ _
```

Le caractère _ représente le lieu où les commandes pour le système d'exploitation sont saisies. Mais avant de sortir de la boucle Erlang, la première action est souvent d'appeler le compilateur Erlang pour traiter un module que nous voulons utiliser. Cela est réalisé par la commande « c », dont l'argument est le nom du module. Dans notre exemple, le nom de fichier est math1.erl :

```
1> c(math1).
{ok,math1}
2> []
```

La compilation a été un succès, comme l'atome ok le montre. Calculons quelques factorielles maintenant :

```
2> math1:fact(4).
24
3> math1:fact(-3).
** exception error: no function clause matching
math1:fact(-3)
4> []
```

Cette erreur est : « Pas de clause filtrant math1:fact(-3). » Nous ne copierons que rarement les commandes et les résultats de la boucle Erlang, nous n'écrirons même pas les modules complètement parce que nous voulons nous concentrer sur la conception et déléguer les aspects pratiques à un manuel d'utilisateur.

9.1 Mémoire

Passons en revue quelques programmes sous l'angle de l'utilisation de la mémoire plutôt que du coût. Dans l'introduction, nous avons affirmé que l'essence d'une expression est une représentation bidimensionnelle, à savoir un arbre, plutôt qu'une ligne de texte ponctué. À la section 2.3 page 47, nous avons présenté les notions syntaxiques de contexte d'un appel et de forme terminale d'une définition. Nous avons aussi supposé que des structures de données identiques apparaissant dans un motif et dans le membre droit correspondant sont en réalité partagées.

Dans cette section, nous développons ces concepts et représentations, et nous montrons comment ils permettent une meilleure compréhension de la gestion de la mémoire par l'environnement d'exécution d'un langage fonctionnel, tel qu'il est produit par un compilateur.

Néanmoins, ces sujets dépendent fortement du compilateur et de l'architecture matérielle, donc il serait imprudent de poursuivre une description trop détaillée. Par conséquent, il est suffisant et pertinent ici de fournir un modèle raffiné qui est fondé sur les graphes orientés sans circuits uniquement, à savoir, les arbres de syntaxe abstraite avec partage explicite. Typiquement, une mesure de la quantité de mémoire nécessaire au total sera le nombre de nœuds de ces arbres, ou une catégorie de ceux-ci, comme les nœuds d'empilage.

Addition d'entiers Voici la définition de sum/1, qui additionne les entiers dans une pile donnée :

```
sum([N])   -> N;
sum([N|S]) -> N + sum(S).
```

Pour plus de lisibilité, étiquetons les flèches :

$$
\begin{aligned}
\text{sum([N])} \;&\xrightarrow{\alpha}\; \text{N;}\\
\text{sum([N|S])} \;&\xrightarrow{\beta}\; \text{N + sum(S).}
\end{aligned}
$$

Nous avons, par exemple,

$$
\begin{aligned}
\text{sum([1|[2|[3|[]]]])} \;&\xrightarrow{\beta}\; \text{1 + sum([2|[3|[]]])}\\
&\xrightarrow{\beta}\; \text{1 + (2 + sum([3|[]]))}\\
&\xrightarrow{\alpha}\; \text{1 + (2 + (3))}\\
&=\; \text{6.}
\end{aligned}
$$

Que pouvons-nous dire à propos de l'efficacité et de l'usage de la mémoire de sum/1 ? Le nombre de réécritures clairement égale le nombre d'entiers dans la pile parce que chaque entier est filtré. Donc, si la fonction est initialement appelée sur une pile de n entiers, la nombre de pas pour atteindre le résultat est $n : n-1$ fois par la clause β, et une fois avec la clause α. En prenant une pile un peu plus longue, nous pouvons entrevoir l'usage de la mémoire :

$$
\begin{aligned}
\mathsf{sum([1|[2|[3|[4|[]]]]])} &\xrightarrow{\beta} \mathsf{1 + sum([2|[3|[4|[]]]])} \\
&\xrightarrow{\beta} \mathsf{1 + (2 + sum([3|[4|[]]]))} \\
&\xrightarrow{\beta} \mathsf{1 + (2 + (3 + sum([4|[]])))} \\
&\xrightarrow{\alpha} \mathsf{1 + (2 + (3 + (4)))} \\
&= \mathsf{10}.
\end{aligned}
$$

Ceci nous amène à examiner uniquement les tailles des membres droits :

$$\mathsf{sum([1|[2|[3|[4|[]]]]])} \xrightarrow{\beta} \; \xrightarrow{\beta} \; \xrightarrow{\beta} \; \xrightarrow{\alpha}$$

Il semble que l'usage total de la mémoire augmente lentement et ensuite diminue brutalement après la dernière réécriture. Mais, en omettant les espaces, nous obtenons

```
sum([1|[2|[3|[4|[]]]]]) -> 1+sum([2|[3|[4|[]]]])
                        -> 1+(2+sum([3|[4|[]]]))
                        -> 1+(2+(3+sum([4|[]])))
                        -> 1+(2+(3+(4))).
```

Il semble maintenant que les expressions sont de taille constante jusqu'à ce que la clause α soit appliquée. De plus, même si (+) était écrit plus, son occurrence ne devrait pas être considérée comme prenant plus de mémoire que (+) parce que les noms ne sont que des étiquettes. Que penser par ailleurs des parenthèses et des espaces ? Devraient-elles être prises en compte pour l'allocation de mémoire ? Toutes ces considérations montrent que nous avons besoin d'une compréhension plus fine de la manière dont les fonctions Erlang et les données sont représentées à l'exécution mais, parce que ces encodages dépendent fortement des compilateurs et des architectures matérielles, il ne faudrait pas ici exiger une description trop détaillée. Le modèle qui convient sont les *arbres de syntaxe abstraite* et les *graphes orientés sans circuits*, vus dans l'introduction. Ceux-ci nous permettent de tirer des conclusions à propos de l'usage de la mémoire, qui tiennent modulo une constante de proportionnalité.

Concaténation de piles La définition à la FIGURE 1.3 page 7 est

$$\mathsf{cat([], t)} \xrightarrow{\alpha} t; \qquad \mathsf{cat([x\,|\,s], t)} \xrightarrow{\beta} [x\,|\,\mathsf{cat}(s, t)].$$

La mesure pertinente de l'usage mémoriel ici est le nombre de nœuds d'empilage créés par la règle β. Clairement, l'appel cat(s, t) créé n nœuds de ce type, où n est la longueur de la pile s.

Retournement de piles   La définition de rev$_0$/1 à la section 2.2 :

$$\text{rev}_0([]) \xrightarrow{\gamma} [];\qquad \text{rev}_0([x\,|\,s]) \xrightarrow{\delta} \text{cat}(\text{rev}_0(s), [x]).$$

La pile vide dans le membre droit de la règle γ est partagée avec le motif. Bien sûr, la même chose peut être dite de tout constructeur constant. Nous savons déjà combien de ces nœuds sont créés par les appels à cat/2 et, puisque la longueur de s dans l'appel récursif rev$_0(s)$ est diminuée de 1, le nombre d'empilages est $\sum_{k=1}^{n-1} k = \frac{1}{2}n(n-1)$, si la pile originelle contient n éléments. Nous devons ajouter un empilage pour chaque $[x]$, soit n. Au total : $n(n+1)/2$.

La définition optionnelle (2.2) du retournement, page 43, est

$$\text{rev}(s) \xrightarrow{\epsilon} \text{rcat}(s, []).\quad \text{rcat}([], t) \xrightarrow{\zeta} t;\quad \text{rcat}([x\,|\,s], t) \xrightarrow{\eta} \text{rcat}(s, [x\,|\,t]).$$

Le nombre total d'empilages est n, la longueur de la pile donnée.

Interclassement   Quantifions la mémoire nécessaire pour trier par interclassement $n = 2^p$ clés, de façon ascendante. Tout d'abord, le nombre de piles créées est le nombre de nœuds de l'arbre d'interclassement : $2^p + 2^{p-1} + \ldots + 2^0 = 2^{p+1} - 1 = 2n - 1$. Il y a un nœud d'empilage pour chaque clé, ce qui nous amène à déterminer la somme des longueurs des piles créées : $(p + 1)2^p = n \lg n + n$. Ceci est le nombre total de nœuds d'empilage. Dans le cas de la variante descendante, seulement la première moitié des piles, l'originelle inclue, sont retournées, donc allouent de la mémoire. Ainsi, le nombre total de nœuds d'empilage créés est $\frac{1}{2}n \lg n$.

Contexte d'appel   Nous voulons maintenant parvenir à une meilleure compréhension de l'influence du contexte d'un appel récursif sur l'évaluation. Définissons une fonction sum/1 telle que l'appel sum(s) est la somme des entiers dans la pile s :

$$\text{sum}([n]) \xrightarrow{\alpha} n;\qquad \text{sum}([n\,|\,s]) \xrightarrow{\beta} n + \text{sum}(s).$$

Considérons à la FIGURE 9.2a page suivante l'arbre de syntaxe abstraite de l'expression $1 + (2 + \text{sum}([3, 4]))$ et l'appel de fonction qu'elle contient à la FIGURE 9.2c. En prenant comme origine le nœud sum, l'arbre de syntaxe abstraite peut être divisé en la partie sous celui-ci, à savoir l'argument à la FIGURE 9.2d, et la partie au-dessus, nommée *instances du contexte*, à la FIGURE 9.2b.

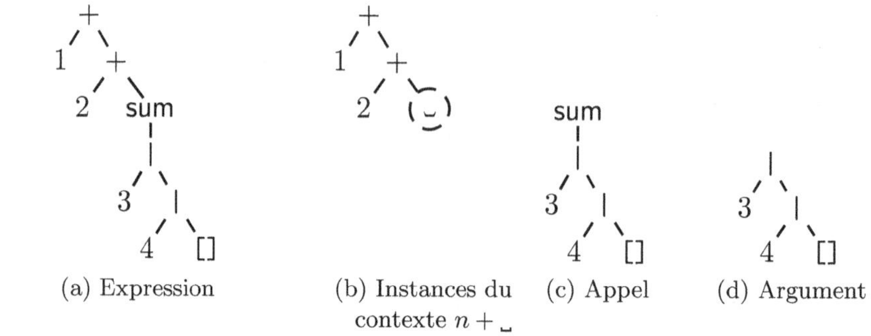

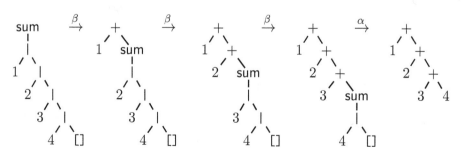

(a) Expression   (b) Instances du   (c) Appel   (d) Argument
contexte $n + {}_\cup$

FIGURE 9.2 – $1 + (2 + \mathsf{sum}([3, 4]))$

Le principal intérêt des arbres de syntaxe abstraite est qu'aucune parenthèse n'est nécessaire, parce qu'une sous-expression est dénotée par un sous-arbre, en d'autres termes, un arbre est inclus dans un autre. De plus, les espaces sont absentes aussi et ainsi l'essentiel est mis en valeur.

Pour illustrer le gain en visibilité, considérons à nouveau la précédente évaluation dans sa totalité, de gauche à droite (le nœud qui va être réécrit est encadré), à la FIGURE 9.3. Il est clair maintenant que les instances du contexte s'accumulent et croissent en proportion inverse de la taille de l'argument : les entiers se déplacent un par un de l'argument vers le contexte et l'opération associée passe d'être un nœud d'empilage à devenir une addition. Par conséquent, si nous utilisons comme unité de mesure un nœud, la mémoire totale utilisée est en effet constante, sauf pour la dernière réécriture.

Examinons à nouveau l'exemple filé et ce qui advient du contexte, à chaque réécriture, à la FIGURE 9.4 page ci-contre. Cet exemple montre que les instances du contexte croissent, cependant que la taille de l'argument décroît de telle manière que la mémoire totale utilisée reste constante.

FIGURE 9.3 – Évaluation de $\mathsf{sum}([1, 2, 3, 4])$

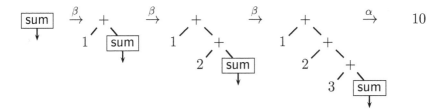

FIGURE 9.4 – Contextes pour l'évaluation de sum([1, 2, 3, 4])

Forme terminale Considérons la fonction sum/1, qui somme les entiers dans une pile donnée :

```
sum([N])    -> N;
sum([N|S]) -> N + sum(S).
```

et cherchons une définition équivalente en forme terminale, sum0/1. Tout comme avec la factorielle à l'équation (1.1) page 3, l'idée est d'utiliser un argument supplémentaire pour accumuler les résultats partiels. Ce type d'argument est appelé un *accumulateur*. La nouvelle version devrait alors ressembler à

```
sum0(T)        -> sum0(T,□).
sum0([M],N)    -> [          ];
sum0([M|S],N) -> [          ].
```

ou, de manière équivalente,

```
sum0(T)        -> sum0(□,T).
sum0(N,[M])    -> [          ];
sum0(N,[M|S]) -> [          ].
```

Remarquons que, tout comme avec sum/1, l'appel sum0([]) échoue sans crier gare et on peut questionner ce comportement. En effet, il pourrait être inapproprié dans le cadre de l'ingénierie du logiciel, où la programmation à grande échelle d'applications robustes est requise, mais ce livre se concentre sur la programmation à petite échelle, donc les programmes présentés ici sont fragiles à dessein ; en d'autres termes, ils peuvent échouer sur des entrées invalides au lieu d'informer l'appelant avec un avertissement, un message d'erreur ou, encore mieux, s'arranger pour que le compilateur lui-même rejette de tels programmes.

Puisque nous avons décidé qu'un accumulateur est nécessaire, nous devons concevoir clairement la nature des données qu'il contient. Comme nous l'avons dit précédemment, un accumulateur contient une partie du résultat final. D'un autre point de vue, un accumulateur est une trace partielle de toutes les réécritures précédentes. Ici, étant donné que le résultat final est un entier, nous garderons à l'esprit que l'accumulateur doit être un nombre.

Nous n'avons pas besoin de remplir le canevas ci-dessus (les cadres) de la première ligne à la dernière : ceci est un programme, pas une rédaction. Peut-être que la meilleure méthode consiste à écrire les membres gauches des clauses, à nous assurer qu'aucun ne manque et qu'aucun n'est inutile (en prenant en compte l'ordre implicite d'écriture). Deuxièmement, nous choisissons la clause dont le corps semble être suffisamment simple. Par exemple, la première clause de `sum/2` semble simple car elle s'applique seulement quand un nombre, M, reste dans la pile d'entrée. Puisque l'accumulateur N contient la somme partielle jusqu'à présent, seul reste à traiter M. Par conséquent, la réponse est M+N ou N+M :

```
sum0(T)        -> sum0(□,T).
sum0(N,[M])    -> M+N;
sum0(N,[M|S]) -> [_____].
```

Nous choisissons ensuite la deuxième clause de `sum0/2`. Elle s'applique quand la pile d'entrée n'est pas vide, son premier élément étant M et les autres étant dans S. Jusqu'à présent, la somme partielle est l'accumulateur N. Il est clair qu'un appel récursif est nécessaire ici, parce que si le corps était M+N à nouveau, alors le reste des entiers, S, serait inutile. Donc le calcul doit reprendre avec une nouvelle donnée :

```
sum0(T)        -> sum0(□,T).
sum0(N,[M])    -> M+N;
sum0(N,[M|S]) -> sum0(□,□).
```

La question maintenant est de trouver ce que la nouvelle pile et le nouvel accumulateur devraient être dans cette dernière clause. Que savons-nous de la pile ? M et S. Que pouvons-nous faire avec M ? En fait, la même chose que nous avons faite plus tôt, dans la première clause de `sum0/2`, c'est-à-dire l'ajouter à l'accumulateur :

```
sum0(T)        -> sum0(□,T).
sum0(N,[M])    -> M+N;
sum0(N,[M|S]) -> sum0(M+N,□).
```

Ainsi, le nouvel accumulateur est M+N, ce qui convient car le but de l'accumulateur est de contenir la somme partielle jusqu'au nombre courant, qui est M ici. Quelle nouvelle pile de nombres devrions-nous utiliser ? Il est clair que M ne peut être employé ici, parce que sa valeur a déjà été ajoutée à l'accumulateur, et nous ne devons pas le faire deux fois. Ceci signifie que `M` n'est plus utile. Il reste la variable `S`, qui est ce que nous recherchons, puisqu'elle représente tous les nombres restant à ajouter à l'accumulateur :

```
sum0(T)         -> sum0(□,T).
sum0(N,[M])     -> M+N;
sum0(N,[M|S]) -> sum0(M+N,S).
```

La dernière chose à faire est la valeur initiale de l'accumulateur. Nous ne devons pas nous précipiter ; au contraire, il vaut mieux y penser en dernier lieu. Quelle sorte d'opération est effectuée sur l'accumulateur ? Des additions. Sans rien savoir sur les entiers dans `T`, comme c'est le cas dans la clause de `sum0/1`, quel entier pourrait être pris comme valeur initiale ? Il est bien connu que, pour tout n, $n + 0 = n$, donc `0` apparaît comme la seule valeur possible ici, car elle ne change pas le total de la somme :

```
sum0(T)         -> sum0(0,T).
sum0(N,[M])     -> M+N;
sum0(N,[M|S]) -> sum0(M+N,S).
```

La dernière étape consiste à essayer quelques exemples après avoir étiqueté les flèches :

```
sum0(T)        -α->  sum0(0,T).
sum0(N,[M])    -β->  M+N;
sum0(N,[M|S])  -γ->  sum0(M+N,S).
```

Un exemple familier est :

```
sum0([1|[2|[3|[4|[]]]]])
  -α-> sum0(0,[1|[2|[3|[4|[]]]]])
  -γ-> sum0(1+0,[2|[3|[4|[]]]])    = sum0(1,[2|[3|[4|[]]]])
  -γ-> sum0(2+1,[3|[4|[]]])        = sum0(3,[3|[4|[]]])
  -γ-> sum0(3+3,[4|[]])            = sum0(6,[4|[]])
  -β-> 4 + 6                       = 10.
```

Par contraste, souvenons-nous de l'évaluation suivante :

```
sum([1|[2|[3|[4|[]]]]]) -> 1+sum([2|[3|[4|[]]]])
                        -> 1+(2+sum([3|[4|[]]]))
                        -> 1+(2+(3+sum([4|[]])))
                        -> 1+(2+(3+(4))).
```

La différence entre `sum0/1` et `sum/1` ne réside pas dans le résultat (les deux fonctions sont bien équivalentes) mais dans la manière dont les additions sont effectuées. Elles sont équivalentes parce

$$4 + (3 + (2 + (1 + 0))) = 1 + (2 + (3 + 4)).$$

Cette égalité est vraie parce que, pour tout nombre x, y et z,

1. l'addition est associative : $x + (y + z) = (x + y) + z$,
2. l'addition est symétrique : $x + y = y + x$,
3. zéro est une élément neutre à droite : $x + 0 = x$.

Pour montrer exactement pourquoi, écrivons $(\overset{1}{=})$, $(\overset{2}{=})$ et $(\overset{3}{=})$ pour dénoter, respectivement, l'usage de l'associativité, de la symétrie et de la neutralité, et couchons les égalités suivantes :

$$
\begin{aligned}
4 + (3 + (2 + (1 + 0))) &\overset{3}{=} 4 + (3 + (2 + 1)) \\
&\overset{2}{=} (3 + (2 + 1)) + 4 \\
&\overset{2}{=} ((2 + 1) + 3) + 4 \\
&\overset{2}{=} ((1 + 2) + 3) + 4 \\
&\overset{1}{=} (1 + 2) + (3 + 4) \\
&\overset{1}{=} 1 + (2 + (3 + 4)). \quad \square
\end{aligned}
$$

Tout ceci semble bien compliqué, pour un si petit programme. Y a-t-il un moyen de réécrire `sum0/1` pour ne pas utiliser toutes les hypothèses dans la preuve d'équivalence ? Commençons avec la différence la plus évidente : l'usage de zéro. Ce zéro est la valeur initiale de l'accumulateur et son seul rôle est d'être ajouté au premier nombre de la pile. Nous pourrions alors simplement initialiser l'accumulateur avec ce nombre, donc la neutralité de zéro n'est plus requise :

```
sum0([N|T])    -> sum0(N,T).
sum0(N,[M])    -> M+N;
sum0(N,[M|S]) -> sum0(M+N,S).
```

Mais cette définition de `sum0/1` échoue sur des piles contenant exactement un nombre, parce que T peut être la pile vide. Donc, nous devons autoriser la pile à être vide dans la définition de `sum0/2` :

```
sum0([N|T])    -> sum0(N,T).
sum0(N,    []) -> N;
sum0(N,[M|S]) -> sum0(M+N,S).
```

Nous pouvons maintenant aisément nous débarrasser de l'hypothèse que l'addition est symétrique en replaçant M+N par N+M :

```
sum0([N|T])    -> sum0(N,T).
sum0(N,    []) -> N;
sum0(N,[M|S]) -> sum0(N+M,S).
```

Étiquetons à nouveau les flèches :

```
sum0([N|T])    α→ sum0(N,T).
sum0(N,    []) β→ N;
sum0(N,[M|S])  γ→ sum0(N+M,S).
```

et considérons encore notre exemple filé :

```
sum0([1|[2|[3|[4|[]]]]])
         α→ sum0(1,[2|[3|[4|[]]]])
         γ→ sum0(1+2,[3|[4|[]]])   = sum0(3,[3|[4|[]]])
         γ→ sum0(3+3,[4|[]])       = sum0(6,[4|[]])
         γ→ sum0(4+6,[])           = sum0(10,[])
         β→ 10.
```

Cette fois, la suite d'additions correspond à $((1+2)+3)+4$, que nous savons prouver être égal à $1+(2+(3+4))$ à l'aide de l'associativité seulement :

$$((1+2)+3)+4 \overset{1}{=} (1+2)+(3+4) \overset{1}{=} 1+(2+(3+4)). \qquad \square$$

Qu'en est-il de l'efficacité et de l'usage de la mémoire par `sum0/1` ? Il est aisé de voir que chaque réécriture par les clauses β et γ s'occupe d'un entier exactement, donc le nombre total d'étapes est le nombre d'entiers plus un, dû à l'appel initial avec la clause α. En d'autres termes, si la pile d'entrée contient n entiers, le nombre de réécritures dans une évaluation est exactement $n+1$.

Renommons `sum0/1` en $\mathsf{sum}_0/1$ à la FIGURE 9.5. Considérons l'arbre de syntaxe abstraite des expressions réécrites à la FIGURE 9.6. Les arbres intermédiaires de $m+n$ ont été ignorés pour mettre en valeur la décroissance stricte de la taille des arbres et la constance de la taille du contexte.

$$
\begin{array}{l}
\mathsf{sum}_0([n\,|\,t]) \overset{\gamma}{\to} \mathsf{sum}_0(n,t). \\
\mathsf{sum}_0(n,[\,]) \overset{\delta}{\to} n; \\
\mathsf{sum}_0(n,[m\,|\,s]) \overset{\epsilon}{\to} \mathsf{sum}_0(n+m,s).
\end{array}
$$

FIGURE 9.5 – Somme d'entiers dans une pile avec $\mathsf{sum}_0/1$

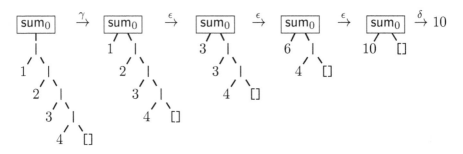

FIGURE 9.6 – Arbres de syntaxe abstraite de $sum_0([1,2,3,4]) \twoheadrightarrow 10$

Multiplication Envisageons la multiplication de tous les entiers d'une pile donnée. La première chose qui devrait venir à l'esprit est que ce problème est très similaire au précédent, seul l'opérateur arithmétique est différent, donc la définition suivante peut être écrite immédiatement, par modification de `sum/1` :

```
mult([N])   -> N;
mult([N|S]) -> N * mult(S).
```

Une définition en forme terminale peut être dérivée comme `sum0/1` :

```
mult0([N|T])    -> mult0(N,T).
mult0(N,   []) -> N;
mult0(N,[M|S]) -> mult0(N*M,S).
```

La raison pour laquelle `mult0/1` équivaut à `mult/1` est la même que celle qui fait que `sum0/1` et `sum/1` sont équivalentes aussi : l'opérateur arithmétique (`*`) est associatif, tout comme (`+`).

Quelle amélioration est ici possible et ne l'était pas avec `sum0/1` ? En d'autres termes, qu'est-ce qui peut accélérer une longue composition de multiplications ? L'occurrence d'un zéro au moins, par exemple. Dans ce cas, il n'est pas nécessaire de continuer les multiplications, parce que le résultat sera nul de toute façon. Cette optimisation peut être apportée en isolant le cas où `N` est `0` :

```
mult0([N|T])    -> mult0(N,T).
mult0(N,   []) -> N;
mult0(N,[0|S]) -> 0;              % Amélioration.
mult0(N,[M|S]) -> mult0(N*M,S).
```

Est-ce que la présence d'un zéro est fréquente ? Dans le pire des cas, il n'y a pas de zéro et donc la clause ajoutée est inutile. Mais, si l'on sait qu'un zéro est présent dans l'entrée avec une probabilité plus grande que pour les autres nombres, cette clause supplémentaire peut se révéler utile au long cours, c'est-à-dire en moyenne, pour différentes exécutions du programme. En fait, même si les nombres sont uniformément répandu sur un interval qui inclut zéro, nous devrions conserver la clause.

Synonymie À la section 2.7, nous avons supposé que le partage entre le motif et le membre droit d'une même règle était maximal. En pratique, les compilateurs n'assurent pas cette propriété et les programmeurs doivent expliciter le partage lorsqu'il va au-delà de simples variables. Par exemple, examinons à nouveau la FIGURE 2.8 page 61 où la fonction $flat_0/1$ est définie. En **Erlang**, le partage maximal à la règle γ est réalisé en nommant $[x\,|\,s]$ dans le motif et en réutilisant ce nom dans le membre droit. Ce nom est un *synonyme* (anglais : *alias*). La syntaxe est évidente :

```
flat0(          []) -> [];
flat0(       [[]|T]) -> flat0(T);
flat0([S=[_|_]|T]) -> cat(flat0(S),flat0(T));      % Synonymie
flat0(       [Y|T]) -> [Y|flat0(T)].
```

Un autre exemple est la fonction **red**/1 (anglais : *reduce*), vue à la FIGURE 2.22 page 77 et qui recopie la pile donnée tout en écartant les éléments qui sont successivement répétés :

$$\begin{aligned}
\mathsf{red}([\,]) &\to [\,]; \\
\mathsf{red}([x, x\,|\,s]) &\to \mathsf{red}([x\,|\,s]); \\
\mathsf{red}([x\,|\,s]) &\to [x\,|\,\mathsf{red}(s)].
\end{aligned}$$

Par exemple, $\mathsf{red}([4, 2, 2, 1, 1, 1, 2]) \twoheadrightarrow [4, 2, 1, 2]$. La traduction en **Erlang** avec partage maximal est

```
red(          []) -> [];
red([X|S=[X|_]]) -> red(S);
red(         [X|S]) -> [X|red(S)].
```

Un autre cas important est l'interclassement à la FIGURE 4.1 page 128 :

$$\begin{aligned}
\mathsf{mrg}([\,], t) &\to t; \\
\mathsf{mrg}(s, [\,]) &\to s; \\
\mathsf{mrg}([x\,|\,s], [y\,|\,t]) &\to [y\,|\,\mathsf{mrg}([x\,|\,s], t)], \text{ si } x \succ y; \\
\mathsf{mrg}([x\,|\,s], t) &\to [x\,|\,\mathsf{mrg}(s, t)].
\end{aligned}$$

La meilleure traduction est

```
mrg(      [],    T)             -> T;
mrg(      S,    [])             -> S;
mrg(S=[X|_],[Y|T]) when X > Y -> [Y|mrg(S,T)];
mrg(   [X|S],    T)             -> [X|mrg(S,T)].
```

Nous devons faire attention aux abréviations dans les notations pour les piles. Par exemple, la fonction tms/1, à la FIGURE 4.7 page 139, devrait être traduite comme suit :

```
tms([X|T=[_|U]]) -> cutr([X],T,U);
tms(          T) -> T.
```

Un autre exemple est l'insertion bidirectionnelle, FIGURE 3.3 page 112 :

$$\text{i2w}(s) \overset{\xi}{\to} \text{i2w}(s, [\,], [\,]).$$
$$\text{i2w}([\,], [\,], u) \overset{\pi}{\to} u;$$
$$\text{i2w}([\,], [y\,|\,t], u) \overset{\rho}{\to} \text{i2w}([\,], t, [y\,|\,u]);$$
$$\text{i2w}([x\,|\,s], t, [z\,|\,u]) \overset{\sigma}{\to} \text{i2w}([x\,|\,s], [z\,|\,t], u), \quad \text{si } x \succ z;$$
$$\text{i2w}([x\,|\,s], [y\,|\,t], u) \overset{\tau}{\to} \text{i2w}([x\,|\,s], t, [y\,|\,u]), \quad \text{si } y \succ x;$$
$$\text{i2w}([x\,|\,s], t, u) \overset{\upsilon}{\to} \text{i2w}(s, t, [x\,|\,u]).$$

En **Erlang**, le partage maximal exige un synonyme aux clauses σ et τ :

```
i2w(S)                         -> i2w(S,[],[]).
i2w(      [],   [],      U)    -> U;
i2w(      [],[Y|T],      U)    -> i2w([],T,[Y|U]);
i2w(V=[X|_],    T,[Z|U]) when X > Z -> i2w(V,[Z|T],U);
i2w(V=[X|_],[Y|T],      U) when Y > X -> i2w(V,T,[Y|U]);
i2w(   [X|S],    T,      U)    -> i2w(S,T,[X|U]).
```

Remarquons que les atomes (les constructeurs constants), en particulier la pile vide [], sont automatiquement partagés, donc, par exemple, le synonyme S dans « f(S=[]) -> S. » est inutile.

La recherche à la Andersson avec un arbre candidat bénéficie aussi de la synonymie. Les définitions de la FIGURE 8.7 page 274 sont traduites au mieux ainsi :

```
mem3(Y,T) -> mem4(Y,T,T).
```

```
mem4(Y,  {bst,X,T1,_},         T) when X > Y -> mem4(Y,T1,T);
mem4(Y,C={bst,_,_,T2},         _)            -> mem4(Y,T2,C);
mem4(Y,          ext,{bst,Y,_,_})            -> true;
mem4(_,          ext,          _)            -> false.
```

Parfois, la synonymie est cruciale. Par exemple, toute la discussion à propos de la persistance, à la section 2.7, repose sur l'existence d'un partage maximal dans chaque règle de réécriture, mais, ici, **Erlang** a besoin de synonymes pour mettre en œuvre cette condition, donc les définitions (2.14) page 78 *doivent* être traduites comme suit :

```
push(X,H=[S|_]) -> [[X|S]|H].
pop(T=[[X|S]|_]) -> {X,[S|T]}.
```

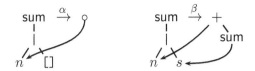

FIGURE 9.7 – Définition de sum/1 avec partage maximal

Pile de contrôle et tas   La mémoire est sous la supervision exclusive du *glaneur de cellules* (anglais : *garbage collector*). Il s'agit d'un processus qui a constamment accès aux graphes orientés sans circuits et dont la tâche consiste à trouver les nœuds qui sont devenus inutiles durant les évaluations. Il récupère alors l'espace associé, de telle sorte que les nœuds créés après puissent trouver assez de place. Ce chapitre a pour ambition de démontrer que le concept de *pile de contrôle* et de *tas* jaillissent naturellement quand une analyse détaillée montre comment ces nœuds peuvent être automatiquement supprimés dès qu'ils deviennent inutiles, facilitant ainsi le travail du glaneur de cellules et améliorant l'efficacité de la gestion de la mémoire. Notre étude montrera en plus que les appels à des fonctions en forme terminale peuvent être optimisés pour que la quantité totale de mémoire nécessaire à l'évaluation d'un appel soit réduite.

Pour une meilleure compréhension de la gestion de la mémoire, nous avons besoin de rendre le partage explicite, comme dans la définition de sum/1 à la FIGURE 9.7. Évaluons sum([3, 7, 5]) et montrons les premières réécritures à la FIGURE 9.8, où l'état complet de la mémoire est figuré comme une succession d'instantanés entre des flèches hachurées. Les flèches sont hachurées pour les distinguer de celles dans la définition, puisque chaque règle de réécriture est appliquée en général seulement à des parties d'arbres, et nous voulons montrer toutes les données après chaque réécriture.

Naturellement, cela donne envie de savoir comment la valeur de l'appel originel est finalement trouvée (15). En examinant la FIGURE 9.8 et

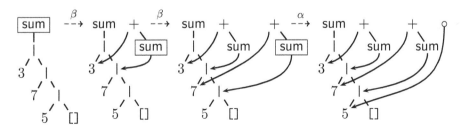

FIGURE 9.8 – Évaluation de sum([3, 7, 5]) avec un graphe (phase 1/2)

en comparant les instantanés de la mémoire de la gauche vers la droite, nous réalisons que les racines (+) ont été accumulées à la droite de l'appel originel, jusqu'à ce qu'une référence à une valeur a été atteinte, ici l'entier 5. Ce processus est analogue à empiler des éléments, bien que la pile en question ne contienne pas seulement des valeurs, mais aussi des expressions comme 7 + sum([5]), et nous le nommons « phase d'empilage. » Ceci nous invite à effectuer l'opération inverse, c'est-à-dire le dépilage des expressions en question de manière à terminer l'évaluation, et que nous appelons « phase de dépilage. » Plus précisément, nous voulons calculer, de la droite vers la gauche, des *valeurs* à partir des arbres qui composent le graphe, dont les racines sont considérées des éléments dans une pile spéciale, jusqu'à ce que l'arbre correspondant à l'appel originel est atteint et est associé avec sa valeur, qui est, par définition, le résultat final.

Une valeur peut être *immédiate*, comme les entiers, les atomes et les piles vides, ou bien *construite*, comme les piles non-vides et les *n*-uplets. Nous pourrions aussi avoir affaire à des *références* à des valeurs, qui sont graphiquement représentées par des arcs ; par exemple, l'arbre le plus à droite dans le graphe est une référence à la valeur immédiate 5. *Quand l'arbre le plus à droite est une valeur immédiate ou une référence à une valeur, la seconde phase de l'évaluation (vers la gauche) peut commencer.* Dans ce qui suit, pour gagner en concision, nous écrirons « valeur » quand une référence à une valeur est aussi possible.

Bien que notre modèle d'évaluation raffiné ne fasse aucune place à la suppression de nœuds parce que celle-ci est la tâche exclusive du glaneur de cellules, il permet cependant le remplacement par sa valeur de l'arc aboutissant au dernier appel réécrit. Comme nous l'avons expliqué précédemment, ces appels ont été successivement encadrés à la FIGURE 9.8 page précédente. La phase de dépilage consiste ici à remplacer l'arc vers le nœud sum précédent par un arc vers la valeur courante. Ensuite, l'arbre ainsi modifié est évalué à son tour, et cela mène peut-être à l'empilement d'autres arbres et des phases subséquentes de dépilage jusqu'à ce qu'une seule valeur soit présente dans la pile.

La phase de dépilage est montrée en action à la FIGURE 9.9 page suivante, qui doit être lue de droite à gauche. L'état de la mémoire le plus à droite est le résultat de la phase d'empilage précédente, à partir du dernier état de la FIGURE 9.8. Remarquons que tous les nœuds sum et (+) deviennent inutiles, pas à pas, c'est-à-dire qu'ils ne peuvent être atteints depuis la pile (ces nœuds se trouvent sous la ligne de base horizontale). À des fins d'illustration, nous avons fait disparaître tous les nœuds (+) dès que possible et trois nœuds sum sont réclamés par le glaneur de cellules, le premier inclus, à savoir le plus à gauche. La flèche hachurée la plus à gauche a pour exposant 2 parce qu'elle combine à elle seule deux étapes ($3 + 12 \to 15$ et écarter le nœud sum), pour faire court. *Un nœud est utile s'il peut être atteint d'une des racines du graphe.* Gardons à l'esprit que l'argument de l'appel originel, à savoir $[3, 7, 5]$, peut ne pas être glané, selon qu'il est partagé ou non (un partage avec un arbre hors de la figure, donc dans un contexte). Le nœud intermédiaire contenant la valeur 12 a été glané aussi en chemin, pour suggérer que le glanage de cellules est entrelacé avec l'évaluation ou, en adhérant à un cadre multiprocesseur, nous dirions que le glanage et le calcul s'exécutent en parallèle, partageant le même espace mémoire mais sans interférences du point de vue du programmeur (seuls les nœuds qui deviennent inatteignables sont éliminés).

Notre exemple requiert un examen plus approfondi. En effet, nous pouvons prédire exactement quand les nœuds sum peuvent être réclamés : après chaque pas en arrière (de la droite vers la gauche à la FI-GURE 9.9), le nœud sum le plus à droite devient inutile. Idem pour la valeur intermédiaire 12 : elle devient inaccessible depuis les racines du graphe dès qu'elle a servi à calculer 15. La même observation peut être faite à propos des nœuds $(+)$. Tous ces faits signifient que, dans notre exemple, nous n'avons pas besoin de compter sur le glaneur de cellules pour identifier l'inutilité de ces nœuds particuliers : mettons vraiment en œuvre une pile d'expressions comme un méta-objet, plutôt que de seulement s'appuyer sur une analogie et de ranger tout dans le même espace indistinct. La mémoire gérée par le glaneur de cellules est appelée le *tas*, en contraste avec notre nouvelle pile, appelée la *pile de contrôle*. Le tas et la pile de contrôle sont distincts et complémentaires, constituant à eux deux la mémoire totale. Par ailleurs, pour des raisons techniques de mise en œuvre, la pile de contrôle ne contient jamais de valeurs construites, mais des références à celles-ci dans le tas.

Considérons comment le calcul à la FIGURE 9.9 peut être amélioré à la FIGURE 9.10 page suivante avec un glanage automatique fondé sur une pile. Gardons en tête que la valeur $[3, 7, 5]$ est rangée dans le tas,

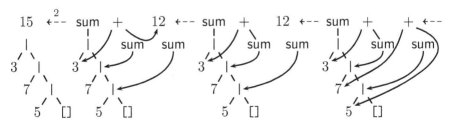

FIGURE 9.9 – Évaluation de sum($[3, 7, 5]$) (phase 2/2)

pas dans la pile de contrôle, et qu'elle peut être partagée. De plus, à cause de l'espace limité sur une page, la dernière étape est en fait double, comme elle l'était à la FIGURE 9.9 page précédente. Nous pouvons saisir la croissance de la pile de contrôle à la FIGURE 9.11 page suivante. Les dépilages, de droite à gauche, sont présentés à la FIGURE 9.12.

L'algorithme correspondant consiste en les étapes suivantes. Supposons d'abord que la pile de contrôle n'est pas vide et que l'élément à son sommet est une valeur immédiate ou une référence à une valeur, bien que nous les qualifierons toutes deux de valeurs dans la suite.

1. Tant que la pile de contrôle contient au moins deux objets, dépilons la valeur, mais sans l'écarter, donc un autre arbre devient le sommet ;

   (a) si la racine de l'arbre au sommet est un nœud sum, alors nous le dépilons et empilons à sa place la valeur ;

   (b) sinon, le nœud sum dans l'arbre possède un arc entrant :

      i. nous changeons sa destination de telle sorte qu'il atteigne la valeur et nous nous débarrassons du nœud sum ;

      ii. nous évaluons l'arbre modifié au sommet et nous itérons le procédé.

2. L'unique élément restant dans la pile de contrôle est le résultat.

En fait, nous avons permis la résidence des entiers dans la pile de contrôle, car nous pouvions ainsi remplacer tout arbre qui consiste seulement en une référence vers cette sorte de valeur dans le tas par une copie de ladite valeur. Nous pouvons voir à la FIGURE 9.11 que la pile de contrôle croît à chaque étape jusqu'à ce qu'une valeur est atteinte.

Optimisation des appels terminaux   Étudions ce qui se passe quand nous utilisons une définition équivalente en forme terminale, telle $sum_0/1$ à la FIGURE 9.5 page 313. La FIGURE 9.13 montre seulement la première phase, qui consiste à empiler sur la pile de contrôle l'arbre nouvellement

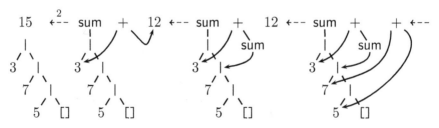

FIGURE 9.10 – Évaluation de sum([3, 7, 5]) (phase 2/2, pile et tas)

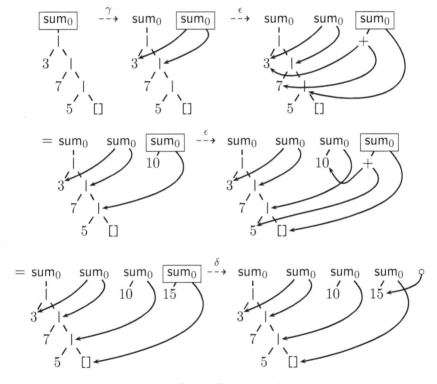

FIGURE 9.11 – Pile de contrôle pour évaluer $\mathsf{sum}([3, 7, 5])$ (phase 1/2)

FIGURE 9.12 – Pile de contrôle pour évaluer $\mathsf{sum}([3, 7, 5])$ (phase 2/2)

FIGURE 9.13 – $\mathsf{sum}_0([3, 7, 5]) \twoheadrightarrow 15$ sans optimisation des appels terminaux

produit par une règle et à partager les sous-arbres dénotés par des variables (en incluant les synonymes) qui sont présents dans le motif et le membre droit. La seconde phase consiste à dépiler les racines accumulées de façon à reprendre les contextes d'appels en suspend et, à la fin,

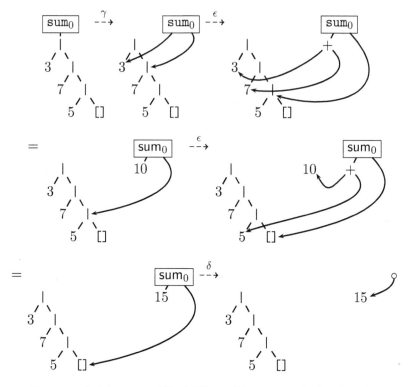

FIGURE 9.14 – $\mathsf{sum}_0([3,7,5]) \twoheadrightarrow 15$ avec optimisation des appels terminaux

le résultat final se trouve dans la pile de contrôle.

Dans le cas de $\mathsf{sum}_0/1$, nous avons déjà trouvé le résultat après la première phase : 15. Par conséquent, dans ce cas, la seconde phase ne contribue pas à construire la valeur, ce qui nous amène à nous interroger sur l'utilité de conserver les arbres antérieurs. En effet, ceux-ci deviennent inutiles après chaque empilage et une optimisation fréquente, appelée *optimisation des appels terminaux* et mise en œuvre par les compilateurs de langages fonctionnels, consiste à dépiler l'arbre qui précède (celui filtré par le motif de la règle) et à empiler le nouveau (créé par le membre droit de la même règle). De cette manière, la pile de contrôle ne contient qu'un élément à tout instant. Cette optimisation est montrée à la FIGURE 9.14 et devrait être contrastée avec la série à la FIGURE 9.13 page précédente.

L'optimisation des appels terminaux peut être appliquée à toutes les fonctions en forme terminale. Visualisons un autre exemple : l'évaluation de $\mathsf{cat}([1,2],[3,4])$, en employant la définition à la FIGURE 1.4 page 8, qui n'est pas en forme terminale.

1. La première phase, qui consiste à empiler les arbres nouvellement

créés sur la pile de contrôle est montré à la FIGURE 9.15a page suivante.

2. La seconde phase de l'évaluation de cat([1, 2], [3, 4]) est montrée à la FIGURE 9.15b page suivante. Elle consiste à remplacer de la droite vers la gauche la référence à l'appel précédent par la (référence à la) valeur courante, jusqu'à ce que l'appel initial lui-même soit ôté et seul le résultat final demeure. Remarquons que le second argument, [3, 4], est en fait partagé avec le résultat [1, 2, 3, 4] et qu'aucune optimisation n'est possible.

Transformation en forme terminale   Notre définition de flat/1 à la FIGURE 2.12 page 63, est facilement traduite en Erlang comme suit :

```
flat(       []) -> [];
flat(    [[]|T]) -> flat(T);
flat([[X|S]|T]) -> flat([X,S|T]);
flat(     [X|T]) -> [X|flat(T)].
```

Elle est presque en forme terminale : seule la dernière règle possède un appel avec un contexte non-vide. En ajoutant un accumulateur, cette définition peut être transformée en une définition équivalente en forme terminale. Le but de cet accumulateur est de conserver les variables qui apparaissent dans les instances du contexte, pour que celles-ci puissent être reconstruites et évaluées après que l'appel courant l'est. Donc adjoignons une pile d'accumulation A, laissée telle quelle par toutes les clauses, et ajoutons une nouvelle définition flat_tf/1 qui appelle la version de flat/2 augmentée avec la valeur initiale de l'accumulateur, ici la pile vide :

$$
\begin{aligned}
\textbf{flat\_tf(T)} & \xrightarrow{\alpha} \textbf{flat(T,[])}. \\
\text{flat(} \quad [], A) & \xrightarrow{\beta} []; & \text{\% A \textit{inutile pour le moment}} \\
\text{flat(} \quad [[]|T], A) & \xrightarrow{\gamma} \text{flat(T,A)}; \\
\text{flat([[X|S]|T], A)} & \xrightarrow{\delta} \text{flat([X,S|T],A)}; \\
\text{flat(} \quad [X|T], A) & \xrightarrow{\epsilon} [X|\text{flat(T,A)}].
\end{aligned}
$$

Maintenant, nous devons accumuler une valeur à chaque appel qui n'est pas en forme terminale (ici, à la clause ϵ), et utiliser le contenu de l'accumulateur dans toutes les clauses où il n'y a pas d'appel (ici, à la clause α). La technique consiste à accumuler dans la clause ϵ les valeurs du contexte d'appel, [X|_] ; en d'autres termes, nous empilons X sur A :

$$
\begin{aligned}
\text{flat\_tf(T)} & \xrightarrow{\alpha} \text{flat(T,[])}. \\
\text{flat(} \quad [], A) & \xrightarrow{\beta} [];
\end{aligned}
$$

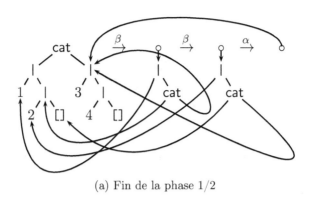

(a) Fin de la phase 1/2

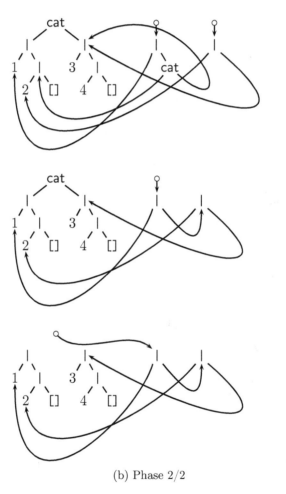

(b) Phase 2/2

FIGURE 9.15 – cat($[1, 2], [3, 4]$) ↠ $[1, 2, 3, 4]$

```
flat(    [[]|T],A) →ᵧ flat(T,A);
flat([[X|S]|T],A) →ᵟ flat([X,S|T],A);
flat(    [X|T],A) →ᵋ flat(T,[X|A]).                                    % Ici
```

Quand l'entrée est entièrement parcourue, à la clause β, l'accumulateur contient tous les éléments qui ne sont pas des piles (tous les X de la clause ϵ) en ordre inverse par rapport à la pile originelle ; par conséquent, ils doivent être retournés :

```
flat_tf(T)          →ᵅ flat(T,[]).
flat(       [],A)  →ᵝ rev(A);
flat(    [[]|T],A) →ᵧ flat(T,A);
flat([[X|S]|T],A)  →ᵟ flat([X,S|T],A);
flat(    [X|T],A)  →ᵋ flat(T,[X|A]).
```

La définition est maintenant complète et en forme terminale. Qu'en est-il de flat0/1 à la FIGURE 2.8 page 61 ? Nous avons :

```
flat0(          []) -> [];
flat0(      [[]|T]) -> flat0(T);
flat0([Y=[_|_]|T]) -> cat(flat0(Y),flat0(T));
flat0(       [Y|T]) -> [Y|flat0(T)].
```

Cette définition a la particularité que certaines de ses clauses contiennent au moins deux appels (n'oublions pas que le fait qu'un appel soit récursif n'a rien à voir avec le fait d'être en forme terminale ou non).

Commençons par ajouter un accumulateur à flat0/1 et posons que sa valeur initiale est la pile vide :

```
flat0_tf(T)            →ᵅ flat0(T,[]).                    % Ajout
flat0(          [],A) →ᵧ [];           % A inutile pour le moment
flat0(      [[]|T],A) →ᵟ flat0(T,A);
flat0([Y=[_|_]|T],A)  →ᵋ cat(flat0(Y,A),flat0(T,A));
flat0(       [Y|T],A) →ᶻ [Y|flat0(T,A)].
cat(    [],T)          →η T;
cat([X|S],T)           →θ [X|cat(S,T)].
```

Décidons qu'à la clause ϵ, le premier appel à être réécrit est l'appel récursif flat0(Y,A), dont le contexte est cat(_,flat0(T,A)). Par conséquent, dans la clause ϵ, sauvegardons T dans A pour pouvoir reconstruire le contexte dans le membre droit de γ, où la pile courante à traiter est vide et donc les piles empilées dans l'accumulateur nous permettent de reprendre l'aplatissement :

```
flat0_tf(T)                    α→ flat0(T,[]).
flat0(            [],[T|A]) γ→ cat([],flat0(T,A));        % Utile
flat0(        [[]|T],     A) δ→ flat0(T,A);
flat0([Y=[_|_]|T],     A) ε→ flat0(Y,[T|A]);             % Empilage
flat0(         [Y|T],     A) ζ→ [Y|flat0(T,A)].
cat(    [],T)                 η→ T;
cat([X|S],T)                 θ→ [X|cat(S,T)].
```

Mais une clause est maintenant manquante : que se passe-t-il si l'accumulateur est vide ? Par conséquent, une clause β doit être ajoutée avant la clause γ pour gérer cette situation :

```
flat0_tf(T)                    α→ flat0(T,[]).
flat0(            [],     []) β→ [];
flat0(            [],[T|A]) γ→ cat([],flat0(T,A));
flat0(        [[]|T],     A) δ→ flat0(T,A);
flat0([Y=[_|_]|T],     A) ε→ flat0(Y,[T|A]);
flat0(         [Y|T],     A) ζ→ [Y|flat0(T,A)].
cat(    [],T)                 η→ T;
cat([X|S],T)                 θ→ [X|cat(S,T)].
```

Nous pouvons simplifier le membre droit de la clause γ parce que la définition de `cat/2` est devenue inutile :

```
flat0_tf(T)                    α→ flat0(T,[]).
flat0(            [],     []) β→ [];
flat0(            [],[T|A]) γ→ flat0(T,A);               % Simplification
flat0(        [[]|T],     A) δ→ flat0(T,A);
flat0([Y=[_|_]|T],     A) ε→ flat0(Y,[T|A]);
flat0(         [Y|T],     A) ζ→ [Y|flat0(T,A)].
```

La clause ζ n'est pas en forme terminale. Nous ne pouvons simplement empiler Y sur l'accumulateur ainsi :

```
flat0(         [Y|T],     A) ζ→ flat0(T,[Y|A]).          % Faux
```

parce que ce dernier contient des piles à aplatir ultérieurement (voir la clause ε) et Y n'est pas une pile (cette modification mènerait à une erreur de filtrage juste après le filtrage de la clause γ, parce que tous les motifs ne filtrent que des piles). Que pouvons-nous faire ? La première idée qui vient peut-être à l'esprit est d'ajouter un autre accumulateur pour contenir les éléments qui ne sont pas des piles, comme Y. À la base, il s'agirait-là exactement de la même méthode que précédemment, sauf qu'elle serait appliquée à un autre accumulateur, disons B. Ajoutons d'abord B partout et initialisons-le avec [] :

```
flat0_tf(T)                      α→  flat0(T,[],[]).
flat0(           [],    [],B)    β→  [];        % B inutile pour le moment
flat0(           [],[T|A],B)     γ→  flat0(T,A,B);
flat0(       [[]|T],     A,B)    δ→  flat0(T,A,B);
flat0([Y=[_|_]|T],      A,B)     ε→  flat0(Y,[T|A],B);
flat0(         [Y|T],   A,B)     ζ→  [Y|flat0(T,A,B)].
```

Maintenant nous pouvons sauvegarder les variables du contexte d'appel de la clause ζ dans B et ôter le contexte en question. À la clause β, nous savons que B contient, en ordre inverse, tous les éléments qui ne sont pas des piles, donc nous devons retourner B. Puisque la clause β ne contient pas d'autres appels, c'est la fin :

```
flat0_tf(T)                      α→  flat0(T,[],[]).
flat0(           [],    [],B)    β→  rev(B);
flat0(           [],[T|A],B)     γ→  flat0(T,A,B);
flat0(       [[]|T],     A,B)    δ→  flat0(T,A,B);
flat0([Y=[_|_]|T],      A,B)     ε→  flat0(Y,[T|A],B);
flat0(         [Y|T],   A,B)     ζ→  flat0(T,A,[Y|B]).
```

Un examen supplémentaire peut mener à un programme plus simple, où les motifs ne filtrent pas de piles imbriquées :

```
flat0_tf(T)          -> flat0(T,[],[]).
flat0(   [],[],B) -> rev(B);
flat0(   [], A,B) -> flat0(A,    [],    B);
flat0(  [Y], A,B) -> flat0(Y,     A,    B);        % Optimisation
flat0([Y|T], A,B) -> flat0(Y,[T|A],     B);
flat0(    Y, A,B) -> flat0(A,    [],[Y|B]).
```

L'inconvénient de cette approche est qu'elle requiert de nombreux accumulateurs en général et qu'elle est *ad hoc*. Au lieu d'ajouter un accumulateur de plus pour résoudre notre problème, nous pourrions continuer avec un seul mais en nous assurant que les valeurs qu'il contient sont distinguées selon leur origine, donc une valeur d'un contexte donné n'est pas confondue avec une valeur d'un autre contexte. (Ceci était réalisé avant en utilisant un accumulateur différent pour différentes valeurs de contexte.) La mise en œuvre consiste alors à mettre dans un n-uplet les valeurs d'un contexte donné avec un atome qui joue le rôle d'un marqueur identifiant l'expression originelle contenant l'appel. Revenons à

```
flat0_tf(T)              α→  flat0(T,[]).
flat0(         [],A)     γ→  [];        % A inutile pour le moment
flat0(     [[]|T],A)     δ→  flat0(T,A);
```

```
flat0([Y=[_|_]|T],A)  ε⟶  cat(flat0(Y,A),flat0(T,A));
flat0(        [Y|T],A)  ζ⟶  [Y|flat0(T,A)].
cat(      [],T)         η⟶  T;
cat([X|S],T)            θ⟶  [X|cat(S,T)].
```

Modifions la clause ϵ en choisissant `flat0(Y,A)` comme premier appel à réécrire. Nous choisissons l'atome `k1` pour représenter un appel et nous l'accouplons avec la seule valeur du contexte, `T`. Nous ôtons le contexte `cat(_,flat0(T,A))` et, dans l'appel restant, nous empilons `{k1,T}` sur l'accumulateur `A` :

```
flat0_tf(T)               α⟶  flat0(T,[]).
flat0(           [],A)  γ⟶  [];                % A inutile pour le moment
flat0(      [[]|T],A)  δ⟶  flat0(T,A);
flat0([Y=[_|_]|T],A)  ε⟶  flat0(Y,[{k1,T}|A]);
flat0(        [Y|T],A)  ζ⟶  [Y|flat0(T,A)].
cat(      [],T)         η⟶  T;
cat([X|S],T)            θ⟶  [X|cat(S,T)].
```

Le point crucial est que `k1` ne doit pas être empilé ailleurs que dans la clause ϵ, qu'il identifie. Bien sûr, ce programme n'est plus correct, car le contexte ôté doit être reconstruit ailleurs et appliqué à la valeur de l'appel `flat0(Y,[{k1,T}|A])`. L'accumulateur `A` représente, comme précédemment, les valeurs des contextes. Où devrions-nous extraire son contenu ? La clause γ ne fait aucun usage de `A` et ceci est un signe. Cela signifie qu'à ce moment-là il n'y a plus de piles à aplatir, ce qui est le bon moment pour nous demander s'il n'y a pas encore quelque chose à faire, donc examiner le contenu de `A`. Pour réaliser cette tâche, une fonction dédiée devrait être créée, disons `appk/2`, telle que `appk(V,A)` calculera la suite avec ce qui se trouve dans l'accumulateur A, la valeur V étant un résultat partiel, c'est-à-dire le résultat jusqu'à présent. Par contre, s'il ne reste rien à faire, c'est-à-dire si A est vide, alors `appk(V,A)` est réécrit en V et c'est fini. En d'autres termes :

```
appk(V,[{k1,T}|A])  κ⟶  [                    ];
appk(V,        [])  ι⟶  V.                    % La fin
```

Le cadre vide doit être rempli par la reconstruction du contexte que nous avons ôté quand `k1` a été sauvegardé dans l'accumulateur. Le contexte en question était `cat(_,flat0(T,A))`, à la clause ϵ, donc nous avons

```
appk(V,[{k1,T}|A])  κ⟶  cat([        ],flat0(T,A));
appk(V,        [])  ι⟶  V.
```

Le cadre vide restant est destiné à être rempli avec le résultat de l'appel
`flat0(Y,[{k1,T}|A])`. Pour cela, deux conditions doivent être satisfaites.
D'abord, l'accumulateur dans le motif de `appk/2` doit être le même qu'au
moment de l'appel, c'est-à-dire qu'il doit être filtré par `[{k1,T}|A]`. En
théorie, nous devrions prouver que les deux occurrences de `A` dénotent
bien la même valeur, mais cela nous entrainerait trop loin. Finalement,
nous devons nous assurer que lorsqu'un appel à `flat0/2` a terminé, un
appel à `appk/2` est effectué avec le résultat. Quand la transformation en
forme terminale sera terminée, il ne restera aucun contexte, par définition,
donc tous les appels à `flat0/2` aboutiront à des clauses qui ne contiennent
aucun autre appel à traiter. Un examen rapide des clauses révèle que la
clause γ est la seule concernée et que `A` y était inutilisé jusqu'à présent.
Remplaçons donc le membre droit de cette clause par un appel à `appk/2`,
dont le premier argument est le résultat de l'appel courant à `flat0/2`,
c'est-à-dire le membre droit courant, et dont le second argument est
l'accumulateur qui peut contenir encore des informations au sujet de
contextes à reconstruire et à appliquer. Nous avons

```
flat0(        [],A) ᵞ→ appk([],A);
```

Maintenant nous comprenons que `V` à la clause κ est la valeur de l'ap-
pel de fonction `flat0(Y,[{k1,T}|A])`, donc nous pouvons poursuivre en
plaçant `V` dans le cadre vide de la clause κ :

```
appk(V,[{k1,T}|A]) ᵏ→ cat(V,flat0(T,A));
```

Un coup d'œil suffit pour comprendre que la clause κ n'est pas en forme
terminale. Par conséquent, itérons la même technique. Le premier appel
qui doit être réécrit est `flat0(T,A)`, dont le contexte est `cat(V,_)`. Associons la variable `V` dans ce contexte avec un nouvel atome `k2` et empilons
les deux sur l'accumulateur :

```
appk(V,[{k1,T}|A]) ᵏ→ flat0(T,[{k2,V}|A]);
```

Nous avons besoin d'une nouvelle clause de `appk/2` qui traite le cas correspondant, c'est-à-dire lorsque la valeur de l'appel aura été obtenue et
le contexte devra être reconstruit et évalué :

```
flat0_tf(T)                  ᵅ→ flat0(T,[]).
flat0(              [],A) ᵞ→ appk([],A);
flat0(         [[]|T],A) ᵟ→ flat0(T,A);
flat0([Y=[_|_]|T],A) ᵋ→ flat0(Y,[{k1,T}|A]);
flat0(         [Y|T],A) ᶻ→ [Y|flat0(T,A)].
cat(    [],T)              ᵑ→ T;
```

```
cat([X|S],T)              θ→  [X|cat(S,T)].
appk(V,[{k2,W}|A])        λ→  cat(W,V);      % A inutile pour le moment
appk(V,[{k1,T}|A])        κ→  flat0(T,[{k2,V}|A]);
appk(V,        [])        ι→  V.
```

Remarquons qu'à la clause λ, nous avons renommé V (dans l'accumulateur) en W, de manière à éviter une collision avec le premier argument de appk/2.

D'ailleurs, pourquoi avons-nous cat(W,V) et non cat(V,W)? L'explication est trouvée en nous souvenant que W dénote la valeur de l'appel flat0(Y) (dans la définition originelle), alors que V représente la valeur de flat0(T) (dans la définition originelle). Rien n'a été fait encore avec le reste de l'accumulateur A, ce qui entraîne que nous devons le passer à cat/2, tout comme aux autres fonctions :

```
flat0_tf(T)                    α→  flat0(T,[]).
flat0(              [],A)      γ→  appk([],A);
flat0(          [[]|T],A)      δ→  flat0(T,A);
flat0([Y=[_|_]|T],A)           ε→  flat0(Y,[{k1,T}|A]);
flat0(           [Y|T],A)      ζ→  [Y|flat0(T,A)].
cat(    [],T,A)                η→  T;            % A inutile pour le moment
cat([X|S],T,A)                 θ→  [X|cat(S,T,A)].
appk(V,[{k2,W}|A])             λ→  cat(W,V,A);                % A transmis
appk(V,[{k1,T}|A])             κ→  flat0(T,[{k2,V}|A]);
appk(V,        [])             ι→  V.
```

Après la clause ϵ, la première clause qui n'est pas en forme terminale est la clause ζ. Accouplons la variable Y du contexte [Y|_] avec un nouvel atome k3, et sauvegardons la paire ainsi formée dans l'accumulateur A, tout en reconstruisant le contexte effacé dans une nouvelle clause μ de appk/2 :

```
flat0_tf(T)                    α→  flat0(T,[]).
flat0(              [],A)      γ→  appk([],A);
flat0(          [[]|T],A)      δ→  flat0(T,A);
flat0([Y=[_|_]|T],A)           ε→  flat0(Y,[{k1,T}|A]);
flat0(           [Y|T],A)      ζ→  flat0(T,[{k3,Y}|A]).      % Empilage de Y
cat(    [],T,A)                η→  T;            % A inutile pour le moment
cat([X|S],T,A)                 θ→  [X|cat(S,T,A)].
appk(V,[{k3,Y}|A])             μ→  [Y|V];        % A inutile pour le moment
appk(V,[{k2,W}|A])             λ→  cat(W,V,A);
appk(V,[{k1,T}|A])             κ→  flat0(T,[{k2,V}|A]);
appk(V,        [])             ι→  V.
```

Il est intéressant de remarquer que le tout nouveau membre droit de la
clause μ n'utilise pas le reste de l'accumulateur A. Nous avons rencontré
exactement la même situation avec la clause γ : un membre droit ne
contenant aucun autre appel. Dans ce cas, nous avons besoin de vérifier
s'il y a encore des évaluations à faire avec les données sauvegardées précédemment dans A. Ceci est la même tâche que celle réalisée par appk/2, par
conséquent un appel à cette fonction doit être effectué dans le membre
droit de la clause μ comme suit :

```
flat0_tf(T)                 α→  flat0(T,[]).
flat0(            [],A)     γ→  appk([],A);
flat0(          [[]|T],A)   δ→  flat0(T,A);
flat0([Y=[_|_]|T],A)        ε→  flat0(Y,[{k1,T}|A]);
flat0(           [Y|T],A)   ζ→  flat0(T,[{k3,Y}|A]).
cat(    [],T,A)             η→  T;              % A inutile pour le moment
cat([X|S],T,A)              θ→  [X|cat(S,T,A)].
appk(V,[{k3,Y}|A])          μ→  appk([Y|V],A);
appk(V,[{k2,W}|A])          λ→  cat(W,V,A);
appk(V,[{k1,T}|A])          κ→  flat0(T,[{k2,V}|A]);
appk(V,           [])       ι→  V.
```

La clause à examiner par la suite est la clause η, parce que son membre
droit ne contient aucun appel, donc il doit contenir maintenant un appel à appk/2 avec le membre droit courant T et l'accumulateur A. Nous
obtenons alors

```
flat0_tf(T)                 α→  flat0(T,[]).
flat0(            [],A)     γ→  appk([],A);
flat0(          [[]|T],A)   δ→  flat0(T,A);
flat0([Y=[_|_]|T],A)        ε→  flat0(Y,[{k1,T}|A]);
flat0(           [Y|T],A)   ζ→  flat0(T,[{k3,Y}|A]).
cat(    [],T,A)             η→  appk(T,A);
cat([X|S],T,A)              θ→  [X|cat(S,T,A)].
appk(V,[{k3,Y}|A])          μ→  appk([Y|V],A);
appk(V,[{k2,W}|A])          λ→  cat(W,V,A);
appk(V,[{k1,T}|A])          κ→  flat0(T,[{k2,V}|A]);
appk(V,           [])       ι→  V.
```

Enfin, la clause θ doit être transformée comme nous l'avons fait pour
toutes les autres clauses qui n'étaient pas en forme terminale. Choisissons un nouvel atome, par exemple k4, et accouplons-le avec l'unique
variable Y du contexte [Y|_], puis empilons la paire ainsi formée sur l'ac-
cumulateur A. Nous devons ajouter une clause ν à appk/2 pour filtrer

ce cas, reconstruire le contexte ôté et appliquer celui-ci au résultat de l'appel courant à flat0/2, à savoir, son premier argument :

```
flat0_tf(T)              α→  flat0(T,[]).
flat0(            [],A)  γ→  appk([],A);
flat0(         [[]|T],A) δ→  flat0(T,A);
flat0([Y=[_|_]|T],A)     ε→  flat0(Y,[{k1,T}|A]);
flat0(          [Y|T],A) ζ→  flat0(T,[{k3,Y}|A]).
cat(     [],T,A)         η→  appk(T,A);
cat([X|S],T,A)           θ→  cat(S,T,[X|A]).
appk(V,[{k4,X}|A])       ν→  [X|V];          % A inutile pour le moment
appk(V,[{k3,Y}|A])       μ→  appk([Y|V],A);
appk(V,[{k2,W}|A])       λ→  cat(W,V,A);
appk(V,[{k1,T}|A])       κ→  flat0(T,[{k2,V}|A]);
appk(V,           [])    ι→  V.
```

Le membre droit de la clause nouvellement créée ne contient aucun appel, donc nous devons le passer à appk/2 avec le reste de l'accumulateur, dans le but de traiter tout contexte en attente :

```
flat0_tf(T)              α→  flat0(T,[]).
flat0(            [],A)  γ→  appk([],A);
flat0(         [[]|T],A) δ→  flat0(T,A);
flat0([Y=[_|_]|T],A)     ε→  flat0(Y,[{k1,T}|A]);
flat0(          [Y|T],A) ζ→  flat0(T,[{k3,Y}|A]).
cat(     [],T,A)         η→  appk(T,A);
cat([X|S],T,A)           θ→  cat(S,T,[{k4,X}|A]).
appk(V,[{k4,X}|A])       ν→  appk([X|V],A);
appk(V,[{k3,Y}|A])       μ→  appk([Y|V],A);
appk(V,[{k2,W}|A])       λ→  cat(W,V,A);
appk(V,[{k1,T}|A])       κ→  flat0(T,[{k2,V}|A]);
appk(V,           [])    ι→  V.
```

La transformation est maintenant terminée. Elle est correcte au sens où le programme résultant est équivalent à l'original, c'est-à-dire que flat0/1 et flat0_tf/1 calculent les mêmes valeurs pour les mêmes entrées, et toutes les clauses de flat0_tf/1 sont en forme terminale. Elle est aussi complète au sens où toute définition peut être ainsi transformée en forme terminale. Comme nous l'avons annoncé, le principal intérêt de cette méthode réside dans son uniformité et nous ne devrions pas nous attendre à ce qu'elle produise des programmes qui sont plus rapides que les originaux.

Il est possible, après un examen approfondi, de raccourcir un peu la définition de appk/2. En effet, les clauses ν et μ sont identiques, si ce n'est pour la présence d'une marque différente, `k4` d'un côté, et `k3` de l'autre. Fusionnons-les en une seule clause et utilisons un nouvel atome `k34` en lieu et place de toute occurrence de `k3` et `k4`.

```
flat0_tf(T)              -α-> flat0(T,[]).
flat0(           [],A)   -γ-> appk([],A);
flat0(      [[]|T],A)    -δ-> flat0(T,A);
flat0([Y=[_|_]|T],A)     -ε-> flat0(Y,[{k1,T}|A]);
flat0(       [Y|T],A)    -ζ-> flat0(T,[{k34,Y}|A]).
cat(    [],T,A)          -η-> appk(T,A);
cat([X|S],T,A)           -θ-> cat(S,T,[{k34,X}|A]).
appk(V,[{k34,Y}|A])      -μ-> appk([Y|V],A);
appk(V, [{k2,W}|A])      -λ-> cat(W,V,A);
appk(V, [{k1,T}|A])      -κ-> flat0(T,[{k2,V}|A]);
appk(V,           [])    -ι-> V.
```

Autorisons-nous une courte digression et transformons `flat0_tf/1` davantage, de telle sorte que l'appel `flat0_tf(`T`)` soit réécrit en une paire constituée de la valeur de `flat0(`T`)` et de son coût. Étant donné que la définition initiale est en forme terminale, nous n'avons alors qu'à ajouter un compteur et à l'incrémenter dans chaque clause qui correspond à une clause dans la définition originale, sinon le compteur reste inchangé. Nous devons aussi ajouter une clause pour définir la valeur initiale du compteur. Rappelons d'abord la définition originelle de `flat0/1` (nous renommons les flèches ici pour faciliter l'écriture des étapes ultérieures) :

```
flat0(            [])  -γ-> [];
flat0(       [[]|T])   -δ-> flat0(T);
flat0([Y=[_|_]|T])     -ε-> cat(flat0(Y),flat0(T));
flat0(         [Y|T])  -ζ-> [Y|flat0(T)].
cat(    [],T)          -η-> T;
cat([X|S],T)           -θ-> [X|cat(S,T)].
```

Identifions et nommons de façon identique dans la version en forme terminale de `flat0_tf/1` les clauses qui ont leur contrepartie dans la définition de `flat0/1` :

```
flat0_tf(T)              -> flat0(T,[]).
flat0(          [],A)    -γ-> appk([],A);
flat0(    [[]|T],A)      -δ-> flat0(T,A);
flat0([Y=[_|_]|T],A)     -ε-> flat0(Y,[{k1,T}|A]);
flat0(      [Y|T],A)     -ζ-> flat0(T,[{k34,Y}|A]).
cat(    [],T,A)          -η-> appk(T,A);
cat([X|S],T,A)           -θ-> cat(S,T,[{k34,X}|A]).
```

```
appk(V,[{k34,Y}|A])  →  appk([Y|V],A);
appk(V, [{k2,W}|A])   →  cat(W,V,A);
appk(V, [{k1,T}|A])   →  flat0(T,[{k2,V}|A]);
appk(V,          [])  →  V.
```

En nous inspirant de notre compréhension pratique de la transformation jusqu'à présent, nous pouvons essayer de la résumer de façon systématique comme suit.

1. Considérons toutes les définitions impliquées, en prenant soin d'inclure transitivement toutes celles dont elles dépendent ;

2. ajoutons une pile d'accumulation à toutes ces définitions et ajoutons une définition qui initialise cet accumulateur avec la pile vide ;

3. pour chaque corps constitué d'un appel en forme terminale, nous passons simplement l'accumulateur inchangé ;

4. nous remplaçons chaque corps ne contenant aucun appel par un appel à une nouvelle fonction appk/2 avec le corps et l'accumulateur inchangés ;

5. pour chaque corps qui n'est pas en forme terminale, ceux de appk/2 inclus,

   (a) nous identifions ou choisissons le premier appel à évaluer ;

   (b) nous prenons toutes les valeurs et variables dans le contexte d'appel qui sont des paramètres, sauf l'accumulateur, et nous les regroupons dans un n-uplet avec un unique atome ;

   (c) nous remplaçons le corps en question par l'appel à faire en premier et nous passons à ce dernier l'accumulateur où nous avons empilé le n-uplet ;

   (d) nous créons une clause de appk/2 qui filtre ce cas et dont le corps est le contexte mentionné précédemment ;

   (e) nous remplaçons le _ dans le contexte par le premier argument de appk/2 et nous nous assurons qu'il n'y a pas de collision de variables ;

6. nous ajoutons la clause appk(V,[]) -> V à appk/2.

Cet algorithme est *global* dans la mesure où *tous* les pas doivent être franchis avant qu'un programme équivalent à l'original soit obtenu. Il est possible de réarranger l'ordre dans lequel les étapes sont effectuées pour que l'algorithme devienne *incrémental*, mais ce n'est probablement pas la peine de se compliquer tant la vie (en analysant le graphe des appels).

Appliquons la méthode à une définition *a priori* difficile, comme celle de la fonction de Fibonacci fib/1 :

```
fib(0)                    β→ 1;
fib(1)                    γ→ 1;
fib(N) when N > 1         δ→ fib(N-1) + fib(N-2).
```

Les étapes de la transformation sont les suivantes.

1. Cette définition est complète (pas d'appels à d'autre fonction).

2. Renommons `fib/1` en `fib/2`, puis ajoutons une pile d'accumulation et elle devient `fib/2`, puis nous créons une clause α définissant `fib_tf/1` avec un appel à `fib/2` où l'accumulateur est la pile vide :

   ```
   fib_tf(N)             α→ fib(N,[]).                    % Nouveau
   fib(0,A)              β→ 1;
   fib(1,A)              γ→ 1;
   fib(N,A) when N > 1   δ→ fib(N-1,A) + fib(N-2,A).
   ```

3. Il n'y a pas de corps en forme terminale qui contienne un appel.

4. Les clauses β et γ sont en forme terminale et ne contiennent aucun appel, donc nous devons remplacer les corps avec un appel à `appk/2`, dont le premier argument est le corps originel (ici, `1`) et le second est l'accumulateur inchangé :

   ```
   fib_tf(N)             α→ fib(N,[]).
   fib(0,A)              β→ appk(1,A);
   fib(1,A)              γ→ appk(1,A);
   fib(N,A) when N > 1   δ→ fib(N-1,A) + fib(N-2,A).
   ```

5. La clause δ n'est pas en forme terminale et contient deux appels, donc nous devons choisir celui à évaluer en premier, par exemple `fib(N-2,A)`. Le contexte de celui-ci est `fib(N-1,A) + ␣`. Les valeurs dans le contexte, en dehors de l'accumulateur, sont réduites à la seule valeur de `N`. Utilisons un nouvel atome `k1` pour distinguer cet appel et formons la paire `{k1,N}`. Remplaçons le corps de δ par `fib(N-2,[{k1,N}|A])`. Ensuite, ajoutons une clause à `appk/2` qui filtre cette paire. Son corps est le contexte que nous venons d'enlever du corps de δ. Dans celui-ci, substituons à ␣ le premier paramètre.

   ```
   fib_tf(N)                 α→ fib(N,[]).
   fib(0,A)                  β→ appk(1,A);
   fib(1,A)                  γ→ appk(1,A);
   fib(N,A) when N > 1       δ→ fib(N-2,[{k1,N}|A]).
   appk(V,[{k1,N}|A])        ε→ fib(N-1,A) + V.
   ```

   Le corps de ϵ n'est pas en forme terminale, car il contient un appel qui n'est pas à la racine de l'arbre de syntaxe abstraite. Le contexte de cet appel est `_ + V` et sa seule variable est `V`. Produisons un unique atome `k2` et accouplons-le avec `V`. Nous remplaçons alors le corps ϵ par l'appel à évaluer en premier et nous lui passons l'accumulateur sur lequel nous avons empilé la paire. Nous ajoutons une clause à `appk/2` qui filtre ce cas et dans son corps nous mettons le contexte mentionné. Nous substituons à `_` le premier paramètre.

```
appk(V,[{k2,W}|A]) →ᶜ V + W;
appk(V,[{k1,N}|A]) →ᵉ fib(N-1,[{k2,V}|A]).
```

Nous avons renommé la variable `V` dans l'accumulateur en `W` pour éviter une collision avec le premier paramètre `V`. Ce nouveau corps `V+W` est en forme terminale et ne contient aucun autre appel, donc il doit être utilisé par un appel récursif car l'accumulateur `A` peut ne pas être vide (d'autres appels sont en attente). Nous passons `A` à cet appel. Finalement, toutes les clauses sont en forme terminale :

```
fib_tf(N)                  →ᵅ fib(N,[]).
fib(0,A)                   →ᵝ appk(1,A);
fib(1,A)                   →ᵞ appk(1,A);
fib(N,A) when N > 1        →ᵟ fib(N-2,[{k1,N}|A]).
appk(V,[{k2,W}|A])         →ᶜ appk(V+W,A);
appk(V,[{k1,N}|A])         →ᵉ fib(N-1,[{k2,V}|A]).
```

6. Nous devons ajouter une clause pour filtrer le cas de l'accumulateur vide et finir avec le premier paramètre :

```
fib_tf(N)                  →ᵅ fib(N,[]).
fib(0,A)                   →ᵝ appk(1,A);
fib(1,A)                   →ᵞ appk(1,A);
fib(N,A) when N > 1        →ᵟ fib(N-2,[{k1,N}|A]).
appk(V,        [])         →ᶯ V;              % Attention!
appk(V,[{k2,W}|A])         →ᶜ appk(V+W,A);
appk(V,[{k1,N}|A])         →ᵉ fib(N-1,[{k2,V}|A]).
```

Appliquons maintenant notre méthode générale à `flat/1` :

```
flat_tf(T)          -> flat(T,[]).
flat(       [],A) -> [];          % A inutile pour le moment
flat(    [[]|T],A) -> flat(T,A);
flat([[X|S]|T],A) -> flat([X,S|T],A);
flat(    [Y|T],A) -> [Y|flat(T,A)].
```

Le seul corps qui ne contient aucun appel est celui de la première clause de `flat/2`, donc il doit être passé à un appel de `appk/2` avec l'accumulateur. Seul le dernier corps n'est pas en forme terminale.

Le seul appel effectué a pour contexte [Y|⌴], dont l'unique valeur
est celle de Y. Nous produisons un unique atome k1 et nous lui
adjoignons Y pour former une paire. Nous remplaçons le corps qui
n'est pas en forme terminale par cet appel, auquel nous passons
l'accumulateur sur lequel nous avons empilé la paire. Nous créons
alors appk/2 pour filtrer ce cas. Son corps est le contexte que
nous avons ôté précédemment. Nous substituons à ⌴ dans celui-ci
le premier paramètre :

```
flat_tf(T)           -> flat(T,[]).
flat(       [],A)  -> appk([],A);
flat(    [[]|T],A)  -> flat(T,A);
flat([[X|S]|T],A)  -> flat([X,S|T],A);
flat(      [Y|T],A)  -> flat(T,[{k1,Y}|A]).
appk(V,[{k1,Y}|A]) -> [Y|V].      % Le contexte était [Y|⌴]
```

Puisque le corps de la nouvelle clause de appk/2 est une valeur,
elle doit être passée à un appel récursif parce que l'accumulateur A
peut ne pas être vide, donc il se peut que certains appels en attente
doivent être maintenant évalués :

```
flat_tf(T)           -> flat(T,[]).
flat(       [],A)  -> appk([],A);
flat(    [[]|T],A)  -> flat(T,A);
flat([[X|S]|T],A)  -> flat([X,S|T],A);
flat(      [Y|T],A)  -> flat(T,[{k1,Y}|A]).
appk(V,[{k1,Y}|A]) -> appk([Y|V],A).
```

Finalement, la définition de appk/2 doit être complétée par une
clause correspondant au cas où l'accumulateur est vide et son
corps est simplement le premier argument, qui est, par construction, le résultat :

```
flat_tf(T)           -> flat(T,[]).
flat(       [],A)  -> appk([],A);
flat(    [[]|T],A)  -> flat(T,A);
flat([[X|S]|T],A)  -> flat([X,S|T],A);
flat(      [Y|T],A)  -> flat(T,[{k1,Y}|A]).
appk(V,         []) -> V;
appk(V,[{k1,Y}|A]) -> appk([Y|V],A).
```

Si nous comparons cette version avec

```
flat_tf(T)           -> flat(T,[]).
flat(       [],A) -> rev(A);
flat(    [[]|T],A) -> flat(T,A);
```

```
flat([[X|S]|T],A) -> flat([X,S|T],A);
flat(    [Y|T],A) -> flat(T,[Y|A]).
```

nous comprenons que cette dernière peut être dérivée de la première si la paire {k1,Y} est remplacée par Y. Ceci est possible
parce que c'est le seul atome qui a été produit. La définition de
appk/2 est alors équivalente à rcat/2 (section 2.2 page 40) :

```
rev(S)           -> rcat(S,[]).
rcat(   [],T) -> T;
rcat([X|S],T) -> rcat(S,[X|T]).
```

La philosophie sous-jacente à notre méthode générale pour transformer
un groupe de définitions en d'autres en forme terminale consiste à ajouter un paramètre qui est une pile accumulant les valeurs des différents
contextes et nous créons une fonction (appk/2) pour reconstruire lesdits
contextes lorsque les appels qu'ils contenaient ont terminé. Ces contextes
reconstruits sont à leur tour transformés en forme terminale jusqu'à
ce que toutes les clauses soient en forme terminale. Par conséquent, le
nombre de clauses est plus grand que dans le programme source, dont
l'algorithme est obscurci à cause de tout le travail administratif sur l'accumulateur. Dans le but de gagner du temps et d'épargner des efforts,
il est sage de considérer les définitions en forme terminale comme étant
utiles *a posteriori*, si nous nous confrontons à la taille maximale de la
pile d'exécution, sauf si des données très volumineuses sont, dès la phase
de conception, probables. Une autre raison d'employer la transformation
est la compilation vers un langage de bas niveau, comme C (en utilisant
seulement des sauts goto).

Transformons l'insertion simple (section 3.1 page 101) et analysons
le coût de la définition résultante. Nous débutons avec

```
isrt(   [])              β→ [];
isrt([X|S])              γ→ ins(isrt(S),X).
ins([Y|S],X) when X > Y  δ→ [Y|ins(S,X)];
ins(    S,X)             ε→ [X|S].
```

(les clause ont été renommées) et nous ajoutons une pile d'accumulation à
toutes nos fonctions et initialisons-la avec la pile vide (nouvelle clause α) :

```
isrt_tf(S)                 α→ isrt(S,[]).
isrt(   [],A)              β→ [];        % A inutile pour le moment
isrt([X|S],A)              γ→ ins(isrt(S,A),X,A).
ins([Y|S],X,A) when X > Y  δ→ [Y|ins(S,X,A)];
ins(    S,X,A)             ε→ [X|S].                    % A inutile
```

Nous pouvons maintenant inspecter chaque clause et, selon la forme de
leur corps (expression en forme terminale avec ou sans appel, ou pas en
forme terminale), quelque transformation est effectuée. D'abord, le corps
de β est en forme terminale et ne contient aucun appel. Donc, nous le
transformons en appelant la fonction `appk/2` :

```
isrt(    [],A)                     β
                                   ↪ appk([],A);
```

Ensuite, la clause γ n'est pas en forme terminale. Le premier appel qui
est évalué est `isrt(S,A)`, dont le contexte est `ins(_,X,A)`. Conservons
l'appel, tout en sauvegardant dans l'accumulateur `A` la variable `X`, qui
sera nécessaire pour reconstruire le contexte dans une nouvelle clause de
`appk/2`. Cette variable a besoin a priori d'être marquée par un atome
unique, tel `k1` :

```
isrt([X|S],A)                      γ
                                   ↪ isrt(S,[{k1,X}|A]).
...
appk(V,[{k1,X}|A])                 → ins(V,X,A).
```

La prochaine clause est δ, qui n'est pas en forme terminale. Le seul appel
à évaluer est `ins(S,X,A)`, dont le contexte est `[Y|_]`. Associons `Y` avec
un unique atome `k2`, puis sauvegardons les deux dans l'accumulateur `A`,
et ajoutons une clause à `appk/2` reconstruisant le contexte effacé :

```
ins([Y|S],X,A) when X > Y          δ
                                   ↪ ins(S,X,[{k2,Y}|A]);
...
appk(V,[{k2,Y}|A])                 → appk([Y|V],A);
```

La dernière clause est ϵ, qui est en forme terminale et ne contient aucun
appel, donc nous devons passer son corps à `appk/2` pour vérifier s'il y a
encore des contextes à reconstruire et évaluer :

```
ins(    S,X,A)                     ε
                                   ↪ appk([X|S],A).
```

Pour compléter cette transformation, nous devons ajouter une clause à
`appk/2` pour traiter le cas où l'accumulateur et vide, donc le résultat
final a été atteint. Finalement, le programme est (la dernière étape est
un gras)

```
isrt_tf(S)                         α
                                   ↪ isrt(S,[]).
isrt(    [],A)                     β
                                   ↪ appk([],A);
isrt([X|S],A)                      γ
                                   ↪ isrt(S,[{k1,X}|A]).
ins([Y|S],X,A) when X > Y          δ
                                   ↪ ins(S,X,[{k2,Y}|A]);
ins(    S,X,A)                     ε
                                   ↪ appk([X|S],A).
appk(V,         [])                ζ
                                   ↪ V;
appk(V,[{k2,Y}|A])                 η
                                   ↪ appk([Y|V],A);
appk(V,[{k1,X}|A])                 θ
                                   ↪ ins(V,X,A).
```

Nous remarquons que l'atome `k1` n'est pas nécessaire à la définition
de `isrt_tf/1`, car toute autre valeur dans l'accumulateur est marquée
avec `k2` :

```
isrt_tf(S)                      α→  isrt(S,[]).
isrt(   [],A)                   β→  appk([],A);
isrt([X|S],A)                   γ→  isrt(S,[X|A]).              % Ici
ins([Y|S],X,A) when X > Y       δ→  ins(S,X,[{k2,Y}|A]);
ins(    S,X,A)                  ε→  appk([X|S],A).
appk(V,           [])           ζ→  V;
appk(V,[{k2,Y}|A])              η→  appk([Y|V],A);
appk(V,       [X|A])            θ→  ins(V,X,A).                 % et là
```

Il est évident maintenant que `isrt/2` retourne son premier argument sur
l'accumulateur, qui est initialisé à la clause α avec la pile vide. Alors, à
la clause β, `appk/2` est appelée avec les mêmes arguments. Par exemple,
`isrt([3,8,2],[])` $\xrightarrow{3}$ `appk([],[2,8,3])`. Donc, nous concluons

$$\text{isrt}(S,[]) \equiv \text{appk}([],\text{rev}(S)),$$

ce qui nous permet de retirer toute la définition de `isrt/2` ainsi :

```
isrt_tf(S)                      α→  appk([],rev(S)).
ins([Y|S],X,A) when X > Y       δ→  ins(S,X,[{k2,Y}|A]);
ins(    S,X,A)                  ε→  appk([X|S],A).
appk(V,           [])           ζ→  V;
appk(V,[{k2,Y}|A])              η→  appk([Y|V],A);
appk(V,       [X|A])            θ→  ins(V,X,A).
```

Clairement, trier une pile ou la même pile retournée est la même chose :

$$\text{isrt\_tf}(S) \equiv \text{isrt\_tf}(\text{rev}(S)).$$

Via la clause α, et en remarquant que `rev(rev(S))` $\equiv S$, nous tirons

$$\text{isrt\_tf}(S) \equiv \text{appk}([],\text{rev}(\text{rev}(S))) \equiv \text{appk}([],S).$$

Par conséquent, nous simplifions le corps de la clause α :

```
isrt_tf(S)                      α→  appk([],S).
ins([Y|S],X,A) when X > Y       δ→  ins(S,X,[{k2,Y}|A]);
ins(    S,X,A)                  ε→  appk([X|S],A).
appk(V,           [])           ζ→  V;
appk(V,[{k2,Y}|A])              η→  appk([Y|V],A);
appk(V,       [X|A])            θ→  ins(V,X,A).
```

Nous pouvons obtenir un programme plus court aux dépens de plus de comparaisons. Remarquons que lorsque la clause η s'applique, Y est inférieur au sommet de V, qui existe parce que cette clause est employée seulement pour évaluer les corps des clauses ϵ et η, où le premier argument n'est pas la pile vide. Par conséquent, `appk([Y|V],A)` $\equiv$ `ins(V,Y,A)`, car la clause ϵ serait utilisée. De la même façon, changeons la clause η :

```
isrt_tf(S)                         α
                                   → appk([],S).
ins([Y|S],X,A) when X > Y          δ
                                   → ins(S,X,[{k2,Y}|A]);
ins(    S,X,A)                     ε
                                   → appk([X|S],A).
appk(V,           [])              ζ
                                   → V;
appk(V,[{k2,Y}|A])                 η
                                   → ins(V,Y,A);
appk(V,       [X|A])               θ
                                   → ins(V,X,A).
```

Nous voyons clairement maintenant que `appk/2` appelle `ins/3` de la même manière dans les clauses η et θ, ce qui signifie qu'il est inutile de distinguer Y avec k2 et nous pouvons nous débarrasser de la clause θ (Z peut être un X ou un Y) :

```
isrt_tf(S)                         α
                                   → appk([],S).
ins([Y|S],X,A) when X > Y          δ
                                   → ins(S,[Y|A]);              % Ici
ins(    S,X,A)                     ε
                                   → appk([X|S],A).
appk(V,    [])                     ζ
                                   → V;
appk(V,[Z|A])                      η
                                   → ins(V,Z,A).               % et là
```

Peut-être est-il plus clair de nous défaire de `appk/2` en intégrant ses deux opérations dans `isrt_tf/1` et `ins/3`. Séparons les clauses α et ϵ pour manifester les cas où, respectivement, S et A sont vides :

```
isrt_tf(   [])                     α0
                                   → appk([],[]);
isrt_tf([X|S])                     α1
                                   → appk([],[X|S]).
ins([Y|S],X,    A) when X > Y      δ
                                   → ins(S,X,[Y|A]);
ins(    S,X,[Y|A])                 ε0
                                   → appk([X|S],[Y|A]);
ins(    S,X,    [])                ε1
                                   → appk([X|S],[]).
appk(V,    [])                     ζ
                                   → V;
appk(V,[Z|A])                      η
                                   → ins(V,Z,A).
```

Nous pouvons maintenant remplacer les corps des clauses α_0 et ϵ_1 par leur valeur, données par la clause ζ, et nous pouvons éliminer la clause ζ :

```
isrt_tf(   [])                     α0
                                   → [];
isrt_tf([X|S])                     α1
                                   → appk([],[X|S]).
ins([Y|S],X,    A) when X > Y      δ
                                   → ins(S,X,[Y|A]);
ins(    S,X,[Y|A])                 ε0
                                   → appk([X|S],[Y|A]);
ins(    S,X,    [])                ε1
                                   → [X|S].
appk(V,[Z|A])                      η
                                   → ins(V,Z,A).
```

Nous avons économisé une réécriture dans le cas où la pile d'entrée est vide. Finalement, les corps des clauses α_1 et ϵ_0 peuvent être remplacés par leur valeur, donnée par la clause η, qui peut être, finalement, enlevée. Nous renommons T l'accumulateur A.

```
isrt_tf(    [])                    ─α₀→ [];
isrt_tf([X|S])                     ─α₁→ ins([],X,S).
ins([Y|S],X,    T) when X > Y ─δ→ ins(S,X,[Y|S]);
ins(    S,X,[Y|T])                 ─ε₀→ ins([X|S],Y,T);
ins(    S,X,    [])                ─ε₁→ [X|S].
```

Il est important de se souvenir que ces dernières étapes, relatives à la suppression de l'atome k2 etc., n'ont de sens que parce que, en évaluant le coût, nous prenons seulement en compte le nombre d'appels de fonction, pas le nombre de comparaisons, qui est maintenant supérieur car nous nous passons du contexte [Y|_] dans la clause originelle δ de ins/3. En d'autres termes, les clés empilées dans l'accumulateur dans la nouvelle clause δ doivent être réinsérées à la clause ϵ_0.

La même analyse que nous avons faite pour déterminer le coût de isrt/1 est valable ici aussi, sauf que les clés sont insérées dans leur ordre initial. Donc, lorsque les clés sont triées par ordre croissant, le coût ici est *maximal* (à savoir, la clause δ est utilisée au maximum) et quand elle est triée par ordre non-croissant, le coût est *minimal* (la clause δ n'est jamais utilisée). *Si les clés ne sont pas répétées, le meilleur des cas de isrt/1 est le pire des cas de isrt_tf/1, et le pire des cas de isrt/1 est le meilleur des cas de isrt_tf/1.* Ceci tient parce que « non-croissant » signifie la même chose que « croissant » lorsqu'il n'y a pas de répétition.

Dans le but de déterminer le coût minimal de la version finale de isrt_tf/1, il est utile de comprendre mieux au préalable l'évaluation en examinant la trace d'un petit exemple, comme le tri de [4,3,2,1], qui est une pile triée par ordre décroissant :

```
isrt_tf([4,3,2,1]) ─α₁→ ins(    [],4,[3,2,1])
                   ─ε₀→ ins(    [4],3,  [2,1])
                   ─ε₀→ ins(  [3,4],2,    [1])
                   ─ε₀→ ins([2,3,4],1,     [])
                   ─ε₁→ [1,2,3,4].
```

Notons $\mathcal{B}_n^{\text{isrt\_tf}}$ le coût minimal pour trier n clés. Alors $\mathcal{B}_0^{\text{isrt\_tf}} = 1$, via la clause α_0. Supposons ensuite que $n > 0$. Alors

— la clause α_1 est utilisée une fois ;

— la clause δ n'est pas employée, puisque nous avons supposé ici que les clés sont déjà triées par ordre non-croissant ;

— la clause ϵ_0 est utilisée une fois pour chaque clé dans son troisième argument, ce qui, par la clause α_1, veut dire toutes les clés sauf la première, à savoir $n - 1$ fois ;

— la clause ϵ_1 est utilisée une fois.

En somme, la trace d'évaluation est $\alpha_1 \epsilon_0^{n-1} \epsilon_1$, donc le coût total est

$$\mathcal{B}_n^{\mathsf{isrt\_tf}} = |\alpha_1 \epsilon_0^{n-1} \epsilon_1| = n + 1,$$

si $n > 0$. Étant donné que nous avons trouvé $\mathcal{B}_0^{\mathsf{isrt\_tf}} = 1 = 0 + 1$, nous pouvons étendre la formule précédente pour le cas $n = 0$. Ce résultat peut être rapproché directement de $\mathcal{W}_n^{\mathsf{isrt}} = (n^2 + 3n + 2)/2$, parce que le meilleur des cas de `isrt_tf/1` correspond au pire des cas de `isrt/1` quand les clés sont uniques. Nous pouvons de plus raisonner que ce coût minimal de `isrt_tf/1` est aussi un minimum absolu pour un algorithme de tri quand l'entrée est triée par ordre non-croissant, car il s'agit simplement du coût pour retourner l'entrée.

Soit $\mathcal{W}_n^{\mathsf{isrt\_tf}}$ le coût maximal de `isrt_tf(S)`, où la pile S contient n clés (en ordre croissant). Pour la pile vide, la trace d'évaluation est α_0. Pour les singletons, par exemple [5], nous avons $\alpha_1 \epsilon_1$. Pour comprendre le cas général $n > 1$, nous pouvons procéder ainsi :

```
isrt_tf([1,2,3,4]) ─α₁→ ins(      [],1,[2,3,4])
                   ─ε₀→ ins(     [1],2,  [3,4])
                   ─δ→  ins(      [],2,[1,3,4])
                   ─ε₀→ ins(     [2],1,  [3,4])
                   ─ε₀→ ins(   [1,2],3,    [4])
                   ─δ→  ins(     [2],3,  [1,4])
                   ─δ→  ins(      [],3,[2,1,4])
                   ─ε₀→ ins(     [3],2,  [1,4])
                   ─ε₀→ ins(   [2,3],1,    [4])
                   ─ε₀→ ins([1,2,3],4,     [])
                   ─δ→  ins(   [2,3],4,    [1])
                   ─δ→  ins(     [3],4,  [2,1])
                   ─δ→  ins(      [],4,[3,2,1])
                   ─ε₀→ ins(     [4],3,  [2,1])
                   ─ε₀→ ins(   [3,4],2,    [1])
                   ─ε₀→ ins([2,3,4],1,     [])
                   ─ε₁→ [1,2,3,4].
```

Remarquons le jeu entre les clauses δ et ϵ_0. Une suite d'applications de la clause δ mène à un appel dont le premier argument est la pile vide. La raison est que l'effet de la clause δ est de sauvegarder le contenu de cet argument en le retournant sur le troisième argument. En d'autres termes, dans le pire des cas, la clause δ est équivalente à

```
ins([Y|S],X,T) when X > Y → ins([],X,rcat(S,[Y|T]));
```

Une séquence de δ est suivie par une série de ϵ_0 *de même longueur*, suivie par une clause ϵ_0 ou ϵ_1. La raison est que la clause ϵ_0 restaure sur le premier argument les clés précédemment sauvées par la clause δ. Alors, s'il reste des clés dans le dernier argument (donc qui doivent être triées), une application de plus de la clause ϵ_0 est nécessaire, c'est-à-dire que la trace d'évaluation générale, quand $n > 1$, est

$$\alpha_1 \prod_{p=0}^{n-2} \left(\delta^p \epsilon_0^{p+1} \right) \cdot \delta^{n-1} \epsilon_0^{n-1} \cdot \epsilon_1 = \alpha_1 \prod_{p=0}^{n-2} \left((\delta\epsilon_0)^p \epsilon_0 \right) \cdot (\delta\epsilon_0)^{n-1} \cdot \epsilon_1.$$

Cette observation est déterminante pour obtenir le coût maximal car elle suggère de compter les emplois des clauses δ et ϵ_0 *ensemble*, comme cela est montré dans le membre droit de l'égalité qui précède. Nous pouvons maintenant directement dériver le coût maximal :

$$\mathcal{W}_n^{\text{isrt\_tf}} = \left| \alpha_1 \prod_{p=0}^{n-2} \left((\delta\epsilon_0)^p \epsilon_0 \right) \cdot (\delta\epsilon_0)^{n-1} \cdot \epsilon_1 \right|$$

$$= |\alpha_1| + \left| \prod_{p=0}^{n-2} \left((\delta\epsilon_0)^p \epsilon_0 \right) \right| + \left| (\delta\epsilon_0)^{n-1} \right| + |\epsilon_1|$$

$$= 1 + \sum_{p=0}^{n-2} |(\delta\epsilon_0)^p \epsilon_0| + (n-1)|\delta\epsilon_0| + 1$$

$$\mathcal{W}_n^{\text{isrt\_tf}} = 1 + \sum_{p=0}^{n-2} (2p+1) + 2(n-1) + 1 = n^2 + 1.$$

Puisque le pire des cas de `isrt_tf/1` et `isrt/1` sont identiques, nous pouvons comparer leur coût dans ce cas, si $n \geqslant 0$:

$$\mathcal{W}_n^{\text{isrt}} = \frac{1}{2}(n^2 + 3n + 2) \quad \text{et} \quad \mathcal{W}_n^{\text{isrt\_tf}} = 2 \cdot \mathcal{W}_n^{\text{isrt}} + 3n + 1.$$

Mettons en relation maintenant le meilleur et le pire des cas de `isrt/1` et `isrt_tf/1`. Nous avons, pour $n > 3$, $\mathcal{B}_n^{\text{isrt\_tf}} < \mathcal{B}_n^{\text{isrt}} < \mathcal{W}_n^{\text{isrt}} < \mathcal{W}_n^{\text{isrt\_tf}}$. Si nous notons $\mathcal{C}_n^{\text{isrt}}$ le coût de `isrt/1` sur une entrée de longueur n, ces inégalités sont équivalentes aux inégalités $\mathcal{B}_n^{\text{isrt\_tf}} < \mathcal{C}_n^{\text{isrt}} < \mathcal{W}_n^{\text{isrt\_tf}}$. C'est ce que nous pouvons faire de mieux, parce que nous avons seulement les inégalités évidentes $\mathcal{B}_n^{\text{isrt\_tf}} \leqslant \mathcal{C}_n^{\text{isrt\_tf}} \leqslant \mathcal{W}_n^{\text{isrt\_tf}}$, qui ne nous permettent pas de comparer $\mathcal{C}_n^{\text{isrt}}$ et $\mathcal{C}_n^{\text{isrt\_tf}}$.

Pour obtenir un résultat plus fort, nous avons besoin d'une analyse du coût moyen, de façon à départager `isrt_tf/1` et `isrt/1`. En effet, il se pourrait que, pour une entrée de longueur n, la plupart des configurations de l'entrée mènent à un coût de `isrt_tf/1` qui est en fait inférieur à celui de `isrt/1`.

Notons $\mathcal{A}_n^{\text{isrt\_tf}}$ la nombre moyen de réécritures nécessaires pour évaluer `isrt_tf(S)`, où la longueur de la pile S est n. De façon similaire, nous notons $\mathcal{A}_{p,q}^{\text{ins}}$ le coût moyen de l'appel `ins(P,X,Q)`, où la pile P a la longueur p et la pile Q la longueur q.

Voici un raisonnement pas très rigoureux mais intuitif : puisque les clés sont aléatoires, le nombre moyen de fois que la clause δ est utilisée est $p/2$. Puisque le but de la clause ϵ_0, comme nous l'avons observé plus tôt, est de remettre à leur place les clés précédemment déplacées par la clause δ, nous nous attendons, en moyenne, au même nombre $p/2$, plus 1 parce que la clause ϵ_0 prépare aussi l'usage possible de la clause δ. En d'autres termes, la différence avec la trace d'évaluation la plus longue de $\mathcal{W}_n^{\text{isrt}}$ est que les sous-suites contiguës $\delta\epsilon_0$ sont en moyenne 50% plus courtes, donc la trace d'évaluation est, en moyenne,

$$\alpha_1 \prod_{p=0}^{n-2} \left((\delta\epsilon_0)^{p/2} \epsilon_0 \right) \cdot (\delta\epsilon_0)^{(n-1)/2} \cdot \epsilon_1,$$

dont nous déduisons que le coût moyen de $n > 1$:

$$\mathcal{A}_n^{\text{isrt\_tf}} = 1 + \sum_{p=0}^{n-2} \left(2 \cdot \frac{p}{2} + 1 \right) + \left(2 \cdot \frac{n-1}{2} \right) + 1 = \frac{1}{2}n^2 + \frac{1}{2}n + 1.$$

Élégamment, cette formule est valable même si $n = 0, 1$ et nous pouvons comparer maintenant $\mathcal{A}_n^{\text{isrt\_tf}}$ à $\mathcal{A}_n^{\text{isrt}}$, si $n \geqslant 0$:

$$\mathcal{A}_n^{\text{isrt\_tf}} = \frac{1}{2}n^2 + \frac{1}{2}n + 1 \sim \frac{1}{2}n^2 \sim 2 \cdot \mathcal{A}_n^{\text{isrt}}.$$

En d'autres termes, `isrt_tf/1`, bien qu'optimisée, est néanmoins 50% plus lente que la fonction originelle, *en moyenne pour de grandes valeurs de n*. Ceci ne devrait pas être trop surprenant, car une transformation en forme terminale ne devrait être entreprise que pour soulager la pile de contrôle, pas améliorer l'efficacité.

Exercice Considérez la variante

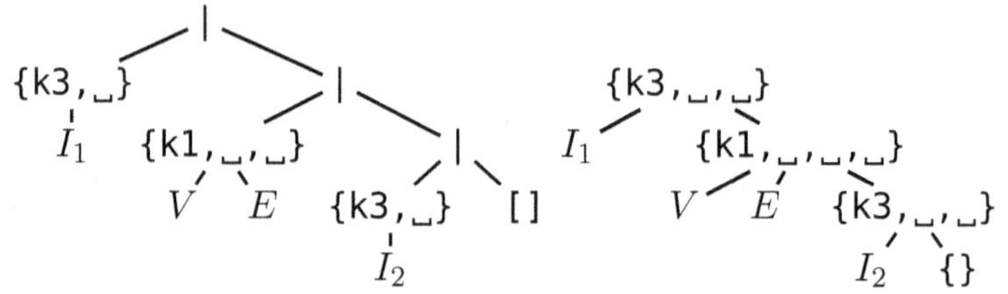

(a) Avec une pile de n-uplets   (b) Avec des n-uplets imbriqués

FIGURE 9.16 – Deux mises en œuvre du même accumulateur linéaire

```
isrt0(L)                            -> isrt0(     L,    [],    []).
isrt0(   [],   [],    Q)            -> Q;
isrt0(   [],[J|P],    Q)            -> isrt0(     [],    P,[J|Q]);
isrt0([I|L],     P,[K|Q]) when K > I -> isrt0([I|L],[K|P],     Q);
isrt0([I|L],[J|P],    Q) when I > J -> isrt0([I|L],     P,[J|Q]);
isrt0([I|L],     P,    Q)          -> isrt0(     L,    P,[I|Q]).
```

Ici, une réécriture implique le déplacement d'une clé exactement, donc le coût de isrt0/3 est le nombre de mouvements de clés pour trier la pile originale. Analysez le nombre minimal, maximal et moyen de mouvements de clés.

Codage léger des piles d'accumulation Les accumulateurs utilisés pour transformer les définitions en forme terminale sont, dans leur cas le plus général, des piles ou des n-uplets. Bien que l'usage d'une pile incarne bien la fonction de l'accumulateur, il encoure une pénalité proportionnelle à la mémoire nécessaire parce que, dans les arbres de syntaxe abstraite, un empilage correspond à un nœud, tout comme un n-uplet.

En utilisant des n-uplets dans des n-uplets, nous pouvons nous passer de la pile complètement.

Ainsi, au lieu de [{k3,X_1},{k1,V,E},{k3,X_2}], nous écririons les n-uplets imbriqués {k3,X_1,{k1,V,E,{k3,X_2,{}}}}. Les deux arbres de syntaxe abstraite sont facilement comparés à la FIGURE 9.16. Le codage d'une pile d'accumulation par le biais de n-uplets uniquement suppose d'ajouter une composante à chaque n-uplet, qui contient ce qui était le « prochain » n-uplet dans la pile. La mémoire ainsi économisée consiste en une référence (arc) pour chaque n-uplet initial, plus tous les nœuds d'empilage, c'est-à-dire que s'il y avait m n-uplets, nous économiserions m références (souvent appelées *pointeurs* dans les langages impératifs) et m nœuds. Ceci est un gain significatif.

Pour l'illustrer, améliorons donc le programme que nous avons obtenu précédemment :

```
flat0_tf(T)                  α↦  flat0(T,[]).
flat0(            [],A)      γ↦  appk([],A);
flat0(        [[]|T],A)      δ↦  flat0(T,A);
flat0([Y=[_|_]|T],A)         ε↦  flat0(Y,[{k1,T}|A]);
flat0(         [Y|T],A)      ζ↦  flat0(T,[{k34,Y}|A]).
cat(    [],T,A)              η↦  appk(T,A);
cat([X|S],T,A)              θ↦  cat(S,T,[{k34,X}|A]).
appk(V,[{k34,Y}|A])          μ↦  appk([Y|V],A);
appk(V, [{k2,W}|A])          λ↦  cat(W,V,A);
appk(V, [{k1,T}|A])          κ↦  flat0(T,[{k2,V}|A]);
appk(V,            [])      ι↦  V.
```

Il devient le programme suivant, moins gourmand :

```
flat0_tf(T)                  α↦  flat0(T,{}).
flat0(            [],A)      γ↦  appk([],A);
flat0(        [[]|T],A)      δ↦  flat0(T,A);
flat0([Y=[_|_]|T],A)         ε↦  flat0(Y,{k1,T,A});
flat0(         [Y|T],A)      ζ↦  flat0(T,{k34,Y,A}).
cat(    [],T,A)              η↦  appk(T,A);
cat([X|S],T,A)              θ↦  cat(S,T,{k34,X,A}).
appk(V,{k34,Y,A})            μ↦  appk([Y|V],A);
appk(V, {k2,W,A})            λ↦  cat(W,V,A);
appk(V, {k1,T,A})            κ↦  flat0(T,{k2,V,A});
appk(V,            {})      ι↦  V.
```

Améliorations Juste pour illustrer le fait que les améliorations effectuées sur une définition qui n'est pas en forme terminale sont plus bénéfiques qu'une simple transformation en forme terminale, nous allons examiner à nouveau la fonction de Fibonacci :

```
fib(0)             -> 1;
fib(1)             -> 1;
fib(N) when N > 1 -> fib(N-1) + fib(N-2).
```

Les équations définissant le coût de cette fonction sont simplement

$$\mathcal{C}_0^{\text{fib}} := 1; \quad \mathcal{C}_1^{\text{fib}} := 1; \quad \mathcal{C}_n^{\text{fib}} := 1 + \mathcal{C}_{n-1}^{\text{fib}} + \mathcal{C}_{n-2}^{\text{fib}}, \ \text{avec} \ n > 1.$$

Ajoutons 1 aux deux côtés et réordonnons les termes :

$$\mathcal{C}_n^{\text{fib}} + 1 = (\mathcal{C}_{n-1}^{\text{fib}} + 1) + (\mathcal{C}_{n-2}^{\text{fib}} + 1).$$

Ceci nous donne l'idée de poser $D_n := \mathcal{C}_n^{\text{fib}} + 1$, ce qui donne, si $n > 1$:

$$D_0 = \mathcal{C}_0^{\text{fib}} + 1 = 2, \quad D_1 = \mathcal{C}_1^{\text{fib}} + 1 = 2, \quad D_n = D_{n-1} + D_{n-2}.$$

La récurrence est la même que pour la séquence de Fibonacci (troisième clause de `fib/1`), sauf pour D_0 et D_1, dont les valeurs sont 2 au lieu de 1. Dans le but de les faire coïncider avec les valeurs de `fib/1`, nous devons poser $F_n := D_n/2$:

$$\mathcal{C}_n^{\text{fib}} = 2 \cdot F_n - 1.$$

Nous avons maintenant $F_0 = F_1 = 1$ et $F_n = F_{n-1} + F_{n-2}$, pour tout $n > 1$; il est important que F_n calcule les mêmes valeurs que `fib/1`, c'est-à-dire que nous avons $F_n \equiv \text{fib}(n)$. La *fonction génératrice* associée à la séquence $(F_n)_{n \geqslant 0}$ est

$$f(x) := \sum_{k \geqslant 0} F_k x^k. \tag{9.1}$$

Laissons de côté pour un instant la convergence et recherchons une forme close de $f(x)$. On a $xf(x) = \sum_{k>0} F_{k-1} x^k$ et $x^2 f(x) = \sum_{k>1} F_{k-2} x^k$:

$$f(x) - xf(x) - x^2 f(x) = F_0 + F_1 x - F_0 x + \sum_{k>1} (F_k - F_{k-1} - F_{k-2}) x^k = x.$$

Donc

$$f(x) = \frac{x}{1 - x - x^2}.$$

Développons $f(x)$ en série entière en posant $\phi := \frac{1+\sqrt{5}}{2}$ et $\hat{\phi} := \frac{1-\sqrt{5}}{2}$, les racines de $1 - x - x^2$, et factorisons le dénominateur :

$$f(x) = \frac{x}{(1 - \phi x)(1 - \hat{\phi} x)} = \frac{1}{\sqrt{5}} \left(\frac{1}{1 - \phi x} - \frac{1}{1 - \hat{\phi} x} \right).$$

Utilisons la série entière géométrique $\frac{1}{1-\alpha x} = \sum_{k \geqslant 0} \alpha^k x^k$ pour obtenir

$$f(x) = \sum_{k \geqslant 0} \frac{\phi^k - \hat{\phi}^k}{\sqrt{5}} x^k,$$

donc, par identification avec les coefficients de l'équation (9.1),

$$F_n = \frac{1}{\sqrt{5}} (\phi^n - \hat{\phi}^n).$$

(Lire Graham *et al.* (1994), § 6.6, pour plus de détails.) Nous pourrions douter de ce résultat, car la méthode a négligé de vérifier les domaines de convergence, donc prouvons par induction sur $n > 0$ que

$$F_0 = 1; \quad F_n = \frac{1}{\sqrt{5}} (\phi^n - \hat{\phi}^n).$$

D'abord, vérifions la formule pour la plus petite valeur de n :

$$F_1 = \frac{1}{\sqrt{5}}(\phi - \hat{\phi}) = \frac{1}{\sqrt{5}}(\phi - (1 - \phi)) = 1,$$

où nous avons fait usage du fait que $\hat{\phi} = 1 - \phi$. Supposons maintenant que l'équation à établir est valide pour toutes les valeurs de 1 à n (l'hypothèse d'induction complète) et prouvons qu'elle est vraie pour $n+1$. Nous avons $F_{n+1} := F_n + F_{n-1}$. Nous pouvons appliquer l'hypothèse d'induction pour les cas $n-1$ et n :

$$F_{n+1} = \frac{1}{\sqrt{5}}(\phi^n - \hat{\phi}^n) + \frac{1}{\sqrt{5}}(\phi^{n-1} - \hat{\phi}^{n-1})$$

$$= \frac{1}{\sqrt{5}}(\phi^{n-1}(\phi + 1) - \hat{\phi}^{n-1}(\hat{\phi} + 1)).$$

La clé est que ϕ et $\hat{\phi}$ sont les racines de $x^2 = x + 1$, donc

$$F_{n+1} = \frac{1}{\sqrt{5}}(\phi^{n-1} \cdot \phi^2 - \hat{\phi}^{n-1} \cdot \hat{\phi}^2) = \frac{1}{\sqrt{5}}(\phi^{n+1} - \hat{\phi}^{n+1}),$$

ce qui est la proposition à prouver. Le principe d'induction complète implique alors que l'équation est vraie pour tout $n > 0$. Maintenant que nous avons une forme close pour F_n, étudions son comportement asymptotique. Ceci est facile si nous commençons par remarquer que $\hat{\phi} < 1$, donc $\hat{\phi}^n \to 0$, pour des valeurs croissantes de n et, puisque $\phi > 1$,

$$F_n \sim \frac{1}{\sqrt{5}}\phi^n, \;\text{ ce qui implique } C_n^{\text{fib}} \sim \frac{2}{\sqrt{5}}\phi^n.$$

En d'autres termes, le coût est *exponentiel* et, puisque $\phi > 1$, il sera toujours supérieur à tout coût polynomial, sauf peut-être pour un nombre fini de petites valeurs de n. L'affaire est donc sans espoir.

Comment pouvons-nous améliorer cette définition ?

Nous devons résister la tentation de la transformer en forme terminale parce que cela ne rendrait service qu'à la pile de contrôle, pas au coût, en général. En regardant l'arbre des appels de `fib(5)` à la FIGURE 9.17 page suivante, nous réalisons que quelques petits sous-arbres sont dupliqués, comme ceux dont la racine est `fib(2)`, et des plus grands comme `fib(3)`. Étudions la branche la plus à gauche, de la feuille à la racine. Elle est faite des nœuds successifs `fib(1)`, `fib(2)`, `fib(3)`, `fib(4)` et `fib(5)`, à savoir `fib(N)` pour toutes les valeurs de N allant de 1 à 5. En généralisant cette observation, nous pouvons dire que la suite $(\text{fib(N)})_N$ est entièrement décrite, sauf `fib(0)`, par la branche la plus à gauche dans l'arbre des appels de `fib(N)`. Par conséquent, en commençant avec le petit arbre

```
                        _____fib(5)_____
                  fib(4)                    fib(3)
             fib(3)       fib(2)       fib(2) fib(1)
        fib(2) fib(1) fib(1) fib(0) fib(1) fib(0)
    fib(1) fib(0)
```

FIGURE 9.17 – Arbre des appels de `fib(5)`

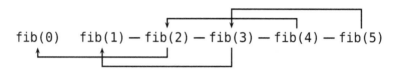

```
    fib(0)   fib(1) — fib(2) — fib(3) — fib(4) — fib(5)
```

FIGURE 9.18 – Arbre des appels de `fib(5)` avec partage maximal

```
            fact(2)
        fact(1) fact(0)
```

nous pouvons obtenir l'arbre des appels complet pour `fib(5)` en faisant croître l'arbre à partir de la racine, tout en partageant certains sous-arbres, c'est-à-dire en les réutilisant plutôt qu'en les recalculant, donc l'arbre ressemble maintenant à la FIGURE 9.18 où les arcs fléchés dénotent le partage de sous-arbres. À proprement parler, il s'agit d'un graphe orienté sans circuits, et cette représentation nous amène à penser que si deux nombres de Fibonacci successifs sont conservés à tout moment, nous pouvons réaliser ce partage maximal. Dénotons par F_n le n^e nombre de Fibonacci dans la suite. Alors chaque étape de calcul est $(F_{n-1}, F_n) \rightarrow (F_n, F_{n+1}) := (F_n, F_n + F_{n-1})$. Définissons f telle que $f(x, y) := (y, x+y)$, alors $(F_n, F_{n+1}) = f(F_{n-1}, F_n)$ et

$$(F_n, F_{n+1}) = f(F_{n-1}, F_n) = f(f(F_{n-2}, F_{n-1})) = f^2(F_{n-2}, F_{n-1})$$

etc. jusqu'à ce que nous atteignions $(F_n, F_{n+1}) = f^n(F_0, F_1) := f^n(1, 1)$, pour tout $n \geqslant 0$. Soit π_1 la fonction telle que $\pi_1(x, y) = x$, c'est-à-dire qu'elle projette la première composante d'une paire, par conséquent $F_n = \pi_1 \circ f^n(1, 1)$, pour tout $n \geqslant 0$. L'itération de f est facile à définir par les récurrences

$$f^0(x, y) = (x, y), \quad f^n(x, y) = f^{n-1}(f(x, y)) := f^{n-1}(y, x + y).$$

Le programme **Erlang** est maintenant aisé :

```
fib_opt(N) -> pi1(f(N,{1,1})).
```

```
pi1({X,_}) -> X.
f(0,{X,Y}) -> {X,Y};
f(N,{X,Y}) -> f(N-1,{Y,X+Y}).
```

Une définition en forme terminale est extrêmement facile à obtenir, sans même appliquer la méthode générale :

```
fib_opt_tf(N) -> f(N,{1,1}).
f(0,{X,_})    -> X;                        % Projection ici
f(N,{X,Y})    -> f(N-1,{Y,X+Y}).
```

Nous déduisons que son coût est $n+2$. Ceci est une amélioration impressionnante par rapport à `fib/1` et, en cadeau surprise, la définition est en forme terminale et est faite du même nombre de clauses que l'original.

L'algorithme général que nous avons présenté dans cette section transforme toutes les définitions des fonctions utilisées par une définition donnée. En supposant que la taille limitée de la pile de contrôle est un véritable problème, est-il possible de ne pas transformer toutes les fonctions impliquées ? Considérons à nouveau `slst0/2`, définie par l'équation (2.7) page 56 :

```
slst0(S,X) -> rev(sfst(rev(S),X)).
```

Si nous employons la variante `sfst0/2`, qui est en forme terminale, au lieu de `sfst/2`, et, puisque `rev/1` est déjà en forme terminale, nous avons

```
slst0(S,X) -> rev(sfst0(rev(S),X)).
```

où toutes les fonctions composées sont en forme terminale. Bien sûr, une composition de fonctions, comme `sfst0/2`, n'est pas, par définition, en forme terminale, mais ce n'est pas un problème. La taille de la pile de contrôle nécessaire pour évaluer les appels à `slst0/2` sera majorée par une petite constante, parce qu'elle n'est pas récursive.

9.2 Fonctions d'ordre supérieur

Tri polymorphe Il y a un aspect du tri par insertion simple avec `isrt/1` (section 3.1 page 101) qui mérite une seconde réflexion. Les fonctions en Erlang sont *polymorphes*, c'est-à-dire qu'elles peuvent opérer sur certains arguments d'une manière uniforme, quelque soit leur type. Par exemple, le retournement d'une pile ne dépend pas de la nature des clés qu'elle contient — c'est un algorithme purement structurel. Par contraste, notre définition de `isrt/1` repose sur l'usage d'une comparaison prédéfinie (>) dans une garde. Ceci implique que toutes les clés dans la pile doivent être comparables deux à deux; elles peuvent être des entiers, par exemple. Mais comment faire si nous souhaitons trier d'autres sortes de valeurs, comme des piles?

Considérons le besoin très concret d'ordonner un ensemble de factures : chacune peut être représentée par une pile de prix arrondis à l'entier le plus proche et l'ensemble lui-même par une pile; nous voudrions alors trier par insertion les factures, disons, par totaux non-décroissants. Si nous écrivons une version de isrt/1 dédiée aux clés qui sont des piles d'entiers, nous dupliquons du code et nous devrions écrire une version légèrement différente pour chaque type de valeurs à ordonner. Par conséquent, nous avons besoin de polymorphisme pour *des paramètres fonctionnels*, plus précisément, nous voulons qu'une fonction puisse être une valeur, donc puisse être un argument. Erlang offre cette possibilité d'une façon naturelle et de nombreux langages fonctionnels aussi.

Dans notre cas, il faut que l'appelant de isrt/1 fournisse un argument additionnel qui soit une fonction de comparaison de deux clés. Alors la nouvelle version de isrt/2 utiliserait cette comparaison définie par le programmeur, au lieu de toujours utiliser l'opérateur prédéfini (>) qui s'applique seulement (ou presque) aux entiers. Voici encore la définition de isrt/1 :

$$
\begin{array}{ll}
\text{isrt(}\quad\text{[])} & \xrightarrow{\beta} \text{[];} \\
\text{isrt([X|S])} & \xrightarrow{\gamma} \text{ins(isrt(S),X).} \\
\text{ins([Y|S],X) when X > Y} & \xrightarrow{\delta} \text{[Y|ins(S,X)];} \\
\text{ins(}\quad\text{S,X)} & \xrightarrow{\epsilon} \text{[X|S].}
\end{array}
$$

Par la suite, notre première tentative de modification nous mène directement à

$$
\begin{array}{ll}
\text{isrtf(}\quad\text{[],\_)} & \xrightarrow{\beta} \text{[];} \\
\text{isrtf([X|S],\textbf{F})} & \xrightarrow{\gamma} \text{ins(isrtf(S,\textbf{F}),X,\textbf{F}).} \\
\text{ins([Y|S],X,\textbf{F}) when \textbf{F(X,Y)}} & \xrightarrow{\delta} \text{[Y|ins(S,X,\textbf{F})];} \\
\text{ins(}\quad\text{S,X,\_)} & \xrightarrow{\epsilon} \text{[X|S].}
\end{array}
$$

Mais le compilateur rejetterait ce programme parce que Erlang ne permet pas l'appel d'une fonction dans les gardes. La raison est que l'appel F(X,Y) ci-dessus pourrait ne pas terminer et Erlang garantit que le filtrage termine. Comme il est impossible de vérifier automatiquement pour toute fonction que tout appel termine (ce problème est équivalent au fameux *problème de l'arrêt d'une machine de Turing*, qui est *indécidable*), le compilateur n'essaie même pas et préfère rejeter toute garde avec des appels de fonction. Par conséquent, nous devons déplacer l'appel F(X,Y) à l'intérieur du corps de la clause, ce qui engendre la question de la fusion des clauses δ et ϵ en une clause δ_0.

Une façon élémentaire est de créer une autre fonction, `triage/4`, dont la tâche est de prendre le résultat de la comparaison et de poursuivre avec le reste de l'évaluation. Bien sûr, cela signifie que `triage/4` doit aussi recevoir toutes les informations nécessaire pour continuer :

```
isrtf(  [],_)                    ─β→ [];
isrtf([X|S],F)                   ─γ→ ins(isrtf(S,F),X,F).
ins([Y|S],X,F)                   ─δ0→ triage(F(X,Y),[Y|S],X,F).
triage(⬜,[Y|S],X,F)  ─ζ→ [Y|ins(S,X,F)];
triage(⬜,[Y|S],X,F)  ─η→ [X|S].
```

Les cadres vides doivent être remplis avec le résultat d'une comparaison. Dans notre cas, nous voulons une comparaison avec deux résultats possibles (bivaluée), selon que le premier argument est inférieur ou non au second. Par définition, le résultat de `X > Y` est l'atome `true` si la valeur de `X` est supérieure à `Y`, sinon `false`. Suivons la même convention avec `F` et imposons que la valeur de `F(X,Y)` soit l'atome `true` si `X` est supérieur à `Y`, sinon `false`. C'est encore mieux de changer le paramètre `F` en quelque nom plus parlant, en rapport avec son comportement, comme `Gt` (anglais : *Greater than*) :

```
triage( true,[Y|S],X,Gt)  ─ζ→ [Y|ins(Gt,X,S)];
triage(false,[Y|S],X,Gt)  ─η→ [X|S].
```

Remarquons que la clause η ne fait aucun usage de `Y`, ce qui veut dire que nous perdons une clé. Que s'est-il passé et quand ? L'erreur s'est produite en ne réalisant pas que la clause ϵ couvrait deux cas, `S` est vide ou non, par conséquent nous aurions dû démêler ces deux cas avant de fusionner la clause ϵ avec δ, car dans δ nous avons le motif `[Y|S]`, à savoir le cas non-vide. Revenons donc sur nos pas et séparons ϵ en ϵ_0 et ϵ_1 :

```
isrtf(   [], _)                        ─β→ [];
isrtf([X|S],Gt)                        ─γ→ ins(isrtf(S,Gt),X,Gt).
ins([Y|S],X,Gt) when Gt(X,Y)           ─δ→ [Y|ins(S,X,Gt)];
ins([Y|S],X,Gt)                        ─ε0→ [X|[Y|S]];
ins(   [],X, _)                        ─ε1→ [X].
```

Remarquons que nous n'avons pas écrit

```
ins([],X,_) ─ε1→ [X];
ins( S,X,_) ─ε0→ [X|S].
```

même si cela aurait été correct, parce que nous avions en tête la fusion avec la clause δ, donc nous avions besoin de rendre le motif `[Y|S]` explicite dans ϵ_0. Pour encore plus de clarté, nous avons mis en avant le paramètre `Gt` : les motifs des clauses δ et ϵ_0 sont maintenant identiques et prêts à être fusionnés en une nouvelle clause δ_0 :

```
isrtf(   [], _)              β→  [];
isrtf([X|S],Gt)             γ→  ins(isrtf(S,Gt),X,Gt).
ins([Y|S],X,Gt)             δ0→ triage(Gt(X,Y),[Y|S],X,Gt).
ins(   [],X, _)             ε1→ [X].
triage( true,[Y|S],X,Gt)    ζ→  [Y|ins(S,X,Gt)];
triage(false,[Y|S],X, _)    η→  [X|[Y|S]].
```

Nous pouvons améliorer un petit peu la clause η en ne distinguant pas
Y de S :

```
triage(false,    S,X, _)    η→  [X|S].
```

Cette transformation est correcte parce que S n'est jamais vide. Au lieu
d'utiliser une fonction auxiliaire comme **triage/4**, qui prend deux arguments et ne sert à rien d'autre que tester la valeur de Gt(X,Y) et, selon
le résultat, enchaîner la suite des calculs, nous pourrions employer la
construction **case** :

```
isrtf(   [], _)  β→ [];
isrtf([X|S],Gt)  γ→ ins(isrtf(S,Gt),X,Gt).
ins([Y|S],X,Gt)  δ0→ case Gt(X,Y) of
                     true  ζ→ [Y|ins(S,X,Gt)];
                     false η→ [X|[Y|S]]
                 end;
ins(   [],X, _)  ε1→ [X].
```

Nous pouvons diminuer l'usage de la mémoire à nouveau dans la clause η
(cas **false**), cette fois-ci par le biais d'un synonyme pour le motif [Y|S],
d'où la meilleure version du programme que voici :

```
isrtf(   [], _)     β→ [];
isrtf([X|S],Gt)     γ→ ins(isrtf(S,Gt),X,Gt).
ins(T=[Y|S],X,Gt)   δ0→ case Gt(X,Y) of
                        true  ζ→ [Y|ins(S,X,Gt)];
                        false η→ [X|T]
                    end;
ins(     [],X, _)   ε1→ [X].
```

Comment pourrions-nous appeler isrtf/2 de telle sorte que le résultat soit le même qu'en appelant isrt/1 ? Tout d'abord, nous avons besoin
d'une fonction de comparaison qui se comporte exactement comme l'opérateur (>) :

```
gt_int(X,Y) when X > Y -> true;
gt_int(_,_)            -> false.
```

Si nous essayons maintenant de former l'appel

```
isrtf([5,3,1,4,2],gt_int),
```

nous voyons qu'une erreur se produit à l'exécution parce que `gt_int` est un atome, pas une fonction. C'est pourquoi Erlang fournit une syntaxe spéciale pour dénoter les fonctions utilisées comme des valeurs :

```
isrtf([5,3,1,4,2],fun gt_int/2).
```

Remarquons que le nouveau mot-clé `fun` et l'indication habituelle du nombre des arguments sont présents (ici, deux).

Si nous passions en argument la fonction `lt_int/2`, définie ainsi

```
lt_int(X,Y) when X < Y -> true;
lt_int(X,Y)            -> false.
```

la conséquence serait que le résultat est trié en ordre non-croissant et tout ce que nous avions à faire pour cela était donc de changer la fonction de comparaison, *pas la fonction de tri elle-même*.

C'est un peu pénible d'avoir à nommer de simples fonctions de comparaisons comme `lt_int/2`, qui n'est rien d'autre que l'opérateur prédéfini (`<`). Heureusement, Erlang fournit un moyen de définir des fonctions sans leur donner un nom. La syntaxe consiste à user des mot-clés `fun` avec `end` et à mettre entre eux la définition normale, sans le nom de fonction. Reconsidérons par exemple les appels précédents, mais en utilisant des fonctions anonymes (appelées parfois *lambdas*). L'évaluation de

```
isrtf([5,3,1,4,2],fun(X,Y) -> X > Y end)
```

est `[1,2,3,4,5]` et l'évaluation de

```
isrtf([5,3,1,4,2],fun(X,Y) -> X < Y end)
```

résulte en `[5,4,3,2,1]`.

Utilisons maintenant `isrtf/2` pour ordonner des piles de piles d'entiers, selon la somme des entiers dans chaque pile — ceci est l'application du tri de factures que nous avons mentionné précédemment. Comme l'exemple du tri d'entiers en ordre non-croissant le suggère, nous n'avons seulement besoin ici que d'écrire comment comparer deux piles d'entiers au moyen de la fonction `sum0/1` à la FIGURE 9.5 page 313). Nous avons $C_n^{\mathsf{sum0}} = n + 2$. Nous pouvons alors définir la comparaison `gt_bill/2`, fondée sur l'opérateur (`>`) :

```
gt_bill(P,Q) -> sum0(P) > sum0(Q).
```

Remarquons en passant que la comparaison prédéfinie (>) calcule l'atome `true` ou `false`, donc il n'y a pas besoin d'employer une construction `case`. Par suite, nous pouvons trier nos factures simplement en appelant

```
isrtf([[1,5,2,9],[7],[2,5,11],[4,3]],fun gt_bill/2)
```

ou bien

```
isrtf([[1,5,2,9],[7],[2,5,11],[4,3]],
      fun(P,Q) -> sum0(P) < sum0(Q) end).
```

(D'ailleurs, est-ce que [7] devrait se trouver avant ou après [4,3], dans le résultat ? Que faudrait-il modifier pour que l'ordre relatif de ces deux piles soit inversé ?) Il est tout aussi facile de trier les factures en ordre non-croissant. Cette grande aisance qui consiste à passer des fonctions en argument, comme n'importe quel autre type de valeurs, est ce qui justifie l'adjectif *fonctionnel* pour un langage comme **Erlang** et d'autres. Une fonction prenant une autre fonction en argument est une *fonction d'ordre supérieur*.

Listes d'associations ordonnées Nous pourrions améliorer la définition précédente de `isrtf/2`. Trier au moyen de comparaisons peut impliquer que certaines clés sont comparées plus d'une fois, comme le pire des cas du tri par insertion le montre bien. Il se pourrait qu'une comparaison ait un coût modeste, mais, cumulé de nombreuses fois, nous pourrions obtenir un total non négligeable. Dans le cas du tri de factures, il est encore plus efficace de calculer tous les totaux d'abord et ensuite utiliser ces montants durant le tri lui-même, parce que comparer un entier à un autre est plus rapide que recalculer une somme d'entiers dans une longue pile. Donc ce qui est ordonné est une pile de paires dont la première composante, appelée la *clé*, est un représentant simple et petit de la seconde composante, appelée dans ce contexte la *valeur* (pas très correctement, car les clés sont des valeurs **Erlang** aussi, mais telle est la nomenclature traditionnelle).

Cette structure de donnée est parfois appelée *liste d'association*. Seule la clé est utilisée pour le tri, pas la valeur, par conséquent, si la clé est un entier, la comparaison de clés est probablement plus rapide que ne serait celle de valeurs. L'unique pénalité est que toutes les clés doivent être précalculées lors d'une première passe sur les données initiales et elles doivent être écartées du résultat final, dans une passe finale. Nous allons concevoir ces deux phases de la manière la plus générale qui soit en paramétrant l'évaluation des clés `Mk` :

$$
\begin{array}{l}
\mathsf{len}_0(s) \rightarrow \mathsf{len}_0(s, 0). \\
\mathsf{len}_0([\,], n) \rightarrow n; \\
\mathsf{len}_0([x\,|\,s], n) \rightarrow \mathsf{len}_0(s, n + 1).
\end{array}
$$

FIGURE 9.19 – Calcul de la longueur d'une pile (forme terminale)

```
% Calcul des clés
mk_keys( _,          []) -> [];
mk_keys(Mk,[V|Values]) -> [{Mk(V),V}|mk_keys(Mk,Values)].

% Élimination des clés
rm_keys(              []) -> [];
rm_keys([{_,V}|KeyVal]) -> [V|rm_keys(KeyVal)].
```

Le coût de `mk_keys/2` dépend du coût de `Mk`. Le coût de `rm_keys(`S`)` est $n + 1$ si S contient n paires clé-valeur. Nous pouvons maintenant trier en appelant `isrtf/2` avec une comparaison entre clés et avec une fonction pour fabriquer lesdites clés, `sum0/1`. Par exemple

```
rm_keys(isrtf(mk_keys(fun sum0/1,
                   [[1,5,2,9],[7],[2,5,11],[4,3]]),
          fun({K1,_},{K2,_}) -> K1 > K2 end))
```

Il est très important de noter que nous n'avons pas eu besoin de redéfinir `isrtf/2`. En fait, `isrtf/2`, `mk_keys/2` et `rm_keys/1` pourraient très bien former une bibliothèque en regroupant leur définition dans le même module. Le client, à savoir, l'utilisateur de la bibliothèque, fournirait alors la fonction de comparaison qui sied à ses données et la fonction qui calcule les clés. Cette *modularité* est rendue possible par le polymorphisme et les fonctions d'ordre supérieur.

Illustrons la versatilité de notre programme avec un dernier exemple où nous trions des piles par leur longueurs non-croissantes :

```
rm_keys(isrtf(mk_keys(fun len0/1,
                   [[1,5,2,9],[7],[2,5,11],[4,3]]),
          fun({K1,_},{K2,_}) -> K1 < K2 end))
```

où `len0/1` est définie à la FIGURE 9.19. Le résultat est

```
[[1,5,2,9],[2,5,11],[4,3],[7]].
```

Remarquons que `[4,3]` apparaît avant `[7]` parce que la première pile est plus longue.

Spécialisons davantage `isrtf/1`. En voici la définition à nouveau :

```
isrtf(    [], _)      β↪  [];
isrtf([X|S],Gt)       γ↪  ins(isrtf(S,Gt),X,Gt).
ins(T=[Y|S],X,Gt)     δ₀↪  case Gt(X,Y) of
                              true  ζ↪  [Y|ins(S,X,Gt)];
                              false η↪  [X|T]
                          end;
ins(      [],X, _)    ε₁↪  [X].
```

Il est clair que si les clés sont répétées dans la pile d'entrée, l'appel
Gt(X,Y) devrait être réécrit en false au moins une fois, donc les doublons
sont conservés par la clause η et leur ordre relatif est préservé, c'est-à-dire
que l'algorithme de tri est stable. Si nous ne souhaitons pas préserver de
tels doublons, nous devons réécrire la définition. Ce choix devrait naturellement être réalisé par un paramètre supplémentaire, comme Eq. De
plus, nous aurions besoin d'une comparaison trivaluée, de façon à mettre
en avant le test d'égalité. Modifions la variable Gt pour refléter ce niveau de détail supplémentaire et appelons-la, avec plus de généralité, Cmp
(*compare*). Ses arguments devraient être des valeurs parmi les atomes lt
(anglais : *lower than*), gt (anglais : *greater than*) et eq (anglais : *equal*).
Nous avons

```
isrtf(    [],  _, _)      β↪  [];
isrtf([X|S],Cmp,Eq)       γ↪  ins(isrtf(S,Cmp,Eq),X,Cmp,Eq).
ins(T=[Y|S],X,Cmp,Eq)     δ₀↪  case Cmp(X,Y) of
                                  gt  ζ↪  [Y|ins(S,X,Cmp,Eq)];
                                  lt  η↪  [X|T];
                                  eq  θ↪  Eq(X,T)           % Nouveau cas
                              end;
ins(      [],X,  _, _)    ε₁↪  [X].
```

À présent, exprimons notre volonté de trier par ordre non-décroissant
une pile d'entier et de retenir les nombres redondants, comme dans la
version précédente. Nous avons (la nouveauté est graissée) :

```
isrtf([5,3,1,4,3],fun(X,Y) -> X>Y end,fun(X,T) -> [X|T] end)
```

qui résulte en [1,3,3,4,5]. Si nous ne voulons pas de répétitions, nous
formons à la place l'appel

```
isrtf([5,3,1,4,3],fun(X,Y) -> X>Y end,fun(_,T) -> T end)
```

qui aboutit à [1,3,4,5]. En passant, cette technique résout le problème
de l'élimination des doublons dans une pile de clés pour lesquelles il
existe un ordre total. Néanmoins, si nous ne souhaitons ôter que les clés

identiques contiguës, la fonction `red/1`, définie à la FIGURE 2.22 page 77, est plus efficace parce que son coût est linéaire en la taille de l'entrée.

Nous devons préciser qu'une fonction d'ordre supérieur n'est pas seulement une fonction dont au moins un paramètre est une fonction, mais que ce peut être aussi une fonction dont les appels s'évaluent en une fonction. Cette sorte de fonction est dite *curryfiée*, en hommage au logicien Haskell Curry. La possibilité était déjà présente quand nous avons présenté les mots-clés `fun` et `end`, parce qu'ils permettent de définir une fonction anonyme et de l'utiliser comme n'importe quelle autre valeur, donc rien ne nous empêchait d'employer une telle valeur fonctionnelle comme le résultat d'une fonction nommée, comme dans la fonction suivante qui compose deux autres fonctions :

```
compose(F,G) -> (fun(X) -> F(G(X)) end).
```

En fait, les parenthèses autour de la valeur fonctionnelle sont inutiles si nous nous souvenons que *les mots-clés `fun` et `end` jouent le rôle de parenthèse quand la fonction anonyme n'est pas appelée* :

```
compose(F,G) -> fun(X) -> F(G(X)) end.
```

La fonction d'ordre supérieur `compose/2` peut être utilisée pour calculer la composition de deux autres fonctions, le résultat étant une fonction, bien sûr.

Itérateurs fonctionnels Nous pourrions désirer une fonction qui additionne les images d'une pile S d'entiers par une fonction donnée f. En notation mathématique, le résultat final serait exprimé ainsi :

$$\sum_{k \in S} f(k).$$

Dans le but de mettre en œuvre ceci en **Erlang**, nous devons procéder en deux temps : d'abord, nous avons besoin d'une fonction d'ordre supérieur qui calcule les images des éléments d'une pile par une fonction ; ensuite, nous avons besoin d'une fonction qui somme les entiers d'une pile. Nous avons déjà rencontré cette dernière, à la FIGURE 9.5 page 313 en la personne de `sum0/1`. La première fonction est une *projection* (en anglais : *map*) et nommée `map/2`, de telle sorte que l'appel `map(F, S)` applique la fonction F à tous les éléments de la pile S et s'évalue en la pile des résultats. C'est-à-dire,

$$\texttt{map}(F, [X_1, X_2, \ldots, X_n]) \equiv [F(X_1), F(X_2), \ldots, F(X_n)].$$

Avec ce but en tête, il est facile de définir `map/2` :

```
map(_,    []) -> [];
map(F,[X|S]) -> [F(X)|map(F,S)].
```

La fonction que nous recherchons est maintenant définie de façon compacte comme la composition de `map/2` et `sum0/1` :

```
sumf(F) -> fun(S) -> sum0(map(F,S)) end.
```

Par exemple, l'appel de fonction

$$\text{sumf(fun(X) -> X*X end)}$$

dénote la fonction qui somme les carrés des nombres dans une pile à fournir. Elle est équivalente à la valeur

$$\text{fun(S) -> sum0(map(fun(X) -> X*X end,S)) end.}$$

Il est possible d'appeler cette fonction juste après qu'elle a été calculée par `sumf/1`, mais *des parenthèses doivent être ajoutées autour d'une fonction anonyme appelée.* Par exemple, ces parenthèses sont en gras souligné dans l'appel suivant :

$$\text{\underline{\textbf{(}}sumf(fun(X) -> X*X end)\underline{\textbf{)}}([1,2,3]).}$$

La fonction `map/2` est souvent employée parce qu'elle capture une opération fréquente sur les piles. Par exemple,

```
push(_,         []) -> [];
push(X,[P|Perms]) -> [[X|P]|push(X,Perms)].
```

est équivalente à

```
push(X,Perms) -> map(fun(P) -> [X|P] end,Perms).
```

Ce style conduit à des programmes plus clairs et il montre l'évaluation récursive sous-jacente sans avoir à lire ou écrire une définition pour cela. En d'autres termes, utiliser une fonction d'ordre supérieur comme `map/2` nous permet d'identifier un motif récursif fréquent et cela laisse tout loisir au programmeur de se concentrer sur le traitement spécifique des éléments. Nous rencontrerons d'autres exemples, mais imaginons un instant que nous ayons saisi plutôt

```
push(X,Perms) -> map(fun(Perms) -> [X|Perms] end,Perms).
```

Le compilateur **Erlang** afficherait l'avertissement suivant :

```
Warning: variable 'Perms' shadowed in 'fun'.
```

qui veut dire : « Avertissement : la variable `Perms` est occultée par `fun`. »
En d'autres termes, dans le corps de la fonction anonyme, toute occurrence de `Perms` fait référence à `fun(Perms)`, mais pas à `push(X,Perms)`.
Dans ce cas, ce n'est pas une erreur, mais les concepteurs du compilateur ont voulu avertir d'une possible confusion. Par exemple,

```
push(X,Perms) -> map(fun(X) -> [X|X] end,Perms).        % Capture
```

est clairement erronée parce que les deux variables `X` dans `[X|X]`, qui est le corps de la fonction anonyme, sont le paramètre de la fonction anonyme.
Une occultation erronée est appelée une *capture*. Ici, le paramètre `X` lié par `push(X,Perms)` a été capturé pour désigner en fait le paramètre de `fun(X)`. En règle générale, il vaut mieux éviter d'occulter un paramètre, comme le compilateur `Erlang` nous le rappelle. Notons que l'appel

```
sumf(fun(S) -> S*S end)
```

ne pose pas problème car il équivaut à

```
fun(S) -> sum0(map(fun(S) -> S*S end,S)) end
```

qui est une occultation correcte.

Composition itérée D'autres schémas récursifs fréquemment utiles peuvent être réifiés en une autre fonction d'ordre supérieur. Considérons une fonction qui traverse complètement une pile tout en administrant un accumulateur dont le contenu peut dépendre de l'élément couramment visité. Au bout du compte, le résultat est la valeur finale de l'accumulateur, ou bien une autre fonction est appelée pour le finaliser. Un exemple simple est `len0/1` à la FIGURE 9.19 page 357. Dans ce cas, l'accumulateur est un entier et l'opération à laquelle il est soumis est l'incrémentation, indépendamment de l'élément courant. Une autre fonction retourne une pile (équation (2.2) page 43) :

```
rev(S)         -> rcat(S,[]).
rcat(   [],T) -> T;
rcat([X|S],T) -> rcat(S,[X|T]).
```

Ici, l'accumulateur est une pile et l'opération consiste à empiler l'élément courant. Abstrayons séparément ces deux tâches en une seule fonction d'ordre supérieur

1. qui prend en argument une fonction qui crée un nouvel accumulateur à partir de l'élément courant et l'accumulateur précédent,

2. puis qui applique à celle-ci tous les éléments d'une pile en paramètre.

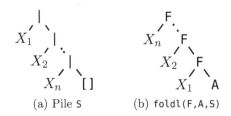

(a) Pile S   (b) foldl(F,A,S)

FIGURE 9.20 – Résultat de foldl/3 sur une pile non-vide

Une fonction célèbre qui fait cela en **Erlang** est `foldl/3`, ce qui signifie en anglais *fold left*, ou *pliage à gauche* parce qu'une fois que le nouvel accumulateur a été formé, le préfixe de la pile peut être « plié » derrière la page où elle est écrite car il n'est plus utile. Donc le nom devrait être compris comme « composition itérée de gauche à droite » ou *composition itérée à droite*. Nous voulons

$$\text{foldl}(F,A,[X_1,X_2,\ldots,X_n]) \equiv F(X_n,\ldots,F(X_2,F(X_1,A))\ldots),$$

où A est la valeur initiale de l'accumulateur. La FIGURE 9.20 montre les arbres de syntaxe abstraite correspondants. La définition suivante réalise l'effet désiré :

```
foldl(_,A,   []) -> A;
foldl(F,A,[X|S]) -> foldl(F,F(X,A),S).
```

Nous pouvons alors écrire de nouvelles définitions de `len0/1` et `rev/1` :

```
lenl(S) -> foldl(fun(_,A) ->   A+1 end, 0,S).
revl(S) -> foldl(fun(X,A) -> [X|A] end,[],S).
```

La fonction `foldl/3` n'est pas en forme terminale à cause de l'appel imbriqué `F(X,A)`, mais seule une portion constante de pile de contrôle est utilisée pour la récursivité de `foldl/3` elle-même (un nœud). Dans nos deux exemples, `F` est en forme terminale, donc ces deux nouvelles définitions sont *presque* en forme terminale et peuvent tenir face aux originaux. D'autres définitions presque en forme terminale sont

```
suml([N|S]) -> foldl(fun(X,A) ->     X+A end, N,S).
rcatl(S,T)  -> foldl(fun(X,A) ->   [X|A] end, T,S).
rmap(F,S)   -> foldl(fun(X,A) -> [F(X)|A] end,[],S).
```

À nouveau, la raison pour laquelle ces définitions ne sont pas exactement en forme terminale est due à l'appel `F(X,A)` dans la définition de `foldl/3`, *pas* à cause des arguments fonctionnels `fun(X,A) -> ... end` dans les appels à `foldl/3` : ceux-ci ne sont pas des appels de fonctions mais des

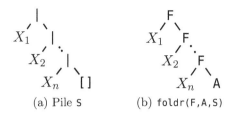

(a) Pile `S` (b) `foldr(F,A,S)`

FIGURE 9.21 – Résultat de `foldr/3` sur une pile non-vide

définitions de fonctions anonymes, c'est-à-dire des données. Le principal avantage d'user de `foldl/3` est qu'elle permet au programmeur de se concentrer exclusivement sur le traitement de l'accumulateur, pendant que `foldl/3` elle-même fournit le transport gratuitement. De plus, nous pouvons aisément comparer différentes fonctions définies au moyen de `foldl/3`.

Lorsque l'accumulateur est une pile sur laquelle des valeurs sont empilées, le résultat est en ordre inverse par rapport à l'entrée. C'est pourquoi `rmap/2`, ci-dessus, n'est pas équivalent à `map/2`. La première doit être privilégiée si l'ordre des éléments n'est pas significatif, parce que `map/2` a besoin d'une pile de contrôle aussi longue que la pile d'entrée. Ceci nous amène naturellement à présenter une autre fonction d'ordre supérieur : `foldr/3`, dont le nom signifie « composition itérée de droite à gauche » (anglais : *fold right*), ou *composition itérée à gauche*. Nous voulons dire :

$$\texttt{foldr}(F, A, [X_1, X_2, \ldots, X_n]) \equiv F(X_1, F(X_2, \ldots, F(X_n, A))\ldots).$$

La FIGURE 9.21 montre les arbres de syntaxe abstraite correspondants. Nous parvenons à ce comportement avec la définition suivante :

```
foldr(_,A,  []) -> A;
foldr(F,A,[X|S]) -> F(X,foldr(F,A,S)).
```

Cette définition, comme `foldl/3`, n'est pas en forme terminale, mais, au contraire de `foldl/3`, elle requiert une pile de contrôle aussi longue que la pile d'entrée.

Avec l'aide de `foldr/3`, nous pouvons redéfinir `map/2` et `cat/2` ainsi :

```
mapr(F,S) -> foldr(fun(X,A) -> [F(X)|A] end,[],S).
catr(S,T) -> foldr(fun(X,A) ->    [X|A] end, S,T).
```

Comparons `rcatl/2`, définie ci-dessus, avec `catr/2` : le rôle de l'accumulateur et de la pile d'entrée ont été échangés, tout comme `foldl/3` et `foldr/3`. Il est aussi loisible de définir

```
lenr(S)     -> foldr(fun(_,A) -> 1+A end, 0,S).        % Mauvais
sumr([N|S]) -> foldr(fun(X,A) -> X+A end, N,S).        % Mauvais
isrtr(S)    -> foldr(fun(X,A) -> ins(A,X) end,[],S).       % Non
```

mais cela ne serait pas judicieux parce que `foldr/3` n'utilise pas une quantité bornée de la pile de contrôle, contrairement à `foldl/3`. Dans le cas de `isrt/1`, il vaut mieux appeler `foldl/3`, parce que l'ordre d'insertion n'est pas significatif en moyenne (bien qu'il échange le pire des cas et le meilleur des cas si les éléments ne sont pas répétés). Remarquons aussi, dans le cas de `isrtr/1`, que l'ordre des arguments de la fonction `ins/2` est important.

Ceci nous amène à formuler des règles d'usage à propos de la transformation en forme terminale. Nous savons déjà qu'une définition en forme terminale est bénéfique ou même nécessaire si la taille maximale de la pile de contrôle est inférieure à celle d'une entrée traversée récursivement dans sa plus grande étendue. Aucune accélération ne devrait être attendue a priori de la transformation en forme terminale — bien que ceci se produise parfois. Habituellement,

— il est préférable, si possible, d'user de `foldl/3` au lieu de `foldr/3`, parce que, en supposant que le paramètre fonctionnel soit défini en forme terminale, l'appel utilisera une quantité limitée de la pile de contrôle (si le paramètre n'est pas en forme terminale, au moins `foldl/3` ne pèsera pas davantage sur la pile de contrôle, contrairement à `foldr/3`) ;

— lorsque nous écrivons notre propre récursivité, c'est-à-dire sans ressortir aux compositions itérées, il vaut mieux faire en sorte qu'elle soit en forme terminale si l'accumulateur est un entier, sinon la taille maximale de la pile de contrôle utilisée peut être proportionnelle à la taille de l'entrée, bien que le résultat soit un entier. (Contraster `sum/1` et `sum0/2`, mais aussi `len/1` et `len0/1`.)

Indépendamment de l'allocation de la pile, il peut y avoir une différence significative en termes de coût lorsque nous utilisons une composition itérée plutôt qu'une autre. Prenons par exemple les deux appels suivants :

$$\text{foldl(fun cat/2,[],S)} \equiv \text{foldr(fun cat/2,[],S)}.$$

Le premier sera plus lent que le second, comme l'inégalité (2.6) page 46 le démontre.

Qu'est-ce qui ne peut être programmé par compositions itérées ? Comme leur propriété caractéristique le montrent, les compositions itérées traversent la pile d'entrée dans sa totalité, donc il n'y a pas moyen de descendre du train pendant qu'il roule. Par exemple, **sfst/2** à la section 2.3, page 47, est, en **Erlang**,

```
sfst(   [],X) →θ [];
sfst([X|S],X) →ι S;
sfst([Y|S],X) →κ [Y|sfst(S,X)].
```

et ne peut être définie au moyen d'une composition itérée parce qu'il y a deux fins possibles pour tout appel : soit l'élément n'a pas été trouvé et nous rencontrons la fin de la pile à la clause θ, ou bien il a été trouvé quelque part dans la pile à la clause ι. Toutefois, en théorie, si nous acceptons une traversée complète de la pile à chaque appel, alors `sfst/2` peut être programmée par le biais d'une composition itérée vers la droite. La technique usuelle est d'avoir un accumulateur qui est soit un atome signifiant « absent » ou une paire avec un atome signifiant « présent » et la pile reconstruite. Si le résultat est « absent, » alors nous retournons simplement la pile originale. La fonction suivante est un cas plus fort parce qu'elle ne peut absolument pas être exprimée au moyen de compositions itérées, même au prix de l'inefficacité. Il s'agit de

```
ctail(   []) -> [];
ctail([_|S]) -> S.
```

En général, une fonction F peut être exprimée de manière équivalente par un appel à une composition itérée si, et seulement si, pour toutes piles S et T, pour tout élément X, nous avons

$$F(S) \equiv F(T) \Rightarrow F([X|S]) \equiv F([X|T]).$$

(Voir Gibbons *et al.* (2001), Weber et Caldwell (2004).) Par exemple, on a `ctail([])` $\equiv$ `ctail([2])` mais `ctail([1])` $\not\equiv$ `ctail([1,2])`.

Un effet secondaire positif de l'emploi de projections et compositions itérées est qu'ils permettent parfois au programmeur de reconnaître certaines compositions qui peuvent être améliorées au moyen d'une équivalence. Par exemple, nous avons, pour toutes fonctions F et G :

$$\text{map}(F,\text{map}(G,S)) \equiv \text{map}(\text{compose}(F,G),S).$$

Sans compter les coûts de F et G, le membre gauche induit un coût $2n+2$, si S contient n éléments, alors que le membre droit a pour coût $n+2$, donc il est supérieur à l'autre. Une autre équation intéressante est

$$\text{foldl}(F,A,S) \equiv \text{foldr}(F,A,S) \tag{9.2}$$

si F est associative est symétrique. Prouvons cela. Les premières clauses des définitions de `foldl/3` et `foldr/3` impliquent, pour tout F et A,

$$\text{foldl}(F,A,[]) \equiv A \equiv \text{foldr}(F,A,[]).$$

Pour des piles non-vides, cette équation signifie

$$F(X_n, \ldots, F(X_2, F(X_1, A)) \ldots) \equiv F(X_1, F(X_2, \ldots, F(X_n, A)) \ldots).$$

Bien que les ellipses dans l'équivalence soient intuitives, elles ne constituent pas une fondation solide pour un argument mathématique rigoureux. À la place, par définition, nous avons

$$\mathtt{foldl}(F, A, [X \,|\, S]) \equiv \mathtt{foldl}(F, F(X, A), S).$$

Par définition aussi, nous avons

$$\mathtt{foldr}(F, A, [X \,|\, S]) \equiv F(X, \mathtt{foldr}(F, A, S)).$$

L'équation originelle serait donc établie pour toutes les piles si

$$\mathtt{foldl}(F, F(X, A), S) \equiv F(X, \mathtt{foldr}(F, A, S)).$$

Appelons cette conjecture **Fold** et prouvons-la par induction structurelle. Rappelons ici que ce principe énonce que, étant donné une structure de donnée finie S, une propriété $\mathsf{Fold}(S)$ à prouver à son sujet, alors

1. si $\mathsf{Fold}(S)$ est prouvable pour toutes les S atomiques, à savoir, les configurations de S qui ne peuvent être décomposées ;

2. si, en supposant $\mathsf{Fold}(T)$ pour toutes les sous-structures immédiates T de S, alors $\mathsf{Fold}(S)$ est vraie ;

3. alors $\mathsf{Fold}(S)$ est vraie pour *toute* structure S.

Ici, la structure de donnée S étant une pile, il n'y a qu'une pile atomique : la pile vide. Donc nous devons d'abord prouver $\mathsf{Fold}([\,])$. Les premières clauses des définitions de $\mathtt{foldl/3}$ et $\mathtt{foldr/3}$ impliquent que, pour tout F et A,

$$\mathtt{foldl}(F, F(X, A), [\,]) \equiv F(X, A) \equiv F(X, \mathtt{foldr}(F, A, [\,])),$$

qui est $\mathsf{Fold}([\,])$. Ensuite, considérons une pile non-vide $[Y \,|\, S]$. Quelles sont ses sous-structures immédiates ? Par construction des piles, il n'y a qu'une sous-pile immédiate de $[X \,|\, S]$, à savoir S. Par conséquent, supposons $\mathsf{Fold}(S)$ pour une pile donnée S et supposons que F est associative et symétrique (ceci est l'hypothèse d'induction structurelle), puis prouvons $\mathsf{Fold}([Y \,|\, S])$, pour tout Y. L'associativité de F signifie que pour toutes valeurs I, J et K, nous avons

$$F(I, F(J, K)) \equiv F(F(I, J), K).$$

La symétrie de F veut dire que, pour tout I et J, nous avons

$$F(I, J) \equiv F(J, I).$$

Commençons par le membre gauche de $\mathsf{Fold}([Y \,|\, S])$:

```
foldl(F,F(X,A),[Y|S])
```
$\equiv \mathsf{foldl}(F,F(Y,F(X,A)),S)$ Définition de `foldl/3`
$\equiv \mathsf{foldl}(F,F(F(Y,X),A),S)$ Associativité de F
$\equiv \mathsf{foldl}(F,F(F(X,Y),A),S)$ Symétrie de F
$\equiv F(F(X,Y),\mathsf{foldr}(F,A,S))$ Hypothèse d'induction $\mathsf{Fold}(S)$
$\equiv F(X,F(Y,\mathsf{foldr}(F,A,S)))$ Associativité de F
$\equiv F(X,\mathsf{foldr}(F,A,[Y \,|\, S]))$ Définition de `foldr/3`.   □

Ce raisonnement prouve $\mathsf{Fold}([Y \,|\, S])$. Le principe d'induction structurelle implique alors que $\mathsf{Fold}(S)$ est vraie pour toutes les piles S, donc l'équation (9.2) page 365. La dérivation précédente suggère une variation de la définition de `foldl/3` :

```
foldl_alt(_,A,   []) -> A;
foldl_alt(F,A,[X|S]) -> foldl_alt(F,F(A,X),S).
```

La différence réside dans l'ordre des paramètres de `F`. Nous aurions alors à prouver une conjecture légèrement différente :

$$\mathsf{foldl\_alt}(F,F(A,X),S) \equiv F(X,\mathsf{foldr}(F,A,S)).$$

La dérivation précédente prendrait alors ici la forme suivante :

```
foldl_alt(F,F(A,X),[Y|S])
```
$\equiv \mathsf{foldl\_alt}(F,F(F(A,X),Y),S)$ Définition
$\equiv \mathsf{fold\_alt}(F,F(A,F(X,Y)),S)$ Associativité de F
$\equiv F(F(X,Y),\mathsf{foldr}(F,A,S)),$ Hypothèse d'induction $\mathsf{Fold}(S)$
$\equiv F(X,F(Y,\mathsf{foldr}(F,A,S)))$ Associativité de F
$\equiv F(X,\mathsf{foldr}(F,A,[Y \,|\, S])),$ Définition de `foldr/3`.   □

Nous voyons que la symétrie de F n'est plus nécessaire que dans un seul cas : lorsque la pile est vide. En effet, nous avons

$$\mathsf{foldl\_alt}(F,F(A,X),[]) \equiv F(A,X), \quad \text{par définition};$$
$$F(X,\mathsf{foldr}(F,A,[])) \equiv F(X,A), \quad \text{par définition de } \mathsf{foldr/3}.$$

Par conséquent, dans le but de prouver notre nouvelle conjecture à propos de `foldl_alt/3` et `foldr/3`, nous devons avoir

$$F(A,X) \equiv F(X,A),$$

c'est-à-dire que A, qui est la valeur initiale de l'accumulateur, doit commuter avec tous les éléments par F. Ceci n'est pas une nette amélioration par rapport au premier théorème sur `foldl/3`, qui exigeait que toutes les paires d'éléments successifs commutent. Néanmoins, il existe un cas particulier intéressant, qui est lorsque A est un élément neutre pour F, c'est-à-dire que, pour tout X,

$$F(A,X) \equiv F(X,A) \equiv A.$$

Alors la symétrie n'est plus nécessaire du tout. Par conséquent, la fonction `foldl_alt/3` est préférable à `foldl/3`, parce qu'elle fournit plus d'occasions de transformation. Mais, puisque la bibliothèque standard de Erlang offre la définition `foldl/3`, nous continuerons à l'employer. La bibliothèque standard de OCaml, toutefois, propose la fonction `fold_left`, qui correspond à `foldl_alt/3`.

De toute façon, le théorème (9.2) nous permet de transformer immédiatement certains appels à `foldr/3`, qui exige une quantité de pile de contrôle au moins proportionnelle à la taille de la pile d'entrée, en appels à `foldl/3`, dont le paramètre F est la seule fonction qui n'utilise peut-être pas une portion constante de la pile de contrôle (si elle le fait, le gain est alors encore plus évident). C'est pourquoi les définitions suivantes sont équivalentes :

```
lenl(S) -> foldl(fun(_,A) -> A+1 end,0,S).
lenr(S) -> foldr(fun(_,A) -> A+1 end,0,S).
```

Prouver que les deux définitions suivantes sont équivalentes est un peu plus compliqué :

```
suml([N|S]) -> foldl(fun(X,A) -> X+A end,N,S).
sumr([N|S]) -> foldr(fun(X,A) -> X+A end,N,S).
```

La raison est que le premier élément de la pile sert de valeur initiale à l'accumulateur dans les deux cas, bien que l'ordre de visite de la pile est inverse (vers la droite ou vers la gauche). Il est bien plus clair de voir que les définitions suivantes sont équivalentes :

```
sum1(S=[_|_]) -> foldl(fun(X,A) -> X+A end,0,S).
sum2(S=[_|_]) -> foldr(fun(X,A) -> X+A end,0,S).
```

simplement parce que l'addition est associative et symétrique.

Codage fonctionnel des projections Pour illustrer davantage la puissance d'expression des fonctions d'ordre supérieur, jouons avec un petit exemple, même s'il est un peu improbable. Nous avons vu à la page 356 que les listes d'association sont des collections de paires clé-valeur, réalisées simplement au moyen de piles, par exemple, `[{a,0},{b,1},{a,5}]`.

Une *projection* est une liste d'association qui est fouillée en fonction des clés. Typiquement, nous avons

```
find(_,        []) -> absent;
find(X,[{X,V}|_]) -> V;                % Valeur associée trouvée
find(X,    [_|S]) -> find(X,S).        % La recherche continue
```

Remarquons que si une clé est répétée, seule la première paire sera prise en compte, par exemple, `find(a,[{a,0},{b,1},{a,5}])` résultera en `0`, pas `5`. Ces paires sont appelées *liaisons*. Supposons maintenant que nous voulions présenter symboliquement ce qu'est une projection, mais sans employer aucun langage de programmation particulier. Dans ce cas, nous devons user des mathématiques pour exprimer le concept, plus précisément, des fonctions mathématiques.

Nous dirions qu'une projection M est une fonction d'un ensemble fini de valeurs $\mathcal{K}$ vers un ensemble fini de valeurs $\mathcal{V}$. Par conséquent, ce qui était précédemment la conjonction d'un type de donnée (une pile) et d'une recherche (`find/2`) est maintenant une seule fonction, représentant la projection *et* la recherche en même temps. Une liaison $x \mapsto y$ n'est qu'une autre notation pour la paire (x, y), où $x \in \mathcal{K}$ et $y \in \mathcal{V}$. Nous avons besoin alors d'exprimer comment une projection est mise à jour, c'est-à-dire, comment une projection est étendue avec une nouvelle liaison.

Avec une pile, ceci est simplement réalisé en empilant une nouvelle paire mais, sans pile, nous dirions qu'une mise à jour est une fonction prenant une projection et une liaison en arguments et calculant une nouvelle projection. *Une projection est donc une fonction d'ordre supérieur.* Soit la fonction $(\oplus)$ telle que $M \oplus x_1 \mapsto y$ est la *mise à jour* de la projection M par la liaison $x_1 \mapsto y$, définie par

$$(M \oplus x_1 \mapsto y)(x_2) := \begin{cases} y & \text{si } x_1 = x_2, \\ M(x_2) & \text{sinon.} \end{cases}$$

Nous pouvons vérifier que nous trouvons la valeur associée à la première clé qui correspond à la donnée, comme nous nous y attendions. La projection vide serait une fonction spéciale retournant un symbol spécial signifiant « absent, » comme $M_\varnothing(x) = \bot$, pour tout x. La projection contenant la liaison $(1, 5)$ serait $M_\varnothing \oplus 1 \mapsto 5$.

Tout ceci est très abstrait et indépendant de tout langage de programmation, tout en étant totalement précis. Si le besoin alors se fait sentir de montrer comment cette définition peut être programmée, c'est l'occasion pour les langages fonctionnels de briller. Une mise à jour serait directement écrite en **Erlang** ainsi :

```
update(M,{X1,Y}) -> fun(X2) -> case X2 of X1 -> Y;
                                           _ -> M(X2)
                               end
            end.
```

La correspondance avec la définition formelle est presque immédiate, il n'y a pas besoin d'introduire une structure de donnée et son interprétation, ni de prouver sa correction. La projection vide est simplement

```
empty(_) -> absent.
```

Par exemple, la projection représentée par la pile `[{a,0},{b,1},{a,5}]` peut être modelé avec des fonctions d'ordre supérieur seulement ainsi :

```
update(update(update(fun empty/1,{a,5}),{b,1}),{a,0}).
```

Peut-être ce qui vaut la peine d'être retenu de tout cela est que les piles dans les langages fonctionnels, bien qu'elles possèdent une syntaxe dédiée et qu'elles soient amplement utilisées, elles ne sont pas un type de donnée fondamental : les fonctions le sont.

Codage fonctionnel des n-uplets Commençons par abstraire un n-uplet en son essence et, parce que dans un langage fonctionnel, les fonctions jouent un rôle proéminent, nous devrions nous demander ce qui est *fait* avec ce que nous pensons être des n-uplets. En fait, nous nous sommes un peu précipités car nous aurions dû nous rendre compte d'abord que tous les n-uplets sont exprimables en termes du 0-uplet et des paires. Par exemple, `{5,foo,{fun(X) -> X*X end}}` peut être réécrit avec des paires imbriquées : `{5,{foo,{fun(X) -> X*X end,{}}}}`. Reprenons alors notre question en termes de paires uniquement. Fondamentalement, une paire est construite (ou *injectée*) et filtrée, c'est-à-dire déconstruite (ou *projetée*). Cette analyse mène à la conclusion qu'un codage fonctionnel des paires requiert trois fonctions : une pour créer, `mk_pair/2`, et deux pour défaire, `fst/1` et `snd/1`. Une fois que la paire est construite, elle est représentée comme une fonction, donc les fonctions qui extraient les composantes prennent en argument une autre fonction dénotant la paire, ce qui veut dire qu'elles sont d'ordre supérieur.

```
mk_pair(X,Y) →ᵅ fun(Pr) →ᵝ Pr(X,Y) end.          % Projection Pr
fst(P) →ᵞ P(fun(X,_) →ᵟ X end).                  % P dénote une paire
snd(P) →ᵉ P(fun(_,Y) →ᶜ Y end).
```

Comme prévu, nous avons alors l'évaluation suivante :

```
fst(mk_pair(3,5)) →ᵅ fst(fun(Pr) →ᵝ Pr(3,5))
                  →ᵞ (fun(Pr) →ᵝ Pr(3,5))(fun(X,_) →ᵟ X end)
                  →ᵝ (fun(X,_) →ᵟ X end)(3,5)
                  →ᵟ 3.
```

Pour mettre à l'épreuve la versatilité de ce codage, définissons une fonction **add/1** qui somme les composantes de la paire passée en argument :

```
add(P) →ᶯ fst(P) + snd(P).
```

Un appel à **add/1** se déroulerait comme suit, en supposant que les arguments sont évalués vers la droite :

```
add(mk_pair(3,5))
  →ᵅ add(fun(Pr) →ᵝ Pr(3,5) end)
  →ᶯ   fst(fun(Pr) →ᵝ Pr(3,5) end)
     + snd(fun(Pr) →ᵝ Pr(3,5) end)
  →ᵞ   (fun(Pr) →ᵝ Pr(3,5) end)(fun(X,_) →ᵟ X end)
     + snd(fun(Pr) →ᵝ Pr(3,5) end)
  →ᵝ   (fun(X,_) →ᵟ X end)(3,5)
     + snd(fun(Pr) →ᵝ Pr(3,5) end)
  →ᵟ 3 + snd(fun(Pr) →ᵝ Pr(3,5) end)
  →ᵉ 3 + (fun(Pr) →ᵝ Pr(3,5) end)(fun(_,Y) →ᶜ Y end)
  →ᵝ 3 + (fun(_,Y) →ᶜ Y end)(3,5)
  →ᶜ 3 + 5 = 8.
```

Le lecteur attentif pourrait se sentir néanmoins lésé parce que nous aurions pu tout aussi bien définir **add/2** ainsi :

```
add(X,Y) -> X + Y.
```

En effet, cette critique est valide. La possibilité pour une fonction de recevoir n valeurs en argument équivaut à recevoir *un* n-uplet exactement, dont les composantes sont ces diverses valeurs. Par conséquent, nous devons essayer à nouveau et nous assurer que nos fonctions ne prennent aucun argument ou bien un. Ceci est réalisé en prenant une valeur en argument puis en réécrivant l'appel en une fonction qui, à son tour, prendra la prochaine valeur etc. Cette traduction est appelée *curryfication*.

```
mk_pair(X) --α--> fun(Y) --β--> fun(Pr) --γ--> (Pr(X))(Y) end end.
fst(P) --δ--> P(fun(X) --ε--> fun(_) --ζ--> X end end).
snd(P) --η--> P(fun(_) --θ--> fun(Y) --ι--> Y end end).
add(P) --κ--> fst(P) + snd(P).
```

Rappelons-nous que fun(X) -> fun(P) -> ... est équivalente à l'expression fun(X) -> (fun(P) -> ...) Les parenthèses autour de Pr(X) sont nécessaires en **Erlang** parce cet appel se trouve en lieu et place d'une fonction qui est appelée. Maintenant

```
add((mk_pair(3))(5))
  --α--> add((fun(Y) --β--> fun(Pr) --γ--> (Pr(3))(Y) end end)(5))
  --β--> add(fun(Pr) --γ--> (Pr(3))(5) end)
  --κ-->    fst(fun(Pr) --γ--> (Pr(3))(5) end)
          + snd(fun(Pr) --γ--> (Pr(3))(5) end)
  --δ-->   (fun(Pr)--γ-->(Pr(3))(5) end)(fun(X)--ε-->fun(_)--ζ-->X end end)
          + snd(fun(Pr) --γ--> (Pr(3))(5) end)
  --γ-->   ((fun(X) --ε--> fun(_) --ζ--> X end end)(3))(5)
          + snd(fun(Pr) --γ--> (Pr(3))(5) end)
  --ε--> (fun(_) --ζ--> 3 end)(5) + snd(fun(Pr) --γ--> (Pr(3))(5) end)
  --ζ--> 3 + snd(fun(Pr) --γ--> (Pr(3))(5) end)
  --η--> 3
          + (fun(Pr)--γ-->(Pr(3))(5) end)(fun(_)--θ-->fun(Y)--ι-->Y end end)
  --γ--> 3 + ((fun(_) --θ--> fun(Y) --ι--> Y end end)(3))(5)
  --θ--> 3 + (fun(Y) --ι--> Y end)(5)
  --ι--> 3 + 5 = 8.
```

Évidemment, ce codage n'est pas intéressant en pratique, parce que le nombre d'appels de fonctions est plus élevé que si nous utilisions une structure de donnée. Son principal intérêt est de montrer le pouvoir théorique d'expression des fonctions d'ordre supérieur.

Codage fonctionnel des piles Pour comprendre mieux la nature des piles en tant que structures de données, nous pouvons les coder avec seulement des fonctions d'ordre supérieur. Une pile peut être vue comme une infrastructure, une sorte de conteneur inerte pour des données sur lequel les fonctions peuvent opérer. Une autre possibilité consiste à la voir comme une composition de fonctions qui contiennent des données en argument et qui attendent d'être appelées pour *faire* quelque chose avec. La différence entre les deux points de vue n'est pas une dichotomie imaginaire entre données et fonctions, qui est estompée dans les langages à objets aussi, mais le fait que les fonctions d'ordre supérieur *à elles seules* peuvent remplacer les piles.

Puisque nous savons déjà comment coder une paire avec des fonctions d'ordre supérieur, une première approche pour coder une pile avec des fonctions est de simplement coder d'abord la pile par des paires. Abstraitement, une pile est soit vide ou construite en empilant une valeur sur une autre pile, donc tout ce dont nous avons besoin est de traduire ces deux concepts. La pile vide peut être facilement représentée par le 0-uplet {} et l'empilage devient l'accouplement :

```
push(X,S) -> {X,S}.
```

Ce codage a été présenté à la FIGURE 9.16 page 346 pour économiser de la mémoire avec les accumulateurs linéaires. Ici, nous voulons aller plus loin et nous débarrasser des paires elles-mêmes par le biais de leur interprétation fonctionnelle vue plus haut, donc push/2 devient un renommage de mk_pair/2 :

```
push(X,S) -> fun(Pr) -> Pr(X,S) end.          % Voir mk_pair/2
```

Pour comprendre le statut de la pile vide, nous devons considérer les projections de piles : une pour le sommet (appelé *head* en anglais) et une pour la sous-pile immédiate (appelée *tail* en anglais). Nous les réalisons comme les versions originelles de fst/2 et snd/2, où S, H et T dénotent, respectivement, le codage d'une pile, le sommet et la sous-pile :

```
head(S) -> S(fun(H,_) -> H end).          % Voir fst/2
tail(S) -> S(fun(_,T) -> T end).          % Voir snd/2
```

Réfléchissons maintenant à la manière dont une pile vide est utilisée. C'est une pile telle que toute projection de son contenu supposé échoue, c'est-à-dire que la projection de la première composante (le sommet) échoue et la projection de la seconde composante (la sous-pile immédiate) aussi. Un truc consiste à définir

```
empty() -> fail.          % L'atome fail est arbitraire
```

Ce qui importe est que empty/0 ne prend aucun argument, donc l'appeler avec un argument échoue, comme head(fun empty/0). Par exemple, la pile [a,b,c] est codée ainsi :

```
                push(a,push(b,push(c,fun empty/0))).
```

La solution repose sur l'*arité*, c'est-à-dire le nombre de paramètres, de empty/0 pour échouer. Cet échec est consistant avec la façon dont les piles classiques, à savoir les structures de données, sont utilisées. En effet, si tail([_|S]) -> S, alors l'appel tail([]) échoue par manque de clause qui le filtre. La limitation de ce codage est que, étant fondé sur des fonctions, les piles codées ne peuvent être filtrées par les motifs des clauses. Par exemple, la fonction ctail/1 page 365

```
ctail(  []) -> [];
ctail([_|S]) -> S.
```

ne peut être codée parce que nous aurions besoin d'une manière de vérifier si une pile codée est vide sans pour autant faire échouer le programme si elle ne l'est pas. Si nous préférons plutôt que l'appelant soit gentiment informé du problème, donc si nous voulons que les définitions des projections soient complètes, nous pourrions permettre à empty/1 de prendre une projection qui est alors écartée :

```
empty(_) -> fail.
```

Nous aurions la réécriture head(fun empty/1) $\rightarrow$ fail, qui n'est pas un échec du point de vue de l'environnement d'exécution, mais est interprétée par l'application comme un échec *logique*. Bien sûr, l'appelant doit prendre la responsabilité de s'assurer que l'atome fail est retourné et le constructeur de pile doit faire en sorte de ne pas empiler cet atome dans la pile codée, sinon un appelant confondrait la pile vide avec un élément. (Une meilleure solution consiste à employer des *exceptions*.)

Combinateurs de point fixe De nombreuses fonctions ont besoin d'auxiliaires pour mener à bien des tâches secondaires ou discrètes. Par exemple, considérons la FIGURE 9.19 page 357 où len0/2 est la fonction auxiliaire. Pour interdire son usage en dehors de la portée du module, elle doit être omise dans la clause -export dans l'en-tête, mais elle pourrait toujours être appelée depuis l'intérieur du module où elle est définie. Pour éviter cela aussi, les fonctions anonymes sont utiles :

```
len0(S) ->
  Len = fun(  [],N) -> N;
           ([_|S],N) -> Len(S,N+1)          % Ne compile pas
        end,
  Len(S,0).
```

Ceci restraint la visibilité de la fonction anonyme liée à la variable Len au corps de len0/1, ce qui est exactement ce que nous voulions. Le problème ici est que cette définition est rejetée par le compilateur Erlang parce que l'affectation (=) ne rend pas la variable du membre gauche visible dans le membre droit, donc Len est inconnue dans l'appel Len(S,N+1). Dans certains autres langages fonctionnels, il existe une construction spécifique pour permettre des définitions récursives locales, comme nous tentons de le faire, par exemple let rec en OCaml, mais l'hypotypose suivante est néanmoins théoriquement pertinente. Le problème original en devient un autre : comment pouvons-nous définir des fonctions anonymes *récursives* ?

Un contournement est de passer un paramètre fonctionnel additionnel, qui est utilisé en lieu et place de l'appel récursif :

```
len1(S) -> Len = fun(_,    [],N) -> N;
                     (F,[_|S],N) -> F(F,S,N+1)
              end,
           Len(Len,S,0).
```

Remarquons que nous avons renommé len0/1 en len1/1 parce que nous allons envisager plusieurs variantes. De plus, la fonction anonyme n'est pas équivalente à len/2 parce qu'elle prend trois arguments. Par ailleurs, le compilateur émet les avertissements suivants (nous avons écarté le numéro de ligne) :

> *Warning: variable 'S' shadowed in 'fun'.*

Ce qui signifie : « Avertissement : la variable S est occultée par fun. » Nous avons déjà vu cela auparavant, page 360. Ici, l'occultation est bénigne, parce qu'à l'intérieur de la fonction anonyme dénotée par Len, la valeur originelle de S, à savoir, l'argument de len1/1, n'est pas nécessaire. Néanmoins, pour plus de tranquillité d'esprit, un simple renommage nous débarrassera de cet avertissement :

```
len1(S) -> Len = fun(_,    [],N) -> N;
                     (F,[_|T],N) -> F(F,T,N+1)         % Renommage
              end,
           Len(Len,S,0).
```

Nous pouvons altérer cette définition en curryfiant la fonction anonyme et en la renommant de telle sorte que Len équivaille alors à fun len/2 :

```
len2(S) -> H = fun(F) -> fun(   [],N) -> N;
                            ([_|T],N) -> (F(F))(T,N+1)
                         end
           end,
           Len = H(H),                      % Équivaut à fun len/2
           Len(S,0).
```

Définissons une fonction u/1 qui auto-applique son argument fonctionnel et nous laisse l'utiliser à la place de F(F) :

```
u(F) -> fun(X,Y) -> (F(F))(X,Y) end.        % Auto-application
```

```
len3(S) -> H = fun(F) -> fun(    [],N) -> N;
                              ([_|T],N) -> (u(F))(T,N+1)
                        end
              end,
          (H(H))(S,0).                                  % Len expansée
```

Remplaçons maintenant u(F) par F. Cette transformation ne préserve pas la sémantique de H, donc renommons la fonction résultante G et nous redéfinissons H pour la rendre équivalente à sa précédente instance :

```
len3(S) -> G = fun(F) -> fun(    [],N) -> N;
                              ([_|T],N) -> F(T,N+1)
                        end
              end,
          H = fun(F) -> G(u(F)) end,
          (H(H))(S,0).
```

L'aspect intéressant est que la fonction anonyme référencée par la variable G est très similaire à Len au début. (Il peut sembler paradoxal de parler de fonctions anonymes avec des noms, mais, en Erlang, les variables et les noms de fonctions sont deux catégories syntaxiques distinctes, donc il n'y a pas de contradiction dans les termes.) La voici à nouveau :

```
len0(S) ->
  Len = fun(    [],N) -> N;
           ([_|S],N) -> Len(S,N+1)      % Malheureusement invalide
        end,
  Len(S,0).
```

La différence est que G abstrait sur F au lieu de prendre part à un appel récursif (problématique). Expansons l'appel à u(F) et défaisons-nous de u/1 :

```
len4(S) ->
  G = fun(F) -> fun(    [],N) -> N;
                    ([_|T],N) -> F(T,N+1)
              end
      end,
  H = fun(F) -> G(fun(X,Y) -> (F(F))(X,Y) end) end,
  (H(H))(S,0).
```

Pour gagner en généralité, nous pouvons extraire les affectations à H et Len, les mettre dans une nouvelle fonction x/1 et expanser Len à la place :

```
x(G) -> H=fun(F) -> G(fun(X,Y)->(F(F))(X,Y) end) end, H(H).


len5(S) -> G = fun(F) -> fun(    [],N) -> N;
                              ([_|T],N) -> F(T,N+1)
                          end
              end,
          (x(G))(S,0).
```

En mettant la définition de x/1 dans un module dédié, nous pouvons maintenant aisément définir une fonction anonyme récursive. Il y a une limitation, ceci dit, qui est que x/1 est liée à l'arité de F. Par exemple, nous ne pouvons l'utiliser pour la factorielle :

```
fact(N) -> G = fun(F) -> fun(0) -> 1;
                             (N) -> N * F(N-1)
                         end
              end,
          (x(G))(S,0).                         % Arité différente
```

Par conséquent, si nous voulons réellement un schéma général, nous devrions travailler avec des fonctions totalement curryfiées, donc toutes les fonctions sont unaires :

```
x(G) -> H = fun(F) -> G(fun(X) -> (F(F))(X) end) end, H(H).


len6(S) -> G=fun(F) -> fun(N) -> fun(    []) -> N;
                                      ([_|T]) -> (F(N+1))(T)
                                  end
                       end
              end,
          ((x2(G))(0))(S).
```

Remarquons que nous avons échangé l'ordre de la pile et l'entier, puisqu'il n'y a pas de filtrage de motif à faire dans le second cas. La grammaire d'**Erlang** nous oblige à mettre des parenthèses autour de chaque appel de fonction qui résulte en une fonction immédiatement appelée, donc appeler des fonctions totalement curryfiées avec tous leurs arguments, comme ((x2(G))(0))(S), devient vite fastidieux, bien qu'un bon éditeur de texte peut nous aider à associer correctement les parenthèses.

L'argument théorique de cette dérivation est que nous pouvons toujours écrire une fonction non-récursive équivalente à une fonction récursive donnée, puisque même x/1 n'est pas récursive. En fait, rien de spécial n'est exigé tant que les appels de fonctions ne sont pas restreints. Certains langages fortement et statiquement typés, comme **OCaml**, rejettent la définition de x/1 ci-dessus, mais d'autres définitions, bien que plus compliquées, sont possibles. (Dans le cas d'OCaml, l'option -rectypes permet la compilation de l'exemple précédent, ceci dit.) Si nous nous autorisons l'usage de la récursivité, que nous n'avons jamais banni, nous pouvons en fait écrire une définition plus simple de x/1, appelée y/1 :

```
y(F) -> fun(X) -> (F(y(F)))(X) end.                    % Récursive
```

Cette définition est en fait très facile à trouver, car elle repose sur l'équivalence suivante, pour tout X :

$$(y(F))(X) \equiv (F(y(F)))(X),$$

Si nous supposons la propriété mathématique $\forall x. f(x) = g(x) \Rightarrow f = g$, l'équivalence précédente mène à

$$y(F) \equiv F(y(F)),$$

qui, par définition, montre que y(F) est un point fixe de F. Attention à

```
y(F) -> F(y(F)).                                        % Boucle infinie
```

qui ne termine pas parce que l'appel $y(F)$ évaluerait *immédiatement* l'appel $y(F)$ dans le corps. Certains langages fonctionnels reposent sur une stratégie d'évaluation différente de celle d'Erlang et ne commencent pas toujours par évaluer les arguments, ce qui pourrait rendre correcte la définition précédente. Un autre exemple :

```
fact(N) -> F = fun(F) -> fun(A) -> fun(0) -> A;
                                      (M) -> (F(A*M))(M-1)
                                   end
                        end
          end,
          ((y(F))(1))(N).
```

La technique que nous avons développée dans les lignes précédentes peut être employée pour réduire la quantité de pile de contrôle utilisée par certaines fonctions. Par exemple, considérons

```
cat(   [],T) -> T;
cat([X|S],T) -> [X|cat(S,T)].
```

Remarquons que le paramètre T est passé, inchangé, tout au long des appels jusqu'à ce que le premier argument soit vide. Ceci signifie qu'une référence à la pile T originelle est dupliquée à chaque réécriture jusqu'à la dernière, parce que la définition n'est pas en forme terminale. Pour éviter cela, nous pourrions employer une fonction récursive anonyme qui lie T non comme un paramètre mais dans la portée englobante :

```
cat(S,T) -> G = fun(F) -> fun(   []) -> T;           % T visible
                              ([X|U]) -> [X|F(U)]
                          end
             end,
         (y(G))(S).
```

Cette transformation est appelée *lambda-dropping* en anglais, et son inverse *lambda-lifting*. La fonction y/1 est appelée le *combinateur de point fixe Y*.

Nous souhaitons parfois définir deux fonctions anonymes mutuellement récursives. Considérons l'exemple suivante, qui est en pratique inutile et inefficace, mais il est suffisamment simple pour illustrer notre argument.

```
even(0) -> true;
even(N) -> odd(N-1).


odd(0) -> false;
odd(N) -> even(N-1).
```

Disons que nous ne voulons pas que even/1 puisse être appelée depuis une fonction autre que odd/1. Cela veut dire que nous voulons le patron suivant :

```
odd(I) -> Even = fun(▭) -> ▭ end,
          Odd  = fun(▭) -> ▭ end,
          Odd(I).
```

où Even et Odd dépendent l'une de l'autre. Par la forme de notre canevas, nous voyons que Even ne peut appeler Odd. La technique pour permettre la récursivité mutuelle consiste à abstraire la première fonction en fonction de la seconde, c'est-à-dire que Even devient une fonction dont le paramètre est une fonction destinée à être utilisée comme Odd :

```
odd(I) -> Even = fun(Odd) -> fun(0) -> true;
                             (N) -> Odd(N-1)
                         end
              end,
          Odd  = fun(▭) -> ▭ end,
          Odd(I).
```

La prochaine étape est plus délicate. Nous pouvons commencer naïvement, ceci dit, et laisser le problème surgir de lui-même :

```
odd(I) -> Even = fun(Odd) -> fun(0) -> true;
                                 (N) -> Odd(N-1)
                             end
                   end,
           Odd  = fun(0) -> false;
                     (N) -> (Even( Odd ))(N-1)
                 end,
           Odd(I).
```

Le problème n'est pas nouveau et nous savons déjà comment définir
une fonction anonyme récursive en abstrayant sur l'appel récursif et en
passant la fonction résultante au combinateur de point fixe Y :

```
odd(I) -> Even = fun(Odd) -> fun(0) -> true;
                                 (N) -> Odd(N-1)
                             end
                   end,
           Odd  = y(fun(F) -> fun(0) -> false;
                                   (N) -> (Even(F))(N-1)
                               end
                     end),
           Odd(I).
```

La technique présentée ici permet la récursivité locale en **Erlang** et est
intéressante au-delà de la compilation, comme l'ont montré Goldberg et
Wiener (2009). Les combinateurs de point fixe peuvent aussi être mis en
œuvre dans les langages impératifs, comme **C** :

```c
#include<stdio.h>
#include<stdlib.h>

typedef int (*fp)();

int fact(fp f, int n) {
  return n? n * ((int (*)(fp,int))f)(f,n-1) : 1; }

int read(int dec, char arg[]) {
  return ('0' <= *arg && *arg <= '9')?
         read(10*dec+(*arg - '0'),arg+1) : dec; }

int main(int argc, char** argv) {
  if (argc == 2)
    printf("%u\n",fact(&fact,read(0,argv[1])));
```

```
    else printf("Un entier seulement.\n");
    return 0;
}
```

Continuations À la section 9.1, la transformation en forme terminale est appliquée à des programmes de premier ordre, à savoir ceux sans fonctions d'ordre supérieur, et le résultat est un programme du premier ordre aussi. Ici, nous expliquons brièvement une transformation en forme terminale qui produit des fonctions d'ordre supérieur *avec continuations* (anglais : *continuation-passing style*, ou CPS). Le principal avantage est que les programmes sont plus courts. Le premier exemple était flat/1 :

```
flat(      []) -> [];
flat(   [[]|T]) -> flat(T);
flat([[X|S]|T]) -> flat([X,S|T]);
flat(    [X|T]) -> [X|flat(T)].
```

En appliquant l'algorithme de la section 9.1, la forme terminale était

```
flat_tf(T)          -> flat(T,[]).
flat(       [],A)   -> appk([],A);
flat(   [[]|T],A)   -> flat(T,A);
flat([[X|S]|T],A)   -> flat([X,S|T],A);
flat(    [Y|T],A)   -> flat(T,[{k1,Y}|A]).

appk(V,          []) -> V;
appk(V,[{k1,Y}|A]) -> appk([Y|V],A).
```

(C'est la version utilisant un accumulateur linéaire au lieu de *n*-uplets imbriqués.) L'idée directrice consiste à ajouter une pile A qui accumule les variables de tous les contextes d'appel, chaque occurrence étant distinguée, et une fonction auxiliaire appk/2 reconstruit les contextes.

L'idée qui soutient le *style avec continuations* est de ne pas séparer les variables des contextes et la reconstruction de ces derniers. À la place, nous sauvegardons une fonction, à savoir une *continuation*, qui correspond à une clause de appk/1 reconstruisant un contexte. De cette manière, il n'y a pas besoin de appk/1. Tout d'abord, tout comme nous avions créé un accumulateur vide, une continuation initiale est nécessaire. Pour le moment, nous allons la laisser de côté. Tout comme un argument supplémentaire a été ajouté pour recevoir l'accumulateur, un argument additionnel est ajouté pour la continuation :

```
flat_k(T)              -> flat_k(T,⬚).
flat_k(      [],K) -> [];              % K inutile pour le moment
flat_k(  [[]|T],K) -> flat_k(T,K);
flat_k([[X|S]|T],K) -> flat_k([X,S|T],K);
flat_k(    [X|T],K) -> [X|flat_k(T,K)].
```

Tout comme précédemment, chaque membre droit est examiné à tour de rôle. S'il ne contient aucun appel, l'expression (où appk/2 était appelée) est appliquée à la continuation K :

```
flat_k(      [],K) -> K([]);
```

Si c'est un appel en forme terminale, rien n'est fait, tout comme avant :

```
flat_k(  [[]|T],K) -> flat_k(T,K);
flat_k([[X|S]|T],K) -> flat_k([X,S|T],K);
```

Si le membre droit n'est pas en forme terminale, nous identifions le premier appel à évaluer. Ici, il n'y en a qu'un : flat_k(T,K). Maintenant, voici la principale différence avec la transformation originale. Au lieu d'extraire les variables du contexte et de produire une clause de appk/2 reconstruisant ce contexte, nous passons à l'appel une nouvelle continuation qui applique le contexte en question au résultat de l'appel et ensuite appelle K, comme appk/2 était appelée récursivement :

```
flat_k(    [X|T],K) -> flat_k(T,fun(V) -> K([X|V]) end).
```

Finalement, nous devons déterminer qu'elle est la contrepartie de l'accumulateur vide. Plus précisément, nous voulons trouver un équivalent à appk(V,[]) -> V. C'est-à-dire que nous désirons une continuation telle que, prenant V, elle retourne V : il s'agit donc de l'identité. Nous avons maintenant complété la transformation en style avec continuations :

```
flat_k(T)              -> flat_k(T,fun(V) -> V end).
flat_k(      [],K) -> K([]);
flat_k(  [[]|T],K) -> flat_k(T,K);
flat_k([[X|S]|T],K) -> flat_k([X,S|T],K);
flat_k(    [X|T],K) -> flat_k(T,fun(V) -> K([X|V]) end).
```

Le nombre de réécritures est le même qu'avec flat_tf/1; le principal intérêt est que le programme engendré est plus court, car chaque clause de appk/2 est codée ici par une fonction anonyme dans chaque membre droit qui n'est pas en forme terminale. (Remarquons qu'il est conventionnel de nommer les continuations avec la lettre K.)

Examinons un autre exemple du même genre, flat0/1 :

```
flat0(          []) -> [];
flat0(       [[]|T]) -> flat0(T);
flat0([Y=[_|_]|T]) -> cat(flat0(Y),flat0(T));
flat0(         [Y|T]) -> [Y|flat0(T)].
```

La forme terminale du premier ordre était :

```
flat0_tf(T)              -> flat0(T,[]).
flat0(          [],A) -> appk([],A);
flat0(       [[]|T],A) -> flat0(T,A);
flat0([Y=[_|_]|T],A) -> flat0(Y,[{k1,T}|A]);
flat0(         [Y|T],A)  -> flat0(T,[{k34,Y}|A]).
cat(      [],T,A)        -> appk(T,A);
cat([X|S],T,A)           -> cat(S,T,[{k34,X}|A]).
appk(V,[{k34,Y}|A])    -> appk([Y|V],A);
appk(V,  [{k2,W}|A])    -> cat(W,V,A);
appk(V,  [{k1,T}|A])    -> flat0(T,[{k2,V}|A]);
appk(V,             [])    -> V.
```

À nouveau, pour illustration, nous utilisons la version non-optimisée sans
n-uplets codant l'accumulateur. Tout d'abord, nous injectons la continuation identité :

```
flat0_k(T) -> flat0_k(T,fun(V) -> V end).
```

Le membre droit de la première clause de flat0/1 ne contient aucun
appel donc nous l'appliquons à la continuation courante :

```
flat0_k(          [],K) -> K([]);
```

Le membre droite de la deuxième clause de flat0/1 est en forme terminale, donc sa transformée simplement transmet la continuation courante :

```
flat0_k(       [[]|T],K) -> flat0_k(T,K);
```

La troisième clause est plus compliquée parce qu'elle contient trois appels.
Décidons que le premier à évaluer est flat0(Y). (Erlang ne spécifie pas
l'ordre d'évaluation des arguments.) Nous commençons par mettre en
place le cadre de la nouvelle continuation :

```
flat0_k([Y=[_|_]|T],K) -> flat0_k(Y,fun(V) -> ⬚ end);
```

Le paramètre V sera lié, quand la nouvelle continuation sera appelée, à
la valeur de flat0(Y). Par suite, nous devons évaluer l'appel flat0(T),
donc nous posons

```
flat0_k([Y=[_|_]|T],K) ->
  flat0_k(Y,fun(V) -> flat0_k(T,fun(W) -> [      ] end) end);
```

Nous devons préparer l'appel futur à `cat/2`, qui doit aussi être transformé en style avec continuations. Ce qui doit être concaténé sont les valeurs de `flat0(Y)` et `flat0(T)`. La première sera liée par le paramètre V et la seconde par W, donc :

```
flat0_k([Y=[_|_]|T],K) ->
  flat0_k(Y,fun(V) ->
              flat0_k(T,fun(W) -> cat_k(V,W,[ ]) end) end);
```

Finalement, nous devons mettre à contribution la continuation K : « Appeler K avec la valeur de `cat(flat0(Y),flat0(T))`. » Parvenu à ce point, nous ne connaissons pas la valeur de cet appel, donc nous devons passer K à `cat_k/3`, qui connaîtra cette valeur :

```
flat0_k([Y=[_|_]|T],K) ->
  flat0_k(Y,fun(V) ->
              flat0_k(T,fun(W) -> cat_k(V,W,K) end) end);
```

Maintenant, nous devons transformer `cat_k/3` en style avec continuations. La définition originelle de `cat/2` est

```
cat(    [],T) -> T;
cat([X|S],T) -> [X|cat(S,T)].
```

Nous avons alors

```
cat_k(    [],T,K) -> K(T);
cat_k([X|S],T,K) -> cat_k(S,fun(V) -> K([X|V]) end).
```

Remarquons que nous n'avions pas à introduire une continuation identité, car il n'y a qu'un appel à `cat_k/3`. Il reste à transformer la dernière clause de `flat0/2`, qui contient un appel dont le contexte est [Y|_] :

```
flat0_k(T)                 -> flat0_k(T,fun(V) -> V end).
flat0_k(        [],K) -> K([]);
flat0_k(    [[]|T],K) -> flat0_k(T,K);
flat0_k([Y=[_|_]|T],K) ->
  flat0_k(Y,fun(V) ->
              flat0_k(T,fun(W) -> cat_k(V,W,K) end) end);
flat0_k(     [Y|T],K) -> flat0_k(T,fun(V) -> [Y|V] end).

cat_k(    [],T,K) -> K(T);
cat_k([X|S],T,K) -> cat_k(S,fun(V) -> K([X|V]) end).
```

Toutes les fonctions sont désormais en forme terminale, car une continuation est une fonction anonyme, donc une valeur.

Notre prochain exemple est `fib/1`, la réalisation simple mais inefficace de la fonction de Fibonacci :

```
fib(0) -> 1;
fib(1) -> 1;
fib(N) -> fib(N-1) + fib(N-2).
```

La version en style avec continuations est

```
fib_k(N)    -> fib_k(N,fun(V) -> V end).
fib_k(0,K) -> K(0);
fib_k(1,K) -> K(1);
fib_k(N,K) ->
  fib_k(N-1,fun(V) -> fib_k(N-2,fun(W) -> K(V+W) end) end).
```

Le style avec continuations est aussi intéressant parce qu'il permet d'identifier certaines possibilités d'optimisation (Danvy, 2004). Le dessein de $sfst_0/2$ à la FIGURE 2.4 page 55 était motivé par la nécessité de partager l'entrée au cas où l'élément recherché était absent. Cette sorte d'amélioration est fréquente dans les algorithmes qui combinent une recherche et une mise à jour locale optionnelle.

Par exemple, considérons à nouveau l'insertion de feuilles *sans doublons* dans un arbre binaire de recherche à la FIGURE 8.9 page 275 :

```
insl0(Y,{bst,X,T1,T2}) when X > Y -> {bst,X,insl0(Y,T1),T2};
insl0(Y,{bst,X,T1,T2}) when Y > X -> {bst,X,T1,insl0(Y,T2)};
insl0(Y,          ext)             -> {bst,Y,ext,ext};
insl0(Y,          T)               -> T.
```

Au cas où `Y` est présent dans l'arbre, la dernière clause partagera le sous-arbre sous l'occurrence trouvée de `Y` dans l'arbre d'entrée, mais les deux premières clauses, correspondant à la phase de recherche, dupliqueront tous les nœuds de la racine à `Y` (exclue).

Ceci peut être évité en passant d'appel en appel l'arbre originel et en transformant la fonction en forme terminale, de telle sorte que si `Y` est trouvée, l'entrée complète est partagée et l'évaluation s'interrompt immédiatement (pas de contextes en attente).

D'abord, transformons la définition en style avec continuations (nouvelles continuations en gras) :

```
insl0(Y,T)                    -> insl0(Y,T,fun(V) -> V end).
insl0(Y,{bst,X,T1,T2},K) when X > Y ->
```

```
                          insl0(T1,Y,fun(V) -> K({bst,X,V,T2}) end);
insl0(Y,{bst,X,T1,T2},K) when Y > X ->
                          insl0(T2,Y,fun(V) -> K({bst,X,T1,V}) end);
insl0(Y,          ext,K) -> K({bst,Y,ext,ext});
insl0(Y,            T,K) -> K(T).
```

Puis nous passons partout l'arbre de recherche originel T (renommé U) :

```
insl0(Y,T)                     -> insl0(TmT,fun(V) -> V end,T).
insl0(Y,{bst,X,T1,T2},K,U) when X > Y ->
                          insl0(T1,Y,fun(V) -> K({bst,X,V,T2}) end,U);
insl0(Y,{bst,X,T1,T2},K,U) when Y > X ->
                          insl0(T2,Y,fun(V) -> K({bst,X,T1,V}) end,U);
insl0(Y,          ext,K,U) -> K({bst,Y,ext,ext});
insl0(Y,            T,K,U) -> K(T).
```

Finalement, nous laissons de côté la continuation dans la dernière clause
de `insl0/4` et le membre droit partage l'entrée :

```
insl0(Y,T)                     -> insl0(Y,T,fun(V) -> V end,T).
insl0(Y,{bst,X,T1,T2},K,U) when X > Y ->
                          insl0(T1,Y,fun(V) -> K({bst,X,V,T2}) end,U);
insl0(Y,{bst,X,T1,T2},K,U) when Y > X ->
                          insl0(T2,Y,fun(V) -> K({bst,X,T1,V}) end,U);
insl0(Y,          ext,K,U) -> K({bst,Y,ext,ext});
insl0(Y,            T,K,U) -> U.                   % Entrée partagée
```

Dans les langages fonctionnels qui ont des *exceptions*, comme Erlang, le
même effet peut être obtenu sans continuations :

```
insl0(Y,T) -> try insl_(Y,T) catch throw:dup -> T end.
insl_(Y,{bst,X,T1,T2}) when X > Y -> {bst,X,insl_(Y,T1),T2};
insl_(Y,{bst,X,T1,T2}) when Y > X -> {bst,X,T1,insl_(Y,T2)};
insl_(Y,          ext)             -> {bst,Y,ext,ext};
insl_(Y,            T)             -> throw(dup).
```

Ce style est préférable à celui avec continuations parce qu'il préserve
presque tout le programme originel (« style direct »). Néanmoins, ceci
montre que les continuations sont utiles pour écrire un compilateur, pour
éliminer des constructions comme les exceptions, du moment que les
fonctions d'ordre supérieur sont disponibles (Appel, 1992). Celles-ci, à
leur tour, peuvent être transformées en fonction du premier ordre par
défonctionnalisation (Reynolds, 1972, Danvy et Nielsen, 2001).

    Les continuations peuvent aussi faire office de patron conceptuel.
Considérons le problème de déterminer si une pile donnée est un *palindrome*, c'est-à-dire, si $s \equiv \mathsf{rev}(s)$, étant donnée s. La tentative naïve

```
pal(S) -> S == rev(S).
```

opère en $n+2$ réécritures parce que le coût de l'opérateur (==) n'a pas été compté. De façon interne, ceci dit, ce qui se passe est que S est traversée (complètement si c'est un palindrome). Si nous ne nous autorisons pas l'usage de l'opérateur d'égalité sur les piles, nous pourrions essayer

```
pal(S)   -> eq(S,rev(S)).
eq(S,S) -> true;
eq(_,_) -> false.
```

ce qui est de la triche, d'une certaine façon : le motif non-linéaire eq(S,S) requiert que ses arguments soient traversés, sans conséquence sur le coût. Si nous abandonnons aussi de tels motifs portant sur des piles, nous pourrions parvenir à une solution fondée sur les continuations (Danvy et Goldberg, 2001) :

```
pal(S)                     -> pal(S,S,fun(_) -> true end).
pal(    S,      [],K) -> K(S);                    % Longueur paire
pal([_|S],      [_],K) -> K(S);                   % Longueur impaire
pal([X|S],[_,_|T],K) ->
                pal(S,T,fun([Y|U]) -> X == Y andalso K(U) end).
```

Nous réutilisons ici une idée que nous avons vue à la FIGURE 4.7 page 139 : dupliquer la référence à S et nous déplacer dans la seconde copie deux fois plus vite que dans la première (dernière clause) ; lorsque nous atteignons la fin de la seconde copie (première et deuxième clause de pal/3), la première contient la seconde moitié de la pile originale, qui est appliquée à la continuation courante. La continuation a été construite en gardant une référence X à l'élément courant dans la première copie et en prévoyant un test d'égalité avec le premier élément (l'opérateur **andalso** est *séquentiel*, c'est-à-dire que si son premier argument a pour valeur **false**, son second argument n'est pas évalué). En effet, l'idée est de comparer la seconde moitié de la pile originale avec les éléments de la première moitié *en ordre inverse*, et c'est précisément le but de la continuation. Remarquons que la continuation prend une pile en argument, mais retourne un booléen, à la différence des usages précédents, où la continuation initiale était l'identité (comparer avec par/1). Notons aussi que nous avons déterminé la parité de la longueur de la pile originale sans utiliser d'entiers. Il est facile d'écrire une fonction équivalente du premier ordre :

```
pal0(S)                  -> pal0(S,S,[]).
pal0(    S,      [],A) -> eq(S,A);
pal0([_|S],      [_],A) -> eq(S,A);
```

```
pal0([X|S],[_,_|T],A) -> pal0(S,T,[X|A]).
```

```
eq(    [],    []) -> true;
eq([X|S],[X|T]) -> eq(S,T);
eq(    _,    _) -> false.
```

La différence est que `pal0/3`, plutôt que de construire une continuation qui retient les éléments de la première moitié et prévoie un test, elle retourne explicitement la première moitié et la compare à la seconde moitié au moyen de `eq/2`. Le coût de `pal/1` et `pal0/1` sont les mêmes. Le coût minimal est $\mathcal{B}_n^{\mathsf{pal}} = \mathcal{B}_n^{\mathsf{pal0}} = \lfloor n/2 \rfloor + 2$, si S n'est pas un palindrome et la différence est au milieu ; le pire des cas est quand S est un palindrome et le coût est $\mathcal{W}_n^{\mathsf{pal}} = \mathcal{W}_n^{\mathsf{pal0}} = 2\lfloor n/2 \rfloor + 1$. Une comparaison de leur usage de la mémoire exigerait de définir la taille occupée par une valeur fonctionnelle, mais il est probable que, dans le cas présent, `pal/1` et `pal0/1` utilisent la même quantité de mémoire, donc le choix de l'une ou de l'autre est purement une question de style ; par exemple, nous pourrions préférer la concision.

Un autre exemple divertissant est proposé encore par Danvy (1988, 1989). Le but est de former tous les préfixes d'un mot, par exemple, `allp([a,b,c,d])` ⤳ `[[a],[a,b],[a,b,c],[a,b,c,d]]`, et le nom de la fonction, `allp/1`, veut dire « tous les préfixes » en anglais (*all prefixes*). Trouver tous les suffixes en coût linéaire serait bien plus facile ; en particulier, il est aisé de maximiser le partage de la mémoire à l'aide d'un synonyme :

```
alls(    []) -> [];
alls(S=[_|T]) -> [S|alls(T)].
```

Le nom `alls` veut dire « tous les suffixes » en anglais (*all suffixes*). Nous avons `alls([a,b,c,d])` ⤳ `[[a,b,c,d],[b,c,d],[c,d],[d]]` et aussi $\mathcal{C}_n^{\mathsf{alls}} = n+1$. Une solution pour les préfixes, basée sur les continuations :

```
allp(S)         -> allp(S,fun(X) -> X end).
allp(    [],_) -> [];
allp([X|S],K) -> [K([X])|allp(S,fun(T) -> K([X|T]) end)].
```

Une autre solution d'ordre supérieur emploie une projection (page 359) :

```
allp0(    []) -> [];
allp0([X|S]) -> [[X]|map(fun(T) -> [X|T] end, allp0(S))].
```

Nous avons $\mathcal{C}_n^{\mathsf{allp0}} = (n+1) + \sum_{k=1}^{n-1} k = \frac{1}{2}n^2 + \frac{1}{2}n + 1$.

Exercice   Écrire une version de `allp0/1` du premier ordre.

Chapitre 10

Traduction en Java

Dans ce chapitre, nous montrons comment traduire de simples programmes fonctionnels en Java, illustrant ce qu'on pourrait appeler un style fonctionnel dans un langage à objets. Nous ne ferons pas usage d'effets, donc à toute variable n'est assignée qu'une seule valeur au cours de l'exécution. Les objets programmés de cette manière sont parfois appelés *objets fonctionnels*. Les difficultés que nous rencontrerons seront dues au système de types de Java, puisque notre langage fonctionnel n'est pas typé. En conséquence, certains programmes ne pourront pas être traduits et d'autres demanderont des traductions intermédiaires, appelées *raffinements*, avant de pouvoir produire un équivalent en Java.

Dans l'introduction, page 17, nous avons couché le patron conceptuel pour les piles : une classe abstraite Stack<Item> paramétrisée par le type Item de ses éléments et deux extensions, EStack<Item> pour les piles vides et NStack<Item> pour les autres. Il est important de bien comprendre les raisons de ce patron, parce qu'il est probablement plus fréquent de rencontrer une mise en œuvre des piles comme

```java
public class Stack<Item> {                          // Stack.java
  private Item head;
  private Stack<Item> tail;

  public Stack() { head = null; tail = null; }

  public Item pop() throws EmptyStack {             // Dépilage
    if (empty()) throw new EmptyStack();
    final Item orig = head;
    if (tail.empty()) head = null; else head = tail.pop();
    return orig; }
```

```
  public boolean empty() { return head == null; }

  public void push(final Item item) {                    // Empilage
    Stack<Item> next = new Stack<Item>();
    next.head = head;
    next.tail = tail;
    head = item;
    tail = next; }
}
```

```
// EmptyStack.java
public class EmptyStack extends Exception {}
```

Ce codage a plusieurs défauts. Tout d'abord, il est incorrect si le sommet (head) d'une pile est une référence null. Nous pouvons remédier à cette confusion en ajoutant un niveau d'indirection, c'est-à-dire en créant une classe privée contenant head et tail, ou en modelant la pile vide avec null, ce qui implique de vérifier la présence de null avant d'appeler une méthode. Deuxièmement, l'usage général de références null augmente le risque d'un accès invalide. Troisièmement, le code de pop et push suggère déjà que d'autres opérations exigeront de longues manipulations de références. Quatrièmement, la persistance n'est pas facile, par exemple conserver des versions successives de la pile.

Une étude approfondie des problèmes que les références nulles créent dans la conception de langages de programmation a été menée par Chalin et James (2007), Cobbe (2008) et Hoare (2009). Un inconvénient pratique de telles références est qu'elles rendent la composition de méthodes maladroite et, par exemple, au lieu d'écrire s.cat(t).push(x).rev(), il nous faudrait vérifier si chaque appel ne retourne pas null.

La conception que nous avons présentée dans l'introduction évite tous les problèmes et limitations précédemment mentionnés. Bien entendu, il y a un prix à payer, dont nous allons discuter plus loin. Pour le moment, souvenons-nous du programme Java en introduction, qui sera complété plus tard dans ce chapitre :

```
public abstract class Stack<Item> {                    // Stack.java
  public final NStack<Item> push(final Item item) {
    return new NStack<Item>(item,this); }
  public abstract Stack<Item> cat(final Stack<Item> t); }
```

```
// EStack.java
public final class EStack<Item> extends Stack<Item> {
  public Stack<Item> cat(final Stack<Item> t) { return t; }}
```

```
// NStack.java
public final class NStack<Item> extends Stack<Item> {
  private final Item head;
  private final Stack<Item> tail;

  public NStack(final Item item, final Stack<Item> stack) {
    head = item; tail = stack; }

  public NStack<Item> cat(final Stack<Item> t) {
    return tail.cat(t).push(head); }
}
```

Remarquons que nous avons évité la définition d'une méthode `pop`. La raison est qu'elle est intrinsèquement une fonction partielle, pas définie quand son argument est la pile vide, et c'est pour cela que nous avions dû ressortir à l'exception `EmptyStack` précédemment. De toute façon, en pratique, cette méthode est peu utile, car elle serait implicitement présente dans un algorithme, par exemple, dans la définition de `cat` à la classe `NStack<Item>`. Plus fondamentalement, il n'y a pas besoin d'une méthode `pop` parce que `head` et `tail` font partie de la structure de donnée elle-même.

10.1   Liaison dynamique

Retournement de pile   Comme nous l'avons vu à l'équation (2.2) page 43, la manière efficace de retourner une pile dans notre langage fonctionnel consiste à utiliser un accumulateur comme suit :

$$\mathsf{rev}(s) \xrightarrow{\epsilon} \mathsf{rcat}(s,[\,]). \quad \mathsf{rcat}([\,],t) \xrightarrow{\zeta} t; \quad \mathsf{rcat}([x\,|\,s],t) \xrightarrow{\eta} \mathsf{rcat}(s,[x\,|\,t]).$$

La fonction `rev/1` est définie par une seule règle qui ne discrimine pas son paramètre. Par conséquent, sa traduction sera une méthode dans la classe abstraite `Stack<Item>` :

```
// Stack.java
public abstract class Stack<Item> {
  ...
  public Stack<Item> rev() {
    return rcat(new EStack<Item>()); }
}
```

Un examen des motifs des règles de la fonction `rcat/2` montre que seul le premier paramètre est contraint ; plus précisément, il doit être une pile vide ou non-vide. Cette simple sorte de définition fonctionnelle est facilement traduite en comptant sur un mécanisme de Java appelé *liaison dynamique* et qui fait que c'est la classe d'un objet à l'exécution (et non à la déclaration) qui détermine la méthode appelée. Dans une règle, quand exactement un paramètre est contraint, il est alors le candidat naturel pour la liaison dynamique. Par exemple,

```
// Stack.java
public abstract class Stack<Item> {
  ...
  public abstract Stack<Item> rcat(final Stack<Item> t);
}
```

La class EStack<Item> contient la traduction de la règle ζ :

```
// EStack.java
public final class EStack<Item> extends Stack<Item> {
  ...
  public Stack<Item> rcat(final Stack<Item> t) { return t; }
}
```

La classe NStack<Item> contient la traduction de la règle η (tail est s, head est x) :

```
// NStack.java
public final class NStack<Item> extends Stack<Item> {
  ...
  public Stack<Item> rcat(final Stack<Item> t) {
    return tail.rcat(t.push(head)); }
}
```

Filtrage de pile   Souvenons-nous de la fonction sfst/2 à la section 2.3 page 47 :

$$\mathsf{sfst}([\,], x) \xrightarrow{\theta} [\,]; \quad \mathsf{sfst}([x\,|\,s], x) \xrightarrow{\iota} s; \quad \mathsf{sfst}([y\,|\,s], x) \xrightarrow{\kappa} [y\,|\,\mathsf{sfst}(s, x)].$$

Cette définition ne peut être traduite telle quelle parce qu'elle contient un test d'égalité implicite dans ses motifs ι et κ, donc nous ne pouvons employer la liaison dynamique. La solution la plus simple est peut-être d'étendre notre langage fonctionnel avec une expression conditionnelle if...then...else... et de raffiner la définition originelle pour en faire usage. Ici, nous obtenons

$$\mathsf{sfst}([\,], x) \xrightarrow{\theta} [\,]; \quad \mathsf{sfst}([y\,|\,s], x) \xrightarrow{\iota+\kappa} \text{if } x = y \text{ then } s \text{ else } [y\,|\,\mathsf{sfst}(s, x)].$$

Maintenant que les motifs ne se recoupent plus, nous pouvons traduire
en Java. Tout d'abord, nous ne devons pas oublier d'étendre la classe
abstraite Stack<Item> :

```
// Stack.java
public abstract class Stack<Item> {
  ...
  public abstract Stack<Item> sfst(final Item x);
}
```

La traduction de la règle θ va dans la classe EStack<Item> :

```
// EStack.java
public final class EStack<Item> extends Stack<Item> {
  ...
  public EStack<Item> sfst(final Item x) { return this; }
}
```

Les traductions de ι et κ vont dans

```
// NStack.java
public final class NStack<Item> extends Stack<Item> {
  ...
  public Stack<Item> sfst(final Item x) {
    return head.compareTo(x) == 0 ?
           tail : tail.sfst(x).push(head); }
}
```

Cette dernière étape révèle une erreur et une limitation de notre méthode : dans le but de comparer deux valeurs de la classe Item comme
head et x, nous devons spécifier que le paramètre Item étend la classe prédéfinie Comparable. Par conséquent, nous devons réécrire nos définitions
de classes comme suit :

```
public abstract class Stack<Item
                               extends Comparable<? super Item>> {
  ...
}
public class EStack<Item extends Comparable<? super Item>>
      extends Stack<Item> {
  ...
}
public class NStack<Item extends Comparable<? super Item>>
      extends Stack<Item> {
  ...
}
```

Ceci est une limitation parce que nous devons contraindre `Item` pour qu'il soit comparable, même si quelques méthodes n'en ont pas besoin, comme `rev`, qui est purement structurelle. Par ailleurs, la classe abstraite doit être mise à jour à chaque fois qu'une nouvelle opération est ajoutée. (Pour une compréhension détaillée des génériques en Java, voir Naftalin et Wadler (2006).)

Tri par insertion   Le tri par insertion a été défini à la section 3.1 page 101 ainsi :

$$\mathsf{ins}([y\,|\,s], x) \overset{\kappa}{\to} [y\,|\,\mathsf{ins}(s, x)], \text{ si } x \succ y; \qquad \mathsf{isrt}([\,]) \overset{\mu}{\to} [\,];$$
$$\mathsf{ins}(s, x) \overset{\lambda}{\to} [x\,|\,s]. \qquad\qquad \mathsf{isrt}([x\,|\,s]) \overset{\nu}{\to} \mathsf{ins}(\mathsf{isrt}(s), x).$$

La fonction isrt/1 est facile à traduire car elle n'a besoin que de la liaison dynamique. La fonction ins/2 aussi, mais elle doit être raffinée en faisant apparaître une conditionnelle. La partie facile d'abord :

```
// Stack.java
public abstract class Stack<Item
                            extends Comparable<? super Item>> {
  ...
  public abstract Stack<Item> isrt();
}
// EStack.java
public class EStack<Item extends Comparable<? super Item>>
      extends Stack<Item> {
  ...
  public EStack<Item> isrt() { return this; }
}
// NStack.java
public class NStack<Item extends Comparable<? super Item>>
      extends Stack<Item> {
  ...
  public NStack<Item> isrt() {return tail.isrt().ins(head);}
}
```

Remarquons que $\mathsf{ins}(\mathsf{isrt}(s), x)$ est devenu `tail.isrt().ins(head)`. La méthode générale consiste, d'abord, à traduire x et s en `x` et `tail`; ensuite, il faut trouver un ordre d'évaluation possible (il peut y en avoir plus d'un) et écrire les traductions de chaque appel de fonction de gauche à droite, séparés par des points. Dans le cas en cours, $\mathsf{isrt}(s)$ est évalué en premier et devient `tail.isrt()`, ensuite le contexte $\mathsf{ins}(\_, x)$ donne `_.ins(head)`.

Le raffinement de ins/2 est

$$\text{ins}([y \,|\, s], x) \rightarrow \text{if } x \succ y \text{ then } [y \,|\, \text{ins}(s, x)] \text{ else } [x \,|\, s];$$
$$\text{ins}([\,], x) \rightarrow [x].$$

Remarquons que nous avons séparé la règle λ en deux cas : $[\,]$ et $[y \,|\, s]$, donc le dernier peut être fusionné avec la règle κ et prendre part à la conditionnelle. Nous pouvons traduire maintenant en Java :

```
// Stack.java
public abstract class Stack<Item
                             extends Comparable<? super Item>> {
  ...
  protected abstract NStack<Item> ins(final Item x);
}
// EStack.java
public class EStack<Item extends Comparable<? super Item>>
      extends Stack<Item> {
  ...
  protected NStack<Item> ins(final Item x) {return push(x);}
}
// NStack.java
public class NStack<Item extends Comparable<? super Item>>
      extends Stack<Item> {
  ...
  protected NStack<Item> ins(final Item x) {
    return head.compareTo(x) < 0 ?
           tail.ins(x).push(head) : push(x); }
}
```

La méthode ins est déclarée protected, parce qu'il est erroné d'insérer un élément dans une pile qui n'est pas ordonnée.

Test Pour tester ces définitions, nous avons besoin d'une méthode print :

```
public abstract void print();                         // Stack.java
public void print() { System.out.println(); }         // EStack.java
public void print() {                                 // NStack.java
  System.out.print(head + " "); tail.print(); }
```

Finalement, la classe Main ressemblerait à

```
// Main.java
public class Main {
  public static void main (String[] args) {
    Stack<Integer> nil = new EStack<Integer>();
    Stack<Integer> s = nil.push(5).push(2).push(7);
    s.print();                                    // 7 2 5
    s.rev().print();                              // 5 2 7
    Stack<Integer> t = nil.push(4).push(1);         // 1 4
    s.cat(t).print();                         // 7 2 5 1 4
    t.cat(s).isrt().print();                  // 1 2 4 5 7
  }
}
```

Les propriétés que nous avons prouvées plus tôt sur les programmes fonctionnels sont transférés sur les traductions en Java. En particulier, les coûts sont invariants et ils comptent le nombre d'appels de méthodes nécessaires pour calculer la valeur d'un appel de méthode, *en supposant que nous ne comptons pas les appels à push* : cette méthode, qui est une commodité, était déclarée final dans l'espoir que le compilateur copie sa définition aux sites d'appels.

Découpage   À la section 2.6 page 74, nous avons vu comment découper une pile en deux en spécifiant la longueur du préfixe :

$$\mathsf{cut}(s, 0) \to ([\,], s); \qquad\qquad \mathsf{push}(x, (t, u)) \to ([x\,|\,t], u).$$
$$\mathsf{cut}([x\,|\,s], k) \to \mathsf{push}(x, \mathsf{cut}(s, k-1)).$$

Ici, nous avons un autre exemple de règle qui recouvre deux cas : dans la première règle de cut/2, la pile s est vide ou non. Si elle ne l'est pas, la traduction de la règle doit être fusionnée avec la traduction de la deuxième règle. Il y a une difficulté supplémentaire dans le fait que Java ne fournisse pas de paires natives pour traduire (t, u) immédiatement. Heureusement, il n'est pas difficile de concevoir une classe pour les paires si nous nous rendons compte qu'une paire est, abstraitement, une chose avec deux propriétés : une qui renseigne à propos de sa «première composante» et une autre à propos de sa «seconde composante.» Nous avons

```
// Pair.java
public class Pair<Fst,Snd> {
  protected final Fst fst;
  protected final Snd snd;
  public Pair(final Fst f, final Snd s) {fst = f; snd = s;}
```

```
  public Fst fst() { return fst; }
  public Snd snd() { return snd; }
}
```

Nous pouvons procéder comme suit :

```
// Stack.java
public abstract class Stack<Item
                                 extends Comparable<? super Item>> {
  ...
  public abstract
          Pair<Stack<Item>,Stack<Item>> cut(final int k);
}
```

Remarquons que, comme d'habitude, une fonction avec n paramètres est traduite en une méthode avec $n - 1$ paramètres parce que l'un d'entre eux est utilisé pour la liaison dynamique ou, en termes du système de type, sur lui s'applique le *sous-typage* (Pierce, 2002).

```
// EStack.java
public class EStack<Item extends Comparable<? super Item>>
      extends Stack<Item> {
  ...
  public Pair<Stack<Item>,Stack<Item>> cut(final int k) {
    return new Pair<Stack<Item>,Stack<Item>>(this,this);
  }
}
```

```
// NStack.java
public class NStack<Item extends Comparable<? super Item>>
      extends Stack<Item> {
  ...
  public Pair<Stack<Item>,Stack<Item>> cut(final int k) {
    if (k == 0)
       return new Pair<Stack<Item>,Stack<Item>>
                       (new EStack<Item>(),this);
    Pair<Stack<Item>,Stack<Item>> p = tail.cut(k-1);
    return new Pair<Stack<Item>,Stack<Item>>
                   (p.fst().push(head),p.snd());
  }
}
```

Finalement, la classe Main pourrait ressembler à ce qui suit :

```java
// Main.java
public class Main {
  public static void main (String[] args) {
    Stack<Integer> nil = new EStack<Integer>();
    Stack<Integer> s = nil.push(5).push(2).push(7);        // 7 2 5
    Stack<Integer> t = nil.push(4).push(1);                //   1 4
    Pair<Stack<Integer>,Stack<Integer>> u = s.cat(t).cut(2);
    u.fst().print();                                       // 7 2
    u.snd().print();                                       // 5 1 4
  }
}
```

Une traduction peut ou doit satisfaire différentes propriétés intéressantes. Par exemple, elle doit être correcte en ce sens que le résultat de l'évaluation d'un appel dans le langage de départ est, dans un certain sens, égal au résultat de l'évaluation de la traduction de l'appel. C'est ce que nous souhaitions pour notre traduction de notre langage fonctionnel vers Java. Il pourrait être aussi exigé que les comportements erronés soit aussi traduits en comportements erronés. Par exemple, il pourrait être intéressant que les boucles infinies soient aussi traduites en boucles infinies et que les erreurs à l'exécution dans les évaluations du langage de départ correspondent à des erreurs similaires dans le langage d'arrivée. (La traduction de cut/2 ne préserve pas toutes les erreurs. Pourquoi ?)

10.2 Méthodes binaires

Les fonction définies en filtrant deux piles dans le même motif correspondent, traduites telles quelles, à des *méthodes binaires* dans le langage à objet. Malheureusement, Java n'a que la liaison dynamique, c'est-à-dire que seul un paramètre est l'objet de sous-typage. Dans le cas des méthodes binaires, nous pouvons raffiner la définition de départ en une autre, équivalente, qui sera traduite avec la liaison dynamique seule. Cette technique a été proposée il y a longtemps par Ingalls (1986) et un résumé des recherches a été publié par Muschevici *et al.* (2008).

Tri par interclassement   Par exemple, considérons à nouveau la définition de mrg/2 à la FIGURE 4.7 page 139 :

$$\mathsf{mrg}([\,], t) \to t;$$
$$\mathsf{mrg}(s, [\,]) \to s;$$
$$\mathsf{mrg}([x\,|\,s], [y\,|\,t]) \to [y\,|\,\mathsf{mrg}([x\,|\,s], t)], \text{ si } x \succ y;$$
$$\mathsf{mrg}([x\,|\,s], t) \to [x\,|\,\mathsf{mrg}(s, t)].$$

Nous devons réécrire cette définition de telle sorte qu'une seule pile est inspectée dans les motifs. Pour cela, nous choisissons arbitrairement une pile-paramètre, disons la première, et nous la filtrons avec les motifs vide et non-vide comme suit :

$$\text{mrg}([\,],t) \to t;$$
$$\text{mrg}([x\,|\,s],t) \to \text{mrg}_0(x,s,t).$$

$$\text{mrg}_0(x,s,[\,]) \to [x\,|\,s];$$
$$\text{mrg}_0(x,s,[y\,|\,t]) \to \text{if } x \succ y \text{ then } [y\,|\,\text{mrg}([x\,|\,s],t)] \text{ else } [x\,|\,\text{mrg}(s,[y\,|\,t])].$$

Remarquons que nous avons dû introduire une fonction auxiliaire $\text{mrg}_0/3$ pour gérer le filtrage du second argument, t, de $\text{mrg}/2$. Nous avons aussi utilisé une conditionnelle dans la dernière règle de $\text{mrg}_0/3$, où nous pouvons aussi éviter les empilages $[x\,|\,s]$ et $[y\,|\,t]$ en appelant, respectivement, $\text{mrg}_0(x,s,t)$ et $\text{mrg}_0(y,t,s)$. Ce dernier appel est une conséquence du fait que l'interclassement est une fonction symétrique : $\text{mrg}(s,t) \equiv \text{mrg}(t,s)$. Nous avons maintenant :

$$\text{mrg}([\,],t) \to t;$$
$$\text{mrg}([x\,|\,s],t) \to \text{mrg}_0(x,s,t).$$

$$\text{mrg}_0(x,s,[\,]) \to [x\,|\,s];$$
$$\text{mrg}_0(x,s,[y\,|\,t]) \to \text{if } x \succ y \text{ then } [y\,|\,\text{mrg}_0(x,s,t)] \text{ else } [x\,|\,\text{mrg}_0(y,t,s)].$$

Nous avons alors deux fonctions qui peuvent être traduites en Java à l'aide du sous-typage :

```java
// Stack.java
public abstract class Stack<Item
                                extends Comparable<? super Item>> {
  ...
  public abstract Stack<Item> mrg(final Stack<Item> t);
  public abstract Stack<Item> mrg0(final Item x,
                                final Stack<Item> s);
}
// EStack.java
public class EStack<Item extends Comparable<? super Item>>
      extends Stack<Item> {
  ...
  public Stack<Item> mrg(final Stack<Item> t) { return t; }
  public Stack<Item> mrg0(final Item x,final Stack<Item> s){
    return s.push(x); }
}
```

```
// NStack.java
public class NStack<Item extends Comparable<? super Item>>
      extends Stack<Item> {
  ...
  public Stack<Item> mrg(final Stack<Item> t) {
    return t.mrg0(head,tail); }

  public Stack<Item> mrg0(final Item x,
                          final Stack<Item> s) {
    return x.compareTo(head) > 0 ?
          tail.mrg0(x,s).push(head)
        : s.mrg0(head,tail).push(x); }
}
```

Gardons à l'esprit que le motif $\mathbf{mrg}_0(x, s, [y \mid t])$ signifie que $[y \mid t]$ se traduit par `this`, donc le programme cible devrait se loger dans la classe NStack<Item>, où `head` est la traduction de y et `tail` est l'image de t. Finalement,

```
// Main.java
public class Main {
  public static void main (String[] args) {
    Stack<Integer> nil = new EStack<Integer>();
    Stack<Integer> s = nil.push(5).push(2).push(7);     // 7 2 5
    Stack<Integer> t = nil.push(4).push(1);                  // 1 4
    s.isrt().mrg(t.isrt()).print();                    // 1 2 4 5 7
    t.isrt().mrg(s.isrt()).print();                    // 1 2 4 5 7
  }
}
```

Parvenus à ce point, on pourrait arguer que notre schéma de traduction mène à des programmes Java cryptiques. Mais cette critique n'est valable que parce qu'on ne prend pas en compte leur spécification. Nous proposons que le programme fonctionnel *est* la spécification du programme Java et devrait l'accompagner. Une traduction en Erlang pourrait être effectuée d'abord, ce qui est facile, et celle-ci serait traduite à son tour en Java, tout en demeurant en commentaires dans le code cible et sa documentation. Par exemple, nous écririons :

```
// NStack.java
public class NStack<Item extends Comparable<? super Item>>
      extends Stack<Item> {
  ...
```

```
// mrg0(X,S,[Y|T]) -> case X > Y of
//                        true  -> [Y|mrg0(X,S,T)];
//                        false -> [X|mrg0(Y,T,S)]
//                    end.
//
public Stack<Item> mrg0(final Item x,
                        final Stack<Item> s) {
    return x.compareTo(head) > 0 ?
        tail.mrg0(x,s).push(head)
      : s.mrg0(head,tail).push(x); }
}
```

(Nous pourrions même aller plus loin et renommer les paramètres Erlang Y et T, respectivement, en Head et Tail.) Ceci présente l'avantage supplémentaire que la spécification est exécutable, donc le résultat de l'exécution du programme Erlang devrait être égal au résultat de l'évaluation de la traduction en Java, ce qui facilite la phase de test.

Finissons maintenant la traduction du tri par interclassement descendant à la FIGURE 4.7 page 139. Nous avons

$$\mathsf{tms}([x, y \,|\, t]) \xrightarrow{\alpha} \mathsf{cutr}([x], [y \,|\, t], t); \qquad \mathsf{tms}(t) \xrightarrow{\beta} t.$$

Un raffinement est nécessaire parce que la règle β couvre le cas de la pile vide et du singleton. Explicitons tous ces cas et ordonnons-les ainsi :

$$\mathsf{tms}([]) \to []; \quad \mathsf{tms}([x]) \to [x]; \quad \mathsf{tms}([x, y \,|\, t]) \to \mathsf{cutr}([x], [y \,|\, t], t).$$

Maintenant, nous devons fusionner les deux dernières règles parce qu'elles sont couvertes par le cas «pile non-vide» et nous créons une fonction auxiliaire $\mathsf{tms}_0/2$ dont le rôle est de distinguer entre le singleton et les piles plus longues. D'où

$$\mathsf{tms}([]) \xrightarrow{\gamma} []; \qquad \mathsf{tms}_0(x, []) \xrightarrow{\epsilon} [x];$$
$$\mathsf{tms}([x \,|\, t]) \xrightarrow{\delta} \mathsf{tms}_0(x, t). \qquad \mathsf{tms}_0(x, [y \,|\, t]) \xrightarrow{\zeta} \mathsf{cutr}([x], [y \,|\, t], t).$$

À ce point, $\mathsf{tms}/1$ et $\mathsf{tms}_0/2$ peuvent être traduites en Java à l'aide du sous-typage mais, avant, nous devons vérifier si le dernier raffinement est vraiment équivalent au programme originel. Nous pouvons tester quelques appels dont les évaluations partielles utilisent, toutes ensemble, toutes les règles dans le programme raffiné et ensuite nous les comparons avec les évaluations partielles dans le programme originel. (Ceci est un cas de *test structurel*, plus précisément, *test de chemins*.) Ici, nous avons découvert que trois cas sont distincts : pile vide, singleton et piles plus longues. Dans le programme raffiné, nous avons les interprétations

$$\mathsf{tms}([\,]) \xrightarrow{\gamma} [\,].$$
$$\mathsf{tms}([x]) \xrightarrow{\delta} \mathsf{tms}_0(x, [\,]) \xrightarrow{\epsilon} [x].$$
$$\mathsf{tms}([x, y \,|\, t]) \xrightarrow{\delta} \mathsf{tms}_0(x, [y \,|\, t]) \xrightarrow{\zeta} \mathsf{cutr}([x], [y \,|\, t], t).$$

Nous pouvons maintenant les comparer avec les mêmes appels partiellement évalués dans le programme originel :

$$\mathsf{tms}([\,]) \xrightarrow{\beta} [\,].$$
$$\mathsf{tms}([x]) \xrightarrow{\beta} [x].$$
$$\mathsf{tms}([x, y \,|\, t]) \xrightarrow{\alpha} \mathsf{cutr}([x], [y \,|\, t], t).$$

Ces appels concourent et couvrent toutes les flèches dans toutes définitions. Nous pouvons maintenant traduire le programme raffiné :

```java
// Stack.java
public abstract class Stack<Item
                                extends Comparable<? super Item>> {
  ...
  public abstract Stack<Item> tms();
  protected abstract Stack<Item> tms0(final Item x);
}
// EStack.java
public class EStack<Item extends Comparable<? super Item>>
      extends Stack<Item> {
  ...
  public Stack<Item> tms() { return this; }
  protected Stack<Item> tms0(final Item x) {return push(x);}
}
// NStack.java
public class NStack<Item extends Comparable<? super Item>>
      extends Stack<Item> {
  ...
  public Stack<Item> tms() { return tail.tms0(head); }

  protected Stack<Item> tms0(final Item x) {
    return tail.cutr(new EStack<Item>().push(x),this); }
}
```

Remarquons à nouveau que les fonctions auxiliaires résultent en des méthodes **protected** et qu'elles ajoutent au coût total, en comparaison avec
le programme fonctionnel : ceci est une limitation du transfert de propriétés du programme source au programme cible. Toutefois, les coûts

$$\begin{aligned}
\mathsf{cutr}(s, t, [\,]) &\to \mathsf{mrg}(\mathsf{tms}(s), \mathsf{tms}(t)); \\
\mathsf{cutr}(s, t, [a \,|\, u]) &\to \mathsf{cutr}_0(s, t, u).
\end{aligned}$$

$$\begin{aligned}
\mathsf{cutr}_0(s, t, [\,]) &\to \mathsf{mrg}(\mathsf{tms}(s), \mathsf{tms}(t)); \\
\mathsf{cutr}_0(s, t, [b \,|\, u]) &\to \mathsf{cutr}_1(s, t, u).
\end{aligned}$$

$$\begin{aligned}
\mathsf{cutr}_1(s, [\,], u) &\to \mathsf{tms}(s); \\
\mathsf{cutr}_1(s, [y \,|\, t], u) &\to \mathsf{cutr}([y \,|\, s], t, u).
\end{aligned}$$

FIGURE 10.1 – Découpage et interclassement descendant

asymptotiques sont les mêmes. Un examen plus fouillé de `tms0` révèle que nous avons traduit $[y \,|\, t]$ par `this` au lieu de `tail.push(head)`, pour aller plus vite. De plus, nous appelons `cutr` sur `tail` parce que nous savons déjà que c'est le paramètre que nous allons utiliser pour discriminer lors de la traduction de `cutr/3`, définie à la FIGURE 4.7 page 139 :

$$\begin{aligned}
\mathsf{cutr}(s, [y \,|\, t], [a, b \,|\, u]) &\to \mathsf{cutr}([y \,|\, s], t, u); \\
\mathsf{cutr}(s, t, u) &\to \mathsf{mrg}(\mathsf{tms}(s), \mathsf{tms}(t)).
\end{aligned}$$

Nous remarquons que deux piles sont filtrées par le premier motif, donc un raffinement est nécessaire et nous devons choisir un paramètre pour commencer. Un peu d'attention révèle que le troisième est le meilleur candidat, parce que s'il ne contient pas au moins deux éléments, il est tout simplement écarté. Nous devons introduire deux fonctions auxiliaires, $\mathsf{cutr}_0/3$ et $\mathsf{cutr}_1/3$, et nous assurer que le troisième paramètre de $\mathsf{cutr}_0/3$ contient au moins deux éléments et que le second paramètre de $\mathsf{cutr}_1/3$ en contient au moins un. Le résultat est montré à la FIGURE 10.1. Notons que $\mathsf{cutr}_1(s, [\,], u) \to \mathsf{mrg}(\mathsf{tms}(s), \mathsf{tms}([\,]))$ a été simplifié en usant des théorèmes $\mathsf{tms}([\,]) \equiv [\,]$ et $\mathsf{mrg}(s, [\,]) \equiv s$. La traduction est directe :

```
// Stack.java
public abstract class Stack<Item
                            extends Comparable<? super Item>> {
  ...
  public    abstract Stack<Item> cutr(final Stack<Item> s,
                                      final Stack<Item> t);
  protected abstract Stack<Item> cutr0(final Stack<Item> s,
                                       final Stack<Item> t);
  protected abstract Stack<Item> cutr1(final Stack<Item> s,
                                       final Stack<Item> u);
}
```

```java
// EStack.java
public class EStack<Item extends Comparable<? super Item>>
        extends Stack<Item> {
  ...
  public Stack<Item> cutr(final Stack<Item> s,
                          final Stack<Item> t) {
    return s.tms().mrg(t.tms()); }

  protected Stack<Item> cutr0(final Stack<Item> s,
                              final Stack<Item> t) {
    return s.tms().mrg(t.tms()); }

  protected Stack<Item> cutr1(final Stack<Item> s,
                              final Stack<Item> u) {
    return s.tms(); }
}
// NStack.java
public class NStack<Item extends Comparable<? super Item>>
        extends Stack<Item> {
  ...
  public Stack<Item> cutr(final Stack<Item> s,
                          final Stack<Item> t) {
    return tail.cutr0(s,t); }

  protected Stack<Item> cutr0(final Stack<Item> s,
                              final Stack<Item> t) {
    return t.cutr1(s,tail); }

  protected Stack<Item> cutr1(final Stack<Item> s,
                              final Stack<Item> u) {
    return u.cutr(s.push(head),tail); } }
```

Remarquons qu'il est de la plus haute importance de garder à l'esprit le paramètre dans la fonction d'origine dont la traduction sera la base du sous-typage en Java. Enfin, la classe Main pourrait ressembler à

```java
public class Main {                                    // Main.java
  public static void main (String[] args) {
    Stack<Integer> nil = new EStack<Integer>();
    Stack<Integer> s = nil.push(5).push(2).push(7);    // 7 2 5
    Stack<Integer> t = nil.push(4).push(1);               // 1 4
    s.tms().print();                                      // 2 5 7
    s.cat(t).tms().print(); } }                      // 1 2 4 5 7
```

Chapitre 11

Traduction en XSLT

La récursivité est une technique de programmation qui est souvent négligée dans les cursus universitaires, vue à la va-vite à la fin du semestre, sauf quand le langage de programmation est fonctionnel, c'est-à-dire s'il promeut les données constantes et si le flot de contrôle est principalement défini par la composition de fonctions mathématiques. Des exemples de tels langages sont Scheme, Haskell, OCaml, Erlang et XSLT (Kay, 2008). Parmi ceux-ci, XSLT est rarement enseigné à l'université, donc les professionnels qui n'ont pas été exposés au préalable à la programmation fonctionnelle doivent probablement relever les deux défis que sont l'apprentissage d'un nouveau paradigme et l'utilisation de XML pour programmer : alors que le premier met au premier plan la récursivité, le second l'obscurcit à cause de la verbosité inhérente à XML. La difficulté syntaxique est inévitable avec XSLT parce sa grammaire *est* XML, et elle est aussi celle des données d'entrée et, souvent, du résultat.

C'est pourquoi ce chapitre introduit les fondements de XSLT en s'appuyant sur la compréhension de notre langage fonctionnel abstrait, ou, concrètement, un petit sous-ensemble d'Erlang, un langage choisi pour sa syntaxe dépouillée et régulière, de même que l'usage du filtrage de motifs qui permettent l'écriture de programmes compacts. Nous espérons que le modèle mental d'un programmeur Erlang facilitera la transition pour penser récursivement en XSLT, en n'ayant alors qu'à dépasser le seul obstacle de XML. Dans cette optique, un minuscule sous-ensemble de XSLT est présenté et des exemples précédents en Erlang sont systématiquement débarrassés de leurs filtrages pour qu'ils deviennent facilement traduisibles en XSLT, qui ne possède pas ce mécanisme. En même temps, nous travaillons directement en XSLT de nouveaux exercices sur des arbres de Catalan, c'est-à-dire des arbres dont les nœuds internes peuvent avoir un nombre variable d'enfants, dans l'espoir d'un transfert de compétence à partir d'**Erlang**. Le but de ce chapitre n'est pas d'illustrer le plus de fonctionnalités possible de **XSLT**, mais d'inciter à penser récursivement en **XSLT**, qui peut être conçu comme un langage fonctionnel spécialisé dans le traitement des documents **XML**.

11.1   Documents

Nous commençons notre parcours avec une brève présentation des bases de **XML**, **HTML** et **DTD**, à partir de nos notes de lectures. Le lecteur qui est déjà familier avec ces langages peut ignorer cette section et ne l'utiliser que comme une référence pour les chapitres suivants.

XML   L'acronyme **XML** signifie en anglais *eXtensible Markup Language*, soit « langage d'annotations extensible ». Il s'agit d'un langage pour définir des arbres de Catalan (des arbres dont le degré des nœud n'est pas fixe ou limité) avec simplement du texte, avec un nombre minimal de constructions syntaxiques. Ces arbres sont employés pour modéliser des *documents structurés*. Les programmeurs de bases de données les appelleraient peut-être *données semi-structurées* parce qu'ils sont alors conçus en opposition aux données qui tiennent bien dans des tables, la structure fondamentale des bases de données relationnelles. Ces tables réalisent un modèle mathématique de *relations* satisfaisant des *schémas*, alors que **XML** représente des *arbres de Catalan* (généraux) et des grammaires formelles. (Pour aggraver la confusion, on peut adjoindre à **XML** des schémas dédiés.) De toute façon, pour comprendre ce qu'est **XML** et comment la modélisation fonctionne, il est probablement plus facile de commencer avec un petit exemple, comme un courriel. Quels en sont les différents *éléments* et qu'elle en est la *structure*, c'est-à-dire, comment sont reliés les éléments entre eux ? En ce qui concerne les éléments, un courriel contient au moins
  — l'adresse de l'envoyeur,
  — un sujet ou titre,
  — l'adresse du destinataire,
  — un contenu de simple texte.
Les éléments correspondent aux nœuds de l'arbre et la structure est modélisée par la forme de l'arbre lui-même (sa topologie). Par exemple :

```
De: Moi
Sujet: Devoirs
À l'attention de: Vous
```

Une **date-butoir** est la date de remise d'un *devoir*.

Ce courriel peut être modélisé par l'arbre à la FIGURE 11.1. Remarquons que les feuilles (sous forme de boîtes aux bords arrondis), appelées *nœuds textuels*, contiennent du texte, alors que les nœuds internes contiennent de l'information *au sujet* de leurs sous-arbres, en particulier les feuilles. (Pour rendre la différence encore plus évidente, nous avons utilisé l'anglais pour le contenu des nœuds internes.) Puisque l'information dans les nœuds internes décrit l'information qui est formatée, elle est dite *métadonnée* ou *annotation*, ce qui explique une partie de l'acronyme « XML ». Le document XML correspondant est :

```
<email>
  <from>Moi</from>
  <subject>Devoirs</subject>
  <to>Vous</to>
  <body>
  Une <definition>date-butoir</definition> est la date de remise
d'un <emphasis>devoir</emphasis>.
  </body>
</email>
```

Éléments Chaque sous-arbre est dénoté par une *balise* (anglais : *tag*) ouvrante et fermante. Une balise ouvrante est un nom situé entre < et >. Une balise fermante est un nom situé entre </ et >. Un paire de balises, ouvrante et fermante, constitue un *élément* ; en d'autres termes, un sous-arbre correspond à un élément. En particulier, l'élément qui inclut tous les autres est appelé l'*élément racine* (ici, il est nommé email). Le *nom de l'élément* ne fait pas partie du texte, il est une métadonnée, donc il

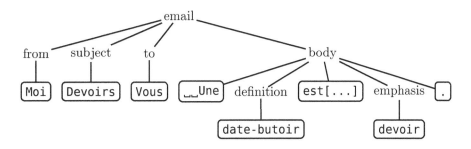

FIGURE 11.1 – Un courriel vu comme un arbre XML

suggère le sens de la donnée contenue dans le sous-arbre. Par exemple, l'ensemble du document XML est un élément dont le nom est email parce que le document décrit un courriel (anglais : *email*). Un parcours préfixe de l'arbre XML (voir page 220 pour les arbres binaires) produit des nœuds dans le même ordre de lecture des éléments correspondants dans le document XML. (Nous commenterons cela.) Les données (par opposition aux métadonnées) sont toujours contenues dans les feuilles, et il s'agit toujours de texte. En particulier, notons que le contenu des nœuds textuels qui sont les enfants des éléments definition et emphasis ont été composés respectivement en gras et italique, mais d'autres interprétations auraient été possibles. Il faut bien comprendre que l'interprétation visuelle des annotations n'est *pas* définie dans XML, et c'est pourquoi nous avons écrit plus haut que XML est purement une grammaire formelle, dépourvue de sémantique.

En fait, notre exemple n'est pas un document XML correct parce qu'il est dépourvu d'un élément spécial qui certifie que le document est bien XML, et, plus précisément, quelle est la version de XML en usage, par exemple :

```
<?xml version="1.0"?>
```

Cet élément spécial n'est en fait pas un élément à proprement parler, comme les marqueurs <? et ?> le montrent. Il s'agit plutôt d'une déclaration qui contient des informations à propos du fichier courant à destination du lecteur, que ce soit un analyseur syntaxique, souvent appelé un *processeur XML,* ou un être humain. En tant que tel, il est une *instruction de traitement.* (Nous y reviendrons.)

Pour le moment, considérons l'élément suivant :

```
<axiom>
L'ensemble vide <varnothing/> ne contient aucun élément.
</axiom>
```

qui pourrait être interprété ainsi :

Axiome : L'ensemble vide $\varnothing$ ne contient aucun élément.

Ce <varnothing/> est un *élément vide*, il possède un terminateur de balise, />, qui ne se trouve pas avec les balises ouvrantes ou fermantes normales. Il est utile pour dénoter des choses, comme des symboles, qui ne peuvent être écrites avec l'alphabet roman et doivent être distinguées du texte simple. L'arbre associé est

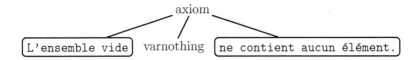

Un élément vide correspond à une feuille dans l'arbre XML, bien qu'il soit une annotation et pas une donnée (on peut imaginer la présence implicite d'un nœud textuel vide comme enfant).

Les nœuds n'ont pas besoin d'être uniques parmi une fratrie (ensemble des enfants d'un même parent). Par exemple, si nous voulons envoyer un courriel à plusieurs destinataires, nous écririons :

```
<email>
  <from>Moi</from>
  <subject>Devoirs</subject>
  <to>Vous</to>
  <to>Moi</to>
  <body>
  Une <definition>date-butoir</definition> est la date de remise
d'un <emphasis>devoir</emphasis>.
  </body>
</email>
```

L'arbre XML associé à ce document XML est

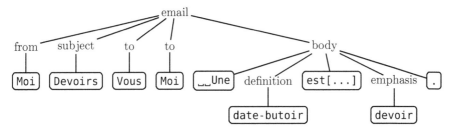

Remarquons qu'il y a deux nœuds to et que leur ordre doit être le même que dans le document XML.

Attributs Il est possible d'annoter les annotations avec des chaînes étiquetées, appelées *attributs*. Par exemple, nous pourrions vouloir spécifier que notre courriel est urgent, ce qui est une propriété globale du courriel, pas une partie de son contenu proprement dit :

```
<email priority="urgent">
  <from>Moi</from>
  <subject>Devoirs</subject>
  <to>Vous</to>
  <body>
  Une <definition>date-butoir</definition> est la date de remise
```

```
d'un <emphasis>devoir</emphasis>.
  </body>
</email>
```

Ce document XML peut être représenté par l'arbre annoté suivant :

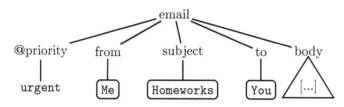

Notons le symbole @ qui précède le nom de l'attribut, qui le distingue des nœuds éléments. Dans une fratrie, les nœuds attributs sont placés *avant* les nœuds éléments. Nous pouvons attacher plusieurs attributs à un élément donné :

```
<email priority="urgent" ack="oui">
  <from>Moi</from>
  <subject>Devoirs</subject>
  <to>Vous</to>
  <body>
  Une <definition>date-butoir</definition> est la date de remise
d'un <emphasis>devoir</emphasis>.
  </body>
</email>
```

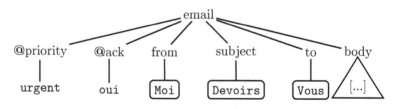

L'ordre des attributs est significatif. N'importe quel élément peut porter des attributs, y compris les éléments vides. Les attributs sont considérés comme une espèce de nœud spéciale, bien qu'ils ne soient pas souvent représentés dans l'arbre XML à cause du manque de place.

L'instruction de traitement xml peut aussi posséder des attributs prédéfinis autre que version :

```
<?xml version="1.0" encoding="UTF-8"2554?>
<?xml version='1.1' encoding="US-ASCII"?>
<?xml version='1.0' encoding='iso-8859-1'?>
```

L'encodage (anglais : *encoding*) est l'*encodage des caractères* du document XML, qui est particulièrement utile pour l'usage d'Unicode ou de
quelque police asiatique, par exemple. Remarquons que les noms d'attributs doivent être composés en minuscule et les *valeurs* d'attributs
doivent être enfermées entre apostrophes, simples ou redoublées (guillemets). Dans les cas de version et encoding, seules certaines valeurs nor-
matives sont valides.

Échappement La plupart des langages de programmation proposent
aux programmeurs des chaînes de caractères. Par exemple, en C, les
chaînes sont placées entre guillemets, comme "abc". Donc, si la chaîne
contient des guillemets, nous devons prendre soin de les distinguer, ou
échapper, pour que le compilateur (ou, plus précisément, l'analyseur syntaxique) puisse reconnaître le guillemet dans le contenu et celui qui termine la chaîne. En C, l'échappement d'un caractère est réalisé en le
faisant précéder d'une barre contre-oblique. Ainsi, la chaîne suivante est
valide : "Il dit: \"Bonjour!\"."

En XML, nous avons le même problème. Une valeur d'attribut peut
être enclose entre apostrophes ou guillemets. Si des guillemets sont employés, les guillemets dans le contenu doivent être échappés ; si des apostrophes sont choisies, les apostrophes ont besoin d'être échappées. Il y a
aussi des problèmes qui surgissent des caractères utilisés par les balises.
Par exemple, l'élément suivant

```
<problem>Pour tout entier n, nous avons n < n + 1.</problem>
```

n'est pas valide parce que le texte entre les balises contient le caractère
« < », qui est confondu par l'analyseur XML avec le début d'une balise :

```
<problem>Pour tout entier n, nous avons n < n + 1. < /problem>
```

La façon dont XML échappe ce caractère consiste à le remplacer par la
suite de caractères < et, notre élément précédent, une fois corrigé,
devient :

```
<valid>Pour tout entier n, nous avons n &lt; n + 1.</valid>
```

Entités nommées prédéfinies La séquence < est appelée une *entité nommée prédéfinie*. De telles entités

1. commencent par une esperluète (&),

2. continuent avec un nom prédéfini (ici, lt),

3. se concluent par un point-virgule (;).

Bien entendu, l'usage de l'esperluète pour désigner le début d'une entité entraîne que ce caractère doit lui-même être échappé s'il ne désigne que lui-même. Dans ce cas, nous devrions employer & à la place. Il existe d'autres caractères qui peuvent *parfois* causer des soucis aux analyseurs syntaxiques XML (par opposition à toujours créer un problème, comme < et &). Un résumé de toutes les entités nommées prédéfinies est donné dans la table suivante.

Caractère	Entité	Obligatoire
&	&	toujours
<	<	toujours
>	>	dans les valeurs d'attributs
"	"	entre guillemets
'	'	entre apostrophes

Le document suivant illustre des usages d'entités :

```
<?xml version="1.0" encoding="UTF-8"?>
<escaping>
  <amp>&amp;</amp>
  <lt>&lt;</lt>
  <quot>&quot;</quot>
  <quot attr="&quot;">"</quot>
  <apos attr='&apos;'>&apos;</apos>
  <apos>'</apos>
  <gt>&gt;</gt>
  <gt attr="&gt;">></gt>
  <other>&#100;</other>
  <other>&#x00E7;</other>
</escaping>
```

Les deux dernières entités sont des *entités numérotées prédéfinies* (anglais : *predefined numbered entity*) parce qu'elles dénotent des caractères au moyen de leur point Unicode (http://www.unicode.org/). Si le code est donné en décimal, il est précédé par &#, par exemple, &#100. Si le code est donné est hexadécimal, il est précédé par &#x, par exemple, &#x00E7.

Entités internes Il est parfois malcommode d'employer des nombres pour se référer à des caractères, surtout si on se souvient que Unicode requiert jusqu'à six chiffres. Pour simplifier la vie, il est possible de lier un nom à une entité représentant un caractère, et obtenir ainsi une *entité interne dédiée* (anglais : *user-defined internal entity*). Elles sont appelées internes parce que leur définition doit se trouver dans le même document que leur usage. Par exemple, il est plus aisé d'utiliser &n; plutôt que &#241, surtout si le texte est en espagnol (ceci représente la lettre ñ).

Cette sorte d'entité doit être déclarée dans la *déclaration de type de document* (anglais : *document type declaration*), qui est située, si elle existe, juste après la déclaration `<?xml ... ?>` et avant l'élément racine. Une déclaration de type de document est constituée des composants suivants :

1. l'ouverture `<!DOCTYPE`,

2. le nom de l'élément racine,

3. le caractère `[`,

4. les déclarations d'*entités de caractère nommé* (anglais : *named character entities*),

5. la fermeture `]>`

Une déclaration d'entité de caractère nommé est composée

1. de l'ouverture `<!ENTITY`,

2. d'un nom d'entité,

3. d'une entité numérotée prédéfinie entre guillemets,

4. de la fermeture `>`

Par exemple : `<!ENTITY n "&#241;">` Voici un exemple complet :

```
<?xml version="1.0"?>
<!DOCTYPE spain [
  <!ELEMENT spain (#PCDATA)>
  <!ENTITY n "&#241;">
]>
<spain>
Viva Espa&n;a!
</spain>
```

On peut penser une telle entité comme une macro en cpp, le langage du préprocesseur de C. Il est en effet possible d'étendre les entités internes dédiées pour qu'elles dénotent n'importe quelle chaîne de caractères, pas simplement un caractère. Typiquement, si nous souhaitons répéter un extrait de texte long ou difficile, comme le nom d'une société étrangère ou la généalogie des souverains de Mérina, il est préférable de donner un nom à ce texte et, là ou sa présence est désirée, une entité avec le même nom est placée. La syntaxe pour la déclaration est fondamentalement la même. Par exemple,

```
<!ENTITY univ "Konkuk University">
<!ENTITY motto "<spain>Viva Espa&n;a!</spain>">
<!ENTITY n "&#241;">
```

Entités externes   Parfois le document XML a besoin d'inclure d'autres documents XML, mais la recopie de ces documents n'est pas une bonne stratégie, car elle empêche de suivre automatiquement leur mise à jour. Heureusement, XML nous permet de spécifier l'inclusion d'autres documents XML au moyen d'*entités externes* (anglais : *external entities*). La déclaration de ces entités se fait comme suit :

1. l'ouverture `<!ENTITY`,

2. un nom d'entité,

3. le mot-clé `SYSTEM`,

4. le nom complet du fichier XML entre guillemets,

5. la fermeture `>`

Par exemple,

```
<?xml version="1.0"?>
<!DOCTYPE longdoc [
  <!ENTITY part1 SYSTEM "p1.xml">
  <!ENTITY part2 SYSTEM "p2.xml">
  <!ENTITY part3 SYSTEM "p3.xml">
]>
<longdoc>
  The included files are:
  &part1;
  &part2;
  &part3;
</longdoc>
```

Lors de l'analyse syntaxique, les entités externes sont obtenues via le système d'exploitation sous-jacent, puis recopiées dans le fichier XML principal à l'emplacement de leur entité associée. Par conséquent, les parties incluses ne peuvent contenir de prologue, c'est-à-dire, pas de déclaration XML `<?xml ... ?>` et pas de déclaration de type de document `<!DOCTYPE ... ]>`. Lorsqu'une entité externe est lue, les processeurs XML doivent copier *verbatim* le contenu du document externe référencé, puis l'analyser comme s'il faisait partie du document principal.

Entités brutes   Les *entités brutes* (anglais : *unparsed entities*), permettent la référence à des objets binaires, comme des images, des vidéos, des sons, ou à du texte qui n'est pas XML, comme un programme ou une pièce de Molière. Elles sont déclarées par

1. l'ouverture `<!ENTITY`,

2. un nom d'entité,

3. le mot-clé SYSTEM,

4. le nom complet du fichier non-XML entre guillemets,

5. le mot-clé NDATA,

6. une *notation* (le type de fichier),

7. la fermeture >

Voici un exemple :

```
<?xml version="1.0"?>
<!DOCTYPE doc [
  <!ELEMENT doc (para,graphic)>
  <!ELEMENT para (#PCDATA)>
  <!ELEMENT graphic EMPTY>
  <!ATTLIST graphic image   CDATA #REQUIRED
                    alt     CDATA #IMPLIED>
  <!NOTATION gif
     SYSTEM "CompuServe Graphics Interchange Format 87a">
  <!ENTITY picture SYSTEM "picture.gif" NDATA gif>
  <!ENTITY me "Christian Rinderknecht">
]>
<doc>
  <para>The following element refers to my picture:</para>
  <graphic image="picture" alt="A picture of &me;"/>
</doc>
```

Si nous avions employé des entités externes, l'objet aurait été recopié *in extenso* à la place de la référence et analysé sous l'hypothèse qu'il s'agit de XML— ce qu'il n'est pas. Remarquons la notation gif, qui est le type de l'entité brute. Les notations doivent être définies dans la déclaration de type de document comme suit :

1. l'ouverture <!NOTATION,

2. un nom de notation,

3. le mot-clé SYSTEM,

4. une description du type d'entité brute que la notation référence (ce peut être un type MIME, une URL, du français...)

5. la fermeture >

Remarquons aussi que les entités brutes doivent être utilisées

— comme des valeurs d'attribut (dans notre exemple, le nom de l'attribut est image),

— ou comme des noms (picture), au lieu de la syntaxe d'entité (&picture;).

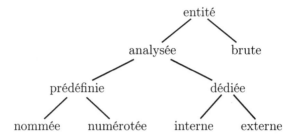

FIGURE 11.2 – Résumé des différents types d'entités

Par exemple, le document suivant n'est *pas* bien formé :

```
<?xml version="1.0"?>
<!DOCTYPE doc [
  <!NOTATION jpeg SYSTEM "image/jpeg">
  <!ENTITY pic "pictures/me.jpeg" NDATA jpeg>
]>
<doc>
  &pic;
</doc>
```

Caractères bruts   Il est parfois ennuyeux d'avoir à échapper des caractères, c'est-à-dire à employer des entités de caractères. Pour éviter le besoin d'échappement, il y a une construction spéciale : les *sections CDATA* (abrégé de l'anglais *Character DATA*, soit « donnée de type caractère »), qui sont faites

1. d'une ouverture `<!CDATA[`,

2. de texte non-échappé et sans la séquence `]]>`,

3. d'une fermeture `]]>`

Par exemple,

```
<paragraph>Un exemple de conditionnelle en C:
  <c><!CDATA[if (x < y) return &r;]]></c>
</paragraph>
```

Liens internes   Considérons un document représentant un livre technique, comme un manuel. Il est fréquent d'y trouver des références croisées, c'est-à-dire des références à d'autres chapitres ou sections, ou bien des entrées bibliographiques. Une façon simple de les réaliser consiste à employer certains attributs comme des labels, c'est-à-dire des noms identifiant sans ambiguïté une position dans la structure, et d'autres attributs comme des références (vers les labels). Le problème est que le rédacteur est alors responsable de la vérification

— qu'un label donné est unique dans la portée du document, les entités externes incluses,

— et que chaque référence est bien faite vers un label existant (lien).
XML offre aux analyseurs le moyen de vérifier ce type de lien internes automatiquement avec les attributs ID et IDREF. Les premiers sont la sorte de tous les (attributs) labels et les derniers la sorte des (attributs) références. Les attributs employés comme labels ou comme références doivent être déclarés dans la section DOCTYPE en utilisant ATTLIST (anglais : *attribute list*).

Pour déclarer des labels, il nous faut

1. l'ouverture <!ATTLIST,

2. le nom de l'élément qui porte le label,

3. les noms des attributs labels séparés par des espaces,

4. le mot-clé ID,

5. le mot-clé #REQUIRED si l'élément doit toujours porter un label, sinon #IMPLIED,

6. la fermeture >

Pour les références, nous devons écrire

1. l'ouverture <!ATTLIST,

2. le nom de l'élément qui porte la référence,

3. les noms des (attributs) références séparés par des espaces,

4. le mot-clé IDREF,

5. le mot-clé #REQUIRED si l'élément doit toujours porter la référence, sinon #IMPLIED,

6. la fermeture >

Par exemple,

```
<?xml version='1.0'?>
<!DOCTYPE map [
  <!ATTLIST country code   ID    #REQUIRED
                    name   CDATA #REQUIRED
                    border IDREF #IMPLIED>
]>
<map>
  <country code="uk" name="United Kingdom" border="ie"/>
  <country code="ie" name="Ireland" border="uk"/>
</map>
```

Commentaires   Il est possible d'inclure des commentaires dans un document XML. Ceux-ci sont faits de

1. l'ouverture `<!--`,

2. quelque texte sans la séquence `--`,

3. la fermeture `-->`

Par exemple,

```
<p>Notre boutique est située à</p>
<!-- <address>Eunpyeong-gu, Séoul</address> -->
<address>Gangnam-gu, Séoul</address>
```

Contrairement aux langages de programmation, les commentaires ne sont *pas* ignorés par les analyseurs syntaxiques et deviennent des nœuds dans l'arbre XML.

Espaces de noms   Chaque document XML définit ses propres noms d'éléments, que nous nommons collectivement son *vocabulaire*. Dans le cas où nous employons des entités externes qui font référence à d'autres documents XML utilisant, par coïncidence, des noms identiques, nous avons alors affaire à une ambiguïté dans le document principal.

Une bonne façon d'éviter ces collisions de noms est d'utiliser des *espaces des noms*. Un espace de nom est une annotation de chaque nom d'élément et d'attribut. Par conséquent, si deux documents XML usent de deux espaces de noms différents, c'est-à-dire deux annotations différentes de noms d'éléments, on ne peut mélanger leur éléments lors de l'importation d'un document par un autre, parce que chaque nom d'élément transporte une annotation spéciale qui est différente (idéalement unique au sein du corpus).

La définition d'un espace de noms peut être effectuée au niveau de chaque élément en utilisant un attribut spécial avec la syntaxe suivante :

```
xmlns:préfixe = "URL"
```

où *préfixe* est le nom de l'espace et *URL* (anglais : *Universal Resource Location*) est l'adresse HTTP d'une page HTML décrivant en langue naturelle (par exemple, en français) l'espace de noms. Considérons l'espace de nom course (français, *cours*) dans le document suivant :

```
<?xml version="1.0"?>
<course:short
  xmlns:course="http://konkuk.ac.kr/~rinderkn/Mirror/XML">
 <course:date>26 Août 2006</course:date>
 <course:title>Quelques langages autour de XML</course:title>
 <course:topic course:level="approfondi">
```

```
Nous étudions XML, XPath et XSLT.</course:topic>
</course:short>
```

La portée d'un espace de noms, c'est-à-dire la partie du document où il est utilisable, est le sous-arbre dont la racine est l'élément déclarant l'espace. Par défaut, si le préfixe est absent, l'élément et tous ses sous-éléments sans préfixes appartiennent à l'espace de nom. Donc, l'exemple précédent pourrait être plus simplement écrit ainsi :

```
<?xml version="1.0"?>
<short xmlns="http://konkuk.ac.kr/~rinderkn/Mirror/XML">
 <date>26 Août 2006</date>
 <title>Quelques langages autour de XML</title>
 <topic level="approfondi">
   Nous étudions XML, XPath et XSLT.
 </topic>
</short>
```

Notons l'absence de deux-points dans l'attribut d'espace de noms lorsque l'on écrit : « xmlns=... ». Cet exemple illustre le fait important que ce qui définit ultimement un espace de noms est une adresse HTTP, pas un préfixe (comme course).

Comme exemple de collision de noms et comment l'éviter, considérons un fichier fruits.xml contenant le fragment HTML suivant :

```
<table>
  <tr>
    <td>Bananes</td>
    <td>Oranges</td>
  </tr>
</table>
```

HTML sera ébauché dans une sous-section à venir, mais, pour le moment, il suffit de dire que les éléments bénéficient d'un sens implicite si le fichier est bien interprété comme du HTML. Par exemple, table fait référence à la composition typographique.

Imaginons maintenant un fichier meubles.xml contenant une description de meubles, comme

```
<table>
  <name>Table ronde</name>
  <wood>Chêne</wood>
</table>
```

Le document principal principal.xml inclut les deux fichiers :

```
<?xml version="1.0"?>
<!DOCTYPE eclectic [
  <!ENTITY part1 SYSTEM "fruits.xml">
  <!ENTITY part2 SYSTEM "meubles.xml">
]>
<eclectic>
  &part1;
  &part2;
</eclectic>
```

Le problème est que `table` possède un sens différent dans chacun des fichiers inclus, donc ils ne devraient pas être confondus : c'est une collision de noms. La solution consiste à utiliser deux espaces de noms différents. D'abord :

```
<html:table xmlns:html="http://www.w3.org/TR/html5/">
  <html:tr>
    <html:td>Bananes</html:td>
    <html:td>Oranges</html:td>
  </html:tr>
</html:table>
```

Ensuite :

```
<f:table xmlns:f="http://www.e-shop.com/meubles/">
  <f:name>Table ronde</f:name>
  <f:wood>Chêne</f:wood>
</f:table>
```

Mais c'est une solution pesante. Heureusement, les espaces de noms peuvent aussi exister par défaut :

```
<table xmlns="http://www.w3.org/TR/html5/">
  <tr>
    <td>Bananes</td>
    <td>Oranges</td>
  </tr>
</table>
```

Ensuite :

```
<table xmlns="http://www.e-shop.com/meubles/">
  <name>Table ronde</name>
  <wood>Chêne</wood>
</table>
```

Les deux sortes de tables peuvent maintenant être mélangées sans confusion. Par exemple,

```
<mix xmlns:html="http://www.w3.org/TR/html5/"
     xmlns:f="http://www.e-shop.com/meubles/">
<html:table>
  ...
  <f:table>
  ...
  </f:table>
  ...
<html:table>
</mix>
```

Notons que l'élément `mix` n'appartient à aucun espace (ni `html` ni `f`). Il est possible de délier ou relier un préfixe d'espace de noms (les exemples suivants sont tirés de `http://www.w3.org/TR/REC-xml-names/`) :

```
<?xml version="1.1"?>

<x xmlns:n1="http://www.w3.org">
  <n1:a/> <!-- valide; le préfixe n1 est lié à
              http://www.w3.org -->
    <x xmlns:n1="">
      <n1:a/> <!-- invalide; le préfixe n1 n'est pas lié ici -->
      <x xmlns:n1="http://www.w3.org">
        <n1:a/> <!-- valide; le préfixe n1 est lié ici -->
      </x>
    </x>
</x>


<?xml version='1.0'?>
<Beers>
  <table xmlns='http://www.w3.org/1999/xhtml'>
    <!-- default namespace is now XHTML -->
    <th><td>Name</td><td>Origin</td><td>Description</td></th>
    <tr>
      <!-- Unbinding XHTML namespace inside table cells -->
      <td><brandName xmlns="">Huntsman</brandName></td>
      <td><origin xmlns="">Bath, UK</origin></td>
      <td><details xmlns="">
            <class>Bitter</class>
            <hop>Fuggles</hop>
            <pro>Wonderful hop, good summer beer</pro>
            <con>Fragile; excessive variance pub to pub</con>
          </details></td>
```

```
      </tr>
    </table>
</Beers>

<?xml version="1.0" encoding="UTF-8"?>
<!-- initially, the default namespace is "books" -->
<book xmlns='http://loc.gov/books'
      xmlns:isbn='http://isbn.org/0-395-36341-6'
      xml:lang="en" lang="en">
  <title>Cheaper by the Dozen</title>
  <isbn:number>1568491379</isbn:number>
  <notes>
    <!-- make HTML the default namespace
         for a hypertext commentary -->
    <p xmlns='http://www.w3.org/1999/xhtml'>
        This is also available
        <a href="http://www.w3.org/">online</a>.
    </p>
  </notes>
</book>
```

Un élément peut contenir des éléments qui ont le même nom (comme
l'élément **to** dans l'exemple du courriel plus haut), mais un élément ne
peut pas avoir d'attributs avec des noms identiques ou des espaces de
noms identiques (adresse HTTP) et des noms identiques. Par exemple,
tous les éléments vides **bad** suivants sont invalides dans

```
<!-- http://www.w3.org is bound to n1 and n2 -->

<x xmlns:n1="http://www.w3.org" xmlns:n2="http://www.w3.org" >
  <bad a="1"    a="2"/>       <!-- invalide -->
  <bad n1:a="1" n2:a="2"/>  <!-- invalide -->
</x>
```

Toutefois, tous les suivants sont valides, le second parce que *les espaces
par défaut ne s'appliquent pas aux noms d'attributs* :

```
<!-- http://www.w3.org est lié à n1 et est le défaut -->

<x xmlns:n1="http://www.w3.org" xmlns="http://www.w3.org" >
  <good a="1" b="2"/>      <!-- valide -->
  <good a="1" n1:a="2"/> <!-- valide -->
</x>
```

Les espaces de noms se révèleront très important lorsque nous présenterons XSLT. Bien que les espaces de noms sont déclarés comme des
attributs, ils sont présents dans l'arbre XML correspondant au document
comme un nœud spécial, différent des nœuds attributs.

Instructions de traitement Dans certain cas exceptionnels, il peut être utile d'inclure dans un document XML quelque information à l'intention d'un processeur XML spécifique. Ces données sont alors enrobées dans un élément spécial, et les données sont elles-mêmes appelées *instructions de traitement* (anglais : *processing instructions*) parce qu'elles disent à un processeur particulier, par exemple, Saxon, que faire à ce point. La syntaxe est

```
<?cible données?>
```

La *cible* est une chaîne destinée à être reconnue par un processeur et les *données* sont alors passées à ce processeur. Notons que les données prennent la forme de valeurs d'attributs, et peuvent être absentes. Par exemple,

```
<?xml version="1.0"?>
```

Validation Tous les processeurs XML doivent vérifier si le document d'entrée satisfait les exigences *syntaxiques* d'un document XML bien formé. En particulier,

— les paires de balises délimitant un élément doivent êtres présentes, sauf pour les élément vides qui sont clôturés par /> (ceci doit être contrasté avec HTML, qui est très relâché dans ce domaine),

— les entités prédéfinies doivent réellement être prédéfinies (les unicodes sont automatiquement vérifiés),

— les entités internes doivent être déclarées dans le prologue, etc.

Les processeurs validants (anglais : *validating processors*) doivent aussi s'assurer que les entités externes sont bien trouvées (leur bonne formation est vérifiée après qu'elles ont été insérées dans le document principal). Il existe plusieurs analyseurs XML disponibles gratuitement à travers internet, réalisés avec différents langages de programmation. La plupart d'entre eux sont en fait des bibliothèques d'interfaces (anglais : *Application Programming Interface*), donc une application traitant du XML ne devrait que s'interfacer avec l'une d'entre elles. Un bon analyseur syntaxique qui effectue aussi la validation est xmllint.

HTML *Hyper-Text Markup Language* (*HTML*) est un langage employé pour décrire des pages HTML. Voir la recommandation du consortium W3C (http://www.w3.org/TR/html5/). Passons rapidement sur ce vaste langage et illustrons-le avec quelques petits exemples. Par exemple, tous les fichiers HTML contenant du français devraient au moins se conformer au patron suivant :

```
<!DOCTYPE html>
<html lang="fr">
  <head>
    <title>le titre de la fenêtre</title>
  </head>
  <body>
    ...contenu et annotations...
  </body>
</html>
```

Les éléments h1, h2, ..., h6 correspondent à six sortes d'en-têtes, par tailles décroissantes de police. Ouvrons dans un navigateur le document suivant :

```
<!DOCTYPE html>
<html lang="en-GB">
  <head>
    <title>Comparing heading sizes</title>
  </head>
  <body>
    <h1>The biggest</h1>
    <h2>Just second</h2>
    <h3>Even smaller</h3>
  </body>
</html>
```

(La valeur d'attribut en-GB est celle de l'anglais britannique.) D'autres éléments utiles sont les suivants :

— L'élément vide
 (anglais : *break*) est interprété par les navigateurs comme un *saut de ligne* ;

— l'élément em (anglais : *emphasise*) marque du texte qui doit être *mis en valeur* (par exemple, en utilisant l'italique) ;

— l'élément strong marque du texte à mettre en exergue plus fortement qu'avec em (par exemple, en graissant) ;

— l'élément p délimite un *paragraphe*.

Les *listes* permettent de composer ensemble des paragraphes étroitement reliés entre-eux, comme des énumérations. Il existe trois espèces de listes :

1. les listes non-ordonnées ;

2. les listes ordonnées ;

3. les listes de définitions.

Les paragraphes dans une liste non-ordonnée sont précédés d'un alinéa et d'un tiret (en typographie anglaise, ce sont des points), comme :

— l'élément ul (anglais : *unordered list*) est une liste non-ordonnée ;

— l'élément li (anglais : *list item*) contient une phrase de la liste.

Essayons la recette suivante :

```
<h3>Ingrédients</h3>
<ul>
  <li>100g de farine,</li>
  <li>10g de sucre,</li>
  <li>1 verre d'eau,</li>
  <li>2 &oelig;ufs,</li>
  <li>poivre et sel.</li>
</ul>
```

Les paragraphes dans une liste ordonnée sont précédés d'un alinéa et d'un nombre, rangés par ordre croissant. Ils requièrent

1. l'élément ol, contenant la liste ordonnée ;

2. des éléments li, comme dans les listes non-ordonnées.

Par exemple,

```
<h3>Recette</h3>
<ol>
  <li>Mélanger les ingrédients secs;</li>
  <li>Verser l'eau;</li>
  <li>Mélanger pendant 10 minutes;</li>
  <li>Enfourner pendant une heure à 300 degrés.</li>
</ol>
```

Les paragraphes dans une liste de définitions débutent par un mot en exergue, composé en gras, suivi par une définition de ce mot. Par exemple,

---

hacker
  Un programmeur astucieux.

nerd

geek
  Un informaticien brillant mais socialement inadapté.

Les éléments impliqués sont
  — dl (anglais : *definition list*), qui contient tous les mots et leur définition ;
  — dt (anglais : *definition term*), qui contient chaque terme à définir ;
  — dd (anglais : *definition description*), qui contient chaque définition.

L'exemple précédent correspond à l'extrait HTML suivant :

```
<dl>
```

```
<dt><strong>hacker</strong></dt>
   <dd>Un programmeur astucieux.</dd>
<dt><strong>nerd</strong></dt>
<dt><strong>geek</strong></dt>
   <dd>Un informaticien brillant mais socialement inadapté.</dd>
</dl>
```

Une *table* est un rectangle contenant des rectangles indivis, appelés *cellules* (anglais : *cell*), qui contiennent du texte. Toutes les cellules qui sont lues verticalement appartiennent à une même *colonne* (anglais : *column*), alors qu'horizontalement, elles forment des *lignes* (anglais : *row*). Une colonne ou une ligne peuvent avoir un *en-tête* (anglais : *header*), c'est-à-dire une cellule à leur début qui contient un nom graissé. Une table peut avoir une *légende* (anglais : *caption*), qui est un court texte décrivant le contenu de la table et composé juste au-dessus d'elle, comme un titre. Les colonnes peuvent être divisées en sous-colonnes, quand cela est nécessaire. L'exemple suivant est tiré de `http://www.w3.org/TR/html4/struct/tables.html`.

A test table with merged cells

	Average		Red
	height	weight	eyes
Males	1.9	0.003	40%
Females	1.7	0.002	43%

Males et **Females** sont les en-têtes des lignes. Les en-têtes de colonnes sont **Average**, **Red eyes**, **height** et **weight**. La colonne **Average** couvre deux colonnes ; autrement dit, elle contient deux sous-colonnes, **height** et **weight**. La légende dit : « *A test table with merged cells.* » Le code HTML correspondant est :

```
<table border="1">
  <caption><em>A test table with merged cells</em></caption>
  <tr>
    <th rowspan="2"/>
    <th colspan="2">Average</th>
    <th rowspan="2">Red<br/>eyes</th>
  </tr>
  <tr><th>height</th><th>weight</th></tr>
  <tr><th>Males</th><td>1.9</td><td>0.003</td><td>40%</td></tr>
  <tr>
    <th>Females</th>
    <td>1.7</td>
```

```
    <td>0.002</td>
    <td>43%</td>
  </tr>
</table>
```

Le sens des éléments est le suivant :
— l'élément `table` contient la table ; son attribut `border` spécifie la largeur des bords de la table, soit les lignes séparant les cellules du reste ;
— l'élément `caption` contient la légende ;
— l'élément `th` (anglais : *table header*) contient un en-tête de ligne ou colonne, c'est-à-dire le titre de la ligne ou colonne, en gras ;
— l'élément `td` (anglais : *table data*) contient l'information d'une cellule (si ce n'est pas un en-tête) ;
— l'élément `tr` (anglais : *table row*) contient une ligne, soit une succession d'éléments `td`, avec la possibilité de commencer avec un élément `th`.

Remarquons les attributs `rowspan` et `colspan` de l'élément `th`. L'attribut `rowspan` nous permet de spécifier le nombre de lignes couvertes par la cellule courante. Par exemple, la première ligne, soit celle en haut à gauche, est vide et couvre deux lignes à cause de `<th rowspan="2"/>`. L'attribut `colspan` permet la déclaration du nombre de colonnes couvertes par la cellule courante. Par exemple, la deuxième cellule, contient le texte **Average** et couvre deux colonnes car `<th colspan="2">Average</th>`. Notons le saut de ligne `<br/>` dans la troisième cellule (première ligne, dernière colonne) et aussi le placement correct de **height** et **weight**.

Les *hyperliens* en HTML sont définis par l'élément « a » avec son attribut obligatoire `href` (anglais : *hyper-reference*). Par exemple, considérons l'hyperlien suivant :

```
<a href="http://konkuk.ac.kr/~rinderkn/">Voir ma page.</a>
```

XHTML Le document de travail actuel de HTML est HTML 5. Avant qu'il ne devienne une norme mise en œuvre par les navigateurs et les processeurs XSLT, les débutants devraient plutôt utiliser une version plus simple d'HTML, appelée XHTML (anglais : *eXtensible Hyper-Text Markup Language*), dont la recommandation par le consortium W3C est située à l'adresse `http://www.w3.org/TR/xhtml1/`. À la base, XHTML est XML, mais les éléments qui sont aussi présent en HTML ont la même interprétation (au lieu d'aucune). Par exemple, les exemples précédents sont valides en XHTML, avec la contrainte supplémentaire d'un `DOCTYPE`. Le patron général est le suivant :

```
<?xml version="1.0" encoding="encodage"?>

<!DOCTYPE html
    PUBLIC "-//W3C//DTD XHTML 1.0 Strict//EN"
    "http://www.w3.org/TR/xhtml1/DTD/xhtml1-strict.dtd">
<html xmlns="http://www.w3.org/1999/xhtml"
      xml:lang="fr" lang="fr">
  <head>
    <title>le titre de la fenêtre</title>
  </head>
  <body>
    ...contenu et annotations...
  </body>
</html>
```

Tout comme dans les documents XML, les documents XHTML peuvent et
devraient être validés avant publication sur la toile, par exemple à l'aide
du site `http://validator.w3.org/`.

DTD   Nous avons vu page 413 que la déclaration de type de document
(anglais : *Document Type Declaration*) peut comporter des annotations
qui contraignent le document XML auquel elles appartiennent (éléments,
attributs, etc.) Le contenu d'une telle déclaration inclut une *définition
de type de document* (anglais : *Document Type Definition*), abrégée en
DTD. Donc la définition est incluse dans la déclaration. Il est possible
que tout ou partie de la DTD se trouve dans un fichier séparé, souvent
avec l'extension « `.dtd` ». Nous avons déjà rencontré les *listes d'attributs*
page 417 quand nous mettions en place des labels et des références à
l'intérieur d'un document. En général, l'élément spécial `ATTLIST` peut être
utilisé pour déclarer n'importe quelle sorte d'attributs, pas seulement des
labels et des références.

Considérons les déclarations d'attributs suivantes pour l'élément `memo` :

```
<!ATTLIST memo ident       CDATA          #REQUIRED
               security    (high | low)   "high"
               keyword     NMTOKEN        #IMPLIED>
```

`CDATA` veut dire, en anglais : *character data*, soit « donnée textuelle », et
représente n'importe quelle chaîne. Un *lexème nommé* (anglais : *named
token*, ou `NMTOKEN`) est une chaîne commençant par une lettre et qui peut
contenir des lettres, des nombres et certain signes de ponctuation. Pour
qu'un document soit valide, ce qui requiert plus de contraintes que d'être
simplement bien formé, tous les éléments utilisés doivent être déclarés
dans la DTD. Le nom de chaque élément doit être associé à un *modèle*

de contenu (anglais : *content model*), à savoir, une description de ce qu'il peut contenir, en termes de données textuelles et de sous-éléments (annotations). Ceci est réalisé au moyen des déclarations ELEMENT dans la DTD. Il y a cinq modèles de contenu :

1. l'*élément vide* :

   ```
   <!ELEMENT padding EMPTY>
   ```

2. les éléments *sans restriction de contenu* :

   ```
   <!ELEMENT open ALL>
   ```

3. les éléments contenant *seulement du texte* :

   ```
   <!ELEMENT emphasis (#PCDATA)>
   ```

   qui veut dire, en anglais : *parsed-character data* ;

4. les éléments contenant *seulement des éléments* :

   ```
   <!ELEMENT section (title,para+)>
   <!ELEMENT chapter (title,section+)>
   <!ELEMENT report (title,subtitle?,(section+ | chapter+))>
   ```

   où title, subtitle et para sont des éléments ;

5. les éléments contenant *à la fois du texte et des éléments* :

   ```
   <!ELEMENT para (#PCDATA | emphasis | ref)+>
   ```

   où emphasis et ref sont des éléments.

La définition d'un modèle de contenu est semblable aux *expressions régulières*. De telles expressions sont construites en combinant les expressions suivantes :

— $(e_1, e_2, \ldots, e_n)$ représentent les éléments représentés par e_1, suivis par les éléments représentés par e_2 etc. jusqu'à e_n ;

— e_1 | e_2 représente les éléments représentés par e_1 ou e_2 ;

— (e) représente les éléments représentés par e ;

— e? représente les éléments représentés par e ou aucun ;

— e+ dénote une répétition non-vide des éléments représentés par e ;

— $e*$ représente la répétition des éléments représentés par e.

Attention : Quand nous mêlons du texte et des éléments, la seule expression régulière possible est (#PCDATA) ou (#PCDATA | ...)*

La partie d'une DTD qui est incluse dans le même fichier que le document XML auquel elle s'applique est appelée le *sous-ensemble interne* (anglais : *internal subset*). Voir à nouveau l'exemple page 417. La part d'une

DTD qui est dans un fichier indépendant (`.dtd`) est le *sous-ensemble externe* (anglais : *external subset*). S'il n'y a pas de sous-ensemble interne et que tout se trouve dans le sous-ensemble externe, nous avons alors une déclaration comme celle-ci :

```
<!DOCTYPE some_root_element SYSTEM "some.dtd">
```

Pour valider un document XML, sa DTD doit décrire complètement les éléments et attributs utilisés. Ceci n'est pas obligatoire quand la bonne formation est requise. Par conséquent, l'exemple page 417 est bien formé mais pas valide au sens ci-dessus, car les éléments map et country ne sont pas déclarés. Pour valider ce document, il suffirait, par exemple, d'ajouter

```
<!ELEMENT map (country*)>
<!ELEMENT country EMPTY>
```

11.2 Introduction

Étant donné un ou plusieurs documents XML, il peut être utile
— de fouiller les documents et afficher ce qui a été trouvé dans un format acceptable pour une autre application, en particulier, XML (filtrage inclusif) ;
— de recopier l'entrée, peut-être sans certaines parties (filtrage exclusif), et/ou ajouter des données (mise à jour).
Quand de telles exigences se présentent, c'est une bonne idée que d'utiliser les langages de programmation fonctionnelle XQuery ou XSLT (anglais : *eXtensible Stylesheet Language Transformations*). Même si les deux langages conviennent à un grand nombre d'usages communs (au point d'avoir en commun un sous-langage, XPath), la première application, qui est plus orientée vers la gestion de bases de données, est plus communément entreprise avec XQuery, alors que le second usage est souvent développé avec XSLT.

Un processeur XSLT lit un document XML et un programme XSLT, ensuite applique au document des *transformations* définies en XSLT, et le résultat est imprimé, souvent sous forme de texte libre, XML ou HTML. La tournure surprenante est qu'un fichier XSLT est en réalité un document XML, ce qui permet d'utiliser XSLT pour transformer des programmes XSLT. Par exemple, si nous utilisons un élément book dans un document XML, XML lui-même n'implique pas forcément que cet élément modélise un livre, mais une application utilisant ce document pourrait le faire. On peut concevoir XML comme un ensemble de règles syntaxiques, autrement dit, une grammaire formelle, sans sémantique attachée aux constructions. Un document XSLT est donc XML avec une déclaration performative.

Pour interpréter XML en tant que XSLT, les programmes demandent l'espace de noms prédéfini `http://www.w3.org/1999/XSL/Transform`, qui est souvent (mais pas nécessairement) nommé `xsl`, comme on peut le voir dans

```
<?xml version="1.0" encoding="UTF-8"?>
<xsl:transform version="2.0"
               xmlns:xsl="http://www.w3.org/1999/XSL/Transform">
  <xsl:output method="text"/>
</xsl:transform>
```

La première ligne dit que ceci est un document XML. La deuxième définit l'interprétation comme étant XSLT en déclarant l'espace de noms pour XSLT et en utilisant l'*élément racine* `xsl:transform` (l'élément `xsl:stylesheet` est valable aussi). La version de XSLT est 2.0, qui est la version courante au moment de l'écriture de ces lignes. De plus, l'élément `xsl:output` dit que le résultat est du texte brut. À part cela, le programme n'exprime rien d'autre, donc nous n'attendrions pas grand chose de cette transformation. Supposons alors le document XML suivant, `cookbook.xml`, à transformer :

```
<?xml version="1.0" encoding="UTF-8"?>
<cookbook author="Salvatore Mangano">
  <title>XSLT Cookbook</title>
  <chapter>XPath</chapter>
  <chapter>Selecting and Traversing</chapter>
  <chapter>XML to Text</chapter>
  <chapter>XML to XML</chapter>
  <chapter>XML to HTML</chapter>
</cookbook>
```

L'application de la transformation vide à ce document produit

```
XSLT Cookbook
XPath
Selecting and Traversing
XML to Text
XML to XML
XML to HTML
```

Il peut être surprenant de constater que quelque chose s'est bien produit : les contenus des *nœuds textuels* du document XML ont été extraits *dans le même ordre*, mais pas les valeurs d'attributs. (Notons que s'il manquait `<xsl:output method="text"/>`, le résultat serait considéré comme étant du XML et `<?xml ... ?>` serait produit par défaut.) Plus précisément, l'ordre correspond à un parcours en préordre de l'arbre XML correspondant : ceci est le parcours implicite des processeurs XSLT, appelé aussi *ordre documentaire* (anglais : *document order*). La raison pour cela est que, puisque le but est souvent de réécrire un document en un autre, ce parcours correspond à l'ordre dans lequel un livre est écrit et lu, de la première à la dernière page. De plus, la raison pour laquelle les nœuds textuels sont extraits par défaut est due à ce que XSLT favorise un style avec filtrage : si une partie de l'entrée devrait être ignorée ou augmentée, le programmeur doit le dire. Finalement, remarquons qu'il n'y a pas besoin, en XSLT, d'instructions explicites pour imprimer : le programmeur suppose que le résultat est du XML ou du texte, et l'environnement d'exécution automatiquement *sérialise* le résultat.

Filtrage   Complétons notre transformation vide comme suit :

```
<?xml version="1.0" encoding="UTF-8"?>
<xsl:transform version="2.0"
               xmlns:xsl="http://www.w3.org/1999/XSL/Transform">
  <xsl:output method="text"/>
  <xsl:template match="chapter">A chapter</xsl:template>
</xsl:transform>
```

Notons l'élément prédéfini xsl:template définissant un patron (anglais : *template*). Il porte l'attribut match, dont la valeur est le nom de l'élément que nous voulons transformer. Durant le parcours en préordre, si un élément chapter est trouvé (c'est-à-dire, filtré), le contenu du nœud textuel du patron (A chapter) devient le résultat. (Ne confondons pas le nœud textuel et son contenu.) En appliquant la transformation précédente au document dans le fichier nommé cookbook.xml donne

```
XSLT Cookbook
A chapter
A chapter
A chapter
A chapter
A chapter
```

Filtrons maintenant l'élément racine avec

```
<?xml version="1.0" encoding="UTF-8"?>
<xsl:transform version="2.0"
               xmlns:xsl="http://www.w3.org/1999/XSL/Transform">
  <xsl:output method="text"/>
  <xsl:template match="cookbook">Chapters:</xsl:template>
  <xsl:template match="chapter">A chapter</xsl:template>
</xsl:transform>
```

Le résultat est alors :

```
Chapters:
```

La raison est que lorsqu'un patron filtre un nœud, appelé le *nœud contextuel* (anglais : *context node*) dans le patron, ce nœud est traité (ici, le texte `Chapters:` ou `A chapter` est produit) et le parcours en préordre reprend *sans visiter les enfants du nœud contextuel*. Par conséquent, après que l'élément `cookbook` est filtré et traité, le processeur XSLT ignore tout le reste puisqu'il s'agit de l'élément racine.

Pour visiter et filtrer les enfants du nœud contextuel, nous devons informer le processeur en utilisant l'élément vide spécial

```
<xsl:apply-templates/>
```

Ajoutons cet élément comme enfant du patron qui filtre le nœud racine :

```
<?xml version="1.0" encoding="UTF-8"?>
<xsl:transform version="2.0"
               xmlns:xsl="http://www.w3.org/1999/XSL/Transform">
  <xsl:output method="text"/>
  <xsl:template match="cookbook">
    Chapters:
    <xsl:apply-templates/>
  </xsl:template>
  <xsl:template match="chapter">A chapter</xsl:template>
</xsl:transform>
```

Le résultat est maintenant

```
    Chapters:

XSLT Cookbook
A chapter
A chapter
A chapter
A chapter
A chapter
```

Il est frappant de constater que le texte « `Chapters:` » n'est pas aligné avec le titre. Il est dommage que le traitement des espaces et des fins de lignes est très compliqué en XML et XSLT, en particulier quand nous souhaitons ou non certaines espaces si le résultat, comme ici, est du texte brut. Nous ne discuterons pas de ce sujet épineux ici et nous renvoyons le lecteur curieux au livre de Kay (2008), page 141. En ce qui concerne le reste, le titre apparaît après « `Chapters:` », ce qui est déroutant.

Si nous nous débarrassions simplement du titre, nous pourrions simplement définir un patron vide qui filtre `title` :

```
<?xml version="1.0" encoding="UTF-8"?>
<xsl:transform version="2.0"
               xmlns:xsl="http://www.w3.org/1999/XSL/Transform">
  <xsl:output method="text"/>
  <xsl:template match="cookbook">
    Chapters:
    <xsl:apply-templates/>
  </xsl:template>
  <xsl:template match="chapter">A chapter</xsl:template>
  <xsl:template match="title"/>
</xsl:transform>
```

Le résultat est maintenant :

```
    Chapters:


  A chapter
  A chapter
  A chapter
  A chapter
  A chapter
```

Si nous voulions conserver le titre, nous devrions extraire le texte du nœud textuel qui est l'enfant de l'élément `title`, et le mettre avant « Chapters: ». Une méthode consiste à appliquer les patrons à l'élément `title` seulement en utilisant l'attribut prédéfini `select`, dont la valeur est le nom de l'enfant, puis nous produisons « Chapters: », et finalement nous appliquons les patrons aux chapitres :

```
<?xml version="1.0" encoding="UTF-8"?>
<xsl:transform version="2.0"
               xmlns:xsl="http://www.w3.org/1999/XSL/Transform">
  <xsl:output method="text"/>
  <xsl:template match="cookbook">
    <xsl:apply-templates select="title"/>
    Chapters:
    <xsl:apply-templates/>
  </xsl:template>
  <xsl:template match="chapter">A chapter</xsl:template>
</xsl:transform>
```

Le résultat est maintenant

```
XSLT Cookbook
    Chapters:

  XSLT Cookbook
  A chapter
```

```
A chapter
A chapter
A chapter
A chapter
```

Ce n'est pas encore ce que nous voulons, parce que nous ne devons pas appliquer les patrons à tous les enfants de `cookbook`, mais seulement aux chapitres :

```
<?xml version="1.0" encoding="UTF-8"?>
<xsl:transform version="2.0"
               xmlns:xsl="http://www.w3.org/1999/XSL/Transform">
  <xsl:output method="text"/>
  <xsl:template match="cookbook">
    <xsl:apply-templates select="title"/>
    Chapters:
    <xsl:apply-templates select="chapter"/>
  </xsl:template>
  <xsl:template match="chapter">A chapter</xsl:template>
</xsl:transform>
```

Le résultat est maintenant :

```
XSLT Cookbook
    Chapters:
    A chapterA chapterA chapterA chapterA chapter
```

Nous venons de rencontrer une nouvelle bizarrerie avec les sauts de lignes. Ce qui s'est passé est que la *sélection* (via l'attribut `select`) a réuni tous les nœuds `chapter` dans une structure linéaire appelée une *séquence*, les patrons ont été appliqués à tous les nœuds qu'elle contient et, finalement, un caractère de saut de ligne a été ajouté. La raison pour laquelle nous avions des sauts de ligne après chaque « `A chapter` » précédemment est due au fait que chacun de ces textes constituait une séquence single-ton. Pour recouvrer les sauts de ligne, nous pourrions employer l'élément spécial `xsl:text`, dont le but est de produire le contenu de son unique nœud textuel *tel quel*, sans ajuster les espaces et les sauts de ligne. Ici, nous pourrions forcer un saut après chaque « `A chapter` ». En XML, le caractère de saut de ligne est l'entité numérotée `&#10;`

```
<?xml version="1.0" encoding="UTF-8"?>
<xsl:transform version="2.0"
               xmlns:xsl="http://www.w3.org/1999/XSL/Transform">
  <xsl:output method="text"/>
  <xsl:template match="cookbook">
    <xsl:apply-templates select="title"/>
    Chapters:
    <xsl:apply-templates select="chapter"/>
  </xsl:template>
```

```
<xsl:template match="chapter">
  <xsl:text>A chapter&#10;</xsl:text>
</xsl:template>
</xsl:transform>
```

Le résultat est alors :

```
XSLT Cookbook
    Chapters:
    A chapter
A chapter
A chapter
A chapter
A chapter
```

Toujours pas parfait, mais laissons-là cet exemple et passons un peu de temps à comprendre les séquences.

11.3   Transformation de séquences

Comme nous l'avons déjà vu dans la partie I, la structure linéaire de prédilection dans les langages fonctionnels est la pile, appelée aussi liste. En XSLT, c'est la *séquence*. La séquence vide est écrite () et la séquence non-vide est écrite $(x_1, x_2, \ldots, x_n)$, où les x_i sont des items, ou bien $x_1, x_2, \ldots, x_n$. La différence avec les piles est double. D'abord, les séquences sont toujours plates, donc quand un item d'une séquence est lui-même une séquence, il est remplacé par son contenu, s'il y en a un. Par exemple, (1,(),(2,(3)),4) est en fait évalué en (1,2,3,4). En particulier, une séquence singleton a la même valeur que l'unique item qu'elle contient : ((5)) est 5. Ensuite, aucun coût n'est assigné à la concaténation de deux séquences (au lieu d'un coût linéaire en fonction de la longueur de la première pile lorsque l'on met bout à bout deux piles), donc l'évaluation précédente a pour coût 0. La raison est que la concaténation de séquences, étant fréquemment utilisée, est une opération prédéfinie. Par conséquent, en XSLT, la concaténation est l'opération de base, pas l'empilement, comme c'est le cas avec les piles.

Tout comme en Erlang, les séquences peuvent contenir n'importe qu'elle sorte d'items, pas seulement des entiers. Nous emploierons les séquences pour contenir des éléments et attributs XML, par exemple. Une autre chose à savoir à propos des séquences est que si seq est le nom d'une séquence, alors $seq représente la séquence : *remarquons le symbole du dollar*. Si nous écrivons seq dans la valeur d'un attribut match ou select, il s'agit de l'*élément* seq. De plus, le premier item dans $seq est écrit $seq[1], le deuxième $seq[2] etc. où l'entier naturel est la *position* de l'item. Si nous sélectionnions un item qui n'est pas dans la séquence, alors le résultat serait la séquence vide, par exemple, si $seq[2] est (), cela signifie que $seq contient au plus un item. Il est souvent très utile d'extraire une sous-séquence, par analogie avec la projection de la sous-pile d'une pile donnée. Ceci est réalisé avec la fonction prédéfinie position : $seq[position()>1] ou $seq[position() != 1].

Longueur Souvenons-nous ici du programme fonctionnel qui calcule la longueur d'une pile :

$$\mathsf{len}_0([]) \to 0; \quad \mathsf{len}_0([x\,|\,s]) \to 1 + \mathsf{len}_0(s).$$

En vue de la traduction en XSLT, ajoutons à notre langage une expression conditionnelle et réécrivons le programme sans filtrage par motifs :

$$\mathsf{len}_0(s) \to \text{if } s = [\,] \text{ then } 0 \text{ else } 1 + \mathsf{len}_0(\mathsf{tl}(s)). \qquad (11.1)$$

où $\mathsf{tl}(s)$ (anglais : *tail*) calcule la sous-pile immédiate de s. Notons que nous ne pouvons définir tail/1 sans filtrage par motifs, donc elle doit être traduite en une fonction prédéfinie. Pour commencer l'écriture du programme XSLT, nous devons être plus précis quant aux données. Supposons que nous obtenons une séquence en sélectionnant les nœuds chapter, enfants de l'élément racine book. Autrement dit, nous voulons compter le nombre de chapitres dans un livre. Par exemple,

```
<?xml version="1.0" encoding="UTF-8"?>
<!DOCTYPE book SYSTEM "book.dtd">
<book>
  <author>Priscilla Walmsley</author>
  <title>Definitive XML Schema</title>
  <chapter>Schema: An Introduction</chapter>
  <chapter>A quick tour of XML Schema</chapter>
  <chapter>Namespaces</chapter>
  <chapter>Schema composition</chapter>
  <chapter>Instances and schemas</chapter>
</book>
```

La DTD est comme suit :

```
<!ELEMENT book (author?,title?,chapter+)>
<!ELEMENT author (#PCDATA)>
<!ELEMENT title (#PCDATA)>
<!ELEMENT chapter (#PCDATA)>
```

Le style que nous recommandons en XSLT consiste à typer explicitement le plus possible les données et les patrons. Pour ce faire, nous devons avoir recours à une toute petite partie d'une norme appelée XML

Schema (Walmsley, 2002), au moyen d'un espace de nom, tout comme nous activons l'interprétation de XSLT avec un espace de noms. Ceci explique le canevas de notre programme :

```
<?xml version="1.0" encoding="UTF-8"?>
<xsl:transform version="2.0"
             xmlns:xsl="http://www.w3.org/1999/XSL/Transform"
             xmlns:xs="http://www.w3.org/2001/XMLSchema">
  <xsl:output method="text" encoding="UTF-8"/>
  ...
</xsl:transform>
```

Dans tous nos programmes XSLT dont le résultat est du texte, nous souhaiterions améliorer la lisibilité en ajoutant à la fin un caractère de saut de ligne. Étant donné que l'élément racine changera probablement, nous filtrons la *racine du document* (anglais : *document root*), notée /, qui est un nœud implicite dont l'unique enfant est l'élément racine. Nous appliquons alors tout patron disponible à l'élément racine et mettons un saut de ligne :

```
<xsl:template match="/">
  <xsl:apply-templates/>
  <xsl:text>&#10;</xsl:text>
</xsl:template>
```

Maintenant nous avons besoin de filtrer l'élément racine et d'appeler la traduction de $len_0/1$. Pour traduire des fonctions, nous utiliserons une espèce particulière de patron, appelée *patron nommé* (anglais : *named template*), qui diffère des *patrons filtrants* (anglais : *matching templates*) que nous avons vus précédemment. Leur usage présente deux aspects : définition et appel.

Le canevas pour définir un patron nommé est

```
<xsl:template name="f" as="t">
  <xsl:param name="x₁" as="t₁"/>
  ...
  <xsl:param name="xₙ" as="tₙ"/>
  ...
</xsl:template>
```

Le nom du patron est f, chaque x_i est un paramètre de type t_i, le type de la valeur calculée par f est t.

Le canevas pour appeler un patron nommé est le suivant :

```
<xsl:call-template name="f">
  <xsl:with-param name="x₁" select="v₁" as="t₁"/>
```

```
  ...
  <xsl:with-param name="xn" select="vn" as="tn"/>
</xsl:call-template>
```

Le patron nommé f a n paramètres x_1, x_2, ..., x_n, tels que le type de x_i est t_i et sa valeur est v_i. Cette façon d'associer des valeurs aux paramètres est présente dans des langages de programmation comme Ada (anglais : *named association*) et OCaml (*labels*), et elle permet au programmeur d'oublier l'ordre des paramètres, ce qui est particulièrement utile lorsqu'ils sont nombreux.

Parvenus à ce point, il faut savoir qu'il existe des fonctions proprement dites en XSLT, définies par l'élément `xsl:function`, et, bien que nous ayons choisi les patrons nommés pour la traduction, de « vraies » fonctions XSLT auraient fait l'affaire aussi.

En reprenant le fil de notre traduction, nous réalisons que nous devons appeler le patron nommé qui sera la traduction de len0/1 :

```
  <xsl:template match="book" as="xs:integer">
    <xsl:call-template name="len0">
      <xsl:with-param name="chapters" select="chapter"
                      as="element(chapter)*"/>
    </xsl:call-template>
  </xsl:template>
```

Comme nous l'avons mentionné précédemment, nous avons dû nommer le paramètre pour lui passer une valeur, soit `chapters`. Peut-être plus déroutant est le sens de la valeur d'attribut « `element(chapter)*` » : il s'agit du type de la séquence (peut-être vide) d'éléments `chapter`. Bien qu'il ne soit pas en cette occasion nécessaire de fournir ce type parce qu'il est implicite dans la sélection `select="chapter"`, nous recommandons de toujours utiliser l'attribut `as` avec `xsl:with-param`. Par ailleurs, remarquons que le résultat du patron qui filtre `book` est aussi typé `xs:integer` parce qu'il est aussi le résultat du patron nommé `len0`. (Dans le patron filtrant la racine du document (`/`), nous n'avions pas spécifié le type du résultat car nous voulions que le patron fonctionnât avec toutes les transformations.)

Concentrons-nous maintenant sur la définition du patron, c'est-à-dire la traduction de $len_0/1$ (enfin !). Nous nous attendons au canevas suivant :

```
  <xsl:template name="len0" as="xs:integer">
    <xsl:param name="chapters" as="element(chapter)*"/>
    ...
  </xsl:template>
```

Le paramètre nommé `chapters` correspond à s dans la définition (11.1) de $\text{len}_0/1$; nous avons changé le nom pour qu'il convienne mieux au sens spécialisé, limité aux chapitres ici. Nous devons maintenant traduire l'expression conditionnelle if... then... else... en XSLT. Malheureusement, les tests en XSLT sont assez verbeux en général. Faisons connaissance avec trois éléments qui nous permettront d'écrire des tests généraux dans le style des constructions `switch` de Java :

```
<xsl:choose>
  <xsl:when test="b_1">e_1</xsl:when>
  ...
  <xsl:when test="b_n">e_n</xsl:when>
  <xsl:otherwise>e_{n+1}</xsl:otherwise>
</xsl:choose>
```

Les valeurs b_i des attributs `test` sont évaluées (L'apparente tautologie est due au vocabulaire de XSLT : une valeur d'attribut n'est en fait pas une valeur en général, mais une expression.) dans l'ordre d'écriture jusqu'à ce qu'une d'entre-elles, disons b_j, résulte en le booléen `true`, causant l'évaluation de la séquence e_j ; sinon, la séquence e_{n+1} (les enfants de `xsl:otherwise`) est traitée. En reprenant le cours de notre exercice, nous comblons un peu plus les ellipses :

```
<xsl:template name="len0" as="xs:integer">
  <xsl:param name="chapters" as="element(chapter)*"/>
  <xsl:choose>
    <xsl:when test="empty($chapters)">
      ... <!-- Traduction de 0 -->
    </xsl:when>
    <xsl:otherwise>
      ... <!-- Traduction de 1 + len_0(s) -->
    </xsl:otherwise>
  </xsl:choose>
</xsl:template>
```

Notons la fonction prédéfinie en XSLT nommée `empty`, qui retourne `true` si son argument est une séquence vide, et `false` sinon. La traduction de 0 n'est pas si simple, ceci dit ! En effet, l'évident `0` signifierait que nous produisons en fait un *texte* contenant le caractère `0`, au lieu de l'entier attendu. Il existe un élément XSLT très utile en cette circonstance — bien qu'il soit plus versatile qu'il n'y paraît ici, comme nous le verrons plus loin. Faisons connaissance avec le *constructeur de séquence* :

```
<xsl:sequence select="..."/>
```

La sélection doit s'évaluer en une séquence qui est alors substituée à la place de l'élément `xsl:sequence`. On pourrait se demander pourquoi

ceci est tellement chantourné, et la raison est que la valeur de l'attribut
select appartient à un sous-langage de XSLT appelé XPath, et XPath ne
peut être employé que pour les sélections ou les tests (empty est une fonction XPath). Dans un attribut select, 0 signifie 0, *pas* le texte constitué
d'un unique caractère 0, et xsl:sequence nous permet d'injecter en XSLT
les valeurs XPath, de telle sorte que nous pouvons alors construire une
séquence créée avec XPath. Bien sûr, nous devons garder présent à l'esprit que tout item est équivalent à une séquence singleton, en particulier
(0) est la même chose que 0 *en XPath*. Par conséquent, la traduction
de 0 est

```
<xsl:when test="empty($chapters)">
  <xsl:sequence select="0"/>
</xsl:when>
```

L'expression $1 + \mathsf{len}_0(s)$ est composée de trois parties : la pile s, l'appel
de fonction $\mathsf{len}_0(s)$ et l'addition de 1 à la valeur de l'appel. Nous savons
déjà que les piles sont traduites par des séquences ; nous savons aussi
que les appels de fonctions deviennent des appels à des patrons nommés.
En XPath, on peut ajouter 1 à un appel de fonction, comme 1 + f($n),
mais cette syntaxe n'est pas valide en dehors d'une sélection ou d'un test
et, de toute façon, nous avons défini un patron nommé, pas une fonction
en XSLT (qui doit être appelée en XPath). Par conséquent, nous devons
contenir temporairement la valeur de l'appel récursif dans une variable,
disons x, puis employer xsl:sequence pour calculer (en XPath) la valeur
de 1 + $x. L'élément qui définit une variable en XSLT est xsl:variable
et il a deux formes possibles : soit avec un attribut, soit avec des enfants.
Dans le premier cas, nous avons le canevas

```
<xsl:variable name="x" select="v" as="t">
```

et le dernier cas est

```
<xsl:variable name="x" as="t">
  ... <!-- Enfants dont la valeur est v de type t -->
</xsl:variable>
```

où la valeur de la variable x est v, de type t. La dualité de la syntaxe
est due encore au territoire délimité par XPath : si v peut être calculée
seulement avec XPath, nous devrions utiliser la première forme, sinon la
seconde. Dans notre problème, nous avons besoin de la seconde forme
parce que v est la valeur d'un appel récursif qui n'est *pas* exprimé en
XPath, puisque nous utilisons xsl:call-template. Nous pouvons maintenant compléter le programme :

```
<?xml version="1.0" encoding="UTF-8"?>
```

```
<xsl:transform version="2.0"
               xmlns:xsl="http://www.w3.org/1999/XSL/Transform"
               xmlns:xs="http://www.w3.org/2001/XMLSchema">

  <xsl:output method="text" encoding="UTF-8"/>

  <xsl:template match="/">
    <xsl:apply-templates/>
    <xsl:text>&#10;</xsl:text>
  </xsl:template>

  <xsl:template match="book" as="xs:integer">
    <xsl:call-template name="len0">
      <xsl:with-param name="chapters" select="chapter"
                      as="element(chapter)*"/>
    </xsl:call-template>
  </xsl:template>

  <xsl:template name="len0" as="xs:integer">
    <xsl:param name="chapters" as="element(chapter)*"/>
    <xsl:choose>
      <xsl:when test="empty($chapters)">
        <xsl:sequence select="0"/>
      </xsl:when>
      <xsl:otherwise>
        <xsl:variable name="x" as="xs:integer">
          <xsl:call-template name="len0">
            <xsl:with-param name="chapters"
                            as="element(chapter)*"
                            select="$chapters[position()>1]"/>
          </xsl:call-template>
        </xsl:variable>
        <xsl:sequence select="1 + $x"/>
      </xsl:otherwise>
    </xsl:choose>
  </xsl:template>

</xsl:transform>
```

Le résultat obtenu en l'exécutant sur notre table des matières est, comme nous nous y attendions :

5

Après que nous récupérons de l'effort soutenu et de la déception engendrée par l'incroyable verbosité en comparaison avec Erlang, nous pourrions découvrir qu'il existe une fonction prédéfinie en XPath, nommée count, qui est, fondamentalement, une traduction de $len_0/1$. Néanmoins, notre objectif est de nous adresser aux débutants, donc l'utilité didactique prime toute autre considération.

Travaillons à une traduction d'une meilleure version de $len_0/1$:

$$len_1(s) \rightarrow len_1(s, 0). \qquad len_1([\,], n) \rightarrow n;$$
$$len_1([x \,|\, s], n) \rightarrow len_1(s, n + 1).$$

La fonction $len_1/1$ est meilleure que $len_0/1$ parce que son coût est identique à la seconde *et* elle utilise une quantité de mémoire constante, car elle est en forme terminale. La forme terminale implique que nous n'avons pas besoin d'une variable, parce que l'addition est effectuée en XPath (le paramètre de l'appel récursif) :

```
<?xml version="1.0" encoding="UTF-8"?>

<xsl:transform version="2.0"
               xmlns:xsl="http://www.w3.org/1999/XSL/Transform"
               xmlns:xs="http://www.w3.org/2001/XMLSchema">

  <xsl:output method="text" encoding="UTF-8"/>

  <xsl:template match="/">
    <xsl:apply-templates/>
    <xsl:text>&#10;</xsl:text>
  </xsl:template>

  <xsl:template match="book" as="xs:integer">
    <xsl:call-template name="len2">
      <xsl:with-param name="chapters" select="chapter"
                                      as="element(chapter)*"/>
      <xsl:with-param name="n"        select="0"
                                      as="xs:integer"/>
    </xsl:call-template>
  </xsl:template>

  <xsl:template name="len2" as="xs:integer">
    <xsl:param name="chapters" as="element(chapter)*"/>
    <xsl:param name="n"        as="xs:integer"/>
    <xsl:choose>
      <xsl:when test="empty($chapters)">
        <xsl:sequence select="$n"/>
      </xsl:when>
      <xsl:otherwise>
        <xsl:call-template name="len2">
          <xsl:with-param name="chapters"
                          select="$chapters[position()>1]"
                          as="element(chapter)*"/>
```

```
            <xsl:with-param name="n" select="1 + $n"
                            as="xs:integer"/>
        </xsl:call-template>
      </xsl:otherwise>
    </xsl:choose>
  </xsl:template>

</xsl:transform>
```

Notons que nous n'avons pas eu à définir un patron nommé pour $len_0/1$.

Considérons une dernière variante où les chapitres, dans l'entrée, sont tous des enfants d'un élément **contents** et leur noms sont présents dans un attribut **title**, au lieu d'un nœud textuel :

```
<?xml version="1.0" encoding="UTF-8"?>

<!DOCTYPE book SYSTEM "book_att.dtd">

<book>
  <author>Priscilla Walmsley</author>
  <title>Definitive XML Schema</title>
  <contents>
    <chapter title="Schema: An Introduction"/>
    <chapter title="A quick tour of XML Schema"/>
    <chapter title="Namespaces"/>
    <chapter title="Schema composition"/>
    <chapter title="Instances and schemas"/>
  </contents>
</book>
```

Bien entendu, la DTD **book_att.dtd** doit être changée :

```
<!ELEMENT book (author,title,contents)>
<!ELEMENT author (#PCDATA)>
<!ELEMENT title (#PCDATA)>
<!ELEMENT contents (chapter+)>
<!ELEMENT chapter EMPTY>
<!ATTLIST chapter title CDATA #REQUIRED>
```

Pour résoudre ce problème, nous devons modifier une transformation XSLT précédente, pas penser à partir de notre langage fonctionnel abstrait. Tout d'abord, nous devrions modifier l'appel au patron de façon à sélectionner les chapitres là où ils se trouvent maintenant :

```
<xsl:template match="book" as="xs:integer">
  <xsl:call-template name="len3">
    <xsl:with-param name="elm" select="contents/chapter"
                    as="element(chapter)*"/>
```

```
      <xsl:with-param name="n" select="0" as="xs:integer"/>
    </xsl:call-template>
  </xsl:template>
```

L'expression `contents/chapter` est une sélection en XPath qui signifie :
« Regrouper tous les enfants `contents` du nœud contextuel (`book`), en
préservant leur ordre relatif (ici, il n'y en a qu'un), puis sélectionner tous
les enfants nommés `chapter` de tous ces nœuds, en préservant aussi leur
ordre relatif. » À part cela, il n'y a pas besoin de changer le patron (sauf
son nom, maintenant `len3`). Notons aussi qu'utiliser des attributs `title`
n'a fait aucune différence.

Mais profitons de cette occasion pour effectuer de légères variations
et apprendre quelque chose de neuf. Supposons que nous souhaitions
employer le patron avec toutes sortes d'éléments, pas seulement `chapter`,
et que nous voulions faire usage d'un *paramètre avec défaut*. En effet, le
type du paramètre `chapters` du patron est `element(chapter)*`, donc il
n'est pas assez général. La solution est le type `element()*`, qui veut dire :
« Une séquence d'éléments, peut-être vide. » De plus, la valeur initiale
du paramètre `n` doit toujours être `0`, donc nous pourrions faire de cette
valeur un défaut en ajoutant un attribut `select` à l'élément `xsl:param`
correspondant :

```
  <xsl:template name="len3" as="xs:integer">
    <xsl:param name="elm" as="element()*"/>
    <xsl:param name="n" as="xs:integer" select="0"/>
    ...
  </xsl:template>
```

En passant, nous avons renommé le paramètre en le neutre `elm`. Bien sûr,
l'appel du patron est maintenant plus court :

```
  <xsl:template match="book" as="xs:integer">
    <xsl:call-template name="len3">
      <xsl:with-param name="elm" select="contents/chapter"
                                as="element(chapter)*"/>
    </xsl:call-template>
  </xsl:template>
```

Notons qu'il est toujours possible d'imposer une valeur initiale à `n` qui ne
serait pas `0`. Par ailleurs, il est loisible maintenant de réutiliser le patron
`len3` pour calculer la longueur de n'importe quelle séquence d'éléments.
Au bout du compte, la nouvelle transformation est

```
<?xml version="1.0" encoding="UTF-8"?>

<xsl:transform version="2.0"
```

```
              xmlns:xsl="http://www.w3.org/1999/XSL/Transform"
              xmlns:xs="http://www.w3.org/2001/XMLSchema">

  <xsl:output method="text" encoding="UTF-8"/>

  <xsl:template match="/">
    <xsl:apply-templates/>
    <xsl:text>&#10;</xsl:text>
  </xsl:template>

  <xsl:template match="book" as="xs:integer">
    <xsl:call-template name="len3">
      <xsl:with-param name="elm" select="contents/chapter"
                                  as="element(chapter)*"/>
    </xsl:call-template>
  </xsl:template>

  <xsl:template name="len3" as="xs:integer">
    <xsl:param name="elm" as="element()*"/>
    <xsl:param name="n" as="xs:integer" select="0"/>
    <xsl:choose>
      <xsl:when test="empty($elm)">
        <xsl:sequence select="$n"/>
      </xsl:when>
      <xsl:otherwise>
        <xsl:call-template name="len3">
          <xsl:with-param name="elm" as="element()*"
                      select="$elm[position()>1]"/>
          <xsl:with-param name="n" as="xs:integer"
                      select="1 + $n"/>
        </xsl:call-template>
      </xsl:otherwise>
    </xsl:choose>
  </xsl:template>

</xsl:transform>
```

Somme Étant donné une pile d'entiers, nous pouvons calculer leur somme comme suit :

$$\mathsf{sum}([x\,|\,s]) \to \mathsf{sum}_0([x\,|\,s], 0). \qquad \mathsf{sum}_0([\,], n) \to n;$$
$$\mathsf{sum}_0([x\,|\,s], n) \to \mathsf{sum}_0(s, n + x).$$

Immédiatement, nous voyons qu'il n'y a qu'une petite différence entre $\mathsf{sum}_0/2$ et $\mathsf{len}_1/2$: au lieu d'ajouter 1, nous ajoutons x. Par conséquent, nous devrions nous attendre à une modification minime du patron XSLT correspondant. Supposons l'entrée suivante :

```
<?xml version='1.0' encoding='UTF-8'?>
<!DOCTYPE numbers SYSTEM "sum.dtd">
<numbers>
  <num>18</num>
  <num>1</num>
  <num>3</num>
  <num>5</num>
  <num>23</num>
  <num>3</num>
  <num>2</num>
  <num>7</num>
  <num>4</num>
</numbers>
```

avec la DTD

```
<!ELEMENT numbers (num*)>
<!ELEMENT num (#PCDATA)>
```

La modification que nous voudrions effectuer sur len3 est

```
<xsl:call-template name="sum">
  <xsl:with-param name="elm" as="element()*"
                  select="$elm[position()>1]"/>
  <xsl:with-param name="n" as="xs:integer"
                  select="$elm[1] + $n"/>
</xsl:call-template>
```

Malheureusement, le compilateur **Saxon** affiche l'avertissement suivant concernant le changement :

```
The only value that can pass type-checking is an empty sequence.
Required item type of value of parameter $n is xs:integer;
supplied value has item type xs:double
```

(« La seule valeur qui peut être typée est une séquence vide. Le type exigé de la valeur du paramètre $n est xs:integer; la valeur fournie a le type xs:double. ») et le résultat erroné 18135233274, qui est la concaténation du contenu des nœuds textuels des éléments num. Qu'est-ce qui s'est passé ? D'après le message, une chose est claire : le problème est lié au typage, c'est pourquoi nous ne l'avons pas anticipé à partir de $sum_0/2$, qui n'est pas typée. Il est clair aussi que le compilateur comprend que $n est un entier, donc le coupable ne peut être que notre modification, $elm[1]. Nous aimerions qu'elle soit de type xs:integer aussi, mais l'est-elle vraiment ? Le type de $elm est element()*, comme déclaré, ce qui signifie que les items qu'elle contient sont des éléments, pas des entiers, d'où le problème. Nous devons forcer le type de $elem[1] à être xs:integer, c'est-à-dire, nous le *transtypons* (anglais : *cast*). D'abord, nous devons sé-lectionner le nœud textuel de `$elem[1]` et convertir son type en utilisant `xs:integer` comme une *fonction* XPath : `xs:integer($elm[1]/text())`. L'avertissement disparaît :

`18135233274`

Le résultat est toujours erroné, ceci dit. Il est temps de comprendre pourquoi ! Clairement, il est fait à partir de tous les nœuds textuels, en ordre documentaire et sérialisés sans séparation. Nous savons depuis le début que, par défaut, c'est ce que XSLT fait, donc nous avons échoué à spécifier ce que *nous* voulions. Un coup d'œil en arrière au premier appel à `sum` révèle :

```
<xsl:template match="book" as="xs:integer">
  <xsl:call-template name="sum">
    <xsl:with-param name="elm" select="contents/chapter"
                               as="element(chapter)*"/>
  </xsl:call-template>
</xsl:template>
```

Parce que nous n'avons pas d'éléments `chapter` dans l'entrée maintenant, une séquence vide est sélectionnée par `contents/chapter`. Ce devrait être `num`. Mais ceci ne change pas le faux résultat. La raison est qu'il n'y a pas de nœud contextuel car il n'y a pas d'élément `book` dans le document. Par conséquent, nous devrions écrire :

```
<xsl:template match="numbers" as="xs:integer">
  <xsl:call-template name="sum">
    <xsl:with-param name="elm" select="num"
                               as="element(num)*"/>
  </xsl:call-template>
</xsl:template>
```

Cette fois-ci, le résultat correct s'imprime :

`66`

Il reste encore une erreur subtile, qui devient apparente quand on fournit la séquence vide en entrée. (Nous recommandons de toujours tester les programmes avec des valeurs extrêmes de l'entrée.) En effet, le résultat est alors `0`, ce qui n'est pas ce que nous attendons si nous considérons la fonction abstraite `sum/1` comme une spécification.

$$\mathsf{sum}([x\,|\,s]) \rightarrow \mathsf{sum}_0([x\,|\,s], 0).$$

En XSLT, nous avons oublié d'interdire la séquence vide. Ceci est réalisé en spécifiant un type « séquence non-vide d'éléments » : `element()+`.

```
<xsl:template match="numbers" as="xs:integer">
  <xsl:call-template name="sum">
    <xsl:with-param name="elm" select="num"
                              as="element(num)+"/>
  </xsl:call-template>
</xsl:template>
```

Si nous essayons l'entrée

```
<?xml version='1.0' encoding='UTF-8'?>
<!DOCTYPE numbers SYSTEM "sum.dtd">
<numbers/>
```

nous obtenons l'erreur attendue

```
An empty sequence is not allowed as the value of parameter $elm
```

(« Une séquence vide ne peut être la valeur du paramètre $elm ») La
transformation est complète maintenant :

```
<?xml version="1.0" encoding="UTF-8"?>
<xsl:transform version="2.0"
               xmlns:xsl="http://www.w3.org/1999/XSL/Transform"
               xmlns:xs="http://www.w3.org/2001/XMLSchema">
  <xsl:output method="text" encoding="UTF-8"/>

  <xsl:template match="/">
    <xsl:apply-templates/>
    <xsl:text>&#10;</xsl:text>
  </xsl:template>

  <xsl:template match="numbers" as="xs:integer">
    <xsl:call-template name="sum">
      <xsl:with-param name="elm" select="num"
                                as="element(num)+"/>
    </xsl:call-template>
  </xsl:template>

  <xsl:template name="sum" as="xs:integer">
    <xsl:param name="elm" as="element()*"/>
    <xsl:param name="n" as="xs:integer" select="0"/>
    <xsl:choose>
      <xsl:when test="empty($elm)">
        <xsl:sequence select="$n"/>
      </xsl:when>
      <xsl:otherwise>
        <xsl:call-template name="sum">
          <xsl:with-param name="elm" as="element()*"
                          select="$elm[position()>1]"/>
```

```
        <xsl:with-param name="n" as="xs:integer"
                select="xs:integer($elm[1]/text()) + $n"/>
      </xsl:call-template>
    </xsl:otherwise>
  </xsl:choose>
</xsl:template>

</xsl:transform>
```

Si nous préférions n'avoir aucun résultat, plutôt qu'un message d'erreur à l'exécution, nous pourrions vérifier la vacuité avant le premier appel et ne rien faire. Mais il existe un raccourci, qui peut être aisément saisi sur le programme abstrait :

$$\mathsf{sum}_1(s) \to \mathsf{sum}_2(s, 0). \qquad \mathsf{sum}_2([\,], n) \to \mathsf{nothing}();$$
$$\mathsf{sum}_2([x], n) \to x + n;$$
$$\mathsf{sum}_2([x\,|\,s], n) \to \mathsf{sum}_2(s, x + n).$$

Le constructeur de données quand la pile est vide, nothing(), sera traduit en XSLT comme un élément vide :

```
<xsl:when test="empty($elm)"/>
<xsl:when test="empty($elm[2])">
  <xsl:sequence select="xs:integer($elm[1]/text()) + $n"/>
</xsl:when>
```

Le cas de la séquence singleton est empty($elm[2]). En effet, nous savons que $elm n'est pas vide, parce que cela est le cas précédent ; donc, tout ce que nous avons à faire est vérifier l'existence de $elm[2] : si absent, cet sélection donne la séquence vide et, puisque nous savons que $elm[1] existe, la séquence $elm contient exactement un élément. Il reste encore un problème avec les types : le patron filtrant numbers et le patron nommé sum doivent retourner une valeur de type xs:integer, ce qui n'est pas possible si $elm est vide, auquel cas, comme nous venons de le constater, une séquence vide est retournée (à cause de l'élément vide xsl:when). On peut exprimer en XPath le type « Une séquence sans item ou exactement un. » en utilisant l'opérateur « ? ». Si nous nous souvenons qu'une valeur peut toujours être implicitement convertie en une séquence contenant ladite valeur, alors xs:integer? veut dire : « Un entier ou une séquence vide. » Par conséquent,

```
<?xml version="1.0" encoding="UTF-8"?>
<xsl:transform version="2.0"
             xmlns:xsl="http://www.w3.org/1999/XSL/Transform"
             xmlns:xs="http://www.w3.org/2001/XMLSchema">
  <xsl:output method="text" encoding="UTF-8"/>

  <xsl:template match="/">
```

```
  <xsl:apply-templates/>
  <xsl:text>&#10;</xsl:text>
</xsl:template>

<xsl:template match="numbers" as="xs:integer?">
  <xsl:call-template name="sum">
    <xsl:with-param name="elm" select="num"
                                 as="element(num)*"/>
  </xsl:call-template>
</xsl:template>

<xsl:template name="sum" as="xs:integer?">
  <xsl:param name="elm" as="element()*"/>
  <xsl:param name="n" as="xs:integer" select="0"/>
  <xsl:choose>
    <xsl:when test="empty($elm)"/>
    <xsl:when test="empty($elm[2])">
      <xsl:sequence select="xs:integer($elm[1]/text()) + $n"/>
    </xsl:when>
    <xsl:otherwise>
      <xsl:call-template name="sum">
        <xsl:with-param name="elm" as="element()*"
                        select="$elm[position()>1]"/>
        <xsl:with-param name="n" as="xs:integer"
              select="xs:integer($elm[1]/text()) + $n"/>
      </xsl:call-template>
    </xsl:otherwise>
  </xsl:choose>
</xsl:template>

</xsl:transform>
```

Filtrage Nous voulons copier une pile donnée, sans son dernier item. Une façon de procéder est de vérifier d'abord si la pile contient zéro, un ou au moins deux items. Dans les deux premiers cas, le résultat est la pile vide ; dans le dernier, nous savons que le premier item n'est pas le dernier, donc nous le conservons et continuons récursivement avec le reste :

$$\mathsf{cutl}([x, y \,|\, s]) \to [x \,|\, \mathsf{cutl}([y \,|\, s])]; \quad \mathsf{cutl}(s) \to [].$$

En Erlang, ceci serait mis en œuvre comme suit (en-tête omis) :

```
cutl([X|S=[_|_]]) -> [X|cutl(S)];
cutl(_)           -> [].
```

Pour voir comment l'exprimer en XSLT, nous devons d'abord établir le contexte d'utilisation. Par exemple, disons que nous avons une table des matières qui se conforme à la DTD suivante, `book_bis.dtd` :

```
<!ELEMENT book (author,title,contents)>
<!ELEMENT author (#PCDATA)>
<!ELEMENT title (#PCDATA)>
<!ELEMENT contents (chapter+)>
<!ELEMENT chapter EMPTY>
<!ATTLIST chapter title CDATA #REQUIRED>
```

Par exemple, l'entrée pourrait être

```
<?xml version="1.0" encoding="UTF-8"?>
<!DOCTYPE book SYSTEM "book_bis.dtd">
<book>
  <author>Priscilla Walmsley</author>
  <title>Definitive XML Schema</title>
  <contents>
    <chapter title="Schema: An Introduction"/>
    <chapter title="A quick tour of XML Schema"/>
    <chapter title="Namespaces"/>
    <chapter title="Schema composition"/>
    <chapter title="Instances and schemas"/>
  </contents>
</book>
```

Nous souhaitons une copie de ce document XML sans le dernier chapitre :

```
<?xml version="1.0" encoding="UTF-8"?>
<book>
   <author>Priscilla Walmsley</author>
   <title>Definitive XML Schema</title>
   <contents xmlns:xs="http://www.w3.org/2001/XMLSchema">
      <chapter title="Schema: An Introduction"/>
      <chapter title="A quick tour of XML Schema"/>
      <chapter title="Namespaces"/>
      <chapter title="Schema composition"/>
   </contents>
</book>
```

Ceci est la première fois que nous utilisons XSLT pour produire du XML, jouant le rôle d'un filtre exclusif, c'est-à-dire excluant une partie de la donnée tout en laissant passer le reste. Nous pouvons commencer par réutiliser du code de transformations précédentes et ensuite travailler à la traduction de la fonction cutl/1 en XSLT, qui sera un patron nommé cutl. Mais, tout d'abord, le menu habituel et une surprise du chef :

```
<?xml version="1.0" encoding="UTF-8"?>

<xsl:transform version="2.0"
               xmlns:xsl="http://www.w3.org/1999/XSL/Transform"
```

```
            xmlns:xs="http://www.w3.org/2001/XMLSchema">
            exclude-result-prefixes="xs">

  <xsl:output method="xml" version="1.0"
             encoding="UTF-8" indent="yes"/>
```

Remarquons que la nature du résultat n'est plus text, mais xml, puisque que nous voulons produire du XML. Bien entendu, nous avons alors besoin de dire quelle version de XML nous souhaitons (ici, 1.0), ce que l'encodage du fichier sera (ici, UTF-8), et si nous voulons que le XML résultant soit indenté (oui, parce que cela accroît grandement sa lisibilité, mais s'il devait être lu par un autre programme XSLT, l'indentation pourrait être abandonnée). Une autre nouveauté est l'attribution exclude-result-prefixes="xs" dans xsl:transform. Pour plus de clarté, nous y reviendrons après en avoir terminé avec le reste. Nous pouvons continuer maintenant avec le reste du canevas :

```
  <xsl:template match="/">
    <xsl:apply-templates/>
    <xsl:text>&#10;</xsl:text>
  </xsl:template>

  <xsl:template match="book" as="element(book)">
    <xsl:copy>
      <xsl:sequence select="author"/>
      <xsl:sequence select="title"/>
      <contents>
        <xsl:call-template name="cutl">
          <xsl:with-param name="items" select="contents/chapter"
                          as="element(chapter)*"/>
        </xsl:call-template>
      </contents>
    </xsl:copy>
  </xsl:template>

  <xsl:template name="cutl" as="item()*">
    <xsl:param name="items" as="item()*"/>
    ...
  </xsl:template>

</xsl:transform>
```

Nous avons employé une police grasse pour mettre en avant le nouvel élément XSLT xsl:copy. Peut-être nous attendions-nous à voir l'élément <book>...</book>, et ceci aurait été correct, en effet. Mais nous pourrions préférer ne pas copier le nom de l'élément trop souvent, au cas où il changerait dans de futures versions. C'est alors que xsl:copy se révèle utile : il effectue une *copie superficielle du nœud contextuel*. Le nœud contextuel est le dernier nœud qui a été filtré (attribut match) par un élément xsl:template, donc il s'agit ici de book, et « superficielle » veut dire que les enfants ne sont pas copiés (nous voulons une copie mais aussi modifier les descendants).

Par ailleurs, remarquons que nous avons employé xsl:sequence pour la sélection d'éléments de l'entrée (author et title). C'est ici que l'élément xsl:sequence montre sa réelle valeur : ce que cet élément fait est *se référer aux éléments sélectionnés*, sans les copier. En ce sens, il se comporte comme un pointeur, comme on en trouve dans certains langages de programmation impératifs, tel C, et il économise ainsi de la mémoire. Enfin, remarquons comment la sortie est construite en recréant un document XML ; en particulier, la juxtaposition d'éléments dénote la concaténation des séquences singletons qu'ils sont (par exemple, les deux xsl:sequence mentionnés plus haut sont écrits l'un après l'autre).

Maintenant, nous avons besoin de traduire cutl/1. Comme nous le savons déjà, XSLT n'offre pas le filtrage par motifs, donc nous devons réécrire notre programme fonctionnel abstrait sans cela :

$$\text{cutl}(t) \rightarrow \text{if } \text{tl}(t) \neq [\,] \text{ then } [\text{hd}(t)\,|\,\text{cutl}(\text{tl}(t))] \text{ else } [\,].$$

où $\text{hd}(t)$ (anglais : *head*) a pour valeur le premier item de la pile t et $\text{tl}(t)$ (anglais : *tail*) la sous-pile immédiate de t. (Bien sûr, $\text{hd}([\,])$ et $\text{tl}([\,])$ échoueraient, donc nous devons toujours nous assurer que leur argument n'est pas la pile vide.) Remarquons les deux occurrences de $\text{tl}(t)$, donc, en XSLT, nous devrions utiliser une variable pour contenir la valeur de cet appel pour ne pas la recalculer. Nous commençons ainsi :

```
<xsl:template name="cutl" as="item()*">
  <xsl:param name="items" as="item()*"/>
  <xsl:variable name="tail" select="$items[position()>1]"
                               as="item()*"/>
  ...
</xsl:template>
```

Notons que nous n'avons pas spécialisé le patron pour traiter seulement des éléments chapter, mais toute espèce d'item, même les types primitifs comme les entiers, mais aussi les nœuds et, en particulier, les éléments.

Maintenant, nous devons traduire la conditionnelle. Nous avons déjà vu l'élément xsl:choose et nous pouvons donc poursuivre en comblant un peu l'ellipse précédente :

```
<xsl:choose>
```

```
      <xsl:when test="not(empty($tail))"> ... </xsl:when>
      <xsl:otherwise> ... </xsl:otherwise>
   </xsl:choose>
```

Le but des fonctions XPath empty et not est évident. La traduction de la branche else est la séquence vide dans l'élément xsl:otherwise. Ceci est aisément réalisé sans même l'élément xsl:sequence :

```
<xsl:choose>
   <xsl:when test="not(empty($tail))"> ... </xsl:when>
   <xsl:otherwise/>
</xsl:choose>
```

En effet, un élément vide peut toujours être considéré comme ayant une séquence vide d'enfants. En XSLT, les conditionnelles qui ont la forme d'un xsl:when et un xsl:otherwise vide sont mieux exprimées en usant de l'élément xsl:if. Par exemple, notre code devient :

```
<xsl:if test="not(empty($tail))"> ... </xsl:if>
```

Implicitement, si le test échoue, la valeur de la conditionnelle xsl:if est la séquence vide. Nous avons besoin ensuite de traduire $[\text{hd}(t)\,|\,\text{cutl}(\text{tl}(t))]$. Nous avons déjà à notre disposition la traduction de $\text{tl}(t)$, qui est la variable XSLT tail. La traduction de $\text{hd}(t)$ est simplement la séquence singleton <xsl:sequence select="$items[1]"/>. Au lieu d'empiler, nous mettons bout à bout deux séquences et cette concaténation est simplement la juxtaposition textuelle :

```
<xsl:if test="not(empty($tail))">
  <xsl:sequence select="$items[1]"/>
  <xsl:call-template name="cutl">
    <xsl:with-param name="items" select="$tail" as="item()*"/>
  </xsl:call-template>
</xsl:if>
```

Au bout du compte, la solution est

```
<?xml version="1.0" encoding="UTF-8"?>

<xsl:transform version="2.0"
               xmlns:xsl="http://www.w3.org/1999/XSL/Transform"
               xmlns:xs="http://www.w3.org/2001/XMLSchema">


  <xsl:output method="xml" version="1.0"
              encoding="UTF-8" indent="yes"/>

  <xsl:template match="/">
```

```
  <xsl:apply-templates/>
  <xsl:text>&#10;</xsl:text>
</xsl:template>

<xsl:template match="book" as="element(book)">
  <xsl:copy>
    <xsl:sequence select="author"/>
    <xsl:sequence select="title"/>
    <contents>
      <xsl:call-template name="cutl">
        <xsl:with-param name="items" select="contents/chapter"
                                    as="element(chapter)*"/>
      </xsl:call-template>
    </contents>
  </xsl:copy>
</xsl:template>

<xsl:template name="cutl" as="item()*">
  <xsl:param name="items" as="item()*"/>
  <xsl:variable name="tail" as="item()*"
                select="$items[position()>1]"/>
  <xsl:if test="not(empty($tail))">
    <xsl:sequence select="$items[1]"/>
    <xsl:call-template name="cutl">
      <xsl:with-param name="items" select="$tail"
                      as="item()*"/>
    </xsl:call-template>
  </xsl:if>
</xsl:template>

</xsl:transform>
```

Arrivés à ce point, nous pourrions nous demander pourquoi nous avons besoin de l'attribution `exclude-result-prefixes="xs"` à l'élément `xsl:transform`. Si nous l'ôtions, nous obtiendrions le même résultat, sauf en ce qui concerne l'élément `contents` :

```
<contents xmlns:xs="http://www.w3.org/2001/XMLSchema">
  ...
</contents>
```

La raison est que quand un espace de noms est déclaré, tous les éléments descendants l'héritent, sauf l'espace de noms associé à XSLT, ici nommé xsl. Par conséquent, quand nous écrivions

```
<contents>
  ...
</contents>
```

dans la transformation précédente, l'élément `contents` avait *implicite-ment* un enfant qui était le nœud d'espace de noms `xs`. La raison pour laquelle `author` et `title` n'en avaient pas est que nous avions utilisé `xsl:sequence` pour référencer l'entrée, où l'espace de noms est absent. La même chose se produit avec les éléments `chapter`, qui sont sélectionnés dans l'entrée. L'élément `book` était en fait copié au moyen de `xsl:copy`, et nous avons vu que cet élément ne recopie pas les enfants, parmi lesquels se trouvent les nœuds d'espace de noms. Le comportement par défaut du processeur XSLT est de faire figurer les espaces de noms hérités au cas où ils seraient utiles dans le résultat. Dans l'exemple présent, `xs` est in-utile, donc il vaut mieux l'exclure des préfixes (d'espaces de noms) dans le résultat : `exclude-result-prefixes="xs"`.

Filtrer en excluant le pénultième item   Le but de cet exercice est d'écrire une transformation XSLT qui prend en entrée une table des ma-tières et produit la même table en XML où le pénultième chapitre est absent. S'il n'y a aucun chapitre, ou seulement un, le résultat est iden-tique à l'entrée. L'entrée doit se conformer à la DTD suivante, nommée `book_bis.dtd` :

```
<!ELEMENT book (author,title,contents)>
<!ELEMENT author (#PCDATA)>
<!ELEMENT title (#PCDATA)>
<!ELEMENT contents (chapter+)>
<!ELEMENT chapter EMPTY>
<!ATTLIST chapter title CDATA #REQUIRED>
```

Par exemple, la donnée pourrait être

```
<?xml version="1.0" encoding="UTF-8"?>
<!DOCTYPE book SYSTEM "book_bis.dtd">
<book>
  <author>Priscilla Walmsley</author>
  <title>Definitive XML Schema</title>
  <contents>
    <chapter title="Schema: An Introduction"/>
    <chapter title="A quick tour of XML Schema"/>
    <chapter title="Namespaces"/>
    <chapter title="Schema composition"/>
    <chapter title="Instances and schemas"/>
  </contents>
</book>
```

Le résultat correspondant est

```
<?xml version="1.0" encoding="UTF-8"?>
<book>
```

```
<author>Priscilla Walmsley</author>
<title>Definitive XML Schema</title>
<contents>
   <chapter title="Schema: An Introduction"/>
   <chapter title="A quick tour of XML Schema"/>
   <chapter title="Namespaces"/>
   <chapter title="Instances and schemas"/>
</contents>
</book>
```

La ritournelle XSLT est la même que d'habitude, sauf le patron, que nous nommons ici `cutp`. Nous ne débutons pas avec un programme fonctionnel abstrait, mais avec la transformation précédente. Nous aurons besoin de plus de cas, donc `xsl:choose` est de retour. Peut-être que la première différence est le cas où `tail` est vide. Ceci signifie que nous avons besoin de conserver le premier item, au lieu de l'écarter :

```
<xsl:choose>
  <xsl:when test="empty($tail)">
    <xsl:sequence select="$items[1]"/>
  </xsl:when>
  ...
</xsl:choose>
```

En ce qui concerne le cas complémentaire, quand la sous-pile immédiate n'est pas vide, c'est-à-dire quand il y a au moins deux items, nous ne savons pas si le premier est le pénultième ou non, et il en est de même quant au deuxième. Par conséquent, nous avons besoin de plus d'information sur la structure de la sous-pile immédiate, en particulier si sa sous-pile immédiate est, à son tour, vide (la sous-pile immédiate de la sous-pile immédiate de la séquence complète), autrement dit, si la séquence contient au moins trois items ou non. Si c'est le cas, alors nous savons que le premier item n'est pas le pénultième, mais nous ne pouvons encore rien dire sur les autres, donc un appel récursif s'impose ; si la séquence contient moins de trois items, elle en contient exactement deux, donc nous plaçons dans le résultat le second uniquement, et nous ignorons le premier. Au bout du compte, nous avons

```
<xsl:template name="cutp" as="item()*">
  <xsl:param name="items" as="item()*"/>
  <xsl:variable name="tail" select="$items[position()>1]"
                           as="item()*"/>
  <xsl:choose>
    <xsl:when test="empty($tail)">
```

```
      <xsl:sequence select="$items[1]"/>
    </xsl:when>
    <xsl:when test="empty($tail[position()>1])">
      <xsl:sequence select="$items[2]"/>
    </xsl:when>
    <xsl:otherwise>
      <xsl:sequence select="$items[1]"/>
      <xsl:call-template name="cutp">
        <xsl:with-param name="items" select="$tail"
                                     as="item()*"/>
      </xsl:call-template>
    </xsl:otherwise>
  </xsl:choose>
</xsl:template>
```

Remarquons que le cas `<xsl:when test="empty($items)"/>` est en fait absent parce qu'il n'est pas nécessaire : si `$items` est vide, alors `$tail` est vide aussi, et le résultat est alors `$items[1]`, qui n'est autre que la séquence vide.

Retournement L'objectif de cet exercice est d'écrire une transformation XSLT qui prend en entrée une table des matières avec des chapitres et produit la même table en XML où l'ordre des chapitres a été inversé par rapport à l'ordre documentaire (donc, par exemple, l'introduction apparaît en dernier). À la section 2.2 page 40, nous avons vu la définition directe de rev_0 :

$$\begin{array}{ll} \text{cat}([\,],t) \to t; & \text{rev}_0([\,]) \to [\,]; \\ \text{cat}([x\,|\,s],t) \to [x\,|\,\text{cat}(s,t)]. & \text{rev}_0([x\,|\,s]) \to \text{cat}(\text{rev}_0(s),[x]). \end{array}$$

Nous avons vu que cette définition engendrait un coût quadratique et donc ne devrait pas être employée pour retourner des piles. En XSLT, le coût est linéaire parce que la concaténation a un coût nul. Nous pourrions donc écrire la traduction suivante :

```
<xsl:template name="rev" as="item()*">
  <xsl:param name="items" as="item()*"/>
  <xsl:if test="not(empty($items))">
    <xsl:call-template name="rev">
      <xsl:with-param name="items" as="item()*"
                  select="$items[position()>1]"/>
    </xsl:call-template>
    <xsl:sequence select="$items[1]"/>
```

```
    </xsl:if>
  </xsl:template>
```

Au lieu de produire un document XML, nous pourrions profiter de cette
occasion pour voir comment produire un document XHTML. Bien que
le but pourrait sembler un peu sot (retourner une table des matières), il
convient bien à l'apprentissage de langages compliqués tels que XSLT et
XHTML.

Pour qu'un processeur XSLT produise du XHTML, nous devons faire
les attributions suivantes à xsl:transform et xsl:output :

```
<xsl:transform version="2.0"
               xmlns:xsl="http://www.w3.org/1999/XSL/Transform"
               xmlns:xs="http://www.w3.org/2001/XMLSchema"
               xmlns:xhtml="http://www.w3.org/1999/xhtml"
               exclude-result-prefixes="xs">


  <xsl:output method="xhtml"
              doctype-public="-//W3C//DTD XHTML 1.0 Strict//EN"
              doctype-system=
              "http://www.w3.org/TR/xhtml1/DTD/xhtml1-strict.dtd"
              indent="yes"
              omit-xml-declaration="yes"/>
```

Notons que nous avons défini un espace de noms xhtml pour les éléments
XHTML et que la version de XHTML est 1.0 (« strict » signifie que cette
version de XHTML est du XML). Il se peut que la véritable nouveauté soit
l'attribution omit-xml-declaration="yes". Puisque XHTML (strict) est
XML, la déclaration <?xml version="1.0"?> est attendue, mais certains
navigateurs sont déroutés par ceci, donc nous préférons ne pas inclure
cette déclaration par prudence.

Étant donnée la table des matières précédente, nous voudrions maintenant obtenir

```
<!DOCTYPE html
  PUBLIC "-//W3C//DTD XHTML 1.0 Strict//EN"
         "http://www.w3.org/TR/xhtml1/DTD/xhtml1-strict.dtd">
<html xmlns="http://www.w3.org/1999/xhtml"
      xml:lang="en" lang="en">
  <head>
    <meta http-equiv="Content-Type"
          content="text/html; charset=UTF-8" />
    <title>Definitive XML Schema</title>
```

```
    </head>
    <body>
       <h2>Definitive XML Schema</h2>
       <p>by Priscilla Walmsley</p>
       <h3>Reversed table of contents</h3>
       <ul>
          <li>Instances and schemas</li>
          <li>Schema composition</li>
          <li>Namespaces</li>
          <li>A quick tour of XML Schema</li>
          <li>Schema: An Introduction</li>
       </ul>
    </body>
</html>
```

qui, interprété par un navigateur, est très probablement rendu ainsi :

Definitive XML Schema

by Priscilla Walmsley

Reversed table of contents
— Instances and schemas
— Schema composition
— Namespaces
— A quick tour of XML Schema
— Schema : An Introduction

Tout d'abord, voici le patron filtrant `book` :

```
<xsl:template match="book" as="element(xhtml:html)">
  <html xmlns="http://www.w3.org/1999/xhtml"
        xml:lang="en" lang="en">
    <head>
      <title><xsl:sequence select="title/text()"/></title>
    </head>
    <body>
      <h2><xsl:value-of select="title"/></h2>
      <p>by <xsl:value-of select="author"/></p>
      <h3>Reversed table of contents</h3>
      <ul>
        <xsl:call-template name="rev">
          <xsl:with-param name="chap"
                           select="contents/chapter"/>
        </xsl:call-template>
```

```
      </ul>
    </body>
  </html>
</xsl:template>
```

Remarquons premièrement la sélection `title/text()`, qui veut dire :
« Les nœuds textuels de l'élément `title`, qui est l'enfant du nœud contextuel (`book`). » Deuxièmement, nous faisons connaissance avec un nouvel élément XSLT, `xsl:value-of`, dont l'objet est de créer un nœud textuel à partir des items sélectionnés. Si nous sélectionnions des éléments, comme ici l'unique élément `title`, ses nœuds textuels *descendants* (il n'y a qu'un enfant ici) seraient concaténés en ordre documentaire et mis dans un nouveau nœud textuel. Par conséquent, `<xsl:sequence select="title/text()"/>` produit le même effet qu'avec `<xsl:value-of select="title"/>`, bien que dans ce dernier un nouveau nœud textuel soit alloué (au lieu d'être partagé avec l'entrée). Notons par ailleurs que nous avons décidé de spécialiser les types pour les faire coller le plus possible aux éléments à traiter, comme `element(xhtml:html)` qui signifie : « Un élément `html` dans l'espace de noms `xhtml`. » Le retournement est effectué par le patron nommé `rev` :

```
<xsl:template name="rev" as="element(xhtml:li)*">
  <xsl:param name="chap" as="element(chapter)*"/>
  <xsl:if test="not(empty($chap))">
    <xsl:call-template name="rev">
      <xsl:with-param name="chap" select="$chap[position()>1]"/>
    </xsl:call-template>
    <li xmlns="http://www.w3.org/1999/xhtml">
      <xsl:value-of select="$chap[1]/@title"/>
    </li>
  </xsl:if>
</xsl:template>
```

À nouveau, nous avons spécialisé les types, comme `element(xhtml:li)*` dénotant une « séquence (éventuellement vide) d'éléments `li` dans l'espace de noms `xhtml`. » Et `element(chapter)*` est une séquence de chapitres, sans espace de noms.

Mais les deux extraits vraiment intéressants sont en gras.

Le premier est la déclaration de l'espace de noms `xhtml` à l'élément `li` : `xmlns="http://www.w3.org/1999/xhtml"`. Ceci est tout simplement nécessaire pour nous conformer au type de la valeur du patron. En effet, cette valeur devrait être, comme nous l'avons vu, une séquence d'éléments `li` dans l'espace de noms `xhtml`. Mais `<li>` est en fait hors de tout espace de noms, parce qu'il n'y a aucune déclaration par défaut d'espace de noms dans aucun ascendant, contrairement au patron filtrant book, que nous avons décrit précédemment. Là-bas, nous avions la déclaration `<html xmlns="http://www.w3.org/1999/xhtml" xml:lang="en" lang="en">`, donc tous les éléments descendants écrits sans un espace de noms héritaient en réalité l'espace xhtml. Ce n'est pas le cas avec le patron nommé rev, donc une déclaration explicite est nécessaire, sinon une erreur de type est notifiée par le compilateur XSLT.

Le second extrait digne d'attention est la sélection `$chap[1]/@title` par l'élément `xsl:value-of` qui veut dire : « L'attribut title du premier élément de la séquence `$chap`. » Ici, nous ne pouvons substituer `xsl:sequence`, comme avec le nœud textuel avant. En effet, si nous essayons à la place `<xsl:sequence select="$chap[1]/@title"/>`, on a

```
...
    <li title="Instances and schemas"></li>
    <li title="Schema composition"></li>
    <li title="Namespaces"></li>
    <li title="A quick tour of XML Schema"></li>
    <li title="Schema: An Introduction"></li>
...
```

Souvenons-nous que `xsl:sequence` est un alias de l'entrée (une référence à celle-ci), en ce cas un nœud attribut, donc nous devrions nous attendre à un *attribut* title dans le résultat. Mais nous voulions la valeur de l'attribut title, pas l'attribut lui-même, d'où le nécessaire `xsl:value-of`. Si nous nous demandions pourquoi nous avons réellement besoin de fabriquer un nœud textuel, nous devrions comprendre que *la valeur d'un attribut n'est pas un nœud textuel*. Ceci peut être vu en changeant la sélection en `<xsl:sequence select="$chap[1]/title/text()"/>`, auquel cas, le résultat est

```
...
    <li></li>
    <li></li>
    <li></li>
    <li></li>
    <li></li>
...
```

Les attributs sont spéciaux et souvent une source de confusion pour les débutants.

Valeurs ponctuées Le but de cet exercice est d'écrire une transformation XSLT qui prend en entrée une séquence d'éléments contenant chacun un nœud textuel et produit leur contenus dans le même ordre, séparés

par des virgules et terminés par un point final. Si la séquence d'entrée
est vide, le résultat est la séquence vide. Plus précisément, supposons la
DTD suivante :

```
<!ELEMENT numbers (hexa+)>
<!ELEMENT hexa (#PCDATA)>
```

et la donnée conforme

```
<?xml version='1.0' encoding='UTF-8'?>

<!DOCTYPE numbers SYSTEM "csv.dtd">

<numbers>
  <hexa>0</hexa>
  <hexa>1</hexa>
  <hexa>A</hexa>
  <hexa>B</hexa>
  <hexa>C</hexa>
</numbers>
```

Alors nous voulons le résultat

```
0,1,A,B,C.
```

L'algorithme est assez simple : si la séquence donnée est vide, le
résultat est la séquence vide ; si la donnée est une séquence singleton, le
résultat est l'item qu'elle contient, suivi par un point ; sinon, le premier
item du résultat est le premier de la donnée, suivi par une virgule et la
valeur de l'appel récursif sur la sous-séquence immédiate. La difficulté
est plutôt de mettre en œuvre ce schéma en XSLT. Voici comment :

```
<?xml version="1.0" encoding="UTF-8"?>

<xsl:transform version="2.0"
               xmlns:xsl="http://www.w3.org/1999/XSL/Transform"
               xmlns:xs="http://www.w3.org/2001/XMLSchema">

  <xsl:output method="text" encoding="UTF-8"/>

  <xsl:template match="/" as="text()*">
    <xsl:call-template name="csv">
      <xsl:with-param name="items" select="numbers/hexa/text()"/>
    </xsl:call-template>
    <xsl:text>&#10;</xsl:text>
  </xsl:template>

  <xsl:template name="csv" as="text()*">
    <xsl:param name="items" as="item()*"/>
```

```
  <xsl:choose>
    <xsl:when test="empty($items)"/>
    <xsl:when test="empty($items[position()>1])">
      <xsl:value-of select="($items[1],'.')" separator=""/>
    </xsl:when>
    <xsl:otherwise>
      <xsl:value-of select="($items[1],',')" separator=""/>
      <xsl:call-template name="csv">
        <xsl:with-param name="items"
                        select="$items[position()>1]"/>
      </xsl:call-template>
    </xsl:otherwise>
  </xsl:choose>
  </xsl:template>

</xsl:transform>
```

Remarquons que nous avons fusionné les deux patrons qui filtrent la racine du document (/) et l'élément racine (`numbers`) parce que nous ne reconstruisons pas un document XML. De plus, nous pourrions remarquer le type `text()*`, qui veut dire : « Une séquence (éventuellement vide) de nœuds textuels. » Les autres bons morceaux sont les éléments `xsl:value-of`, en particulier le nouvel attribut `separator`. Sa valeur doit être une chaîne qui est employée pour séparer les items sélectionnés. Par défaut, cette chaîne est '␣', c'est pourquoi nous l'initialisons ici avec la chaîne vide. Sinon, nous obtiendrions « 0␣,1␣,A␣,B␣,C␣. ». Remarquons que la valeur de l'attribut `separator` est le *contenu* d'une chaîne, donc si nous utilisions `""`, nous ne serions *pas* en train de spécifier une chaîne vide et nous produirions à la place : « 0",1",A",B",C". ».

Parvenus à ce point, il peut être pertinent de tirer au clair les relations entre les différents types que nous avons rencontrés, et d'en apprendre quelques autres encore. Considérons l'arbre dans la FIGURE 11.3. La lecture ascendante d'un arc à partir d'un nœud x vers un nœud y est : « x est un [sous-type de] y. » Par exemple, un `element()` est un `node()`.

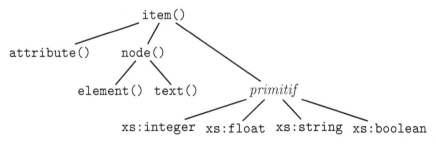

FIGURE 11.3 – Sous-types XPath

Ceci modélise une relation de sous-typage, ce qui signifie que dans tout contexte où un `node()` est correct, un `element()` l'est aussi. Cette relation est transitive, donc partout où un `item()` est attendu, un `text()` est valide, ce qui peut être constaté avec le paramètre du patron nommé `csv`. À des fins d'illustration, examinons une petite variante de l'entrée, où le contenu qui nous intéresse est placé dans les valeurs d'attributs, comme il suit :

```xml
<?xml version='1.0' encoding='UTF-8'?>

<!DOCTYPE numbers SYSTEM "csv_att.dtd">

<numbers>
  <hexa val="0"/>
  <hexa val="1"/>
  <hexa val="A"/>
  <hexa val="B"/>
  <hexa val="C"/>
</numbers>
```

La DTD `csv_att.dtd` est

```
<!ELEMENT numbers (hexa+)>
<!ELEMENT hexa EMPTY>
<!ATTLIST hexa val CDATA #REQUIRED>
```

Il suffit alors de changer la sélection du paramètre `item` ainsi :

```xml
<xsl:with-param name="items" select="numbers/hexa/@val"/>
```

Le type `attribute()*` de la sélection est un sous-type de `item()*`, donc une valeur acceptable pour le paramètre du patron `csv` et le résultat est le même qu'avec la première donnée XML (sans attributs).

Pendant que nous sommes en train d'étudier les types de données, portons notre attention sur les sélections des éléments `xsl:value-of`, par exemple (`$items[1],'.'`). Statiquement, le type de `$items[1]` est `item()`, bien que nous sachions, d'après l'appel du patron initial, qu'il est en fait `text()`. Le type de `'.'` est `xs:string`. La séquence en question a donc le type `item()*`, car `xs:string` est un sous-type de `item()`, comme on peut le voir à la FIGURE 11.3 page précédente. Puisque le résultat du patron a pour type `text()*`, les chaînes qu'il contient seront transtypées en nœuds textuels, impliquant allocation de mémoire. Le sérialiseur est la partie finale du code produit par le compilateur XSLT (la partie frontale est l'analyseur de syntaxe XML) et sa raison d'être est d'engendrer du texte à partir de toutes les valeurs obtenues. Dans ce cas, il va alors déstructurer tous ces nœuds textuels pour la génération de chaînes (affichées par un terminal ou écrites dans un fichier). Si nous souhaitions éviter cet emballage de chaînes (sous la forme de nœuds textuels), puis leur déballage, nous pourrions anticiper et choisir un type de retour `xs:string*`, donc

```
<xsl:template match="/" as="xs:string*">
  ...
</xsl:template>

<xsl:template name="csv" as="xs:string*">
  ...
</xsl:template>
```

L'effet de cette modification est l'obtention de « 0,␣1,␣A,␣B,␣C. ». Les espaces supplémentaires viennent du fait que nous avons oublié que les éléments `xsl:value-of` créent des nœuds textuels et la sérialisation implicite de ceux-ci (par transtypage en `xs:string*`) engendre des séparateurs invisibles, ici rendus par « ␣ ». La morale de cette aventure est qu'il vaut mieux travailler avec des types non-primitifs, soit attributs et nœuds, si l'entrée contient des attributs et des nœuds, et de laisser le sérialiseur d'occuper de la linéarisation de la sortie. (Il est possible d'utiliser XSLT pour le traitement de chaînes de caractères, bien que ceci ne soit pas le principal domaine d'application du langage, auquel cas travailler avec `xs:string*` fait sens.)

Un dernier regard sur cet exercice nous suggère que l'algorithme peut être conçu comme *opérant en parallèle* sur la séquence d'items, tant que nous savons distinguer le dernier item parce qu'il doit être traité différemment (il est suivi par un point au lieu d'une virgule). Mais « parallèle » n'implique pas nécessairement un sens temporel, comme fils d'exécutions, et peut aussi être pensé comme traitement en isolement puis fusion des résultats partiels, ce qu'une *projection* (anglais : *map*) fait. Nous avons rencontré les projections lors de la présentation des itérateurs fonctionnels en **Erlang**, page 359 :

$$\mathtt{map}(F,[X_1,X_2,\ldots,X_n]) \equiv [F(X_1),F(X_2),\ldots,F(X_n)].$$

Une définition simple est

```
map(_,   []) -> [];
map(F,[X|S]) -> [F(X)|map(F,S)].
```

Notons que **map** est une fonction d'ordre supérieur et XSLT propose seulement des patrons et des fonctions du premier ordre. Néanmoins, nous pouvons réaliser des projections en utilisant une sorte de patron que nous avons en fait employée depuis le début de cette présentation de XSLT, en commençant à la page 432 : le *patron filtrant*. Le processeur XSLT (que

nous entendons comme étant l'environnement d'exécution produit par
le compilateur XSLT) implicitement effectue un parcours en préordre de
l'arbre XML donné ; quand il trouve un élément *e*, il évalue le patron qui
le filtre, puis reprend le parcours. Un patron filtrant fonctionne comme
une règle de réécriture dans notre langage fonctionnel abstrait, chaque
règle étant essayée tour à tour quand un nœud est visité dans l'arbre
XML.

Puisque nous sélectionnons souvent quelques enfants du nœud contextuel et leur appliquons le même traitement (comme en parallèle), nous
avons besoin d'un mécanisme pour regrouper les résultats pour chaque
enfant en une seule séquence. Dans le contexte de l'exercice présent, nous
souhaitons sélectionner une séquence d'éléments hexa, enfants de numbers,
et nous nous attendons donc à un patron filtrant hexa. Nous voulons aussi
grouper les résultats, comme une projection le ferait. Ceci est réalisé en
deux temps par la définition d'un patron

```
<xsl:template match="hexa" as="text()*">

   ...
</xsl:template>
```

analogue à la définition du paramètre fonctionnel *F* ci-dessus, et par

```
<xsl:apply-templates select="hexa"/>
```

qui est analogue à l'appel de map en Erlang.

Le seul problème qui reste consiste à déterminer si le nœud contextuel hexa est le dernier dans la séquence sur laquelle tous les patrons
ont été appliqués. C'est ici où XPath se révèle utile en fournissant une
fonction last(), qui retourne la position du dernier item filtré dans la
même séquence que le nœud contextuel. Voici ce à quoi la transformation
ressemble maintenant :

```
<?xml version="1.0" encoding="UTF-8"?>
<xsl:transform version="2.0"
               xmlns:xsl="http://www.w3.org/1999/XSL/Transform">

  <xsl:output method="text" encoding="UTF-8"/>

  <xsl:template match="numbers" as="text()*">
    <xsl:apply-templates select="hexa"/>
    <xsl:text>&#10;</xsl:text>
  </xsl:template>

  <xsl:template match="hexa" as="text()*">
    <xsl:sequence select="text()"/>
    <xsl:choose>
```

```
      <xsl:when test="position() eq last()">
        <xsl:value-of select="'.'"/>
      </xsl:when>
      <xsl:otherwise>
        <xsl:value-of select="','"/>
      </xsl:otherwise>
    </xsl:choose>
  </xsl:template>

</xsl:transform>
```

Ceci nous rappelle que tout item transporte implicitement des information à son sujet, comme sa position dans une séquence, mais aussi la
position du dernier item dans celle-ci. Remarquons que nous n'avons besoin d'aucun paramètre dans le patron filtrant hexa, parce qu'à l'intérieur
le nœud contextuel est l'un des éléments hexa originaux, et nous n'avons
pas besoin de savoir lequel ni quels sont les autres (nous pouvons penser
en termes de traitement en parallèle, si c'est utile). Par exemple,

```
<xsl:sequence select="text()"/>
```

signifie : « Référencer le nœud textuel du nœud contextuel, » (par opposition à le copier avec xsl:value-of).

Nous emploierons des patrons filtrants dans la section qui vient à
propos de la transformation d'arbres, mais nous devons d'abord pratiquer
un peu plus pour bien comprendre les patrons nommés parce qu'ils sont
plus proches du concept de fonction du premier ordre dans notre langage
fonctionnel abstrait.

Entrecoupement L'objectif de cet exercice est d'écrire une transformation XSLT qui prend en entrée deux séquences d'éléments et les entrecoupe, ou, plus précisément, le premier item de la séquence résultante
est le premier item de la première séquence, le second est le premier item
de la seconde séquence, le troisième est le second item de la première séquence, le quatrième est le second item de la seconde séquence etc. Une
analogie éclairante est l'entrecoupement d'une main par une autre dans
un jeu de cartes.

Si les premiers items des deux séquences sont retirés en même temps,
alors vient un moment où les deux séquences sont vides ou l'une seulement l'est. Le problème est en fait sous-spécifié : rien n'est dit sur ce
qu'il faut faire quand les deux séquences ne sont pas de la même longueur. Dans ce dernier cas, nous ignorerons les items restants.

La DTD que nous avons en tête est la suivante :

```
<!ELEMENT persons (names,notes)>
<!ELEMENT names (name*)>
<!ELEMENT name (#PCDATA)>
<!ELEMENT notes (note*)>
<!ELEMENT note (#PCDATA)>
```

Alors, cette donnée :

```
<?xml version='1.0' encoding='UTF-8'?>
<!DOCTYPE persons SYSTEM "persons.dtd">

<persons>
  <names>
    <name>Alan Turing</name>
    <name>Kurt Gödel</name>
    <name>Donald Knuth</name>
    <name>Robin Milner</name>
  </names>
  <notes>
    <note>Defined a simple theoretical model of computers</note>
    <note>Proved the incompleteness of arithmetics</note>
    <note>Prolific author and creator of TeX</note>
    <note>Proposed a model of concurrency</note>
  </notes>
</persons>
```

déterminera la production de

```
<?xml version="1.0" encoding="UTF-8"?>
<persons>
    <name>Alan Turing</name>
    <note>Defined a simple theoretical model of computers</note>
    <name>Kurt Gödel</name>
    <note>Proved the incompleteness of arithmetics</note>
    <name>Donald Knuth</name>
    <note>Prolific author and creator of TeX</note>
    <name>Robin Milner</name>
    <note>Proposed a model of concurrency</note>
</persons>
```

Cette entrée :

```
<?xml version='1.0' encoding='UTF-8'?>
<!DOCTYPE persons SYSTEM "persons.dtd">
<persons>
  <names>
    <name>Alan Turing</name>
    <name>Kurt Gödel</name>
  </names>
```

```
  <notes>
    <note>Defined a simple theoretical model of computers</note>
    <note>Proved the incompleteness of arithmetics</note>
    <note>Prolific author and creator of TeX</note>
    <note>Proposed a model of concurrency</note>
  </notes>
</persons>
```

mènera à :

```
<?xml version="1.0" encoding="UTF-8"?>
<persons>
  <name>Alan Turing</name>
  <note>Defined a simple theoretical model of computers</note>
  <name>Kurt Gödel</name>
  <note>Proved the incompleteness of arithmetics</note>
</persons>
```

Cette entrée :

```
<?xml version='1.0' encoding='UTF-8'?>
<!DOCTYPE persons SYSTEM "persons.dtd">
<persons>
  <names>
    <name>Alan Turing</name>
    <name>Kurt Gödel</name>
    <name>Donald Knuth</name>
    <name>Robin Milner</name>
  </names>
  <notes>
    <note>Defined a simple theoretical model of computers</note>
  </notes>
</persons>
```

engendre

```
<?xml version="1.0" encoding="UTF-8"?>
<persons>
  <name>Alan Turing</name>
  <note>Defined a simple theoretical model of computers</note>
</persons>
```

En suivant la stratégie esquissée plus haut, nous nous attendons à ce que le patron nommé shuffle (anglais pour *entrecouper*) ait deux paramètres, un pour les noms et un pour les notes :

```
<xsl:template match="persons" as="element(persons)">
  <xsl:copy>
    <xsl:call-template name="shuffle">
```

```
      <xsl:with-param name="names" select="names/name"/>
      <xsl:with-param name="notes" select="notes/note"/>
    </xsl:call-template>
  </xsl:copy>
</xsl:template>

<xsl:template name="shuffle" as="element()*">
  <xsl:param name="names" as="element(name)*"/>
  <xsl:param name="notes" as="element(note)*"/>

  ...
</xsl:template>
```

Notons que nous employons `xsl:copy` pour copier le nœud contextuel `persons` et que nous avons utilisé le type de retour `element()*` car nous ne pouvons exprimer en XPath : « Une séquence d'éléments (mêlés) `name` et `note`. » Le corps de ce patron se conforme à notre plan. Si les paramètres sont tous deux non-vides, nous faisons quelque chose, sinon une séquence vide implicite sera produite. Ce test est effectué en XPath au moyen du connecteur booléen `and` comme suit :

```
<xsl:template name="shuffle" as="element(persons)*">
  <xsl:param name="names" as="element(name)*"/>
  <xsl:param name="notes" as="element(note)*"/>
  <xsl:if test="not(empty($names)) and not(empty($notes))">
    <xsl:sequence select="$names[1]"/>
    <xsl:sequence select="$notes[1]"/>
    <xsl:call-template name="shuffle">
      <xsl:with-param name="names"
                      select="$names[position()>1]"/>
      <xsl:with-param name="notes"
                      select="$notes[position()>1]"/>
    </xsl:call-template>
  </xsl:if>
</xsl:template>
```

Une autre possibilité, quand nous sommes en présence d'items restants, est de les concaténer à ceux déjà produits. Par exemple, étant donnée la première entrée ci-dessus, nous avons maintenant :

```
<?xml version="1.0" encoding="UTF-8"?>
<persons>
  <name>Alan Turing</name>
  <note>Defined a simple theoretical model of computers</note>
  <name>Kurt Gödel</name>
  <note>Proved the incompleteness of arithmetics</note>
  <name>Donald Knuth</name>
```

```
  <note>Prolific author and creator of TeX</note>
  <name>Robin Milner</name>
  <note>Proposed a model of concurrency</note>
</persons>
```

La seconde entrée ci-dessus mène à

```
<?xml version="1.0" encoding="UTF-8"?>
<persons>
  <name>Alan Turing</name>
  <note>Defined a simple theoretical model of computers</note>
  <name>Kurt Gödel</name>
  <note>Proved the incompleteness of arithmetics</note>
  <note>Prolific author and creator of TeX</note>
  <note>Proposed a model of concurrency</note>
</persons>
```

Et la dernière entrée ci-dessus résulte en

```
<?xml version="1.0" encoding="UTF-8"?>
<persons>
  <name>Alan Turing</name>
  <note>Defined a simple theoretical model of computers</note>
  <name>Kurt Gödel</name>
  <name>Donald Knuth</name>
  <name>Robin Milner</name>
</persons>
```

Voici une solution :

```
<xsl:template name="shuffle" as="element()*">
  <xsl:param name="names" as="element(name)*"/>
  <xsl:param name="notes" as="element(note)*"/>
  <xsl:choose>
    <xsl:when test="empty($notes)">
      <xsl:sequence select="$names"/>
    </xsl:when>
    <xsl:when test="empty($names)">
      <xsl:sequence select="$notes"/>
    </xsl:when>
    <xsl:otherwise>
      <xsl:sequence select="($names[1],$notes[1])"/>
      <xsl:call-template name="shuffle">
        <xsl:with-param name="names"
                        select="$names[position()>1]"/>
        <xsl:with-param name="notes"
                        select="$notes[position()>1]"/>
```

```
    </xsl:call-template>
   </xsl:otherwise>
  </xsl:choose>
 </xsl:template>
```

Remarquons comment nous avons placé `$notes[1]` après `$names[1]` en XPath à l'aide de

```
<xsl:sequence select="($names[1],$notes[1])"/>
```

au lieu de travailler au niveau de XSLT, comme précédemment :

```
<xsl:sequence select="$names[1]"/>
<xsl:sequence select="$notes[1]"/>
```

Pour varier un peu les plaisirs, il est possible de parvenir au même résultat en n'extrayant qu'un élément à la fois, au lieu de deux. Bien sûr, le programme ira environ deux fois plus lentement, mais il est néanmoins intéressant :

```
<xsl:template name="shuffle" as="element()*">
  <xsl:param name="names" as="element(name)*"/>
  <xsl:param name="notes" as="element(note)*"/>
  <xsl:choose>
    <xsl:when test="empty($names)">
      <xsl:sequence select="$notes"/>
    </xsl:when>
    <xsl:otherwise>
      <xsl:sequence select="$names[1]"/>
      <xsl:call-template name="shuffle">
        <xsl:with-param name="names" select="$notes"/>
        <xsl:with-param name="notes"
                        select="$names[position()>1]"/>
      </xsl:call-template>
    </xsl:otherwise>
  </xsl:choose>
</xsl:template>
```

L'idée est d'échanger les arguments dans l'appel récursif. Bien entendu, les noms des paramètres ne sont alors plus pertinents, et un renommage plus neutre s'imposerait. Dans notre langage fonctionnel abstrait, nous écririons :

$$\mathsf{shuffle}([\,],t) \to t; \quad \mathsf{shuffle}([x\,|\,s],t) \to [x\,|\,\mathsf{shuffle}(t,s)].$$

En fait, c'est presque la même définition que $\mathsf{cat}/1$ (concaténation) :

$$\mathsf{cat}([\,],t) \to t; \quad \mathsf{cat}([x\,|\,s],t) \to [x\,|\,\mathsf{cat}(\underline{s},\underline{t})].$$

Maximum Le but de cet exercice est d'écrire une transformation XSLT qui prend en entrée une séquence d'entiers et produit le maximum de ces nombres sous forme de texte libre. Si un item n'est pas transtypable en xs:integer, une erreur de type dynamique est signalée et l'exécution est suspendue. Si un item est un nœud textuel vide, par exemple, <num/>, il est ignoré. Si la séquence ne contient aucun entier, aucun texte n'est produit, parce que le maximum n'est pas défini. L'élément racine est numbers et les éléments contenant les nombres sont nommés num. Tout élément présent autre que num est ignoré.

La DTD que nous avons à l'esprit est la suivante :

```
<!ELEMENT numbers (num,foo?)*>
<!ELEMENT num (#PCDATA)>
<!ELEMENT foo (#PCDATA)>
```

Si le document donné est

```
<?xml version='1.0' encoding='UTF-8'?>
<!DOCTYPE numbers SYSTEM "numbers.dtd">
<numbers>
  <num/>
  <num>18</num>
  <num>-1</num>
  <num>3</num>
  <num>5</num>
  <num/>
  <num>23</num>
  <foo>hello</foo>
  <num>-3</num>
  <num>2</num>
  <num/>
  <num>7</num>
  <num>4</num>
  <num></num>
</numbers>
```

le résultat produit est

```
23
```

Tout d'abord, fixons les types dans le canevas suivant :

```
<xsl:template match="numbers" as="xs:integer?">
  ...
</xsl:template>

<xsl:template name="max" as="xs:integer?">
```

```
    <xsl:param name="int" as="xs:integer*"/>
    <xsl:param name="cur" as="xs:integer?"/>
    ...
  </xsl:template>
```

Souvenons-nous que l'opérateur de type « ? » signifie « Un ou aucun », donc xs:integer? dénote une séquence vide ou une séquence contenant un entier. Cette précaution est nécessaire parce que nous ne sommes pas certains que l'entrée contienne au moins un entier (nous avons même laissé la porte ouverte à des éléments fantaisistes foo, comme nous pouvons le voir en regardant à nouveau la DTD). Le paramètre int contient les entiers restant à examiner, alors que cur est le maximum pour l'instant, s'il y en a un. C'est pourquoi nous devrions initialiser ce dernier avec le contenu du premier nombre :

```
  <xsl:template match="numbers" as="xs:integer?">
    <xsl:call-template name="max">
      <xsl:with-param name="int"
                       select="num[position()>1]/text()"/>
      <xsl:with-param name="cur" select="num[1]/text()"/>
    </xsl:call-template>
  </xsl:template>
```

Notons que si nous avions écrit $num[1]/text(), la sélection aurait été vide, car il n'y a pas de *variable* num, mais nous voulions dire les *enfants* num. Par ailleurs, nous avons sélectionné les nœuds textuels, bien que les types attendus soient xs:integer* et xs:integer?. En fait, un transtypage sera effectué à l'exécution. Dans le cas de cur, si le transtypage échoue, la séquence vide en résultera; sinon, un entier (c'est-à-dire, une séquence contenant un seul entier). Dans le cas de int, un transtypage est tenté pour chaque élément dans la séquence et les séquences résultantes sont concaténées.

Il y a différentes manières de résoudre ce problème. Nous pourrions distinguer les situations suivantes :

— s'il n'y a pas d'entiers à examiner, le résultat est l'entier courant, s'il existe;

— s'il y a un entier courant, et s'il est plus grand que le premier entier à examiner, nous recommençons en écartant ce dernier;

— sinon, le premier entier à examiner devient le maximum courant et nous recommençons et écartons le maximum précédent.

Ce schéma est mis en œuvre comme suit :

```
  <xsl:template name="max" as="xs:integer?">
    <xsl:param name="int" as="xs:integer*"/>
```

```
      <xsl:param name="cur" as="xs:integer?"/>
      <xsl:choose>
        <xsl:when test="empty($int)">
          <xsl:sequence select="$cur"/>
        </xsl:when>
        <xsl:when test="not(empty($cur)) and $cur ge $int[1]">
          <xsl:call-template name="max">
            <xsl:with-param name="int"
                            select="$int[position()>1]"/>
            <xsl:with-param name="cur" select="$cur"/>
          </xsl:call-template>
        </xsl:when>
        <xsl:otherwise>
          <xsl:call-template name="max">
            <xsl:with-param name="int"
                            select="$int[position()>1]"/>
            <xsl:with-param name="cur" select="$int[1]"/>
          </xsl:call-template>
        </xsl:otherwise>
      </xsl:choose>
    </xsl:template>
```

Remarquons que nous avons vérifié la présence d'un maximum courant à l'aide de not(empty($cur)) et l'opérateur booléen XPath « plus grand ou égal à » est ge. Dans les appels récursifs, le paramètre int vaut $int[position()>1], donc nous pourrions partager le code ainsi :

```
<xsl:template name="max" as="xs:integer?">
  <xsl:param name="int" as="xs:integer*"/>
  <xsl:param name="cur" as="xs:integer?"/>
  <xsl:choose>
    <xsl:when test="empty($int)">
      <xsl:sequence select="$cur"/>
    </xsl:when>
    <xsl:otherwise>
      <xsl:call-template name="max">
        <xsl:with-param name="int" select="$int[position()>1]"/>
        <xsl:with-param name="cur">
          <xsl:choose>
            <xsl:when test="not(empty($cur)) and $cur ge $int[1]">
              <xsl:sequence select="$cur"/>
            </xsl:when>
            <xsl:otherwise>
              <xsl:sequence select="$int[1]"/>
            </xsl:otherwise>
```

```
        </xsl:choose>
      </xsl:with-param>
    </xsl:call-template>
  </xsl:otherwise>
 </xsl:choose>
</xsl:template>
```

Ce patron contient moins de duplications et est structuré plus logiquement, mais il est plus long, ce qui veut dire que les réflexes acquis par
la pratique d'autres langages de programmation pourraient se révéler
contreproductifs en XSLT. Remarquons en passant que cette solution
illustre le fait que xsl:with-param peut avoir des enfants au lieu d'un
attribut select.

Réduction   Le but de cet exercice est d'écrire une transformation XSLT
qui prend en entrée un document dont l'arbre est plat, c'est-à-dire que la
racine du document a des enfants, mais pas de petits-enfants. Les enfants
portent un attribut et le résultat devrait être le même document sans
les enfants qui sont dupliqués consécutivement. Ceci est réalisé par la
fonction red/1 que nous avons vu à la FIGURE 2.22 page 77 :

$$
\begin{aligned}
\mathsf{red}([\,]) &\to [\,]; \\
\mathsf{red}([x, x \,|\, s]) &\to \mathsf{red}([x \,|\, s]); \\
\mathsf{red}([x \,|\, s]) &\to [x \,|\, \mathsf{red}(s)].
\end{aligned}
$$

En XSLT, nous avons besoin de plus de contraintes sur l'entrée et nous
devons prendre en compte les types de données. Choisissons la DTD
suivante :

```
<!ELEMENT numbers (num*)>
<!ELEMENT num EMPTY>
<!ATTLIST num val NMTOKEN #REQUIRED>
```

Par exemple, cette entrée

```
<?xml version='1.0' encoding='UTF-8'?>
<!DOCTYPE numbers SYSTEM "numbers_bis.dtd">
<numbers>
  <num val="8"/>
  <num val="1"/>
  <num val="two"/>
  <num val="two"/>
  <num val="two"/>
  <num val="2"/>
  <num val="one"/>
  <num val="2"/>
```

```
    <num val="4"/>
    <num val="4"/>
</numbers>
```

produit

```
<?xml version="1.0" encoding="UTF-8"?>
<numbers>
    <num val="8"/>
    <num val="1"/>
    <num val="two"/>
    <num val="2"/>
    <num val="one"/>
    <num val="2"/>
    <num val="4"/>
</numbers>
```

Si nous partons de red/1, nous devons éliminer le filtrage par motifs et utiliser à la place des conditionnelles. D'abord, nous séparons les filtres selon le nombre d'items :

$$\begin{aligned}
\mathsf{red}([\,]) &\to [\,]; \\
\mathsf{red}([x]) &\to [x]; \\
\mathsf{red}([x, x\,|\,s]) &\to \mathsf{red}([x\,|\,s]); \\
\mathsf{red}([x, y\,|\,s]) &\to [x\,|\,\mathsf{red}([y\,|\,s])].
\end{aligned}$$

Maintenant, nous pouvons ôter le filtrage par motifs :

$$\begin{aligned}
\mathsf{red}(t) \to\ &\mathsf{if}\ t = [\,]\ \mathsf{or}\ \mathsf{tl}(t) = [\,] \\
&\mathsf{then}\ t \\
&\mathsf{else} \\
&\quad \mathsf{if}\ \mathsf{hd}(t) = \mathsf{hd}(\mathsf{tl}(t)) \\
&\quad \mathsf{then}\ \mathsf{red}(\mathsf{tl}(t)) \\
&\quad \mathsf{else}\ [\mathsf{hd}(t)\,|\,\mathsf{red}(\mathsf{tl}(t))].
\end{aligned}$$

où $\mathsf{hd}(t)$ est le sommet de la pile t et $\mathsf{tl}(t)$ est la sous-pile immédiate de t. En XSLT, nous pouvons définir une variable grâce à l'élément xsl:variable, donc nous pouvons améliorer la traduction en calculant seulement une fois la traduction de $\mathsf{red}(\mathsf{tl}(t))$. Nous savons aussi que $\mathsf{hd}(t)$ est traduit par $t[1]$, où t est la traduction de t, et $\mathsf{tl}(t)$ est traduit en $t[position()>1]$ ou $t[position()!=1]$.

Voici la transformation complète :

```
<?xml version="1.0" encoding="UTF-8"?>

<xsl:transform version="2.0"
               xmlns:xsl="http://www.w3.org/1999/XSL/Transform"
```

```
              xmlns:xs="http://www.w3.org/2001/XMLSchema">

 <xsl:output method="xml" version="1.0" encoding="UTF-8"
             indent="yes"/>

 <xsl:template match="/">
   <xsl:apply-templates select="numbers"/>
   <xsl:text>&#10;</xsl:text>
 </xsl:template>

 <xsl:template match="numbers" as="element(numbers)">
   <xsl:copy>
     <xsl:call-template name="red">
       <xsl:with-param name="t" select="num"/>
     </xsl:call-template>
   </xsl:copy>
 </xsl:template>

 <xsl:template name="red" as="element(num)*">
   <xsl:param name="t" as="element(num)*"/>
   <xsl:choose>
     <xsl:when test="empty($t[position()>1])">
       <xsl:sequence select="$t"/>
     </xsl:when>
     <xsl:otherwise>
       <xsl:if test="$t[1]/@val ne $t[2]/@val">
         <xsl:sequence select="$t[1]"/>
       </xsl:if>
       <xsl:call-template name="red">
         <xsl:with-param name="t" select="$t[position()>1]"/>
       </xsl:call-template>
     </xsl:otherwise>
   </xsl:choose>
 </xsl:template>

</xsl:transform>
```

Nous n'avons pas transtypé la valeur de l'attribut en xs:integer, par
exemple xs:integer($t[1]/@val) ne xs:integer($t[2]/@val), car nous
voulons permettre la comparaison de toutes sortes de valeurs.

Interclassement   L'objectif de cet exercice est d'écrire une transformation XSLT qui prend deux séquences d'éléments triés en l'ordre croissant
d'un attribut entier, et retourne une séquence contenant tous les items
triés en ordre croissant. Nous pouvons réutiliser la fonction mrg/2 à la

FIGURE 4.1 page 128, qui interclasse (anglais : *merge*) deux piles ordonnées :

$$\text{mrg}([\,], t) \to t;$$
$$\text{mrg}(s, [\,]) \to s;$$
$$\text{mrg}([x \,|\, s], [y \,|\, t]) \to [y \,|\, \text{mrg}([x \,|\, s], t)], \text{ si } x \succ y;$$
$$\text{mrg}([x \,|\, s], t) \to [x \,|\, \text{mrg}(s, t)].$$

Nous envisageons la simple DTD `list.dtd` suivante :

```
<!ELEMENT lists (list,list)>
<!ELEMENT list (item*)>
<!ELEMENT item EMPTY>
<!ATTLIST item val CDATA #REQUIRED>
```

Étant donné le document XML suivant

```
<?xml version="1.0" encoding="UTF-8"?>
<!DOCTYPE lists SYSTEM "list.dtd">
<lists>
  <list>
    <item val="1"/>
    <item val="7"/>
    <item val="13"/>
    <item val="15"/>
    <item val="28"/>
    <item val="33"/>
  </list>
  <list>
    <item val="8"/>
    <item val="9"/>
    <item val="16"/>
    <item val="19"/>
  </list>
</lists>
```

le résultat est

```
<?xml version="1.0" encoding="UTF-8"?>
<lists>
   <item val="1"/>
   <item val="7"/>
   <item val="8"/>
   <item val="9"/>
   <item val="13"/>
   <item val="15"/>
   <item val="16"/>
   <item val="19"/>
   <item val="28"/>
   <item val="33"/>
</lists>
```

Ici, nous pouvons traduire **mrg/2** en XSLT sans nous débarrasser explicitement du filtrage par motifs :

```xml
<?xml version="1.0" encoding="UTF-8"?>

<xsl:transform version="2.0"
               xmlns:xsl="http://www.w3.org/1999/XSL/Transform"
               xmlns:xs="http://www.w3.org/2001/XMLSchema">
  <xsl:output method="xml" version="1.0"
              encoding="UTF-8" indent="yes"/>

  <xsl:template match="/">
    <xsl:apply-templates/>
    <xsl:text>&#10;</xsl:text>
  </xsl:template>

  <xsl:template match="lists" as="element(lists)">
    <xsl:copy>
      <xsl:call-template name="merge">
        <xsl:with-param name="seq1" select="list[1]/item"/>
        <xsl:with-param name="seq2" select="list[2]/item"/>
      </xsl:call-template>
    </xsl:copy>
  </xsl:template>

  <xsl:template name="merge" as="element(item)*">
    <xsl:param name="seq1" as="element(item)*"/>
    <xsl:param name="seq2" as="element(item)*"/>
    <xsl:choose>
      <xsl:when test="empty($seq1)">
        <xsl:sequence select="$seq2"/>
      </xsl:when>
      <xsl:when test="empty($seq2)">
        <xsl:sequence select="$seq1"/>
      </xsl:when>
      <xsl:when test="xs:integer($seq1[1]/@val)
                      lt xs:integer($seq2[1]/@val)">
        <xsl:sequence select="$seq1[1]"/>
        <xsl:call-template name="merge">
          <xsl:with-param name="seq1"
                          select="$seq1[position()>1]"/>
          <xsl:with-param name="seq2" select="$seq2"/>
        </xsl:call-template>
      </xsl:when>
      <xsl:otherwise>
        <xsl:sequence select="$seq2[1]"/>
        <xsl:call-template name="merge">
          <xsl:with-param name="seq1" select="$seq1"/>
```

```
            <xsl:with-param name="seq2"
                            select="$seq2[position()>1]"/>
        </xsl:call-template>
      </xsl:otherwise>
    </xsl:choose>
  </xsl:template>

</xsl:transform>
```

Si nous voulions produire à la place du texte, nous n'aurions qu'à changer le code comme suit :

```
...
  <xsl:output method="text"/>
...
  <xsl:template match="lists" as="xs:integer*">
    <xsl:call-template name="merge">
      <xsl:with-param name="seq1" select="list[1]/item"
                                  as="xs:integer*"/>
      <xsl:with-param name="seq2" select="list[2]/item"
                                  as="xs:integer*"/>
    </xsl:call-template>
  </xsl:template>

  <xsl:template name="merge" as="xs:integer*">
    <xsl:param name="seq1" as="xs:integer*"/>
    <xsl:param name="seq2" as="xs:integer*"/>
    ...
  </xsl:template>
...
```

11.4 Transformation d'arbres

Après un long entrainement à la transformation de séquences, il est temps d'aborder le cas général, c'est-à-dire les arbres. Comme nous l'avons mentionné au début de ce chapitre, les arbres XML sont des *arbres de Catalan*, ce qui veut dire qu'un nœud élément peut avoir un nombre variable d'enfants, si ce n'est pas interdit par une DTD. Ceci est à contraster avec les arbres binaires, par exemple, dont les nœuds peuvent n'avoir que deux enfants ou aucun.

Taille Le but de cet exercice est d'écrire une transformation XSLT qui prend une table des matières et compte le nombre de sections. Mais, contrairement à un exercice précédent, la table n'est pas plate ici, plus précisément, la DTD que nous souhaitons est `book_deep.dtd` :

```
<!ELEMENT book (author, chapter+)>
<!ATTLIST book title CDATA #REQUIRED>
<!ELEMENT author EMPTY>
<!ATTLIST author first NMTOKEN #REQUIRED
                 last  NMTOKEN #REQUIRED>
<!ELEMENT chapter (section*)>
<!ATTLIST chapter title CDATA #REQUIRED>
<!ELEMENT section (section*)>
<!ATTLIST section title CDATA #REQUIRED>
```

Un exemple de document XML valide est

```
<?xml version='1.0' encoding='UTF-8'?>

<!DOCTYPE book SYSTEM "book_deep.dtd">

<book title="Definitive XML Schema">
  <author first="Priscilla" last="Walmsley"/>
  <chapter title="A quick tour of XML Schema">
    <section title="An example schema"/>
    <section title="The components of XML Schema">
      <section title="Declarations vs. definitions"/>
      <section title="Global vs. local components"/>
    </section>
    <section title="Elements and attributes">
      <section title="The tag/type distinction"/>
    </section>
  </chapter>

  <chapter title="Instances and schemas">
    <section title="Using the instance attributes"/>
    <section title="Schema processing">
      <section title="Validation"/>
      <section title="Augmenting the instance"/>
    </section>
  </chapter>
</book>
```

Bien sûr, nous nous attendons au résultat suivant :

```
10
```

Au lieu de revenir à notre langage fonctionnel abstrait, ou **Erlang**, puis traduire en XSLT, essayons d'esquisser l'algorithme en français et ensuite d'écrire la transformation.

L'idée est de filtrer l'élément racine, puis de sélectionner le premier niveau des sections, juste en dessous des chapitres. Cette séquence de nœuds `section` est passée à un patron nommé `count`, dont la tâche est de compter toutes les sections. Si cette séquence de sections est vide, la réponse est 0. Sinon,

1. nous appelons récursivement `count` sur les sous-sections de la première section ;

2. ce nombre plus 1 est le nombre de sections dans la première section (elle-même incluse) de la séquence ;

3. finalement, nous appelons récursivement `count` sur le reste de la séquence (soit les sections restantes) et ajoutons ce nombre au précédent : le total est le résultat.

Notons que les deux appels récursifs peuvent être interchangés et le cas décrit (appel d'abord sur les enfants du premier nœud, puis sur les autres nœuds de même niveau), décrit un parcours *en profondeur* de l'arbre, que nous écrivons en premier :

```
<?xml version="1.0" encoding="UTF-8"?>
<xsl:transform version="2.0"
               xmlns:xsl="http://www.w3.org/1999/XSL/Transform"
               xmlns:xs="http://www.w3.org/2001/XMLSchema"
               exclude-result-prefixes="xs">

  <xsl:output method="text" encoding="UTF-8"/>

  <xsl:template match="/">
    <xsl:apply-templates/>
    <xsl:text>&#10;</xsl:text>
  </xsl:template>

  <xsl:template match="book" as="xs:integer">
    <xsl:call-template name="count">
      <xsl:with-param name="sections" select="chapter/section"/>
    </xsl:call-template>
  </xsl:template>

  <xsl:template name="count" as="xs:integer">
    <xsl:param name="sections" as="element(section)*"/>
    <xsl:choose>
      <xsl:when test="empty($sections)">
        <xsl:sequence select="0"/>
      </xsl:when>
      <xsl:otherwise>
        <xsl:variable name="subsec" as="xs:integer">
          <xsl:call-template name="count">
```

```
            <xsl:with-param name="sections"
                            select="$sections[1]/section"/>
          </xsl:call-template>
        </xsl:variable>
        <xsl:variable name="subseq" as="xs:integer">
          <xsl:call-template name="count">
            <xsl:with-param name="sections"
                            select="$sections[position()>1]"/>
          </xsl:call-template>
        </xsl:variable>
        <xsl:sequence select="1 + $subsec + $subseq"/>
      </xsl:otherwise>
    </xsl:choose>
  </xsl:template>

</xsl:transform>
```

Il faut sélectionner `$sections[1]/section`, pas `sections[1]/section`, qui est vide, parce que `section` est un enfant élément du nœud contextuel, alors que `$section` est le contenu de la variable `section`. Il est peut être sage d'éviter des variables qui sont aussi des noms d'éléments de l'entrée. Notons aussi que, puisque nous devons appeler les patrons nommés au niveau XSLT, pas en XPath, nous devons définir les variables `subsec` et `subseq` pour contenir les résultats des deux appels récursifs. Si nous avions employé des fonctions XSLT (`xsl:function`), nous les aurions appelées en XPath. Pour plus d'uniformité, conservons les patrons nommés, même si, dans certains contextes, ils peuvent augmenter la verbosité d'un langage déjà assez verbeux.

Si nous voulions visiter les nœuds frères avant les enfants, nous devrions simplement interchanger les déclarations des variables :

```
    ...
    <xsl:variable name="subseq" as="xs:integer">
      ...
    </xsl:variable>
    <xsl:variable name="subsec" as="xs:integer">
      ...
    </xsl:variable>
    ...
```

Ceci ne fait aucune différence parce que les parties de l'arbre parcourues par les deux appels sont complémentaires. Il est néanmoins instructif de dessiner l'arbre XML et de suivre les appels (descendants) avec une couleur sur le côté gauche des nœuds, et les résultats (ascendants) avec une autre couleur sur le côté droit.

Au lieu de compter les sections d'une manière ascendante, nous pouvons passer un compteur le long de notre parcours et l'incrémenter à chaque fois que nous trouvons une section ; le résultat final est alors le compte courant quand nous sommes de retour à la racine. (Le compteur est une sorte d'*accumulateur*.) Nous avons

```xml
<?xml version="1.0" encoding="UTF-8"?>

<xsl:transform version="2.0"
               xmlns:xsl="http://www.w3.org/1999/XSL/Transform"
               xmlns:xs="http://www.w3.org/2001/XMLSchema">

  <xsl:output method="text"/>

  <xsl:template match="/">
    <xsl:apply-templates/>
    <xsl:text>&#10;</xsl:text>
  </xsl:template>

  <xsl:template match="book" as="xs:integer">
    <xsl:call-template name="count">
      <xsl:with-param name="sections" select="chapter/section"/>
      <xsl:with-param name="current"  select="0"/>
    </xsl:call-template>
  </xsl:template>

  <xsl:template name="count" as="xs:integer">
    <xsl:param name="sections" as="element(section)*"/>
    <xsl:param name="current"  as="xs:integer"/>
    <xsl:choose>
      <xsl:when test="empty($sections)">
        <xsl:sequence select="$current"/>
      </xsl:when>
      <xsl:otherwise>
        <xsl:variable name="subsec" as="xs:integer">
          <xsl:call-template name="count">
            <xsl:with-param name="sections"
                            select="$sections[1]/section"/>
            <xsl:with-param name="current"
                            select="$current + 1"/>
          </xsl:call-template>
        </xsl:variable>
        <xsl:call-template name="count">
          <xsl:with-param name="sections"
                          select="$sections[position()>1]"/>
          <xsl:with-param name="current" select="$subsec"/>
        </xsl:call-template>
      </xsl:otherwise>
```

```
    </xsl:choose>
  </xsl:template>

</xsl:transform>
```

Remarquons que le cas de la séquence `$sections` vide correspond au compte courant, au lieu de 0, par opposition aux versions précédentes.

Pour travailler un peu avec la syntaxe de XSLT, nous pourrions remarquer que la variable `subsec` est seulement utilisée pour initialiser le paramètre `current` du second appel récursif. Nous pourrions éviter la création de cette variable si nous expansions son appel récursif en un enfant du paramètre en question :

```
<xsl:template name="count" as="xs:integer">
  <xsl:param name="sections" as="element(section)*"/>
  <xsl:param name="current"  as="xs:integer" select="0"/>
  <xsl:choose>
    <xsl:when test="empty($sections)">
      <xsl:sequence select="$current"/>
    </xsl:when>
    <xsl:otherwise>
      <xsl:call-template name="count">
        <xsl:with-param name="sections"
                        select="$sections[position()>1]"/>
        <xsl:with-param name="current" as="xs:integer">
          <xsl:call-template name="count">
            <xsl:with-param name="sections"
                            select="$sections[1]/section"/>
            <xsl:with-param name="current"
                            select="$current + 1"/>
          </xsl:call-template>
        </xsl:with-param>
      </xsl:call-template>
    </xsl:otherwise>
  </xsl:choose>
</xsl:template>
```

Notons l'usage d'une valeur par défaut pour le paramètre `current`, donc en évitant son initialisation dans le premier appel (dans le patron filtrant l'élément `book`).

Somme L'objectif de cet exercice est d'écrire une transformation XSLT qui prend un document fait d'une sorte d'élément avec une sorte d'attribut dont la valeur est un entier naturel, et calcule la somme de tous ces nombres. Plus précisément, nous pensons à la DTD suivante :

```
<!ELEMENT numbers (num+)>
```

```
<!ELEMENT num (num*)>
<!ATTLIST num val CDATA #REQUIRED>
```

et, par exemple, à l'entrée suivante :

```
<?xml version='1.0' encoding='UTF-8'?>
<!DOCTYPE numbers SYSTEM "numbers_tree.dtd">
<numbers>
  <num val="18"/>
  <num val="1">
    <num val="1"/>
    <num val="2"/>
  </num>
  <num val="3">
    <num val="4">
      <num val="1"/>
      <num val="1"/>
    </num>
  </num>
  <num val="5">
    <num val="23"/>
    <num val="3"/>
    <num val="2">
      <num val="7">
        <num val="4"/>
        <num val="4"/>
      </num>
    </num>
  </num>
</numbers>
```

Le résultat attendu est alors

79

La clé est de comprendre la différence entre cet exercice et l'exercice où nous devions compter le nombre de sections dans une table des matières. Dans le dernier cas, nous avions compté 1 pour chaque section. Dans le premier, nous prenons simplement la valeur de l'attribut val au lieu de 1 :

```
<?xml version="1.0" encoding="UTF-8"?>
<xsl:transform version="2.0"
               xmlns:xsl="http://www.w3.org/1999/XSL/Transform"
               xmlns:xs="http://www.w3.org/2001/XMLSchema">
  <xsl:output method="text"/>

  <xsl:template match="numbers">
    <xsl:call-template name="sum">
```

```
      <xsl:with-param name="numbers" select="num"/>
    </xsl:call-template>
    <xsl:text>&#10;</xsl:text>
  </xsl:template>

<xsl:template name="sum" as="xs:integer">
  <xsl:param name="numbers" as="element(num)*"/>
  <xsl:param name="current" as="xs:integer" select="0"/>
  <xsl:choose>
    <xsl:when test="empty($numbers)">
      <xsl:sequence select="$current"/>
    </xsl:when>
    <xsl:otherwise>
      <xsl:call-template name="sum">
        <xsl:with-param name="numbers"
                        select="$numbers[position()>1]"/>
        <xsl:with-param name="current" as="xs:integer">
          <xsl:call-template name="sum">
            <xsl:with-param name="numbers"
                            select="$numbers[1]/num"/>
            <xsl:with-param name="current"
             select="$current + xs:integer($numbers[1]/@val)"/>
          </xsl:call-template>
        </xsl:with-param>
      </xsl:call-template>
    </xsl:otherwise>
  </xsl:choose>
</xsl:template>

</xsl:transform>
```

Réflexion   Le but de cet exercice est d'écrire une transformation XSLT
qui prend une table des matières avec seulement des sections et produit
la même table, en XML, où les sections sont inversées, niveau par niveau,
ce qui veut dire que l'arbre résultant est l'image de l'arbre d'entrée dans
un miroir. Nous avons déjà défini une fonction abstraite mir/1 qui réalise
cette opération à la FIGURE 7.25 page 236 :

$$\mathrm{mir}(\mathrm{ext}()) \to \mathrm{ext}(); \quad \mathrm{mir}(\mathrm{int}(x, t_1, t_2)) \to \mathrm{int}(x, \mathrm{mir}(t_2), \mathrm{mir}(t_1)).$$

La DTD que nous avons en tête ici est la suivante :

```
<!ELEMENT book (author, section+)>
<!ATTLIST book title CDATA #REQUIRED>
<!ELEMENT author EMPTY>
<!ATTLIST author first NMTOKEN #REQUIRED
                 last  NMTOKEN #REQUIRED>
```

```
<!ELEMENT section (section*)>
<!ATTLIST section title CDATA #REQUIRED>
```

Un exemple d'une entrée valide est la table suivante :

```
<?xml version='1.0' encoding='UTF-8'?>
<!DOCTYPE book SYSTEM "book_simple.dtd">

<book title="Definitive XML Schema">
  <author first="Priscilla" last="Walmsley"/>

  <section title="[1] A quick tour of XML Schema">
    <section title="[1.1] An example schema"/>
    <section title="[1.2] The components of XML Schema">
      <section title="[1.2.1] Declarations vs. definitions"/>
      <section title="[1.2.2] Global vs. local components"/>
    </section>
    <section title="[1.3] Elements and attributes">
      <section title="[1.3.1] The tag/type distinction"/>
    </section>
  </section>

  <section title="[2] Instances and schemas">
    <section title="[2.1] Using the instance attributes"/>
    <section title="[2.2] Schema processing">
      <section title="[2.2.1] Validation"/>
      <section title="[2.2.2] Augmenting the instance"/>
    </section>
  </section>
</book>
```

Notons que chaque titre de section a été numéroté en ordre pour mieux comprendre le résultat :

```
<?xml version="1.0" encoding="UTF-8"?>
<book title="Definitive XML Schema">
   <author first="Priscilla" last="Walmsley"/>
   <section title="[2] Instances and schemas">
      <section title="[2.2] Schema processing">
         <section title="[2.2.2] Augmenting the instance"/>
         <section title="[2.2.1] Validation"/>
      </section>
      <section title="[2.1] Using the instance attributes"/>
   </section>
   <section title="[1] A quick tour of XML Schema">
      <section title="[1.3] Elements and attributes">
         <section title="[1.3.1] The tag/type distinction"/>
      </section>
      <section title="[1.2] The components of XML Schema">
```

```
          <section title="[1.2.2] Global vs. local components"/>
          <section title="[1.2.1] Declarations vs. definitions"/>
      </section>
      <section title="[1.1] An example schema"/>
  </section>
</book>
```

La différence avec mir/1 est que les arbres XML sont des arbres de
Catalan et qu'ils n'ont pas de nœuds externes. Le cas mir(ext()) correspond à la séquence vide de sous-sections et son membre droit ext() est
traduit alors en une séquence vide aussi, ce qui signifie que la structure
du patron nommé est

```
<xsl:template name="mir" as="element(section)*">
  <xsl:param name="sections" as="element(section)*"/>
  <xsl:if test="not(empty($sections))">
    ...
  </xsl:if>
</xsl:template>
```

Ceci est un cas typique d'usage de xsl:if, au lieu du général xsl:choose.
Ensuite, nous nous concentrons sur la deuxième règle de réécriture, dont
le membre droit est $int(x, mir(t_2), mir(t_1))$. En XSLT, le paramètre est une
séquence de sections, c'est-à-dire une forêt, parce que nous traitons des
arbres de Catalan, donc les enfants de la racine constituent une forêt, pas
une paire (t_1, t_2) comme dans les arbres binaires. Par conséquent, nous
devons généraliser la réflexion d'une pile. Il ne convient pas de simplement la retourner parce que les enfants doivent être retournés aussi, et
aussi les petits-enfants etc. Autrement dit, nous devons parcourir l'arbre
entier, donc nous devrions nous attendre à effectuer deux appels récursifs : un horizontalement (pour traiter le niveau courant $sections), et un
verticalement (pour traiter les enfants d'un nœud dans le niveau courant,
souvent le premier).

Le premier canevas devrait alors être rempli ainsi :

```
<xsl:template name="mir" as="element(section)*">
  <xsl:param name="sections" as="element(section)*"/>
  <xsl:if test="not(empty($sections))">
    <xsl:call-template name="mir">
      <xsl:with-param name="sections"
                      select="$sections[position()>1]"/>
    </xsl:call-template>
    <section>
      <xsl:sequence select="$sections[1]/@title"/>
```

```
      <xsl:call-template name="mir">
        <xsl:with-param name="sections"
                        select="$sections[1]/section"/>
      </xsl:call-template>
    </section>
  </xsl:if>
</xsl:template>
```

Ce patron peut être conçu comme l'entrelacement du retournement et de la réflexion récursive des enfants de la racine. Notons que nous avons besoin de `<xsl:sequence select="$sections[1]/@title"/>` pour reconstruire l'attribut de l'image réfléchie `<section>...</section>` de la première section. Souvenons-nous que les nœuds attributs doivent être définis *avant* les autres espèces de nœuds parmi les enfants (voir page 410), c'est-à-dire immédiatement après la balise ouvrante `<section>`.

La transformation complète est

```
<?xml version="1.0" encoding="UTF-8"?>
<xsl:transform version="2.0"
               xmlns:xsl="http://www.w3.org/1999/XSL/Transform"
               xmlns:xs="http://www.w3.org/2001/XMLSchema"
               exclude-result-prefixes="xs">

  <xsl:output method="xml" version="1.0"
              encoding="UTF-8" indent="yes"/>

  <xsl:template match="/">
    <xsl:apply-templates select="book"/>
    <xsl:text>&#10;</xsl:text>
  </xsl:template>

  <xsl:template match="book" as="element(book)">
    <xsl:copy>
      <xsl:sequence select="@title"/>
      <xsl:sequence select="author"/>
      <xsl:call-template name="mir">
        <xsl:with-param name="sections" select="section"/>
      </xsl:call-template>
    </xsl:copy>
  </xsl:template>

  <xsl:template name="mir" as="element(section)*">
    <xsl:param name="sections" as="element(section)*"/>
    <xsl:if test="not(empty($sections))">
      <xsl:call-template name="mir">
        <xsl:with-param name="sections"
```

```
                                  select="$sections[position()>1]"/>
          </xsl:call-template>
          <section>
            <xsl:sequence select="$sections[1]/@title"/>
            <xsl:call-template name="mir">
              <xsl:with-param name="sections"
                              select="$sections[1]/section"/>
            </xsl:call-template>
          </section>
        </xsl:if>
      </xsl:template>

</xsl:transform>
```

Nous avons à nouveau une illustration de la nécessité de l'attribution `exclude-result-prefixes="xs"`, sinon `<section>...</section>`, qui est l'élément reconstruit, hériterait inutilement l'espace de noms `xs`.

Répondons maintenant à la question quand la table des matières contient des chapitres contenant à leur tour des sections, mais nous ne voulons pas retourner les chapitres, seulement les sections. Plus précisément, la DTD est

```
<!ELEMENT book (author, chapter+)>
<!ATTLIST book title CDATA #REQUIRED>
<!ELEMENT author EMPTY>
<!ATTLIST author first NMTOKEN #REQUIRED
                 last  NMTOKEN #REQUIRED>
<!ELEMENT chapter (section*)>
<!ATTLIST chapter title CDATA #REQUIRED>
<!ELEMENT section (section*)>
<!ATTLIST section title CDATA #REQUIRED>
```

et une entrée valide serait

```
<?xml version='1.0' encoding='UTF-8'?>

<!DOCTYPE book SYSTEM "book_deep.dtd">

<book title="Definitive XML Schema">
  <author first="Priscilla" last="Walmsley"/>


  <chapter title="[I] A quick tour of XML Schema">
    <section title="[I.1] An example schema"/>
    <section title="[I.2] The components of XML Schema">
      <section title="[I.2.1] Declaration vs. definition"/>
      <section title="[I.2.2] Global vs. local components"/>
    </section>
```

```
    <section title="[I.3] Elements and attributes">
      <section title="[I.3.1] The tag/type distinction"/>
    </section>
  </chapter>


  <chapter title="[II] Instances and schemas">
    <section title="[II.1] Using the instance attributes"/>
    <section title="[II.2] Schema processing">
      <section title="[II.2.1] Validation"/>
      <section title="[II.2.2] Augmenting the instance"/>
    </section>
  </chapter>
</book>
```

Nous voulons le résultat

```
<?xml version="1.0" encoding="UTF-8"?>
<book title="Definitive XML Schema">
  <author first="Priscilla" last="Walmsley"/>
  <chapter title="[I] A quick tour of XML Schema">
    <section title="[I.3] Elements and attributes">
      <section title="[I.3.1] The tag/type distinction"/>
    </section>
    <section title="[I.2] The components of XML Schema">
      <section title="[I.2.2] Global vs. local components"/>
      <section title="[I.2.1] Declaration vs. definition"/>
    </section>
    <section title="[I.1] An example schema"/>
  </chapter>
  <chapter title="[II] Instances and schemas">
    <section title="[II.2] Schema processing">
      <section title="[II.2.2] Augmenting the instance"/>
      <section title="[II.2.1] Validation"/>
    </section>
    <section title="[II.1] Using the instance attributes"/>
  </chapter>
</book>
```

Nous avons mentionné que nous avons dû écrire

```
      <section>
        <xsl:sequence select="$sections[1]/@title"/>
        ...
      </section>
```

pour copier l'attribut de la première section. Au lieu de cela, nous aime-
rions écrire <section title="$sections[1]/@title">, mais la valeur de

l'attribut est alors considérée comme du texte, pas comme une sélection. Par conséquent, le problème se réduit à sélectionner un attribut qui n'est ni test, ni select. La solution réside dans un opérateur XPath {...}, qui signifie : « Considérer le texte entre accolades comme du XPath, pas du texte. » Autrement dit, nous pourrions écrire

```
<section title="{$sections[1]/@title}">
   ...
</section>
```

Clairement, nous n'avons pas besoin de réécrire le patron nommé mir parce que les sections doivent être traitées de la même manière que précédemment, bien qu'il pourrait être intéressant d'utiliser ce nouvel opérateur XPath à des fins didactiques. Sinon, tout ce dont nous avons besoin est un nouveau patron nommé pour gérer les chapitres en les reconstruisant *dans le même ordre*, mais avec des enfants section réfléchies (s'il y en a). Ceci veut dire que nous pouvons réutiliser la même structure que celle de mir, mais sans le retournement :

```
<xsl:template match="book" as="element(book)">
  <xsl:copy>
    <xsl:sequence select="@title"/>
    <xsl:sequence select="author"/>
    <xsl:call-template name="mk_chap">
      <xsl:with-param name="chapters" select="chapter"/>
    </xsl:call-template>
  </xsl:copy>
</xsl:template>

<xsl:template name="mk_chap" as="element(chapter)*">
  <xsl:param name="chapters" as="element(chapter)*"/>
  <xsl:if test="not(empty($chapters))">
    <chapter title="{$chapters[1]/@title}">
      <xsl:call-template name="mir">
        <xsl:with-param name="sections"
                        select="$chapters[1]/section"/>
      </xsl:call-template>
    </chapter>
    <xsl:call-template name="mk_chap">
      <xsl:with-param name="chapters"
                      select="$chapters[position()>1]"/>
    </xsl:call-template>
  </xsl:if>
</xsl:template>
```

Notons que l'élément `xsl:copy` ne peut comporter un attribut `select` :
il n'effectue qu'une copie superficielle du nœud contextuel. Ici, il est
clair que le nœud contextuel est `book` parce que `xsl:copy` est un enfant
du patron filtrant `book`. Mais que se passerait-il s'il se trouvait dans
un patron nommé ? Comment y connaîtrions-nous le nœud contextuel,
puisque nous ne serions pas dans un patron filtrant ? La réponse est que
le nœud contextuel est le dernier nœud filtré dans le flot de contrôle
jusqu'à l'endroit présent. Par exemple, dans le patron nommé `mir`, le
nœud contextuel est l'élément racine `book`.

Parce que l'ordre des chapitres doit rester inchangé, il est intéressant
d'utiliser le patron filtrant `chapter` pour les traiter et de l'appeler avec
`<xsl:apply-templates select="chapter"/>`, au lieu d'employer le patron
nommé `mk_chap`, qui est un peu lourd. Cela signifie :

1. sélectionner les éléments `chapter` qui sont des enfants du nœud
   contextuel ;

2. pour chaque élément dans la séquence résultante, en parallèle, appliquer le premier patron dans la transformation qui filtre `chapter` ;

3. après en avoir terminé, réunir tous les résultats dans une séquence,
   dans le même ordre que les chapitres originaux.

Comme nous l'avons vu page 468, un patron filtrant est comme une projection, l'application en parallèle d'un patron aux items d'une séquence.
En d'autres termes, quand le traitement en *parallèle* des éléments est
envisagé, utilisons `xsl:apply-templates`, sinon un traitement *séquentiel*
est choisi, soit `xsl:call-template`. (Gardons à l'esprit que « parallèle »
n'implique pas que la réalisation d'un processeur XSLT doit être multifils
(anglais : *multi-threaded*), seulement que c'est une possibilité. La fonction
`map` en Erlang est clairement séquentielle, par exemple, bien qu'elle pourrait être programmée en utilisant au moyen de processus concurrents,
voir distribués.) Nous devons réécrire le patron filtrant `book` et le patron
nommé `mk_chap`, qui devient un patron filtrant `chapter` :

```
<xsl:template match="book" as="element(book)">
  <xsl:copy>
    <xsl:attribute name="title" select="@title"/>
    <xsl:sequence select="author"/>
    <xsl:apply-templates select="chapter"/>
  </xsl:copy>
</xsl:template>

<xsl:template match="chapter" as="element(chapter)">
  <xsl:copy>
```

```
        <xsl:attribute name="title" select="@title"/>
        <xsl:call-template name="mir">
          <xsl:with-param name="sections" select="section"/>
        </xsl:call-template>
      </xsl:copy>
    </xsl:template>
```

Remarquons comment la structure du nouveau patron n'imite plus celle du patron nommé `mir`, donc est plus courte. Par ailleurs, nous avons fait usage d'un nouvel élément XSLT :

```
<xsl:template match="book" as="element(book)">
  <xsl:copy>
    <xsl:attribute name="title" select="@title"/>
    ...
```

Ceci est une option à l'usage de `xsl:sequence` comme précédemment. Par ailleurs, nous avons maintenant un élément `xsl:copy` par patron filtrant, le nœud contextuel étant `book` dans un cas, et `chapter` dans l'autre.

En comparant le contenu du patron filtrant les chapitres avec celui de l'élément suivant dans le patron nommé `mir`,

```
    ...
    <section title="{$sections[1]/@title}">
      <xsl:call-template name="flip">
      <xsl:with-param name="sections"
                      select="$sections[1]/section"/>
      </xsl:call-template>
    </section>
    ...
```

il devient apparent que les deux actions sont les mêmes : faire une copie superficielle d'un élément et réfléchir ses enfants. Par conséquent, il serait avantageux que le patron filtrant les chapitres aussi filtrât les sections. À cause de notre emploi de `xsl:copy` et `xsl:attribute`, il devient possible d'obtenir un patron commun filtrant les chapitres et les sections : `<xsl:template match="chapter|section">`, dont l'interprétation est : « Filtrer un `chapter` ou bien une `section`. » Voici maintenant la différence avec la réponse antérieure :

```
<xsl:template match="chapter|section" as="element()*">
  <xsl:copy>
    <xsl:attribute name="title" select="@title"/>
    <xsl:call-template name="mir">
      <xsl:with-param name="sections" select="section"/>
```

```
      </xsl:call-template>
    </xsl:copy>
  </xsl:template>

  <xsl:template name="mir" as="element(section)*">
    <xsl:param name="sections" as="element(section)*"/>
    <xsl:if test="not(empty($sections))">
      <xsl:call-template name="mir">
        <xsl:with-param name="sections"
                        select="$sections[position()>1]"/>
      </xsl:call-template>
      <xsl:apply-templates select="$sections[1]"/>
    </xsl:if>
  </xsl:template>
```

Notons que nous devons appliquer des patrons à la première section dans `mir` (voir le code en gras), au lieu d'appeler récursivement `mir` (cet appel est maintenant effectué dans le patron filtrant les chapitres et sections). Puisque le patron s'applique à une section, le parallélisme est perdu, mais nous gagnons néanmoins du partage de code.

Les éléments `xsl:call-template` et `xsl:apply-templates` diffèrent par ailleurs en ce que le premier résulte toujours en un appel alors que le dernier peut être une non-opération si l'attribut `select` s'évalue en une séquence vide. Autrement dit, `<xsl:apply-templates select="..."/>` ne fait rien si `"..."` est vide, alors que `<xsl:call-template name="t">` appelle toujours le patron nommé `t`, même si les paramètres sont des séquences vides. Un patron filtrant peut être paramétré en plaçant des éléments `xsl:param` juste après `<xsl:template match="...">` (définition) et `xsl:with-param` après `xsl:apply-templates` (application). C'est la même syntaxe que `xsl:call-template`. Changeons alors l'appel du patron `mir` en une application de patron avec un paramètre et ôtons la définition de `mir` entièrement.

La transformation la plus courte est alors

```
<?xml version="1.0" encoding="UTF-8"?>
<xsl:transform version="2.0"
               xmlns:xsl="http://www.w3.org/1999/XSL/Transform"
               xmlns:xs="http://www.w3.org/2001/XMLSchema"
               exclude-result-prefixes="xs">
  <xsl:output method="xml" version="1.0"
              encoding="UTF-8" indent="yes"/>

  <xsl:template match="/">
    <xsl:apply-templates select="book"/>
    <xsl:text>&#10;</xsl:text>
  </xsl:template>
```

```
<xsl:template match="book" as="element(book)">
  <xsl:copy>
    <xsl:attribute name="title" select="@title"/>
    <xsl:sequence select="author"/>
    <xsl:apply-templates select="chapter"/>
  </xsl:copy>
</xsl:template>

<xsl:template match="chapter|section" as="element()*">
  <xsl:copy>
    <xsl:attribute name="title" select="@title"/>
    <xsl:call-template name="mir">
      <xsl:with-param name="sections" select="section"/>
    </xsl:call-template>
  </xsl:copy>
</xsl:template>

<xsl:template name="mir" as="element(section)*">
  <xsl:param name="sections" as="element(section)*"/>
  <xsl:if test="not(empty($sections))">
    <xsl:call-template name="mir">
      <xsl:with-param name="sections"
                      select="$sections[position()>1]"/>
    </xsl:call-template>
    <xsl:apply-templates select="$sections[1]"/>
  </xsl:if>
</xsl:template>

</xsl:transform>
```

Hauteur Le but de cet exercice est d'écrire une transformation XSLT qui prend une table des matières et calcule sa hauteur.

— La hauteur d'une table des matières est la plus grande hauteur de ses chapitres.

— La hauteur d'un chapitre (respectivement, d'une section) est 1 plus la plus grande hauteur de ses sections (respectivement, de ses sous-sections).

— La hauteur d'une séquence vide est 0.

Par exemple, un livre sans chapitres a la hauteur 0 (il est vide). Un livre constitué uniquement de chapitres sans sections a pour hauteur 1 (il est plat). Nous utiliserons la même DTD que dans l'exercice précédent :

```
<!ELEMENT book (author, chapter+)>
<!ATTLIST book title CDATA #REQUIRED>
```

```
<!ELEMENT author EMPTY>
<!ATTLIST author first NMTOKEN #REQUIRED
                 last  NMTOKEN #REQUIRED>
<!ELEMENT chapter (section*)>
<!ATTLIST chapter title CDATA #REQUIRED>
<!ELEMENT section (section*)>
<!ATTLIST section title CDATA #REQUIRED>
```

La même donnée

```
<?xml version='1.0' encoding='UTF-8'?>

<!DOCTYPE book SYSTEM "book_deep.dtd">

<book title="Definitive XML Schema">
  <author first="Priscilla" last="Walmsley"/>


  <chapter title="[I] A quick tour of XML Schema">
    <section title="[I.1] An example schema"/>
    <section title="[I.2] The components of XML Schema">
      <section title="[I.2.1] Declaration vs. definition"/>
      <section title="[I.2.2] Global vs. local components"/>
    </section>
    <section title="[I.3] Elements and attributes">
      <section title="[I.3.1] The tag/type distinction"/>
    </section>
  </chapter>


  <chapter title="[II] Instances and schemas">
    <section title="[II.1] Using the instance attributes"/>
    <section title="[II.2] Schema processing">
      <section title="[II.2.1] Validation"/>
      <section title="[II.2.2] Augmenting the instance"/>
    </section>
  </chapter>
</book>
```

conduit au résultat

3

La définition ci-dessus est un algorithme parallèle, parce que les hauteurs des chapitres et sections peuvent être calculées séparément. Par conséquent, réécrivons la transformation en employant des patrons filtrants uniquement et réutilisons le patron nommé max pour trouver le maximum de deux entiers.

```xml
<?xml version="1.0" encoding="UTF-8"?>

<xsl:transform version="2.0"
               xmlns:xsl="http://www.w3.org/1999/XSL/Transform"
               xmlns:xs="http://www.w3.org/2001/XMLSchema">

  <xsl:output method="text" encoding="UTF-8"/>

  <xsl:template match="/">
    <xsl:apply-templates select="book"/>
    <xsl:text>&#10;</xsl:text>
  </xsl:template>

  <xsl:template match="book" as="xs:integer">
    <xsl:call-template name="max">
      <xsl:with-param name="int" as="xs:integer*">
        <xsl:apply-templates select="chapter"/>
      </xsl:with-param>
      <xsl:with-param name="cur" select="0"/>
    </xsl:call-template>
  </xsl:template>

  <xsl:template match="chapter|section" as="xs:integer">
    <xsl:variable name="sub" as="xs:integer">
      <xsl:call-template name="max">
        <xsl:with-param name="int" as="xs:integer*">
          <xsl:apply-templates select="section"/>
        </xsl:with-param>
        <xsl:with-param name="cur" select="0"/>
      </xsl:call-template>
    </xsl:variable>
    <xsl:sequence select="1 + $sub"/>
  </xsl:template>

  <xsl:template name="max" as="xs:integer?">
    <xsl:param name="int" as="xs:integer*"/>
    <xsl:param name="cur" as="xs:integer?"/>
    <xsl:choose>
      <xsl:when test="empty($int)">
        <xsl:sequence select="$cur"/>
      </xsl:when>
      <xsl:when test="not(empty($cur)) and $cur ge $int[1]">
        <xsl:call-template name="max">
          <xsl:with-param name="int"
                          select="$int[position()>1]"/>
          <xsl:with-param name="cur" select="$cur"/>
        </xsl:call-template>
```

```
      </xsl:when>
      <xsl:otherwise>
        <xsl:call-template name="max">
          <xsl:with-param name="int"
                            select="$int[position()>1]"/>
          <xsl:with-param name="cur" select="$int[1]"/>
        </xsl:call-template>
      </xsl:otherwise>
    </xsl:choose>
  </xsl:template>

</xsl:transform>
```

Même question mais cette fois-ci, au lieu de calculer en parallèle les hauteurs des enfants d'un nœud donné, calculons-les séquentiellement à l'aide d'un patron nommé. L'objectif est d'éviter le calcul d'une séquence de hauteurs et d'en déduire la plus grande : au lieu de cela, nous pourrions calculer la hauteur courante pendant le parcours. Deux paramètres sont nécessaires : un paramètre cur représentant la hauteur d'une séquence jusqu'à présent (la valeur initiale est 0) et un paramètre seq contenant le reste de la séquence dont nous voulons connaître la hauteur. Alors

1. nous calculons la hauteur de la séquence des enfants de $seq[1] ;

2. nous ajoutons 1 pour obtenir la hauteur de $seq[1] ;

3. le maximum de cette valeur et $cur est la valeur de cur dans l'appel récursif avec $seq[position()>1]. Si $seq est vide, la plus grande hauteur des nœuds est $cur. (Ce schéma est analogue au comptage du nombre de sections.)

Ceci est écrit en XSLT ainsi :

```
<?xml version="1.0" encoding="UTF-8"?>

<xsl:transform version="2.0"
                xmlns:xsl="http://www.w3.org/1999/XSL/Transform"
                xmlns:xs="http://www.w3.org/2001/XMLSchema">

  <xsl:output method="text" encoding="UTF-8"/>

  <xsl:template match="/">
    <xsl:apply-templates select="book"/>
    <xsl:text>&#10;</xsl:text>
  </xsl:template>


  <xsl:template match="book" as="xs:integer">
    <xsl:call-template name="height">
```

```
        <xsl:with-param name="seq" select="chapter"/>
        <xsl:with-param name="cur" select="0"/>
      </xsl:call-template>
    </xsl:template>


    <xsl:template name="height" as="xs:integer">
      <xsl:param name="seq" as="element()*"/>
      <xsl:param name="cur" as="xs:integer"/>
      <xsl:choose>
        <xsl:when test="empty($seq)">
          <xsl:sequence select="$cur"/>
        </xsl:when>
        <xsl:otherwise>
          <xsl:call-template name="height">
            <xsl:with-param name="seq"
                            select="$seq[position()>1]"/>
            <xsl:with-param name="cur" as="xs:integer">
              <xsl:variable name="sub" as="xs:integer">
                <xsl:call-template name="height">
                  <xsl:with-param name="seq"
                                  select="$seq[1]/section"/>
                  <xsl:with-param name="cur" select="0"/>
                </xsl:call-template>
              </xsl:variable>
              <xsl:choose>
                <xsl:when test="$cur gt $sub">
                  <xsl:sequence select="$cur"/>
                </xsl:when>
                <xsl:otherwise>
                  <xsl:sequence select="1 + $sub"/>
                </xsl:otherwise>
              </xsl:choose>
            </xsl:with-param>
          </xsl:call-template>
        </xsl:otherwise>
      </xsl:choose>
    </xsl:template>

</xsl:transform>
```

Dans la question précédente, la hauteur est calculée de façon *ascendante*, c'est-à-dire que les incréments sur la hauteur sont effectués juste avant la fin des appels récursifs et de nouveaux appels initialisent le paramètre de hauteur à 0. Au lieu de cela, nous pouvons proposer une conception alternative où la hauteur est incrémentée de manière *descendante*, autrement dit, au paramètre de hauteur est ajouté 1 juste avant le début des appels récursifs :

```xml
<?xml version="1.0" encoding="UTF-8"?>

<xsl:transform version="2.0"
               xmlns:xsl="http://www.w3.org/1999/XSL/Transform"
               xmlns:xs="http://www.w3.org/2001/XMLSchema">

  <xsl:output method="text" encoding="UTF-8"/>

  <xsl:template match="/">
    <xsl:apply-templates select="book"/>
    <xsl:text>&#10;</xsl:text>
  </xsl:template>

  <xsl:template match="book" as="xs:integer">
    <xsl:call-template name="height">
      <xsl:with-param name="seq" select="chapter"/>
      <xsl:with-param name="lvl" select="0"/>
    </xsl:call-template>
  </xsl:template>

  <xsl:template name="height" as="xs:integer">
    <xsl:param name="seq" as="element()*"/>
    <xsl:param name="lvl" as="xs:integer"/>
    <xsl:choose>
      <xsl:when test="empty($seq)">
        <xsl:sequence select="$lvl"/>
      </xsl:when>
      <xsl:otherwise>
        <xsl:variable name="sub" as="xs:integer">
          <xsl:call-template name="height">
            <xsl:with-param name="seq" select="$seq[1]/section"/>
            <xsl:with-param name="lvl" select="1 + $lvl"/>
          </xsl:call-template>
        </xsl:variable>
        <xsl:variable name="nxt" as="xs:integer">
          <xsl:call-template name="height">
            <xsl:with-param name="seq"
                            select="$seq[position()>1]"/>
            <xsl:with-param name="lvl" select="$lvl"/>
          </xsl:call-template>
        </xsl:variable>
        <xsl:choose>
          <xsl:when test="$nxt gt $sub">
            <xsl:sequence select="$nxt"/>
          </xsl:when>
          <xsl:otherwise>
```

```
            <xsl:sequence select="$sub"/>
          </xsl:otherwise>
        </xsl:choose>
      </xsl:otherwise>
    </xsl:choose>
  </xsl:template>

</xsl:transform>
```

Numérotation   L'objectif de cet exercice est de composer une transformation XSLT qui prend une table des matières et la reproduit en XHTML, d'abord sans numéroter ses chapitres ni ses sections, puis en les numérotant. La DTD est toujours la même :

```
<!ELEMENT book (author, chapter+)>
<!ATTLIST book title CDATA #REQUIRED>
<!ELEMENT author EMPTY>
<!ATTLIST author first NMTOKEN #REQUIRED
                 last  NMTOKEN #REQUIRED>
<!ELEMENT chapter (section*)>
<!ATTLIST chapter title CDATA #REQUIRED>
<!ELEMENT section (section*)>
<!ATTLIST section title CDATA #REQUIRED>
```

La donnée valide est toujours

```
<?xml version='1.0' encoding='UTF-8'?>

<!DOCTYPE book SYSTEM "book_deep.dtd">

<book title="Definitive XML Schema">
  <author first="Priscilla" last="Walmsley"/>


  <chapter title="[I] A quick tour of XML Schema">
    <section title="[I.1] An example schema"/>
    <section title="[I.2] The components of XML Schema">
      <section title="[I.2.1] Declaration vs. definition"/>
      <section title="[I.2.2] Global vs. local components"/>
    </section>
    <section title="[I.3] Elements and attributes">
      <section title="[I.3.1] The tag/type distinction"/>
    </section>
  </chapter>


  <chapter title="[II] Instances and schemas">
    <section title="[II.1] Using the instance attributes"/>
```

```
    <section title="[II.2] Schema processing">
      <section title="[II.2.1] Validation"/>
      <section title="[II.2.2] Augmenting the instance"/>
    </section>
  </chapter>
</book>
```

Le résultat attendu (sans numérotation) est alors

```
<!DOCTYPE html
  PUBLIC "-//W3C//DTD XHTML 1.0 Strict//EN"
  "http://www.w3.org/TR/xhtml1/DTD/xhtml1-strict.dtd">
<html xmlns:xhtml="http://www.w3.org/1999/xhtml"
      xmlns="http://www.w3.org/1999/xhtml"
      xml:lang="en" lang="en">
  <head>
    <meta http-equiv="Content-Type"
          content="text/html; charset=UTF-8"/>
    <title>Definitive XML Schema</title>
  </head>
  <body>
    <h2>Definitive XML Schema</h2>
    <p>by Priscilla Walmsley</p>
    <h3>Table of contents</h3>
    <ul>
      <li>[I] A quick tour of XML Schema
        <ul>
          <li>[I.1] An example schema</li>
          <li>[I.2] The components of XML Schema
            <ul>
              <li>[I.2.1] Declaration vs. definition</li>
              <li>[I.2.2] Global vs. local components</li>
            </ul>
          </li>
          <li>[I.3] Elements and attributes
            <ul>
              <li>[I.3.1] The tag/type distinction</li>
            </ul>
          </li>
        </ul>
      </li>
      <li>[II] Instances and schemas
        <ul>
```

```
      <li>[II.1] Using the instance attributes</li>
      <li>[II.2] Schema processing
        <ul>
          <li>[II.2.1] Validation</li>
          <li>[II.2.2] Augmenting the instance</li>
        </ul>
      </li>
    </ul>
  </li>
    </ul>
  </body>
</html>
```

qui serait probablement interprété par un navigateur ainsi :

Definitive XML Schema

by Priscilla Walmsley

Table of contents
I A quick tour of XML Schema
   I.1 An example schema
   I.2 The components of XML Schema
      I.2.1 Declaration vs. definition
      I.2.2 Global vs. local components
   I.3 Elements and attributes
      I.3.1 The tag/type distinction
II Instances and schemas
   II.1 Using the instance attributes
   II.2 Schema processing
      II.2.1 Validation
      II.2.2 Augmenting the instance

La solution suivante ne devrait pas présenter de difficultés maintenant :

```
<?xml version="1.0" encoding="UTF-8"?>
<xsl:transform version="2.0"
            xmlns:xsl="http://www.w3.org/1999/XSL/Transform"
            xmlns:xhtml="http://www.w3.org/1999/xhtml">

  <xsl:output method="xhtml"
            doctype-public="-//W3C//DTD XHTML 1.0 Strict//EN"
            doctype-system=
```

```
                    "http://www.w3.org/TR/xhtml1/DTD/xhtml1-strict.dtd"
                    indent="yes"
                    omit-xml-declaration="yes"/>

  <xsl:template match="/">
    <xsl:apply-templates select="book"/>
    <xsl:text>&#10;</xsl:text>
  </xsl:template>

  <xsl:template match="book" as="element(xhtml:html)">
    <html xmlns="http://www.w3.org/1999/xhtml"
          xml:lang="en" lang="en">
      <head>
        <title><xsl:value-of select="@title"/></title>
      </head>
      <body>
        <h2><xsl:value-of select="@title"/></h2>
        <p>by <xsl:value-of select="author/@first,author/@last"/>
        </p>
        <h3>Table of contents</h3>
        <ul><xsl:apply-templates select="chapter"/></ul>
      </body>
    </html>
  </xsl:template>

  <xsl:template match="section|chapter" as="element(xhtml:li)">
    <li xmlns="http://www.w3.org/1999/xhtml">
      <xsl:value-of select="@title"/>
      <xsl:if test="not(empty(section))">
        <ul><xsl:apply-templates select="section"/></ul>
      </xsl:if>
    </li>
  </xsl:template>

</xsl:transform>
```

On notera `<xsl:value-of select="@title"/>`, car les titres sont des valeurs d'attributs, donc nous avons besoin de `xsl:value-of` pour créer des nœuds textuels, tout comme pour `"author/@first,author/@last"`, ce qui est le même que `"(author/@first,author/@last)"`. Il aurait été possible d'écrire `"author/@*"`, ce qui signifie : « Toutes les valeurs d'attributs de l'élément `author`, enfant du nœud contextuel. »

À présent, ajoutons un nombre entre crochets après la balise XHTML `<li>`, qui est la position de l'item dans la liste, comme

```
<!DOCTYPE html
   PUBLIC "-//W3C//DTD XHTML 1.0 Strict//EN"
```

```
                "http://www.w3.org/TR/xhtml1/DTD/xhtml1-strict.dtd">
<html xmlns:xhtml="http://www.w3.org/1999/xhtml"
      xmlns="http://www.w3.org/1999/xhtml"
      xml:lang="en" lang="en">
  <head>
    <meta http-equiv="Content-Type"
          content="text/html; charset=UTF-8"/>
    <title>Definitive XML Schema</title>
  </head>
  <body>
    <h2>Definitive XML Schema</h2>
    <p>by Priscilla Walmsley</p>
    <h3>Table of contents</h3>
    <ul>
      <li>[1] [I] A quick tour of XML Schema
        <ul>
          <li>[1] [I.1] An example schema</li>
          <li>[2] [I.2] The components of XML Schema
            <ul>
              <li>[1] [I.2.1] Declaration vs. definition</li>
              <li>[2] [I.2.2] Global vs. local components</li>
            </ul>
          </li>
          <li>[3] [I.3] Elements and attributes
            <ul>
              <li>[1] [I.3.1] The tag/type distinction</li>
            </ul>
          </li>
        </ul>
      </li>
      <li>[2] [II] Instances and schemas
        <ul>
          <li>[1] [II.1] Using the instance attributes</li>
          <li>[2] [II.2] Schema processing
            <ul>
              <li>[1] [II.2.1] Validation</li>
              <li>[2] [II.2.2] Augmenting the instance</li>
            </ul>
          </li>
        </ul>
      </li>
    </ul>
  </body>
</html>
```

Les nombres ajoutés ont été graissés. Le seul changement réside dans le
patron filtrant les chapitres et les sections :

```
<xsl:template match="section|chapter" as="element(xhtml:li)">
  <li xmlns="http://www.w3.org/1999/xhtml">
    <xsl:value-of select="('[',position(),'] ',@title)"
                  separator=""/>
    <xsl:if test="not(empty(section))">
      <ul><xsl:apply-templates select="section"/></ul>
    </xsl:if>
  </li>
</xsl:template>
```

À l'attribut `separator` doit être affecté la chaîne vide, de manière à ce que les items dans la sélection (chaînes et entiers) soient convertis en un nœud textuel sans l'espace séparatrice par défaut. Par exemple, si nous essayons `<xsl:value-of select="1,2,3">` le résultat est '1 2 3'.

Finalement, nous pouvons compléter la numérotation pour qu'elle devienne ce que nous attendons dans la table des matières. Reprenons le fil avec une entrée *sans* nombres :

```
<?xml version='1.0' encoding='UTF-8'?>

<!DOCTYPE book SYSTEM "book_deep.dtd">

<book title="Definitive XML Schema">
  <author first="Priscilla" last="Walmsley"/>
  <chapter title="A quick tour of XML Schema">
    <section title="An example schema"/>
    <section title="The components of XML Schema">
      <section title="Declarations vs. definitions"/>
      <section title="Global vs. local components"/>
    </section>
    <section title="Elements and attributes">
      <section title="The tag/type distinction"/>
    </section>
  </chapter>

  <chapter title="Instances and schemas">
    <section title="Using the instance attributes"/>
    <section title="Schema processing">
      <section title="Validation"/>
      <section title="Augmenting the instance"/>
    </section>
  </chapter>
</book>
```

et, pour rendre les choses un peu plus faciles, la sortie comportera des chiffres arabes pour les chapitres comme pour les sections :

```
<!DOCTYPE html
  PUBLIC "-//W3C//DTD XHTML 1.0 Strict//EN"
         "http://www.w3.org/TR/xhtml1/DTD/xhtml1-strict.dtd">
<html xmlns:xhtml="http://www.w3.org/1999/xhtml"
      xmlns="http://www.w3.org/1999/xhtml"
      xml:lang="en" lang="en">
  <head><meta http-equiv="Content-Type"
              content="text/html; charset=UTF-8"/>
        <title>Definitive XML Schema</title>
  </head>
  <body>
    <h2>Definitive XML Schema</h2>
    <p>by Priscilla Walmsley</p>
    <h3>Table of contents</h3>
    <ul>
      <li>[1] A quick tour of XML Schema
        <ul>
          <li>[1.1] An example schema</li>
          <li>[1.2] The components of XML Schema
            <ul>
              <li>[1.2.1] Declarations vs. definitions</li>
              <li>[1.2.2] Global vs. local components</li>
            </ul>
          </li>
          <li>[1.3] Elements and attributes
            <ul>
              <li>[1.3.1] The tag/type distinction</li>
            </ul>
          </li>
        </ul>
      </li>
      <li>[2] Instances and schemas
        <ul>
          <li>[2.1] Using the instance attributes</li>
          <li>[2.2] Schema processing
            <ul>
              <li>[2.2.1] Validation</li>
              <li>[2.2.2] Augmenting the instance</li>
            </ul>
          </li>
        </ul>
      </li>
```

```
    </ul>
  </body>
</html>
```

L'idée consiste à ajouter un paramètre `prefix` au patron filtrant les chapitres et les sections, qui reçoivent le préfixe numérotant le parent. Par
exemple, lorsque nous filtrons la section intitulée « Declarations vs. définitions », la valeur du paramètre est la séquence (1,'.',2,'.'), donc
nous concaténons simplement la position de la section parmi les nœuds
de même niveau, soit 1. Ensuite, nous créons un nœud textuel pour for-
matter [1.2.1]. Voici la modification :

```
<xsl:template match="chapter|section" as="element(xhtml:li)">
  <xsl:param name="prefix" as ="item()*"/>
  <xsl:variable name="current" select="($prefix,position())"/>
  <li xmlns="http://www.w3.org/1999/xhtml">
    <xsl:value-of select="('[',$current,'] ',@title)"
                  separator=""/>
    <xsl:if test="not(empty(section))">
      <ul>
        <xsl:apply-templates select="section">
          <xsl:with-param name="prefix"
                          select="($current,'.')"/>
        </xsl:apply-templates>
      </ul>
    </xsl:if>
  </li>
</xsl:template>
```

Remarquons que la première application de ce patron n'a pas changé :

```
    ...
    <ul><xsl:apply-templates select="chapter"/></ul>
    ...
```

parce qu'en XSLT, une séquence vide est implicitement transmise, ce qui
est pratique en l'occurrence.

Tri des feuilles L'objectif de cet exercice est de produire une transformation XSLT qui prend un document représentant un arbre binaire dont
les feuilles contiennent un entier et les trie en ordre non-décroissant. Les
entiers dans la séquence ordonnée doivent être séparés par des virgules
et conclus par un point dans le texte final. Par exemple, considérons le
document XML suivant :

```xml
<?xml version="1.0" encoding="UTF-8"?>

<num>
  <num>
    <num val="9"/>
    <num>
      <num>
        <num val="33"/>
      </num>
      <num val="15"/>
    </num>
  </num>
  <num>
    <num>
      <num val="13"/>
      <num val="8"/>
    </num>
    <num>
      <num>
        <num>
          <num val="9"/>
          <num val="0"/>
        </num>
        <num val="16"/>
      </num>
      <num val="19"/>
    </num>
  </num>
</num>
```

Il mène au résultat suivant :

```
0,8,9,9,13,15,16,19,33.
```

Le format de la sortie devrait nous rappeler des valeurs ponctuées, page 463, et l'ordonnancement de l'interclassement de séquences triées, page 480. Alors, une première approche serait de parcourir l'arbre et de collecter les nombres sous forme de séquences ordonnées qui sont interclassées à l'aide du patron nommé merge jusqu'à ce qu'il ne reste qu'une seule séquence à laquelle nous pouvons appliquer le patron nommé csv. Plus précisément, ce parcours peut être effectué en parallèle : les applications récursives fournissent deux séquences triées qui sont interclassées ; si le nœud contextuel est l'élément racine, alors nous appelons csv. Autrement, les interclassements sont effectués d'une manière purement ascendante (c'est-à-dire après la fin des appels récursifs). Par conséquent, nous commençons avec

```
<xsl:template match="/" as="text()*">
  <xsl:call-template name="csv">
    <!-- The following cast is needed. -->
    <xsl:with-param name="items" as="xs:integer*">
      <xsl:apply-templates select="num"/>
    </xsl:with-param>
  </xsl:call-template>
  <xsl:text>&#10;</xsl:text>
</xsl:template>
```

Remarquons que l'annotation de type `xs:integer*` est nécessaire quand on invoque le patron `csv`, dont le type est

```
<xsl:template name="csv" as="text()*">
  <xsl:param name="items" as="item()*"/>
  ...
</xsl:template>
```

Le reste est

```
<xsl:template match="num" as="xs:integer*">
  <xsl:choose>
    <xsl:when test="empty(@val)">
      <xsl:call-template name="merge">
        <xsl:with-param name="fst" as="xs:integer*">
          <xsl:apply-templates select="num[1]"/>
        </xsl:with-param>
        <xsl:with-param name="snd" as="xs:integer*">
          <xsl:apply-templates select="num[2]"/>
        </xsl:with-param>
      </xsl:call-template>
    </xsl:when>
    <xsl:otherwise>
      <xsl:value-of select="@val"/>
    </xsl:otherwise>
  </xsl:choose>
</xsl:template>
```

Le patron **merge** a besoin d'être simplifié et généralisé parce qu'il était trop spécialisé :

```
<xsl:template name="merge" as="element(item)*">
  <xsl:param name="seq1" as="element(item)*"/>
  <xsl:param name="seq2" as="element(item)*"/>
  ...
</xsl:template>
```

Il faut aussi qu'il reçoive deux entiers maintenant :

```
<xsl:template name="merge" as="xs:integer*">
  <xsl:param name="fst" as="xs:integer*"/>
  <xsl:param name="snd" as="xs:integer*"/>
  <xsl:choose>
    <xsl:when test="empty($fst)">
      <xsl:sequence select="$snd"/>
    </xsl:when>
    <xsl:when test="empty($snd)">
      <xsl:sequence select="$fst"/>
    </xsl:when>
    <xsl:when test="$fst[1] lt $snd[1]">
      <xsl:sequence select="$fst[1]"/>
      <xsl:call-template name="merge">
        <xsl:with-param name="fst"
                        select="$fst[position()>1]"/>
        <xsl:with-param name="snd" select="$snd"/>
      </xsl:call-template>
    </xsl:when>
    <xsl:otherwise>
      <xsl:sequence select="$snd[1]"/>
      <xsl:call-template name="merge">
        <xsl:with-param name="fst" select="$fst"/>
        <xsl:with-param name="snd"
                        select="$snd[position()>1]"/>
      </xsl:call-template>
    </xsl:otherwise>
  </xsl:choose>
</xsl:template>
```

Exercice Est-ce que l'exemple 2.2 dans le livre de Mangano (2006), page 39, est vraiment en forme terminale ?

Bibliographie

Arne ANDERSSON : A note on searching in a binary search tree. *Software–Practice and experience*, 21(20):1125–1128, octobre 1991. (Short communication).

Arne ANDERSSON : Balanced search trees made simple. *In Proceedings of the workshop on Algorithms and Data Structures*, volume 709/1993 de *Lecture Notes in Computer Science*, pages 60–71, 1993.

Arne ANDERSSON, Christian ICKING, Rolf KLEIN et Thomas OTTMANN : Binary search trees of almost optimal height. *Acta Informatica*, 28(2):165–178, 1990.

Andrew APPEL : *Compiling with Continuations*. Cambridge University Press, 1992.

Margaret ARCHIBALD et Julien CLÉMENT : Average depth in a binary search tree with repeated keys. *In Proceedings of the fourth colloquium on Mathematics and Computer Science Algorithms, Trees, Combinatorics and Probabilities*, pages 209–320, septembre 2006.

Joe ARMSTRONG : *Programming Erlang*. The Pragmatic Bookshelf, juillet 2007.

Joe ARMSTRONG : Erlang. *Communications of the ACM*, 53(9):68–75, septembre 2010.

Thomas ARTS et Jürgen GIESL : Termination of constructor systems. Rapport technique, Technische Hochschule Darmstadt, juillet 1996. ISSN 0924-3275.

Thomas ARTS et Jürgen GIESL : Automatically proving termination where simplification orderings fail. *In Proceedings of the seventh International Joint Conference on the Theory and Practice of Software Development*, Lecture Notes in Computer Science 1214, pages 261–272, Lille, France, 1997. Springer-Verlag.

Thomas ARTS et Jürgen GIESL : Termination of term rewriting using dependency pairs. *Theoretical Computer Science*, 1-2(236):133–178, avril 2000.

Thomas ARTS et Jürgen GIESL : A collection of examples for termination of term rewriting using dependency pairs. Rapport technique, Aachen University of Technology, Department of Computer Science, septembre 2001. ISSN 0935-3232.

Javed A. ASLAM : A simple bound on the expected height of a randomly built binary search tree. Rapport technique TR 2001-387, Deparment of Computer Science, Dartmouth College, 2001.

Franz BAADER et Tobias NIPKOW : *Term Rewriting and all that.* Cambridge University Press, 1998.

Hendrik Pieter BARENDREGT : *Handbook of Theoretical Computer Science*, volume B (Formal Models and Semantics), chapitre Functional Programming and Lambda Calculus, pages 321–363. Elsevier Science, 1990.

Paul E. Black George BECKER et Neil V. MURRAY : Formal verification of a merge-sort program with static semantics. *In* Kamal Karlapalem Amin Y. NOAMAN et Ken BARKER, éditeurs : *Proceedings of the ninth International Conference on Computing and Information*, pages 271–277, Winnipeg, Manitoba, Canada, juin 1998.

Yves BERTOT et Pierre CASTÉRAN : *Interactive Theorem Proving and Program Development.* Texts in Theoretical Computer Science. Springer, 2004.

Richard BIRD : *Pearls of Functional Algorithm Design*, chapitre The Knuth-Morris-Pratt algorithm, pages 127–135. Cambridge University Press, octobre 2010.

Patrick BLACKBURN, Johan BOS et Kristina STRIEGNITZ : *Learn Prolog now !*, volume 7 de *Texts in Computing*. College Publications, juin 2006.

Stephen BLOCH : Teaching linked lists and recursion without conditionals or null. *Journal of Computing Sciences in Colleges*, 18 (5):96–108, mai 2003. ISSN 1937-4771.

Peter B. BORWEIN : On the irrationality of certain series. *In Mathematical Proceedings of the Cambridge Philosophical Society*, volume 112, pages 141–146, 1992.

Ivan BRATKO : *Prolog Programming for Artificial Intelligence.* Addison-Wesley, third édition, septembre 2000.

Gerald G. BROWN et Bruno O. SHUBERT : On random binary trees. *Mathematics of Operations Research*, 9(1):43–65, février 1984.

Robert Creighton BUCK : Mathematical induction and recursive definitions. *American Mathematical Monthly*, 70(2):128–135, février 1963.

William H. BURGE : An analysis of binary search trees formed from sequences of nondistinct keys. *Journal of the ACM*, 23(2):451–454, juillet 1976.

F. Warren BURTON : An efficient functional implementation of FIFO queues. *Information Processing Letters*, 14(5):205–206, juillet 1982.

L. E. BUSH : An asymptotic formula for the average sum of the digits of integers. *The American Mathematical Monthly*, 47(3):154–156, mars 1940.

David CALLAN : Pair them up! A visual approach to the Chung-Feller theorem. *The College Mathematics Journal*, 26(3):196–198, mai 1995.

Patrice CHALIN et Perry JAMES : Non-null references by default in Java : Alleviating the nullity annotation burden. *In Proceedings of the twenty-first European Conference on Object-Oriented Programming (ECOOP)*, pages 227–247, Berlin, Germany, 2007.

Christian CHARRAS et Thierry LECROQ : *Handbook of Exact String Matching Algorithms.* College Publications, février 2004.

Brigitte CHAUVIN, Michael DRMOTA et Jean JABBOUR-HATTAB : The profile of binary search trees. *The Annals of Applied Probability*, 11 (4):1042–1062, novembre 2001.

Wei-Mei CHEN, Hsien-Kuei HWANG et Gen-Huey CHEN : The cost distribution of queue-mergesort, optimal mergesorts, and power-of-2 rules. *Journal of Algorithms*, 30(2):423–448, février 1999.

Richard C. COBBE : *Much ado about nothing : Putting Java's null in its place.* Thèse de doctorat, College of Computer and Information Science, Northeastern University, Boston, Massachusetts, USA, décembre 2008.

Charles CONSEL et Olivier DANVY : Partial evaluation of pattern matching in strings. *Information Processing Letters*, 20(2):79–86, janvier 1989.

Curtis R. COOK et Do Jin KIM : Best sorting algorithm for nearly sorted lists. *Communications of the ACM*, 23(11), novembre 1980.

Thomas CORMEN, Charles LEISERSON, Ronald RIVEST et Clifford STEIN : *Introduction to Algorithms*. The MIT Press, third édition, 2009.

Guy COUSINEAU et Michel MAUNY : *The Functional Approach to Programming*. Cambridge University Press, octobre 1998.

Maxime CROCHEMORE, Christophe HANCART et Thierry LECROQ : *Algorithms on strings*. Cambridge University Press, 2007.

Joseph CULBERSON et Patricia A. EVANS : Asymmetry in binary search tree update algorithms. Rapport technique TR 94-09, Department of Computing Science, University of Alberta, Edmonton, Alberta, Canada, mai 1994.

Joseph CULBERSON et J. Ian MUNRO : Explaining the behaviour of binary search trees under prolonged updates : A model and simulations. *The Computer Journal*, 32(1):68–75, 1989.

Olivier DANVY : On some functional aspects of control. *In Proceedings of the Workshop on Implementation of Lazy Functional Languages*, pages 445–449. Program Methodology Group, University of Göteborg and Chalmers University of Technology, Sweden, septembre 1988. Report 53.

Olivier DANVY : On listing list prefixes. *List Pointers*, 2(3/4):42–46, janvier 1989.

Olivier DANVY : Sur un exemple de Patrick Greussay. BRICS Report Series RS-04-41, Basic Research in Computer Science, University of Aarhus, Denmark, décembre 2004.

Olivier DANVY et Mayer GOLDBERG : There and back again. BRICS Report Series RS-01-39, Basic Research in Computer Science, University of Aarhus, Denmark, octobre 2001.

Olivier DANVY et Lasse R. NIELSEN : Defunctionalization at work. BRICS Report Series RS-01-23, Basic Research in Computer Science, University of Aarhus, Denmark, juin 2001.

B. DASARATHY et Cheng YANG : A transformation on ordered trees. *The Computer Journal*, 23(2):161–164, 1980.

Hubert DELANGE : Sur la fonction sommatoire de la fonction « somme des chiffres ». *L'Enseignement Mathématique*, XXI(1):31–47, 1975.

Nachum DERSHOWITZ : Termination of rewriting. *Journal of Symbolic Computation*, 3(1-2):69–115, février 1987. Corrigendum : Journal of Symbolic Computation (1987) **4**, 409–410.

Nachum DERSHOWITZ : *Functional Programming, Concurrency, Simulation and Automated Reasoning*, volume 693 de *Lecture Notes in Computer Science*, chapitre A taste of rewrite systems, pages 199–228. Springer, 1993.

Nachum DERSHOWITZ : 33 examples of termination. *In Proceedings of the French Spring School of Theoretical Computer Science*, volume 909 de *Lecture Notes in Computer Science*, pages 16–26. Springer, 1995.

Nachum DERSHOWITZ et Jean-Pierre JOUANNAUD : *Handbook of Theoretical Computer Science*, volume B (Formal Models and Semantics), chapitre Rewrite Systems, pages 243–320. Elsevier Science, 1990.

Nachum DERSHOWITZ et Christian RINDERKNECHT : The Average Height of Catalan Trees by Counting Lattice Paths. *Mathematics Magazine*, 88(3):187–195, juin 2015. 18 pages (preprint, including supplement).

Nachum DERSHOWITZ et Shmuel ZAKS : Enumerations of ordered trees. *Discrete Mathematics*, 31(1):9–28, 1980.

Nachum DERSHOWITZ et Shmuel ZAKS : Applied tree enumerations. *In Proceedings of the Sixth Colloquium on Trees in Algebra and Programming*, volume 112 de *Lecture Notes in Computer Science*, pages 180–193, Berlin, Germany, 1981. Springer.

Nachum DERSHOWITZ et Shmuel ZAKS : The Cycle Lemma and some applications. *European Journal of Combinatorics*, 11(1):35–40, 1990.

Luc DEVROYE : A note on the height of binary search trees. *Journal of the Association for Computing Machinery*, 33(3):489–498, juillet 1986.

Luc DEVROYE : Branching processes in the analysis of the heights of trees. *Acta Informatica*, 24(3):277–298, 1987.

Edsger Wybe DIJKSTRA : Recursive Programming. *Numerische Mathematik*, 2(1):312–318, décembre 1960. Springer, ISSN 0029-599X.

Edsger Wybe DIJKSTRA : *A discipline of programming*. Series on Automatic Computation. Prentice Hall, octobre 1976.

Edsger Wybe DIJKSTRA : Why numbering should start at zero. University of Texas, Transcription EWD831, août 1982.

Kees DOETS et Jan van EIJCK : *The Haskell Road to Logic, Maths and Programming*, volume 4 de *Texts in Computing*. College Publications, mai 2004.

Olivier DUBUISSON : *ASN.1 Communication between heterogeneous systems*. Morgan Kaufmann, 2001.

Jefrey L. EPPINGER : An empirical study of insertion and deletion in binary search trees. *Communications of the ACM*, 26(9):663–669, septembre 1983.

Vladmir ESTIVILL-CASTRO et Derick WOOD : A survey of adaptive sorting algorithms. *ACM Computing Surveys*, 24(4):441–476, décembre 1992.

Yuguang FANG : A theorem on the k-adic representation of positive integers. *Proceedings of the American Mathematical Society*, 130 (6):1619–1622, juin 2002.

Matthias FELLEISEN et Daniel P. FRIEDMAN : *A little Java, a few patterns*. The MIT Press, décembre 1997.

James Allen FILL : On the distribution of binary search trees under the random permutation model. *Random Structures and Algorithms*, 8 (1):1–25, janvier 1996.

Philippe FLAJOLET et Mordecai GOLIN : Mellin transforms and asymptotics : The Mergesort Recurrence. *Acta Informatica*, 31 (7):673–696, 1994.

Philippe FLAJOLET, Xavier GOURDON et Philippe DUMAS : Mellin Transforms and Asymptotics : Harmonic Sums. *Theoretical Computer Science*, 144:3–58, 1995.

Philippe FLAJOLET, Markus NEBEL et Helmut PRODINGER : The scientific works of Rainer Kemp (1949–2004). *Theoretical Computer Science*, 355(3):371–381, avril 2006.

Philippe FLAJOLET et Andrew M. ODLYZKO : The average height of binary trees and other simple trees. Rapport technique 56, Institut National de Recherche en Informatique et en Automatique (INRIA), février 1981.

Philippe FLAJOLET et Andrew M. ODLYZKO : Limit distributions of coefficients of iterates of polynomials with applications to combinatorial enumerations. *Mathematical Proceedings of the Cambridge Philosophical Society*, 96:237–253, 1984.

Philippe FLAJOLET et Robert SEDGEWICK : Analytic combinatorics : Functional equations, rational and algebraic functions. Rapport technique 4103, Institut National de Recherche en Informatique et en Automatique (INRIA), janvier 2001.

Philippe FLAJOLET et Robert SEDGEWICK : *Analytic Combinatorics*. Cambridge University Press, janvier 2009.

Robert W. FLOYD : Assigning meanings to programs. *In* J. T. SCHWARTZ, éditeur : *Proceedings of the Symposium on Applied Mathematics*, volume 19 de *Mathematical Aspects of Computer Science*, pages 19–31. American Mathematical Society, 1967.

Daniel P. FRIEDMAN et Mitchell WAND : *Essentials of Programing Languages*. Computer Science/Programming Languages Series. The MIT Press, third édition, 2008.

Jaco GELDENHUYS et Brink Van der MERWE : Comparing leaf and root insertion. *South African Computer Journal*, 44:30–38, décembre 2009.

Thomas E. GERASCH : An insertion algorithm for a minimal internal path length binary search tree. *Communications of the ACM*, 31 (5):579–585, mai 1988.

Jeremy GIBBONS, Graham HUTTON et Thorsten ALTENKIRCH : When is a function a fold or an unfold ? *Electronic Notes in Theoretical Computer Science*, 44(1):146–160, mai 2001.

Jeremy GIBBONS et Geraint JONES : The under-appreciated unfold. *In Proceedings of the third ACM SIGPLAN International Conference on Functional Programming*, pages 273–279, Baltimore, Maryland, USA, septembre 1998.

Jürgen GIESL : Automated termination proofs with measure functions. *In Proceedings of the Nineteenth Annual German Conference on Artificial Intelligence : Advances in Artificial Intelligence*, pages 149–160. Springer-Verlag, 1995a.

Jürgen GIESL : Termination analysis for functional programs using term orderings. *In Proceedings of the second international Symposium on Static Analysis*, pages 154–171. Springer-Verlag, 1995b.

Jürgen GIESL : Termination of nested and mutually recursive algorithms. *Journal of Automated Reasoning*, 19(1), août 1997.

Jürgen GIESL, Christoph WALTHER et Jürgen BRAUBURGER : *Automated deduction : A basis for applications*, volume III (Applications) de *Applied Logic Series*, chapitre Termination analysis for functional programs, pages 135–164. Kluwer Academic, Dordrecht, 1998.

Mayer GOLDBERG et Guy WIENER : Anonymity in Erlang. *In Erlang User Conference*, Stockholm, novembre 2009.

Mordecai J. GOLIN et Robert SEDGEWICK : Queue-mergesort. *Information Processing Letters*, 48(5):253–259, décembre 1993.

Ronald L. GRAHAM, Donald E. KNUTH et Oren PATASHNIK : *Concrete Mathematics*. Addison-Wesley, third édition, 1994.

Daniel H. GREENE et Donald E. KNUTH : *Mathematics for the Analysis of Algorithms*. Modern Birkhäuser Classics. Birkhäuser, Boston, USA, third édition, 2008.

Godfrey Harold HARDY : *Divergent series*. The Clarendon Press, Oxford, England, United Kingdom, 1949.

Michaela HEYER : Randomness preserving deletions on special binary search trees. *Electronic Notes in Theoretical Computer Science*, 225 (2):99–113, janvier 2009.

J. Roger HINDLEY et Jonathan P. SELDIN : *Lambda-calculus and Combinators*. Cambridge University Press, 2008.

Konrad HINSEN : The Promises of Functional Programming. *Computing in Science and Engineering*, 11(4):86–90, July/August 2009.

Ralf HINZE : A fresh look at binary search trees. *Journal of Functional Programming*, 12(6):601–607, novembre 2002. (Functional Pearl).

Yoichi HIRAI et Kazuhiko YAMAMOTO : Balancing weight-balanced trees. *Journal of Functional Programming*, 21(3):287–307, 2011.

Charles A. R. HOARE : Proof of a program : FIND. *Communications of the ACM*, 14(1):39–45, janvier 1971.

Tony HOARE : Null references : The billion dollar mistake. *In The Annual International Software Development Conference*, London, England, United Kingdom, août 2009.

John E. HOPCROFT, Rajeev MOTWANI et Jeffrey D. ULLMAN : *Introduction to Automata Theory, Languages, and Computation.* Pearson Education, 2nd édition, 2003.

Gérard HUET : The zipper. *Journal of Functional Programming*, 7 (5):549–554, septembre 1997.

Gérard HUET : Linear Contexts, Sharing Functors : Techniques for Symbolic Computation. *In Thirty Five Years of Automating Mathematics*, volume 28 de *Applied Logic Series*, pages 49–69. Springer Netherlands, 2003.

John HUGHES : Why functional programming matters. *The Computer Journal*, 32(2):98–107, avril 1989.

Katherine HUMPHREYS : A history and a survey of lattice path enumeration. *Journal of Statistical Planning and Inference*, 140 (8):2237–2254, août 2010. Special issue on Lattice Path Combinatorics and Applications.

Hsien-Kuei HWANG : Asymptotic expansions of the mergesort recurrences. *Acta Informatica*, 35(11):911–919, novembre 1998.

Daniel H. H. INGALLS : A simple technique for handling multiple polymorphism. *In Proceedings of the conference on Object-Oriented Programming Systems, Languages and Applications*, pages 347–349, Portland, Oregon, USA, septembre 1986.

Geraint JONES et Jeremy GIBBONS : Linear-time breadth-first tree algorithms : An exercise in the arithmetic of folds and zips. Rapport technique 71, Department of Computer Science,University of Auckland, New Zealand, mai 1993.

Michael KAY : *XSLT 2.0 and XPath 2.0 Programmer's Reference.* Wiley Publishings (Wrox), fourth édition, 2008.

Reiner KEMP : *Fundamentals of the average case analysis of particular algorithms*. Wiley-Teubner Series in Computer Science. John Wiley & Sons, B. G. Teubner, 1984.

Charles KNESSL et Wojciech SZPANKOWSKI : The height of a binary search tree : The limiting distribution perspective. *Theoretical Computer Science*, 289(1):649–703, octobre 2002.

Donald E. KNUTH : *Selected papers on Computer Science*, chapitre Von Neumann's First Computer Program, pages 205–226. Numéro 59 *in* CSLI Lecture Notes. CSLI Publications, Stanford University, California, USA, 1996.

Donald E. KNUTH : *Fundamental Algorithms*, volume 1 de *The Art of Computer Programming*. Addison-Wesley, third édition, 1997.

Donald E. KNUTH : *Sorting and Searching*, volume 3 de *The Art of Computer Programming*. Addison-Wesley, second édition, 1998a.

Donald E. KNUTH : *Sorting and Searching*, chapitre Binary Tree Searching, 6.2.2, pages 431–435. Addison-Wesley, 1998b.

Donald E. KNUTH : *Selected Papers on the Analysis of Algorithms*, chapitre Textbook Examples of Recursion, pages 391–414. Numéro 102 *in* CSLI Lecture Notes. CSLI Publications, Stanford University, California, USA, 2000.

Donald E. KNUTH : *Selected Papers on Design of Algorithms*, chapitre Fast pattern matching in strings, pages 99–135. Numéro 191 *in* CSLI Lecture Notes. CSLI Publications, Stanford University, California, USA, 2010.

Donald E. KNUTH : *Combinatorial algorithms*, volume 4A de *The Art of Computer Programming*. Addison-Wesley, 2011.

Donald E. KNUTH, Nicolaas Govert de BRUIJN et S. O. RICE : *Graph Theory and Computing*, chapitre The Average Height of Planted Plane Trees, pages 15–22. Academic Press, décembre 1972. Republished in Knuth *et al.* (2000).

Donald E. KNUTH, Nicolaas Govert de BRUIJN et S. O. RICE : *Selected Papers on the Analysis of Algorithms*, chapitre The Average Height of Planted Plane Trees, pages 215–223. Numéro 102 *in* CSLI Lecture Notes. CSLI Publications, Stanford University, California, USA, 2000.

Donald E. KNUTH, James H. Morris JR. et Vaughan R. PRATT : Fast pattern matching in strings. *SIAM Journal on Computing*, 6 (2):323–350, juin 1977. Society for Industrial and Applied Mathematics.

Đuro KUREPA : On the left factorial function !*n*. *Mathematica Balkanica*, 1:147–153, 1971.

John LARMOUTH : *ASN.1 Complete*. Morgan Kaufmann, novembre 1999.

Chung-Chih LI : An immediate approach to balancing nodes in binary search trees. *Journal of Computing Sciences in Colleges*, 21 (4):238–245, avril 2006.

Naomi LINDENSTRAUSS, Yehoshua SAGIV et Alexander SEREBRENIK : Unfolding the mystery of mergesort. *In Logic Program Synthesis and Transformation*, volume 1463 de *Lecture Notes in Computer Science*, pages 206–225. Springer, 1998.

M. LOTHAIRE : *Applied Combinatorics on Words*, chapitre Counting, Coding and Sampling with Words, pages 478–519. Numéro 105 *in* Encyclopedia of Mathematics and its Applications. Cambridge University Press, United Kingdom, juillet 2005.

Hosam M. MAHMOUD : *Evolution of random search trees*. Discrete Mathematics and Optimization. Wiley-Interscience, New York, USA, 1992.

Erkki MÄKINEN : A survey on binary tree codings. *The Computer Journal*, 34(5), 1991.

Sal MANGANO : *XSLT Cookbook*. O'Reilly, 2nd édition, 2006.

George Edward MARTIN : *Counting : The art of enumerative combinatorics*. Springer, 2001.

John McCARTHY : Recursive functions of symbolic expressions and their computation by machine (Part I). *Communications of the ACM*, 3(4):184–195, avril 1960.

John McCARTHY : Towards a mathematical science of computation. *In IFIP Congress*, pages 21–28. North-Holland, 1962.

M. D. McILROY : The number of 1's in the binary integers : Bounds and extremal properties. *SIAM Journal on Computing*, 3(4):255–261, décembre 1974. Society for Industrial and Applied Mathematics.

Kurt MEHLHORN et Athanasios TSAKALIDIS : *Algorithms and Complexity*, volume A de *Handbook of Theoretical Computer Science*, chapitre Data Structures, pages 301–341. Elsevier Science, 1990.

Alistair MOFFAT et Ola PETERSSON : An overview of adaptive sorting. *Australian Computer Journal*, 24(2):70–77, 1992.

Sri Gopal MOHANTY : *Lattice path counting and applications*, volume 37 de *Probability and mathematical statistics*. Academic Press, New York, USA, janvier 1979.

Shin-Chen MU et Richard BIRD : Rebuilding a tree from its traversals : A case study of program inversion. *In Proceedings of the Asian Symposium on Programming Languages and Systems*, LNCS 2895, pages 265–282, 2003.

Radu MUSCHEVICI, Alex POTANIN, Ewan TEMPERO et James NOBLE : Multiple dispatch in practice. *In Proceedings of the 23rd ACM SIGPLAN conference on Object-Oriented Programming Systems, Languages and Applications*, pages 563–582, Nashville, Tennesse, USA, octobre 2008.

Maurice NAFTALIN et Philip WADLER : *Java Generics and Collections*. O'Reilly, octobre 2006.

Jürg NIEVERGELT et Edward M. REINGOLD : Binary search trees of bounded balance. *In Proceedings of the fourth annual ACM symposium on Theory of Computing*, pages 137–142, Denver, Colorado, USA, mai 1972.

Andrew M. ODLYZKO : Some new methods and results in tree enumeration. *Congressus Numerantium*, 42:27–52, 1984.

Chris OKASAKI : Simple and efficient purely functional queues and dequeues. *Journal of Functional Programming*, 5(4):583–592, octobre 1995.

Chris OKASAKI : *Purely Functional Data Structures*, chapitre Fundamentals of Amortization, pages 39–56. Cambridge University Press, 1998a. Section 5.2.

Chris OKASAKI : *Purely Functional Data Structures*. Cambridge University Press, 1998b.

Chris OKASAKI : Breadth-first numbering : Lessons from a small exercise in algorithm design. *In Proceedings of the fifth ACM*

SIGPLAN International Conference on Functional Programming, pages 131–136, Montréal, Canada, septembre 2000.

A. PANAYOTOPOULOS et A. SAPOUNAKIS : On binary trees and Dyck paths. *Mathématiques et Sciences Humaines, No. 131*, pages 39–51, 1995.

Wolfgang PANNY : Deletions in random binary search trees : A story of errors. *Journal of Statistical Planning and Inference*, 140 (8):2335–2345, août 2010.

Wolfgang PANNY et Helmut PRODINGER : Bottom-up mergesort : A detailed analysis. *Algorithmica*, 14(4):340–354, octobre 1995.

Tomi A. PASANEN : Note : Random binary search tree with equal elements. *Theoretical Computer Science*, 411(43):3867–3872, octobre 2010.

Dominique PERRIN : *Handbook of Theoretical Computer Science*, volume B (Formal Models and Semantics), chapitre Finite Automata, pages 3–57. Elsevier Science, 1990.

Benjamin C. PIERCE : *Types and Programming Languages*. The MIT Press, 2002.

Bruce REED : The height of a random binary search tree. *Journal of the ACM*, 50(3):306–332, mai 2003.

Mireille RÉGNIER : Knuth-Morris-Pratt algorithm : An analysis. *In Proceedings of the conference on Mathematical Foundations for Computer Science*, volume 379 de *Lecture Notes in Computer Science*, pages 431–444, Porubka, Poland, 1989.

Mireille RÉGNIER : Average performance of Morris-Pratt-like algorithms. Rapport technique 2164, Institut National de Recherche en Informatique et en Automatique (INRIA), janvier 1994. ISSN 0249-6399.

Marc RENAULT : Lost (and Found) in Translation : André's Actual Method and Its Application to the Generalized Ballot Problem. *American Mathematical Monthly*, 155(4):358–363, avril 2008.

John C. REYNOLDS : Definitional interpreters for higher-order programming languages. *In Proceedings of the 25th ACM annual conference*, volume 2, pages 717–740, 1972.

John C. REYNOLDS : *Theories of Programming Languages.* Cambridge University Press, 1998.

Christian RINDERKNECHT : Une analyse syntaxique d'ASN.1 :1990 en Caml Light. Rapport technique 171, INRIA, avril 1995. English at http://crinderknecht.free.fr/pub/TR171-eng.pdf.

Christian RINDERKNECHT : A Didactic Analysis of Functional Queues. *Informatics in Education,* 10(1):65–72, avril 2011.

Raphael M. ROBINSON : Primitive recursive functions. *Bulletin of the American Mathematical Society,* 53(10):925–942, 1947.

Raphael M. ROBINSON : Recursion and double recursion. *Bulletin of the American Mathematical Society,* 54(10):987–993, 1948.

Frank RUSKEY : A simple proof of a formula of Dershowitz and Zaks. *Discrete Mathematics,* 43(1):117–118, 1983.

Jacques SAKAROVITCH : *Éléments de théorie des automates.* Les classiques de l'informatique. Vuibert Informatique, 2003.

Robert SEDGEWICK et Philippe FLAJOLET : *An introduction to the analysis of algorithms.* Addison-Wesley, 1996.

David B. SHER : Recursive objects : An object oriented presentation of recursion. *Mathematics and Computer Education,* Winter 2004.

Iekata SHIOKAWA : On a problem in additive number theory. *Mathematical Journal of Okayama University,* 16(2):167–176, juin 1974.

David SPULER : The best algorithm for searching a binary search tree. Rapport technique 92/3, Department of Computer Science, James Cook University of North Queensland, Australia, 1992.

Richard P. STANLEY : *Enumerative Combinatorics,* volume 1 de *Cambridge Studies in Advanced Mathematics (No. 49).* Cambridge University Press, juillet 1999a.

Richard P. STANLEY : *Enumerative Combinatorics,* volume 2 de *Cambridge Studies in Advanced Mathematics (No. 62).* Cambridge University Press, avril 1999b.

C. J. STEPHENSON : A method for constructing binary search trees by making insertions at the root. *International Journal of Computer and Information Sciences (now International Journal of Parallel Programming)*, 9(1):15–29, 1980.

Leon STERLING et Ehud SHAPIRO : *The Art of Prolog.* Advanced Programming Techniques. The MIT Press, second édition, 1994.

Kenneth B. STOLARSKY : Power and exponential sums of digital sums related to binomial coefficient parity. *SIAM Journal of Applied Mathematics*, 32(4):717–730, juin 1977.

J. R. TROLLOPE : An explicit expression for binary digital sums. *Mathematics Magazine*, 41(1):21–25, janvier 1968.

Franklin TURBAK et David GIFFORD : *Design Concepts in Programming Languages.* Computer Science/Programming Languages Series. The MIT Press, 2008.

Franklyn TURBAK, Constance ROYDEN, Jennifer STEPHAN et Jean HERBST : Teaching recursion before loops in CS1. *Journal of Computing in Small Colleges*, 14(4):86–101, mai 1999.

Jeffrey Scott VITTER et Philippe FLAJOLET : *Algorithms and Complexity*, volume A de *Handbook of Theoretical Computer Science*, chapitre Average-Case Analysis of Algorithms and Data Structures, pages 431–524. Elsevier Science, 1990.

Patricia WALMSLEY : *Definitive XML Schema.* The Charles F. GoldFarb Definitive XML Series. Prentice-Hall PTR, 2002.

Tjark WEBER et James CALDWELL : Constructively characterizing fold and unfold. *Logic-based program synthesis and transformation*, 3018/2004:110–127, 2004. Lecture Notes in Computer Science.

Herbert S. WILF : *Generatingfunctionology.* Academic Press, 1990.

Glynn WINSKEL : *The Formal Semantics of Programming Languages.* Foundations of Computing Series. The MIT Press, 1993.

Index

$\mathcal{A}_n^{\mathrm{i2wb}}$, 175

ack/2, 14–15
$\overline{\mathcal{C}}_n^{\mathrm{add}}$, 178
add/2, 177
algorithme en ligne, 10
algorithme hors ligne, 10
all/1, 163
arbre, 4, *voir* graphe orienté
    sans circuit
  ∼ binaire, *voir* arbre bi-
    naire
  ∼ d'interclassement, 137,
    152, 155, 163–165, 176,
    177
  ∼ d'évaluation, 117, 118,
    121
  ∼ de Catalan
    numérotation en pré-
    ordre, 205
  ∼ de comparaison, *voir* tri
  ∼ de preuve, 106
  ∼ de syntaxe abstraite, 8,
    203, 222, 305
  ∼ parfait, 121
arc, 4
branche, 62, 235
chemin externe, 218
chemin interne, 218
forêt, 5, 223, 242, 253
hauteur, 218, 242, 243, 250
  ∼ moyenne, 265

longueur interne, 218, 241
marche, *voir* parcours
niveau, 241
nœud, 4
  ∼ externe, 117, 218
  enfant, 4, 217
  feuille, 4
  frère, 220, 241
  parent, 4
  racine, 4, 217
parcours, 205, 219
sous-arbre
  ∼ immédiat, 5, 229
  ∼ propre, 4
traversée, *voir* parcours
arbre binaire, 106, 265
  ∼ complet, 251
  ∼ dégénéré, 222, 234, 235,
    243, 270, 273, 279
  ∼ feuillu, 218, 231, 261
  ∼ parfait, 97, 243, 250–251,
    280
  ∼ presque parfait, 98, 280
  ∼ équilibré, 252, 267
  chemin externe, 96
  crémaillère, 257, 258
  curseur, 257
  feuille, 217, 251, 270
  fourche, 232, 261
  hauteur, 96, 242, 243, 245,
    252, 280
  hauteur moyenne, 265

infixe, 233–238

largeur, 265

longueur externe, 98–99, 117, 264

longueur externe moyenne, 270, 271

longueur interne, 121, 264

longueur interne moyenne, 264, 270, 271

niveau étendu, 243, 265

notation préfixe, 219

numérotation en largeur, 241, 248–250

numérotation infixe, 233

numérotation postfixe, 239

numérotation préfixe, 227

nœud externe, 95, 217–219

nœud interne, 95, 217–219

parcours des niveaux, 241–250

  terminaison, 246–248

parcours en largeur, 241

parcours en profondeur, 220, 238

parcours infixe, 267

  codage, 265

parcours postfixe

  codage, 253, 256, 262

parcours préfixe

  codage, 262

postfixe, 238–241

  décodage, 253

profondeur, 218, 243

préfixe, 220–228, 241

  décodage, 255

  terminaison, 228–229

préordre

  codage, 261

rotation, 63, 234–235, 282

taille, 219, 246

arbre binaire de recherche, 267, 385

insertion d'une racine, 281–292

insertion de feuilles, 274–281, 385–386

longueur interne, 276

suppression, 292–294

automate fini, 247

  $\sim$ déterministe, 198, 247–248

  $\sim$ non-déterministe, 247–248

$\mathrm{bal}_0/1$, 252

$\mathcal{B}_{n,h}^{\mathsf{bf}}$, 246

$\mathcal{C}_{n,h}^{\mathsf{bf}}$, 246

$\mathsf{bf}/1$, 245–248, 265

$\mathsf{bf}/2$, 245–248

$\mathcal{B}_n^{\mathsf{bfo}}$, 243

$\mathcal{C}_{n,h}^{\mathsf{bfo}}$, 242, 243, 246

$\mathcal{W}_n^{\mathsf{bfo}}$, 243

$\mathsf{bf}_0/1$, 241, 242, 245, 246

$\mathsf{bf}_1/1$, 242, 245

$\mathsf{bf}_1/2$, 248

$\mathsf{bf}_2/1$, 244

$\mathsf{bf}_2/2$, 248

$\mathsf{bf}_3/1$, 244

$\mathsf{bf}_4/1$, 245

$\mathcal{C}_n^{\mathsf{bfn}}$, 250

$\mathsf{bfn}/1$, 250

$\mathsf{bfn}_1/1$, 248, 250

$\mathsf{bfn}_2/2$, 248, 250

bigraphe, *voir* graphe, biparti

$\mathcal{C}_n^{\mathsf{bms}}$, 163, 165

$\overline{\mathcal{B}}_n^{\mathsf{bms}}$, 153

$\overline{\mathcal{C}}_n^{\mathsf{bms}}$, 152, 164, 165

$\overline{\mathcal{A}}_n^{\mathsf{bms}}$, 157, 162

$\overline{\mathcal{W}}_n^{\mathsf{bms}}$, 153–157, 167–169

$\mathsf{bms}/1$, 152, 163, 182

$\mathsf{bms}_0/1$, 175

$\mathcal{B}_n^{\mathsf{bst}}$, 269

$\mathcal{W}_n^{\mathsf{bst}}$, 268

$\mathsf{bst}/1$, 268, 269, 292

bst/3, 267
$\mathcal{B}_n^{\mathsf{bst0}}$, 269
$\mathcal{W}_n^{\mathsf{bst0}}$, 268
$\mathsf{bst}_0/1$, 267, 269, 292
$\mathsf{bst}_1/2$, 268

$\mathcal{C}_n^{\mathsf{cat}}$, 9, 45, 91, 103, 128
cat/2, 7, 9, 13, 15, 16, 18–19,
      40–46, 56, 62, 64, 65,
      74, 76–77, 91, 128, 184,
      220–222, 225, 229, 230,
      238, 240, 242, 285, 459
CatAssoc, 15–16, 41, 230, 240
CatIn, 238
CatNil, 41
CatPost, 240, 241
CatPre, 230, 238
CatRev, 41, 43
chemin de Dyck, 68, 69, 205,
      259, 262, 263
    chaîne, 69
    descente, 69, 259
    décomposition, 69
      ∼ en arches, 260
      ∼ par premier retour,
      260
      ∼ quadratique, 260, 262,
      263
    montagne, 69
    montée, 69, 259
    réordonnancement, 70
    sommet, 69
chemin monotone dans un
      treillis, *voir* chemin
      de Dyck
chg/3, 85, 87
chg/5, 86
clé, *voir* tri, 267
clôture transitive, 4, 94
cmp/3, 268
coefficient binomial, 131
combinaison, 131

Comp, 187
complétude, 25–27, 49, 52, 53
conception
    grands pas, 61, 74, 87, 220,
      222, 225, 241
    petits pas, 61, 63, 86, 220,
      222, 225
cons/2, 7, 13, 67, 219
Coq, 110, 177
CorCut, 76
correction, 25–27, 49, 50, 52, 75
    ∼ totale, *voir* terminaison
coût, 8
    ∼ amorti, 10, 68, 73, 291–
      292
    ∼ asymptotique, 9
    ∼ exponentiel, 349
    ∼ linéaire, 47
    ∼ moyen, 9
    ∼ quadratique, 46, 56
    extremum, 9
coût agrégé, *voir* coût, amorti
$\mathcal{C}_n^{\mathsf{cut}}$, 75
cut/2, 74–77, 105, 106
cutr/3, 139

$\mathcal{C}_n^{\mathsf{d2b}}$, 263
d2b/1, 263
def/1, 242
del/2, 293
del/3, 294
$\mathcal{B}_n^{\mathsf{deq}}$, 68
$\mathcal{W}_n^{\mathsf{deq}}$, 70
$q \succ x$, 244, 250
deq/1, 68, 73, 244, 245
discriminant, 158–159
$\mathcal{C}_n^{\mathsf{dist}}$, 91
dist/2, 90, 91
Div, 142
diviser pour régner, 61, 127,
      voir conception, grands
      pas, 225

dpost/1, 263
dpost/2, 263
$\mathcal{C}_n^{\mathsf{dpre}}$, 262
dpre/1, 262
dpre/2, 263
duo/1, 165
définition inductive, *voir* induction
dénombrement combinatoire, 10, 204, 259
    fonction génératrice, 204, 259, 348

$\mathcal{C}_n^{\mathsf{enq}}$, 68
$x \prec q$, 244, 250
enq/1, 245
enq/2, 67, 73, 244
$\mathcal{C}_n^{\mathsf{epost}}$, 253
epost/1, 253, 262, 265
epost/2, 253
$\mathcal{C}_n^{\mathsf{epre}}$, 254
epre/1, 254, 265
epre/2, 254, 262
EqRev, 43–44, 254, 285
ext/0, 219

fact/1, 6, 33
$\mathsf{fact}_0/1$, 34
$\mathsf{fact}_1/1$, 6
factorielle, 4, 6, 16, 88
    $\sim$ gauche, 92
fail/2, 193
$\mathsf{fail}_0/2$, 193
file, 66, 244, 259
    coût amorti, 68, 73
    pile arrière, 67
    pile frontale, 67
$\mathcal{S}_n$, 73
$\ominus$, 244
$\mathcal{C}_{n,\Omega,\Gamma}^{\mathsf{flat}}$, 64
flat/1, 59–61, 63–66, 222, 234, 246

$\mathcal{B}_{n,\Omega,\Gamma}^{\mathsf{flat}_0}$, 64
$\mathcal{B}_n^{\mathsf{flat}_0}$, 63
$\mathcal{W}_{n,\Omega,\Gamma}^{\mathsf{flat}_0}$, 63
$\mathsf{flat}_0/1$, 61–65, 82
$\mathsf{flat}_1/1$, 66
$\mathcal{C}_n^{\mathsf{flat}_2}$, 233
$\mathsf{flat}_0/1$, 232
fonction de Fibonacci
    coût, 347–351
    forme terminale, 334–336
fork/2, 232
formule de Stirling, 206
fp/3, 193

glanage de cellules, 90
graphe
    $\sim$ biparti, 94, 95
graphe orienté sans circuit, 8, 317
graphe orienté sans circuits, 305

H_n, *voir* nombre harmonique
hd/1, 454, 455, 479
height/1, 252

$\mathcal{A}_n^{\mathsf{i2w}}$, 117, 119
i2w/1, 112, 117, 120
i2w/3, 112, 119, 120
$\mathcal{A}_n^{\mathsf{i2w}_1}$, 119
$\mathsf{i2w}_1/1$, 119
$\mathsf{i2w}_1/3$, 119
$\mathcal{A}_n^{\mathsf{i2w}_2}$, 120
$\mathsf{i2w}_2/1$, 120
$\mathsf{i2w}_2/3$, 120
$\mathcal{A}_n^{\mathsf{i2wb}}$, 123, 125
i2wb/1, 121
i2wb/3, 121
idn/2, 121
$\mathcal{C}_n^{\mathsf{in}}$, 233
in/1, 234, 238
in/2, 237, 267
in/2, 233

$\mathcal{B}_n^{\mathsf{in}_1}$, 235

$\mathcal{C}_n^{\mathsf{in}_1}$, 235

$\mathcal{W}_n^{\mathsf{in}_1}$, 235

$\mathsf{in}_1/1$, 235

$\mathsf{in}_2/2$, 267, 282

$\mathsf{in}_3/1$, 282

induction

   $\sim$ bien fondée, 13

   $\sim$ complète, 13

   $\sim$ structurelle, 13

   $\sim$ sur la longueur de la dé-
      rivation, 187

   chaînes infiniment descen-
      dantes, 13

   définition inductive, 7

   définition par $\sim$, 105

   exemple, 15, 41–44, 106–
      109, 187, 348–349

   hypothèse d'$\sim$, 16

   lemme d'inversion, 106

   ordre bien fondé, 13

   ordre de la sous-pile immé-
      diate, 136, 229, 246

   ordre des sous-termes
      propres, 65, 74, 111,
      136

   ordre lexicographique, 14,
      74, 136, 229, 230

   preuve par $\sim$, 75

   système d'inférence, 228

$\mathsf{infty}/0$, 268

InMir, 235–237

Ins, 287

$\mathcal{B}_n^{\mathsf{ins}}$, 103

$\mathcal{C}_n^{\mathsf{ins}}$, 91

$\mathcal{A}_n^{\mathsf{ins}}$, 103–104, 136

$\mathcal{W}_n^{\mathsf{ins}}$, 103

$\mathsf{ins}/2$, 90, 91, 101–102, 111, 121,
     135, 136, 225

InsCmp, 108

$\mathcal{B}_n^{\mathsf{insl}_1}$, 279

$\mathcal{B}_n^{\mathsf{insl}}$, 279

$\mathcal{A}_k^{\mathsf{insl}}$, 276

$\overline{\mathcal{B}}_n^{\mathsf{insl}}$, 279

$\overline{\mathcal{A}}_n^{\mathsf{insl}}$, 279

$\overline{\mathcal{W}}_n^{\mathsf{insl}}$, 279

$\mathcal{W}_n^{\mathsf{insl}}$, 279

$\mathsf{insl}/2$, 274, 279, 286

$\overline{\mathcal{B}}_n^{\mathsf{insl}_1}$, 279

$\overline{\mathcal{W}}_n^{\mathsf{insl}_1}$, 279

$\mathcal{W}_n^{\mathsf{insl}_1}$, 279

$\mathsf{insl}/1$, 275

InsOrd, 108

$\mathcal{A}_n^{\mathsf{insr}}$, 291

$\overline{\mathcal{A}}_n^{\mathsf{insr}}$, 291

$\mathsf{insr}/2$, 292

$\overline{\mathcal{A}}_n^{\mathsf{insr}_0}$, 291

$\mathsf{int}/3$, 219

Inv, 41, 43, 254

InvMir, 240, 241

InvRev, 240

Isrt, 107, 110

$\mathcal{C}_n^{\mathsf{isrt}}$, 102

$\overline{\mathcal{B}}_n^{\mathsf{isrt}}$, 105

$\overline{\mathcal{A}}_n^{\mathsf{isrt}}$, 105

$\overline{\mathcal{W}}_n^{\mathsf{isrt}}$, 105

$\mathcal{W}_n^{\mathsf{isrt}}$, 103

$\mathsf{isrt}/1$, 102–106, 111, 112, 225

$\mathsf{iup}/2$, 121

Jacobsthal

   nombre de $\sim$, 145, 153, 166

Java, 17–19, *voir* tri par inser-
     tion, *voir* tri par inter-
     classement

   méthode binaire, 398

   traduction en $\sim$, 389–404

$K(m, n)$, 135

label, 198

λ-calcul, 6

langage fonctionnel, 5

   $\sim$ d'ordre supérieur, 351–
     388

combinateur de point
    fixe, 374–381
continuations, 381–388
défonctionnalisation, 386
fonction curryfiée, 359
accumulateur, 43, 55, 61,
    86, 223, 225, 233
appel par valeurs, 5, 61
arité, 5
code mort, 52
constructeur de données, 7,
    299
contexte d'appel, 55, 307–
    308
Erlang, 16, 299–388
    atome, 299
    exception, 386
    récursivité locale, 374–
        381
    fonctions d'ordre supérieur,
        6
forme terminale, 35, 55, 77,
    86, 226, 258, 309–315,
    320–345
interprétation, *voir* évalua-
    tion
λ-dropping, 379
λ-lifting, 379
motif, 6
    $\sim$ non-linéaire, 387
paire, 67
pile des appels, 257
polymorphisme, 351
surcharge, 5
valeur, 5
évaluation, 6
    $\sim$ partielle, 104, 224, 401
    trace, 45, 55, 57, 113,
        118, 129, 246
leaf/1, 232
left/1, 257
len/1, 76–77, 105, 219

liste d'association, 356–359
$\mathcal{B}_{m,n}^{\mathsf{loc}}$, 187
$\overline{\mathcal{A}}_n^{\breve{a}}$, 188
$\mathcal{W}_{m,n}^{\mathsf{loc}}$, 188
$\mathsf{loc}_0/2$, 185
$\mathsf{loc}_0/3$, 186
$\mathsf{loc}_1/3$, 186
Low, 141
lpre/1, 232
$\mathcal{A}_n^{\mathsf{ls}}$, 270
ls/2, 270
$\mathsf{lst}_0/1$, 81
$\mathcal{C}_n^{\mathsf{lst}_1}$, 82
$\mathcal{B}_n^{\mathsf{lst}_4}$, 84
$\mathcal{W}_n^{\mathsf{lst}_4}$, 84
$\mathsf{lst}_4/3$, 84

max/2, 101
$\mathcal{B}_{n(+)}^{\mathsf{mem}}$, 270
$\mathcal{B}_{n(-)}^{\mathsf{mem}}$, 270
$\mathcal{B}_n^{\mathsf{mem}}$, 270
$\mathcal{A}_{n(+)}^{\mathsf{mem}}$, 271, 277
$\mathcal{A}_{n(-)}^{\mathsf{mem}}$, 271, 277
$\overline{\mathcal{A}}_{n(+)}^{\mathsf{mem}}$, 278
$\overline{\mathcal{A}}_{n(-)}^{\mathsf{mem}}$, 278
$\overline{\mathcal{W}}_n^{\mathsf{mem}}$, 273
$\mathcal{W}_{n(+)}^{\mathsf{mem}}$, 270
$\mathcal{W}_{n(-)}^{\mathsf{mem}}$, 270
$\mathcal{W}_n^{\mathsf{mem}}$, 270
mem/2, 270, 271, 273, 292
$\overline{\mathcal{W}}_n^{\mathsf{mem}_0}$, 273
$\mathsf{mem}_0/2$, 272–274
$\overline{\mathcal{W}}_n^{\mathsf{mem}_1}$, 273
$\mathsf{mem}_1/2$, 273, 274
$\mathcal{A}_n^{\mathsf{mem}_2}$, 273
$\mathsf{mem}_2/2$, 273
$\mathcal{A}_{n(+)}^{\mathsf{mem}_3}$, 278
$\mathcal{A}_n^{\mathsf{mem}_3}$, 273, 278
$\overline{\mathcal{A}}_n^{\mathsf{mem}_3}$, 279
$\mathsf{mem}_3/2$, 279, 292
$\mathsf{mem}_4/3$, 274
min/1, 293

min/2, 101
$\mathcal{C}_n^{\text{mir}}$, 236
mir/1, 235, 239–240, 265
MkInsr, 286
$\mathcal{A}_n^{\text{mkl}}$, 279
$\overline{\mathcal{B}}_n^{\text{mkl}}$, 279–281
$\overline{\mathcal{W}}_n^{\text{mkl}}$, 281
mkl/1, 276, 279, 292
mkl/2, 276
MkICat, 286
mklR/1, 276, 292
$\mathcal{A}_n^{\text{mkr}}$, 291
$\overline{\mathcal{B}}_n^{\text{mkr}}$, 291
$\overline{\mathcal{A}}_n^{\text{mkr}}$, 291
$\overline{\mathcal{W}}_n^{\text{mkr}}$, 292
mkr/1, 279, 284
mkr/2, 284, 286
mot de Dyck, *voir* chemin de
    Dyck
$\overline{\mathcal{B}}_{m,n}^{\text{mp/5}}$, 197
$\overline{\mathcal{B}}_{m,n}^{\text{mp}}$, 197
$\overline{\mathcal{W}}_{m,n}^{\text{mp/5}}$, 197
$\overline{\mathcal{W}}_{m,n}^{\text{mp}}$, 197
mp/2, 197
mp/5, 196
mp_0/1, 199
$\mathcal{B}_n^{\bowtie}$, 137
$\mathcal{C}_n^{\bowtie}$, 137
$\mathcal{C}_{m,n}^{\text{mrg}}$, 128
$\mathcal{A}_n^{\bowtie}$, 138
$\mathcal{A}_{1,n}^{\text{mrg}}$, 136
$\mathcal{A}_{n,n}^{\text{mrg}}$, 136
$\overline{\mathcal{B}}_{m,n}^{\text{mrg}}$, 129
$\overline{\mathcal{C}}_{m,n}^{\text{mrg}}$, 128, 178
$\overline{\mathcal{C}}_n^{\bowtie}$, 164
$\overline{\mathcal{A}}_{m,n}^{\text{mrg}}$, 135
$\overline{\mathcal{A}}_{n,n}^{\text{mrg}}$, 138
$\overline{\mathcal{W}}_{m,n}^{\text{mrg}}$, 130
$\mathcal{W}_n^{\bowtie}$, 138
mrg/2, 128, 135, 136, 139, 140,
    146, 148, 163–165, 178,

182, 246
méandre de Dyck, 68, 71
mémoire, 8, *voir* partage, 226,
    305–315, 317
    concaténation de piles, 306–
      307
    contexte d'appel, 307–308
    interclassement, 307
    optimisation des appels
      terminaux, 299, 317,
      320–323
    pile de contrôle, 317–320
    retournement de piles, 307
    synonymie, 274, 315–316
    tas, 317–320
mémoïsation, 193, 196, 197
métaprogrammation, 197

nil/0, 7, 219
nin/1, 234
nin/2, 234
nombre harmonique, 105, 124,
    277
nombres de Catalan, 206
C_n, *voir* nombres de Catalan
norm/1, 268
npost/1, 239
npost/2, 239
npre/1, 228
npre/2, 228
nth/2, 193
$\mathcal{C}_n^{\text{nxt}}$, 73
nxt/1, 73, 164, 165
nœud d'empilage, 54, 182, 224,
    226, 305, 307, 308

$\mathcal{C}_n^{\text{oms}}$, 181
$\overline{\mathcal{C}}_n^{\text{oms}}$, 178, 179, 181
oms/1, 177, 182
one/1, 177
Ord, 105–106, 110
ord/1, 267

palindrome, 386–388

partage, 8, 77, 82–83

partie entière, 11

$\lfloor x \rfloor$, *voir* partie entière

partie entière par excès, 97

$\lceil x \rceil$, *voir* partie entière par excès

partie fractionnaire, 148, 281

$\{x\}$, *voir* partie fractionnaire

per/1, 250

per_0/1, 251

C_n^{perm}, 91–93

perm/1, 89

permutation, 9, 88, 93–95, 97, 104

    bigraphe, 94, 95

    composition, 93, 94

    identité, 94, 95

    inverse, 94, 95

    inversion, 95, 104

    involution, 94

persistance, 77

    $\sim$ complète, 79, 84

    $\sim$ des mises à jour, 79

    $\sim$ des versions, 78

    $\sim$ partielle, 79

    histoire, 78

    rebroussement, 79

pile

    $\sim$ arrière, *voir* file

    $\sim$ de contrôle, *voir* mémoire, pile de contrôle

    $\sim$ en Java, 17

    $\sim$ frontale, *voir* file

    $\sim$ simulée, 112

    aplatissement, 59–66, 231–233, 346–347

        coût, 63

        coût maximal, 63

        coût minimal, 63

        définition, 61, 63, 66

        exemple, 60, 61, 64

forme terminale, 323–334, 336–338

    synonymie, 315

    terminaison, 65–66

applatissement, 234

codage avec des n-uplets, 83, 346–347

compression, 315

concaténation, 7, 220, 230

    $\sim$ en Erlang, 16

    $\sim$ en Java, 18–19

    associativité, 15, 46

    coût, 9

    définition, 7

    exemple, 7

découpage, 74

    $\sim$ en Java, 396–398

filtrage

    $\sim$ en Java, 392–394

    coût maximal, 54, 56, 58

    coût minimal, 54, 56, 58

    coût moyen, 54, 57, 58

    dernière occurrence, 56, 57

    exemple, 52, 58

    première occurrence, 47

préfixe retourné, 112

retournement, 236, 255

    $\sim$ efficace, 43

    $\sim$ en Java, 391–392

    $\sim$ et concaténation, 43

    coût, 44

    définition, 40

    exemple, 42, 43

    involution, 40, 41, 254

    équivalence, 43

suffixe, 112

équivalence, 106

pop/0, 79

pop/1, 78, 80, 83

pop_0/1, 81

C_n^{post}, 238

post/1, 238, 240, 253
post/2, 238, 240
$\mathcal{C}_n^{\mathsf{post2b}}$, 254
post2b/1, 253, 255, 262, 263, 265
post2b/2, 255, 263
PostMir, 240
$\overline{\mathcal{B}}_n^{\mathsf{pp}}$, 195
$\overline{\mathcal{W}}_n^{\mathsf{pp}}$, 196
pp/1, 194, 195
Pre, 229
$\mathcal{C}_n^{\mathsf{pre}}$, 226, 232
pre/1, 225, 226, 229, 230, 232, 233, 238–240, 254, 292
pre/2, 184, 185, 225, 226, 228–230
pre/5, 186, 188
$\mathcal{B}_n^{\mathsf{pre_0}}$, 221
$\mathcal{C}_n^{\mathsf{pre_0}}$, 220
$\mathcal{W}_n^{\mathsf{pre_0}}$, 220
$\mathsf{pre}_0/1$, 221–223, 225, 229
$\mathsf{pre}_0/1$, 220
$\mathcal{C}_n^{\mathsf{pre_1}}$, 222
$\mathsf{pre}_1/1$, 222
$\mathsf{pre}_1/5$, 186
$\mathsf{pre}_2/1$, 222
$\mathcal{C}_n^{\mathsf{pre2b}}$, 255
pre2b/1, 255, 262, 265
pre2b/2, 255
$\mathsf{pre2b}_0/1$, 255, 262
$\mathsf{pre2b}_1/1$, 255
$\mathcal{C}_n^{\mathsf{pre}}$, 223
$\mathsf{pre}_3/1$, 223, 226, 244
$\mathsf{pre}_4/1$, 223, 244
$\mathsf{pre}_4/2$, 265
$\mathcal{C}_n^{\mathsf{pre_5}}$, 224
$\mathsf{pre}_5/1$, 224
$\mathsf{pre}_6/1$, 224
PreMir, 239–240, 254
préfixe, *voir* recherche de motifs

trouver tous les préfixes, 388
$\mathcal{C}_n^{\mathsf{push}}$, 90
push/1, 79, 82
push/2, 74, 78, 80, 83, 90
péage, 220

q/2, 67, 73, 244
Quad, 47

Rcat, 237, 240
rcat/2, 43–44, 47, 56, 60, 68, 112, 236–239, 245
recherche de motif
    préfixe, 259
recherche de motifs, 183–199
    ~ naïve, 184–188
        complétude, 187
        coût maximal, 188
        coût minimal, 187
        coût moyen, 188
        programme, 186
        terminaison, 186–187
    algorithme de Knuth, Morris et Pratt, 199
    algorithme de Morris et Pratt, 189–199, 302
        automate, 198
        coût maximal, 197
        coût minimal, 197
        métaprogrammation, 197–199
        recherche, 196
    alphabet, 183
    bord, 189–190
    comparaison
        ~ positive, 194
    facteur, 183
    fonction de suppléance, 190–193
    index, 184
    lettre, 183

mot, 183

motif, 184

préfixe, 183

prétraitement de Morris et Pratt

  coût maximal, 195–196

  coût minimal, 194–195

  définition, 193–194

suffixe, 183

texte, 184

recherche linéaire, 51, 57, 78, 184, 270

red/1, 77

Refl, 106–107

rep/3, 87

$\mathcal{C}_n^{\mathsf{rev}}$, 56, 246, 255

$\mathcal{A}_n^{\frown}$, 123

rev/1, 43–44, 47, 60, 194, 236, 240, 246, 254, 265, 285, 292

$\mathcal{C}_n^{\mathsf{rev}_0}$, 44–47

$\mathcal{W}_n^{\mathsf{rev}_0}$, 103

rev$_0$/1, 40–45, 47, 56, 60, 62, 103, 225, 285

RevCat, 44

ρ_n, 155

right/1, 257

rlw/2, 200

robustesse, 53

RootLeaf, 284

RootLeaf$_0$, 285

Rot, 235, 282

rotl/1, 282

rotr/1, 282

sentinelle, 268

seven/2, 199

$\mathcal{B}_n^{\mathsf{sfst}}$, 54

$\mathcal{C}_n^{\mathsf{sfst}}$, 54

$\mathcal{A}_n^{\mathsf{sfst}}$, 54

$\mathcal{W}_n^{\mathsf{sfst}}$, 54

sfst/2, 47–55, 59, 61, 87

sfst/4, 55

sfst$_2$/4, 56

sfst$_0$/2, 55, 59, 87

sfst$_1$/1, 56

sibling/1, 257

size/1, 219, 241, 246

$\mathcal{B}_n^{\mathsf{slst}_0}$, 56

$\mathcal{B}_n^{\mathsf{slst}}$, 58

$\mathcal{C}_n^{\mathsf{slst}}$, 58

$\mathcal{A}_n^{\mathsf{slst}_0}$, 57

$\mathcal{A}_n^{\mathsf{slst}}$, 58

$\mathcal{W}_n^{\mathsf{slst}_0}$, 57

$\mathcal{W}_n^{\mathsf{slst}}$, 58

slst/2, 56, 57, 59

slst/3, 57

slst$_0$/2, 59

$\mathcal{C}_n^{\mathsf{slst}_0}$, 56

snd/1, 228

solo/1, 163, 165

somme des bits, 12, 140, 181

ν_n, *voir* somme des bits

sous-spécification, 48

spécification, 47, 76

stack

  concatenation

    definition, 15

  flattening, 222

Stirling (formule de), 89, 97

style avec continuations, *voir* langage fonctionnel, $\sim$ d'ordre supérieur, continuations

suf/2, 193

suffixe, *voir* recherche de motifs

trouver tous les suffixes, 388

$\overline{\mathcal{B}}_n^{\mathsf{sum}}$, 179, 180

$\overline{\mathcal{C}}_n^{\mathsf{sum}}$, 178, 179

$\overline{\mathcal{W}}_n^{\mathsf{sum}}$, 180, 181

sum/2, 177

Sym, 107

système d'inférence, 74, 256

lecture déductive, 75
lecture inductive, 75
règle, 74
    prémisse, 75
système de réécriture, 1, 3
    ~ linéaire, 3
    confluence, 2
        ~ locale, 2
    forme normale, 1, 7
    paire critique, 2
    terminaison, 15

tl/1, 454, 455, 479
terme, 3, *voir* arbre
    sous-terme, 13
    sous-terme immédiat, 13
    sous-terme propre, 13
terminaison, 1, 15
    fonction de Ackermann, 14
    mesure, 65
    mesure polynomiale, 66,
        246
    paire de dépendance, 65,
        111, 136, 186, 229, 246
    parcours des niveaux, 246–
        248
    parcours préfixe, 228–229
    récursivité primitive, 14
    tri par insertion, 111
test, 219, 395–396
    ~ de chemin, 401
    ~ structurel, 401
$\overline{\mathcal{B}}_n^{\mathsf{tms}}$, 140, 143–146
$\overline{\mathcal{C}}_n^{\mathsf{tms}}$, 139
$\overline{\mathcal{A}}_n^{\mathsf{tms}}$, 148–151
$\overline{\mathcal{W}}_n^{\mathsf{tms}}$, 146–148, 167–169
tms/1, 139, 182
top/1, 80
top_0/1, 81, 82
top_0/2, 81
$\mathcal{T}_n^{\mathsf{revo}}$, 45
transition, 198

transposition, 106
tri, 88, 97
    ~ par insertion, 101–125
    clé, 88
        unicité, 9
    optimalité, 95–99
tri par insertion, 101
    ~ en Java, 394–395
    ~ polymorphe, 351–356
    correction, 105–110
    insertion bidirectionnelle,
        111–119
        ~ équilibrée, 120–125
        coût maximal, 114–117
        coût minimal, 113–114
        coût moyen, 117–119
    insertion simple, 101–111
        coût maximal, 103
        coût minimal, 102
        coût moyen, 103
        exemple, 102
        terminaison, 111
    inversion, *voir* permutation
    synonymie, 316
    tri adaptatif, 104
tri par interclassement, 127–
    182, 220, 273
    ~ ascendant, 152–176
        coût maximal, 153–157
        coût minimal, 153
        coût moyen, 157–162
        programme, 163
    ~ descendant, 139–151
        ~ en Java, 402–404
        coût maximal, 146–148
        coût minimal, 140–146
        coût moyen, 148–151
        programme, 139
    ~ en ligne, 176–182
        coût maximal, 180–181
        coût minimal, 179–180
        programme, 177

arbre d'interclassement, 137
comparaison avec le tri par
      insertion, 175–176
interclassement, 128–136
      $\sim$ en Java, 399–400
      coût maximal, 129–130
      coût minimal, 129
      coût moyen, 130–136
      exemple, 129
      programme, 128
      terminaison, 136
   2^n clés, 136–138
      coût maximal, 138
      coût minimal, 137
      coût moyen, 138
   synonymie, 315–316
triangle de Pascal, 133
true/1, 268

$\overline{\mathcal{B}}_n^{\mathsf{unb}}$, 180

$\overline{\mathcal{C}}_n^{\mathsf{unb}}$, 179
unb/2, 177
up/1, 257

ver/2, 79
ver$_0$/2, 81
ver$_2$/2, 83

W_L, 167
W_U, 169

zero/0, 177
zero/2, 199

équivalence
      $\sim$ d'expressions, 13
      preuve d'$\sim$, 43
      relation d'$\sim$, 106
   $a \equiv b$, *voir* équivalence d'ex-
      pressions
état, 198